KB182591

시대와 내용별로 기록한
세계 수학사(하)

목차(하권) CONTENTS

목차(상권) CONTENTS

제 12 장

17세기 기하학, 대수학, 확률론

1 근대화의 시대 배경

16~18세기 유럽에서는 절대왕권을 중심으로 근대 국가의 체계가 갖추어지고 초기 자본주의가 성장하며 근대 문화의 바탕이 마련되고 있었다. 서유럽은 제약과 기회를 동시에 제공하는 지리 조건에 놓여 있었고 공용 학문어로써 라틴어를 사용하고 있었다. 각 지역은 개방성이 높아 상호작용이 매우 활발했다. 여기에다 여러 민족으로 구성되어 있어 늘 갈등의 소지를 안고 있었다. 그렇다고 유럽 전역을 지배할 만큼 강력한 중앙집권 제국은 나타나지 못했다. 봉건국가는 상대적으로 약했기 때문에 도시에서 부르주아가 발전할 수 있었다. 이런 것들이 유럽에서 자본주의가 처음 생겨나게 해주었다.

이탈리아의 도시국가들은 12세기에 이미 봉건 경제와 상관없이 독립적인 상업 중심지로 자리를 잡고 있었다. 르네상스 시기에 이 도시국가들은 미술, 건축, 과학적 성취를 상당히 이루었다. 그러나 상인 계층은 구시대의 틀에 갇혀서 기존 체제의 정치, 군사 구조를 뚫지 못했다. 르네상스는 반종교개혁의 노선에 갇혀 있었다. 게다가 도시국가의 경제가 봉건 길드의 규제를 받고 있던 데다가 너무 많은 공국, 후국, 남작령, 자치 도시 등의 봉건 세력이 난립하여 그들 사이에 싸움이 그치지 않았고 이를 틈타 외국 군대들이 개입하면서 이곳저곳이 전쟁터가 되었다.

신항로 개척에 선두에 섰던 스페인은 아메리카 대륙에서 약탈한 금과 은으로 강국이 됐다고 생각했다. 그러나 귀금속은 다른 나라의 기술과 상업을 자극했을 뿐, 도리어 스페인의 산업을 무너뜨리고 말았다. 15세기 말 페르난도가 집권하고부터 무슬림, 유대교도, 심지어 기독교로 개종한 사람들을 박해하고 외국인 기술자와 투자자를 홀대하고 추방했는데, 17세기 초에 절정을 이루었다. 스페인의 정치 체제는 뒷걸음질 치고 경제 발전은 엄청나게 늦춰졌다. 북유럽의 종교개혁을 무너뜨리려고 벌인 전쟁이 30년(1618-1648) 이어지는 동안 자원을 너무 많이 소모함으로써 스페인의 군사력은 무너졌다. 스페인의 군사적 야망은 컸지만 후진적인 정치, 사회, 경제 체제는 그런 야망을 뒷받침하지 못했다.

스페인을 비롯한 혁명의 기운이 짓밟힌 나라들에서는 17세기에 경제가 쇠퇴했다. 1633년 갈릴레오를 재판하고 처벌한 이탈리아의 과학이 쇠퇴하고, 30년 전쟁으로 독일이 피폐해지면서, 17세기에 과학의 중심지는 북서쪽의 프랑스, 스위스, 네덜란드, 잉글랜드 같은 나라의 자유도시로 옮겨갔다. 이를테면 네덜란드의 도시는 귀족 상인이 통치하는 도시로서 예술과 과학이 번성했다. 과학 활동이 지중해 연안에서 북서쪽으로 옮겨가게 된 데는 더 나은 정치, 사회적 상황도 있었으나 춥고 어두운 긴 겨울을 잘 견딜 수 있게 해준 난방, 조명 등의 발달도 있었다. 이 나라들 가운데서 프랑스가 먼저 유럽의 지정학적 헤게모니를 쥐었다.

근대 자연과학을 혁명적으로 발전시킨 탐구의 방법이나 관점의 변화도 북유럽에서 제시되었다. 과학자가 되는 사람의 유형도 바뀌었다. 독일과 북부 이탈리아 출신인 케플러와 갈릴레오는 과학을 직업으로 삼은 사람들이었다. 프랑스, 잉글랜드, 네덜란드에서 나타난 과학자는 본질적으로 비전문가였다. 프랑스에서는 행정과 관계된 집안, 특히 법률가 출신이었고 잉글랜드에서는 뉴턴을 제외하고 지주나 상인 출신이었다.

종교개혁은 이탈리아와 스페인에서는 실패했고 독일과 프랑스에서는 의미 있는 성과를 내지 못했으며 북부유럽에서만 성과를 냈다. 가톨릭이 우세하게 된 프랑스의 사상적 분위기도 과학적 탐구의 진척을 가로막았다. 갈릴레오가 유죄 판결을 받았다는 소식을 들은 데카르트는 뉴턴이 발견할 것들의 전조가 되는 연구 결과를 감출 정도였고, 프랑스를 떠나 20년 정도 네덜란드에 머물렀다. 17세기에 일어났던 반혁명의 성공은 과학적 진보의 무게중심을 자연스럽게 네덜란드와 영국으로 옮겨가게 했다.

상업자본주의와 부르주아 혁명이 성공적으로 진행된 네덜란드와 영국은 모든 면에서 한 단계 상승했다. 두 나라는 이웃 나라들과 질적으로 달랐다. 개별 영주에게 법적으로 종속되어 있던 농민들은 완전히 해방되었다. 독일이나 이탈리아와 달리 수많은 소국도 없었고, 프랑스와 달리 가는 곳마다 내는 통행세도 없는 온전한 전국 시장이 존재했다. 1566~1609년 네덜란드가 스페인에 승리하고 1637~1660년 영국 의회가 국왕에게 승리하면서 과거와 다른, 시장과 이윤이 지배하는 자본주의가 싹을 틔울 채비를 갖췄다.

네덜란드는 지리적 조건 덕분에 경제적으로 가장 역동적인 지역이 되었다. 그 나라는 상인과 장인이 지배했고 문화와 시민 조직이 번성했으며 자유와 권리가 보장되었다. 종교개혁이 들불처럼 일어나면서 봉건 군주의 과도한 권력과 교회의 부패를 용납하지 않았다. 그러나 네덜란드는 스페인의 통치를 받고 있었으므로 혁명은 반종교개혁에 맞서면서 스페인으로부터 나라를 지키는 전쟁의 형태를 띠었다. 개신교 국가였던 영국의 지원으로 스페인을 격퇴할 수 있었다. 125년에 걸친 종교개혁과 그에 따른 일련의 종교 전쟁, 내전의 참화를 딛고서 네덜란드는 자본주의 방식에 기반을 둔 첫 부르주아 공화국이 되었다. 17세기에 네덜란드는 우세한 해외무역으로 유럽에서 가장 부유하고 번창한 나라가 되었다. 종교와 학문의 자유는 네덜란드를 다른 유럽 사회와 구별 지었다. 암스테르담은 유럽의 출판 중심지로서 많은 책을 출판하고 수출했다. 그러나 네덜란드라는 나라의 크기는 새로운 정치, 경제 체제를 구축하고 확산시키기에는 커다란 제약이었다. 새로운 체제를 세울 결정적인 돌파구가 마련되려면 더 큰 나라에서 부르주아 혁명이 승리해야 했다.

영국에서는 15세기 이래 모직물 공업이 날로 번창하면서 15세기 말부터 목장을 만들려는 인클로저 운동이 시작되어 16세기에 성행했다. 이 운동으로 소농과 빈농은 토지를 잃고 농업 노동자로 전락하는 한편 이들을 고용하여 대규모 농지를 경작하는 농업 자본주의가 발달했다. 모직물 공업이 번성하면서 기존의 다른 산업도 발달하고 새로운 산업이 일어나기도 하여 광공업 산출량도 늘어났다. 이를 토대로 상업이 번성함에 따라 응용과학과 기초과학을 발전시킬 수 있는 기반이 갖춰졌다. 영국의 상업과 수학은 16세기 동안에 밀접하게 결부되었고, 상인과 무역회사에 의해 응용과학이 장려되었다. 영국은 내전(1642-1651) 직후에 농업혁명을 겪으면서 농업이 더욱 상업화됐다. 명예혁명(1688-1689) 이후에 영국은 지리적 조건이 가져다준 경제 발전의 가능성을 현실로 만들었다. 종교개혁과 반종교개혁의 투쟁, 절대주의에 맞선 부르주아 혁명은 봉건 질서를 무너뜨렸고 부르주아 공화국의 건설로 이어졌다. 이 과정에서 네덜란드처럼 영국도 개신교 상인이나 외국인 기술자를 내쫓았던 스페인과 반대되는 정책을 펼쳤다. 공업을 육성하고 외국인 장인을 받아들였다. 이로써 영국은 산업혁명을 이룰 수 있는 조건을 가장 잘 갖추게 되었다.

2 근대 과학의 전개

17세기는 근대 국가의 성립기이자 근대 과학과 철학의 성립기이다. 이 세기에 들어서서 이전과 견줘 과학이 두드러지게 발전하면서 과학혁명의 모습을 띠었다. 이것은 이 시기에 활동한 사람들이 초기 문명 사람들보다 더 뛰어난 지성을 갖췄기 때문은 아니었다. 뉴턴이 고대 그리스에서 태어났다면 아르키메데스 이상의 성취를 거두기 어려웠을 것이다. 그렇다고 관찰, 실험, 귀납법 때문도 아니었다. 관찰과 실험으로 바뀐 것이 르네상스 때의 혁신이었더라도 그리스 과학자들도 사용하던 방법이었다. 근대 자연과학의 기초를 세우고 연구하는 도구로써 수학이 발전했다는 특징이 있더라도 수학을 과학 연구에 사용했다는 것으로 근대 과학의 엄청난 성과를 설명할 수도 없다. 새로운 경향 속에서 과학혁명의 과정이 이루어졌다. 곧, 9장에서 논의했던 여러 요소가 배경으로 작용하면서 과학도 더욱 민감하게 경제, 사회적 필요를 충족시킨다는 현실 문제에 반응하고 그것에 봉사했다. 그리고 물질과 자연 현상의 지식을 이용하려는 관심이 과학 활동을 자극했다. 이런 활동이 봉건 체제의 교조주의와 싸우는 가운데 굳건해졌다.

17세기가 되자 스콜라 철학의 폐쇄적이고 비현실적인 논증, 신플라톤주의의 신비적인 교리, 마술사상의 주관적이며 편의주의적인 논의를 대체하는 새로운 학문과 철학을 만들려는 움직임이 유럽 전역에서 일어났다.[1] 이러한 상황은 사상의 변화로 이어졌다. 근대 자연과학은 사변에 의존하고 성서와 고전에서 진리를 찾던 데서 벗어나 관찰과 실험의 결과를 더 신뢰하기 시작했다. 실제로 코페르니쿠스의 지동설이 받아들여지게 된 것은 튀코, 케플러, 갈릴레오 등의 관찰과 실험으로 실증되었기 때문이다. 이 시대는 관찰과 실험에 대한 열정과 그것을 통해서 어떤 현상이 나타나는 법칙을 찾으려는 경향이 강화되었다.

실험 과학이 발전하고 성숙하면서, 실험이 과학적 논의를 발전시키는 방법으로 자리를 잡게 되었다. 실험으로 가설로부터 옳은 결과를 얻었을 때 그것을 이론으로 정립하고, 다시 그것을 바탕으로 새로운 가설을 세워나갔다. 이로부터 자연의 진리를 탐구하는 방법이 발전했다. 새로운 시대에는 수학과 경험의 동맹이 차츰 수학과 실험의 동맹으로 바뀌어 갔다.[2] 사람들은 관찰과 실험의 결과들을 수학적으로 관련지어 수학적 법칙을 얻고 그것을 확인하는 것이 좋다는 것을 알았다. 하지만 일반적으로 가설-연역적 방법이라는 것이 과학에서 아직 분명하게 드러나지 않았고, 실험도 꼭 거쳐야 하는 요소는 아니었다.

실험의 가장 중요한 특징은 다시 보여줄 수 있다는 것이다. 이 때문에 이론(수학적 법칙)으로 세우고 검증할 수 있게 된다. 이것은 갈릴레오에 기원을 두고 있다. 그에 의해서 비로소 수학이 과학에서 중요한 역할을 하게 되었다. 수학화와 함께 자료에서 실증적 규칙을 찾아내려는 귀납적 방법론 또한 중요성을 인정받기 시작했다.[3] 수학은 사물의 성질을 선험적으로 결정하는 것이라기보다 연구에 쓰이는 중립적인 도구로써 과학적 방법론의 일부가 되었다. 이 변화는 역학에서 먼저 일어났다. 과학은 실험 사실에 입각하고, 역학과 수학이 그것에 기초를 부여했다. 수학을 본격적으로 사용한 갈릴레오의 연구는 실험과 이론의 조화를 추구하는 현대 과학의 정신을 담고 있다. 갈릴레오가 1638년에 쓴 〈신과학 대화〉[1]는 거리, 시간의 관계인 속도, 가속도의 관계를 다루는 운동에 대한 수학적 연구이다. 그는 명제를 기하학적으로 증명했다. 이때 기하학은 억지스럽고 서툴게 응용되기는 했으나 그는 기하학의 범위를 물질의 양, 시간, 속도 같은 잴 수 있는 양으로 넓혔다.

실험과 관찰로부터 얻은 사실을 수학적으로 정리하여 법칙을 세우는 방법이 발달하면서, 실험과 관찰에 쓰이는 기구나 장치가 중요해졌다. 튀코가 시계 제작자이자 로그의 발명가인 뷔르기가 설계하고 제작한 기구로 정교하게 천체를 관측한 결과와 갈릴레오가 망원경으로 행성의 위성을 발견하고 달 표면을 관찰한 결과는 그때까지의 이론을 뒤집었으며 엄청난 영향을 미쳤다. 이런 실험 기구와 장치의 발달은 근대 산업의 발달과 깊은 관계를 맺고 있었다. 생산성을 높이는 장치를 제작하고 사용하는 문제에 맞닥뜨린 사람들은 고대 그리스의 수학과 과학을 적용하여 문제를 해결할 방법을 찾았다. 이것도 수학과 과학을 연구하는 동기로 작용했다. 기계는 역학 이론을 발달시켰으며 일반적인 운동과 변화를 연구하게 했다. 새로운 도구는 그때까지 얽매여 있던 감각이나 지식의 한계를 뛰어넘게 함으로써 지식인의 생각을 바꾸는 역할을 했다.

16~17세기 심지어 18세기까지 과학 연구는 신앙에서 비롯되었다. 연구의 목적은 신이 설계한 자연의 수학적 원리를 밝히는 데에 있었다. 코페르니쿠스와 케플러는 하느님이 수학적으로 단순한 이론을 선호할 것이라고 믿었기 때문에 지동설을

1) 〈새로운 두 과학에 관한 대화와 수학적 증명〉(Discorsi e Dimostrazioni Matematiche, intorno a due nuove scienze)

굳게 견지했다. 데카르트에게 수학의 참됨을 부정하는 것은 하느님을 부인하는 것이었다. 뉴턴에게도 과학의 가치는 하느님이 만든 세계를 연구하고 계시 종교의 참됨을 확증하는 데 있었다. 라이프니츠도 세계와 하느님의 단일성을 근거로 실제 세계와 수학 사이의 일치를 설명했다. 그렇지만 역설적으로 성서의 기록은 관찰과 실험, 이성 앞에서 힘을 잃어갔다. 자연의 법칙은 여전히 신이 부여한 법칙이었지만 이제는 발견될 수 있는 것이기도 했다.

근대 과학자는 자연을 많이 알수록 인간의 힘은 더 강해진다고 생각했다. 자연철학은 실용과 관계가 없다는 그리스 시대나 과학이 신학의 하녀라는 중세와 달리, 17세기에는 과학이 사람을 행복하게 해줄 수 있다고 생각했다. 이것은 F. 베이컨(F. Bacon 1561-1626)의 경험론과 데카르트의 합리론에 공통된 것이었다. 베이컨에게 자연을 연구하는 것은 고통을 줄이고 생활의 질을 높여 행복을 누리기 위한 것이었다. 데카르트도 과학을 실용 목적에 적용하자고 주장했다. 과학은 현실에서 생기는 문제를 해결하는 데 적절한 사유 방식과 정당화의 근거를 제공했다.

베이컨은 자연을 알아야 자연에 관해 추론할 근거가 생긴다고 보았다. 그는 과학에서 수학의 역할을 알고 있었고 자연의 연구는 물리학이 수학에 의해 제한될 때 가장 잘 진행된다고 말했으나 그는 여기서 더 나아가지 않았다.[4] 사실 그는 수학이 자연을 알아내는 기회를 제공할 수 있음을 인식하지 못했다.[5] 그는 진리를 탐구하는 확실한 방법으로써 귀납법을 강조했다. 이것은 당시의 기술과 과학 사이의 관계에서 기인한다. 17~18세기 장인들이 자신의 일터에서 생산성을 높이는 데 과학에서 배울 것은 많지 않았다. 거꾸로 과학자는 장인들로부터 많은 것을 배울 수 있음을 알았고 실제로 많이 배웠다.

데카르트는 자연의 법칙은 미리 짜인 수학적 계획이 발현된 것이라고 생각했다. 그에게 물질의 가장 기본이고 믿을 수 있는 성질은 그것의 모양과 그것이 공간을 차지하는 성질(전충성), 시간과 공간에 따른 그것의 운동이었다. 그에게 이런 것들은 모두 수학으로 표현할 수 있는 것이었다. 그는 역학 분야에서 발전하고 있던 수학적 방법을 검토하여 일반화하고, 그것으로 자연의 작용에 관한 일반적인 역학을 체계화하고자 했다. 그는 수학을 방법론적 도구로 생각했고 많은 주제에 적용할 수 있는 방법을 고민한 끝에 해석기하학을 발명하는 등 수학적 기법을 획기적으로 진보시켰다. 기하학 문제에 산술을 적용하여 해결하려고 고안한 이 분야가 수의 추상적 속성을 파악하는 도구도 되었다.[6]

3 근대 수학 개관

16세기 말까지 유럽은 아랍의 대수학을 흡수하고 부분적이나마 기호를 도입하여 삼차, 사차방정식의 풀이법을 다듬었으며 삼각법을 하나의 학문으로 독립시켰다. 17세기로 접어들면서 수학은 고대부터 내려오던 전통을 극복하고 르네상스 시기의 성과를 넘어서 새로운 기틀을 마련했다. 이러한 변화는 매우 폭넓고 깊었다. 근대 수학을 상징하는 대표 업적으로 해석기하학, 미적분, 확률론, 역학, 보편중력을 들 수 있다. 이러한 모든 분야에 강력한 영향을 끼친 데카르트(R. Descartes 1596-1650)의 〈기하학〉과 뉴턴(I. Newton 1642-1727)의 〈프린키피아〉는 이러한 변화를 가장 잘 보여준다. 이 두 사람도 그렇듯이 이 시기의 학자는 대부분 자연과학과 수학을 거의 구별하지 않았다. 한 개인이 과학적 성취와 수학적 성과를 흔히 함께 이루었다.

17세기에 수학의 여러 분야가 탄생하고 활발히 연구된 것은 인쇄와 소통 체계의 발달에 힘입은 바가 크다. 이 세기 전반부터 우편 체계의 발달에 힘입어 더 빠르게 정보를 주고받으면서 인적, 지역적으로 논의의 마당이 넓어짐으로써 수학이 발전하는 속도가 빨라졌다. 이 시기에 인쇄본이 많아졌다고는 해도 고등 수학은 독자가 적었으므로 책값이 비싸게 매겨졌다. 더욱이 중요한 결과가 나와도 책 한 권을 채울 분량이 되지 못했다. 이러저러한 까닭으로 책은 수학의 새로운 결과를 담는 도구로는 적합하지 않았다. 이 때문에 많은 수학자는 책보다 편지로 의견을 나누었다. 편지는 하나의 생각을 여러 사람에게 빠르게 전달하여 논의하는 방법이었다. 이 방법에 힘입어 17세기는 수학에서 교류가 가장 많은 시대가 되었다.

과학자들이 의견을 주고받는 학술 모임이 생겼는데 메르센(M. Mersenne 1588-1648)이 구성한 모임이 가장 많은 영향을 끼쳤다. 그는 자신의 수도원을 여러 나라에서 온 학자들이 만나는 장소로 만들어 정보를 나누도록 했다. 모임은 규정이나 출판물이 없는 완전히 비형식적 모임이었다. 이 모임은 1635년부터 메르센이 죽기 전까지 새로 제기되는 수학과 과학의 제재를 정기적으로 논의했다. 학술 잡지가 없던 그 시기에 그가 모임의 기록과 연락을 맡아 새로운 자료를 입수하고 필사하여 널리 배포했다. 그를 통해서 새로운 내용이 짧은 시간 안에 수학계 전체에 알려졌다. 메르센이 죽은 뒤에는 파스칼(B. Pascal 1623-1662)의 집을 포함한 여러 집에서 모임이 이어졌다.

근대 초기에 유럽 수학은 그리스 수학에 많이 힘입었지만, 그것을 극복하면서 발달해 나갔다. 이 변화를 주도한 몇 가지는 다음과 같다. 비에트와 데카르트가 개발한 문자 기호가 수학적 방법과 결과에 일반성을 주었다. 이로써 산술을 체계화하는 방법으로 출발했던 대수가 수학의 한 분야로 되었고 모든 수학 연구가 훨씬 쉬워졌다. 음수와 무리수가 수로 널리 인정되고 허수도 일반적으로 받아들여짐에 따라 수학 자체와 수학의 적용 범위가 더욱 넓어지고 깊어졌다. 피보나치 이후로 수론을 새롭게 연구한 페르마(P. de Fermat 1601-1665)에 의해 현대 정수론의 기초가 확립되면서 수비주의가 수에 관한 이론으로 바뀌었다. 방정식론에서 가해성 등의 문제와 관련해서 대수방정식의 구조가 중요한 연구 대상이 됨으로써 대수학이 물리적 근거를 가져야 한다는 관념에서 해방되었다. 케플러가 원뿔곡선을 사용하면서 그것을 다시 연구하게 되었다. 파스칼이 데자르그(G. Desargues 1591-1661)와 함께 사영기하학이라는 순수기하학의 새로운 장을 열었다. 카르다노가 확률을 다루고 나서 파스칼과 페르마가 현대 확률론의 바탕을 마련했다. 라이프니츠는 논리적인 논의를 체계적인 형식으로 바꾸는 기호 논리학을 시도했다.

17세기 수학에서 가장 많은 변화를 일으킨 것은 해석기하학과 미적분학이다. 미적분학은 해석기하학을 근간으로 하여 발전하게 된다. 그러나 물리학을 비롯한 많은 영역에 영향을 끼친 것은 미적분학이다. 대수적 사고방식은 미지수와 상수를 문자 기호로 나타내고 연산 기호를 사용하여 추상적으로 수학적 관계를 구성한다는 특징이 있다. 이러한 특징이 기존의 대수라는 경계를 넘어 확장되면서, 대수학이 기하학적 요소를 버리는 수준을 넘어 기하학을 끌어들인 때가 17세기였다. 그리스인은 엄밀성을 확보하기 위한 방편으로 기하학을 선호했다. 이제 그 역할을 대수학이 맡게 되었다. 페르마와 데카르트가 대수학과 기하학을 결합하여, 대수를 이용하여 해석(분석)한다는 비에트의 착상을 해석기하학이라는 새로운 분야로 정식화했다. 대수학은 본래 역할인 효율적인 계산법에 머물지 않고 기하학 문제를 효과적으로 해결하는 방법론이 되었다. 기하를 대수적 방법으로 다룰 수 있게 되면서 아르키메데스의 구적 이론에서는 드러나지 않던 극한의 개념을 근대적인 논증으로 다루게 되었다. 그리하여 해석기하학은 미적분학을 개발할 때 결정적인 역할을 하게 되었다.

17세기 수학의 또 다른 특징은 그 중심이 정적인 것에서 변화, 운동하는 것으로 옮겨갔다는 것이다. 이럼으로써 수학의 영역은 획기적으로 넓어졌다. 1600년 무렵에 망원경과 현미경이 발명되면서 광학이 사람들의 큰 관심을 끌었다. 렌즈의 성능을 끌어올리려면 빛의 운동을 연구해야 했다. 이것은 빛의 굴절과 관련된 곡면의 형태, 그런 곡면을 만드는 생성곡선의 형태에 관심을 일으켰다. 케플러의 법칙과 더불어 갈릴레오가 발견한 지상에서 일어나는 운동의 법칙에는 움직이는 물체의 자취를 설명하는 새로운 역학 원리가 필요했다. 이것도 곡선 연구였다. 변화와 운동뿐만 아니라 케플러로부터 촉발된 넓이와 부피를 구하는 문제에도 많은 관심을 기울이기 시작했다. 이러한 여러 사항으로부터 미적분이 나오고 그것의 바탕을 이루는 함수 개념이 규정되기 시작했다. 미적분을 이용해 지상과 천상의 운동을 하나의 체계로 통합할 수 있게 되었다.

17세기는 수학과 과학에 매우 창조적인 시기였다. 그러나 당시에 대학은 오늘날과 달리 그런 역할을 전혀 하지 못했다. 종교에 종속되어 있던 대학은 보수적, 교조적이어서 새로운 지식을 수용하는 데서 매우 더뎠다. 대학의 교육과정은 여전히 인문학 중심이었고 수학은 공식 교육과정으로 인식되지 않았다. 그나마 명시된 교재도 여전히 고대 그리스 저작에 머물러 있었다. 뉴턴이 정부 관료로 근무했던 것은 대학이 과학의 중심이 아니었음을 보여주는 전형적인 사례이다. 부분적으로 대학의 과학에 대한 무관심 때문에 학술원과 학회가 등장했다. 과학 문제에 사람들이 보이는 지적 호기심은 실험적인 지식을 중시하는 두 기구를 양적으로나 질적으로 확장했다.

복소수, 문자 계수를 받아들인 대수학과 변화, 운동을 다루는 미적분이 물리 현상을 설명하고 해결했다. 새로 도입된 개념들 덕분에 수학은 현실 세계에서 직접 추상한 개념들을 사용하여 접근하던 16세기와 다른 양상을 띠었다. 새로운 개념이 이전의 것과 달리 물질세계와 좀 더 거리를 두고 있었기 때문이다. 대수학과 미적분학의 논리적 기초에 문제가 있음이 제기됐으나, 두 분야가 엄청난 효용성을 보이면서 널리 활용되자 기초 개념을 명확히 밝히고서 연역적으로 증명해야 한다는 것은 뒷전에 놓였다. 엄밀한 공리적 구성 방식 대신에 귀납법, 직관, 엉성한 기하학적 증거, 물리학적 논증이 자리를 차지했다.[7] 엄밀한 연역적 전개는 시간이 지난 18세기 중반에 추구되기 시작한다. 이것은 마치 유클리드의 〈원론〉이 나오기까지 메소포타미아 때부터 오랜 시간이 지난 것과 같다. 유클리드 전까지는 여러 수학 요소를 자명하다고 여겼고, 실제에 올바르게 적용되고 그 결과가 옳았기 때문에 사용해 왔을 것이다. 마찬가지로 유클리드 이후, 특히 17세기에 도입된 많은 수학 요소도 오랜 세월을 지나면서 요구되어 사용되어 온 것들을 받아들인 것에 지나지 않는다. 음수, 복소수, 순간변화율 등을 처음에는 낯설게 느끼다가, 현실에 응용될 때 유용한 결과를 가져다주자 그 개념들에 익숙해지고, 적극 또는 무비판적으로 사용하면서 직관적인 개념인 것처럼 받아들이게 되었다.

4 산술과 수론

16세기 이전에도 양의 유리수 범위에서 사칙연산을 하고 있었으나, 현대적 의미의 산술이 시작된 것은 400년 정도밖에 안 되었다. 이것은 무리수와 음수, 0이 수로 받아들여져야 했기 때문이다. 물론 특정한 상황에서 무리수나 음수가 쓰이기는 했지만 양의 유리수처럼 추상적 의미로는 받아들여지지 않았다.

17세기에 과학이 엄청난 속도로 발전하기 시작하자 정량적인 결과가 필요해졌다. 과학 연구에 나오는 모든 양을 수치로 다루려면 무리수를 수로서 받아들여야 했다. 그러려면 무리수의 사칙연산이 실제 물리적 상황을 나타낼 수 있도록 적절하게 정의되어야 한다. 이것이 되어야 수학에서 추구하는 엄밀한 추론이 가능해진다. 무리수를 근삿값으로만 다루게 되면 연산을 거듭할수록 실제 값에서 더욱 멀어질 가능성이 높다. 더구나 무리수끼리 더하거나 곱하면 유리수가 되기도 해서 연산의 정의가 필요한데, 특히 무리수끼리의 곱셈과 나눗셈이 정의되어야 했다. $a>0$, $b>0$일 때, $\sqrt{a}\sqrt{b}=\sqrt{ab}$, $\sqrt{a}/\sqrt{b}=\sqrt{a/b}$로 정의되었다.

많은 수학자가 17세기에도 음수의 개념을 받아들이지 못했다. 사람들은 수학 개념이, 심지어 자연수조차도 추상된 개념이라는 사실을 오랫동안 깨닫지 못했다. 음수가 하나의 추상 개념이고, 그것이 모순을 일으키지 않고 물리 현상을 설명할 수 있으면 수학에 도입할 수 있는 것임을 이해하지 못했다. 음수를 제대로 활용하려면 양수의 연산과 마찬가지로 음수의 연산을 할 수 있어야 한다. 음수끼리의 연산과 음수와 양수의 연산은 그것의 물리적 의미를 염두에 두면 이해하기 쉽다. 형식불역의 원리나 수직선, 간단한 재정 상태의 변화를 참고하면 음수가 포함된 연산을 어떻게 정의해야 하는지, 그리고 음수도 양수만큼이나 불가사의한 것이 아님을 알 수 있다. 음수가 포함된 곱셈은 $a>0$, $b>0$일 때, $(-a)b=-ab$, $a(-b)=-ab$, $(-a)(-b)=ab$로 정의되고 나눗셈은 $(-a)/b=-a/b$, $a/(-b)=-a/b$, $(-a)$

$/(-b)=a/b$로 정의되었다.

실용에 대한 관심은 계산, 기호 체계, 방정식론을 발전시켰고 순수수학 문제에 대한 관심은 정수론을 연구하도록 이끌었다. 정수론 분야에서 르네상스 시대의 수학자들이 여러 가설을 내놓고 몇 가지를 입증하기는 했지만 페르마가 비로소 폭넓게 연구하고 의미 있는 결과들을 내놓았다. 그는 신비주의에 갇혀 있던 수 이론을 수학의 한 분야로 바꿔놓았다. 그러나 그가 살아 있는 동안에는 관심을 끌지 못했다. 그 까닭의 하나는 그가 증명을 제대로 기술하지 않았기 때문일 것이다. 어쨌든 페르마의 수론 연구는 뒤 세대에게 많은 자극을 주었다. 그의 연구는 디오판토스의 〈산술〉에서 출발했으나 부정방정식의 근을 자연수에 한정함으로써 고대 그리스, 로마의 전통으로부터 완전히 벗어났다. 그의 수론 연구는 100년쯤 지난 뒤에 오일러가 연구하게 되면서 다시 등장한다.

페르마는 완전수의 개념으로 처음 수론에 발을 들여놓았다. 수론에서 가장 오래된 문제의 하나인 모든 완전수를 찾는 문제에 메르센의 이름이 관련되어 있다. 이것은 〈원론〉 제9권에 나오는 $n>1$일 때 2^n-1이 소수이면, $2^{n-1}(2^n-1)$은 완전수라는 명제와 관련되는데, 문제는 어떤 n 값에 대하여 2^n-1이 소수가 되는가였다. 2^n-1이 소수이면 n은 소수이나 역은 성립하지 않는다. $M_n=2^n-1$을 메르센 수라고 하는데, 이 가운데 메르센 소수의 존재와 관련하여 M_p가 합성수로 되는 소수 p가 한없이 많은지에 관한 문제도 제기됐다.

페르마는 2^n-1이 소수이기 위한 n의 조건을 결정하지 못하고 처음 네 개의 완전수 6, 28, 496, 8128을 제시하는 데 그쳤다. 그는 이것에 도움이 되는 세 명제를 1640년에 제시했다. (1) n이 소수가 아니면 2^n-1도 소수가 아니다. (2) p가 홀수인 소수이면 $2^{p-1}-1$은 p로 나누어떨어진다. (3) p가 홀수인 소수이면 2^p-1의 가능한 단 하나의 인수는 $2pk+1$의 꼴이다. 페르마는 증명 없이 수치 예만 들었다. 그는 뒤의 두 명제를 포괄하는 더욱 일반적인 정리를 제시했다. 이른바 페르마의 소정리로서 만일 p를 임의의 소수, a를 임의의 정수라고 하면 a^p-a는 p로 나누어떨어진다는 것이다. 이 정리는 수론에서 응용 범위가 넓은 아주 중요한 결과인데 20세기 후반에 응용수학의 한 분야인 암호이론(RSA 암호)에서 결정적인 역할을 한다. 아이러니하게도 응용으로부터 가장 먼 완전수를 구하는 문제가 응용의 바탕이 되었다.

피타고라스 정리의 일반화라고 할 수 있는 '2보다 큰 정수 n에 대해 $x^n+y^n=z^n$

이 되는 양의 정수 x, y, z는 없다'는 정리를 페르마의 대정리(또는 마지막 정리)라고 한다. 정리 자체보다 이 문제를 해결하는 과정에서 새로운 많은 이론과 방법들이 개발되는 데 중요한 역할을 했다. 이를테면 이 정리는 19세기에 쿠머가 이상수의 이론을 세우는 토대가 되었고 이것으로부터 대수적 수 이론이 생겼다. 페르마의 대정리 자체는 오랫동안 증명되지 않았기 때문에 유명해졌을 뿐, 그 자체로부터는 어떤 중요한 귀결이 없었다. 힐베르트는 이 문제가 해결되고 나면 더 이상 유익한 부산물이 나타나지 않을 수 있다고 생각했다.[8] 이것은 사실로 나타났다.

오일러는 페르마의 대정리를 1770년에 페르마의 무한강하(infinit descent)법을 이용하여 $n=3$인 경우에 증명했다. 이어서 1820년대 초에 제르맹이 n이 100보다 작은 홀수인 소수이고 xyz가 n으로 나누어떨어지지 않으면 $x^n + y^n = z^n$의 근은 없음을 보였다. 그렇지만 x, y, z 가운데 어느 하나가 n으로 나누어떨어지는 경우는 근이 있는지 없는지를 판정하지 못했다. 르장드르가 1825년에 $n=5$일 때, 디리클레가 1832년에 $n=14$일 때, 라메가 1839년에 $n=7$인 경우에 온전히 증명했다. 1857년에 쿠머는 이상수를 사용하여 37, 59, 67을 제외한 100보다 작은 소수일 때를 증명했다. 1910년에 미리마노프(Д. С. Мирима́нов 1861-1945)는 쿠머의 방법을 개선하여 256까지의 n에 대해 x, y, z가 n과 서로소일 때 증명했다. 1976년에 $125,000$까지의 n에 대해 컴퓨터를 사용해서 증명되었다. 1983년에 팔팅스(G. Faltings 1954-)가 '모델[2]의 예상'을 증명하는 과정에서 $n \geq 4$에 대해 정수해가 존재한다면 유한개밖에 없다는 것을 증명했다. 이 유한개의 근이 실제로 0이 됨을 보였다면 페르마의 대정리는 증명되었을 것이다. 이 정리에 대한 논의는 1994년에 와일즈(A. Wiles 1953-)에 의해 마침내 마무리되었다.

오일러가 이용했다고 하는 페르마의 무한강하법은 역방향의 수학적 귀납법이다. 페르마는 이 방법으로 디오판토스의 정리 가운데 몇 개를 증명하고, 여러 정리를 발견하기도 했다. 이것을 아랍에서는 11세기 초에, 중국에서는 13세기 말에 사용했다. 그러나 무한강하법은 특정한 자연수 n에서 시작하여 그것보다 작은 자연수에 대해서만 성립하는 것을 보이는 것이어서 유한의 경우만 보장된다. 그러므로 주어진 성질을 만족시키지 못하는 자연수가 존재할 수 있다. 이런 예를 자연수 n에 대하여 $2^{2^n}+1$은 모두 소수라는 페르마의 주장에서 볼 수 있다. 그는 4부터 무한강하법으로 증명하고 나서 5 이상일 때도 성립한다고 했다. 그러나 이것은 그릇된 것이

2) Louis Mordell(1888-1972)

었다. 오일러가 $n=5$일 때 $2^{2^5}+1=4294967297=641\times6700417$로 인수분해됨을 보였다.

5 대수학

16세기 후반과 17세기 초반에 대수는 큰 발전을 이루었는데, 그 대부분은 데카르트와 페르마 덕분이었다. 카르다노, 타르탈리아, 비에트, 데카르트, 페르마는 방정식의 근에 관한 이론을 확장했고 기호를 도입했으며 많은 대수정리와 방법을 확립했다. 그렇지만 파치올리, 카르다노, 타르탈리아, 페라리는 대수학 법칙을 기하학으로 증명했으며 비에트도 꽤 기하학에 매여 있었다. 이와 달리 데카르트는 대수를 이용해서 추상적인 대상과 미지수에 대해 효과적으로 추론할 수 있음을 보여주었다. 이런 역할을 하는 기호를 도입한 것은 수학에서 엄청난 진보였다. 기호를 사용한 대수학은 양을 다루는 데 유용한 논리를 확장함으로써 기하학보다 더 근본적이었다. 또한 예전의 장황한 문장제 표현과 견주었을 때 기호를 사용한 표현은 상상력을 해방하여 복잡하고 어려운 사고 과정을 단순한 기호 다루기로 만들어 사고의 부담을 덜어주었다.

미적분학에서 대수학이 중심 역할을 하면서 대수학의 위상은 높아졌으나 산술과 대수학에 논리적 기초가 없음이 드러났다. 자연수와 분수를 받아들이는 근거는 분명히 도형에 바탕을 둔 경험이었다. 기하학은 무리수, 음수, 허수에 논리적 바탕을 제공하지 못했다. 사차방정식의 근은 기하학으로 정당화될 수 없었다. 그나마 무리수는 정수나 분수와 성질이 같으므로 무리수는 직관적으로 받아들이기 쉬웠다. 음수는 무리수보다 받아들이기 훨씬 어려웠다. 음수는 기하로 설명하지 못했고 연산 규칙이 이상했기 때문이었을 것이다. 또 기하학은 어떤 다항식 $p(x)$가 $p(a)<0$이고 $p(b)>0$이면 a와 b 사이에 다항식을 0이 되게 하는 점이 있다는 것도 정당화하지 못했다. 이 때문에 16~17세기 대부분의 수학자는 음수를 불편하게 생각했거나 인정하지 않았다. 물론 방정식의 근으로 여기지도 않았다. 수 체계와 대수학에 논리적 기초를 마련하는 문제는 17세기 수학자들이 이해하던 것보다 훨씬 어려웠다. 이 문제는 19세기가 되어서야 해결되는데 형식화와 논리적 기초를 구축하기에 앞서 더 많은 수학적 결과가 나와야 했다. 과학 연구에서 음수의 사용이 관찰과 실험에 잘 들어맞는 결과를 주었다. 더욱이 음수를 허용하면 수학은 훨씬 더 단순해졌다. 이러한 효용이 논리적 토대의 구축을 압도했다.

17세기 초까지 대수학은 자체의 논리적 바탕을 갖춘 독립 분야가 아닌 기하학 문제를 해석하는 방법으로 여겨졌다. 데카르트도 대수학을 도구로 생각했다. 이런 상황에서 대수학은 해석기하학을 통해 논리를 확장함으로써 기하학보다 더욱 긴요한 분야가 되었다. 이러한 변화에서 미적분학이 결정적인 역할을 했다. 뉴턴과 라이프니츠는 미적분학을 대수학의 확장으로 여겼다. 미적분학은 무한급수 같은 무한개의 항을 다루는 대수학이었다. 대수학을 사용함으로써 미적분학을 가장 효과적으로 다룰 수 있었다. 한편 비에트가 대수학을 해석술이라 하고부터 대수학과 해석을 같은 것으로 여겼고, 대수학과 해석이 동의어가 되었다. 이렇게 해서 데카르트의 대수적 기하학에 '해석기하학'이라는 말을 쓰게 되었다. 18세기에 해석기하학은 표준 용어가 되었다. 오일러가 1748년에 미적분학을 뜻하는 말로 '무한소 해석'을 사용했다. 이것이 19세기 말까지 사용되었고, 이때 미적분학과 그 기초 위에 세워진 수학 분야들을 '해석학'이라 일컫게 되었다. 이렇게 해서 해석학은 극한이 사용되는 모든 분야를 가리키는 것이 되었다. 기하 문제를 해석하는 방법으로써 해석기하학에는 극한이 전혀 쓰이지 않는다.

월리스(J. Wallis 1616-1703)가 비에트, 해리어트, 데카르트, 페르마를 훨씬 뛰어넘는 성과를 이루면서 산술과 대수학을 기하학에서 해방하는 데 크게 이바지했다. 그럼에도 아직 유클리드가 구축했던 것과 같은 논리적 바탕은 대수학에서 마련되지 못했다. 사실 거의 모든 수학자가 관심을 보이지 않았다. 심지어 배로와 파스칼은 대수학을 거부했다. 파스칼은 대수학이 논리적 기초가 없다는 까닭에서 미적분학의 해석학적 방법과 해석기하학을 반대했다.[9]

5-1 방정식론

해리어트(T. Harriot 1560-1621)는 비에트의 방법을 더욱 발전시켜 미지수, 계수뿐만 아니라 많은 대수적 표현을 기호로 나타냈다. 그는 미지수에 모음, 계수에 자음을 사용하던 비에트를 따랐으나 대문자 대신에 소문자를 사용했다. 슈티펠처럼 미지수의 거듭제곱, 이를테면 a^4을 a의 제곱-제곱이라는 약어를 사용하지 않고 $aaaa$로 썼다. 그도 방정식에서 양의 근만 생각했다. 그렇더라도 그는 음수 근과 허근을 모두 고려했고, 더욱이 허근은 켤레로 나타난다고 생각했다. 이럼으로써 그는 일반적인 방정식론을 향하여 한 걸음 더 나아갔다. 이를테면 근과 계수의 기본 관계를 끌어냈다. 또한 근 b, c, d, …로부터 $b-a$, $c-a$, $d-a$, …를 곱하여 방정식을 만들 수 있음을 알았다. 그러나 음수 근과 허근에는 그다지 주의를 기울이지 않았다. 그는 부등호 $>$, $<$를 도입했고[10] 레코드의 등호(=)를 보편적으로 쓰이게 했다.

지라르(A. Girard 1596-1632)는 음수 근과 허근도 인정하고 중근이 있음을 알았다. 이 덕분에 1629년에는 삼차방정식에서 근과 계수의 관계를 해리어트보다 명료하게 기술할 수 있었다. 그는 방정식의 음수 근을 양수 근에 대응하는 선분과 반대 방향의 선분으로 나타내어 음수 근의 기하학적 의미를 처음으로 보였다. 이것은 수(數)직선의 개념으로 이어진다. 그도 허근을 '불가능한 근'이라고 하여 근으로 인정하지 않다가 나중에 근의 개수를 헤아리려면 음수 근뿐만 아니라 허근을 인정해야 함을 알게 되었다. 그리하여 그는 모든 대수방정식에는 최고 차수와 같은 개수의 근이 있다는 대수학의 기본 정리를 처음으로 주장했다. 그는 분수 지수의 표기법을 도입하면서 분자는 거듭제곱이고 분모는 거듭제곱근이라고 했다.[11] 또한 오늘날 n변수의 기본 대칭관계라고 하는 대칭식도 고찰했다. 이를테면 삼차방정식의 세 근 b, c, d에 대하여 $b+c+d$를 제1대칭식, $bc+cd+db$를 제2대칭식, bcd를 제3대칭식이라고 했다. 그는 이항계수로 만들어지는 산술삼각형을 근을 구하는 삼각형이라 하고 그것은 대칭식이 몇 개의 항으로 이루어지는지를 알려 준다고 했다. 그는 하나의 근을 알고 있을 때 어느 특정한 경우에 대칭식을 이용하여 방정식의 차수를 줄일 수 있었다.[12]

17세기 전반에 수학에 그다지 이바지한 바가 없던 잉글랜드에서 전문 수학자가 아닌 사람에게서 약간의 업적이 나왔다. 목사였던 오트레드(W. Oughtred 1574-1660)는 1631년에 150개 이상의 기호와 약어를 사용했다. 그렇지만 $aaaaa$를 Aqc(A의 제곱-세제곱)라고 써서 해리어트보다 퇴보했다. 그는 일부 기호가 '장황한 표현'을 없애주어 맥락을 좀 더 명확하게 파악할 수 있게 해준다고 했다.[13] 지금도 사용하는 기호로는 ±와 ×뿐이다.[14]

기하학적으로 어떠한 조작을 할 수 있다면 그것을 대수 연산으로 실행하고 그 결과를 공식으로 기술할 수 있게 하는 데서 데카르트가 중요한 걸음을 내디뎠다. 그는 당시의 누구보다 기호 대수를 잘 구사했고 대수를 기하학적으로 해석하는 것도 빈틈이 없었다. 이것은 그의 기호법 덕분이었다. 그는 〈기하학〉(La géométrie 1637)의 제1부에서 오늘날 우리가 사용하고 있는 대수 표기법을 도입했다. 미지수를 알파벳의 뒤쪽 문자 x, y, z, …로, 계수를 앞쪽 문자 a, b, c, …로 나타냈다. 한 문자로 양수와 음수를 모두 나타낼 수 있음을 보였다. 거듭제곱에 대한 현대적인 지수 표기법도 제시했다.

데카르트는 수를 기하학적 양과 관련시키는 그리스 전통을 끊어냄으로써 방정식에서 동차성의 원리라는 기하학적 해석을 제거했다. 이는 아랍 대수학의 영향이다. 11세기 초에 바그다디가 선분의 제곱이나 제곱근도 선분이라고 했다. 데카르트는 기하학적 대상을 수를 나타내는 수단으로 생각했다. 그에게 두 선분의 길이의 곱은 직사각형의 넓이가 아니라 또 다른 선분의 길이였다. 거듭제곱도 마찬가지였다. 그는 a^2을 비례식 $1 : a = a : a^2$의 넷째 항으로 생각했다. a^3, a^4 등도 마찬가지로 나타낼 수 있었으므로 일반적으로 a^n(n은 자연수)을 선분으로 생각할 수 있게 되었다. 이 생각은 그의 대수에 더욱 많은 융통성을 주었다. 대수방정식은 수와 수 사이의 관계가 되었고 그것으로 대수곡선을 일반적으로 다룰 수 있게 되었다. 수학적 추상화는 새로운 단계로 나아갔다. 그런데 우리에게 상수와 미지수의 곱은 수이고, 데카르트는 선분으로 여김으로써 동차성의 원리를 버렸다고는 하나 기하학적 의미는 유지했다.

데카르트는 방정식의 근을 작도하는 데 관심이 있었다. 그는 먼저 문제를 대수적으로 구성하고 나서 방정식을 푼 다음에 풀이가 요구하는 바를 작도하고서 문제를 해결했다고 생각했다. 이를테면 미지의 길이 x를 찾는 기하학적 문제가 $x^2 = ax + b^2$(a, b는 길이)이라는 대수식으로 귀결되었다고 하자. 그러면 알려져 있던 대수적 방법으로 $x = a/2 + \sqrt{(a^2/4) + b^2}$을 구한다. 다음에 데카르트는 x를 작도한다. 직각삼각형 NLM을 그리고, LM$= b$, LN$= a/2$라고 한다. N을 중심, LN을 반지름으로 하는 원과 MN의 연장선이 만나는 점을 O라 한다. 그러면 OM이 바로 x이다. 마찬가지로 $x^2 = -ax + b^2$의 양수 근은 MP이고 $x^2 = ax - b^2$의 양수 근은 MQ와 MR이다. 데카르트는 음수 근은 고려하지 않았다.

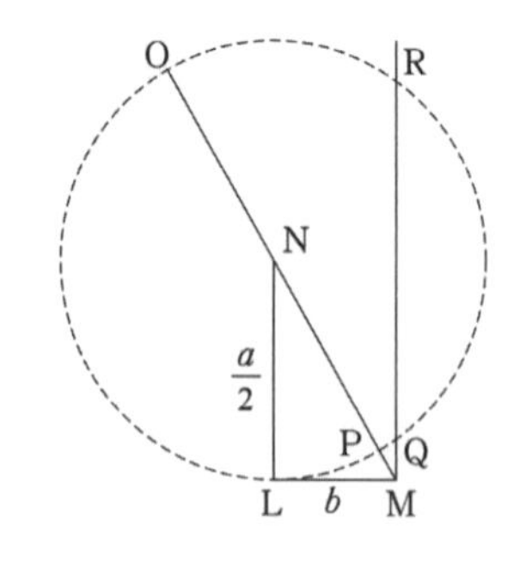

데카르트는 삼차나 사차방정식에는 포물선과 원의 교점을 이용했다. 그는 방정식의 차수가 문제를 해결할 작도 방법을 결정한다는 것을 알고 있었다. 이때 그는 특정한 교점이 방정식의 음수 근이 되고, 두 곡선이 교차하지도 접하지도 않으면 근이 허수가 됨도 알고 있었다. 나아가 그는 원과 자신이 고안한 도구로 작도되는 곡선을 교차시켜 오차 이상의 방정식을 풀었다. 그는 대수적 연산을 기하학적으로 어떻게 해석하는지를 보인 것이다. 그렇지만 대수방정식은 작도 문제와 상관없는 많은 상황에서 등장했고 기하학적 방법은 그런 방정식의 근을 이해하는 데 부족했다. 이에 그는 기하 문제의 해결에 대수를 응용하는 방법을 이전보다 일반적으로 세우기 위해 고민했다.

데카르트는 〈기하학〉의 제3부에서 방정식의 속성과 풀이의 기초를 이루는 원리를 살폈다. 그는 모든 항을 한 쪽으로 옮기고 그것을 0으로 놓는 것의 장점을 깨달았다. 중국에서는 13세기에 진구소가 도입했다. 데카르트는 다항식 $p(x)$가 $x-a$로 나누어떨어지기 위한 필요충분조건은 a는 $p(x)$의 근이어야 한다는 인수정리를 제시했다. 그는 미정계수법도 맨 처음 사용했다. 이를테면 x^2-1을 일차식으로 분해하고자 할 때 $x^2-1=(x+a)(x+b)$로 놓는다. 우변을 전개한 다음 같은 차수 항의 계수끼리 같게, 곧 $a+b=0$, $ab=-1$로 놓고 a와 b를 구한다. 그는 방정식을 그것의 근들로부터 만드는 것도 보여주었다. 이를테면 $x=2$, 곧 $x-2=0$이고 $x=3$, 곧 $x-3=0$이면 두 방정식의 곱은 $x^2-5x+6=0$이고 이것의 두 근은 2, 3이라고 했다. 여기에 새 방정식 $x-4=0$을 곱하면 세 근 2, 3, 4를 갖는 삼차방정식 $x^3-9x^2+26x-24=0$이 만들어진다. 이것은 인수분해에 관한 가장 이른 언급이다.[15] 이런 관계로부터 그는 지라르보다 한 걸음 나아가 n차 다항식 $p(x)$의 한 근이 a일 때, $p(x)$를 $x-a$로 나누면 $n-1$차 다항식이 만들어짐을 알았다. 이상의 사실들은 n차의 다항식을 n개의 일차 인수로 분해할 수 있을지도 모른다는 바람을 품게 했다.

미지수가 둘인 다항식은 곡선의 교점을 구하는 문제를 다루는 과정에서 등장했다. 이때 다항식의 소거법을 다시 발견하게 되었는데, 일차방정식의 이해가 그 기초로 된 것은 더욱 뒤의 일이다.[16] 방정식의 작도는 소거의 역조작으로, 소거법에 관하여 두 가지를 알아야 했다. m차와 n차방정식에서 소거법으로 만든 마지막 식은 mn차가 되고, mn차방정식은 mn개의 근을 갖는다. 전자는 무한원점을, 후자는 허수를 인정하는 경우에만 사실로 된다. m차, n차방정식 $p(x, y)=0$, $q(x, y)=0$이 평행선의 방정식이면 y를 소거하여 만든 방정식 $r(x)=0$은 차수가 0이고 근은 없다. 그러나 평행선이 무한원에서 만난다고 하면 이 경우도 올바르다. 이 아이디어의 기하학적 틀인 사영기하학은 해석기하학과 거의 같은 시기에 발전했다. 그러나 두 기하학이 서로 관련되어 있다는 것은 19세기가 되어서야 이해되

었고, 그때까지 사영기하학은 좌표 없이 발전했다.[17]

양수, 음수, 허수 근의 개수를 예측하는 방법도 연구되었다. 데카르트의 부호 법칙이라고 알려진 '하나의 방정식에는 계수의 부호가 바뀌는 횟수만큼 양수 근이 있을 수 있고 같은 부호가 두 번 잇따라 나오는 횟수만큼 음의 근이 있을 수 있다'는 정리를 증명 없이 기술했다.[18] 실제 개수는 가능한 최대 개수보다 2씩 줄어든다. 그는 또 $p(x)=0$의 음수 근은 $p(-x)=0$의 양수 근이므로 다항식 $p(-x)$의 계수에서 부호가 바뀌는 횟수보다 더 많은 음수 근이 있는 방정식은 없다고 했다. $x^6-10x^2+x+1=0$은 계수의 부호가 바뀌는 횟수는 2번이고 바뀌지 않는 횟수는 1번이므로 양수 근은 두 개이거나 없고 음수 근은 하나일 수 있다. 데카르트 법칙으로는 정확한 개수를 알 수 없다. 있을 수 있는 양수 근과 음수 근 개수의 합이 방정식의 차수보다 작으면, 그는 개수를 채우기 위해 허근이 있을 거라고 했다.[19] 허수라는 용어를 사용한 그는 〈기하학〉에서 실수와 허수를 구분하면서 음수 근과 허근을 체계적으로 다루었다. 처음에 허수는 방정식에 근이 없음을 나타내는 역할만 했다. 형식적인 해인 -1의 제곱근은 가상의 수이므로 근은 없는 셈이었다.

윌리스는 1685년에 영어로 쓴 〈대수학〉3)에서 이전의 대수학 업적을 다루면서 음수와 허수의 도입을 옹호했다. 그는 이런 수를 의미 있게 정의할 수는 없더라도, 이것들은 수학적으로 쓸모 있고 자연 세계에서 해석할 수 있다고 주장했다.[20] 뉴턴은 〈보편 산술〉(Arithmetica Universalis 1707)에서 허근은 켤레로 나온다는 사실을 증명했다. 그는 방정식 $ax^2+bx+c=0$은 b^2-4ac가 0이냐, 0보다 크냐, 0보다 작으냐에 따라 중근, 서로 다른 실근, 허근을 갖는다는 것도 발견했다.

5-2 조합론과 수학적 귀납법

수학적 귀납법이라는 증명 방법을 1575년에 마우롤리코가 개략적으로 사용했다. 이것의 현대적인 형태를 파스칼에게서 보게 된다. 파스칼은 〈산술삼각형론〉(Traité du triangle arithmétique 1654)에서 마우롤리코의 이름을 언급하지 않지만, 그의 논리적 과정을 알고 있었음을 보여준다. 파스칼은 1656~1657년에는 n째 삼각수의 두 배에서 n을 빼면 n^2과 같다는 명제를 증명하면서 마우롤리코를 언급했다.[21] 파스칼은 위 저작에서 수학적 귀납법을 산술삼각형과 이것을 응용하는 문제에서 여러 차례 사용했다.

3) 〈대수학: 역사와 실제〉(A Treatise of Algebra: Both Historical and Practical)

파스칼은 산술삼각형을 이항계수를 알아내는 데에 그리고 확률을 연구할 때 n개 중에서 k개를 뽑는 조합의 수를 구하는 데도 이용했다. 조합의 수를 구하고 응용하는 것은 스호텐(F. van Schooten 1615-1660)도 1657년에 다루었다. 그는 네 개의 문자에서 하나부터 네 개까지 선택하는 방법은 모두 15가지임을 구하고 다음에는 다섯 개의 문자를 들고 있다. 이것에서 그는 n개의 문자에서 하나부터 n개까지 선택하는 방법이 모두 2^n-1 가지임을 끌어냈다. 다음에 어떤 문자가 중복된 경우를 다루고 나서, 이 결과를 어떤 수의 약수의 개수에 관한 문제, 이를테면 16개의 약수를 갖는 수 가운데 가장 작은 수를 구하는 문제에 적용했다.[22]

$(a+b)^n$을 전개하는 방법이 파스칼보다 오래전에 알려졌지만, 점화식을 적용한 것이 아니라 직접 곱해서 얻은 것이었다. 산술삼각형이 근거하고 있는 성질은 $C_{k-1}^n + C_k^n = C_k^{n+1}$으로 앞의 이웃한 두 수로부터 새로운 이항계수를 구하고 있다. 파스칼은 산술삼각형에서 이항계수에 관한 여러 성질을 찾았다. 그 가운데는 n행의 k열 성분은 $n-1$행까지 $k-1$열의 모든 성분을 더한 것이라는 $C_k^n = \sum_{j=k-1}^{n-1} C_{k-1}^j$, 각 행에서 항들은 대칭이라는 $C_k^n = C_{n-k}^n$과 같은 것이 들어 있다. 그는 $(a+b)^n$의 전개식에서 $a^{n-k}b^k$의 계수를 구하는 방법 $C_k^n = n!/k!(n-k)!$을 제시했고, 이 계수가 n개에서 k개를 꺼내는 조합의 수와 같음을 증명하여, 대수적 이론과 조합론을 통합했다. 그는 $(a+b)^n$은 조합의 수에 대한 모함수임을 보였다.[23] 그는 산술삼각형의 기본 성질을 여러 영역에 응용했다. 이를테면 확률의 수학적 이론을 확립했다.

0행													1												
1행												1		1											
2행											1		2		1										
3행										1		3		3		1									
4행									1		4		6		4		1								
5행								1		5		10		10		5		1							
6행							1		6		15		20		15		6		1						

파스칼이 찾은 정리에 $C_k^n : C_{k+1}^n = k+1 : n-k$라는 것이 있다. 이것이 주목받는 것은 식 자체의 성질보다 증명 방법 때문이다. 그가 이 식을 증명할 때 수학적 귀납법을 처음으로 공식화했다. 그러나 그는 수학적 귀납법의 원리를 이 식에 국한해서 다루면서 일반론으로 기술하지 않았다. 그는 이 비례식이 $C_0^1 : C_1^1 = 1:1$이므로 첫

째 행에서 성립하고, 셋째 행에서 참이면 넷째 행에서도 참임을 보였다. 그러고 나서 임의 행에서 성립하면 반드시 다음 행에서 성립하므로 모든 행에서 성립하는 것은 분명하다고 했을 뿐이다. 그는 자신의 증명이 일반적이지 않음을 알고 있었다.[24] 1000년 무렵에 아랍과 11세기 중반에 중국에서도 사용되던 산술삼각형을 파스칼 삼각형이라고도 하는데, 파스칼이 재발견 이상으로 많은 성질을 개발하고 응용했기 때문이다.

파스칼의 저작을 본 적이 없었을 라이프니츠(G. W. Leibniz 1646-1716)가 1666년에 n개에서 두 개 이상 꺼내는 조합의 수를 구하는 방법을 제시했다. 그는 n이 소수이면 n개에서 k개를 꺼내는 조합의 수는 n으로 나누어떨어진다는 정리를 보였다.[25] 그는 이항정리를 $(a+b+c)^n$처럼 세 항 이상인 식의 전개식으로 확장했다.

월리스는 1685년에 산술삼각형을 이용하여 주어진 개수의 물건에서 2개, 3개, 4개, 5개를 꺼내는 조합의 수를 구하는 방법을 보여주었다. 그리고 순열의 수를 구하는 몇 가지를 다루고 나서 Messes라는 낱말로 중복이 있는 경우를 다루었다.[26] 또 주어진 수의 소인수분해, 약수의 개수, 주어진 개수의 약수를 가지는 가장 작은 수를 논하고 있다. 그렇지만 조합론을 확률론과 관계지어 다루지는 않았다.

6 함수와 무한

6-1 과학의 수학화

케플러가 근대 천문학을 열었다고 한다면 갈릴레오(G. Galileo 1564-1642)는 근대 역학을 열었다고 할 수 있다. 16세기에는 주로 기술자들이 역학을 연구했다. 갈릴레오는 자유낙하하는 물체의 속도, 관성의 원리를 비롯한 새로운 물리학 요소들을 발전시켜 학계 최고의 권위자였던 아리스토텔레스를 물리쳤다. 17세기 과학의 진보는 갈릴레오가 발전시키고 데카르트가 다듬은 수학-연역적 방법으로 주로 이루어졌다. 갈릴레오의 성과는 〈천문 대화〉[4]와 〈신과학 대화〉에 잘 나타나 있다. 두 저작에는 곳곳에 수학 내용이 나온다. 그는 자신의 생각을 설명하는 데 대수학과 기하학을 이용했다. 무한대와 무한소의 성질도 자주 언급하고 물리적인 물체가 기

4) 〈두 가지 주요 우주 체계에 관한 대화〉(Dialogo sopra i due massimi sistemi del mondo 1632)

하학적 도형에 대응하는 정도에도 많은 관심을 두었다. 그는 〈신과학 대화〉에서 수학에 기초한 근대 물리학을 창시했고, 근대 과학적 사고의 양식을 마련했다. 그 덕분에 과학 방법론에서 수학이 매우 중요해졌고 거꾸로 이러한 과학 방법론은 수학에 큰 도움이 되었다.

갈릴레오는 과학에 실험적, 수학적 방법을 적용하여 결과를 끌어내고 검증함으로써 과학을 하는 방법에 새로운 장을 열었다. 그 방법을 세 가지 측면에서 살펴본다. 첫째로 추상화이다. 갈릴레오는 실험하고 추론하는 과정에서 부차적이고 비본질적인 것들을 제거함으로써 현상을 이상화했다. 이것은 수학에서 선의 굵기, 면의 질감이나 두께 등을 무시하고 선, 면 자체에 집중함으로써 도형을 이상화하는 것과 같다. 그는 측정을 시간, 운동, 물질의 양 등에 적용하여 그것들 사이의 관계를 찾고 그것을 수학적으로 나타내고자 했다. 이처럼 그는 잴 수 있는 성질을 관측하는 것으로 연구 범위를 좁혔다. 나아가 잴 수 있는 현상이라도 중요하지 않은 것은 무시하여 주제에 집중하고 연구를 단순화했다. 실제로 그는 마찰과 공기 저항을 무시하고 완전한 진공을 가정함으로써 지상의 모든 물체는 등가속도로 낙하한다는 기본 원리를 발견했다. 현상의 가장 기본이 되는 성질인 시간과 거리만 측정했고, 이것들이 공식에서 변량이 되었다. 그가 기본 개념으로 선택한 거리, 시간, 속도, 가속도, 힘, 질량 같은 개념들이 자연을 이해하는 데 가장 중요한 요소가 되었다. 추상화는 현실의 구체적인 상황으로부터 한 걸음 물러서는 것이지만, 모든 요소가 고려된 때보다 훨씬 더 폭넓게 현실에 적용된다.

둘째로 수식화이다. 이것은 규명하려는 물리현상을 양적으로 기술하고 공식으로 나타내는 것이다. 갈릴레오의 혁신적인 공헌은 수학이 현상을 과학적으로 설명해 주는 수단이라는 발상이다. 그는 케플러처럼 자연현상의 수학적 모형화라는 규범을 따르면서 지상에서 일어나는 물체의 운동을 연구할 때 수학을 적용했다. 그는 과학의 대상을 물질의 본질이나 실체가 무엇인가라는 질적 속성이 아니라 현상을 양적으로 재는 것으로 제한했다. 측정할 수 있는 개념만 고찰하여 수학적 모형을 만들고 그것을 공식으로 형식화하며, 실험으로 확인한 뒤에 그 모형을 받아들일지 결정했다. 실험과 이론의 조화라는 근대 과학의 정신은 갈릴레오에게 힘입은 바가 크다. 그는 많은 원리를 대수와 기하학적 형식으로 제시했다. 이를테면 자유낙하 운동에서는 멈춘 상태에서 떨어지기 시작한 물체가 떨어지는 속도(v)는 시간(t)에 비례하고, 거리(d)는 시간의 제곱(t^2)에 비례한다는 명제를 유클리드의 비 개념을 이용하여 수학적으로 끌어냈다[5]. 곧, 그는 인과관계가 없는 두 변수인 v와 t, d와

t 사이의 관계를 각각 공식 $v=4.9t$, $d=9.8t^2/2$으로 나타냈다. 공식으로는 변수들 사이의 관계만 알 뿐, 떨어지는 원인이 무엇인지를 알 수 없다. 변수들 사이의 관계가 물리적 근거를 드러내는 것이라고 해서, 공식이 인과관계를 보여주어야 한다는 것은 아니다.

갈릴레오의 공식은 무거운 물체가 가벼운 물체보다 빨리 떨어진다는 아리스토텔레스의 이론을 뒤엎었다. 이것은 운동을 인과론으로 설명하려는 형이상학적인 관념도 폐기하는 것이었다. 물체가 떨어지면서 지나는 매질은 기동력을 제공하기는 커녕 낙하 속도를 늦추는 장애물일 뿐이었다. 갈릴레오는 기동력이 투사체 자체에 주어져 있다는 이론을 택했다. 그러다 그는 이것도 운동의 원인을 매질에서 물체로 옮겼을 뿐, 동력원이 계속 있어야 운동이 유지된다는 한계가 있음을 알았다. 이러한 인과론적인 인식으로는 수학적인 역학을 생각할 수 없었다. 그래서 그는 자연현상 밑에 숨은 원인을 찾지 않았다. 그가 아리스토텔레스주의를 여전히 중심에 두고 있던 대학을 떠났다는 사실은 그의 태도가 중세의 과학 양식과 매우 달랐음을 보여주는 단적인 사례이다. 그는 물리학의 정리보다 수학적 모형을 만드는 방법을 엄밀히 전개했다. 그의 방식은 17세기에 과학혁명이 정점에 이르렀을 때 효과가 입증되었다.

셋째로 검증이다. 이것은 끌어낸 수식을 다시 확인하는 과정이다. 케플러는 천체의 운동을 다루었으므로 이론상의 결과를 관측으로 확인했다. 갈릴레오는 추론한 결과를 실험으로 확인했다. 자유낙하를 표현하는 식이 옳은지를 특별히 고안된 장치를 이용해 일련의 절차(실험)를 거쳐 입증했다. 이렇게 갈릴레오는 가설, 논증, 실험이라는 근대 과학의 방법론을 만들었다.[27]

근대 과학을 이해하려면 실험과 수학의 관계를 알아야 한다. 많은 사람은 실험이 도입되어 근대 과학이 성장했으며 수학은 가끔 도움을 주었다고 생각하는데, 실제는 이와 달랐다.[28] 과학은 일련의 실험이 아니다. 갈릴레오가 실험이라는 수단으로 지식을 추구하는 변화를 선도하기는 했으나, 그는 실험에 관해서는 과도기적이었다. 그의 이른바 실험이라는 것들 가운데 다수는 사고실험이었다.[29] 그는 실험을 드물게 했고 그것도 수학적이지 못한 주장을 반박하려는 의도로 시행했다. 이를

5) 시간이 같을 때 거리는 속도에 비례하고, 속도가 같을 때 거리가 시간에 비례한다는 사실로부터, 다른 속도로 일정하게 움직이는 두 물체에 대하여 $d_1:d_2=(v_1:v_2)(t_1:t_2)$이 성립한다($d=kvt$, k는 상수). 등가속도운동일 때는 속도가 시간에 비례하므로 $d_1:d_2=t_1^2:t_2^2$이 된다($d=k't^2$, k'은 상수).

테면 피사에 있는 탑에서 재질이 같고 무게는 다른 물체들이 같은 높이에서 같은 시간에 떨어진다는 사실을 보여주는 실험을 공개적으로 했다. 또한 실험을 하게 된 것은 종교적 사변과 독단에서 벗어나려는 것이기도 했다. 근대 과학을 이끈 갈릴레오, 데카르트, 하위헌스(C. Huygens 1629-1695), 뉴턴은 자연을 연구하면서 연역적인 수학이 실험보다 더 중요하다고 생각하여 수학자의 입장에서 접근했다.

〈천문 대화〉가 출판되자 기독교도들은 갈릴레오가 지동설을 가정이 아닌 사실로 다루면서 지식의 원천인 성서의 권위에 도전하고 종교 문제에 간섭한다고 했다. 우르바누스 8세(Urbanus Ⅷ)는 그 내용이 개신교를 비롯한 모든 이단보다 가톨릭에 더 위험하다는 예수회 입장을 받아들였다. 과학자는 실험할 수는 있으나 결과를 공표하지 말아야 했다. 갈릴레오는 자신의 견해 때문이 아니라 그것을 공표했기 때문에 고발당했다. 가톨릭이든 개신교든 수학을 사악한 기술로 여겼고, 수학자를 기독교의 적으로 여겼다. 갈릴레오는 1633년 가톨릭에서 진행한 종교 재판에서 유죄를 선고받았고 1992년에서야 그 재판이 잘못되었음을 인정받았다.

갈릴레오가 동역학에 공헌한 것에 투사체의 운동도 있다. 그는 1608년에 책상 위에서 공을 굴리는 실험에서 수평 방향의 운동은 중력의 영향을 받지 않음을 알았다. 그는 수평과 수직으로 움직인 거리(속도)를 시간이라는 매개변수로 따로 나타낼 수 있음을 발견한 것이다. 이 발견은 물체의 운동을 쉽게 탐구할 수 있게 해주었다. 이것은 한 운동이 다른 운동을 간섭하므로 특정한 시각에 하나의 운동만 할 수 있다는 아리스토텔레스의 생각을 무너뜨렸다.

갈릴레오는 수평으로 발사된 물체는 수평 방향의 등속도운동과 연직 방향의 가속도운동이 합성되어 포물선의 반쪽을 그리면서 날아간다는 정리를 끌어냈다. 그는 이 운동으로부터 수평면과 어떤 각도를 주어 던진 물체의 자취도 포물선임을 끌어냈다. 그는 각도를 달리하면서 일정한 속도로 쏘아 올린 투사체가 다다르는 높이와 사거리를 표로 만들었다. 여기서 각도가 45°일 때 최대사거리가 됨을 보였다. 타르탈리아가 먼저 1537년에 이 사실을 알았지만, 자취가 포물선인지는 알지 못했다. 갈릴레오의 연구로 포탄의 탄도 문제가 해결되었다. 그렇지만 이러한 수학적 성취는 그가 포수의 설명 덕분에 발사각이 45°일 때 포탄이 가장 멀리 날아간다는 것을 이미 알고 있었다고 했듯이[30] 알려져 있던 경험이 바탕이 되어 이룬 것이었다. 갈릴레오의 과학이 포사격 기술에 끼친 영향보다 거꾸로 끼친 영향이 더 컸다. 어쨌든 거의 2000년 만에 타원을 천문학에, 포물선을 물리학에 응용할 수 있음이 거의 동시에 발견되었다.

갈릴레오는 달 아래와 위의 세계라는 아리스토텔레스의 이원론을 거부하고 지동설을 받아들였으나 천체는 등속원운동을 한다는 생각을 버리지 못했다. 그는 지상의 투사체 운동을 수평, 수직 방향의 운동으로 분해하여 포물선운동을 추론했음에도 천체의 운동으로는 원운동만을 받아들였다. 그에게는 천체의 운동에서 직선 방향의 관성 개념은 없었다. 17세기까지도 관성 개념이 제대로 세워지지 않았고 원이 여전히 강력한 힘을 발휘하고 있었음을 보여준다. 직선 방향의 등속운동이 자연의 모습이라고 하면서 현대적인 관성의 원리를 처음 언급한 사람은 데카르트였다.

갈릴레오는 포물선을 응용해 현수선[6]을 연구했으나 이것은 잘못된 접근이었다. 현수선은 대수식으로 나타낼 수 없다. 그는 굴렁쇠선에 처음 관심을 보인 한 사람으로, 그 곡선 하나와 밑변으로 둘러싸인 도형의 넓이를 구했으나 종이에 그린 도형을 잘라 무게를 재는 정도였다. 그는 이런 곡선들을 분석할 만한 수학 지식을 갖추지 못했다.

6-2 함수 개념의 싹틈

함수의 개념은 형상의 위도에 암시되었다고 할 수 있으나, 실질적으로는 17세기에 역학 연구로부터 싹텄다. 갈릴레오는 수학적 추론을 적용하여 물리 법칙을 끌어낼 때 두 변량 사이의 관계라는 새로운 개념을 도입했다. 그가 자유낙하하는 물체의 낙하 거리와 시간 사이의 관계를 나타낸 비례식이 나중에 함수 개념으로 발전한다.

페르마와 데카르트가 곡선이라는 기하의 대상과 방정식이라는 대수의 대상을 대응시킨 해석기하학을 도입함으로써 실질적으로 변수 개념이 싹텄으나 아직 변수나 함수 개념은 막연했다. 함수의 이론은 궁극적으로 데카르트의 업적에 힘입은 바가 크지만 함수의 개념은 해석기하학을 유도하는 데 분명한 역할을 하지는 않았다.[31] 17세기에 도입된 대다수의 함수는 처음에 곡선으로 연구되었다. 이를테면 굴렁쇠선, 포물선, 타원을 비롯하여 $\log x$, $\sin x$, a^x, $ae^{-bx}(x \geq 0)$ 등이 곡선으로 연구되었다. 로베르발, 배로, 뉴턴이 등장하면서 곡선을 움직이는 점의 경로로 보는 생각이 널리 받아들여졌다.

---

6) 같은 높이에서 고정된 두 점 사이에 늘어뜨려져 있고 유연하지만 탄성이 없는 줄로 만들어지는 곡선

뉴턴은 미적분학을 연구하기 시작하던 때부터 변수 사이의 관계를 뜻하는 유동(fluent)이라는 말을 사용했고 〈프린키피아〉에서는 함수 개념에 가까운 genitum이라는 말을 쓰기도 했다.[32] 그러나 그가 함수 개념을 필요로 했다고 추정할 증거는 없다. 오늘날 사용하는 함수의 개념 'functio'라는 말은 1670년대에 사용한 라이프니츠에게서 비롯되었다. 그가 사용한 functio는 '기능(을 하다)'라는 정도의 일상어를 확장한 것이었다. 그는 곡선 위 점의 위치를 지정하는 선분(x좌표)에 대하여 접선영(접선의 x절편)과 법선영(법선의 x절편) 따위를 이 말로 나타냈는데, 말 그대로 특정한 기능이었다.[33] 곧, 곡선 위의 점에 따라 한 변수에 의존하여 바뀌는 수량을 뜻했다. 그것이 차츰 일반화되어 무엇인가에 종속되어 변동하는 양이나 그것을 표현하는 식을 의미하는 것이 된다.

6-3 무한

19세기 칸토어가 세운 집합론의 근본이자 현대 해석학이 발전하는 추동력을 제공하는 것이 무한 개념이다. 케플러는 행성의 운동 법칙을 끌어낼 때 가무한을 확대 사용했다. 갈릴레오는 원을 한없이 많은 무한소 삼각형으로 분할하는 것을 설명하면서 원이란 무한개의 변을 가진 다각형이라고 했다. 이 논법은 아르키메데스가 도형의 넓이와 부피를 구할 때 사용한 방법을 떠올리게 한다. 갈릴레오는 무한집합 사이의 상등 개념을 깨닫고 무한집합은 유한집합과 전혀 다르다는 것을 발견했다. 그는 자연수를 나열할수록 완전제곱수의 개수는 적어짐에도 두 집합이 일대일대응함을 제기했다. 여기서 어떤 진부분집합이 본래의 집합과 농도가 같다는 무한집합의 성질에 다가갔으나 결론을 내리지 못했다. 완전제곱수의 개수는 자연수의 개수보다 적지 않다고는 했으나 둘의 개수가 같다고는 말하지 못했다. '같다', '더 크다', '더 작다'라는 속성은 유한한 양에만 적용되는 것이라고 결론짓고 말았다.[34] 그는 실무한의 문턱까지 갔다. 그는 무한집합, 곧 실무한의 핵심 속성을 발견한 셈이었고, 이것은 아리스토텔레스 철학에 본격적으로 반론을 제기하는 것이었다.

$$\begin{array}{cccccc} 1 & 2 & 3 & 4 & 5 & \cdots \\ \updownarrow & \updownarrow & \updownarrow & \updownarrow & \updownarrow & \\ 1^2 & 2^2 & 3^2 & 4^2 & 5^2 & \cdots \end{array}$$

갈릴레오는 〈천문 대화〉와 〈신과학 대화〉에서 동역학 연구와 깊이 관련된 무한소 문제를 언급하고 있다. 이를테면 〈천문 대화〉에는 고차원 무한소의 개념이 나온다. 그는 다음과 같이 설명한다. 지구가 작은 각 θ만큼 회전하여 D에 있던 물체가

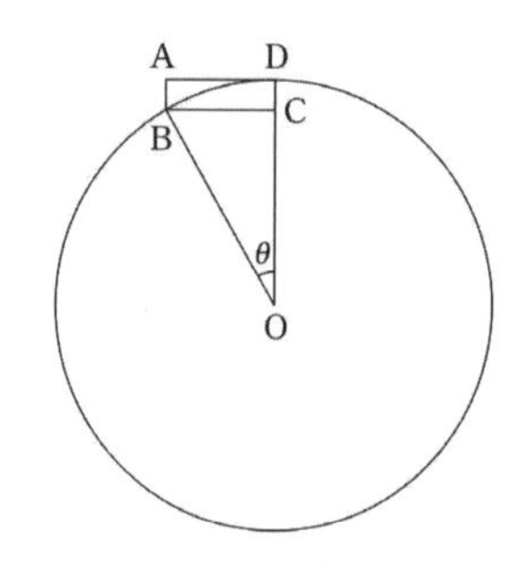

접선 방향으로 날아가 A에 있다고 할 때, 이 물체가 지표면에 놓이기 위해서 떨어져야 하는 거리 AB는 접선 방향으로 움직인 거리 AD에 견주면 한없이 작다. 따라서 이 물체를 지표면에 놓이게 하는 데는 아래 방향으로 아주 작은 힘만 작용해도 충분하다. 요컨대 선분 AD(=BC)나 호 BD와 견줬을 때 DC(=AB)는 더 고차원의 무한소가 된다는 것이다. 그가 천문학과 물리학에서 했던 이런 연구 결과들은 수학적 추론에 많은 영향을 주었다. 이제 물리학과 천문학에서 무한대와 무한소를 직접 다루어야 하는 때가 다가왔다. 그가 연구했던 동역학에서 무한소가 매우 자주 나왔기 때문에 그는 무한대보다 무한소에 더욱 주의를 기울였다. 그가 다룬 무한은 카발리에리와 토리첼리에게 이어졌다.

아르키메데스가 〈원의 측정〉을 쓴 지 1900년쯤 지나서야 원에 내접, 외접하는 다각형을 이용하지 않고 원주율을 더 빨리 구하는 방법이 있지 않을까를 생각했다. 스넬(W. Snellius 1580-1626)과 하위헌스가 간단한 계산을 이용하여 그러한 방법을 찾았다. 먼저 스넬이 1621년에 원호의 둘레에 더욱 가까이 가는 기하학적 작도법을 발견했다.[35] 주어진 반원 위에 점 E를 정한다. E를 지나는 직선이 원, 지름의 연장선과 만나는 각각의 점 C, D를 CD= r이 되게 한다. 직선 CE와 B에서 그은 접선이 만나는 점을 F라 한다. 그러면 $\overset{\frown}{BE} < BF$이다[왼 그림]. 그리고 지름의 연장선 위에 $AD' = r$인 점 D′과 점 E를 잇는 직선이 B에서 그은 접선과 만나는 점을 F'이라 한다. 그러면 $BF' < \overset{\frown}{BE}$이다[오른 그림]. 곧 $BF' < \overset{\frown}{BE} < BF$이다. 이렇게 구하는 π의 어림값은 아르키메데스의 방법보다 쉽게 참값에 가까운 값을 주었으나[7] 스넬은 이것을 증명하지 못했다. 하위헌스가 1654년에 스넬의 정리를 증명했고, 유클리드 기하학의 방법으로 원에 내접, 외접하는 정다각형의 넓이와 둘레의 길이에 관한 여러 관계식을 증명했다. 이것들은 모두 새로운 접근법이었고 아르키메데스의 방법보다 훨씬 더 빠르고 정확하게 많은 자릿수를 구하게 해주었다. 이것들은 곧바로 관심에서 멀어졌는데, 미분학으로 더 좋은 방법이 발견됐기 때문이다.

---

7) 스넬의 방법으로는 $3.14022<\pi<3.14160$을 얻는데, 아르키메데스의 방법으로는 내외접하는 정96각형을 이용해야 $3.14085<\pi<3.14286$을 얻는다.

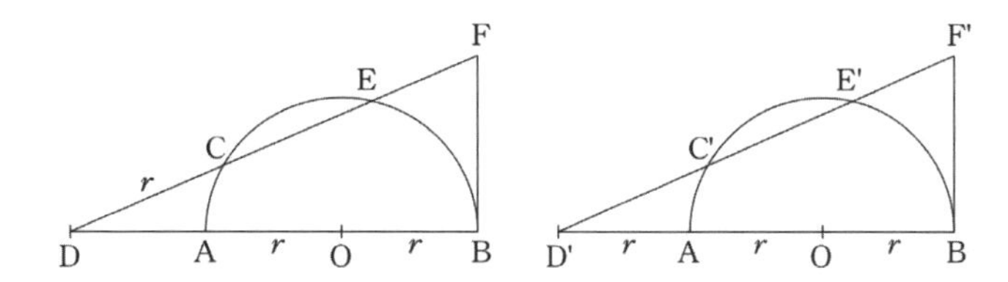

7 기하학

7-1 해석기하학

고대 그리스 기하학은 도형에 얽매여 있었다. 그러면서도 하나의 일관된 방식으로 도형을 연계시키지 못했다. 또한 중요한 곡선의 지식을 알려주지도 못했고, 그나마 산출된 지식을 응용할 수 있는 수학적 방법도 제공해 주지 못했다. 유클리드와 아폴로니오스가 완성한 기하학의 방법들은 여러 가지로 특화되어 각기 특정한 경우에 적용되었다. 더구나 유클리드 기하학의 방법으로 구하는 방정식의 근, 특히 무리수 근은 대략적으로만 잴 수 있는 길이를 제공했다. 그러나 방정식의 대수적 풀이법이 발전하면서 훨씬 간단하게 구하고 필요한 만큼의 정확한 값을 얻을 수 있게 되었다.

17세기 초에도 수학은 여전히 유클리드 기하학이 중심이었다. 대수학은 부속물이었다. 그러다 과학 분야의 방법론에 대한 많은 관심에 힘입어 수학자들이 곡선을 다루는 방법에 집중하기 시작했다. 과학과 기술이 발전하면서 여러 상황에서 새로운 곡선들이 나타났기 때문이다. 행성이 움직이는 자취곡선, 경도를 알아내는 데 쓰이는 시계의 추가 그리는 곡선, 사영의 방법으로 제작된 지도에서 지구 위의 경로가 그리는 곡선, 천체의 위치를 잴 때 오차의 수정에 필요한 곡선으로 지구의 대기권을 지나면서 휘어지는 빛살이 그리는 곡선, 망원경과 현미경에 쓰이는 렌즈의 곡면을 이루는 곡선, 투사체를 비롯해서 지표면 가까이에서 운동하는 물체가 이루는 곡선 등을 다루어야 했다. 그리스 기하학의 방법으로는 다룰 수 없는 곡선들이었다. 수학자들은 이것들을 간단히 나타내는 방법을 찾으려 애썼다. 페르마와 데카르트가 대수학에서 실마리를 찾았다. 일반 곡선을 연구하는 방법에 관심을 두고서 과학 연구에 깊이 관여했던 두 사람은 수량적 방법의 필요성과 그런 방법을 제공해 주는 대수학의 힘을 잘 알고 있었다. 그래서 둘은 대수학을 기하학에 응용하는 데 관심을 기울였고, 그 결과가 해석기하학이었다. 이것은 오렘의 형상의 위도라는 개념, 16세기에 이뤄진 방정식을 푸는 방법의 진전, 수식 기호의 개선이 합쳐져서 탄생했다.

해석기하학은 페르마와 데카르트가 독립으로 발견했다. 1636년 봄에 페르마는 새 이론을 정립하고 1637년 초에 〈입문〉[8]으로 정리하여 메르센에게 보냈다. 그것이 파리에 널리 알려지면서 많은 사람의 관심을 끌었다. 〈입문〉은 널리 호평을 받아, 페르마는 수학자로서 명성을 얻었다. 거의 같은 시기에 데카르트도 〈방법 서설〉[9]에 딸린 세 시론(그 하나가 〈기하학〉)의 인쇄용 교정쇄를 준비하고 있었다. 그가 이 저작을 출판하기 직전에 〈입문〉을 손에 넣었다. 두 저작의 영향으로 질적 판단으로부터 해방되어 양으로 비교하는 과학이 확립되었다.

대수를 사용하여 곡선을 표현하고 연구할 수 있음을 보여준 두 사람의 발상은 혁신이었다. 이 발상은 더욱 발전하여 하나의 방법으로서 해석기하학이 되었다. 파포스의 〈분석론 보전〉을 잘 알고 있던 두 사람은 사라진 그리스의 분석법을 다시 발견하고자 노력한 끝에 이 방법을 발전시켰다. 두 사람은 파포스가 350년 무렵에 다룬 세 선 및 네 선의 자취(아폴로니오스의 자취) 문제에 자신의 생각을 시험하고 일반화했다. 이 과정에서 이차방정식이 원뿔곡선에 대응한다는 사실을 발견했다. 기하학은 현실 세계의 정보를 제공해 주는데, 대수는 그 정보를 그림으로 그리지 않고도 분석할 수 있게 해주었다. 두 사람은 대수가 미지의 양을 추론하는 과정을 형식화하여 적은 노력으로 해결하게 해줌으로써 보편적인 방법의 학문이 되리라고 생각했다. 그렇지만 둘은 자신의 수학관에 따라 다른 연구 방법으로 생각을 전개했다.[36]

해석기하학이 곡선을 방정식으로 나타내는 것뿐이라면 최초의 해석기하학자는 곡선을 나타내는 식을 맨 처음 발견한 메나이크모스일 것이다. 그러나 그는 방정식을 나타내는 표기법이 없었고 곡선의 정보를 얻는 데 방정식을 이용하지도 않았다. 방정식은 곡선이 기하학적으로 작도된 뒤에 발견되기도 하는 성질의 하나에 지나지 않았다. 더구나 제곱근이 기하학적으로 작도되어야 의미를 지녔듯이 방정식도 근이 작도되어야 의미가 있었다. 이런 제한은 방정식을 말로 나타냈기 때문이다. 데카르트와 페르마가 제시한 발상의 핵심은 방정식을 곡선과 관련지은 것이다. 이

8) 〈평면과 입체의 자취 입문〉(Ad Locos Planos et Solidos Isagoge 1679년 출판)

9) 〈모든 과학에서 이성을 바르게 이끄는 진리를 탐구하기 위한 방법 서설〉(Discours de la methode pour bien conduire sa raison et chercher laverite dans les sciences 1637)

제 수학자들은 기하학 문제를 대수학 기법을 사용하여 풀 수 있게 되었고 나아가 기하학을 대수학의 한 분야로 여길 수도 있게 되었다. 해석기하학의 이러한 능력은 대수적 처리 절차와 기호가 발견된 덕분이었다. 대수와 기하가 좌표를 이용하여 서로 변환되므로 둘 가운데 하나는 필요 없다고 생각할 수도 있다. 그렇지만 각각은 쓰임새가 달라 힘을 발휘하는 경우가 다른 데다가 대수학적 기법을 쓴다고 해서 기하학 문제가 대수학 문제로 되지는 않는다.

아주 오래전부터 어떤 것을 기준으로 다른 물체의 위치를 가리킬 때 좌표평면의 개념이 쓰였을 것이다. 그런데도 좌표평면의 개념이 더 일찍 나오지 못한 것은 사람들의 생각이 그리스적 사고에 얽매여 있었기 때문일 것이다. 페르마와 데카르트가 이 한계를 넘어 좌표를 이용한 해석기하학을 창안했으나, 이것이 제대로 성립하려면 0과 음수의 개념이 있어야 했다. 유럽인은 피보나치 이후로 이 개념을 알고 있었으나, 해석기하학에 이것을 도입한 사람은 두 사람의 후계자들이었다. 이리하여 대수와 기하가 융합하여 제대로 발전하는 받침돌이 놓였다. 해석기하학이 확대 적용되는 데 주요한 역할을 한 또 하나의 혁신은 함수를 시각적으로 표현하는 것이다. 뉴턴과 라이프니츠가 기하학적 점의 운동을 나타내는 대수식으로 그래프를 표현했다. 곡선의 구적과 접선 이론은 해석기하학에 바탕을 둔 그래프를 이용해서 새로운 길을 찾았다.

페르마 페르마는 1620년 무렵에 곡선의 기하학을 이해하고자 했다. 그 노력 끝에 〈입문〉에서 대수학을 기하학에 이용하는 방법을 기술했다. 이것은 실용적인 고찰이나 형상의 위도 같은 함수의 도형 표시에서 직접 나온 것은 아니었다. 아폴로니오스의 자취 문제에 관련된 정리를 대수적으로 고쳐 쓰는 데서 시작되었다. 데카르트에게서도 마찬가지였다.

페르마는 툴루즈에서 통상의 대학 교육과정의 하나로 수학을 공부했다. 당시의 상황에서 보건대 그는 유클리드 〈원론〉의 입문 정도를 배웠을 것이다. 학사 과정을 마치고 나서 법학 교육을 받기 전에 그는 비에트의 예전 학생들과 수학을 연구하면서, 1620년대 후반에 비에트의 저작을 편집하고 출판했다.[37] 1629년에는 파포스의 저작에 실린 아폴로니오스의 〈평면의 자취〉를 복원하는 일에 참여했다. 이를 통해 그는 어떤 집합의 임의의 원소(수)를 문자로 나타내는 대수의 기호화와 그리스 수학자가 사용하던 분석을 이해할 수 있었다. 그 결과로 1636년에는 해석기하학의 기본 원리를 발견하게 되었다. 이것은 기하학 문제를 대수적으로 정리하여 두 미지량으로 이루어진 방정식을 얻는다면 이로부터 나오는 근은 어떤 자취인데, 그것은 변량을 나타내는 선분의 한 쪽 끝점의 운동으로 결정되고 또 다른 끝점은 고정된 직선을 따라 이동한다는 것이었다. 여기서 해석기하학의 두 가지 생각을 볼 수 있다. 하나는 두 변수로 이루어진 부정방정식과 기하학적인 자취 사이의 대응이다. 또 하나는 이 대응에 대한 길이의 척도를 나타내는 축의 체계라는 좌표평면의 개념이다. 그러나 페르마는 대수방정식의 타당한 근으로 양수만 인정했기 때문에 음의 방향이 없는 가로축만 염두에 두었다. 그리고 가로축 위의 값 x에 대응하는 다항식의 값 y를 가로축과 일정한 각을 이루는 선분의 끝점으로 나타냈다. 그러니까 y축은 없고 음수 좌표도 사용되지 않는 일종의 일사분면만 있는 사교좌표를 사용했다고 볼 수 있다. 이를테면 그는 포물선을 그래프로는 반쪽만 나타냈다. 페르마는 이 개념을 아폴로니오스의 자취 문제에 적용하여, 그 자취가 원뿔곡선이 된다는 결과를 얻었고 변량(수)이 두 개인 이차방정식에 대응하는 곡선은 원, 원뿔곡선임을 보였다. 또한 좌표축을 회전해서 복잡한 이차방정식을 간단하게 고칠 수 있음과 삼차와 사차방정식을 원뿔곡선으로 풀 수 있음을 보여주었다.

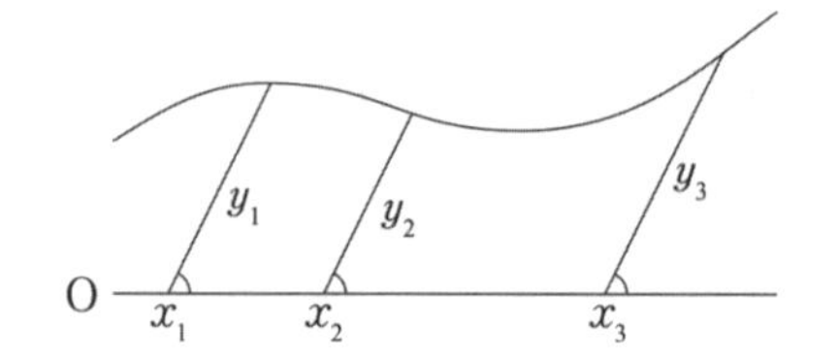

페르마도 데카르트처럼 삼차원의 해석기하학이 있음을 알았다. 1643년에 그는 데카르트의 발상을 받아들여 삼차원으로 확장함으로써 세 변수 x, y, z의 삼차방정식으로 결정되는 타원면이나 포물면과 같은 곡면을 다루었다.[38] 이 방면은 18세기에 실질적인 진전을 이루게 된다. 페르마의 해석기하학은 직교좌표를 사용하는 현대의 것에 더 가까웠고, 좌표변환을 도입한 면에서 데카르트보다 앞섰으며, 증명도 더 체계적이었다. 그렇지만 그의 〈입문〉은 데카르트의 〈기하학〉만큼 영향을 미치지 못했다. 〈기하학〉은 1637년에 인쇄되어 널리 읽혔지만, 같은 해에 메르센에게 전달된 〈입문〉은 1679년에야 발간되어 한동안 매우 제한된 사람들만 볼 수 있었기 때문이다. 또 하나의 원인은 데카르트가 더 현대적인 기호를 사용한 반면에 페르마는 비에트의 기호 표기 방식을 사용하여 읽기 어려웠던 데도 있다.

데카르트 17세기 과학혁명을 이끈 주요한 사람의 하나로 데카르트가 있다. 그는 1619~1628년에 북서유럽의 나라들을 다니면서 여러 수학자, 아리스토텔레스를 비판하는 과학자, 메르센을 만났다. 이때 그는 새로운 과학관과 수학 분야를 세우면서 근대 철학의 토대를 쌓았다. 그는 1628년에 루이 13세가 통치하던 가톨릭의 프랑스를 떠나 종교개혁이 성공한 네덜란드에 정착했다. 거기서 20년 남짓 살면서 진리의 본질, 신의 존재, 우주의 구조에 비판적으로 접근했다.

당시는 중세 유럽을 지배하던 낡은 세계관이 거세게 도전받던 시기였다. 비판적인 성향을 지닌 데카르트는 모든 편견, 독단, 권위자의 선언, 선입견을 버렸다. 그는 믿을 수 있는 지식을 얻는 방법을 강구하여 수학에서 실마리를 찾았다. 과학의 본질은 수학이었다. 그는 자연의 법칙은 정해진 수학적 패턴의 일부라고 생각하여 물리 세계를 연구하는 데 수학만 사용하려고 했다.[39] 이리하여 그의 철학도 자연스럽게 수학화된 철학이 되었다. 그는 이성으로 명확히 인정되는 직관과 그것으로부터 연역적으로 얻는 것이 물리 세계에 적용될 수 있다고 믿었다. 그에게 수학의 개념과 진리는 감각으로 얻어지는 것이 아니라 태어날 때부터 정신에 들어 있는 것이었다. 명확하고 반박할 여지 없이 추론하여 보편적으로 인정되는 진리에 이르게 해주는 기하학의 방법으로 그것을 연역할 수 있다고 했다.[40] 이로써 그는 이전의 어떤 체계보다 덜 신비주의적이며 신학에 덜 종속된 철학을 발전시켰다.

베이컨이 자연의 규칙성을 지나치게 신뢰하지 말고 특수한 것을 탐구할 필요가 있다고 했던 반면 데카르트는 개별 경험을 과대평가하지 말고 합리적인 대전제를 끌어내는 것을 중시해야 한다고 했다.[41] 데카르트는 그리스 기하학이 개별 도형에 매여 있고 문제마다 다르게 접근하며 대수학도 좁은 범위에 적용되는 규칙과 공식에만 매달린다고 했다. 그는 모든 수학이 같은 기본 원리로부터 출발한다고 생각하여 어떠한 탐구에도 적용할 수 있는 일반적인 수학적 방법을 찾고자 했다. 그는 양 이외의 개념도 포괄함으로써 모든 문제를 다루는 데 사용할 수 있는 대수학을 상정했다. 그는 이것을 보편 수학이라고 했다.

데카르트는 〈기하학〉을 〈방법 서설〉에서 논의한 추론 방법이 기하학에 적용됨을 입증하기 위하여 썼다.[42] 여기에 담긴 새로운 방법이 해석기하학이다. 그는 아폴로니오스의 자취 문제를 해석기하학으로 쉽게 푸는 데 성공함으로써 자신의 방법이 유용하면서도 일반성이 있음을 알았다. 그는 수학에서 끌어내고 일반화한 방법을 다시 수학에 적용할 수 있었다. 이런 그의 연구는 현대 수학으로 넘어가는 전환점이 되었다. 해석기하학은 수학 내용을 담는 표현 방식을 혁신적으로 바꿈으로써 30년쯤 뒤에 미적분학이 발전하는 토대를 제공한다.

데카르트는 곡선을 특정 도구로 그리는 도형이라는 사고에서 벗어나, 대수식의 시각적 측면이라고 보았다.[43] 이러한 시각 전환으로 기하학 측면에서 보았을 때는 관련이 없어 보이던 사항들이 관련지어졌다. 대수학은 곡선을 분류하고 체계적으로 다룰 수 있게 해주었다. 이를테면 원뿔곡선들이 하나의 원뿔에서 생각할 수 있다는 정도가 아니라 대수적으로 통일되어 있음을 보여준다. 대수적으로 보자면 직선 다음으로 단순한 곡선은 원뿔곡선이다. 데카르트는 대수적 기법을 사용해서 도형 없이 기하학 문제를 해결하고 기하학적 해석으로 대수 연산에 의미를 주었다. 이제 곡선의 체계와 구조가 기하학에서 대수학으로 옮겨갔다.

데카르트의 해석기하학은 분석과 종합의 정신이 철저하게 반영된 결과이다. 기하 문제에서 시작하여 이것을 대수방정식으로 바꾸고 나서 그 방정식을 간단하게 한 다음 풀이가 요구하는 바를 작도함으로써 그 문제를 해결했다. 이를테면 그는 쌍곡선을 선분 x와 y로 분해하고 다시 x와 y의 교점의 자취로 파악했다. 그는 선분을 사용해서 곡선을 해석하는 방법을 찾은 것이었다. 유클리드에게는 삼각형이 기본 도형이었으나 데카르트에게는 선분이 그러했다.

데카르트는 파포스처럼 방정식을 기하학으로 풀 때 방정식의 차수에 해당하는 가장 간단한 도형을 사용했다. 이차방정식은 직선과 원, 삼차와 사차방정식은 원뿔곡선이면 충분했다. 방정식과 곡선의 관련은 곡선의 새로운 세계를 열었다. 그는 먼저 대수적 기법을 사용하여 직선과 원만을 사용하는 고전 기하학 작도 문제를 몇 가지 해결했다. 그러나 이것은 해석기하학이 아니라 대수학을 기하학에 응용한 것에 지나지 않았다. 이어서 그는 아폴로니오스의 자취 문제를 상세히 다룬다. 사실 〈기하학〉에서 중심 주제는 이 문제를 일반화하는 것이었다. 이 문제의 조건을 만족하는 점은 한없이 많다. 데카르트는 그러한 점을 모두 포함하는 곡선을 찾고 그리고자 했다. 4세기 전반에 파포스는 그 자취가 원뿔곡선의 하나라고 증명 없이 서술했지만, 데카르트는 대수적으로 $y^2 = ay - bxy + cx - dx^2$을 끌어냈다. 원점을 지나는 방정식으로 전에 없이 포괄적인 형태였다. 여기서 근의 자취와 함께 좌표축에 상당하는 직선이 도입되고 있으나 아직 어느 그림에도 좌표축은 명백히 드러나지 않았다.[44] 또한 그는 원점과 축을 적당히 선택하면 단순한 원뿔곡선 방정식이 된다는 것을 이해했으나 직선, 원, 타원, 포물선, 쌍곡선이 되는 계수의 조건만 제시했지 표준형을 분명히 제시하지는 않았다.[45]

데카르트는 x와 y 사이의 관계에 중점을 두고서 그 관계를 만족하는 근인 점을 선분의 길이를 이용하여 작도하고자 했다. 여기서 평면에서 점의 위치를 고정된 두 축으로부터 거리로 정의하는 좌표에 대한 발상이 나왔다. 음의 가로좌표가 쓰이지 않는 사교좌표계였다. 점을 고정된 것으로 생각하고 도형을 작도한 유클리드와 달리 데카르트는 동적인 점으로 곡선을 구성했다. 명확하지는 않아도 함수 개념의 싹을 볼 수 있다. 그렇지만 그는 좌표라는 용어도 사용하지 않았고 x, y의 쌍 (x, y)으로 곡선의 점을 나타내지도 않았다. 게다가 방정식을 만족하는 점 (x, y)를 찍어 곡선을 그리지도 않았다.

페르마와 데카르트가 곡선을 분류하는 방법은 달랐다. 페르마는 직선과 원을 평면곡선, 원뿔곡선을 입체곡선, 그 밖의 것을 선형곡선이라 한 고대의 분류법을 따랐다. 데카르트는 차수에 따라 $2n$, $2n-1$차 곡선을 제n종 곡선이라는 식으로 분류했다. 이를테면 삼, 사차곡선은 제2종이다. 데카르트가 이렇게 분류한 까닭은 사차방정식이 삼차의 분해방정식으로 환원되어 풀렸기 때문이다. 그래서 그는 $2n$차 방정식이 $2n-1$차 분해방정식으로 환원될 것이라고 믿었다. 몇 해 뒤에 이런 일반화는 성립하지 않음이 밝혀졌다.

또한 데카르트는 곡선을 기하학적 곡선과 역학적 곡선으로도 분류했다. 그가 오늘날의 대수곡선을 기하학적 곡선이라고 한 것은 곡선을 작도하여 얻는다는 그리스의 사고방식을 보여준다. 그는 기하학적인 문제의 근이 나타내는 점을 작도할 수 있기를 바랐으므로 기하학적 곡선을 직접 대수방정식으로 표현되는 곡선으로 정의하지 않고 연속적인 운동으로 정의했다.[46] 기하학적 곡선은 두 직선이 만나는 점의 자취로서, 두 직선은 (좌표)축과 평행을 이루며 같은 단위로 잴 수 있는 속도로 움직인다. 그는 이 곡선이 x와 y의 유일한 대수방정식으로 표현된다고 했다. 한편 모든 이변수의 대수방정식이 작도할 수 있는 곡선을 결정한다고 생각했으나 확신하지 못했다. 어쨌든 전에는 곡선의 한 성질에 지나지 않던 방정식과 그것의 성질이 이제 대수곡선의 개념을 이해하는 열쇠가 되었다. 대수방정식으로 표현되는 모든 곡선을 수용함으로써 이전에는 배제됐던 많은 곡선이 기하학적 곡선으로 인정받게 되었다.

데카르트는 프톨레마이오스의 주전원에 놓인 행성의 궤도나 회전운동과 직선운동의 조합인 각의 삼등분선처럼 대수방정식으로 표현되지 않는 곡선을 역학적 곡선이라 했다. 그런 곡선을 합당한 곡선으로 인정하지 않았다. 이를테면 각의 삼등분선을 만드는 등속직선운동과 등속원운동이 정확하게 측정할 수 있는 관계에 있지 않기 때문이었다. 데카르트 때에는 회전운동으로 생기는 반지름에 대한 원둘레의 비를 정확하게 측정할 수 없었다. 1650년대가 되어야 역학적 곡선과 x축으로 둘러싸인 도형의 넓이 그리고 여러 곡선의 길이가 결정되기 시작했다. 이로써 기하학적 곡선과 역학적 곡선의 구별은 의미가 없어지게 된다. 나아가 라이프니츠는 곡선이 대수방정식으로 표현될 필요는 없다고 하면서 곡선을 대수곡선과 초월곡선으로 구분했다. 사실 데카르트도 대수방정식으로 표현되지 않는 굴렁쇠선, 로그곡선 등을 연구했다.

데카르트는 1630~1633년에 소용돌이 우주론과 세계 체계를 담은 〈우주론〉(Le Monde)을 썼다. 소용돌이 우주론이 아리스토텔레스 천문학 이론을 밀어냈다. 이 우주론에서, 우주 공간은 끊임없이 소용돌이치는 에테르라는 물질로 차 있다. 그는 이 물질이 부딪혀 생겨나는 힘으로 모든 현상을 설명한다. 행성의 원 궤도는 해를 둘러싼 에테르의 흡입 작용으로 생기는 것이다. 이 작용이 행성의 관성인 직선운동을 원운동으로 바꾼다. 그는 지동설을 내세우는 자신이 갈릴레오처럼 유죄 판결을 받을 것으로 생각하여 출판하지 않았다. 〈우주론〉은 데카르트가 죽고 나서 1664년에 발간되었다. 그의 우주론은 우주의 구조와 운동을 신의 힘을 빌리지 않고 기계적으로 설명한 첫 시도였다. 그러나 소용돌이 운동은 케플러의 법칙을 설명하지 못함으로써 우주의 구조를 설명하는 다른 방법을 찾도록 이끌었다. 데카르트의 이론은 50년쯤 뒤에 뉴턴의 이론으로 대체되었다. 뉴턴의 중력이 수학적 증명과 함께 등장하여 소용돌이를 일으키는 에테르라는 가상 물질을 무력화시켰다. 이때 역설적이게도 해석기하학이 데카르트의 과학을 극복하는 데 큰 역할을 했다.

페르마와 데카르트는 모두 대수곡선과 대수방정식 사이의 관계를 이해했으나, 함수 개념으로 접근한 것이 아니라 곡선의 해석기하를 다룬 것이었다. 그렇더라도 그들은 묵시적으로 한 변수의 변화가 다른 변수의 변화를 결정한다는 개념을 적용하고 있었다. 그렇다고 두 사람의 관점이 일치하지는 않는다. 데카르트가 아폴로니오스의 자취 문제에서 시작하고 그 직선 가운데 하나를 가로축으로 사용했는데, 페르마는 부정방정식에서 시작하고 그래프를 그리기 위해 좌표계를 선택했다.[47] 페르마는 방정식에서 시작하여 다음에 곡선을 조사했다. 이것은 자취의 방정식에 강조점을 둔 현대적 관점에 더 가깝다. 그는 이변수 방정식이 곡선을 결정한다는 것을 분명히 밝혔다. 데카르트는 알려진 곡선을 고른 다음 기하학적으로 기술하고 나서 적절하다면 방정식으로 나타냈다. 그에게 방정식은 작도 문제를 해결하려는 것으로 곡선을 연구하는 도구였지 정의하는 기준은 아니었다. 해석기하학의 형성에 페르마가 덜 이바지하게 된 것은 그의 기하학이 기하학적 대수에 가까웠고 데카르트처럼 일반화된 대수학적 기하학이 아니었다는 데 있을 것이다.[48] 데카르트는 페르마보다 복잡한 대수방정식을 다룰 수 있었고 이 덕분에 고차방정식을 다루는 방법을 발견하게 되었다.

더 나은 발견이 이전 것을 밀어내면서 발전하는 경향이 강한 과학과 달리 수학은 새로운 내용이 쌓이면서 발전하는 경향이 강하다. 이를테면 지금 다룬 해석기하학이 그러하다. 기존의 것을 배제하지 않으면서 수학과 과학을 혁신했다. 해석기하학은 짧은 시간에 수학과 수학이 적용되는 범위를 엄청나게 넓혔다. 이것은 수학에 더 높은 정확도, 더 뛰어난 추상 능력, 어떤 개념을 한 분야에서 다른 분야로 전환하는 능력을 주었다. 기하학적 방식으로는 다가갈 수 없는 영역으로 연구를 넓혔다. 무한소 해석에 쉽게 다가가게 해줌으로써 수학과 과학의 많은 문제를 효과적으로 해결해 주었다.

데카르트가 20년 남짓 지낸 네덜란드에서 그의 수학적 영향력은 매우 컸다. 이 때문에 〈기하학〉을 쉽게 이해할 수 있도록 도와주는 입문서가 필요하다는 인식이 퍼졌다. 이에 부응하여 본(F. de Beaune 1601-1652)이 1649년에 주석서를 펴냈다. 그는 데카르트의 아이디어를 간단한 이차방정식으로 표현되는 자취에 강조점을 두고 페르마의 방식으로 설명했다.[49] 본이 다룬 내용은 스호텐이 그것을 자신이 연구한 자료에 덧붙여, 학자들의 공통어인 라틴어로 1649년에 출간하면서 널리 알려졌다. 이 덕분에 해석기하학은 다른 어느 곳보다 네덜란드에서 빨리 자리를 잡았다.

그렇지만 해석기하학의 확산, 정착에 실질적인 공헌을 한 사람은 스호텐의 동료였던 비트(J. de Witt 1625-1672)이다. 그는 1646~1650년에 종합과 분석의 두 관점에서 원뿔곡선에 관한 제재를 연구했다. 먼저 종합기하학의 방법으로 원뿔곡선의 여러 성질을 깊이 있게 다루었다. 원뿔곡선에 관한 운동학적 정의의 하나로 이심률을 사용하면서 준선이라는 용어를 처음 썼다. 다음으로 좌표를 사용하여 원뿔곡선을 계통적으로 논의했다. 그는 데카르트의 기호법을 사용하여 페르마의 생각을 완전히 대수적으로 논의하면서 이변수의 원뿔곡선으로 확장했다.[50] 그는 모든 이변수 이차방정식을 좌표축의 평행이동과 회전이동으로 직선, 원, 타원, 포물선, 쌍곡선을 나타내는 표준형으로 바꿀 수 있다고 했다. 더욱이 그는 이차방정식에서 판별식[10]의 값이 음수, 0, 양수냐에 따라 각각 타원, 포물선, 쌍곡선이 됨을 알았다. 비트에 이르러 이차방정식의 자취 문제가 모두 상세히 논의됐다.

스호텐은 1657년에 대수를 기하학에 응용하는 연구 성과도 발표했다. 여기에는 그의 제자 후데(J. Hudde 1629-1704)가 발견한 사차의 곡면좌표에 관한 내용도 들어

10) $ax^2+2bxy+cy^2+2dx+2ey+f=0$에서 b^2-ac

있는데, 이것은 입체 해석기하학의 선구적인 연구였다. 후데는 방정식의 문자 계수를 양, 음에 관계없이 모든 실수를 나타내는, 비에트의 기호법을 일반화하는 마지막 단계에 들어선 첫 수학자로 보인다.[51]

해석기하학을 좌표기하학이라고도 하는데, 좌표는 정량 개념을 바탕으로 성립하는 것으로 이것은 결국 기하를 산술화하는 것이다. 그런데 데카르트를 포함한 초기 해석기하학자들은 기하학을 수나 대수로 파악할 수 있다고 생각하지 못했다. 기하를 산술화한다는 것을 맨 처음 진지하게 생각한 사람은 월리스였다. 그는 1655년에 아폴로니오스의 기하학 조건을 대수적으로 바꾸어 처음으로 원뿔곡선을 온전히 대수방정식으로 나타냈다.[52] 1657년에는 원뿔곡선을 원뿔의 단면이 아닌 평면 위에서 방정식을 이용하여 성질을 찾는 연구로 옮겼다. 그는 고대 기하학의 중요한 발판의 하나였던 비례도 산술로 다루었다. 이처럼 그는 기하 개념을 수치 개념으로 완전히 대체했다. 월리스의 연구 덕분에 좌표기하학의 개념이 널리 퍼졌다. 대수학을 기하학의 도구로 여겼던 데카르트와 달리 월리스는 대수학적 추론의 타당성을 강조했다.

월리스는 〈대수학〉(1685)에서 음수 좌표를 도입하고, 이차방정식의 허근을 기하학적인 작도로 이해하고자 노력했다.[53] 그는 복소수를 평면 위의 점으로 나타내는 혁신적인 방법을 찾았다. 그는 먼저 실수 직선(실수축)의 개념을 생각했다. 모든 실수는 실수축의 어딘가에 놓여 있다. $\sqrt{-1}$은 양수도 음수도 아니기 때문에 실수축에 놓일 자리가 없다. 그래서 먼저 복소수의 실수부를 실수축에 나타내고, 이 점에서 $\sqrt{-1}$에 곱해진 수가 양수이면 위쪽에, 음수이면 아래쪽에 허수부의 절댓값만큼 떨어뜨려 수직으로 점을 찍었다. 이럼으로써 오늘날 사용하는 복소평면의 개념에 다가갔다. 그러나 허수축을 도입한 것이 아니어서 복소평면의 개념에 이르지는 못했다. 그의 생각은 허수에 의미를 부여하는 중요한 계기였으나, 당시에는 관심을 끌지 못했다.

라이르(P. de La Hire 1640-1718)가 1679년에 계량적이면서 이차원적인 데카르트의 방법으로 원뿔곡선을 정의했다. 타원은 두 초점에서 거리의 합이 일정한 점의 자취이고, 쌍곡선은 그 차가 일정한 점의 자취이며 포물선은 초점과 준선에서 거리가 같은 점의 자취라고 정의했다. 또한 그는 공간의 점을 그림과 같이 나

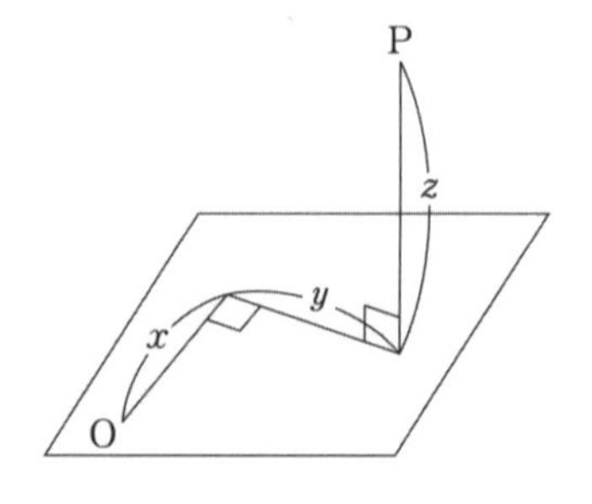

타냈고 미지수가 세 개인 곡면의 방정식을 처음 대수적으로 표현함으로써 입체 해석기하학으로 가는 첫걸음을 내디뎠다. 그러나 그가 익숙하지 않은 데자르그의 용어를 일부 사용하여 같은 시대 사람들이 그의 저작을 쉽게 이해하지 못했을 것이다.[54] 그는 1685년에 종합기하학으로 옮겨갔고 이 분야의 근대적인 전문가가 되었다. 라이르 이후 기하학은 쇠퇴했고 약 한 세기 뒤에야 다시 연구되었다.

1691년에 야콥 베르누이(Jacob Bernoulli 1654-1705)가 극좌표를 도입했다. 그는 평면 위에 놓인 점의 위치를 원점으로부터 거리 r과 기준선인 반직선과 동경이 이루는 각 θ를 사용하여 나타냈다. 직교좌표로는 매우 복잡한 곡선의 방정식을 극좌표로는 단순하게 나타낼 수 있다. 이를테면 아르키메데스 나선은 $r=a\theta+b$로 나타난다. 뉴턴도 1671년에 극좌표를 도입하여 활용했으나 1736년에 출간되었기 때문에 야콥이 극좌표를 발견한 사람으로 인정받고 있다.

7-2 사영기하학

르네상스 시기에 이탈리아 화가들이 사실다운 그림을 그리고자 원근법을 이론적, 실제적으로 연구했고, 그 결과 17세기에 사영기하학이 등장했다. 17세기 초기에 아나모르포즈(anamorphose)[11] 기법이 프랑스에서 한창 유행했고 같은 무렵에 사영기하학이 생겼다. 이 둘에 보이는 공통점은 둘이 같은 시기에 출현한 것이 필연임을 보여준다.

원근법 체계의 기본적인 수학 개념은 사영과 그것의 단면이다. 사영이란 한 점에서 대상에 이르는 빛살의 집합이며 단면은 사영을 절단하는 평면에 생기는 형상이다. 사영기하학은 단면과 본래의 도형, 다른 각도의 두 단면이 공유하는 기하학적 성질을 연구하는 것이다. 17세기 초에 연구된 사영기하학은 유클리드에게서 벗어나는 사건이었다. 데자르그와 파스칼이 바로 이 사영과 단면의 개념으로부터 여러 정리를 끌어냈다. 두 사람은 직선과 원뿔에서 그리스인이 얻은 결과를 뛰어넘어 무한에서 일어나는 곡선의 성질도 기술했다. 하지만 사영기하학은 유클리드 기하학의 틀을 완전히 뛰어넘지 못했다. 그것은 공간에 놓인 대상을 보는 관점을 바꾼 것이었지 공간 자체를 달리 바라본 것이 아니었다.

---

11) 화상을 일그러뜨려 어느 시점에서 보았을 때만 원상이 떠오르게 하는 회화의 한 방법. 올바른 상을 얻으려면 길게 뻗은 그림을 비스듬히 보거나, 원형으로 펼쳐진 그림 속의 특정 위치에 구, 원통, 원뿔 모양의 거울을 놓고 보아야 한다.

사영기하학을 처음 탐구한 사람은 수학을 혼자서 공부한 건축가이자 공학자인 데자르그였다. 그는 일 때문에 생긴 관심으로 원근법을 연구했다. 그는 그리스인, 특히 아폴로니오스 저작의 내용을 공부하고서 거의 같은 시기의 페르마나 데카르트와 달리 순수하게 기하학적으로 연구했다. 그는 원근법에 관한 여러 정리를 간결한 도형으로 표현할 수 있다고 생각했다. 그는 이러한 생각을 담아 1639년에 발표했다.

그리스인의 기하학 증명에는 일반성이 없었다. 데자르그는 그리스 때의 여러 방법을 사영과 단면을 사용하여 종합하고, 이 과정에서 사용한 방법과 얻은 결과를 일반화하고자 했다. 이러한 태도는 이후의 수학 연구에 강력한 영향을 끼쳤다. 그는 일반성을 찾는 방법의 하나로 평행선을 포함하지 않는 새로운 전제를 세웠다. 그는 무한원점을 추가하여 평행선들이 그 점에서 만나는 것으로 했다. 이렇게 해서 유클리드 기하학과 멀어졌으나 이것과 모순을 일으키지 않게 원근법을 자연스럽고 직접적인 방법으로 눈에 보이는 것과 일치하도록 확장했다. 한 평면에서 각자의 방향을 지닌 평행선들의 모음은 한없이 많으므로 무한원점도 한없이 많다. 이런 무한원점들이 한없이 멀리 있는 하나의 새로운 직선(무한원직선)에 있다고 생각했는데, 무한원직선에 통상의 점들은 포함되지 않는다. 무한원직선이 있는 평면이 사영평면이다. 이 선이 투영화법에서 수평선이다.

데자르그는 투영화법과 케플러의 연속성의 원리에서 시작하고 무한원점과 사영의 개념을 하나로 정리하여 이론을 세웠다. 평행이 아닌 직선들은 교점이 있고 무한원점을 공유하지 않는다. 이제 임의의 두 직선은 언제나 하나의 점을 공유한다. 이것은 유클리드 기하학보다 단순한 공리이다. 모든 직선은 무한원점이 있고 이로써 무한원직선은 반지름이 무한인 원이 된다. 연속성의 원리에 따르면 접선은 할선의 극한, 점근선은 무한원점에서 접하는 접선이 된다. 이런 기본 개념을 바탕으로 그는 대합(對合), 조화영역, 호몰로지, 극과 극선, 투영도 등 사영기하학에서 다루는 대부분의 기본 정리를 전개했다. 이 정리들은 수학의 많은 분야에서 중요한 정리로 쓰인다.

사영변환으로도 달라지지 않는 성질 가운데 먼저 원뿔곡선은 사영되어도 원뿔곡선이라는 사실이 있다. 데자르그는 원뿔곡선을 따로 다루던 아폴로니오스와 달리 무한원점과 사영, 단면을 사용하여 모든 원뿔곡선을 통합하여 다루었다. 그는 타원, 포물선, 쌍곡선을 각각 그것이 놓인 평면의 무한원직선과 만나지 않는, 접하는,

두 점에서 만나는 원의 사영으로 했다. 이리하여 사영변환으로 불변인 원의 어떠한 성질도 모든 원뿔곡선의 성질임을 쉽게 보일 수 있었다. 다음으로 한 직선 위의 네 점의 복비(교차비)는 사영변환되어도 달라지지 않음(5장 참조)을 알았다. 이것으로 원근법 체계에 따라 그림을 정확히 그렸는지를 알 수 있다. 하지만 이것은 그림을 그리는 데는 그다지 쓸모가 없다. 또 다른 정리(데자르그 정리)는 한 평면 위에 두 삼각형 ABC와 A′B′C′의 대응하는 꼭짓점을 잇는 직선들이 모두 한 점 O에서 만날 때 대응하는 변을 연장한 직선들의 교점이 한 직선 위에 놓인다는 것이다. 증명은 두 삼각형이 평행하지 않은 두 평면에 따로 있다고 생각하면 쉽게 된다. 그러면 △A′B′C′은 △ABC의 사영의 단면이다. 이 정리에서 두 삼각형의 세 쌍의 대응변이 각각 평행하다면, 대응변의 연장선이 만나는 세 무한원점은 무한원직선 위에 있게 된다.

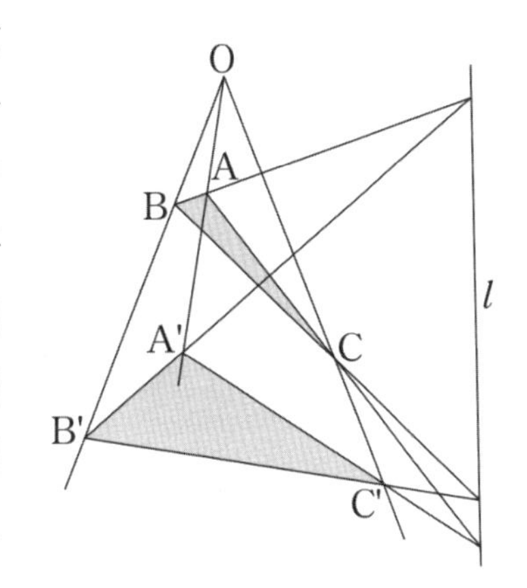

데자르그의 사영기하학에서는 많은 경우가 하나의 일반 명제로 합쳐진다. 이것은 매우 뛰어난 장점이다. 그러나 당시의 수학자들은 그의 연구에 그다지 관심을 기울이지 않았다. 심지어 사영기하학적 방법을 불완전하다고 생각해 반대하기도 했다. 17~18세기에 사영기하학이 빛을 보지 못한 가장 큰 까닭은 그 시대에 매우 발전한 해석기하학과 무한소 해석 때문이었다. 그 시대에 페르마 말고는 수론을 연구한 사람이 없었듯이 순수기하학에서도 그러했다. 해석기하학에 의한 기하학의 대수적 통합이 많은 관심을 끌었기 때문에 새로운 종합기하학의 논리를 연구할 상황은 아니었다. 과학과 기술이 요구하는 수량적 지식을 얻는 데는 사영기하학의 종합 방법을 사용해서 얻는 질적 결과가 그다지 쓸모없었다. 과학과 기술에서 다루는 수학 문제를 대수적 방법으로 공략하는 것이 더 효율적이었다. 그렇지만 사영기하학이 무시된 데에는 페르마의 수론과 비슷하게 데자르그에게도 원인이 있었다. 그는 저작을 아주 적게 인쇄하기도 했던 데다가 익숙하지 않은 용어와 어려운 문체로 글을 썼다. 이를테면 그는 많은 용어를 식물학에서 가져다 썼다. 데자르그는 이 책을 장인과 실용수학자를 위해 썼다고 했으나 이들은 이 연구의 의미를 이해하지 못했다.[55]

사영기하학에서 무한원직선은 회화에서 수평선이 되고 있음을 생각하면 직관적으로는 분명하다. 이것이 명확히 인식되려면 좌표축이 도입되어야 했다. 어떤 곡선이 방정식 $f(x, y)=0$으로 표현될 때, 이 곡선의 투영도를 나타내는 식은 x와 y를 알맞게 변환하여 얻을 수 있다. 이 변환이라는 사고방식은 대수적으로는 아주 간단함에도 데자르그의 시대에는 좌표계가 도입되지 않았다. 동차좌표로 알려져 있는, 사영기하학에 적합한 좌표는 뫼비우스(1827)와 플뤼커(1830)에 의해 발명된다. 이로써 사영기하학도 실용 문제에 적용될 수 있음이 밝혀진다. 또한 수학적으로 데자르그 정리는 좌표가 체(field)에 의하여 기술될 때만 참이고, 좌표가 비가환환에 속하는 기하학에서는 거짓임[56]도 밝혀진다.

파스칼은 데자르그의 생각을 이어받아 발전시킴으로써 사영기하학의 발전에 발판을 마련했다. 그는 경험 자료를 지식의 출발점으로 삼았고 아울러 이성의 능력도 존중했다. 사영기하학은 정리를 통찰하는 직관과 증명에 필요한 엄격한 연역적 사고로부터 발전했다. 하지만 그는 신앙의 신비를 감각과 이성으로 파악할 수 없으므로 성경의 권위로 받아들여야 한다고 했다.

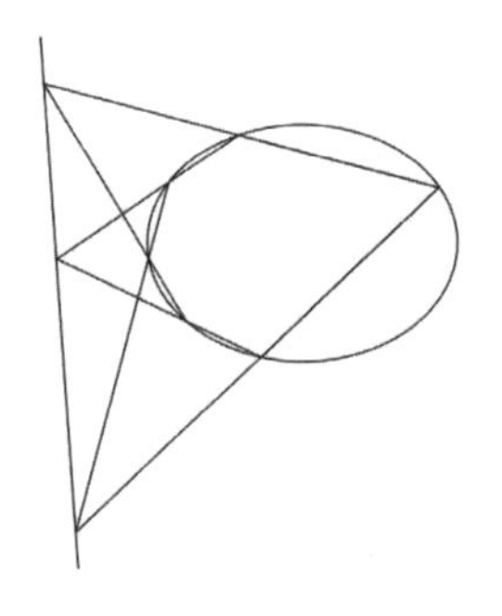

파스칼은 17세기 중반 마르센이 운영하던 학술 모임에 일찍(14살)부터 참여했고, 16살이던 1639년에 〈원뿔곡선 시론〉(Essai pour les coniques)이라는 짧은 논문을 발표했다. 이 논문은 원뿔곡선에 내접하는 육각형에서 세 쌍의 대변이 연장되어 만나는 세 점은 한 직선에 놓이고 그 역도 성립한다는 육각형 정리를 다루고 있다. 그는 그것이 원에서 성립함을 보이고 나서 원의 성질이 사영에 의해 보존된다는 성질을 적용하여 증명했다. 라이프니츠에 따르면 파스칼은 아폴로니오스의 자취 문제와 주어진 회전 원뿔 위에 주어진 원뿔곡선을 놓는 문제를 순수기하학적 방법으로 다루었다.[57] 파스칼은 원뿔곡선을 연구하면서 데카르트(1637)에게서 비롯된 대수학 기호나 용어가 아니라 고전 기하학 용어를 사용했다. 그는 기호 체계가 수학적 사고에 중요한 역할을 한다는 것을 인정하지 않았다. 이것은 사영의 방법이 데카르트의 해석적 방법보다 명료해 보였기 때문일 것이다.

17세기 후반에 데자르그와 파스칼의 성취를 바탕으로 다른 유형의 일반성이 모습을 드러내고 있었다. 데자르그가 증명한 많은 정리는 선분, 각, 영역 등의 크기보다 점과 직선의 위치와 만남을 다루었다. 이것으로부터 새로운 종류의 기하학적 사고가 형성되고 있었다. 이 생각은 19세기에 들어서 열매를 맺게 된다.

다른 한편에서 1672년에 모르(G. Mohr 1640-1697)가 자와 컴퍼스를 이용하는 유클리드의 작도를 컴퍼스만으로 해결했다. 컴퍼스로 직선을 그을 수는 없으나 직선 위의 다른 두 점을 아는 경우를 그 직선을 아는 것으로 여긴다면 유클리드 기하학에서 자가 필요 없게 된다. 모르의 결과는 1797년에 마스케로니(L. Mascheroni 1750-1880)가 다시 발견하면서 알려지게 되었다.

8 확률과 통계

8-1 확률

확률론의 기초는 1660년 무렵 약 10년 동안 놓였다. 확률론은 우연의 과정에서 일정한 빈도로 일어나는 현상을 이해하고, 합리적인 확신의 정도를 결정하는 방법으로 등장했다. 확률론은 내기(노름)와 관련된 우연의 놀이 문제와 보험료율이나 사망률과 관련된 통계 자료를 처리하는 문제에 뿌리를 두고 있다. 노름은 세계의 여러 곳에서 역사의 초기 단계에 나타났다. 노름에서 가장 흔히 사용되는 것이 주사위이다. 가장 오래된 주사위는 이라크 북부에서 발굴된 −2750년쯤에 흙을 구워 만든 것이다. 지금처럼 일곱 개의 점을 마주보는 두 면에 나누어 표시하는 것은 −1400년 무렵에 도입됐다. 놀이에 들어 있는 확률적 구조를 처음 언급한 책으로는 인도의 성전인 네 권의 베다 중 하나인 리그베다가 있다.[58] 단테의 〈신곡〉에 관한 어떤 주석서(1477)에는 세 개의 주사위를 던져 나오는 눈이 어떠한 확률로 나타나는지를 기술한 곳이 있다.[59] 카드놀이는 이집트, 중국, 인도 등에서 발명되었다고 하는데, 기원은 확실하지 않다. 이것이 십자군전쟁 때 유럽에 들어왔고 1300년대에 자리를 잡았다. 인쇄술의 발명으로 카드가 대량으로 제작됐는데 구텐베르크도 한 벌이 78장으로 이루어진 타로카드를 인쇄했다. 1500년 무렵에 프랑스에서 오늘날과 같은 52장으로 된 카드가 나왔다.

이처럼 주사위나 카드를 이용한 우연의 놀이가 오래전부터 있었으나, 16세기 중반에야 확률 개념을 이해하기 시작했으며 17세기 중반에 이것을 깊이 있게 다루게 되었다. 확률의 개념이 이처럼 매우 늦게 나타난 것은 아마 임의(무작위)라는 개념을 제대로 이해하지 못해서일 것이다. 물론 동일한 확률이라는 개념도 이해하지 못했다. 이를테면 주사위를 아무런 생각 없이 던진다고 해서 임의성이 보장되지는 않는다. 제대로 균형이 잡힌 주사위가 아니라면 임의성이 보장되지 않고, 따라서 그것을 던져서 일어나는 사건들에서 어떤 공정성을 담보할 수 없어 규칙을 찾을 수 없게 된다. 되풀이되는 우연의 사건을 나타낼 적절한 수학적 개념과 표기법이 없었기 때문일 수도 있다. 사건이라는 개념은 16세기에 이해되기 시작했으므로 이때부터 확률을 계산할 수 있게 되었다.

우연의 이론을 처음으로 조리 있게 다룬 사람은 카르다노이다. 주사위, 카드, 체스를 매우 즐겼던 카르다노는 1564년 무렵에 확률 이론을 다룬 저작을 썼다. 통상 확률론을 출발시켰다고 하는 페르마와 파스칼보다 90년이나 앞섰다. 그러나 이 책의 대부분은 노름에 관한 내용이고, 우연을 다룬 부분은 아주 적다. 여기서 처음으로 공정한 주사위라는 개념을 바탕으로 합의 법칙, 곱의 법칙 등을 다루었다. 카르다노는 독립사상에 대한 확률의 곱셈 법칙에서 곱해야 하는 것은 확률이지 가능성이 아님을 알았다. 이를테면 이길 가능성이 3 : 1, 곧 이길 확률이 3/4일 때, 두 번 겨뤄서 모두 이기는 경우의 수는 9이고 한 번이라도 지는 경우의 수는 7임을 직접 세어서 보여주었다. 따라서 두 번 모두 이길 확률은 9/16, 곧 이길 가능성은 9 : 7로 유리하다고 했다. 또한 그는 한 번의 임의추출로 얻은 결과와 여러 번의 임의추출로 얻은 경험적 확률 사이에 큰 차이가 있을 수도 있음을 지적했다.[60]

뒤이어 갈릴레오가 카르다노가 얻은 결론의 대부분을 다시 발견하여 17세기 초에 정리했다. 갈릴레오는 '동일한 확률'의 개념을 바탕으로 공정한 주사위 모형을 제안했는데 이것이 오늘날 쓰이는 주사위의 모체가 되었다.[61] 그는 세 개의 주사위를 던질 때 합이 9와 10이 되는 조합의 수는 둘 다 6가지이지만, 일어날 수 있는 모든 경우를 세어 보면 216가지이고 그 가운데 10이 27가지, 9가 25가지가 나옴을 보임[62]으로써 조합과 순열을 구분했다. 또한 1632년에 측정 오차는 극복할 수 없고, 큰 오차보다 작은 오차가 더욱 자주 나타나며, 오차는 참값을 가운데 두고 대칭으로 분포하며 가장 자주 나오는 측정값 근처에 참값이 존재한다[63]고도 했다. 그렇지만 카르다노와 갈릴레오는 얻은 수치로 미래를 예측하는 데 사용할 수 있을지를 살펴보지 않음으로써 현대 확률론으로 가는 문턱을 넘지 못했다.

현대 확률론으로 가는 결정적인 한 걸음을 파스칼과 페르마가 내디뎠다. 그들의 논의는 노름과 관련되어 있었으나 그들이 개발한 이론은 여러 상황에서 결과를 예측하는 데 이용될 수 있는 일반적인 것이었다. 확률론을 논의하게 된 문제 상황은 노름이 결판나기 전에 멈췄을 때 두 노름꾼이 판돈을 어떻게 나눠야 공정한지였다. 판돈을 나누는 문제는 비교적 이른 시기에 파치올리(1494)와 타르탈리아가 고찰했다.[64] 문제는 두 노름꾼이 공평하게 겨룬다고 하고, 한 사람이 여섯 번 이길 때까지 겨루는 내기에서 첫째 사람이 5번 이기고 둘째 사람이 3번 이긴 상황에서 멈추게 되었다면 판돈을 어떻게 나눠야 하는지였다. 파치올리는 승수에 따라 5 : 3으로 나누면 된다고 했다. 약 60년 뒤에 타르탈리아가 첫째 사람이 1번 이기고 둘째 사람이 승수가 없는(0) 채로 중단되는 예를 들어 파치올리의 오류를 지적했다. 그는 두 사람의 승수의 차가 2이고 이것은 필요한 승수의 1/3이므로 첫째 사람이 둘째 사람의 몫에서 1/3을 가져가면, 곧 판돈을 2 : 1로 나누면 된다고 했다.

현대 확률론은 메레(C. de Méré 1607-1684)가 1654년에 판돈을 나누는 문제를 파스칼에게 물었을 때 실질적으로 진전되었다. 문제는 두 노름꾼 A와 B가 각각 32피스톨씩 걸고, 3점을 먼저 얻으면 판돈을 모두 가져가는 노름을 했는데, 중간에 멈췄다면 판돈을 어떻게 나눠야 하는지였다. 이 문제를 받은 파스칼은 그것을 페르마에게 편지로 보냈다. 이후 두 사람은 편지를 주고받으면서 확률론의 기초 결과를 끌어냈다. 처음에 페르마와 파스칼은 서로 다른 방식으로 문제에 접근했으나 마지막에 파스칼이 페르마의 의견에 동의하고 산술삼각형과 연계하여 이전의 성과를 훨씬 뛰어넘게 발전시켰다.

파스칼은 다음과 같이 해결했다. 그는 경우의 수를 사용하지 않고 낱낱의 경우를 살펴보고 일반화를 꾀하는 귀납적 방식을 채택했으나 특수성을 벗어나지 못했다. 먼저 A, B가 각각 2점, 1점을 얻고서(A : B = 2 : 1) 내기를 멈췄다고 하자. 내기를 계속하는 것을 가정했을 때 A가 1점을 얻으면 64를 모두 가져가면 되고, B가 이기면 승수가 같아지므로 둘이 32씩 나누면 된다. 그러므로 A는 32를 확보하고, 남은 32를 1 : 1로 나누면 된다. 그러므로 A는 48, B는 16을 가져가면 된다. 다음으로 A : B = 2 : 0에서 멈췄다고 하자. 다음 판에서 A가 1점을 얻으면 64를 모두 가져가면 되고, B가 이기면 첫째 상황과 같으므로 64를 48 : 16 = 3 : 1로 나누면 된다. 그러므로 A는 32를 확보하고, 남은 32를 3 : 1로 나누면 된다. 그러므로 A는 56, B는 8을 가져가면 된다. 마지막으로 A : B = 1 : 0에서 멈췄다고 하자. 다음 판에서 A가 1점을 얻으면 둘째 상황이 되므로 A는 56, B는 8을 가져가면 된다. B가 1점을 얻으면 둘이 32씩 가져가면 된다. 그러므로 A는 32를 확보하고, 56에서 남은 24를 32 : 32 = 1 : 1로 나누면 된다. 그러므로 A는 32 + 12 = 44, B는 8 + 12 = 20을 가져가면 된다.

페르마는 다음과 같이 생각했다. 판돈을 나누는 문제는 노름이 중단됐을 때의 승수가 아니라, 내기에서 이기는 데 필요한 승수가 결정한다. A만 1승을 거둔 상황으로 살펴본다. 이 경우에는 A가 2승이 필요하고 B는 3승이 필요하다. 그는 경우의 수를 구하는 방법으로 문제를 해결했다. 앞으로 4번만 겨루면 내기가 끝난다. 누가 이기든, 모든 경우의 수는 $2^4 = 16$이므로 이 16가지를 모두 나열한다. 그러고 나서 A가 두 번 이상 들어간 경우가 11가지, B가 세 번 이상 들어간 경우가 5가지임을 확인하고, A에게 11/16, B에게 5/16의 비율로 판돈을 나눠준다. 노름꾼마다 필요한 승수가 얼마이더라도 이 방법을 적용할 수 있다. 또한 세 사람이 겨룰 때도 이 원리를 쓸 수 있다. 그러므로 페르마의 방법이 일반적이다.

$aaaa$	$aaab$	$aaba$	$abaa$	$baaa$	$aabb$	$abab$	$abba$
$baab$	$baba$	$bbaa$	$abbb$	$babb$	$bbab$	$bbba$	$bbbb$

파스칼은 노름꾼이 둘이면 페르마의 방법으로 해결되지만 셋 이상이면 그렇지 않다고 했으나, 나중에 페르마의 방법으로 노름꾼이 셋인 경우에도 해결했다.[65] 파스칼도 결국 페르마의 방법을 인정하고 그것을 산술삼각형과 연계하여 간편한 해결법을 내놓았다. 노름꾼 A가 이기는 데는 p승이 필요하고 B는 q승이 필요하다고 가정한다. 이때 A가 이길 확률은 $(a+b)^{n-1}$(여기서 $n=p+q$)의 전개식에서 계수의 총합 2^{n-1}에 대한 처음 q개 항의 계수를 더한 것의 비 $\sum_{k=0}^{q-1} C_k^{n-1}/2^{n-1}$이다. 파스칼은 이것을 $n=2$, 곧 $p=q=1$인 경우(판돈을 똑같이 나누어야 하는 경우)에서 시작하여 수학적 귀납법으로 증명했다.

이 방법을 앞서 메레가 문의했던 문제에 적용해 보자. A가 1승을 하거나 B가 2승을 해야 끝나는 경우, 필요한 승수를 더하면 $1+2=3$이다. 이제 $(a+b)^2 = a^2 + 2ab + b^2$에서 A가 이기는 경우는 전개식에서 a가 한 번 이상 들어간 첫째와 둘째 항이다. 계수의 합은 3으로 산술삼각형의 3행 1, 2, 1에서 왼쪽의 두 수를 더한 값이다. B가 이기는 경우는 b가 두 번 들어간 셋째 항이다. 계수는 1이다. 그러므로 A의 몫은 3/4을 판돈에 곱한 액수이고, B의 몫은 판돈의 1/4이다. A, B가 각각 1승, 3승을 해야 하는 경우, 필요한 승수를 더하면 4이다. $(a+b)^3 = b^3 + 3a^2b + 3ab^2 + b^3$에서 a가 하나 이상 들어간 왼쪽 세 항이고, 계수의 합은 7로서 산술삼각형의 4행에서 왼쪽 세 수를 더한 값이다. 그러므로 A의 몫은 판돈에 7/8을 곱한 액수이고, B의 몫은 판돈의 1/8이다. 세 번째 경우도 마찬가지로 해결할 수 있다. 이렇게 해서 파스칼은 산술삼각형을 이용하여 확률 문제를 해결했다.

페르마와 파스칼의 풀이는 일어나는 사건들의 가능성(위 예에서는 A, B가 각 판에서 이길 가능성)이 모두 같을 때만 적용된다. 일어날 가능성이 같다는 사실은 시행의 횟수가 엄청나게 많을 때 각 사건이 같은 횟수만큼 일어난다는 뜻이다. 확률에 관한 이 개념을 가장 적절하게 적용한 사례는 19세기 멘델(G. J. Mendel 1822-1884)의 생물학 연구에서 볼 수 있다.

8-2 통계의 싹

과학 연구나 대규모 사업 활동에서는 결과가 제대로 나온 것인지, 그것을 바탕으로 앞으로 같은 방식으로 진행해도 되는지를 결정하려면 추산이 아닌 정확한 값이나 확률이 필요하다. 확률이 필요한 경우에는 확률의 수학적 이론이 적용되어야 한다. 대개 표본을 추출하여 조사하게 되는데, 표본을 추출하고 필요한 정보를 얻는 상황에서 확률론적 사고를 요구하는 중요한 통계 문제들이 제기된다. 표본의 추출, 정리, 추정에는 오차가 개입되기 때문이다. 이때 적절하고 타당하게 추출한 표본의 크기(시행 횟수)가 충분히 클 때, 표본으로부터 계산한 평균을 얼마나 신뢰할 수 있는지를 아는 것이 본질적인 지점이다. 신뢰할 수 있는 정도를 타당도 높게 수학적으로 산출하는 것이 중요하다. 그러므로 확률론은 통계적 방법을 사용하는 데에 필요했기 때문에 발전했다고도 할 수 있다.

체계적이고 폭넓은 통계조사는 상인 계층이 운영하던 여러 기관, 특히 보험 회사가 특정한 사건의 발생 가능성을 좀 더 정확하게 추정할 필요가 생겼을 때 시작됐다. 보험 회사가 보험료와 보험금을 산출하기 위해서는 확률론에 입각해서 접근하는 것이 기본이다. 사회 문제에 통계를 처음 이용한 사람은 그론트(J. Graunt 1620-1674)였다. 그가 인구 조사에서 처음으로 대량의 자료로 폭넓은 통계 추론을 했다. 그는 1604년부터 1661년까지 런던에서 출생과 사망을 분석하여 1662년에 소책자로 발간했다. 58년 동안의 자료를 조사하여 일련의 표를 만들면서 어느 정도의 일반성과 타당성을 지닌 많은 결과를 끌어냈다.

그론트의 연구에는 1705년에 나온 '큰 수의 법칙'의 의미가 들어 있었다. 그가 처음에 수집한 자료는 크기가 작고 지역도 런던에 한정되어 있었다. 그는 자료의 조사를 확대하여 영국 전체와 더 긴 기간에 걸친 결론들을 얻었다. 그는 사고, 자살, 질병에 의한 사망률이 각 지역에서 거의 같으며 해마다 거의 변하지 않음을 알았다. 겉으로 보았을 때 우연히 생기는 듯한 사건들에 놀랍게도 규칙이 있었다. 이로써 그는 통계 추론을 처음 행하게 되었다. 그의 연구가 통계학과 확률론에서 중요한 것은 함께 태어난 집단은 평생을 함께 살아가면서 죽음 때문에 그 수가 차츰 줄어든다는 발상이었다.[66] 그가 정리한 자료를 기반으로 각 범주에 있는 사람이 다음 해에 사망할 확률을 계산할 수 있었다. 이런 경우의 확률은 축적된 자료에 의존하므로 주사위에서 계산되어 나오는 확률처럼 전적으로 믿을 수는 없다. 그러나 이런 식의 미래 예측이 당시에도 보험업의 기반이 될 만큼의 신뢰도를 갖출 수는 있었다. 그러나 주로 도덕적인 반발에 부딪혀 보험업은 18세기에나 등장했다.[67] 덧붙여 그는 남성 출생률이 여성 출생률보다 높음을 처음 발견했다.

페티(W. Petty 1623-1687)는 그론트의 연구에 견줄 만큼의 결과를 내지는 못했으나 사회학도 자연과학처럼 정량적이어야 한다고 주장했다. 과학혁명의 영향을 받은 페티는 정치 산술이라는 이름으로 경제학에 통계적 방법을 도입하고 특별히 주의를 기울여야 한다고 했다. 그의 관점은 포괄적이었다는 점에서 주목할 만하다. 마찬가지로 과학으로부터 자극을 받아 '도덕 계산술'이라는 개념과 '최대 다수의 최대 행복'이라는 원리에 따라 수학을 사회 분석에 응용하려고 했다.[68]

하위헌스는 그론트의 수치를 사용해서 사망률 곡선(통계 자료로부터 처음으로 만들어진 그래프)을 그렸고 이것을 이용해서 주어진 기간 안에 죽을 확률, 주어진 나이까지 살아 있을 확률과 같은 개념을 정의했다. 그는 이런 생각을 파스칼과 페르마의 연구를 기초로 1657년에 〈우연의 놀이에서 추론하기〉(De ratiociniis in ludo aleae)에 수학적 토대를 갖추어 발표했다. 여기서 그는 우연에 따르는 내기에서 사용하는 계산법을 상세히 논하면서 중요한 개념의 하나인 수학적 기댓값의 개념을 기회의 값으로 도입했다. 이 값은 파스칼이 내기에서 다룬 개념과 비슷한데 판을 몇 번 시행할 때 얻게 될 평균이다. 하위헌스는 어떤 노름꾼이 금액 a와 b를 손에 넣게 될 가능성이 같을 때 기댓값은 $(a+b)/2$라는 것에서 시작하여 노름꾼이 셋인 경우를 거쳐, 어떤 노름꾼이 금액 a를 차지할 확률이 p이고 b를 차지할 확률이 q이면, 그는 $ap+bq$를 차지할 것을 기대할 수 있다고 했다. 확률 연구의 다음 단계는 연금 표를 만든 비트와 핼리(E. Halley 1656-1742)에 의해 이루어졌는데, 하위헌스의 논문이 동기가 되어 비트가 1671년에 오늘날 수학적 기댓값의 개념에 해당하는 사항을 기술했다.

9 광학

르네상스 시대의 화가들은 사실적으로 표현하는 데 필요하여 광학 문제를 연구했다. 근대적 실험 광학을 창시한 케플러는 빛이 광원으로부터 구면을 이루며 방사되는 것을 근거로 빛의 강도가 거리의 제곱에 반비례하여 감소한다는 것을 직관적으로 공식화했다.[69] 이러한 사고는 보편중력을 다룰 때 바탕이 되었다.

빛의 굴절은 헬레니즘 때부터 연구되었다. 프톨레마이오스가 올바르지는 않으나 굴절 법칙을 내놓기도 했다. 그 법칙을 1621년에 스넬이 발견했다. 그는 두 매질의 경계면에서 입사각과 굴절각의 사인의 비(굴절율)가 언제나 같음을 발견했다. 이 법칙은 입사각과 굴절각이 θ_1과 θ_2를 이루는 매질에서 빛의 속도가 각각 v_1과 v_2일 때 $\sin\theta_1/\sin\theta_2 = v_1/v_2$이다.[12] 빛이 공기에서 유리로 진행한다고 하자. 가능한 최대 입사각은 $90°$이다. 공기와 유리에서 빛의 속도를 각각 v_1, v_2라고 하면 $v_1 : v_2 = 3 : 2$이다. $\theta_1 = 90°$라고 하면 $\sin 90° = 1$이므로 $\sin\theta_2 = 2/3$이다. 이때 $\theta_2 = 42°$이다. $0° < \theta_1 < 90°$이므로 $0° < \theta_2 < 42°$이다. 그렇다면 거꾸로 빛이 유리에서 공기로 진행하는 경우 입사각이 $42°$보다 크면 빛은 꺾이지 않고 전반사된다. 이러한 원리를 이용하면 허상을 방지하면서 상을 보거나 보낼 수 있다. 이 원리가 유리 프리즘이 쓰이는 잠망경 같은 데 이용된다. 전반사는 빛의 굴절 효과의 한 현상일 뿐이다. 빛의 굴절 법칙을 가장 효과적으로 적용하는 사례는 렌즈이다. 이 법칙은 데카르트가 쓴 〈방법서설〉의 부록 〈굴절 광학〉(La Dioptrique)으로 세상에 알려졌다. 그는 광학을 수학화했다. 〈기하학〉은 광학에서 중요한 역할을 하는 곡선[13]에 관한 문제를 많이 다뤘다.

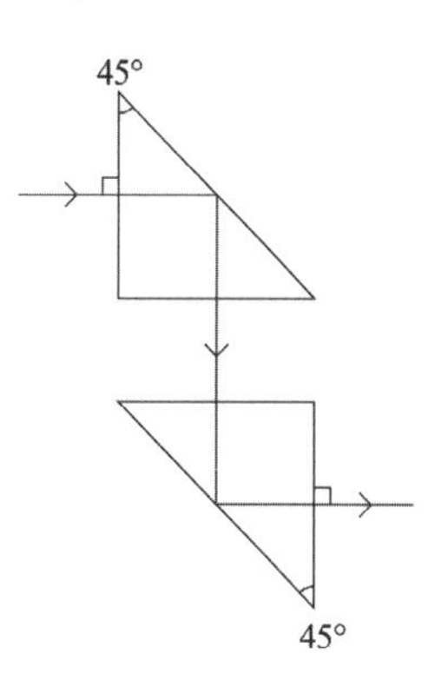

페르마는 1662년에 빛이 가장 짧은 시간이 걸리는 길을 택함을 수학적으로 보였다. 빛은 최단 거리의 경로를 따르는 것으로 보인다. 그런데 균일한 매질 속에서 빛의 속도는 일정하므로 최단 거리 경로가 곧 최소 시간 경로이다. 그는 스넬의

12) 입사각과 굴절각이 θ_1과 θ_2인 매질의 밀도가 각각 d_1, d_2일 때 $\sin\theta_1/\sin\theta_2 = d_2/d_1$이기도 하다.

13) 데카르트의 타원형: 두 정점 F_1, F_2에서 동점 P까지의 거리를 각각 d_1, d_2라 할 때, $d_1 + md_2 = a$(m, a는 양수)를 만족하는 점 P의 자취로 달걀 모양이다. $m = 1$일 때 타원이다.

법칙을 인정하지 않다가 최소 시간의 원리로 그 법칙을 유도하고서야 받아들였다. 라이프니츠도 1682년에 빛은 최소 저항의 길을 지난다는 원리를 제시했다.

하위헌스는 1690년에 반사와 굴절의 법칙을 기하학적으로 추론했다. 이때 그는 특정한 결정체로 들어온 빛이 다른 두 방향으로 굴절되는 복굴절 현상을 연구했다. 하위헌스와 뉴턴은 파동은 매질의 진동이고 빛은 에테르를 매질로 한다는 당시의 생각을 받아들이고 있어, 빛도 소리처럼 나아가는 방향을 따라 진동한다고 생각했다. 그런데 수학은 빛이 진행 방향과 수직으로 진동함을 보여주었다. 이 때문에 그들은 혼란을 겪었다.

이 장의 참고문헌

[1] 山本, 2012, 686
[2] Kline 2016a, 55
[3] Mokyr 2018, 97
[4] Mason 1962, 167
[5] Gaukroger 2001, 21-27
[6] Dantzig 2005, 184
[7] Kline 2016b, 556
[8] 紀志剛 2011, 268
[9] Kline 2016b, 392
[10] Cajori 1928/29, 483항
[11] Katz 2005, 502
[12] Katz 2005, 503
[13] Burton 2011, 382
[14] Cajori 1928/29, 210, 218항
[15] Katz 2005, 504
[16] Stillwell 2005, 94
[17] Stillwell 2005, 127
[18] Katz 2005, 504
[19] Burton 2011, 373
[20] Burton 2011, 384
[21] Burton 2011, 465
[22] Todhunter 2017, 31
[23] Stillwell 2005, 215
[24] Katz 2005, 511
[25] Todhunter 2017, 33
[26] Todhunter, 2017, 35
[27] 山本 2012, 696
[28] Kline 2009, 156
[29] Kline 2016b, 467
[30] Conner 2014, 330
[31] Boyer, Merzbach 2000, 562
[32] Newton 2018a, 20-21
[33] 岡本, 長岡 2014, 23
[34] Boyer, Merzbach 2000, 535
[35] Beckmann 1995, 183
[36] Katz 2005, 486
[37] Katz 2005, 486
[38] Stewart 2016, 131
[39] Kline, 1984, 56
[40] Kline 2016a, 383
[41] 김용운, 김용국 1990, 269
[42] Katz 2005, 491
[43] Stewart 2016, 129
[44] Eves 1996, 317
[45] Boyer, Merzbach 2000, 559
[46] Katz 2005, 496
[47] Boyer, Merzbach 2000, 563
[48] 김용운, 김용국 1990, 285
[49] Boyer, Merzbach 2000, 604
[50] Katz 2005, 498
[51] Boyer, Merzbach 2000, 606
[52] Kline 2016b, 449
[53] 岡本, 長岡 2014, 210
[54] Boyer, Merzbach 2000, 600
[55] Boyer, Merzbach 2000, 585
[56] Gray 2008, 676
[57] Boyer, Merzbach 2000, 589
[58] Bennet 2003, 32
[59] Todhunter 2017, 1
[60] Bennet 2003, 89
[61] Bennet 2003, 57
[62] Todhunter 2017, 4
[63] Bennet 2003, 102
[64] Katz 2005, 507
[65] Todhunter 2017, 13-14
[66] Burton 2011, 442
[67] Devlin 2011, 418
[68] Kearney 1983, 237
[69] Mason 1962, 208-209

제 13 장

미적분학의 시작

1 17세기 미적분 개관

16세기까지의 수학은 주로 변화하지 않는 양을 다루었다. 17세기에 해석기하학, 사영기하학, 확률론과 함께 미분방정식론, 급수론, 변분법, 미분기하학의 실마리를 포함한 변화하는 양을 다루는 무한소 해석이 탄생했다. 무한소 해석은 초기의 미적분이라 할 수 있는데, 이것은 곡선의 성질을 자세히 알고자 하는 데서 시작되었다. 운동과 변화를 수학적으로 다루려면 그것을 정량적인 대수식으로 나타내고, 그것을 곡선(그래프)과 관련지어 해석하려면 무한을 다루는 방법이 필요했다.

이러한 무한이 인식의 대상이 된 것은 그리 오래되지 않았다. 고대 그리스인은 유한을 무한보다 높이 평가했다. 유한이란 한계, 곧 형태를 지닌 것이어서 쉽게 받아들였으나 한계가 분명하지 않은 무한은 존재하지 않으므로 의미가 없었다. 제논의 역설도 결국 무한에 관련된 문제이나, 한없이 진행하는 상태만 있었지, 그 과정을 완전히 겪는다는 극한의 사고가 없었다. 아르키메데스의 착출법에 보이듯이 무한은 셈할 수는 있지만 셈을 마치지 않은 것이었다. 이후에 기독교의 영향으로 무한을 유한보다 높이 평가하게 된다. 중세 중기까지 유한은 무한한 절대자인 신과 견줘 불완전한 것이었다. 중세 후기에는 신의 초월성을 따르고자 하는 욕구가 무한 개념을 이성으로 파악하도록 이끌었다. 아퀴나스에 의해 신은 무한성을 지닌 초월자이면서 사람이 인식할 수 있는 현실적 존재가 되었다. 16세기 후반부터 이 존재적 무한이 수학에서 다루어지기 시작한다.

16세기 중반에 회전 포물체의 무게중심이 축의 3등분점이라는 정리가 다시 증명되고부터 시작된 넓이, 부피, 무게중심을 결정하는 이론과 방법은 무한급수의 합을 구하는 새로운 형태로 나타나면서 비약적으로 발전했다. 무한급수의 합은 길고 어려운 착출법을 짧은 절차의 알고리즘으로 바꿔놓음으로써 미적분학이 성공하는 바탕이 되었다. 그렇지만 무한급수를 올바르게 다루는 이론은 19세기 후반에야 마련된다.

극값과 접선, 넓이와 부피를 결정하는 문제는 여러 해에 걸쳐서 깊이 다루어지고 있었고, 몇 가지 경우는 해결되었다. 그렇지만 해당 문제 형태에만 적용되는 방법이었다. 그러다 17세기 전반에 해석기하학 덕분에 새로운 많은 곡선을 그릴 수 있게 됨으로써 상황은 빠르게 개선되었다. 이를 기반으로 일반적인 방법으로써 적분과 미분이 탄생하고 17세기의 수학을 빠르게 발전시켰던 혁신적 변화는 완료된다.

미적분을 발명하게 된 계기는 순수수학 자체의 필요와 역학과 천문학 같은 실제의 필요에서 주어졌다. 미분은 곡선의 접선을 찾는 데서 발전하기 시작했다. 접선을 구하는 문제는 부피와 무게중심 같은 문제들 말고는 가장 중요했다. 고대 그리스인이 생각한 접선의 개념은 단순히 기하학적인 의미만 있었지, 변화나 운동이 배제된 정적인 것이었다. 17세기 들어서 여러 상황이 곡선의 접선을 찾는 문제에 관심을 기울이게 했다. 렌즈를 투과하는 빛살의 경로를 알려면 굴절 법칙을 적용해야 하고, 그러려면 빛살이 렌즈에 닿는 각을 알아야 했다. 그 각은 빛살과 법선이 이루는 각이다. 법선은 그것과 직각을 이루는 접선을 찾는 것과 같다. 접선(법선)의 기울기를 구하는 문제는 만나는 두 곡선이 이루는 각을 계산하기(데카르트), 굴렁쇠선을 이용하여 시계를 제작하기(하위헌스), 천문학에서 중력 법칙을 증명하기(뉴턴)에도 적용되었다.[1] 운동하는 물체가 특정한 점에서 움직이는 방향은 그 경로의 접선 방향이라는 데서도 곡선의 접선 문제는 등장했다. 접선 문제 말고도 움직이는 물체의 순간속도, 함수의 최댓값과 최솟값을 구하는 새로운 많은 문제에 미분이 필요했다.

적분은 평면도형의 넓이와 입체도형의 부피를 계산하는 데서 발전했다. 유클리드 기하학에서 구한 도형의 넓이, 부피는 직선과 원에 관련된 도형에 국한됐다. 아르키메데스가 직선과 원이 아닌 곡선 도형의 넓이나 부피도 몇 가지 계산했으나 일반적인 방법으로 구했다고 보기는 어렵다. 17세기에는 물리학이나 천문학에서 이전에 다루던 것과 다른 도형들의 넓이, 부피, 길이를 구해야 했다. 이를테면 행성의 동경이 휩쓸고 지나간 부채꼴의 넓이, 곡면으로 감싸인 입체의 부피나 무게중심, 거대한 물체(해, 지구 따위)가 다른 물체에 작용하는 중력, 주어진 시간에 행성이 움직인 거리, 배가 지구의 곡면을 따라 이동하는 거리를 계산하는 문제들이 있었다. 유클리드 기하학의 방법이나 아르키메데스의 착출법으로는 감당할 수 없는 것이었다.

미적분학은 자연에 대한 아리스토텔레스의 견해를 극복해 가는 지적 분위기에서 발전했다. 질과 목적론을 강조하는 아리스토텔레스의 사고는 운동과 변화를 인과 관계가 배제된 양들의 관계로 나타내야 하는 데서는 전혀 적합하지 않았다. 이 관계를 다루려면 함수 개념이 필요했다. 변수 개념이 들어와야 물체가 운동하는 자취를 대수적으로 처리하고 기하학적으로 나타낼 수 있게 된다. 이 개념은 유클리드 기하학으로는 생각할 수 없는 것이었다. 함수의 개념은 17세기에 이르러 인정되는데 가장 단순한 함수라도 실수가 관련된다는 사실이 중요하다.

변수들 사이의 관계를 수식으로 나타내든 그래프로 나타내든 그것은 정적이다. 수, 점, 선, 방정식 등은 어떤 방식으로도 운동하지 않는다. 수학적 운동은 정지해 있는 상태들이 무한히 잇따라 있는 것일 뿐이다. 운동은 잇따른 정지 상태들의 모임이다. 이것은 불합리하게 보인다. 그렇다고 이것이 크기가 없는 점들이 선분을 이룬다거나 지속됨이 없는 순간들이 시간을 이룬다는 언명보다 더 불합리하지는 않다.[2] 17세기 수학자들은 정지와 운동의 통일을 은연중에 알고 있었을 뿐 분명하게 알지 못했다. 운동을 연구하려면 그것의 패턴을 나타내는 방법이 있어야 했다. 바로 미적분학이 임의의 운동이 아닌 패턴을 보이는 운동을 다룬다. 자연계의 많은 패턴은 변화율과 관련이 깊다. 이런 패턴은 미적분을 통해서만 발견되고 이해될 수 있다.

운동과 변화를 다룰 때 맞닥뜨리는 문제의 본질은 변화와 변화율을 구분하고, 변화율에서도 평균변화율과 순간변화율을 구분하는 것이다.[3] 순간변화율, 특히 순간속도는 어떤 물체가 달라지는 속도로 움직일 때 다루게 되는 개념이다. 17세기 과학자들이 부딪친 가장 어려운 문제가 바로 달라지는 속도였다. 케플러의 제2법칙에 따르면 행성은 계속 달라지는 속도로 움직인다. 갈릴레오의 운동 법칙에 따르면 지상에서 올라가거나 떨어지는 물체도 계속 달라지는 속도로 움직인다. 그런데 순간속도를 평균 속도로 오해하는 사람이 적지 않다. 순간속도는 거리를 시간으로 나눈 몫인 평균 속도의 특수한 경우가 아니다. 평균 속도와 질적으로 다른 개념이다. 과학 현상에서 평균변화율(속도)은 순간변화율(순간속도)만큼 중요하지 않다. 순간의 의미는 시간의 경과량이 0인 것이다. 그때 물체가 움직인 거리의 경과량도 0이다. 그래서 평균 속도를 구하듯이 거리를 시간으로 나누어 순간속도를 구한다면 0/0이 되어 전혀 의미가 없다. 하지만 움직이는 물체는 순간마다 속도가 있다. 이 순간속도를 수학적으로 계산하고 해명하려는 노력이 17세기에 본격 시작됐다. 속도, 가속도를 비롯하여 넓이, 부피, 압력, 응력, 장력 등은 처음에 선형의 개념이었다. 이런 선형 개념에 극한을 적용해서 구부러지고 뒤틀려 일률적이지 않은 것에 적합하게 다듬은 결과가 미적분이다. 미적분의 중심 개념은 미분이다. 미분은 도함수를 얻는 과정이다. 도함수는 변화율이고 변화율은 접선의 기울기로서 선형이다. 이 기울기는 극한값이다. 그러므로 극한의 의미를 정의하는 것이 근본이다. 극한을 논리적으로 정의하는 데 한 세기 이상이 걸렸다.

미적분학은 함수를 다루면서 도함수와 정적분을 도입한다. 케플러, 데카르트, 카발리에리, 페르마, 파스칼, 그레고리, 로베르발, 하위헌스, 배로, 월리스, 뉴턴, 라이프니츠 등이 두 개념을 정립하는 데 참여했다. 이들은 각자 도함수와 정적분을 정의하고 계산했다. 이들이 미적분을 탐구하는 방법을 기하학적인 접근과 대수적인 접근의 두 가지 경향으로 나눌 수 있다. 로베르발, 토리첼리, 배로, 하위헌스 등은 기하학적 방법으로 접근했고 페르마, 데카르트, 월리스 등은 대수적 방법으로 접근하여 성과를 올렸다. 오늘날 학교에서 미분을 배우고 나서 적분을 공부하는 데다가 미분이 적분보다 간단하여 미분법이 먼저 나왔으리라 생각한다. 역사적으로는 적분이 미분보다 먼저 발달했다. 그리고 나서 서로 역연산의 관계에 있음을 알았다. 관계없어 보이던 두 영역이 연계되어 있다는 발견이야말로 수학사에서 가장 의미 있는 것이었다. 이 관계의 발견은 뉴턴과 라이프니츠의 공적이다. 미적분학은 많은 보편 법칙을 끌어내는 데서 중요한 역할을 함으로써 수많은 새로운 과학적 기획을 실행할 수 있게 되었다.

2 뉴턴과 라이프니츠 전의 미분과 적분

2-1 미분: 극값, 미분계수, 접선

접선 긋기와 극값 구하기를 고대 그리스 때부터 고찰했다고 하더라도 후자는 케플러(J. Kepler 1571-1630)에게서 시작되었다고 할 것이다. 그는 1615년에 〈포도주 통의 새로운 입체 기하학〉(Nova stereometria doliorum vinariorum)에서 주어진 구에 내접하는 가장 큰 평행육면체는 정육면체임을 보였다. 실제로 그는 반지름 10인 구에 내접하는 높이가 1, 2, 3, …, 19인 평행육면체의 부피를 구했다. 그 결과 대강의 최댓값 가까이에서 높이가 달라지는 차이에 견줘 부피는 조금밖에 달라지지 않았다. 이것으로부터 최대 부피에 가까울수록 길이의 변화에 따른 부피의 변화가 작아진다는 사실을 알았다. 보통의 극값 근방에서 함숫값의 증분이 무한소가 된다는 것이었다. 페르마가 이것을 극값의 결정 방법으로 발전시킨다.

광학을 연구하던 데카르트는 법선을 이용하면 만나는 두 곡선이 이루는 각을 알아낼 수 있었으므로 법선을 찾는 문제에 집중했다. 그의 〈기하학〉에는 방정식이 알려진 곡선 위의 한 점에서 법선을 찾는 대수적인 방법이 들어 있다. 그는 이것을 원의 반지름이 원둘레의 법선이라는 사실로부터 끌어냈다. 곡선 위의 점에서 그 곡선에 접하는 원의 반지름이 그 곡선의 법선이기도 하다는 생각이다. 곡선에 접하는 원을 작도하는 데 페르마의 생각을 이용했다. 대수곡선 위에 정점 A와 다른 점 B를 지나고 중심이 가로축에 있는 원의 방정식을 만든다. 점 A에서 법선을 긋기 위해 원의 중심을 옮겨 두 교점이 만나게(A=B) 한다. 이렇게 될 때는 교점을 결정하는 방정식의 판별식이 0일 때이다. 이로부터 원과 곡선이 접할 때 원의 중심이 구해진다. 이제 원의 중심과 점 A를 지나는 직선, 곧 법선을 구할 수 있다. 예를 들어 포물선 $y^2 = 4x$ ⋯① 위의 점 A(1, 2)에서 법선을 그어보자. 점 B를 (x, y)라 하고 점 C를 $(x_1, 0)$인 x축 위의 점이라 하자. 그러면 점 C가 중심이고 점 A, B를 지나는 원의 방정식은 $(x-x_1)^2+y^2=(1-x_1)^2+4$ ⋯②. 이것은 아직 포물선과 두 점에서 만나고 있다. ①을 ②에 적용하면 $(x-x_1)^2+4x=(1-x_1)^2+4$. 이것을 x에 대해서 정리하면 $x^2+2(2-x_1)x+(2x_1-5)=0$. 포물선과 원이 접하려면 이 이차방정식이 중근을 가져야 하고, 이때 판별식이 0이므로 $(2-x_1)^2-(2x_1-5)=0$. 곧, $x_1=3$. 이제 원의 중심 (3, 0)과 곡선 위의 점 (1, 2)를 지나는 직선이 법선이 된다.

데카르트의 방법은 극한 개념을 사용하지 않는 대수적인 것으로 곡선이 $y=f(x)$ 꼴로 주어지고 $f(x)$가 간단한 다항식일 때만 쓸 수 있었다. 페르마의 방법은 극한 개념이 사용되어 데카르트의 것보다 더 일반적인 곡선에 적용될 수 있었고 덜 번거로웠다. 그렇더라도 두 사람의 절차에는 모두 복잡한 대수 계산이 필요했다. 1650년대에 후데(J. Hudde)와 슬루즈(R. F. de Sluse 1622-1685)가 이 방법들을 개선하여 간단한 알고리즘으로 만들었다.

지금과 다르기는 하지만 형식면에서 오늘날의 미분법 $\lim_{h\to 0}\{f(x+h)-f(x)\}/h$와 같은 과정을 페르마가 1629년에 다항식 $p(x)$에 처음 도입했다. 그는 $p(x)$의 극값을 구하고 그런 다항식의 곡선에서 접선을 찾는 데 이용한 이 방법을 1637년에 발표했다. 그는 다항식에서 근과 계수의 관계를 다룬 비에트의 저작을 연구하고, 그것을 바탕으로 케플러의 생각을 알고리즘으로 구현했다.[4] 페르마는 비에트가 방정식 $ax-x^2=b$에서 a와 b가 각각 두 근의 합과 곱임을 보인 방법(11장)과 이 방정식에서 b의 가능한 극댓값은 $a^2/4$이고 이 값보다 작은 값이 되게 하는 x는 둘이 있음을 유클리드로부터 알고 있었다. 페르마는 b가 극댓값에 가까울 때의 상황을 살폈다. 그는 기하학적인 상황으로부터 이 극댓값에 대해서 방정식은 $x_1=a/2=x_2$인 두 근을 갖는다고 생각했다. $p(x)$는 x_1과 x_2에서 같은 극댓값이 되므로 $p(x_1)=p(x_2)$로 두고 정리한 뒤 x_1-x_2로 나누고, 마지막으로 두 근을 서로 같다고 두어 답을 얻었다. 이를테면 그는 bx^2-x^3의 극댓값을 구하기 위하여 $bx_1^2-x_1^3=bx_2^2-x_2^3$으로 놓고 $b(x_1^2-x_2^2)=x_1^3-x_2^3$, $b(x_1+x_2)=x_1^2+x_1x_2+x_2^2$으로 정리한다. 다음에 $x_1=x_2(=x)$로 놓아 $2bx=3x^2$으로부터 $x=2b/3$일 때 극댓값을 얻는다.

여기서 세 가지 의문이 생긴다. x_1-x_2로 나누고 나서 그 값을 0과 같다($x_1=x_2$)고 놓은 것, 근 $x=0$을 버린 것, 0이 아닌 근으로부터 극솟값이 아니라 극댓값을 얻은 것이다. 이 모든 의문은 페르마가 언제나 기하학적인 상황을 상정하고 있었다는 데서 풀린다. 기하학적인 상황은 두 근의 차가 0일 때도 둘을 구별할 수 있게 해주므로 그에게는 결코 0으로 나눈 것이 아니었다. 그리고 도형에서는 $x=0$일 수 없으므로 근이 될 수 없고 극값은 극대일 수밖에 없었다. 다항식 $p(x)$가 복잡해질수록 x_1-x_2로 나누기가 매우 어려워졌다. 그래서 그는 두 근을 x와 $x+E$로 두었다. 이제 $p(x)=p(x+E)$로 놓고 정리한 다음 E로 나누었다. 다음에 E를 포함하는 항을 모두 제거한 방정식에서 극댓값을 갖는 x를 구했다.

예를 하나 들어보자. 길이가 a인 선분을 둘로 나누어 직사각형의 두 변으로 삼는다. 한 변의 길이를 x라 하면 넓이는 $x(a-x)$이다. 한 변의 길이가 $x+E$로 되면 넓이는 $(x+E)(a-x-E)$이다. 페르마는 넓이가 최대일 때 두 값은 같게 된다고 하여 $(x+E)(a-x-E)=x(a-x)$로 놓는다. 양변을 전개하여 정리하면 $Ea=2Ex+E^2$, 양변을 E로 나누면 $a=2x+E$. 여기서 페르마는 $E=0$으로 놓아 $a=2x$를 얻으면서 정사각형일 때 가장 넓다고 했다. 그는 이 방법을 일반적이라고 했다. 변수의 값을 조금씩 바꾸어 근방값을 생각하는 이 방법은 무한소 해석의 기본으로 자리 잡게 된다. 그러나 페르마는 자신의 방법이 극값을 구하는 필요조건일 뿐임을 몰랐다. 그의 방법은 극댓값과 극솟값을 구별하지 못한다. 게다가 $E\neq 0$임과 동시에 $E=0$이라고 주장하는 심각한 맹점이 있었다.

1637년에 페르마는 포물선의 기하학적인 표현을 이용해서 접선을 그었다. 데카르트는 이 방법을 혹평했는데, 페르마가 해석기하학을 비롯해서 새로운 수학을 그와 독립으로 발견했기 때문일 것이다.[5] 1638년에 페르마는 극댓값을 구할 때 사용한 절차를 $y=f(x)$ 꼴의 대수곡선에 적용하여 접선을 긋는 방법을 더욱 간단히 했다. 할선의 극한으로 접선을 생각한 것이었다. 곡선 $y=f(x)$ 위의 점 $A(a, f(a))$에서 접선을 긋는다고 하자. 곡선 위에 A에 아주 가깝게 점 B를 놓고 축에 수선 AA′과 BB′을 긋는다. 이때 B가 A에 아주 가까우므로 $\triangle APA' \backsim \triangle BPB'$이라고 할 수 있다(점 P는 접선과 축의 교점). 여기서 $PA'=c$라고 하면 $f(a)/c=f(a+E)/(c+E)$가 된다. 이것을 c에 대해서 푼 $(c+E)f(a)=cf(a+E)$에서 $\dfrac{f(a)}{c}=\dfrac{f(a+E)-f(a)}{E}$가 되는데, 우변을 정리한 다음 $E=0$으로 놓으면 점 A에서 그은 접선의 기울기를 얻는다. 페르마의 과정은 결국 $\lim_{E\to 0}\{f(a+E)-f(a)\}/E$가 $(a, f(a))$에서 곡선 $y=f(x)$에 그은 접선의 기울기라는 것이다. 이로써 달랑베르가 〈백과전서〉에서 기술하고 있듯이 접선을 구하는 데 페르마가 처음으로 미분을 응용했다.[6] 그는 이 방법으로 타원, 굴렁쇠선 등의 여러 곡선에서 접선을 구했다. 특히 굴렁쇠선은 수학적, 물리학적 특성이 매우 많아 미적분학의 초기 발전에 중요한 역할을 했다.

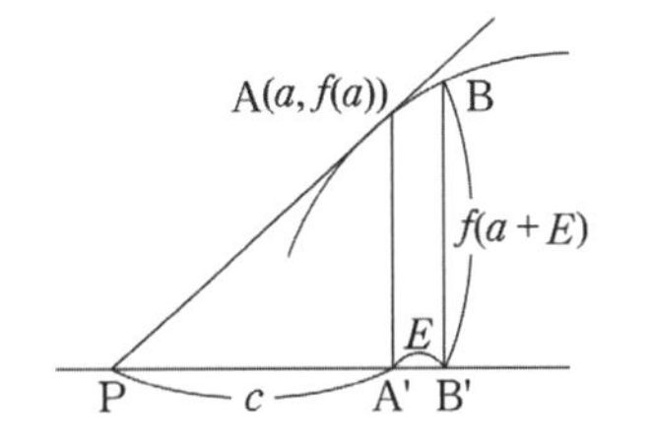

갈릴레오의 제자인 비비안니(V. Viviani 1622-1703)가 굴렁쇠선에 접선을 긋는 방법을 처음 발견했고 로베르발(G. de Roberval 1602-1675), 데카르트, 페르마가 이것을 해결했다.[7] 1634년에 로베르발은 아르키메데스가 나선에 접선을 긋는 방법을 일반화했다. 그는 두 운동이 합성된 운동을 하는 점의 자취를 고찰하여 접선을 구했다. 굴렁쇠선을 따르는 운동은 크기가 같은 두 벡터로 분해된다. 원의 중심과 함께 수평으로 이동하는 것과 원에 접하는 것이다. 접선은 두 벡터가 이웃한 두 변이 되는 평행사변형의 대각선을 포함하는 직선이라는 것이다. 합성한 속도 벡터가 놓이는 직선을 접선으로 파악하는 개념은 아르키메데스의 정의보다 복잡하지만 더욱 많은 곡선에 적용할 수 있다. 또 순수 기하학과 역학을 관련지어 주었기 때문에 매우 쓸모가 있었다. 그러나 기하학적 작도에 의존하는 한계 때문에 일반화되지 못했고 때로 틀렸다. 더구나 많은 곡선이 운동과 상관없는 상황에서 등장했기 때문에 그의 정의는 수학의 관점에서는 문제가 있었다.

토리첼리(E. Torricelli 1608-1647)도 운동의 합성을 사용하여 로베르발과 독립으로 굴렁쇠선에 접선을 작도하는 방법을 발표했다. 발견은 로베르발이, 발표는 토리첼리가 앞섰다. 둘은 운동의 합성이라는 방법을 원뿔곡선에도 적용했다. 원뿔곡선 위의 점은 초점과 준선(포물선에서는 직선, 타원과 쌍곡선에서는 원)으로부터 같은 거리에 있다. 이 때문에 접선은 곡선 위의 점과 초점을 이은 직선과 그 점에서 준선에 내린 수선이 이루는 각을 이등분한 직선이 된다.

하위헌스(1629-1695)는 극점과 변곡점을 발견하고 양과 음의 좌표 모두에 대해 곡선을 제대로 그렸다. 그의 연구는 광학과 시계추 설계에서 시작되었다. 그가 미적분학을 곡선에 적용한 첫 번째 대상은 굴렁쇠선이었다. 변곡점은 이전에 페르마와 로베르발도 발견했다.

후데가 1650년대 초에 미적분의 계산법에서 두 가지 법칙을 발견했다. 첫째는 만일 다항식 $f(x)=a_0+a_1x+a_2x^2+\cdots+a_nx^n$이 중근 $x=\alpha$를 갖고, 등차수열 b, $b+d$, $b+2d$ $\cdots$, $b+nd$가 주어지면 다항식 $g(x)=ba_0+(b+d)a_1x+(b+2d)a_2x^2+\cdots+(b+nd)a_nx^n$도 $x=\alpha$를 근으로 갖는다는 것이다. 다시 말해서 $x=\alpha$가 중근인 다항식 $f(x)$에 대해서 새 다항식 $g(x)=bf(x)+dxf'(x)$도 α가 근이라는 것이다. 이것은 다항식 $f(x)$의 근 $x=\alpha$가 중근이면 $f'(\alpha)=0$이 된다는 정리이다. 이것은 대수방정식의 중근을 결정할 때 필요한 계산을 간소화하는 알고리즘으로 데카르트의 법선 결정법을 실행하는 데 필수가 되었다.[8] 이 정리에 계수와 지수의 관계가 보인다. 이렇게 미적분의 기본 법칙에서 중요한 계수와 지수에 관한 논의도 뉴턴과 라이프니츠에 앞서 자주 거론되었다. 둘째는 요즘 식으로 $f(\alpha)$가 다항식 $f(x)$의 극값이라면 $f'(\alpha)=0$이라는 정리이다. 후데는 다항식 $f(x)$가 극값 M을 갖는다면 다항식 $h(x)=f(x)-M$은 중근을 갖는다는 페르마의 아이디어를 이용했다. $x=\alpha$가 $h(x)$의 중근이라면 첫째 결과로부터 $x=\alpha$는 $h'(x)=f'(x)$의 근이 된다. 곧, $f'(\alpha)=0$이다. 또한 그는 자신의 방법을 이용하여 $f(x, y)=0$ 꼴의 방정식으로 주어지는 곡선의 접선도 찾았다.[9]

슬루즈는 토리첼리의 영향을 받았거나 아니면 독립으로 1652년에 $f(x, y)=0$인 다항방정식의 곡선에서 접선영과 접선을 결정하는 간단한 알고리즘을 제시했다.[10] 이것은 $dy/dx=-f_x(x, y)/f_y(x, y)$를 계산하는 것이었다. 그는 이것을 정당화하지 않았다. 후데와 슬루즈가 찾은 규칙은 대수방정식으로 주어진 곡선의 접선을 작도하는 일반적인 알고리즘이라는 데서 중요하다.

배로(I. Barrow 1630-1677)는 점의 운동으로 곡선이 생성된다는 기하학적 관점으로 접근했다. 이 접근은 함께 일하던 뉴턴에게 영향을 주었다. 그는 시간이 점으로 이

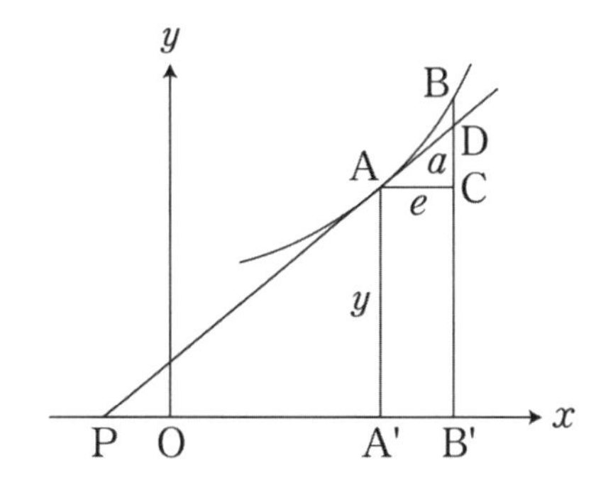

루어진 선과 비슷하다고 했으나, 카발리에리 처럼 이 두 가지가 불가분량으로 이루어진다 고도 생각했다. 배로가 1699년에 보여준 접선을 긋는 방법은 특성삼각형을 사용하고 있다. 여기서 현대 미분 과정과 매우 비슷한 대수적인 접근 방법이 나왔다. 배로의 계산법은 페르마의 방법을 개량한 것으로 페르마가 썼던 하나의 양 E 대신에 두 양 $e(=\Delta x)$, $a(=\Delta y)$를 사용했다. 배로는 증분 AC로 생긴 △ACD를 그린다. 그러면 △ACD∽△APA′이고 접선의 기울기는 DC/AC=AA′/PA′이다. 배로는 호 AB가 충분히 작으면 그것을 선분 AD로 놓아도 된다고 했다. 이렇게 여기면 BC/AC =AA′/PA′이다. 이는 AB를 호이자 접선의 일부로 여기는 것으로 △ABC가 특성삼각형이다. 이때 AC= e, BC= a라 놓고 페르마와 거의 같은 방법으로 e와 a의 비를 찾았다. $f(x, y)=0$의 x, y를 각각 $x+e$, $y+a$로 바꾸어 놓은, $f(x+e, y+a)=0$을 정리하여 e와 a만의 등식으로 만든다. 다음에 e와 a의 이차 이상의 항을 모두 무시하고 e와 a를 각각 PA′과 AA′으로 바꿔놓으면 접선의 기울기를 얻는다. 여기서 언급된 특성삼각형을 이미 파스칼이 넓이를 구하는 문제에서 사용했다. 배로의 접선 방법은 미분 과정과 비슷하나, 그는 더 깊은 의미를 추구하지 않았다. 또한 계산에서 e와 a의 이차 이상의 거듭제곱을 무시하는 것을 정당화하지 못했다. 배로의 접선 방법은 미분법에 동기를 부여함으로써, 그는 미분론에서 가장 의미 있는 이바지를 했다. 적분론에서는 월리스가 그런 역할을 했다.

2-2 적분: 넓이, 부피, 길이

아르키메데스의 방법에서 일반화된 적분법의 알고리즘이 나타나는 데는 긴 시간을 거쳐야 했다. 아르키메데스의 연구는 1450년 무렵에 9세기의 사본이 번역되어 서유럽에 알려졌다. 이 번역본이 레기오몬타누스에 의해 수정되고 1543년에 인쇄되었다. 그러나 아르키메데스의 생각이 더욱 심화, 발전하여 적분법이 나올 바탕이 마련되기 시작한 것은 17세기가 시작될 무렵이다. 그동안 문자 기호가 만들어지고, 함수 개념이 생기고, 해석적 표현 수단이 발전함과 아울러 근대 물리학의 성공이 있었기 때문이었다.

넓이나 부피를 계산하는 새 방법은 착출법을 수정하는 데서 시작되었다. 도형에 따라 다른 다각형이나 입체로 근사시켰던 착출법과 달리 17세기의 일부 학자들은 직사각형이나 원판을 내접이나 외접시키는 방법을 생각했다. 물론 이 방법도 근사시키는 과정을 거치므로 겉보기에는 착출법과 차이가 아주 작았다. 이 차이에 혁신적인 요소가 들어 있음을 뉴턴과 라이프니츠 전까지는 깨닫지 못했다. 착출법에서는 넓이나 부피를 추정한 다음 이중귀류법으로 옳은지를 살폈으나 새 방법에서는 내접이나 외접하는 직사각형이나 원판의 개수를 무한대로 하면서 직접 구했다. 그것은 겉보기와 달리 엄청나게 커다란 차이였다.

17세기 전반에는 도형의 넓이, 부피, 무게중심, 길이를 구하는 데서 많은 성과를 얻었다. 발레리오(L. Valerio 1553-1618)는 1604년에 회전포물체와 회전타원체, 회전쌍곡체 조각의 무게중심을 결정했다. 이 결과들이 아르키메데스의 〈방법〉에 있으나 당시에는 알려지지 않았다. 발레리오가 처음으로 아르키메데스를 뛰어넘었다. 아르키메데스가 특정한 양적 성질에서 출발하여 그것을 만족하는 도형을 조사했다 하더라도, 먼저 도형이 있고 다음에 구적을 하는 형식이었다.[11] 발레리오는 대칭성이 있는 평면도형과 회전체를 다루었다. 그는 높이가 같은 두 도형을 비교하여 대응하는 단면끼리의 비가 모두 같다면 무게중심의 위치도 같다는 정리를 증명했다. 이제 대칭축이나 회전축이 있는 도형이라면 이것을 이용할 수 있게 되었다. 이런 도형에서는 내접, 외접 도형도 귀류법도 필요 없게 된다. 탐구의 대상이 도형 자체로부터 양적 성질로 이행했다. 그는 특정한 양적 성질을 만족하는 도형을 한 종류로 다룰 수 있게 했다. 여기서 특정 성질을 만족하는 임의의 도형이라는 개념이 처음 도입되었다.[12] 그의 업적은 개별 도형을 증명하던 데서 벗어나 양적 관계로 도형 일반을 다루는 계산으로 바뀌는 출발점이 되었다.

케플러도 적분법과 관련하여 무한소의 개념을 발전시켰다. 그는 행성 운동의 제2법칙과 관련된 넓이와 포도주 통의 들이를 계산하는 데서 적분법을 사용했다. 케플러도 시간과 수고를 덜고 착출법의 성가심을 피하고자 아르키메데스가 발견의 방법으로 고려했던 절차를 채택했다. 그는 완전한 엄밀성을 추구했던 아르키메데스의 착출법은 정확하게 증명하고자 하는 사람에게나 필요하다고 보았다.[13]

케플러는 무한소와 연속성의 원리에 근거를 두고서 아주 얇은 원판이나 아주 작은 삼각형을 사용했다. 그는 원을 중심이 꼭짓점이고 한없이 작은 현을 밑변으로 하는 이등변삼각형으로 이루어진 것으로 생각했다(1장 36쪽 그림 참조). 이때 밑변이 아주 작으므로 삼각형의 높이를 반지름이라 하여, 원의 넓이를 반지름과 원둘레 곱의 1/2로 구했다. 마찬가지로 그는 구를 중심이 꼭짓점이고 밑면이 구면에 있는 수없이 많은 한없이 작은 삼각뿔로 이루어진 것으로 생각했다. 밑면은 아주 작으므로 높이를 반지름이라 하여, 구의 부피를 반지름과 겉넓이 곱의 1/3로 구했다. 넓이와 부피를 차원이 같은 한없이 많은 무한소 요소의 합으로 보는 생각이 적분으로 가는 길을 열었다. 그는 행성 운동의 제2법칙을 찾을 때 무한소의 넓이를 더하는 절차를 적용했다. 타원에서 부채꼴의 넓이를 초점(해)과 행성 궤도 위의 한없이 가까운 두 점을 꼭짓점으로 하는 삼각형들이 넓이의 합이라고 생각했다. 그는 무한소 연산을 할 수 있는 원리를 정식화했다. 그는 고대의 방법을 무시하지는 않았지만, 차츰 그곳에서 나오고 있었다.

케플러가 부피 문제에 관심을 기울이게 된 것은 당시에 세금을 매기기 위해 포도주 통의 들이를 어림하던 어설픈 방법을 개선하고자 했던 데 있었다. 〈포도주 통〉에서 무한소 개념이 뚜렷이 나타나면서 적분법의 한 단계가 마무리된다. 그는 회전체의 부피를 계산할 때, 그 입체를 수없이 많은 아주 얇은 판의 모임으로 보고 이러한 판의 배열을 바꾸어 새로운 입체의 부피를 계산하면 된다고 생각했다. 이 저작에서 축의 둘레로 원뿔곡선의 호를 회전시켜 만든 입체의 부피를 구할 때 이 생각을 적용했다. 미적분학을 한 단계 끌어올린 불가분량법을 사용한 카발리에리는 케플러의 이 저작에 자극을 받았을 것이다. 케플러는 넓이가 세로금의 합이라는 오렘의 아이디어를 따라 타원 $x^2/a^2+y^2/b^2=1$의 넓이를 반지름이 a인 원의 모든 세로선의 길이를 비 $b:a$로 줄여서 얻었다. 이렇게 구한 타원의 넓이는 $\pi a^2 \times b/a = \pi ab$로 정확했으나 둘레의 길이는 어림값 $\pi(a+b)$로 했다. 곡선의 길이를 구하기 꽤 오랫동안 어려운 문제였다.

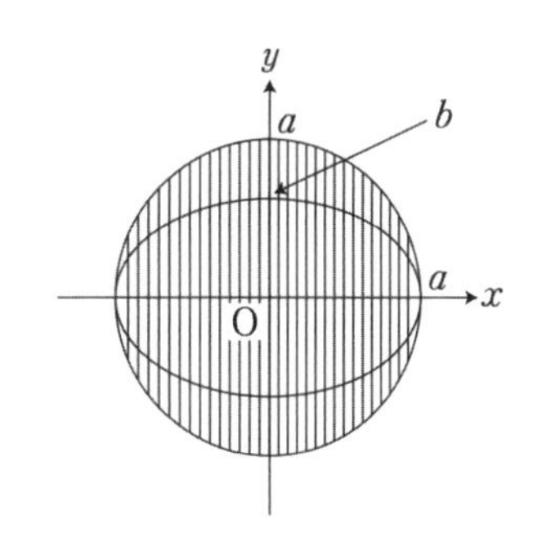

갈릴레오가 넓이를 구하는 방식은 케플러와 비슷했으나 주어진 기하학적 대상을 한 차원 낮은 대상으로부터 만드는 불가분량의 방법을 이용한 점에서 달랐다. 그는 아르키메데스처럼 평면도형은 선으로, 입체도형은 면으로 만들어진다고 생각하면서도 불가분량을 정당화하는 데는 아르키메데스의 생각을 적용하지 않았다. 그는 등가속도운동에서 물체가 움직인 거리는 시간-속도 그래프의 아래쪽 영역의 넓이와 같음을 불가분량법으로 논증했다. 어떤 물체가 $v=9.8t$(m/s)의 속도로 움직인다. 이것의 그래프는 원점을 지나는 직선이다. 그는 선분 A′B′을 특정한 시각 A′일 때의 속도이자 그 시각에 움직인 불가분량의 거리라고 했다. 그럼으로써 시간 OA 동안 움직인 거리는 △OAB의 넓이와 같다는 결론을 얻었다. AB가 $9.8t$이고 OA가 t이므로 물체가 움직인 거리는 $4.9t^2$이다. 그는 이차의 영역 OAB는 일차의 선분 A′B′ 같은 불가분의 단위로 이루어져 있다고 생각했다.

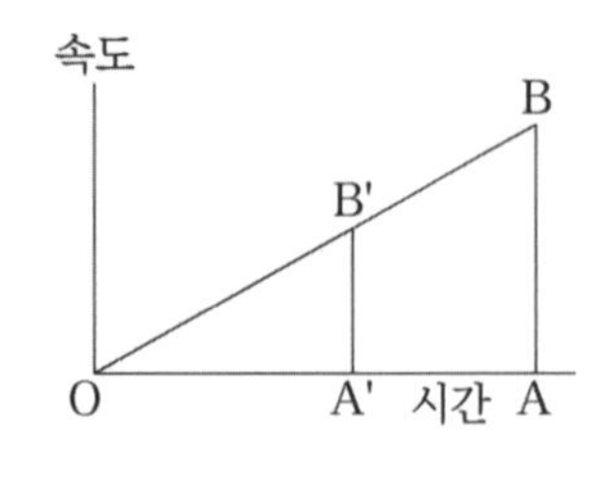

점과 선이 같다고 여겨지는, 무한에서 보이는 기묘한 특성을 갈릴레오가 바리때(원기둥에서 반구를 제거한 입체)의 부피 계산에서 보여주었다. 원기둥에서 반구 AEC를 제거한 입체와 꼭짓점이 지름 AC의 중심 B에 있고 밑면의 지름이 FD인 원뿔을 생각한다. 바리때의 부피를 계산하기 위하여 AC에 평행하게 PT를 긋는다. 그러면 $BQ^2 = QS^2 + BS^2$이고 BQ=PS이므로 $PS^2 = QS^2 + BS^2$. 여기서 BS=RS이므로 $PS^2 = QS^2 + RS^2$이고 $PS^2 - QS^2 = RS^2$ …(*), 곧 $\pi PS^2 - \pi QS^2 = \pi RS^2$. 그러니까 같은 높이에 있는 바리때의 단면적과 원뿔의 단면적이 같다. 이를 바탕으로 그는 바리때의 부피가 원뿔의 부피와 같다고 했다. 사실 그의 관심사는 등식 (*)이 점 B에서도 성립한다는 것이었다. 그 경우에는 점은 선과 같게 되는 일이 생긴다.

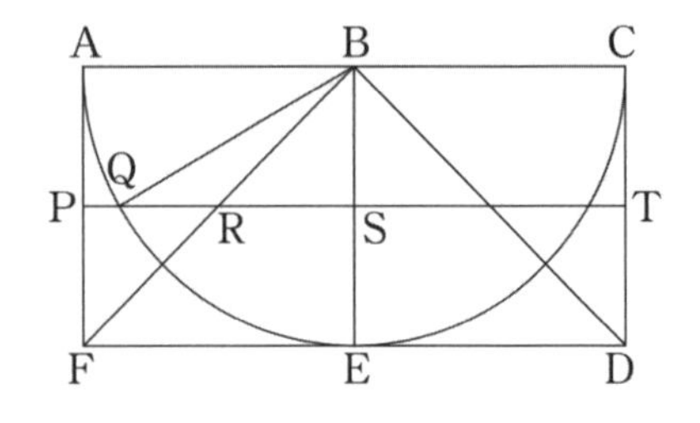

적분법에서 다음 단계의 발전은 카발리에리(B. Cavalieri 1598-1647)가 이루었다. 그는 1629년에 적분법의 앞 단계라 할 수 있는 불가분량법의 대강을 만들었고, 1635, 1647년에 상세히 설명했다.[14] 그에 따르면 점이 선을 만들고 선분이 면을 이루며, 면이 부피를 이룬다. 이러한 선분과 면이 바로 각각 넓이와 부피의 불가분량이다. 불가분량은 본래 도형보다 차원이 하나 낮기 때문에 무한히 분할할 수 있는 기하학적 연속체와 다르다. 그는 평면도형을 어떤 기준 직선과 평행이 되게 자르는 선분을 모두 합친 것이라고 했다. 이것은 아르키메데스의 〈방법〉 명제14의 논의(4장 참조)와 비슷하다. 이 생각을 바탕으로 그는 높이가 같은 두 평면도형을 같은 높이에서 자른 선분의 길이가 같다면 두 도형의 넓이는 같다고 결론지었다. 이 방법은 오렘, 케플러, 갈릴레오에 의해서도 시사되어 온 내용이다. 카발리에리에게 직접 영향을 준 것은 케플러의 시도일 것이다.

케플러와 달리 카발리에리는 여러 문제를 풀 수 있는 일반 원리를 탐구했다. 근대에 들어서 새로운 도형이 많이 도입되면서 일반화가 더욱 필요했다. 그는 각 점에서 단면의 비례 관계에 주목한 발레리오의 무게중심 결정 방법을 확장하여 넓이와 부피를 구하는 기본 원리로 삼았다. 첫째, 높이가 같은 두 평면도형에서 밑변과 같은 거리에 있는 평행한 직선으로 자른 부분(선분)끼리의 비가 언제나 같다면 두 평면도형 넓이의 비도 그 비와 같다. 둘째, 높이가 같은 두 입체도형에서 밑면과 같은 거리에 있는 평행한 평면으로 자른 단면의 넓이의 비가 언제나 같다면 두 입체의 부피의 비도 그 비와 같다. 이 원리를 이용하여 원뿔의 부피가 외접 원기둥 부피의 $1/3$이라는 사실을 증명했다.

또 카발리에리는 x의 범위가 같은 두 곡선 사이의 넓이를 세로좌표의 합으로 생각했다. 이것은 그리스의 착출법에서 벗어난 무한산법으로 근대 수학의 새로운 특징이다. 그의 논법은 아르키메데스가 〈방법〉에서 전개한 것과 내용으로는 같으나 논리적인 미비점에 그다지 얽매이지 않았다.[15] 무한소를 포함하는 식에서 무한소의 거듭제곱은 마지막 결과에 아무 영향도 미치지 않으므로 버릴 수 있다는 생각을 이용하지 않았다. 그는 두 도형을 구성하는 요소끼리 엄밀하게 일대일로 대응시켰으므로 축차근사법도, 항을 생략할 까닭이 없었다. 곧, 그는 요소의 어떤 거듭제곱도 무시하지 않았다.

카발리에리는 이 원리를 바탕으로 그때까지 알려져 있던 것을 확인하고 새로운 결과들을 찾았다. 이를테면 타원 $x^2/a^2+y^2/b^2=1$과 원 $x^2+y^2=a^2$ $(a>b)$을 y에 대하여 풀면 각각 $y=(b/a)(a^2-x^2)^{1/2}$, $y=(a^2-x^2)^{1/2}$이다. 타원과 원에서 대응하는 y좌표의 비는 b/a이고, 이것은 대응하는 수직 방향의 현에서도 성립한다. 그러므로 타원과 원의 넓이의 비도 이 비와 같다. 곧, 타원의 넓이는 (b/a)(원의 넓이) $=(b/a)(\pi a^2)=\pi ab$이다. 또 반지름이 r인 구의 부피도 이 방식으로 구한다. 왼쪽은 반지름이 r인 반구이고, 오른쪽은 밑면의 반지름과 높이가 모두 r인 원기둥에서 치수가 같은 직원뿔을 제거한 것이다. 두 입체를 모두 밑면과 평행하고 높이가 h인 평면으로 자른다. 이렇게 자른 단면은 각각 원과 고리 모양이다. 두 단면의 넓이는 모두 $\pi(r^2-h^2)$이다. 카발리에리 원리에 따라 두 입체의 부피

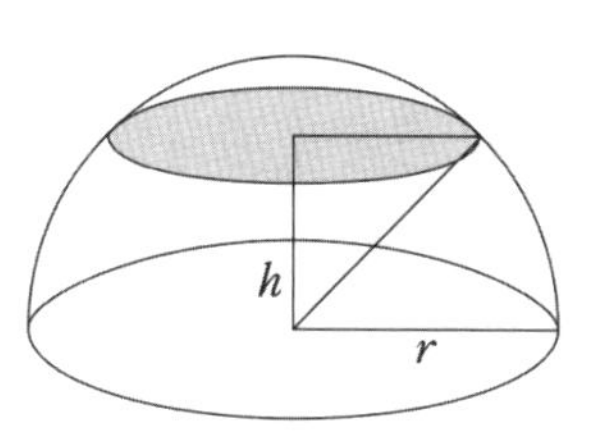

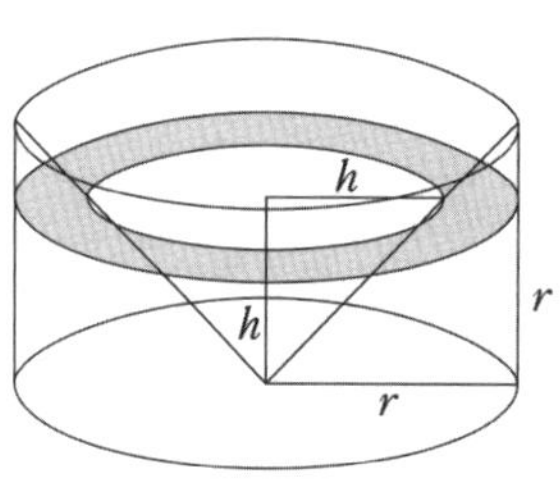

는 같다. 구의 부피는 $2\times$(원기둥의 부피$-$원뿔의 부피)$=2(\pi r^3-\pi r^3/3)=4\pi r^3/3$ 이다.

카발리에리는 이 방법을 적용해서 $\int_0^a x^n dx=\frac{a^{n+1}}{n+1}$ …(*)에 해당하는 정리를 끌어냈다. 그는 이것을 $n=1,\ 2,\ 3,\ 4$일 때에 증명했다. 그는 $n=2$일 때는 다음과 같이 유도했다. 밑변과 높이가 a로 같은 평행사변형 ABCD에 대각선 BD를 그어 두 개의 삼각형으로 나눈다. △BCD에서 밑변 BC에 평행한 선분 RS를 불가분량으로 생각한다. 다음에 DS=BP인 점 P에서 밑변 AD에 평행한 선분 PQ를 긋는다. 그러면 △ABD의 불가분량 PQ는 RS와 같다. △BCD의 불가분량을 모두 △ABD의 불가분량에 대응시킬 수 있으므로 두 삼각형의 넓이는 같다. 그런데 평행사변형은 두 삼각형의 합이므로 삼각형 하나를 이루는 선분의 합 $\int_0^a x\,dx$는 평행사변형의 넓이 a^2의 반이 된다. 곧, $\int_0^a x\,dx=\frac{1}{2}a^2$이다. 그에 따르면 $n=5,\ 6$인 경우는 기하학자 보그랑(J. de Beaugrand 1584-1640)이 고찰했고, 그 증명을 자기에게 편지로 알려 주었다고 한다.[16] 카발리에리는 1647년에 불완전 귀납법으로 (*)가 임의의 자연수 n에 대하여 성립함을 보였다. 이 공식의 내용은 당시 프랑스 수학자들에게 이미 알려져 있었다. 더욱이 페르마는 n이 분수일 때의 결과도 얻고 있었다.[17] 다항식 적분의 길을 여는 이 정리를 처음 출판한 사람이 카발리에리였다.

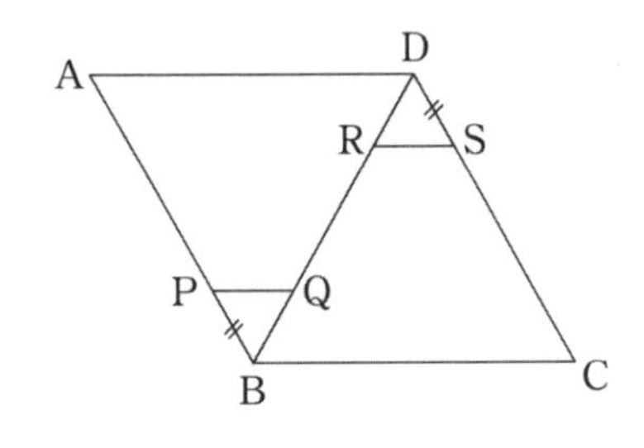

카발리에리의 또 다른 성취로는 그가 직선형 불가분량과 곡선형 불가분량을 대비시킨 것이 있다. 아폴로니오스의 포물선 $x^2=ay$와 아르키메데스 나선 $r=a\theta$ 사이의 관계를 알아냈다. 포물선의 꼭짓점 O를 고정시키고 구부려 점 P를 나선의 점 P′으로 옮긴다. 여기에 직교좌표와 극좌표 사이의 관계식 $x=r,\ y=r\theta$를 적용하면 포물선 위의 점은 나선 위에 놓인다. 그는 $\text{PP}'=2\pi\text{OP}'$이면 처음 1회전의 나선으로 생기는 도형의 넓이는 포물선의 호 OP와 선분 OP로 둘러싸인 도형의 넓이와 같음을 알았다. 여기에 오늘날의 해석기하학과 미적분학에 해당하는 연구가 보인다.[18]

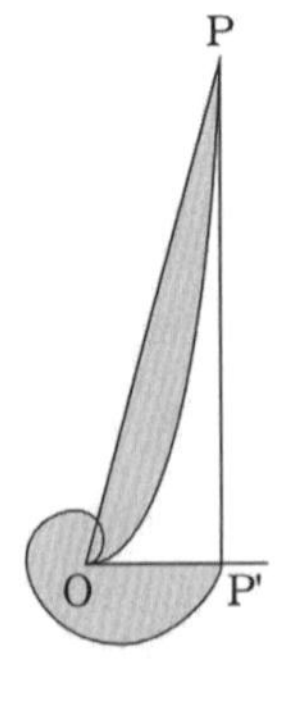

카발리에리 원리는 엄밀한 논증이 없는 기하학적인 방법이었다. 그는 도형과 직접 관계가 없는 양적 관계를 기하학의 언어로 기술하여 그의 저작은 매우 복잡하고 읽기 어려웠다.[19] 이 때문에 불가분량으로 무엇을 이해해야 하는지를 정확히 알기 힘들었다. 또한 그는 넓이나 부피를 이루는 불가분량은 한없이 많아야 한다는 사실을 인식하기는 했으나 제대로 설명하지 않았다. 여기에는 그가 당시에 상당히 발전한 대수적 방법을 무시한 데도 원인이 있다.[20] 불가분량을 사용하는 기하학적 굴레에서 벗어난 사람은 월리스처럼 그리스 수학의 전통에 얽매이지 않은 사람들이었다. 이들의 노력으로 도형에 대한 논증으로 이루어진 고전 수학은 함수의 연산으로 이루어진 근대 수학으로 대체된다.

불가분량은 개념 자체가 모호했다. 카발리에리는 평면도형을 무한히 작은 직사각형들로 나누면 불가분량에 다다른다고 했을 뿐이다. 나비가 없는 선으로 된 면의 넓이라는 식으로도 불가분량을 정확히 파악하기 힘들다. 그는 불가분량이 크기가 있는 물체를 이루는 것을 설명할 수 없었으므로 그것을 이론적으로 규정하지 못했다. 그래서 그는 대응하는 불가분량의 비가 일정한 경우만 생각하게 되었다. 불가분량이라는 모호한 개념에 굴딘 같은 사람들이 반론을 제기하며 거세게 비판했다. 카발리에리는 불가분량법으로 상황에 적합한 결과를 얻을 수 있으므로, 개념의 엄밀성 문제는 철학자의 관심사라고 했다.[21] 어쨌든 그의 불가분량은 정적분 개념의 기초가 되었다. 그렇더라도 미적분학은 그로부터 직접 나오지 않았다.

로베르발은 스콜라 철학에 매여 있다가 나중에 토리첼리 등의 실험과 관찰의 영향으로 과학적 근거에 바탕을 둔 결론을 옹호했다.[22] 그는 불가분량법을 재발견했는데 그것을 1630년에 발견했다고 썼다. 그런데 그가 죽은 뒤 1693년에 출간된 책에서는 불가분량에 덧붙여 모든 선, 면, 입체는 각각 차원이 같은 무한개의 한없이 작은 부분으로 나눌 수 있으므로 궁극적인 불가분량은 없다고 했다. 그는 자신의 방법을 '무한의 방법이'라고 했다.[23] 로베르발의 방법은 발전하고 있던 무한소 해석과 결부되어 있다. 이 점에서 그는 카발리에리, 토리첼리를 앞서고 있다.

1637년에 로베르발은 굴렁쇠선의 수반선(companion)[14]을 이용하여 굴렁쇠선 하나와 생성원이 구르는 직선 사이의 넓이가 생성원 넓이의 세 배라는 사실을 처음 밝혀냈다. 생성원이 반지름이 r인 굴렁쇠선의 현대적인 표기법은 각 θ를 매개변수

14) 굴렁쇠선의 시작점에서 생성원 위의 어떤 점까지의 원호의 길이를 x좌표로 하고 그 점의 높이를 y좌표로 하는 점이 그리는 자취

로 하면 $x(\theta)=r(\theta-\sin\theta)$, $y(\theta)=r(1-\cos\theta)$이다. 그리고 수반선은 $x(\theta)=r\theta$, $y(\theta)=r(1-\cos\theta)$인데 매개변수를 쓰지 않으면 $y=r(1-\cos(x/r))$이다. 이처럼 수반선은 코사인곡선이었으나 그는 이것을 생각하지 못했다. 사인곡선의 반아치를 처음으로 묘사하기도 했다. 그렇지만 이것은 사분원의 사인일 뿐이었다. 그렇더라도 이것들은 삼각법이 계산 중심에서 벗어나 차츰 함수로 다가가고 있음을 보여주는 예이다. 1638년까지는 이 곡선의 임의의 점에서 접선을 긋는 방법을 발견하고 곡선을 가로축, 대칭축, 꼭짓점에서 그은 접선 둘레로 회전하여 생기는 입체의 부피를 구했다.

무한소와 관련된 문제는 1640년대에 널리 다루어졌는데, 토리첼리가 그 문제에 관심을 기울였다. 그는 1643년에 초기의 무한소 방법으로 굴렁쇠선 한 호 아래의 넓이가 생성원 넓이의 세 배임을 증명한 것을 메르센에게 보냈다. 1644년에 이것과 함께 굴렁쇠선에 접선을 작도하는 방법을 발표했다. 그는 고대의 착출법과 카발리에리의 불가분량법을 이용했다. 토리첼리는 불가분량을 유연하게 구사하면서 카발리에리를 뛰어넘었다. 그는 선분의 불가분량을 곡선과 곡면에 이용함으로써 불가분량법을 개량했다. 이를테면 원의 넓이를 불가분량법으로 구했다. 반지름 r인 원 위의 점 A에서 접선 AB$=2\pi r$을 긋는다. 반지름 OA 위에 임의의 점 C를 잡고 반지름이 OC인 원을 그린다. 점 C를 지나 AB에 평행인 직선 CD를 긋는다. △OAB∽△OCD이므로 선분 CD의 길이는 반지름인 OC인 원둘레의 길이와 같다. 곧 불가분인 원의 모임에 불가분인 선분 CD의 모임이 대응한다. 그러므로 원과 삼각형의 넓이는 πr^2이 된다.

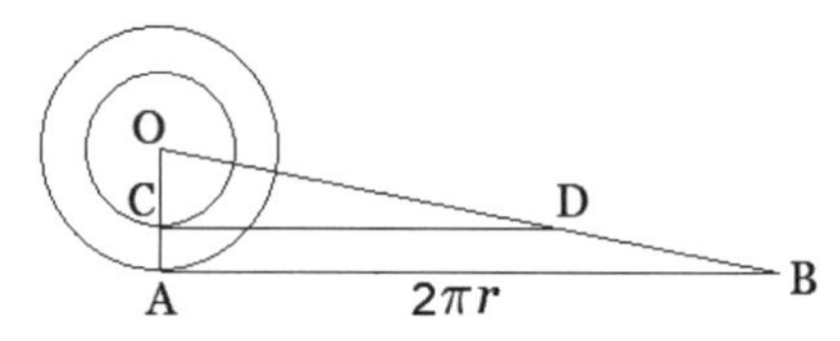

그렇더라도 토리첼리는 불가분량법을 카발리에리와 다르게 해석했다. 그는 불가분량법의 무비판적인 사용은 모순을 일으킨다고 했다. 이를테면 직사각형 ABCD를 대각선으로 나눈 두 삼각형의 넓이를 구하기 위하여 서로 직각으로 만나는 불가분량을 이용한다고 하자. 그러면 EF : FG=AB : BC이므로 △ABD : △CDB=AB : BC이어야 하는데 이것은 옳지 않다[15]. 이 모순을 해소하기 위한 방편으로 그는 무한소로 되돌아가 불가분인

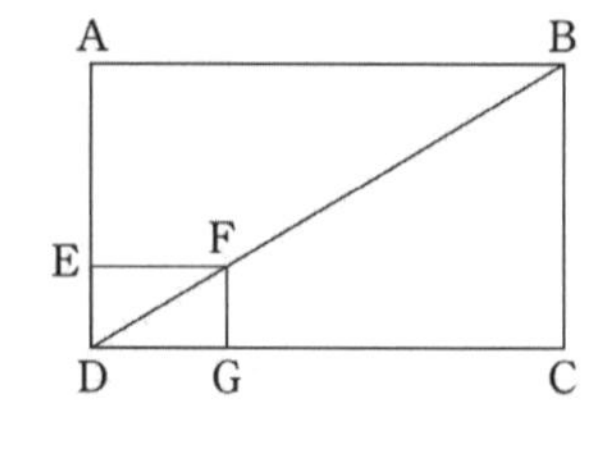

15) 그렇지만 이 해석은 카발리에리 원리를 따른 것은 아니다. 불가분량의 비교 기준인 변 AB와 변 BC는

선분에 두께가 있다고 생각했다.[24] 곧, 그는 불가분량이 기하학적 대상과 같은 차원의 크기를 갖는다고 생각했다. 이로써 적분합을 향한 중요한 한 걸음을 내디뎠다. 그렇지만 그는 아직 카발리에리의 그늘에서 벗어나지 못했다.

앞서 보았듯이 토리첼리는 운동학적 방법으로 곡선에 접선을 그었다. 이런 방법을 이용하여 가속도운동을 하는 물체의 속도 그래프에서 세로좌표는, 움직인 거리를 나타내는 그래프에서 접선과 가로축이 이루는 각의 탄젠트에 비례함을 보였다. 이것은 등가속도운동을 하는 경우에 미분과 적분이 서로 역연산임을 보인 것과 다름없다.[25] 이로부터 그는 넓이를 구하는 문제와 접선을 긋는 문제가 반대의 성질을 갖고 있음을 알게 되었다.

로베르발과 토리첼리는 독립적이나 비슷한 방법으로, 카발리에리의 방법을 발전시켜 포물선과 아르키메데스 나선의 관계를 호의 길이에서도 찾았다. 그들은 처음 한 회전한 나선 $r = a\theta$ 의 길이가 구간 $[0,\ 2\pi a]$에서 포물선 $x^2 = 2ay$의 길이와 같음을 밝혔다. 이것은 원 이후에 처음으로 길이가 구해진 곡선이었다. 여기서 페르마는 한 걸음 더 나아가 고차의 나선 $r^n = a\theta$ 의 호의 길이와 포물선 $x^{n+1} = 2ay$ 의 길이를 비교했다.[26]

토리첼리는 1641년에 구간 $[a,\ \infty)$에서 쌍곡선 $xy = k^2$의 아래쪽 영역(넓이는 무한)을 x축을 둘레로 회전하여 만든 입체의 부피가 유한이라는 사실을 알아내고 1643년에 발표했다. 이 입체의 겉넓이도 무한이다. 이로써 그가 처음으로 무한 크기의 도형이 유한의 양을 가질 수 있음을 발견했다. 1647년에는 $x = \log y$ 에 해당하는 곡선을 그리기도 했다. 이것은 계산 수단으로 로그가 발견되고 나서 처음 그려진 그래프일 것이다. 그는 이 곡선과 x축(점근선), x축에 수직인 직선으로 둘러싸인 도형의 넓이와 그것을 x축으로 회전하여 생기는 입체의 부피를 구했다.

페르마는 1629년에 $y = x^k$ 꼴의 곡선 아래의 넓이를 구하는 정리를 발견했다고 한다. 카발리에리의 불가분량과 달리 페르마의 도형을 분할하는 띠는 폭이 있었다. 무한소를 이용하여 기하학적으로 푼 케플러와 달리 페르마는 좌표를 이용하여 등비급수의 합으로 풀었다. 그가 찾은 결과는 k가 -1이 아닐 때 $\int_0^a x^k dx = \frac{a^{k+1}}{k+1}$ 이었다. 그는 1636년에 로베르발에게 보낸 편지에서 곡선으로 이루어진 도형을 '사각형화'할 수 있고 이 방법으로 곡선 $y = x^k$, x축, 주어진 수직선으로 둘러싸인 영

꼭짓점 D에서 같은 거리에 있지 않기 때문이다.

역의 넓이를 계산했다고 했다. 로베르발은 답신에서 자신도 그러한 '사각형화'를 발견하고 그 영역의 넓이를 부등식 $\displaystyle\sum_{i=1}^{n-1} i^k < \frac{a^{k+1}}{k+1} < \sum_{i=1}^{n} i^k$ …(*)으로 구했다고 주장했고 페르마도 이것을 이용했다고 답을 했다.[27]

구간 $[0,\ a]$에서 $y=x^k$ 그래프 아래쪽 넓이를 A라 하자. 주어진 구간을 길이가 a/n인 n개의 구간으로 나누고 구간마다 높이가 오른쪽 끝점의 y좌표인 직사각형을 외접시킨다. 또 높이가 왼쪽 끝점의 y좌표인 직사각형을 내접시킨다. 그러면 A는 외접 직사각형들의 합보다 작고 내접 직사각형들의 합보다 크므로

$$\frac{a^{k+1}}{n^{k+1}}(1^k+2^k+\ \cdots\ +(n-1)^k) < A < \frac{a^{k+1}}{n^{k+1}}(1^k+2^k+\ \cdots\ +n^k)$$

여기서 좌우변의 차는 맨 오른쪽에서 외접하는 직사각형의 넓이 a^{k+1}/n이다. 이 차는 n이 충분히 크면 어떤 임의의 값보다 작게 된다. 부등식 (*)의 세 변에 a^{k+1}/n^{k+1}을 곱한 것으로부터 A와 $a^{k+1}/(k+1)$은 차가 0에 가까이 가는 두 값 사이에 놓이게 됨을 알 수 있다. 이렇게 하여 $A=a^{k+1}/(k+1)$을 구했다. 여기서 구간을 잘게 나누면 a^{k+1}/n은 점점 작아지더라도 구간의 개수가 유한이라면 그 차는 0이 되지 않는다. 17세기 수학자들은 n을 한없이 크게 하는, 곧 구간을 한없이 분할한다는 생각은 했으나 당시에는 무한이라는 개념이 명확하지 않았다.

위에서 $\sum_{i=1}^{n} i^k$을 구하는 것이 매우 번거로웠고, 더군다나 음수 거듭제곱의 경우에는 도움이 되지 못했다. 페르마는 1642년에 다른 방법을 발견했다. 곡선 $y=x^k$에서 구간 $[0,\ a]$를 $a,\ aE,\ aE^2,\ aE^3,\ \cdots\ (E<1)$으로 한없이 많은 작은 구간으로 나누고, 구간마다 높이가 오른쪽 끝점의 y좌표인 직사각형을 외접시킨다. 외접 직사각형의 넓이를 큰 것부터 쓰면

$$a^k(a-aE),\ a^kE^k(aE-aE^2),\ a^kE^{2k}(aE^2-aE^3),\ \cdots$$

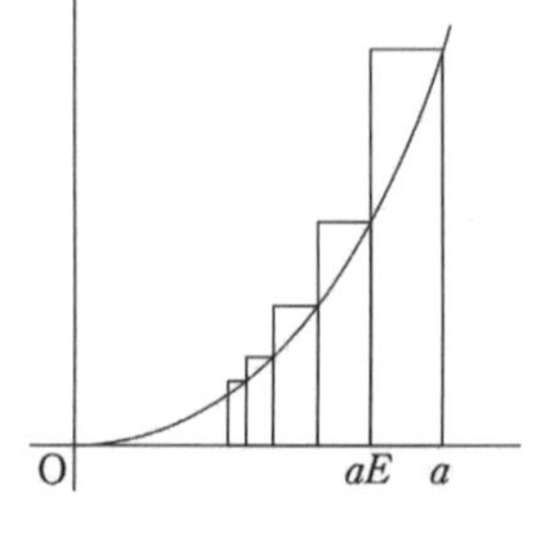

으로 공비가 E^{k+1}인 등비수열을 이룬다. 이것들의 무한합은

$$a^{k+1}\frac{1-E}{1-E^{k+1}},\ \text{곧}\ \frac{a^{k+1}}{1+E+E^2+\ \cdots\ +E^k}$$

이다. E가 1에 가까울수록 직사각형 넓이의 합은 곡선 아래의 넓이에 가까워진다. 따라서 $E=1$이라고 하면 $\dfrac{a^{k+1}}{k+1}$을 얻는다. 이 값은 구

간 [0, a]에서 곡선 $y=x^k$ 아래의 넓이가 된다. 이제 x^k의 적분은 아주 쉬운 것이 되었다.

페르마는 $y=x^k$에서 k가 음수를 포함한 임의의 유리수일 때의 방법을 1658년 무렵에 공표했다. 그는 k가 양의 분수일 때, 곧 포물선 $y^2=x$, $x^2=y^3$을 '사각형화'했는데, 이것은 일반적인 경우에도 적용될 수 있었다. 그것은 9세기 아랍의 사비트가 적분합을 구하던 방법의 부활이면서 적분 구간을 똑같이 분할하지 않는 개량이었다.[28] k가 음수인 경우(쌍곡선)에는 $y=x^{-2}$일 때만 $x=a$에서 양의 무한대까지의 곡선 아래쪽 넓이 $\int_a^\infty \frac{dx}{x^2}=\frac{1}{a}$을 계산했다. 그러면서 사각형화가 일반적으로 적용될 수 있음을 보였다. 이때는 $E>1$인 E를 택하고 1에 가까이 가져갔다. 페르마는 쌍곡선 $y=x^{-1}$인 경우를 해결하지 못했다. 어쨌든 그는 $y=kx^n$의 접선을 구할 때는 계수에 지수를 곱하고 지수의 차수를 하나 내리면 되고, 넓이를 구할 때는 지수의 차수를 올리고 새 차수로 계수를 나누면 된다는 것을 알게 되었다. 그런데도 그는 이 두 가지가 역의 관계에 있음을 몰랐다.

페르마는 적분에서 변수변환이나 부분적분과 비슷한 방법도 이용했다. 이것은 새로운 사각형화를 이미 알고 있는 것으로 바꿔주었다. 그는 자신의 방법과 그것의 응용을 1657년이 지나서 완성하고, 사후 1679년에 출판된 저작에 실었다. 그는 여기서 넓이와 부피만이 아니라 길이를 구하는 더 일반화된 방법을 서술했다. 그렇지만 사실 미적분학의 창시자들은 넓이, 부피, 무게중심을 계산할 때 나타나는 정적분에서 혼란스러워했다. 그 혼란은 이를테면 페르마가 계산할 때는 $E\neq 1$로 여기다가 마지막에 $E=1$이라고 하는 데서 생기는 것이었다. 페르마는 그 결과를 기하학적으로 해석할 수 있었으므로 옳다고 생각하는 데서 머물고 말았다.

페르마가 구하지 못한 구간 [a, b]에서 곡선 $y=x^{-1}$의 아래쪽 넓이를 그레고와르(Grégoire de Saint-Vincent 1584-1667)가 1622~1625년에 완성하고 1647년에 출판했다. 그는 x_1, x_2, x_3, x_4가 $x_2:x_1=x_4:x_3$을 만족하는 x축(점근선) 위의 네 점이라면 구간 [x_1, x_2]에서 쌍곡선 아래의 넓이는 구간 [x_3, x_4]에서 넓이와 같음을 보였다. 곧, 가로좌표가 등비로 증가하면 그 곡선 아래쪽 넓이는 등차로 증가한다. 뒤이어 사라사(A. A. de Sarasa 1618-1667)가 1649년에 그레고와르의 성과를 발전시켰다. 구간 [a, b]에서 넓이를 $A[a,b]$라고 하면 $b:1=ab:a$이므로 $A[1,b]=A[a,ab]$이다. 따라서 $A[1,ab]=A[1,a]+A[a,ab]=A[1,a]+A[1,b]$이다. 이

것은 바로 로그의 성질이다. 그는 $\int_a^b \frac{dx}{x} = \ln b - \ln a$를 이해했던 것이다. 이제 쌍곡선 $xy=1$의 아래쪽 일부의 넓이로 로그를 계산할 수 있게 되었다. 이 넓이는 1660년대에 뉴턴 등이 사용한 거듭제곱 급수의 방법으로 계산되었다.

월리스(J. Wallis 1616-1703)는 거듭제곱 개념의 일반화, 소박한 수학적 귀납법의 넓은 적용, 무한소 해석의 대수화, 함수의 적분에 쓰이는 새로운 공식의 발견, 극한의 기초 연구, 무리수 π를 무한곱의 형태로 표현, 계승 개념의 일반화 같은 업적을 남겼다. 로베르발이나 파스칼 등의 기하학적 접근과 견줘 월리스의 수론적 사고는 극한 개념에 다다르는 데에 훨씬 직접적이고 효율적이었다. 이런 점이 뉴턴이 연구하는 데 많은 영향을 끼쳤다.

월리스는 무한소 기하에서 무한소 해석으로 옮겨가는 곳에 있었다. 그는 카발리에리의 불가분량법을 토리첼리의 연구에서 알았다. 그러나 도형에서 시작하여 증명을 전개한 카발리에리와 달리 월리스는 수로 계산을 시작하여 그 결과를 도형에 응용했다. 그는 카발리에리가 속박되어 있던 기하학의 전통에서 벗어나 무한의 논의에 계산을 결합하여 많은 성과를 얻었다.[29] 이로써 그는 대수학을 해석학으로 확장한 첫 수학자가 되었다.

월리스는 〈무한소 산술〉(Arithmetica infinitorum 1655)에서 그 무렵까지 얻은 대수와 해석기하의 성과를 바탕으로 곡선 $y=x^k$(k는 자연수) 아래쪽 넓이를 결정할 때 무한히 많은 불가분량을 수치로 바꿔 기하학적 방법을 산술화했다. 그는 이 산술에 극한의 개념, 특히 $n \to \infty$를 들여왔다. 그는 함숫값과 어떤 특정한 값 사이의 차를 미리 상정해 놓은 양보다 작게 만들 수 있고 그 과정을 한없이 계속하여 그 차이가 사라질 때의 특정한 값을 극한이라고 했다.[30] 그가 상정한 무한소는 일반적으로 양을 뜻하지 않았다. 무한소의 띠는 넓이가 없고, 직선과 동일시되는 것이었다.

월리스는 넓이에 관한 문제의 해결 방법을 일반화하고 부피 계산에 응용했다. 여기서 데카르트와 카발리에리의 방법이 발전, 체계화, 확장되었다. 구간 $[0, 1]$에서 $y=x^2$ 아래쪽의 넓이를 결정하기 위하여 그는 구간을 n등분하고 분점마다 세로금을 긋고 구간마다 곡선에 외접하는 직사각형 띠를 만든다. 이 띠들의 넓이의 합과 주어진 구간을 밑변으로 하는 정사각형 넓이의 비가 $\frac{0^2+1^2+2^2+\cdots+n^2}{n^2+n^2+n^2+\cdots+n^2}$임을 알아냈다. 그는 $n=1, 2, 3, 4$일 때를 계산해 보고 나서 이 식은 $\frac{1}{3}+\frac{1}{6n}$이 된다고 했다. 분점의 수가 늘어나면 둘째 항 $1/6n$은 계속 감소하다가 임의의 어떠한 수보다 작게 된다. 그리고 마침내 $\lim_{n\to\infty}\left(\frac{1}{3}+\frac{1}{6n}\right)=\frac{1}{3}$이 된다. 이것은 $\int_0^1 x^2dx$ $=1/3$에 해당한다. 이 방법을 더 높은 차수에 적용하고, 서투른 귀납법을 적용하여 임의의 양의 정수 k에 대하여 $\int_0^1 x^kdx=1/(k+1)$이 된다는 결론에 이르렀다. 고대 그리스에서 주어진 도형의 넓이와 그것에 내, 외접하는 도형의 넓이의 차를 얼마든지 작게 할 수 있음을 이용하던 것과 달리 월리스는 산술합의 비의 극한으로 구했다. 이러한 산술에 의한 무한급수가 뉴턴이 유율법의 결과를 얻는 발판이 되었다.

월리스의 다음 단계는 k가 분수이거나 음수$(\neq -1)$일 때도 성립함을 보임으로써 이 결과를 일반화하는 것이었다. 그는 1656년쯤 지수가 분수인 거듭제곱의 적분을 곡선 $y^n=x^m$을 이용한 페르마와 달리 직접 $\int_0^1 x^{m/n}dx$를 계산했다. 그는 이것을 거듭제곱의 개념을 일반화하면서 계산했는데, 이때 (서투른) 귀납법을 쓰지 않고 문제가 있는 보간법을 사용했다. 월리스는 임의의 양의 분수 m/n이 지수인 거듭제곱을 m제곱의 n제곱근으로 정의하고 이것을 곡선 $y=x^{m/n}$ 아래의 넓이를 구하는 방법에 적용했다. 그는 $\int_0^1 x^{m/n}dx=\frac{1}{(m/n)+1}$ …(*)을 찾았는데, 지수가 $\frac{1}{n}$인 경우만 증명할 수 있었다. 한 변의 길이가 1인 정사각형으로부터 $y=x^2$, $y=x^3$, … 그래프의 아래쪽을 뺀 부분의 넓이가 $\int_0^1 x^{1/2}dx$, $\int_0^1 x^{1/3}dx$, …임을 알아냈다. 그는 (*)을 얻는 과정에서 지수에 관한 생각을 음수와 무리수로 확장하고, 이것들도 지수 법칙을 따르고 있음을 보이면서 일관되게 사용했다. 그는 유추로 공식 (*)이 지수가 음수$(\neq -1)$와 무리수일 때도 성립한다고 했다. 이것은 이른바 고차 초월함수의 미적분에 관한 첫 언급으로, 이 발견은 대단했으나 엄밀함은 매우 부족했다.[31] 이것은 당시에 함수의 직관적 개념과 발달한 기호가 없던 때문일 것이다.

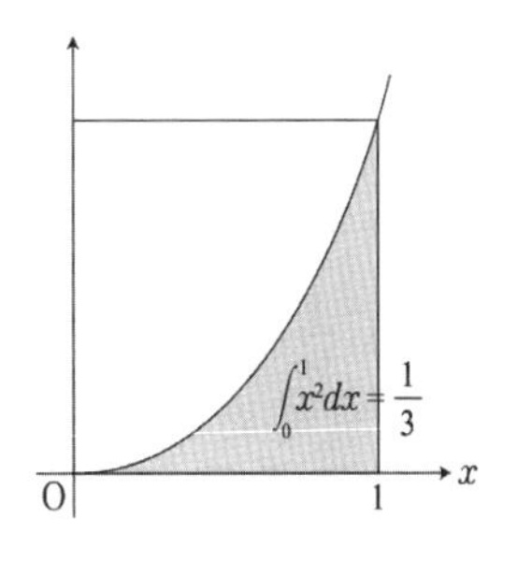

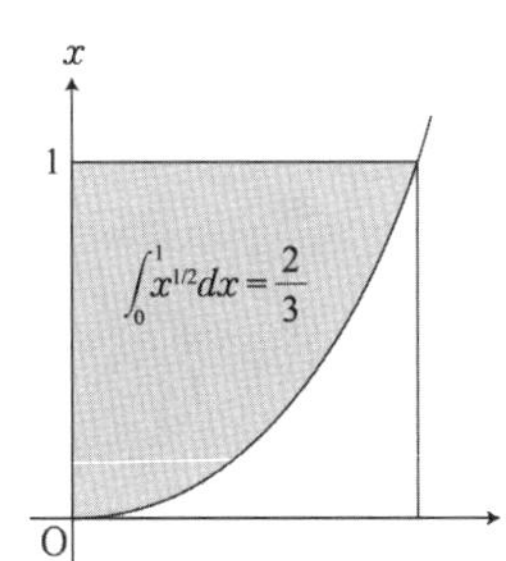

그 뒤 월리스는 반지름이 1인 반원의 넓이, 곧 곡선 $y=\sqrt{1-x^2}=(1-x^2)^{1/2}$의 아래쪽 넓이를 산술로 결정하는 문제로 자신의 방법을 확장했다. 그는 일반 이항정리를 몰라 직접 계산할 수 없었고, 유추로 논의하는 기법을 사용하려고 더욱 일반적인 문제를 다루었다. 그 방편으로 제1사분면에서 단위 정사각형의 넓이와 곡선 $y=(1-x^{1/n})^k$으로 둘러싸인 영역의 넓이의 비를 찾았다.[32] $n=1/2$, $k=1/2$일 때는 사분원이고 이때 비는 $4/\pi$이다. 0부터 시작하는 n과 k에 대하여 $a_{n,k}={}_{n+k}C_k$라 하면 $a_{n,k}=\dfrac{n+k}{k}a_{n,k-1}$이 성립한다는 것을 $n=1/2$에 적용하여 $a_{\frac{1}{2},0}=1$, $a_{\frac{1}{2},1}=\dfrac{3}{2}$, $a_{\frac{1}{2},2}=\dfrac{3}{2}\cdot\dfrac{5}{4}$, $a_{\frac{1}{2},3}=\dfrac{3}{2}\cdot\dfrac{5}{4}\cdot\dfrac{7}{6}$, …을 구했다. $a_{\frac{1}{2},\frac{1}{2}}=A$라 놓고 마찬가지로 $a_{\frac{1}{2},\frac{3}{2}}=\dfrac{4}{3}A$, $a_{\frac{1}{2},\frac{5}{2}}=\dfrac{4}{3}\cdot\dfrac{6}{5}A$, …를 얻었다. $n=1/2$행은 아래 표와 같다. 여기서 월리스는 $a_{1/2,k+2}:a_{1/2,k}>a_{1/2,k+4}:a_{1/2,k+2}$라는 사실을 이용하여 $A=\dfrac{4}{\pi}=\dfrac{1\cdot3\cdot3\cdot5\cdot5\cdot7\cdot7\cdot\cdots}{2\cdot4\cdot4\cdot6\cdot6\cdot8\cdot8\cdot\cdots}$을 유추했다. 이것으로 $\int_0^1\sqrt{1-x^2}\,dx$의 값을 얻는다. 이 공식은 π의 역사에서 이정표가 되었다. 제곱근으로 이루어진 비에트(1593)의 무한 곱의 형식이 아닌 유리수만 있는 수열이라는 점에서 의미가 있다.

n \ k	0	1/2	1	3/2	2	5/2	3	7/2	…
0	1		1		1		1		…
1/2	1	A	$\frac{3}{2}$	$\frac{4}{3}A$	$\frac{15}{8}$	$\frac{24}{15}A$	$\frac{105}{48}$	$\frac{192}{105}A$	…
1	1		2		3		4		…
2	1		3		6		10		…
⋮	⋮		⋮		⋮		⋮		⋱

월리스는 오일러에 앞서 $\int_0^1\sqrt{x-x^2}\,dx$를 계산하면서 감마함수, 곧 계승함수를 연구하게 됐다. 그는 이것의 값 $\pi/8$를 무한소 방법으로 직접 구하지는 못했으나 귀납법과 보간법으로 흥미로운 결과를 발견했다. $\int_0^1(x-x^2)^n dx$의 n에 몇 자연수를 대입하고 계산하여 그 값이 $\dfrac{(n!)^2}{(2n+1)!}$이라는 결론을 내리고 n이 분수일 때도 성립한다고 가정했다. 그러면 $\int_0^1\sqrt{x-x^2}\,dx=\left(\dfrac{1}{2}!\right)^2/2$이 되어 $\dfrac{\pi}{8}=\dfrac{1}{2}\left(\dfrac{1}{2}!\right)^2$, 곧 $\dfrac{1}{2}!=\dfrac{\sqrt{\pi}}{2}$가 된다. 이것은 오일러 베타함수 $B(m,n)=\int_0^1 x^{m-1}(1-x)^{n-1}dx$에

서 $m=n=3/2$일 때의 결과이다. 이 베타함수는 나중에 끈 이론이 되는 S-행렬 기법이라는 입자물리학을 연구하는 방식의 모든 수학적 속성을 지니고 있었다.[33] 월리스의 보간법은 뉴턴이 일반 이항정리를 발견하는 데 바탕이 되었다.

파스칼도 적분법에서 많이 이바지했다. 그의 적분은 $\sum_{k=1}^{n} k^2$과 결부되어 있는 $\int_0^a x^k dx = \dfrac{a^{k+1}}{k+1}$인데 그는 적분이 어떤 산술합에 귀착하는 것을 주목했다.[34] 그는 선(세로금)의 합을 무한소 직사각형의 합이라 했다가 이것을 임의의 폭의 합, 무한소의 합이라는 개념으로 다듬어 갔다. 이 개념을 확립함으로써 그의 수학은 미적분학 이전의 무한소 해석의 모형이 되었다. 그는 1658년 중반에 굴렁쇠선 하나 아래의 넓이를 생성원이 구르는 직선을 축으로 회전한 입체의 겉넓이와 부피를 구했다. 불가분량법의 사고방식으로 풀었는데 오늘날의 많은 정적분 계산과 같았다.[35] 그는 도형을 한없이 많은, 폭이 좁은 띠로 나누고 그것들을 모두 더했다. 그의 생각은 적분학에 매우 다가가고 있었다. 그의 이 연구는 라이프니츠가 미적분학을 창안하는 데 많은 영향을 끼쳤다. 파스칼 적분은 기하학적이었으나 그가 카발리에리의 방법을 정당화하는 데 이바지한 것은 없었다. 그는 엄밀함이 중요하다고 했으나 때로 기하학의 논리보다 적절한 기교가 더 필요하다고도 했다.

로베르발이 사분원의 사인곡선 아래쪽의 넓이에 대해 언급하고 나서 20년쯤 뒤인 1658년에 파스칼이 그 곡선의 임의 부분의 아래쪽 넓이를 구했다. 사분원 ABC를 생각한다. 호 BC 위의 임의의 점 D에서 그은 작은 접선의 세 점 E, D, F에서 반지름 AC에 수선 EQ, DP(사인), FR을 긋는다. 그는 사분원에서 임의의 호의 사인을 더한다는 것은 사인(DP)과 무한소의 호(≈접선 EF)를 곱한 무한소 사각형의 합과 같다고 했다. 이것은 $\int_\alpha^\beta r\sin\theta\, d(r\theta)$ $=r(r\cos\alpha - r\cos\beta)$ …(*)이라는 것이다. 파스칼은 △ADP∽△EFS을 이용하여 증명했다. 여기서 DP : DA=FS : FE=RQ : FE. 그러므로 DP·FE=DA·QR이 된다. 바꿔 말하면 사인과 무한소의 호(≈접선)로 만들어진 직사각형은 반지름과 호의 접선영으로 만들어진 직사각형과 같다. 곧, $r\sin\theta\, d(r\theta) = r(r\cos\theta - r\cos(\theta + d\theta))$이다. 이 직사각형들을 주어진 두 각 사이에서 더하면 (*)을 얻는다. 파스칼은 이 결과를 일반화하고 사인의 거듭제곱의 적분 공식을 제시했다.[36] 여기서 중요한 것은 이른바 특성삼각형인 △EFS이다. 라이프니츠는 하위헌스의 권유로 이 연구를 읽고서

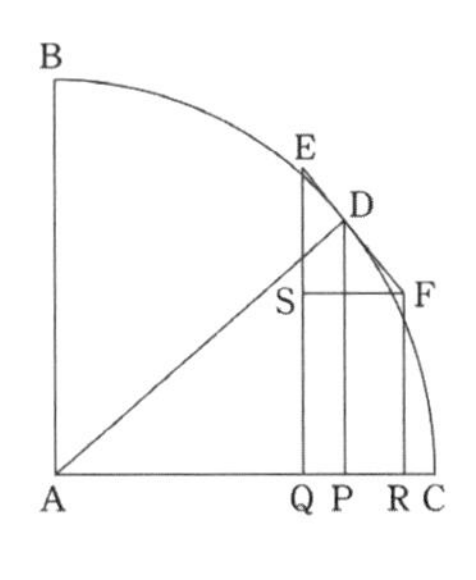

특성삼각형을 어떠한 곡선에도 사용할 수 있음을 깨닫고, 마침내 넓이와 접선 사이의 관계를 인식하게 된다. 파스칼은 적분합을 기술하고, 유한개의 합에서 무한개의 합으로 이행하는 규칙과 차수가 높은 미소량을 무시하는 규칙을 정식화함으로써 뉴턴의 가정 $(x+dx)(y+dy)-xy=xdy+ydx$를 시사했다. 또한 점 E, D, F에서 반지름 AB에 수선을 내려도 같은 결과를 얻는다는 것에서 적분의 변수변환에 해당하는 것을 끌어냈다.[37]

17세기에 가장 필요한 것의 하나는 정확한 시각을 재는 것이었다. 물리 현상에서 정량적인 법칙을 찾아내려는 과학 활동이 늘면서 편리하고 정확하게 시각을 재는 방법이 절실했다. 답은 정밀한 시계였다. 바다에서 경도를 알아내려는 문제를 해결하기 위해서도 시계가 필요했다. 하위헌스는 정밀한 관측으로 추의 진동 주기가 진폭에 따라 달라짐을 알았다. 그는 오랜 연구 끝에 거꾸로 놓인 굴렁쇠선의 어느 지점에서 물체를 떨어뜨려도 물체가 똑같은 시간에 가장 낮은 곳에 다다름을 알았다. 이 때문에 굴렁쇠선을 등시(等時)곡선이라고 한다. 그러나 시계추가 굴렁쇠선을 그리도록 진동시키는 방법이 문제였다. 여기서 그는 기하학적 방법으로 추 C가 굴렁쇠선의 반 호 $\widehat{AB}$와 $\widehat{AD}$ 사이에서 진동할 때는 추의 진폭이 크든 작든 진동 주기가 같다는 사실을 알아냈다. 이것은 수학적으로 말해서 굴렁쇠선의 신개선[16]은 똑같은 굴렁쇠선이 되고 거꾸로 굴렁쇠선의 축폐선[17]도 똑같은 굴렁쇠선이 된다는 것이다. 시계 연구에서 얻은 중요한 부산물은 추를 매단 줄의

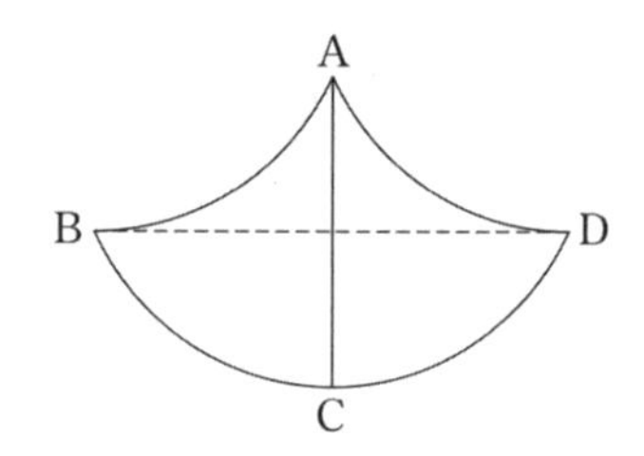

길이 l과 진동 주기 t 사이에 $t=2\pi\sqrt{l/g}$이라는 관계가 있다는 것이었다. 이것으로 자유낙하로 얻을 때보다 더 정확한 중력가속도 g를 구할 수 있었다.

하위헌스는 굴렁쇠선을 비롯한 여러 곡선의 신개선과 축폐선에 관한 결과를, 곡선 위에 이웃한 점을 취하고 간격이 0에 가까워질 때의 결과에 주목하는, 페르마의 방법을 사용하여 증명했다. 평면곡선의 곡률반지름을 구할 때도 응용했다. 그는 전적으로 실용적 관심에서 곡률 개념을 연구했다. 신개선과 축폐선을 다룬 그의 연구(1673년 간행)는 월리스의 〈무한소 산술〉과 함께 1687년에 뉴턴이 쓴 〈프린키피

---

16) 伸開線(involute): 한 곡선 위의 고정점에서 시작하여 그 곡선을 따라 감겨 있는 끈 l을 팽팽한 상태로 풀 때 l위의 한 점이 그리는 자취

17) 縮閉線(evolute): 곡선의 곡률중심이 그리는 자취

아〉18)의 입문서 역할을 했다.

하위헌스는 굴렁쇠선의 신개선과 축폐선이 똑같은 굴렁쇠선이라는 사실에서 굴렁쇠선 하나의 길이가 생성원 지름의 네 배임을 증명했다. 앞의 그림에서 굴렁쇠선의 반인 $\widehat{AB}$의 신개선이 $\widehat{BC}$이고 점 C는 그 신개선을 그리는 점이므로 $\widehat{AB}=\widehat{BC}=AC$이다. AC는 생성원 지름의 두 배이므로 그 정리가 증명된다. 이 정리의 발견은 렌(C. Wren 1632-1723)이, 출판은 하위헌스가 먼저 했다. 신개선과 축폐선의 정리로부터 다른 곡선들의 길이도 구해졌다. 이에 대수곡선의 길이를 구할 수 없다는 아리스토텔레스나 데카르트의 믿음에 의문이 생기기 시작했다. 하위헌스는 질주선19)의 길이를 구하거나 추적선20)을 연구했고 현수선이 대수곡선이 아님을 증명하기도 했다. 그리고 그는 무한소 해석을 응용하여 쌍곡선의 구적으로 포물선을 조정했으며 코노이드21) 조각의 겉넓이를 구하고 평면으로 만들 수 있음을 보였다.

대수곡선의 길이를 처음으로 구한 사람은 1657년에 반삼차포물선 $y^2=a^2x^3$의 길이를 구한 닐(W. Neile 1637-1670)일 것이다.[38] 닐은 작은 호가 가로축과 세로축의 증분을 두 변으로 갖는 직각삼각형의 빗변, 곧 $ds=\sqrt{(dx)^2+(dy)^2}$이라는 것에 바탕을 두었다. 이로써 대수곡선의 길이를 구할 수 있는지에 대한 논의는 마무리되었다. 얼마 뒤에 페르마도 곡선의 작은 호와 그 호의 한 끝점에서 그은 접선으로 만든 외접 도형을 비교하여 구했다. 곡선의 길이를 구하는 데 가장 많은 영향을 끼친 사람은 페르마에 앞서 1658년에 발표한 회라트(H. van Heuraet 1633-1660?)였다. 그는 주어진 호와 같은 길이의 선분을 작도하는 문제는 어떤 특정한 곡선의 아래쪽 넓이를 찾는 것과 같음을 보이면서 호의 변화율에 바탕을 둔 $ds/dx=\sqrt{1+(y')^2}$을 끌어냈다.[39] 그는 이 방법으로 곡선 $y^{2n}=x^{2n+1}(n>1)$의 길이도 결정할 수 있다고 했다. 포물선 $y=x^2$의 호의 길이는 1659년까지도 만족스럽게 해결되지 않았다. 이와 관계없이 회라트의 방법은 널리 알려졌다. 그의 사고방식이 바탕이 되어 다른 사람들이 넓이 문제에 접선 문제를 관련지어 생각하기에 이르렀다.[40] 접선과 넓이의 관계를 인식하게 만든 것이 곡선의 길이를 결정하는 문제였다.

18) 〈자연철학의 수학적 원리〉(Philosophiae naturalis principia mathematica)

19) 원 C의 한 지름의 끝점 P에서 접하는 직선 l을 긋는다. 또 다른 끝점 O를 지나는 직선 m이 원 C, 직선 l과 만나는 점을 각각 Q, R이라 한다. 이때 QR=OS인 m위의 점 S가 그리는 자취

20) 어떤 직선과 점 Q에서 만나는 선분 PQ의 Q가 그 직선을 따라 움직일 때 점 P가 그리는 자취

21) 원을 준선, 준선과 수직인 평면을 준평면이라 한다. 준선에 평행이고 준평면에 수직인 직선을 축이라 한다. 준선을 지나는 모선이 준평면과 평행이면서 축과 만나서 만드는 도형이 수직코노이드이다.

접선을 넓이에 관련지은 수학자에 그레고리(J. Gregory 1638-1675)와 배로가 있다. 둘은 여러 곳을 여행하며 모은 접선, 넓이, 길이에 관련된 제재를 정리하여 체계적으로 제시하고자 했다. 둘 다 일반적인 계산법을 끌어내지는 못했다. 그레고리는 1667년에 넓이, 부피, 길이를 얻는 방법에 무한의 과정이 들어있고 이것의 연산은 사칙연산이나 제곱근 연산과 다르다고 했다. 그는 1668년에 넓이와 길이 계산법을 보여주었다. 그는 넓이로부터 호의 길이(접선 문제)를 구할 수 있음을 보이고 나서 역의 문제를 제기하면서 중요한 진전을 이루었다. 그는 정점부터 임의의 x값까지의 주어진 곡선의 아래쪽 넓이와 x에서 그은 세로금이 같게 되는 새로운 곡선을 작도했다. 이 단계에 다다르자, x에서 이 새로운 곡선에 접선을 작도하는 것과 접선의 기울기가 주어진 곡선의 그곳에서 그은 세로금과 같음을 보이는 것은 어렵지 않음을 알았다.[41] 이로써 그는 미적분학의 기본 사항을 실질적으로 알게 되었다.

배로는 〈기하학 강의〉(Lectiones Geometricae 1669)에서 접선, 길이, 넓이를 구하는 정리들을 다루면서 미분과 적분이 역관계라는 사실에 매우 가까이 다가갔다. 그가 다항방정식 $f(x, y)=0$으로 정의된 곡선 위의 점에서 그은 접선을 결정하는 방법은 현대의 미분에서 이용되는 것과 실질적으로 같다. 그는 이 방법을 기하학적 형태로 설명했다. 이것을 니키포로브스키[42]의 설명으로 살펴본다. 그림에서 축 OK로부터 멀어지는 두 곡선 OAFJ와 ODIL이 있다. 여기서 곡선 OAFJ 위에 있는 점의 세로좌표에 ('차원'을 맞추기 위하여 도입된) l을 곱한 것과 축 OK, 그것에 수직인 선분, 곡선 ODIL로 둘러싸인 도형의 넓이를 대응시킨다. 이를테면 세로좌표 AC에는 도형 OCD의 넓이, 세로좌표 FH에는 OHI의 넓이가 대응한다. 그때 조건 TH : l = FH : HI로부터 직선 TFM은 곡선 위의 점 F에서 그은 접선이 된다. OH$=x$, HI$=v$, HF$=y$, TH$=w$라 하면 $ly=$OHID의 넓이$=\int_0^x v(t)\,dt$ …①로 쓸 수 있다. 위의 비례식으로부터 $w:l=y:v$, $v=yl/w$ …②. 접선을 구할 때 사용하던 배로의 방법으로부터 $w=\dfrac{y}{\lim_{e\to 0} a/e}$. 이것을 ②에 대입하면 $v=l\lim\limits_{e\to 0}\dfrac{a}{e}=l\dfrac{dy}{dx}$ …③. 식 ①, ③을 비교하면 아래 곡선의 적분이 위 곡선이

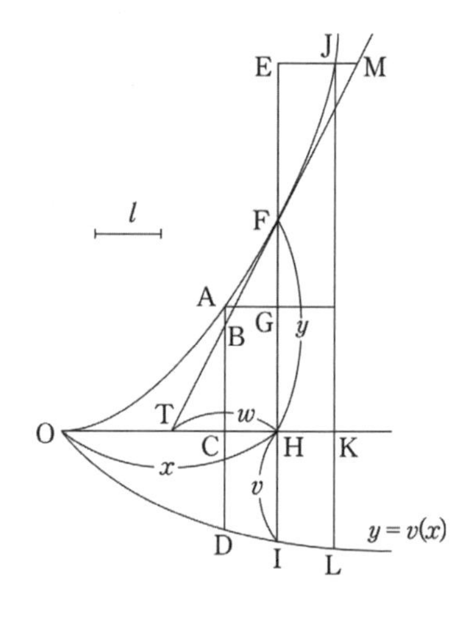

되고, 위 곡선의 미분이 아래가 되고 있다. 적분과 미분이 역관계라는 결론을 끌어낼 수 있다. 배로의 추론에서는 직선 TFM이 곡선 OAFJ의 접선이라는 것이 본질이다. 배로는 등식 ①, ③으로 표현되는 두 연산이 역임을 곡선 OAFJ가 운동하는 점 F의 경로라고 하여 역학적으로 증명한 것이다. 그것은 토리첼리에 가까운 방법이었다. 당시는 명제를 기하학적 방법으로 증명해야 했다.

배로는 어느 시각에 곡선 위의 점에서 그은 접선의 기울기는 그 점의 속도와 같음을 보였다. 더욱이 그는 축이 시간을 나타낼 때, 점의 속도를 y좌표로 나타냈다. 거리가 속도곡선의 아래쪽의 넓이라는 오렘과 갈릴레오의 생각 그리고 접선의 기울기를 속도 개념과 관련짓는 배로의 생각은 미분과 적분의 역관계를 알아채게 해주었을 것이다. 그러나 대수를 수학보다 논리학의 일부라고 생각하고 기하학적 방법에 집착했던 배로는 이 관계를 깨닫지 못했다. 배로의 이 연구는 뉴턴에게 직접 영향을 끼쳤다.

많은 곡선의 길이, 평면도형의 넓이, 입체도형의 부피, 무게중심이 구해졌으며 많은 움직이는 물체의 순간속도, 곡선의 접선, 극값이 구해졌고 극한 개념이 고안되었다. 사람들은 이것들이 다르다고 생각했다. 미분 과정을 거꾸로 하면 적분을 얻을 수 있음을 보여주는 많은 결과가 나왔으나 그 의미를 제대로 깨닫지 못했다. 이런 결과들을 통일하기 위해서는 별다른 성과도 없는 기하학적 추론에서 벗어나 새로운 대수학과 해석기하학의 참된 의미를 깨달아야 했다. 일반적인 기호를 만들고 기본 이론들을 더욱 세심하게 다시 살펴보아야 했다. 그레고리와 배로가 넓이와 접선의 계산법을 완성했으나 두 사람은 계산을 형식적으로 하여 필요 없는 부담에서 사고를 해방하는 도구를 만들지 못했다.

2-3 무한급수

무한급수는 그리스 시대에도 있었다. 그리스인은 $a_1 + a_2 + \cdots$라는 무한합 대신에 $a_1 + a_2 + \cdots + a_n$이라는 유한합으로부터 무한합을 유추했다. 이것은 가무한에 지나지 않는다. 이후 유럽에서는 14세기 중반에 스와인스헤드와 오렘이 무한급수를 다뤘다. 그러고 나서 17세기 중반부터 다시 주목받기 시작하는데 넓이나 길이, 삼각함수나 로그값 따위를 결정하는 데 적용되었다.

그레고와르는 1647년에 곡선 $y = x^{-1}$ 아래쪽 넓이를 구할 때 급수를 다루었다. 처음으로 무한급수가 유한값이 되는 것을 언급하고 그 값을 급수의 극한이라고 했다.

N. 메르카토르(N. Mercator 1620?-1687)는 1668년에 로그를 거듭제곱 급수(메르카토르 급수)로 전개했다.[43] 그는 사라사가 언급한 로그와 쌍곡선의 아래쪽 넓이의 관계를 이해했고 월리스로부터 어떤 특정한 무한 거듭제곱의 합의 비를 계산하는 방법을 배웠다. 그는 이러한 것을 바탕으로 $\log(1+x) = x - \frac{x^2}{2} + \frac{x^3}{3} - \frac{x^4}{4} + \cdots$을 얻었다. 이로써 로그의 값을 쉽게 계산할 수 있게 되었다. 이처럼 무한급수는 미적분만이 아니라 로그함수와 삼각함수, π와 e 같은 특수한 값을 구하는 데 활용된다.

그레고리는 1667년에 아르키메데스의 계산법을 타원과 쌍곡선의 구적으로 넓혔다. 그는 원뿔곡선에 넓이가 a_0인 내접 삼각형과 넓이가 A_0의 외접 사각형을 그리고 이 도형들의 변의 수를 차례로 두 배씩 하여 원뿔곡선의 넓이에 수렴하는 두 개의 수열 $\{a_n\}$과 $\{A_n\}$을 만들었다. 이어서 수열 a_0, A_0, a_1, A_1, a_2, A_2, a_3, A_3, …를 만들고 a_n 은 바로 앞의 두 항의 기하평균이며 A_n 은 바로 앞의 두 항의 조화평균임을 보였다.[44] 더 나아가 이 무한 과정을 사용하여 대수적 방법으로는 원적문제를 해결할 수 없음을 증명하려 했으나 실패했다. 이때 그가 수렴이라는 말을 처음 사용했고 처음으로 수렴급수와 발산급수를 구별했다.[45] 1670~1671년에 $\tan x$, $\sec x$, $\arcsin x$, $\arctan x$ 같은 초월함수의 거듭제곱 급수(매클로린 급수)를 발견했다. 그가 이 급수들을 어떻게 알아냈는지 알 수 없다. 인도에서는 15세기에 아크탄젠트 급수를 발견하고 그것으로부터 원호를 계산하는 식을 도출했다.

멘골리(P. Mengoli 1625-1686)는 1672년에 교대조화급수 $\sum_{n=1}^{\infty} \frac{(-1)^{n-1}}{n} + \cdots$의 합이 $\ln 2$임을 알아냈다. 그리고 그는 교대급수가 아닌 조화급수는 발산하고, 삼각수의 역수로 이루어진 무한급수가 수렴함을 보였고, 월리스가 구한 π의 무한곱도 제시했다. 무한합과 무한곱에 관한 그의 업적은 이후 발전에 중요하게 이바지했다.[46]

17세기 후반과 18세기에 천문학, 지리학, 항해술의 발전함으로써 더욱 정밀한 삼각함수표, 로그표, 항해표가 필요했다. 그런데 모든 값을 직접 구하기 어려워 보간법을 이용해야 했으므로 수학자들은 좋은 보간법을 개발해야 했다. 미적분학의 가장 중요한 발견자 뉴턴, 라이프니츠도 연구를 보간법부터 시작했고, 보간법으로 이항정리와 테일러 정리를 끌어냈다. 중국에서는 역법을 계산하는 데 필요하여 600년 무렵에 등간격, 부등간격의 이차보간법을, 13세기 후반에는 삼차보간법을 활용했다.

보간법은 알고 있는 두 값 사이에 있는 함숫값을 어림하는 방법이다. 흔히 사용된 것은 선형보간법이었다. 그렇지만 실제로 다뤄지는 함수는 선형이 아니므로 더 나은 보간법이 필요했다. 유럽에서 처음으로 정확한 보간법의 가능성을 생각한 사람은 해리어트와 브리그스일 것이다. 월리스, 그레고리를 거쳐 새롭게 개발된 그레고리-뉴턴 공식에는 유한차분이 사용된다. 뉴턴이 개략적인 증명과 함께 제시한 공식은

$$f(a+h)=f(a)+\frac{h}{b}\Delta f(a)+\frac{(h/b)\{(h/b)-1)\}}{1\cdot 2}\Delta^2 f(a)+\cdots(*)$$[22)]

이다. 그레고리가 뉴턴보다 먼저 발견했으나 증명이 없었다. 두 사람은 독립으로 위 보간공식을 이용하여 n이 자연수일 때의 이항정리

$$(1+x)^n=1+nx+\frac{n(n-1)}{1\cdot 2}x^2+\frac{n(n-1)(n-2)}{1\cdot 2\cdot 3}x^3+\cdots$$

을 끌어냈다. 그레고리는 이것을 사용하여 지수가 분수일 때의 이항정리를 발견했다. 뉴턴도 알았으나 아직 발표하지 않고 있었다. 공식 (*)은 적분의 어림값 계산에도 사용되었다. (*)에서 몇 개의 항만 다룰 때의 보간법은 수치적분이다. 보간법을 수치적분으로만 보면 그것과 미적분학의 관계를 놓치고 만다. 그 관계를 찾으려면 급수 전체를 봐야 한다. 월리스, 그레고리, 뉴턴, 라이프니츠가 보간법을 이용한 앞선 사람들보다 더 나아가게 된 것은 그들이 무한급수 전체의 전개에 관심을 기울였기 때문이다.[47] 그레고리가 1671년에 테일러 급수 공식의 하나를 사용했다고 한다. 그 공식은 이른바 매클로린 급수라고 하는

$$f(x)=f(0)+f'(0)x+f''(0)x^2/2!+f'''(0)x^3/3!+\cdots$$

이다. 실제로 테일러 급수는 무한급수 (*)에서 $b\to 0$일 때의 극한이다.

급수를 초기에 연구했던 사람들은 무한소로 진행되는 급수는 당연히 수렴한다고 믿을 만큼 수렴과 발산의 문제에 그다지 신경을 쓰지 않았다. 분수 지수와 음수 지수에 대한 이항정리를 사용하여 많은 급수를 얻으면서도 급수를 사용할 때 생기는 의문을 무시했고 이항정리도 증명하지 않았다. 급수는 그 급수로 전개된 함수와 같은 것이라고 그냥 받아들였다. 무한급수에서 덧셈도 유한 덧셈과 마찬가지로 결합 법칙과 교환 법칙 같은 성질을 만족한다고 생각했다. 그래서 무한급수에서 항을 달리 늘어놓아도 된다고 생각했다. 이런 일들은 급수를 특별한 형태의 수열로 다루지 않고 항이 무한히 많은 다항식으로 생각했기 때문에 일어났다. 그렇더라도 여러

22) $\Delta f(a)=f(a+b)-f(a),\ \Delta f(a+b)=f(a+2b)-f(a+b),\ \cdots$
$\Delta^2 f(a)=\Delta f(a+b)-\Delta f(a),\ \Delta^3 f(a)=\Delta^2 f(a+b)-\Delta^2 f(a),\ \cdots$

삼각함수의 급수들은 미적분학의 초기 단계에서 매우 유용하게 쓰이면서 뉴턴과 라이프니츠의 미적분학 연구에서 큰 역할을 했다.

3 뉴턴의 미적분

뉴턴(I. Newton 1642-1727)과 라이프니츠 전의 수학은 대부분 셈하고, 재고, 모양을 기술하는 정적인 일에 국한되어 있었으나 두 사람 때부터는 운동, 변화, 공간의 연구가 추가되었다. 물론 전에도 동적인 일이 있었으나 케플러가 발견한 행성의 운동 법칙이나 갈릴레오가 찾아낸 지상에서 움직이는 물체, 특히 투사체의 자취 정도였다.

뉴턴은 아리스토텔레스 이래 천상과 지상으로 나뉘어 있던 운동을 하나의 물리학으로 통일했다. 이 덕분에 중력에 의한 물체의 운동뿐만 아니라 유체의 흐름, 열·빛·소리의 전달 같은 자연계의 거의 모든 현상을 수학으로 설명할 수 있게 되었다. 이러한 일을 이루게 해준 미적분의 발견이 라이프니츠에게 우선권이 있다 하더라도 뉴턴 덕분에 미적분은 수리물리학이라는 새로운 분야의 핵심 기법이 되었다. 뉴턴은 미적분의 기본 성질을 대수함수, 초월함수 모두에 적용할 수 있는 일반 알고리즘으로 정리했다. 그렇다고 해서 뉴턴 한 사람이 이 엄청난 작업을 이룬 것은 아니다. 수학에서 각 분야의 발전은 긴 기간 걸쳐 많은 사람의 성과를 바탕으로 이루어졌다. 다른 사람처럼 뉴턴도 때를 잘 맞추어 태어났을 뿐이다. 뉴턴이 기원전 3세기에 태어났다면 아르키메데스 정도에 머물렀을 것이다.

뉴턴은 18살 때인 1660년에 캠브리지 대학의 트리니티 칼리지에 입학했다. 1665년 초에 일반화된 이항정리를 알아냈고, 오늘날 미분학으로 알려진 유율법을 구상했다. 그 해와 이듬해 동안 런던에 페스트가 널리 퍼져 대학이 휴교에 들어가자 고향인 울즈소프에서 지내면서 유율법의 기초를 연구했다. 1667년에 캠브리지로 돌아와서는 두 해 동안 광학을 연구했다. 1665년부터 1668년까지의 기간에 뉴턴은 나중에 다듬게 될 네 가지를 발견했다. 첫째는 어떤 함수의 미적분에 바탕이 되는 무한급수를 끌어내는 출발점이 된 이항정리이다. 둘째는 그가 유율법이라 일컬은, 오늘날의 미분학이라는 수학적 방법이다. 셋째는 햇빛은 굴절률에 따라 서로 다른 색의 빛들로 분해된다는 것이다. 넷째는 중력의 보편성이다. 뉴턴은 운동역학과 보편중력의 법칙으로 모든 행성이 타원 궤도로 운동은 할 수밖에 없음을 수학적으로 증명했다. 이로써 그는 자연의 규칙을 분명하고도 쉽게 이해할 수 있음을 보였다. 뉴턴의 물리학은 당시까지 조금이나마 남아 있던 고대 우주론과 물리학을 무너뜨렸다.

뉴턴이 1672년에 발표한 색채 이론과 광학 실험에서 추론한 결과를 일부 과학자들(특히 훅(R. Hooke))이 심하게 비난했다. 이 때문에 뉴턴은 병적일 정도로 논쟁을 멀리하게 되고 해석학의 기본을 포함한 발견들을 오랫동안 발표하지 않았다. 그의 수학 업적은 그가 유명하게 되고 나서 간행되었다. 이 때문에 나중에 미적분학을 누가 먼저 발견했는지를 놓고서 라이프니츠와 심하게 다투게 된다. 이 다툼으로 뉴턴을 지지하던 영국 수학자들은 대륙과 교류를 끊었고, 영국의 수학은 유럽 대륙에 뒤떨어지게 되었다.

천재도 자신이 사는 시대 상황에서 자유롭지 못하다. 천재가 문명의 발전에 이바지하지만 그의 연구는 그 시대가 결정한다. 당시는 종교가 삶을 에워싸고 있었으므로 뉴턴도 다른 사람들처럼 모든 것을 종교에 갇혀서 생각했다. 그의 업적이 결과적으로 기독교의 기반을 흔들었다는 것은 또 다른 문제이다. 그는 신이 우주를 수학적으로 설계했으므로 수학과 과학으로 그 설계를 밝혀낼 수 있다고 믿었으므로 신이 만든 세상을 이해하고 숭배하는 데 모든 노력을 기울였다. 그가 수학과 과학을 연구한 참된 동기는 종교적 믿음이었다.

신이 수학적으로 설계한 증거로 여겼던 지동설이 사람이 우주의 중심이라는 기독교 교리와 모순되었듯이 뉴턴의 연구도 신의 존재를 증명하려는 것이었으나 그의 업적은 신을 포함하지 않아 모순을 일으켰다. 뉴턴의 업적은 그의 의지와 달리 신학으로부터 자연철학을 해방하고 있었다. 뉴턴이 신에게 '최초의 일격'을 가하고, 신이 태양계에 개입하는 것을 금했다고 하는 엥겔스의 말은 잘 알려져 있다.[48] 18세기에 수학이 더욱 발전하면서 물질세계를 정확히 설명하게 될수록 종교에 기대려는 생각과 신에 대한 의존은 스러져 갔다.

3-1 이항전개

중국에서는 11세기에 가헌이 이항정리 계수표를 사용했고 13세기에 양휘가 그것과 관련해서 현존하는 가장 오래된 설명을 했으며, 1400년 무렵에 주세걸이 방정식 풀이에 이항전개식의 계수를 사용했다. 아랍인은 13세기에 n이 양의 정수일 때 $(a+b)^n$의 전개 방법을 알고 있었다. 유럽에서는 1544년에 슈티펠이 산술삼각형을 저작에 실으면서 $(1+a)^{n-1}$에서 $(1+a)^n$을 계산해 내는 방법을 보여주었고 이항계수라는 말을 사용했다. 파스칼이 1654년에 산술삼각형의 배열과 관련지어 이항계수의 법칙성을 파악했고 확률에 응용했다. 그러나 데카르트의 지수 기호를 이용하지 않았기 때문에 이항전개를 분수 지수로 확장하지 못했다. 슈티펠(1544), 스테빈(1585), 지라르(1629)가 이미 분수 지수를 제창하고 있었으나 실제로 사용하지 않았다. 처음으로 분수 지수를 일반적으로 사용한 사람으로 알려진 월리스도 $(x-x^2)^{1/2}$이나 $(1-x^2)^{1/2}$을 전개하지 못했다.

뉴턴은 1664~665년에 월리스의 원의 구적에 관한 연구를 읽고서 지수 n이 유리수일 때 $(a+b)^n$을 전개하는 공식을 발견했다. 뉴턴은 이와 관련된 내용을 1676년에 왕립협회에서 공개했다. 그것은

$$(P+PQ)^{m/n}=P^{m/n}+\frac{m}{n}AQ+\frac{m-n}{2n}BQ+\frac{m-2n}{3n}CQ+\cdots$$

이다. 여기서 A, B, C, …는 각각 바로 앞의 항이다. 곧, A는 $P^{m/n}$, B는 $(m/n)AQ$이다. 뉴턴은 산술삼각형에서 직접 구하지 않고 곡선 $y=(1-x^2)^n$의 아래쪽 넓이를 구하는 월리스의 방법을 이용하여 구했다.

뉴턴은 $\int_0^1(1-x^2)^n dx$(n은 자연수)에서 위끝을 변수로 바꿔 곡선의 아래쪽 넓이를 함수로 놓고 패턴이 나타남을 보였다. 당시에 그는 적분을 수열의 합의 극한으로 정의했다. 그러니까 $\int_0^x(1-t^2)^n dt$로 두고 $n=0,\ 1,\ 2,\ 3,\ \cdots$일 때 피적분함수를 전개하고, 항마다 적분하여 나온 계산 결과로부터 x의 거듭제곱의 계수를 표로 만들었다. 이를테면 $n=4$일 때는 다음과 같다.

$$\begin{aligned}\int_0^x(1-t^2)^4 dt &= 1\cdot x+4\cdot\left(-\frac{x^3}{3}\right)+6\cdot\left(\frac{x^5}{5}\right)+4\cdot\left(-\frac{x^7}{7}\right)+1\cdot\left(\frac{x^9}{9}\right)\\ &= x-\frac{4}{3}x^3+\frac{6}{5}x^5-\frac{4}{7}x^7+\frac{1}{9}x^9\end{aligned}$$

뉴턴은 산술삼각형에 보간법을 시행했다. 원의 넓이를 구하려면 $n=1/2$ 열의 값이 필요했다. 그는 양의 정수 n에 대한 ${}_nC_k=n!/k!(n-k)!$을 n이 양의 정수가 아닐 때도 이용했다. $\int_0^x(1-t^2)^n dt$를 $n=0,\ 1,\ 2,\ 3,\ \cdots$일 때에 차례로 구하면, x를 첫째항으로 하여 차수가 홀수로 늘어나면서 항의 부호가 번갈아 바뀌고, 둘째 항의 계수들은 부호를 무시하면 등차수열 $1/3,\ 2/3,\ 3/3,\ 4/3,\ \cdots$를 이룬다는 것

에서 유추하여 $\int_0^x (1-t^2)^{1/2}dt$의 처음 두 항은 $x-\frac{1/2}{3}x^3$이어야 한다고 가정했다. 이어서 그는 보간법을 써서

$$\int_0^x (1-t^2)^{1/2}dt = x - \frac{1/2}{3}x^3 + \frac{1/8}{5}x^5 - \frac{1/16}{7}x^7 + \frac{5/128}{9}x^9 - \cdots$$

을 얻었다. 여기서 분자 1/2, 1/8, 1/16, 5/128, ⋯는 k가 각각 1, 2, 3, 4, ⋯일 때의 ${}_{1/2}C_k = \frac{1}{2}\left(\frac{1}{2}-1\right)\left(\frac{1}{2}-2\right)\cdots\left(\frac{1}{2}-k+1\right)/k!$임을 확인했다. 이런 결과로부터 그는 이항계수 공식이 지수가 자연수가 아닐 때도 성립함을 알아냈다. 뉴턴은 임의의 자연수 k에 관하여 $n=k/2$에 대응하는 열의 표를 완성했다. 이어서 분모가 2인 분수일 필요가 없고, $1-x^2$ 형태로 제한할 까닭도 없음을 알았다. 이제 적절하게 수정하면 임의의 n에 대해 $(a+bx)^n$을 이항계수의 공식을 이용하여 전개할 수 있게 되었다. 이리하여 그는 일반 이항정리를 발견했으나 이것이 엄밀한 추론으로 끌어낸 것이 아님을 알고 있었다. 그래서 그는 공식으로 얻은 $(1-x^2)^{-1}$의 전개식이 직접 나누어서 얻은 전개식과 같음을 확인했다. 유리수 지수일 때의 이항전개를 증명한 사람은 오일러이다. 이항정리의 지식으로 뉴턴은 $y=\arcsin x$를 비롯해서 많은 급수를 다룰 수 있었다. 그리고 $y=1/(1+x)$의 아래쪽 넓이를 무한급수 $(1+x)^{-1}=1-x+x^2-x^3+\cdots$을 항마다 적분하여 구했다. 또한 그 넓이가 $1+x$의 로그임을 알고서 x에 ± 0.1, ± 0.01등을 대입하여 1에 가까운 수의 로그를 계산했다. 그리고 $2=\frac{1.2\times 1.2}{0.8\times 0.9}$, $3=\frac{1.2\times 2}{0.8}$처럼 고치고 로그의 성질을 적용하여 자연수의 로그를 바라는 만큼 정확하게 계산했다.

3-2 무한급수

무한급수는 17, 18세기에 미적분학에서 중요한 자리를 차지했다. 뉴턴은 직접 적분할 수 없을 때 이항전개, 거듭제곱급수의 나눗셈, 근호를 취하는 방법으로 피적분함수를 거듭제곱 급수로 전개하고 나서 항마다 적분했다. 사실 뉴턴의 유율 이론과 무한급수는 떼어놓을 수 없다. 당시의 그에게는 다소 복잡한 대수함수와 초월함수를 다루려면 무한급수로 전개하여 항별로 미분하거나 적분하는 방법뿐이었다.

뉴턴은 〈해석〉[23](1669)과 〈유율법〉[24](1671)에서 무한급수로 전개하고 항마다 적

23) 〈무한급수에 의한 해석〉(De Analysi per Aequationes Numero Terminorum Infinitas)

분하는 방법과 대수적 조작으로 구적의 범위를 엄청나게 넓혔다. 그는 〈유율법〉에서 합, 곱, 몫, 근을 얻었을 뿐만 아니라 무한급수의 반전이라는 방법으로 새로운 함수(주로 역함수)의 무한급수를 얻는 데까지 넓혔다. 곧, x의 거듭제곱 급수로 표현된 y로부터 y의 거듭제곱 급수로 x를 표현하는 것이다. 이때 미정계수법과 축차근사법을 이용했다. 쌍곡선 아래의 넓이 $\int_0^x \frac{dt}{1+t}$로부터 급수 전개와 항별 적분으로 $\log(1+x)$의 무한급수 $x-\frac{x^2}{2}+\frac{x^3}{3}-\cdots$를 얻었다. $y=x-\frac{x^2}{2}+\frac{x^3}{3}-\cdots$(*)로 놓고서 x에 관해서 풀면 $x=a_0+a_1y+a_2y^2+\cdots$로 된다고 가정한다. 후자를 (*)의 우변에 대입하고 좌변과 계수를 비교하여 차례로 a_0, a_1, a_2, …를 구한다. 뉴턴은 $x=y+(1/2)y^2+(1/6)y^3+(1/24)y^4+(1/120)y^5$처럼 처음 몇 개의 항을 구하고 $a_n=1/n!$이 된다고 결론지었다. 이것은 $x=e^y-1$의 무한급수를 얻은 것이다. 또 원호의 길이를 구하는 적분 $\int_0^x \frac{dt}{\sqrt{1-t^2}}$로부터 $\arcsin x$의 무한급수를, 이 급수를 반전시켜 $\sin x$의 무한급수를, $\cos x=\sqrt{1-\sin^2 x}$를 이용하여 $\cos x$의 무한급수를 얻었다. 드무아브르가 1698년에 급수의 반전 공식을 증명했다.

뉴턴에게 거듭제곱 급수는 유한개의 항으로 이루어진 다항식처럼 조작할 수 있는 일반화된 다항식이었다. 이렇게 생각하고 거듭제곱 급수로 고쳐서 다루면 많은 이점이 있었다. 이를테면 거듭제곱 급수로 다항식의 근을 계산할 때 제곱근을 결정하는 표준적인 산술 알고리즘을 이용할 수 있다. 뉴턴은 이 방법으로 $\sqrt{1+x^2}$을 $1+\frac{x^2}{2}-\frac{x^4}{8}+\frac{x^6}{16}-\frac{5x^8}{128}+\frac{7x^{10}}{256}-\cdots$으로 계산했다. 뉴턴은 곡선의 길이를 사각형화로 귀착시켜 구하는 과정에서 처음으로 타원적분에 해당하는 것을 다루기도 했다. 그는 〈해석〉에서 타원의 둘레 길이 $\int \frac{\sqrt{1+ax^2}}{\sqrt{1-bx^2}}dx$를 구했다. 이때 분자와 분모를 각각 급수로 전개하고, 분자를 분모로 나누어서 얻은 급수를 항마다 적분했다. 뉴턴의 결과에 힘을 얻은 사람들은 무한 과정을 피하지 않게 되었다. 이러면서 한동안 사람들은 무한급수에 난점이 들어있음을 깨닫지 못했다. 거듭제곱 급수는 단지 무한 다항식일 뿐이었다.

24) 〈무한급수와 유율의 방법〉(Methodis Serierum et Fluxionum)

뉴턴은 〈해석〉에서 $y=1/(1+x^2)$을 적분할 때 이항정리로 $y=1-x^2+x^4-x^6+x^8-\cdots$을 얻고 항마다 적분했다. 다른 한편 같은 함수를 $y=1/(x^2+1)$로 쓰고 이항정리로 $y=1/x^2-1/x^4+1/x^6-1/x^8+\cdots$을 얻기도 했다. 나중에 그는 x가 충분히 작으면 첫째 것을, x가 크면 둘째 식을 이용할 수 있다고 했다.[49] 여기서 그는 자신이 사용한 방법의 한계를 직관적으로는 알고 있었음을 볼 수 있다. 그렇지만 수렴의 정확한 개념을 알지 못했다.

3-3 유율법

뉴턴의 미적분에 관한 첫 번째 저작 〈해석〉은 주로 무한급수를 다루었으나 사실 미적분을 처음으로 체계 있게 서술한 데 의의가 있다. 처음으로 일반적인 변화율과 관련하여 주목할 만한 성과를 실었다. 도함수를 끌어내는 방법은 페르마와 같았다. 유율을 나타내는 기호를 아직 고안하지는 못했다.

뉴턴은 처음에 미분법 식을 단지 배로의 e, a를 각각 po, qo로 바꿔놓고 얻었다. 그는 o(omicron)을 매우 짧은 시간, po과 qo을 각각 그 시간 동안 x와 y의 변화량으로 생각했다. 따라서 비 q/p는 x와 y의 각 시각에서 변화량의 비, 곧 곡선 $f(x, y)=0$의 기울기가 된다. 이를테면 곡선 $y^n=x^m$의 기울기는 식 $(y+qo)^n=(x+po)^m$의 양변을 이항정리로 전개하고 y^n과 x^m을 소거한 뒤, o으로 나누고 나서 o이 있는 항을 무시하여 $\frac{q}{p}=\frac{m}{n}\frac{x^{m-1}}{y^{n-1}}=\frac{m}{n}x^{(m/n)-1}$을 얻었다. 나중에 $y=f(x)$ 꼴의 양함수일 때는 p와 q를 빼고 o만을 독립변수의 무한소 증분으로 사용했다.

이렇게 하여 뉴턴은 가장 중요한 발견인 적분과 미분은 역연산이라는 미적분학의 기본 정리로 나아간다. 뉴턴은 곡선 $y=ax^{m/n}$ 아래의 넓이를 $z=\frac{n}{m+n}ax^{(m+n)/n}$이라고 가정한다. 가로좌표의 무한소 증분을 o으로 하면, 새로운 가로좌표는 $x+o$, 넓이는 $z+oy=\frac{n}{m+n}a(x+o)^{(m+n)/n}$이 된다. 우변을 전개한 뒤, 양변에서 동치인 항들을 소거하고 양변을 o으로 나눈다. o이 있는 항을 제거하면 $y=ax^{m/n}$이 된다. 거꾸로 곡선이 $y=ax^{m/n}$이면 넓이는 $z=\frac{n}{m+n}ax^{(m+n)/n}$이다. 이것은 실제로 $\int_a^b f(x)\,dx=F(b)-F(a)$, $F'(x)=f(x)$라는 의미이다. 이로써 무한소 해석으로 곡선의 기울기와 넓이를 구하는 절차가 역의 관계에 있음이 해명된 셈이다. 물론 이러한 개별 함수에서 얻은 결과로 뉴턴이 미적분학의 기본 정리를 처음으로 파악했다고 할 수는 없다. 〈해석〉에서 그는 자신의 방법을 넓이, 부피, 길이, 무게중심 좌표를 구하는 데에 이용하고 있다. 이러한 모든 계산이 하나의 원리로부터 유도됨을 이해했다. 그에게 미적분학의 기본 정리를 처음 발견한 공적을 돌리는 까닭은 대수함수나 초월함수의 모든 함수에 적용할 수 있는 일반적인 알고리즘을 끌어냈기 때문이다.

뉴턴의 방법은 일반적이고 편리했으나 모호한 곳이 있었다. 계산 결과가 어림값으로 보였다. 계산 과정에서 o으로 무한소를 나타내다가 마지막에 o이 포함된 항을 그냥 없앴기 때문이다. 그 까닭을 논리적으로 설명하지 않았다. 그는 o이 작아질수록 어림값이 더욱 정확해짐을 알았다. 여기서 그는 유율이라는 말로 0으로 가까이 가지만 0은 아닌 양을 설명하게 된다.

뉴턴은 〈유율법〉에서 유율법을 포괄적으로 설명했다. 그는 이 저작에서 무한소 대신에 유율을 도입했다. 곧, 유율법에서 무한소 도형을 도입할 필요가 없음을 보이고자 했다. 그는 연속으로 주어지는 경로의 길이에 대해 지정된 시각에서 운동의 속도를 구하고 연속으로 주어지는 운동의 속도에 대해 지정된 시각까지 움직인 경로의 길이를 구하고자 했다. 그는 이것을 유율법이란 말로, 유량 사이의 주어진 관계로 유율 사이의 관계를 결정하는 것 그리고 유율을 포함하는 방정식으로 유량 사이의 관계를 구하는 것이라고 정식화했다. 전자는 시간에 의존하는 함수의 미분이고 후자는 일계미분방정식의 적분이다. 그는 이 둘을 극값과 변곡점 구하기, 곡률의 중심과 반지름 구하기, 접선 긋기, 길이·넓이·부피 구하기, 유율이 있는 방정식 풀기에 적용했다.

뉴턴에게서 미적분학은 운동과 관계가 있다. 곡선은 점이, 면은 선이, 입체도형은 면이 연속으로 운동함으로써 생성되는 자취였다. 이러한 운동은 시간이 흐르면서 실현된다. 그는 시간이 한결같이 증가한다는 것을 공리로 두었다. 방정식의 모든 변량은 적어도 암묵적으로 시간에 따라 변하는 양이었다. 그는 변하는 양을 유량(fluent)이라고 했고 그것의 변화율을 유율(fluxion)이라고 했다. 기호로는 유량 x에 대하여 유율을 $\dot{x}$로 나타냈다. 임의의 짧은 시간에 임의의 짧은 경로를 움직이는 상황에서 순간속도를 찾으려면 시간이 지난 양에 대한 경로가 늘어난 양이 나타내는 비의 극한을 구해야 한다. 곧, 시간이 0으로 갈 때의 '마지막 비'를 구해야 한다. 이렇게 해서 뉴턴은 유율의 개념에 다다랐다.

뉴턴은 속도가 주어졌을 때 거리를 구하는 문제가 속도곡선의 아래쪽 넓이를 속도 방정식으로 구하는 것과 같음을 보였다. 곡선 OPA는 x와 y의 운동으로 생성되는 것이므로 OPAB의 넓이는 세로금 AB가 움직여 만들어진 것이었다. 그러므로 넓이의 유율은 세로금에 AB의 유율을 곱한 것이었다. 곧, z가 곡선 아래의 넓이라고 하면 $\dot{z}=y\dot{x}$이다. 그런데 처음에 뉴턴은 유율로 유량을 구할 때 그 결과로서 유량에 상수를 고려해야 하는 문제를 생각하지 못했다. 곧, 원시함수는 $F(x)$가 아니라 $F(x)+c$(c는 상수)이어야 함을 생각하지 못했다. 1676년에 〈곡선의 구적〉(De Quadratura Curvarum)에서 그 사항을 적절하게 기술했다.

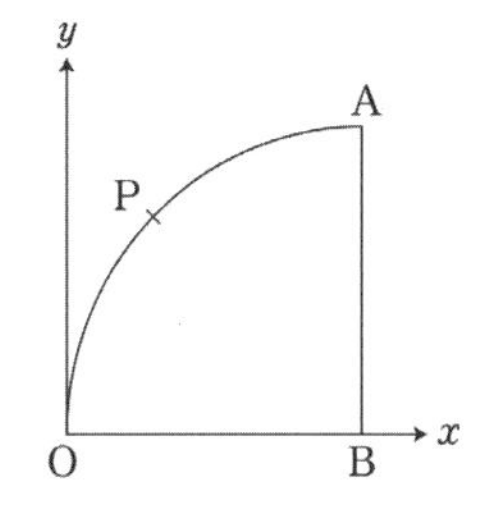

뉴턴이 유율을 계산하는 규칙에는 세 가지 중요한 사고방식이 있다.[50] 첫째로 뉴턴은 도함수를 계산하지 않고 있다. 그는 함수에서 시작하지 않았기 때문이다. 그가 계산하는 것은 주어진 방정식으로 결정되는 곡선이 만족하는 미분방정식이다. 둘째로 뉴턴은 임의의 등차수열을 곱하는 후데의 규칙을 이용한다. 그러나 뉴턴은 일반적으로 유량의 최고차의 거듭제곱부터 시작하는 수열을 이용하고 있다. 셋째로 x와 y가 시간 t의 함수라고 하면 뉴턴의 알고리즘은 곱의 미분 공식을 포함하고 있다. 곱의 미분 공식은 미적분학에서 매우 커다란 진보였다.[51] 이 공식 덕분에 미분이 기하학에서 대수학으로 옮겨갔다.

뉴턴은 위 규칙을 무한소를 이용하여 정당화했다. 그는 먼저 유량의 적률(moment)을 무한히 작은 시간 동안에 증가하는 양이라고 정의한다. 따라서 무한소의 시간 o에 x가 증가한 양은 x의 유율과 o의 곱인 $\dot{x}o$이다. 이 시간 뒤에 x는 $x+\dot{x}o$이 되고 마찬가지로 y는 $y+\dot{y}o$이 된다. 곧, 주어진 유량의 관계식에서 x, y에 각각 $x+\dot{x}o$, $y+\dot{y}o$을 대입하면 o시간 뒤의 유량의 관계식이 된다. 이때 뉴턴은 지수가 2 이상인 o이 곱해진 항은 무시하고 생성점의 좌표 x, y와 유율 $\dot{x}$, $\dot{y}$ 사이의 관계식을 얻었다. 뉴턴은 이것을 확인하고자 방정식 $x^3-ax^2+axy-y^3=0$에 적용해 보였다. x, y에 $x+\dot{x}o$, $y+\dot{y}o$을 대입하여 전개한다.

$$x^3+3x^2(\dot{x}o)+3x(\dot{x}o)^2+(\dot{x}o)^3-ax^2-2ax(\dot{x}o)-a(\dot{x}o)^2$$
$$+axy+ay(\dot{x}o)+ax(\dot{y}o)+a(\dot{x}o)(\dot{y}o)-y^3-3y^2(\dot{y}o)-3y(\dot{y}o)^2-(\dot{y}o)^3=0$$

이 식에서 $x^3-ax^2+axy-y^3=0$이라는 사실을 이용하고, 남은 항을 o으로 나누고 나서 o이 있는 모든 항을 소거하면 $3x^2\dot{x}-2ax\dot{x}+ay\dot{x}+ax\dot{y}-2y^2\dot{y}=0$을 얻는다. 이때 뉴턴은 o이 있는 항을 소거하는 것을 단지 그 밖의 항은 영과 같다고만 했다. 이 때문에 유율법에도 〈해석〉에서 사용한 방법처럼 모호함은 그대로 남았다.

무한소 증분을 직관으로만 다루고 있을 뿐, 극한의 개념은 전혀 없었다. 차이가 있다면 〈해석〉에서는 무한소를 강조했지만 〈유율법〉에서는 유율론이 연속 운동을 바탕으로 했기 때문에 무한소를 버렸다는 것이다.

곡선의 기울기와 넓이를 구하는 절차가 역의 관계에 있다는 사실과 거기서 나온 많은 함수의 지식 덕분에 뉴턴은 유율에서 유량을 얻는, 곧 적분을 쉽게 할 수 있게 되었다. 많은 경우에 뉴턴은 앞서 기술한 순서를 거꾸로 했다. 이를테면 $3x^2\dot{x}-2ax\dot{x}+ay\dot{x}+ax\dot{y}-2y^2\dot{y}=0$에서 시작하여 $\dot{x}$가 있는 항을 $\dot{x}/x$로 나누고, 다음에 이항전개할 때 나오는 계수를 없애서 x^3-ax^2+axy를 얻는다. $\dot{y}$를 포함한 항에 같은 조작을 하여 $axy-y^3$을 얻는다. 곱의 미분을 시행하면서 두 번 나온 axy의 하나를 버리고 마지막으로 $x^3-ax^2+axy-y^3=0$을 얻는다. 유량의 유율을 구하는 것은 오늘의 미분법에, 유율을 알고 유량을 구하는 것은 적분법에 해당한다. 후자의 절차가 늘 잘 되지는 않았다. 그래서 그는 언제나 결과를 점검할 것을 권했다. 이 방법으로 해결할 수 없을 때는 거듭제곱 급수의 방법을 사용했다.

뉴턴은 〈유율법〉에서 극대와 극소, 접선, 곡률, 변곡점, 오목과 볼록 등을 결정하고, 곡선의 길이와 곡선으로 둘러싸인 도형의 넓이를 구할 때 유율법을 적용했다. 이를테면 극대와 극소는 유율을 영(0)으로 두고서 찾았고 접선을 그을 때는 배로의 특성삼각형을 이용했다. 뉴턴이 유율을 응용한 마지막 예는 원을 이용해서 곡률을 정의한 것이다. 뉴턴은 곡선 위에 있는 점 P에서 그은 법선과 P에 가까이 가는 점에서 그은 법선이 만나는 점의 극한을 점 C라 할 때, 선분 PC의 길이를 곡률 반지름 r이라 하고 그것의 역수 $\kappa=1/r$을 곡률이라 했다. 음함수 미분, 치환적분과 부분적분의 공식에 해당하는 내용도 다루고 있다. 한 가지 빠져 있는 것은 극한의 개념이다.

뉴턴은 1671년과 1676년 사이에 연구했던 미적분의 결과를 1676년에 펴내려고 했으나 순전히 수학만 다룬 책은 수요가 거의 없다고 생각한 인쇄업자들이 출판을 꺼렸다. 1704년에야 새로 고쳐 써서 〈곡선의 구적〉이라는 제목으로 〈광학〉(Optics)에 덧붙여 출판했다. 그는 여기서 무한소량을 버렸다고 다시 말했다. 그리고 그는 페르마의 방식으로 자유낙하하는 물체의 순간속도를 구할 때 계산의 마지막에 무한소의 시간이 포함된 항을 무시하는 것을 비판했다. 수학에서는 아주 작은 오차도 무시하면 안 되기 때문이었다. 그는 사라지는 양들의 궁극의 비라는 개념을 사용했다. 궁극의 비는 양들이 사라지기 전도, 후도 아니라 사라지는 그 순간의 비였다.[52] 이를테면

x^n에서 x의 증분을 o이라 하면 이에 대한 x^n의 증분은 $(x+o)^n - x^n$이다. 그러면 증분의 비는 $1 : \{ {}_nC_1 x^{n-1} + {}_nC_2 o x^{n-2} + \cdots + o^{n-1} \}$이다. 궁극의 비를 구하기 위해서 o을 0으로 하면 $1 : nx^{n-1}$이 된다. 이러한 모호한 표현은 도움이 되지 못했다. 뉴턴은 극한의 개념에 매우 가까이 갔으나 '사라진다'는 말을 쓰는 데에 문제가 있었다. 그는 사라지는 양의 마지막 비를 직관적으로 이해했다. 사라지는 두 증분 사이에 비가 존재하는지를 논리적으로 규명하지 못하면서, 수학자들은 이 문제로 18세기 내내 고민했다. 버클리(G. Berkeley 1685-1753)는 분모와 분자를 o으로 나누고 나중에 o을 0이라 하는 것은 비논리적이라고 했다. 사실 미적분의 절차는 분수가 실제로 $0/0$ 형태임을 감추고 있었다. 뉴턴은 연속인 양을 다룬다고 하면서도 공간과 시간을 무한히 자를 수 있다고 가정했다. 이 때문에 유율론은 위와 같은 모순에서 벗어나지 못했다. 그러나 계산 결과가 물리학적으로 참이 되었으므로 뉴턴은 미적분학의 논리적 기초를 깊이 고민하지 않았다.

뉴턴의 가장 위대한 저서는 데카르트의 소용돌이 이론을 반박하려는 의도가 담긴 〈프린키피아〉(1687)이다. 뉴턴이 여기서 미분방정식이라는 도구를 사용하여 자연 현상을 수학 법칙으로 기술하고자 했다. 물리학과 천문학의 기본 원리를 기하학으로 표현하고 설명한 이 책의 수학 원리들은 18~19세기 수리물리학에 근간이 되었다.

〈프린키피아〉의 제1권은 저항을 받지 않고 운동하는 물체의 일반 원리 셋을 다루고 있다. 첫째로 관성의 법칙이다. 물체의 운동 방향을 바꾸는 힘은 중력이다. 둘째로 힘의 양은 운동의 변화율(가속도)로 측정될 수 있다. 셋째는 작용이 반작용을 일으키며 이 둘은 크기가 같고 방향만 반대이다. 제1권의 뛰어난 결과는 물체가 한 초점에 있는 중력의 영향을 받으면서 타원 궤도로 돌면 그 힘은 초점과 물체의 중심 거리의 제곱에 반비례한다는 사실의 증명이었다. 그리고 거꾸로 중력이 중심 거리의 제곱에 반비례하면서 변하면 궤도는 타원이 되고 중력의 중심은 초점에 있다는 사실의 증명이었다. 그리고 연속곡선으로 둘러싸인 도형에서 어떤 구간을 한없이 잘게 분할하여 내접, 외접하는 계단 모양 도형을 그려나가면 내접하는 도형과 외접하는 도형의 넓이가 같게 되고, 결국 곡선 도형의 넓이와 같게 되는 것을 증명하고 있다. 뉴턴은 구간의 등분할만이 아니라 부등분할도 인정했다.[53] 제2권은 유체(공기나 물)의 저항을 받는 물체(특히 흔들이)의 운동을 다룬다. 여기서 유량과 유율이 나온다. 유율법은 여러 상태의 연속적인 역학적 운동을 추상한 유량을 연구 대상으로 삼는다. 독립변수는 시간이다. 그래서 먼저 시간을 수학적으로 추상하고 나서 운동하는 물체의 추상적인 양의 변화를 다룬다. 그리고 데카르트의 소용돌이 이론이 역학적으로 부적절함을 수학적으로 보였다. 실제로 소용돌이 우주론에서 행성이 해와 가까운 곳보다 먼 곳에서 빨리 움직인다는 주장은 케플러의 천문 법칙에 모순됨을 증명했다. 제3권은 지구 위의 물체 운동에서 연역한 운동과 중력의 원리를 우주로 확대 적용했다. 뉴턴은 천체 역학을 해결하기 위하여 미적분학을 개발한 것은 아니나, 자연학상의 수학적인 기초를 다지는 데 유율의 개념을 사용했다.

뉴턴은 유율법으로 보편중력에 관련된 결과들을 발견했으면서도 그것들을 조금은 단순한 극한 개념을 써서 종합기하학으로 증명했다. 이렇게 해야 다른 수학자와 천문학자를 이해시키는 논거를 갖춘다고 생각했을 것이다. 그가 당시에 발표하지 않았던 유율법을 사용해서 데카르트의 소용돌이 이론을 비롯한 여러 이론에 상충되는 결과들을 끌어냈다면, 그 결과들이 참인지에 대한 논쟁이 벌어져 유율법이 타당하냐는 다툼으로 이어졌을지도 모른다. 엄밀한 증명에는 기하학이 필요하다고 생각했을지 모르나, 기하학적 증명이 엄밀한 것은 아니었다. 어쨌든 그는 내용의 대부분을 종합기하학적으로 썼는데, 나중에 정리를 발견하는 데는 해석학을 사용했음을 밝혔다. 실제 제2권 2장의 대부분은 해석학적이다. 그는 무한소나 불가분량을 사라지는, 분할할 수 있는 양으로 대체했다. 그렇지만 여전히 그는 유율에 관한 설명이 만족스럽지 않음을 알고 있어서, 물리학적인 의미에 기댔다. 궁극의 속도란 물체가 마지막 지점에 도착하기 전도 아니며 도착하고 난 뒤도 아니며 도착하는 바로 그 순간의 속도로서 그 순간 움직임이 멎게 된다.[54]

뉴턴이 세운 자연철학의 원리가 유럽 대륙에서는 늦게 받아들여졌다. 〈프린키피아〉의 초판이 매우 적었던 데다가 프랑스에서는 데카르트의 소용돌이 개념이 대세였다. 행성이 에테르가 없는 공간에서 운동한다는 뉴턴의 논의는 무시됐다.

3-4 역학과 수학적 사고의 융합

뉴턴에게 과학은 물리적으로 설명되기보다 수학적으로 기술되어야 했다. 그는 수학적 전제를 채택하고 연역 과정과 결과를 식으로 나타냄으로써 과학을 하는 방법을 혁신했다. 뉴턴은 인과관계를 추구하지 않고 가속도를 이용하여 관성과 중력을 측정하는 방법을 수학 공식으로 보여주었다. 수학 공식은 둘 이상의 수량을 관련지어 현상을 기술할 뿐이다. 이를테면 진공에서 낙하하는 물체가 지닌 무게의 본성을 무시하고 낙하 현상만 다루었다. '왜'가 아닌 '어떻게'만을 다루었다.

뉴턴은 갈릴레오와 달리 실험으로 얻은 법칙과 직관으로 얻은 법칙을 구별하면서, 법칙을 얻으려면 실험이 필요하다고 했다. 뉴턴에게 물리-수학적 연역의 출발점은 실험으로 확인되는 결과나 법칙이어야 하며, 그 연역은 확인할 수 있는 새로운 결과를 설명하거나 예측할 수 있는 것이어야 했다.[55] 일반화는 실험이나 관찰을 근거로 이루어져야 하며 물리적 증거를 하나라도 거스르는 가설은 허용되지 않는다. "나는 가설을 세우지 않는다"라는 뉴턴의 신조는 사변적인 사고를 억제하고 과학 활동의 범위를 제한하며, 자연 현상을 그 맥락에서 떼어내 추상하는 것을 의미했다.[56] 뉴턴은 실험과 관찰에 중점을 둔 베이컨의 사상과 수학의 연역적 논리를 결합하여 이 둘이 공존하면서 상호보완하고 있음을 보여주었다.[57] 이것을 바탕으로 뉴턴 역학이 성공함으로써 다른 과학 분야도 뉴턴을 따르기 시작했다.

뉴턴이 살던 당시는 힘은 두 물체의 접촉 효과이기 때문에 두 물체 사이가 진공이라면 어떠한 힘도 작용할 수 없다고 생각하던 때였다. 뉴턴은 보편중력의 물리적 본질을 설명할 수 없었음에도, 그것이 어떻게 작용하는지를 공식으로 보여주었다. 보편중력의 수학적 기술인 $F = kMm/r^2$(F는 중력의 크기, M과 m은 두 물체의 질량, r은 두 물체 사이의 거리)은 중력이 무엇인지, 그것의 원인이 무엇인지를 전혀 알려 주지 않는다. 중력의 원인을 모른다는 것이 중력을 부정하는 근거는 못 된다. 수학적 관계식으로 표현된 보편중력이 엄청나게 유효하다는 것이 밝혀지면서 근대 물리학과 우주론이 형성되는 데 결정적인 역할을 하게 된다. 뉴턴의 연구는 수학을 이해하고 그의 수학 공식을 입증하는 실험과 관찰 자료를 검증하려는 사람들의 수사학적 기준을 충족했기 때문에 설득력을 얻었다.[58] 양적으로 표현된 뉴턴의 보편중력 법칙은 소용돌이설 같은 불합리한 관념과 미신이랄 수 있는 종교적 사고를 제거하고 자연철학 전체에 합리적인 기초를 제공했다. 계몽주의 시기에 이르러 힘에 관련된 형이상학적, 신학적인 요소가 완전히 사라졌다.

갈릴레오가 찾은 지상의 운동 법칙과 케플러가 찾은 천체의 운동 법칙 사이에 관계가 있을지도 모른다는 생각이 과학자들을 자극했다. 지상 운동의 기본 경로는 포물선이었고 행성의 운동은 타원이었다. 포물선과 타원은 원뿔곡선으로, 계수의 조건만 다른 이차방정식으로 표현된다는 사실이 과학자들을 끌어당겼다. 뉴턴은 투사체를 높은 산꼭대기에서 수평으로 발사하는 것을 상정했다. 갈릴레오가 보였듯이 투사체는 지구의 중력 때문에 포물선의 경로를 따라 땅으로 떨어진다. 투사체의 처음 속도가 클수록 투사체는 수평 방향으로 더 멀리 날아가겠지만 여전히 포물선 경로를 따를 것이다. 이제 지구가 둥글다는 것을 고려하고 투사체의 처음 속도를 늘려 특정 값에 이르게 하면 우주 공간으로 벗어나려는 힘과 중력이 균형을 이룰 것이다. 그러면 투사체는 우주 공간으로 날아가지도 지구로 떨어지지도 않고 지구를 한없이 돌게 될 것이다. 이러한 생각을 천체에 적용한다. 행성은 어떤 식으로든 운동을 시작하게 되었고 태양에 의해 당겨지는데, 이 중력은 행성이 우주 공간으로 날아가지도 해와 충돌하지도 않게 하는 알맞은 크기이다. 이러한 추론에 훅(R. Hooke 1635-1703)의 생각이 큰 역할을 했다. 훅은 행성의 운동을 궤도의 접선 방향의 관성운동과 구심력에 의해 중심으로 향하는 가속운동의 합이라고 했다. 훅은 여기에다 행성이 해 쪽으로 향하는 힘이 두 천체의 중심 거리의 제곱에 반비례한다는 정량적인 사실만 제시했다. 뉴턴은 케플러의 법칙, 갈릴레오의 운동 법칙, 훅의 구심력의 법칙으로부터 $F=kMm/r^2$이라는 형태의 보편중력 법칙을 끌어냈고, 거꾸로 이것과 자신의 제1, 2법칙으로부터 케플러의 세 법칙을 모두 수학적 추론으로 끌어냈다. 이렇게 해서 독립으로 보이던 지상과 천체의 운동을 하나의 수학으로 엮었다. 나아가 뉴턴은 $F=kMm/r^2$으로 지구의 자전과 미세기 현상을 해명했으며 지구의 형상을 올바르게 계산하고 혜성이 언제 돌아오는지도 예측했다. 이처럼 뉴턴 법칙은 천체와 지구 위의 아주 많은 상황에 적용되었다. 뉴턴은 구의 인력 문제를 해결하면서 퍼텐셜 이론의 기초를 놓았다.

뉴턴은 지구의 자전을 다음과 같이 확인했다. 지구 표면에서는 $F=kMm/r^2$과 운동의 제2법칙 $F=mg$로부터 $mg=\dfrac{kMm}{r^2}$이므로 중력가속도 $g=\dfrac{kM}{r^2}$이다. 우변은 상수로서 일정하다. 그래서 지구 표면 가까이 있는 모든 물체는 같은 가속도로 떨어진다. 이것은 갈릴레오가 알아낸 것과 일치한다. 갈릴레오는 이 사실을 실험으로 추론하여 $g=9.8m/s^2$임을 알아냈다. 사실 여기서 k와 M은 고정된 값이지만 r은 북극보다 적도에서 더 길므로 g는 적도에서 더 작다. 그런데 적도에서 실제로 측정한 값은 $g=kM/r^2$으로 계산한 값보다 더 작다. 이 현상은 북극에서 적도로 갈수록 커지는 구심력으로 설명되는데 구심력은 지구의 자전 때문에 생긴다.

뉴턴은 보편중력과 몇 개의 운동 법칙에 바탕을 두고서 미적분을 사용하여 지상의 운동과 천체의 운동을 기술했다. 그가 발견한 운동의 제2법칙 $F=d(mv)/dt$에서 질량 m을 시간 t에 의존하지 않는 상수로 두면 $F=m(dv/dt)=ma$가 된다. 이 법칙은 중력을 포함해서 임의의 힘에 적용된다. 이때 속도는 위치의 도함수

$(v=ds/dt)$이며 가속도는 속도의 도함수$(a=dv/dt)$이다. 따라서 뉴턴의 운동 법칙을 기술하기 위해서 시간에 대한 위치의 이계도함수$(a=d^2s/dt^2)$가 필요하다. 그는 중력 법칙을 케플러의 제3법칙$(T^2=kD^3)$에서 유도했는데 여기에도 위치의 이계도함수가 관련된다. 그는 역제곱의 법칙에 따라 변하는 중력이 어떤 행성에 가해지면 그 행성은 타원 궤도를 그려야 하는데, 중력은 그 타원의 한 초점에 놓여야 한다는 사실을 미분방정식의 풀이법을 이용하여 규명했다. 구형 입체의 중력은 구 전체의 질량이 중심에 있다고 생각할 때와 같다는 사실을 적분으로 알아냈다. 뉴턴에 의해 케플러, 갈릴레오, 하위헌스의 결과들이 통일되면서 수학식과 연역법이 과학적으로 설명하고 예측하는 강력한 도구가 되었다.

수학적 관계식으로 표현된 뉴턴의 보편중력 법칙이 자연의 대칭성을 보여줌으로써 '소박한 기계론'의 제약이 타파되고 수리과학으로서 근대 물리학이 펼쳐졌다. 보편중력의 법칙은 우주의 근본 법칙으로 여겨지게 되었다. 이어서 빛, 복사열의 세기, 자기의 인력과 척력이 거리의 제곱에 반비례함이 발견되었다. 라플라스(P. S. Laplace 1749-1827)는 '힘의 역제곱의 법칙은 빛처럼 중심으로부터 발산하는 모든 것의 법칙'이라고 했다.[59] 보편중력 법칙의 발견은 기계적 철학의 가장 빛나는 업적이자 새로운 과학의 최종 승리를 알리는 것이었다.[60] 뉴턴은 신의 존재를 부인한 적이 없었으나, 뉴턴의 영향으로 일부 사람들은 우주를 스스로 움직이는 시계 같은 기계 장치로 보게 됐다. 게다가 산업 자본주의가 확산하면서 기계 장치의 이용은 매우 빠르게 늘어났고 그에 따라 기계론 철학은 더욱 힘을 얻게 되었다.

뉴턴주의 과학은 1740년대 말에 위기를 맞이한다. 이 위기는 달랑베르, 클레로, 오일러가 독립으로 뉴턴의 중력 이론이 달의 운동을 설명하지 못함을 확인하면서 시작되었다. 1747년에 다른 힘이 더 있다든지 매우 불규칙한 달의 모양 때문이라든지 지구와 달 사이에 소용돌이 같은 것이 있기 때문이라는 주장 따위가 논의되면서 천체 역학과 행성의 섭동25)에 대한 연구가 시작되었다.[61] 1749년에 달랑베르가 수학적으로 개선한 분석을 사용하여 뉴턴의 이론이 옳음을 보였다. 중력에 대한 뉴턴의 설명은 라플라스의 〈천체역학〉(Mécanique Céleste 1799-1825)으로 완성된다. 라플라스는 태양계의 모든 섭동을 수학적으로 설명하면서 태양계는 안정되어 있음을 밝혔다. 그는 섭동을 설명하는 데 신은 필요 없다고 했다. 그러나 중력이 거리 제곱에 반비례한다는 법칙은 수성의 근일점 운동이 관찰되자 부정되었고, 이는 나

25) 태양계의 어떤 천체가 다른 천체의 인력 때문에 궤도에 변화를 일으키는 것

중에 아인슈타인(A. Einstein 1879-1955)이 제시할 새로운 중력 이론을 뒷받침하게 된다.[62] 아인슈타인의 상대성 이론의 영향에도 뉴턴 법칙은 손상되지 않고 여전히 유효하다. $F=d(mv)/dt$는 질량이 속도의 함수인 경우 수정될 필요가 없기 때문이다.

3-5 그 밖의 업적

뉴턴은 해석기하학에도 이바지했다. 〈유율법〉에서 극좌표계를 포함하여 여덟 종류의 좌표계를 제안했다. 1676년에는 직교좌표계의 두 좌표축을 음의 좌표도 포함하여 처음 체계적으로 이용했다. 유율법을 이용하여 대수방정식과 초월방정식에서 실근을 근사적으로 찾는 축차근사법을 다루었다. 방정식 $f(x)=0$의 근을 $f(x)$의 1계, 2계도함수가 0이 되지 않는 구간에서 α_1로 놓는다. $f(\alpha_1)f''(\alpha_1)>0$일 때 $\alpha_2=\alpha_1-f(\alpha_1)/f'(\alpha_1)$인 α_2는 α_1보다 근에 더 가까운 어림값이다. 이 절차를 되풀이하면 더 나은 어림값을 얻는다. 뉴턴 방법은 대수함수뿐만 아니라 초월함수가 있는 방정식에도 적용할 수 있어서 뛰어나다.

카르다노(1545)는 삼차방정식에서 근과 계수의 관계를 알았고, 비에트(1602)는 오차방정식까지 계수를 근의 대칭식으로 나타냈다. 지라르(1629)는 근의 제곱, 세제곱, 네제곱의 합을 구하는 방법을 제시했다. 뉴턴은 1707년에 지라르의 방법을 일반화했다. 또 양의 근의 상한을 정하는 방법, 데카르트의 부호 법칙을 바탕으로 다항식의 허근의 수를 구하는 정리, 삼차곡선과 세 점에서 만나는 직선을 그어 직선을 평행이동하면 세 교점의 무게중심의 자취는 직선이 된다는 것을 발표했다.[63]

뉴턴은 렌즈 망원경의 결함 때문에 광학을 연구하게 됐는데, 당시 망원경에서는 파장 때문에 빛이 상의 경계에서 조금씩 퍼지는 색수차 현상이 일어났다. 이것이 계기가 되어 햇빛을 구성하는 여러 색조의 빛마다 굴절률이 다르다는 것을 알아냈다. 곧, 햇빛이 프리즘을 지나면 여러 빛을 띤 스펙트럼으로 나타나는데, 이것은 프리즘이 햇빛을 이루는 각 색조의 빛살을 굴절률에 따라 나누어 놓은 것이었다. 그러나 이 결과가 일부 과학자로부터 심한 공격을 받았음은 앞서 기술했다. 그는 1668년에 반사 망원경을 설계하고 제작했는데, 오목렌즈를 사용하여 프리즘의 원리를 거꾸로 이용함으로써 들어오는 빛을 모았다.

4 라이프니츠의 미적분

라이프니츠(G. W. Leibniz 1646-1716)는 보헤미아에서 가톨릭을 강요하는 것에 개신교계가 반발하면서 일어난 30년 전쟁(1618-1648)이 끝날 무렵 독일에서 태어났다. 이 전쟁의 결과로 독일은 수많은 공국으로 느슨하게 짜인 연합체가 되었고, 당시 통일되어 있던 프랑스가 유럽에서 권력과 문화의 중심지가 되었다. 프랑스는 독일과 네덜란드에 공격적인 정책을 폈다. 그는 이러한 프랑스의 관심을 이집트 원정 쪽으로 돌리려는 목적으로 1672년 파리를 방문했고 1676년까지 머물렀다. 그는 정치적인 목적을 이루지 못했으나 수학자가 될 역량을 갖추었다. 이 기간에 하위헌스를 비롯하여 많은 학자를 만났다. 하위헌스의 권유로 그는 데카르트, 파스칼의 글을 읽었다. 특성삼각형을 포함하는 파스칼의 논문을 연구하고서 미적분학의 발견에 다가갔다. 1673년에는 런던을 방문하여 많은 수학자와 과학자를 만났다. 파리를 떠나기 전까지 미적분학 개념의 대부분을 개발하고 그것의 기본 정리를 발견했다.

라이프니츠도 신은 세계를 설계하고 만든 지적 존재라는 당시의 생각을 따랐다. 그도 기독교를 옹호하려는 목적으로 수에 관한 철학을 구성하고자 했다. 종교와 과학, 신앙과 이성, 신의 계시와 철학을 융합하려고 했다. 이를 위해 그는 지식을 습득하고 발명을 하며 우주의 공통성을 이해하는 보편적인 방법을 찾고자 했다. 그는 수학에서 여러 양을 조작하듯이 여러 개념을 조작하게 해주는 알고리즘이 필요하다고 생각했다. 그가 볼 때 수학은 그 기초로서 이상적인 언어와 양식을 갖추고 있었다. 그는 일반적인 특성을 탐구하면서 기호 논리를 발견했고, 보편 언어를 탐구하면서 많은 수학 기호를 혁신했다. 이것은 19세기 중반에 불의 기호 논리로 발전하고 화이트헤드와 러셀의 1910년 연구에 근간이 된다.

라이프니츠의 미적분학은 변화와 운동에 대한 보편 언어를 찾으려고 노력한 결과였다. 1682년에 그와 멘케(O. Mencke 1644-1707)는 〈학술기요〉(Acta Eruditorum)라는 잡지를 창간하여 편집장이 되었다. 이 잡지의 제3권(1684)에 미분법, 제5권(1686)에 적분법에 관한 글을 실었다. 라이프니츠가 미적분학 논문을 출판하기 시작했을 때, 야콥과 요한 베르누이(Johann Bernoulli 1667-1748) 형제가 이 새로운 기법의 엄청난 힘을 깨닫고 그것을 뛰어난 분석력과 융통성을 지닌 도구로 빠르게 발달시켰다. 특히 요한은 미적분 방법의 계통을 세우는 과제를 훌륭하게 수행했다. 세 사람은 무한소를 수학적인 실체로 받아들이고 미적분학과 과학에 응용하여 중요한 결과를 많이 얻었다. 무한소를 사용하면 여러 정의가 간단해지나, 그것을 보통의 양과 똑같이 다루면 모순이 생겼다. 그런데 유도된 결과가 모두 옳았기 때문에 이것을 버릴 수 없었다. 요한 등은 적극적으로 무한소를 수용하고 두 가지를 공리로 삼았다.[64] (1) 무한소만큼 늘거나 줄어든 양은 늘지도 줄지도 않는다. (2) 곡선은 한없이 많은 한없이 짧은 선분으로 이루어져 있다. 두 형제는 라이프니츠와 함께 1600년대 말까지 초등 미적분학 내용의 대부분을 구성했으며 상미분방정식 분야를 출범시켰다.

라이프니츠의 삶을 마감하는 7년 동안 미적분을 누가 먼저 발견했느냐를 두고 논쟁이 이어졌다. 요한 베르누이는 정력적으로 이 다툼에 가담했다. 그것은 라이프니츠의 것만이 아니라 베르누이 형제가 이룬 것도 문제가 되었기 때문이다. 오늘날에는 뉴턴과 라이프니츠가 독립으로 미적분학을 발견했다고 보고 있다. 발견은 뉴턴이, 출간은 라이프니츠가 먼저 했다.

4-1 미적분

라이프니츠는 특성삼각형의 개념을 바탕으로 차분, 미분, 적분 등의 개념을 확립했고, 무한소 기하를 무한소 해석이라는 일종의 기호 수학으로 전환했으며, 해석학의 중심 개념으로 함수라는 개념을 들여왔다. 뉴턴에게는 함수의 개념이 필요하다고 느꼈음을 보여주는 명확한 증거가 없다. 라이프니츠는 함수에 일상어의 연장으로 functio라는 말을 사용했다. 그렇지만 그는 미적분의 이론을 명확한 함수 개념 위에 전개하지는 않았다. 그도 뉴턴처럼 구체적인 평면곡선으로 미적분의 방법을 개발, 전개했다. 뉴턴이 주로 운동학적으로 다가갔다면 라이프니츠는 기하학적으로 다가갔다. 그는 특성삼각형에서 미분량을 적절하게 조작하여 미적분학을 해석하는 기법을 찾았다.

라이프니츠는 파스칼의 방법을 임의의 곡선으로 일반화하면서 조금 다르게 접근했다. 곡선 위의 두 점이 한없이 가까울 때 dx를 가로좌표의 차(증분), dy를 세로좌표의 차로 놓았다. 그는 dx와 dy가 감소하면서 사라지는 한없이 작은 값이라고 했다. dx와 dy는 0은 아니지만 임의로 주어지는 수보다는 작은 값이었다. 그래서 $(dx)^2$, $(dx)^3$ 같은 dx의 거듭제곱은 당연히 무시될 수 있었고, 이때 접선과 호는 일치하고

dy를 dx로 나눈 값은 접선의 기울기가 되었다. 일반적으로 비 dy/dx는 도함수가 된다. 그는 이것을 기하학적으로 기술했다. 그는 자신의 방법이 표현만 아르키메데스와 다를 뿐이지만, 새로운 것을 발견하는 데는 더 적합하다고 했다.[65]

라이프니츠는 합과 차가 역조작이라는 생각을 바탕으로 연구를 시작했다. 그는 1673년에 어떤 곡선의 접선을 찾는 문제를 연구하다가 접선 찾기란 사실상 넓이를 구하는 문제의 역임을 알았다.[66] 그는 구적법은 넓이를 이루는 세로금, 곧 무한히 좁은 직사각형의 총합이고, 곡선의 접선은 세로좌표의 차와 가로좌표의 차가 무한히 작게 될 때 그 차들의 비로써 결정된다는 사실을 알았다. 이때 특성삼각형이 이 둘을 연결한다고 했다. 그는 이 생각을 파스칼이 특성삼각형을 사인의 구적에 사용하고 배로가 접선 문제에 사용한 사실로부터 가져왔다. 그에게는 아직 이런 생각을 나타내기 위한 표기법이 없어서 표현이 매우 어설펐다.

라이프니츠는 1674년에 넓이 문제가 이른바 역접선 문제로 환원되는 것을 일반화하여 변환정리를 끌어내고 원의 구적을 산술적으로 수행하여 $\pi/4$를 무한급수로 나타냈다. 1675년에는 넓이와 접선 문제의 풀이법을 일반화하면서 미분과 적분 사이의 관계를 확립하고, 오늘날 쓰고 있는 미분과 적분 기호를 도입했다. 그는 주어진 상황을 알맞게 나타내는 기호 체계가 사고를 돕는다는 것을 잘 알고 있었다. 그는 곡선 아래의 모든 세로선의 합을 처음에 omn.y라고 썼으나 1676년에 $\int y$로 바꾸고 마지막으로 $\int y\,dx$로 썼다. omn.는 모든 것을 뜻하는 라틴어 omnia의 줄임말이고 $\int$는 카발리에리가 불가분량의 합을 나타내던 라틴어 summa(합)의 첫 글자 s를 길게 늘인 것이다. 그는 미분과 도함수에도 오늘날 쓰는 기호를 도입했다. 차분을 뜻하는 d를 들여와 차의 정도를 낮춘다는 뜻으로 x/d, y/d를 사용하다가, 1680년에 x와 y 근방의 최소 차(미분)를 뜻하는 dx와 dy를 사용했다. 머지않아 그가 만든 기호와 계산은 무한소 해석이라 하던 것을 통합하고, 이전 문제를 더욱 간단히 풀고 새로운 결과를 쉽게 얻도록 해주었다.

라이프니츠는 엄밀히 정의되지 않은 무한소에 쏟아질 비난을 염려하여 미분 dx, dy를 무한소가 아닌 임의의 유한 구간으로 도입했다. 둘의 비인 dy/dx로 x의 함수인 y의 변화율을 나타냈다. f가 함수일 때 $dy=f(x+dx)-f(x)$로 정의했다. 따라서 $\frac{dy}{dx}=\frac{f(x+dx)-f(x)}{dx}$가 된다. 여기서 dy/dx는 오늘날과 달리, 표현 그대로 dy를 dx로 나눈 몫으로 쓰였다. 그는 이 표기에 문제가 있음을 알고 있었다.

만일 dy와 dx가 0이 아니라면 dy/dx는 y의 순간변화율이 아니라 어림값이다. 그는 dy/dx를 절대적인 0/0이 아니라 상대적인 0/0으로 생각했다. 만일 dx, dy가 극히 작은 유한량이라면 dy/dx는 어떤 값이 된다. 이렇게 하면 0/0이 되는 위기는 벗어날 수 있다. 그러나 dy/dx가 특성삼각형의 기울기를 나타낸다고 하면 dx, dy는 유한량이기 때문에 무한이 사라지고 만다. 이런 한계에도 불구하고 그의 기호는 단순하면서 의미를 잘 담아냈으므로 이해하고 다루기 쉬웠다. 고등 수학이 기호를 효과적으로 사용하여 개념들을 표현한다는 점에서 라이프니츠의 기호는 뛰어났다. 그러나 영국의 수학자들은 뉴턴의 기호를 고수했다.

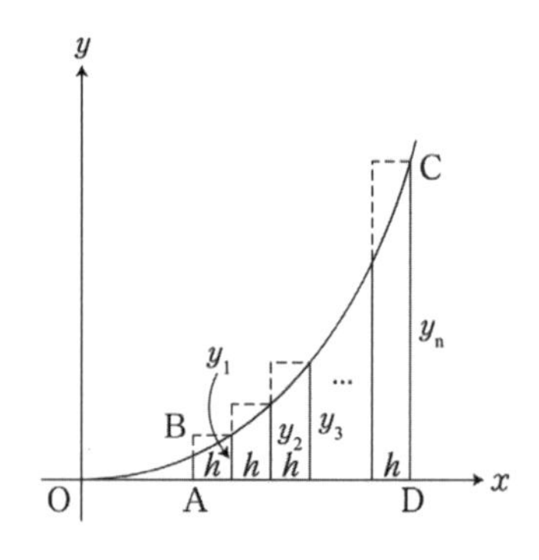

라이프니츠는 적분의 개념도 폭넓게 연구했다. 명확한 극한 개념도, 넓이의 개념도 없던 그는 넓이를 나비가 매우 좁은 사각형 띠의 합으로 여겼다. 그는 도형 ABCD의 넓이를 $y_1h+y_2h+y_3h+\cdots+y_nh$ (h는 구간의 길이)처럼 직사각형의 합으로 생각했다. 여기서 그는 n이 한없이 커져서 h가 한없이 작아지면 합에 이른다고 했다. 이것은 실질적으로 'ABCD의 넓이$=\lim\limits_{h\to 0}(y_1h+y_2h+\ \cdots\ +y_nh)$ …(*)'을 의미했다. 이것을 $\int y\,dx$로 나타냈다. 그는 이것으로부터 미적분학의 기본 정리를 발견했다. 이것은 뉴턴도 그리고 기하학적인 형태로는 배로도 알고 있었다. 뉴턴은 주어진 함수들로부터 도함수를 구하고 그 역의 과정에 집중했던 반면에 라이프니츠는 (*)로 표현되는 합의 극한을 미분의 역연산으로 얻을 수 있음을 알아냈다.[67] 현재의 관점에서 넓이를 합의 극한이라고 한 것은 대단한 일이 아닐지 모른다. 하지만 당시에 그러한 합의 극한을 미분의 역산으로 알아낼 수 있다고 생각한 것은 매우 중요했다. 합의 극한이 물리 문제에서 자주 등장했기 때문이다. 이를테면 천체의 질량이 그것의 중심에 있는 듯이 작용함을 증명할 때 바로 합의 극한이 등장한다.

라이프니츠는 역학적 곡선(초월함수의 그래프)은 합당한 곡선이 아니므로 순수수학의 주제로 삼지 말아야 한다는 데카르트의 주장을 무력화시켰다. 무한소 해석이 발견되면서 대수함수로 수학을 제한하는 의미가 없어졌다. 뉴턴과 라이프니츠는 초월함수곡선이 미적분학에서 매우 중요한 역할을 함을 보여줬다. 실제 초월함수를 미적분학에서 배제한다면 $1/x$이나 $1/(1+x^2)$과 같은 대수함수를 적분하지 못한다. 대수학에서 역연산이 분수, 음수, 무리수, 허수를 도입하게 하여 수의 영역을 확대했듯이 라이프니츠는 적분이 새로운 함수를 도입하게 할 것을 인식하고 있었다. 1710년에 "유리수에서 근을 찾을 수 없음이 무리수를 필요로 했듯이 대수적인 양의 범위에서 적분을 할 수 없음이 초월적인 양을 필요로 한다"고 했다.[68]

라이프니츠의 강점은 기법을 진보시킨 것 못지않게 중요한 개념을 명료화한 데에 있다. 특히 함수 개념이 그러했다. 그는 무한소 해석 문제를 풀면서 함수 개념을 확장하고 엄밀하게 하려고 했다. 그는 함수라는 말을 그 이전에 따로 연구되고 있던 함수 관계에 대한 많은 논의를 통합하는 개념으로 도입했다. 그가 사용한 함수 기호는 현재의 것과 관련은 없으나 그의 덕분에 함수라는 용어가 오늘날의 의미를 지니게 되었다. 처음으로 그가 함수를 사용하여 연구했고, 대수함수와 초월함수라는 말을 사용하면서 둘을 구별했다. 미분과 적분, 좌표라는 용어도 그에게서 비롯되었다.

라이프니츠는 1676년에 뉴턴에게 처음 보낸 편지에서 이항전개를 입증하는 문제, 함수를 급수로 전개하는 방법과 급수의 반전에 관계된 문제를 제시했다. 그는 자신이 발견한 e^x, $\arctan x$의 급수와 π를 계산하는 급수를 보냈다. 그는 이 해에 뉴턴이 1669, 1671년에 얻은 것과 같은 결론, 곧 유리수 n에 대해 $dx^n = nx^{n-1}$과 $\int x^n = \frac{x^{n+1}}{n+1}$이 성립함을 보였다.

라이프니츠는 뉴턴에게 보낸 두 번째 편지(1677)에서 미분법의 규칙과 응용을 완전히 해명하고 있다. 그는 증명 없이 두 함수의 합, 차, 곱, 몫의 미분, 곧 a가 상수이면 $da = 0$, $d(v \pm y) = dv \pm dy$, $d(vy) = v\,dy + y\,dv$, $d(v/y) = (\pm v\,dy \mp y\,dv)/y^2$을 고차의 무한소를 무시하여 얻었다. 그는 새로운 방법으로 접선을 긋는 문제를 해결하고, 미분방정식으로 표현되는 도형의 넓이를 구했다. 후자는 $dy = dF(x) = f(x)\,dx$를 만족하는 함수 $y = F(x)$가 구해지면 곡선 $y = f(x)$는 적분될 수 있음을 보여주고 있다. 1678년에 그는 곡선의 호의 길이를 구하는 공식, 회전체의 부피를 여러 관련된 양들의 적분으로 구하는 법을 알아냈다.

미분법에 관한 첫 공식 논문을 라이프니츠가 1684년에 〈학술기요〉에 실었다. 이때 그는 dx를 임의의 유한 구간이라 하고서 dy를 비례식 '$dy : dx = y$: 접선영'으로 정의했다. 그는 여기서 극대와 극소, 변곡점, 곡선의 볼록과 오목을 다루면서 새로운 미적분학의 유용함을 보여주었다. $dy = 0$에서 극값을 갖고, 이차의 차분 $ddy = 0$에서 변곡점을 가진다고 했다. 나아가 ddy의 부호에 따라 곡선이 위로 볼록인지 아래로 볼록인지가 정해진다는 사실을 바탕으로 $dy=0$일 때 극대인지 극소인지를 다루었다. 그는 이 논문에서 본(F. de Beaune)이 1639년에 데카르트에게 제출했던 문제인 접선영이 상수 a가 되는 곡선을 찾는 문제도 다루었다.[69] y가 곡선의 세로좌표라면 곡선의 미분방정식은 $y(dx/dy)=a$, 곧 $a\,dy=y\,dx$이다. 라이프니츠는 dx를 일정하다고 가정하여 가로좌표를 등차수열이 되게 했다. 이제 방정식을 $y=kdy$ (k는 상수)로 쓸 수 있다. 세로좌표 y는 증분 dy에 비례하므로 등비수열이 된다. 등비수열 y와 등차수열 x의 관계는 수와 그것의 로그 관계와 같으므로, 구하는 것을 로그곡선이라고 했다. 곧, $x=\log y$이므로 $d(\log y)=a(dy/y)$가 되고, 상수 a가 로그를 특정하게 된다. 몇 해 뒤에 요한 베르누이와 논의하고 나서 1695년에 로그함수의 미분뿐만 아니라 지수함수의 미분 문제를 다루었다.

1675년에 언급했던 미분과 적분의 상호관계를 1686년 〈학술기요〉에 발표한 논문에서 통일성 있게 다루었다. 그가 통상의 계산에서 거듭제곱과 거듭제곱근처럼 합과 차, 곧 $\int$과 d는 서로 역이라고 했던 미적분학의 기본 정리가 여기서 확실하게 됐다. $\int$은 합을, 그러니까 $\int f(x)dx$는 문자 그대로 높이가 $f(x)$이고 폭이 dx인 무한소의 넓이를 나타내는 $f(x)dx$들의 합을 뜻했다. 그리고 차의 연산자 d에 의하여 합의 마지막 항 $f(x)dx$가 나오고 그것을 dx로 나누어 $f(x)$가 나온다. 따라서 $\frac{d}{dx}\int f(x)dx=f(x)$가 된다.

여전히 라이프니츠는 계산의 끄트머리에서 dx를 무시하는 것이 사람들을 만족시키지 못하자 케플러가 말했던 연속성의 원리라는 철학의 원리를 끌어들였다.[70] 한 변수가 모든 단계에서 갖는 성질은 그것의 한계에서도 유지된다는 것이다. 그에게 dy/dx가 하나의 값이 되려면 dx가 유한의 미소량이면서 무한의 개념을 내포한, 곧 유한이자 무한이어야 한다는 것이었다. 이것이 파스칼의 특성삼각형에서 비롯되었다고 할 수 있는 연속성의 원리였다. 만일 특정한 비가 일반적으로 참이고 양 dx, dy가 유한이라면, 같은 비는 한계에서도 참이 되고 이때 이 양들은 각각 0과 같다. 그가 적용한 연속성의 원리는 수학적 공리가 아니다. 당연히 이 원리는 의문을 해소해 주지 못했다.

1687년에 라이프니츠는 자신의 방법을 받아들인 베르누이 형제와 협력했다. 이들은 1700년 이전에 지금의 대학 수준의 미적분학 내용뿐만 아니라 변분법 같은 고등 수학의 내용을 발견했다. 라이프니츠와 요한 베르누이는 적분에 대한 이름과 주요한 기호들을 만들었다. 이를테면 1687년에 라이프니츠가 제출한 등시곡선을 구하는 문제를 다룬 논문(1690)에서 처음으로 적분이라는 말이 쓰였다. 라이프니츠는 초기에 적분을 합분법(calculus summatorius)이라 했다가, 1696년 요한과 논의하고서 그것을 적분법(calculus integralis)이라고 바꿨다.

1693년에 라이프니츠는 세로금이 y인 곡선의 아래쪽 넓이 z를 구하려면 $y=dz$를 만족하는 식 z를 찾아야 한다는 생각을 명확히 했다. 세로금을 y로 하는 곡선이 주어졌을 때 $dz/dx=y$를 만족하는 곡선 z(기울기에 규칙이 주어진 곡선)를 찾을 수 있다면 $\int y\,dx=z$라고 했다. 현대 기호법으로 $z(0)=0$이라 하면 $\int_0^b y\,dx=z(b)$가 된다는 것이다. 여기에서 적분과 도함수(접선과 x축이 이루는 각의 탄젠트) 사이의 관계는 정적분을 원시함수 차의 형태로 계산하는 식이기도 하다는 중요한 결론이 나온다.

1694년에 라이프니츠는 부정적분 계산에서 적분상수를 도입하고, 주어진 점을 지나는 곡선을 구했다. 이른바 초기조건을 만족하는 미분방정식의 특수해를 구한 것이었다. 1701년과 1703년에는 분수식의 적분을 다뤘다. 그는 먼저 분수식에서 다항식을 떼어내고 나서 진분수식을 가장 단순한 식의 합으로 나타냈다. 이를테면

$$\frac{a}{(x+m)(x+n)}=\frac{a}{n-m}\left(\frac{1}{x+m}-\frac{1}{x+n}\right)$$

로 고치고 나서 적분했다. 분수식의 적분과 관련해서 음수의 로그가 논의되고 허수가 도입되기 시작했다. 그는 다항식을 일차식과 이차식의 곱으로 나타낼 수 있는가라는 문제를 제출했다. 이 문제가 해결된다면 유리함수의 적분을 유리함수, 로그함수, 역삼각함수로 표현할 수 있음을 알았다. 라이프니츠의 공헌에는 복소수와 관련된 것도 있다. 그는 x^4+a^4을

$$(x+a\sqrt{\sqrt{-1}})(x-a\sqrt{\sqrt{-1}})(x+a\sqrt{-\sqrt{-1}})(x-a\sqrt{-\sqrt{-1}})$$

로 인수분해하고 또 $\sqrt{6}=\sqrt{1+\sqrt{-3}}+\sqrt{1-\sqrt{-3}}$으로 나타냈다. 곧, 인수분해를 허수 범위로 확장하여 대수학의 기본 정리로 나아가는 데 이바지했다.

라이프니츠는 모든 사물에 질서가 있음을 밝히고자 하면서 미적분의 보편성에 많은 관심을 기울였다. 다른 연구 분야에서도 마찬가지였다. 그가 보편적인 기호법을 마련한 것도 이와 관련이 깊다. 뉴턴이 미적분을 방법 면에서 수학, 역학 등에 적용하기만 했다면 라이프니츠는 미적분학에 사용할 여러 기호를 만들었고 효과적으로 사용했다. 라이프니츠의 무한 수학의 연구는 무한에 관한 형이상학적 고찰과 함께 이루어졌고 기호법은 무한을 해석하는 것과 관계가 있었다. 그의 표기법은 여

러 기하학적 결과를 체계화, 일반화하여 기하학으로부터 미적분학을 해방했다. 그렇지만 그는 dx와 dy를 사라지는 양이라거나 시작되는 양이라고 함으로써 극한에 바탕을 둔 미적분학을 확립하지는 못했다. 그는 적분을 단순히 합으로 생각했고 미분의 비 dy/dx를 차분의 몫으로도 생각했다. 또한 그는 아무 근거도 없이 고차 미분을 없앴다. 뉴턴의 모호함이 버클리의 비난을 촉발했던 것처럼 라이프니츠의 모호함은 니벤테이트(B. Nieuwentijt 1654-1718)의 공격(1694)을 불러일으켰다. 미적분학의 기초로 극한 이론을 생각한 첫 수학자는 달랑베르였다.

4-2 유율법과 미적분

뉴턴과 라이프니츠의 연구에서 주된 차이는 첫째로 관심사가 달랐다. 뉴턴은 물리학(특히 행성의 운동)에 관심을 두면서 시간에 대한 거리와 속도의 변화율을 고찰했다. 속도 개념을 중시한 물리학자 뉴턴에게는 움직이는 점이라든가 지나는 순간이 현실로 존재했다. 이런 현상을 표현한 것이 유율이다. 유율은 본질적으로는 증분이 한없이 작아져서 얻게 되는 비의 극한이었다. 뉴턴은 유율을 찾는 방편으로 x와 y의 무한소 증분을 사용했다. 라이프니츠에게는 곡선의 기울기를 찾는 것이 핵심이었고 그것은 두 변수 x와 y의 증분 사이의 비 dy/dx였다. 궁극의 입자에 주목했던 철학자 라이프니츠는 x와 y의 무한소 증분을 직접 다루어 둘 사이의 관계를 기하학적으로 찾았다. 그는 무한소를 실제로 존재한다고는 생각하지 않았으면서도 그것을 아르키메데스의 착출법과 관련짓거나 연속성의 원리를 사용하여 자신의 절차와 결과를 정당화하고자 했다.[71] 어쨌든 두 사람이 내디딘 혁신의 한 걸음은 특정한 점에서 긋는 접선의 기울기를 구하는 정적인 상황에서 그 점을 지나는 현들의 기울기로부터 접선의 기울기로 가져가는 동적인 과정으로 옮겨 놓았다는 것이다.

둘째로 두 사람은 적분을 할 때 급수의 방법을 사용했으나 다가가는 방법이 달랐다. 뉴턴에게 $\int f(x)dx$를 구하는 것은 $f(x)$를 무한급수로 전개하는 문제였고, 전개만 되면 적분은 어렵지 않았다. 라이프니츠도 급수를 사용했으나 대수함수로 나타낼 수 없을 때는 삼각함수, 로그함수 등을 사용하여 유한한 형태의 결과를 이용했다. 대개의 경우 그에게 $\int f(x)dx$를 구하는 것은 도함수가 $f(x)$인 함수를 찾는 것이었다. 그의 방법으로 유리함수를 적분하는 데서 다항식을 인수분해하는 문제가 생겼고, 이것은 대수학의 기본 정리로 나아가게 했다. $1/\sqrt{1-x^4}$을 적분하는 데서는 타원적분의 이론이 나왔다.

셋째로 뉴턴의 논리가 라이프니츠보다 훨씬 현대 개념에 가까웠으나 뉴턴은 기호 문제를 그다지 중요시하지 않았다. 이와 달리 라이프니츠의 생각이 그럴듯하다는 점과 그가 만든 기호의 효용성이 뛰어났으므로 유율법보다 미분법이 쉽게 받아들여졌다. 이 때문에 오늘날 라이프니츠의 방식으로 접선을 설명하고 넓이나 부피를 구하고 있다. 물리적 운동을 바탕으로 한 뉴턴식의 접근과 표기법은 물리학에서나 쓰이고 있다.

두 사람이 이룬 업적은 이전에는 합으로 다루던 문제를 역미분으로 간단하게 해결했다는 점이다. 이 덕분에 변화율, 접선, 극값, 도형의 길이, 넓이, 부피 문제가 모두 단순하게 되었다. 두 사람은 곡선 위의 한 점에서 곡률을 구하는 공식을 유도하는 등 미분과 유율을 더욱 높은 수준으로 올려놓았다. 또한 대수학 개념 위에 미적분학 이론을 세우고 대수학적 기호와 기법을 사용하여 산술화함으로써 미적분학을 기하학으로부터 독립된 분야로 만들었을 뿐만 아니라 기하학과 물리학의 많은 문제를 동일한 대수적 기법으로 다룰 수 있게 했다. 그러나 두 사람 모두 순간변화율과 정적분의 기본 개념을 명확히 하지도, 그 연산을 정당화하지도 못했다. 그렇지만 그 개념들이 물리적, 직관적으로 들어맞으며 그 연산이 관찰, 실험과 일치하는 결과를 주었으므로 둘 다 자신의 개념과 방법이 옳다고 믿었다.

미적분학의 초기 연구자들은 이것의 놀랄만한 응용력에 확실하게 끌렸다. 여러 오류가 상쇄되어 미적분법이 통하는 것처럼 보인다는 버클리나 니벤테이트의 주장 때문에 미적분학을 사용하지 않기에는 너무나도 많은 올바른 결과가 나왔다. 미적분학은 바퀴나 활판 인쇄만큼이나 혁신을 일으켰다. 해석기하학에 이은 미적분법의 탄생은 새로운 수학 환경을 창출했다. 새 환경은 수학의 역사에서 인도-아랍의 수 체계 이후의 극적인 전환점이었다. 그 이전에는 아주 적은 수의 전문가만 수학을 할 수 있었다. 더구나 그들은 각각의 문제를 각각의 방법으로 풀었다. 폭넓은 문제에 일반적으로 적용되는 미적분의 알고리즘이 만들어지고 나서, 여러 분야에서 수학 지식이 깊지 못한 사람들도 그것을 사용할 수 있게 되었다. 어느 의미에서 수학의 민주화가 이루어졌다.[72]

미분의 규칙은 도함수를 구할 때 계산에 주의를 기울여야 하는 것을 빼고는 완전한 편이나 적분의 규칙은 매우 불완전했다. 뉴턴과 라이프니츠의 시대가 지나고 나서 적분 개념은 두 방향으로 발전했다. 하나는 합의 극한으로서 정적분이다. 그것으로 수학 자체, 역학, 물리학 문제를 해결해 가는 동안에, 그것은 모든 자연과학 분야에 필요한 도구로 되었다. 또 하나는 원시함수로서 부정적분이다. 이 방향에서 완전히 새로운 해석 분야가 발생했다. 적분할 수 있는 기존 함수의 수는 계속 늘어났고, 새로운 함수도 나타났다. 부정적분의 가장 중요한 응용은 여러 과학의 강력한 도구인 미분방정식의 풀이에 있었다. 뉴턴이 위대한 까닭은 자연이 물리적 변수의 값이 아니라 변화율로 표현되는 미분방정식 형태로 자신의 법칙을 드러냄을 발견했기 때문이다. 이 덕분에 과학혁명이 일어났고 현대 과학이 생겼다. 미적분학을 바탕으로 하여 미분방정식, 무한급수, 미분기하학, 변분법, 복소함수론을 비롯하여 여러 분야가 새롭게 나왔다. 물론 여러 분야가 나오기 위해서는 새로운 일변수함수와 다변수함수를 찾고 그것을 다룰 수 있도록 미적분학이 확대, 발전되어야 했다. 늘어나는 연구가 수학의 발전을 자극하는 새로운 문제를 필연으로 발생시켰다.

5 뉴턴과 라이프니츠 이후의 미적분

뉴턴의 〈프린키피아〉와 라이프니츠의 〈학술기요〉에 실린 미적분학의 원리를 이해하는 독자는 드물었다. 1696년에 로피탈(G. de l'Hôpital 1661-1704)이 미분학을 다룬 적절한 교과서를 출판했다. 요한 베르누이의 1691~1692년 원고와 많은 내용이 겹치는 것으로 보아 로피탈이 요한에게서 알게 된 내용을 정리하여 펴낸 것으로 보인다. 대부분의 내용은 요한의 발견일 것이다. 로피탈은 변량을 끊임없이 증가하거나 감소하는 것으로 정의하고, 변량의 미분을 변량이 연속으로 무한히 작은 부분만큼 증가하거나 감소할 때의 그 무한소 부분으로 정의했다. 그는 라이프니츠보다 극대, 극소를 조금 더 일반적으로 다룬다. 그는 세로금이 증가, 감소할 때의 미분 dy를 각각 양수, 음수라 했다. 그는 이른바 로피탈 정리를 싣고 있다. $f(x)$와 $g(x)$가 $x=a$에서 미분가능한 함수이고 $\lim_{x\to a} f(x)=0$, $\lim_{x\to a} g(x)=0$이거나 $\lim_{x\to a}|f(x)|=\infty$, $\lim_{x\to a}|g(x)|=\infty$일 때 $\lim_{x\to a}\frac{f'(x)}{g'(x)}$가 존재하면 $\lim_{x\to a}\frac{f(x)}{g(x)}=\lim_{x\to a}\frac{f'(x)}{g'(x)}$라는 것이다.

야콥 베르누이가 과학에 관심을 기울여 미적분학을 발전시키고 풍부하게 했다. 그는 라이프니츠의 미적분을 곡선의 성질을 연구하는 데 응용했는데 현수선, 최속강하곡선26) 같은 방정식을 결정하는 데서 이것의 위력을 알게 되었다. 최속강하곡선은 굴렁쇠선으로 밝혀졌는데 그것은 등시곡선이기도 했다. 1690년 〈학술기요〉에서 야콥은 하위헌스가 기하학적으로 해결한 결과를 미분방정식을 세우고 적분을 이용하여 곡선의 방정식을 구했다. 등시곡선 문제에서 성공을 거둔 야콥은 현수선을 결정하는 문제를 제시했다. 또한 그는 등속강하곡선27)의 방정식이 반삼차포물선임을 증명했다. 1690년에 야콥은 극대점, 극소점에서 함수의 미분값이 0이 아니라 무한대나 부정형이 될 수도 있다고 했다.

요한 베르누이는 처음으로 미적분법을 계통적으로 서술하고 야콥과 함께 무한소해석의 기초로 확립하고 발전시켰으며, 폭넓은 분야에 응용할 수 있도록 했다. 그는 dx, dy를 무한소로 여기고 미분법의 연산 법칙을 증명했다. 그에게 어떤 양보다 작아지는 양인 무한소는 0은 아니었다. 그러나 어떤 양에서 무한소량을 빼거나 더하여도 그 양은 달라지지 않는다는 공리를 채택했던 그에게 어떤 양 x에 대하여 $x \pm dx = x$이었다. 그러면 $dx = 0$이게 되어 무한소를 사용한 계산의 의미가 사라져 모순이 생긴다.

요한은 1691년에 f의 이계도함수의 기하학적 의미를 연구했다.[73] 구간 $[a,\ b]$에서 $f''(x) > 0$이면 $f'(x)$가 증가($f(x)$의 기울기가 커짐)하므로 $f(x)$의 그래프는 아래로 볼록이고, $f''(x) < 0$이면 위로 볼록이며, $f''(x) = 0$인 곳($f''(x)$의 부호가 바뀌는 곳)은 변곡점이라는 것이다. 18세기에 오일러가 함수가 $x = \alpha$에서 극대나 극소가 되는 기본적인 판정 기준을 도입했다. 그것은 매클로린 급수를 이용한 방법처럼 일계와 이계도함수를 이용한 판정 기준이지만, 오일러는 자주 일반화를 모색했다.[74]

요한이 수학에서 이룬 가장 중요한 성취는 적분법을 발전시킨 것이다. 요한의 적분은 야콥처럼 대부분 구체적인 문제를 해결하는 것과 결부되어 있었으나 적분 자체도 있었다. 요한은 유리함수의 적분에 대한 일반적인 이론과 미분방정식을 푸는 새로운 방법을 개발하고 무한소 해석을 확장하여 지수함수를 다뤘다.[75] 그 새로운 방법으로 진동 이론, 타격 이론, 유체역학의 문제를 풀고, 가상변위의 원리를 정식화했다.[76] 그는 단순한 지수함수 $y = a^x$만이 아니라 $y = x^x$ 같은 더욱 일반적인 지수함수의 적분도 연구했다.[77] $\log x$, $x \log x$, $(1/x)\log x$도 적분했다. 또한 미정계수법이라는 유리함수를 적분하는 방법의 기초를 마련하기도 했다. 로그함수가 등장함으로써 유리함수를 적분할 수 있게 되었다. 유리함수는 유리함수, 로그함수, 원함수로

26) 중력장에서 주어진 두 점 사이를 가장 빠르게 하강하는 점이 그리는 자취
27) 중력장에서 수직 방향의 속도를 일정하게 유지하며 하강하는 점이 그리는 자취

적분될 수 있다고 했다.

요한은 자주 변분법의 발명자로 일컬어지는데 이것은 그가 최속강하곡선의 문제를 1696~1697년에 제기하고 이 문제를 해결하는 과정에서 야콥과 함께 변분법의 기초를 놓았기 때문이다. 그는 처음으로 지표면 위의 측지선을 연구하여 미분기하학에도 이바지했다. 또한 그는 현수선, 추적선, 등주 문제, 곡선(특히 굴렁쇠선)족에 수직인 궤적들의 결정, 급수에 의한 곡선의 길이 구하기와 넓이 구하기, 해석적 삼각법, 반사와 굴절에 관련된 현상, 탄도, 화선, 최소 저항 물체와 같은 여러 분야와 관계가 있는 다양한 주제의 논문을 썼다.

이 장의 참고문헌

[1] Haier, Wanner 2008, 81
[2] Dantzig 2005, 132
[3] Kline 2009, 303
[4] Katz 2005, 531
[5] Katz 2005, 533
[6] Никифоровский 1993, 72
[7] Никифоровский 1993, 80
[8] Katz 2005, 535
[9] Katz 2005, 536
[10] Katz 2005, 536
[11] 齊藤 2007, 165
[12] 齊藤 2006, 164
[13] Struik 2020, 158
[14] Katz 2005, 539
[15] 김용운, 김용국 1990, 245
[16] Никифоровский 1993, 55
[17] Stillwell 2005, 165
[18] Boyer, Merzbach 2000, 540
[19] 齊藤 2007, 170
[20] 齊藤 2007, 176
[21] 김용운, 김용국 1990, 248
[22] Никифоровский 1993, 85
[23] Kline 2016b, 494
[24] Katz 2005, 541
[25] Никифоровский 1993, 63
[26] Boyer, Merzbach 2000, 580-581
[27] Katz 2005, 543
[28] Никифоровский 1993, 7
[29] 齊藤 2007, 171-172
[30] Kline 2016b, 549
[31] Boyer, Merzbach 2000, 621
[32] Katz 2005, 550
[33] Mlodinow 2002, 256-258
[34] Никифоровский 1993, 87
[35] Eves 1996, 301
[36] Katz 2005, 554
[37] Никифоровский, 1993, 94
[38] Katz 2005, 560
[39] Katz 2005, 560
[40] Katz 2005, 562
[41] Katz, 2005, 564
[42] Никифоровский 1993, 110-113
[43] Katz 2005, 556
[44] Boyer, Merzbach 2000, 626
[45] Eves 1996, 338
[46] Boyer, Merzbach 2000, 602-603
[47] Stillwell 2005, 195
[48] Никифоровский 1993, 119
[49] Kline 1984, 169
[50] Katz 2005, 575-576
[51] 神永 2016, 106
[52] Newton 2018a, 54
[53] Newton 2018a, 41-44
[54] Newton 2018a, 54
[55] Mason 1962, 202
[56] Conner 2014, 461

[57] Mokyr 2018, 158
[58] Mokyr 2018, 162
[59] Mason 1962, 295
[60] Conner 2014, 425
[61] Gandt 2015, 150
[62] Stewart 2016, 376
[63] Boyer, Merzbach 2000, 670
[64] 岡本, 長岡 2014, 79
[65] Kline 1984, 164
[66] Stewart, 2016, 174
[67] Kline 2016a, 603
[68] Никифоровский 1993, 145
[69] Katz 2005, 596
[70] Kline 1984, 165
[71] Katz 205, 599
[72] Никифоровский 1993, 144
[73] Haier, Wanner 2008, 91
[74] Katz 2005, 648
[75] Peiffer 2015, 145
[76] Никифоровский 1993, 159
[77] Boyer, Merzbach 2000, 688

제 14 장

계몽주의와 수학적 사고

계몽주의 전개와 수학

과학이 신학으로부터 벗어난 것은 지동설과 관련된 논쟁에서 비롯되었다. 과학에서 가장 강력하고도 유용한 보편중력의 법칙은 전적으로 지동설에 근거하고 있다. 보편중력의 법칙은 감각의 판단이 아닌 이성과 수학이 우주를 이해하고 해석하는 데 필수임을 보여주었다. 이성에 근거한 수학적 논의가 기독교에 맞서 승리하면서 사람들은 생각하고 말하고 글을 쓸 자유를 얻게 되었다. 결국 수학의 정리를 논리정연하게 기술해 놓은 것이 과학을 점성술과 종교로부터 해방하고 이성으로 세계를 객관적으로 바라보게 해주었다. 보편중력의 법칙은 우주를 합리적으로 이해하게 해줌으로써 이성의 시대를 열었다. 시간이 지나면서 뉴턴은 계몽주의 과학자의 전형이 되었다. 나아가 18세기 중반에 이르면 뉴턴은 계몽주의 사상이 지주로 삼던 가치인 '이성, 질서, 천재'를 구현한 '초월적 존재'의 상징이 되었다.[1] 궁극의 완벽함에 다다른 것으로 보인 보편중력의 법칙이 과학 철학의 진리성과 가치를 믿던 계몽주의자들에게 굳건한 믿음을 주었기 때문이다.

자연은 수학적이어서 자연의 과정이 보여주는 모든 현상은 수학 법칙을 따르리라는 믿음이 12세기부터 힘을 얻기 시작했다. 르네상스 때의 과학자에게 수학은 지식을 얻는 접근 방식 이상의 것이었다. 르네상스 직후에 수학 법칙으로 천체의 운동을 정확하게 설명할 수 있게 되자 진리를 논의하는 자리에서 전통적인 철학적, 종교적 지배자들이 나서지 못하게 되었다. 그렇더라도 16세기까지는 관찰하여 얻은 정보를 정리하여 그럴듯한 이론으로 만드는 것이 과학의 주류였다. 실험이나 수학적인 방식은 배제되거나 부수적으로만 채택되었다. 이런 16세기에 학자의 학문적 전통과 장인의 기술적 전통 사이에 놓인 장벽이 무너지기 시작했다. 이런 상황에서 F. 베이컨과 데카르트의 주장이 나왔다. 대체로 영국에서는 베이컨의 영향이,

대륙에서는 데카르트의 영향이 지배적이었다. 둘의 영향으로 과학에 실험과 수학이라는 방법이 채택되면서 근대 과학이 모습을 드러내기 시작했다. 자연은 운동하는 물질로 구성되어 있으므로 과학은 운동의 수학적 법칙을 발견하는 것으로 되었다.

17세기 초에도 종교의 자유는 없었다. 이단을 없애기 위해 전쟁도 불사했다. 기독교 교리에서 벗어나는 독자적인 생각은 인정되지 않았다. 이러한 분위기에서 말하고 글을 쓰는 자유도 당연히 허용되지 않았다. 30년 전쟁을 비롯한 여러 전쟁으로 폐허가 된 상황에서 계몽된 문명이 생겨나기 시작했다. 17세기 후반이 되자 장인이 가진 지식의 필요성을 인식하고 받아들인 상류층 과학 엘리트들이 전면에 나서서 새로운 사상 운동을 주도하기 시작했다. 이것이 계몽주의이다. 수학과 과학이 새로운 문명의 발생, 발전에 이바지했다.

네덜란드와 영국에서 일어난 혁명 이후에 두 지역은 17세기 말에 사상, 과학, 예술에서 진보의 중심지가 되었다. 기독교의 교리는 관찰과 실험, 이성 앞에서 힘을 잃었다. 이를테면 뉴턴이 지상의 운동과 천체의 운행을 수식으로 표현되는 보편중력의 법칙에 근거하여 통일되게 기술함으로써, 기독교 교리의 족쇄에서 벗어났고 그 결과 사상, 언론, 출판의 자유가 매우 확대되었다. 유럽의 다른 지역에 있는 중간 계층, 심지어 상층 계층에서도 의식 있는 부류는 사회에 문제가 있음을 깨닫고 사상을 바꿈으로써 사회를 변화시키고자 했다. 그들은 관찰과 실험으로 얻은 지식에 근거를 둔 이성적 사고의 힘을 믿었다. 그런 접근은 기존의 제도와 이데올로기에 도전하는 것이었다. 계몽주의는 인습을 타파하고 사람이 살아가는 실제 조건을 이성의 힘으로 나아지게 하려는 사상의 흐름이었다.

갈릴레오와 데카르트가 과학 연구의 속성을 바꿔놓았다. 그들은 타원 궤도를 인정하지 않았고 보편중력도 발견하지 못했으나 과학의 개념, 목표, 방법론을 바꿨다. 두 사람이 내세운 기계론적 자연관에서 사람은 감각으로 느끼는 성질이 아닌 물체의 객관적인 형상과 크기, 운동과 배치, 수 등을 다루는 존재였다. 물체의 본성은 형상과 운동으로 설명되어야 하는 것이었다. 뉴턴의 과학은 수학 공식으로 표현되는데, 공식에는 어떠한 물리적 인과론이 없다. 이러한 수학적 사고는 자연 세계의 움직임을 설명할 때 추상화말고는 다른 어떠한 관념도 배제한다. 수학 공식은 과거에는 그저 두려운 대상이던 혜성이나 일식이 천체의 정상 모습임을 보여주었다. 그것은 과학적 발견이 가져온 계몽의 메시지였다.[2] 수학 공식이 매우 많은 현상을 정확하게 기술하고 성공적으로 적용된다는 사실을 사람들이 알게 되면서, 그들은 이 세계가 그런 공식에 따라 작동한다고 생각하게 되었다. 뉴턴과 라이프니츠는 우주를 시계로 여겼다. 뉴턴의 입장을 대변하는 클라크(S. Clarke 1675-1729)는 우주를 신의 끊임없는 '지배와 감독'을 필요로 하는 시계라고 했다.[3] 뉴턴은 자연 세계에서 신의 적극적인 행위의 원리가 나타나야 한다고 했다. 이에 라이프니츠는 신의 개입은 우주의 처음 설계에 결함이 있음을 암시한다고 맞섰다. 가장 완벽한 창조는 가장 잘 만들어진 시계처럼 처음에 창조주가 정한 일정한 규칙에 따라 스스로 돌아가야 한다(예정 조화)고 주장했다.[4]

과학혁명은 지식인의 사고방식에 상당한 충격을 주었다. 이런 과학혁명을 주도한 17세기 수리물리학자들은 아직 적었고, 그들마저도 새로운 과학에 대한 의미가 서로 달랐다. 그러나 그들은 현상을 설명하고 문제를 해결하는 데 자연과학과 자연철학의 엄밀한 방법을 적용하려 했다.[5] 사람들은 그 어느 때보다 예측할 수 있는 기계적인 우주와 통제할 수 있는 자연이라는 생각을 지지하기 시작했다.[6] 실재 세계란 물체의 운동을 공간과 시간에 의해 수학적으로 나타낼 수 있는 총체로서 수학적으로 조화롭게 설계된 하나의 기계였기 때문이다. 18세기의 흐름은 기계론 철학에 의하여 형성되었고, 그것에 대한 반동으로 낭만주의 운동은 있었지만 17세기를 주도했던 전통으로 복귀하지는 않았다. 18세기의 진보는 자연의 모든 현상에 수학적 모델과 실험적 방법을 적용하는 것이었다. 넓은 뜻으로 이것은 기계론이 유기체론과 마술 사상을 이긴 것이다. 기계론적 과학 개념과 실험이 18세기를 지배했다.

봉건 사회가 무너지는 혼란스러운 상황에서 새로운 과학과 반이성적인 마녀사냥이 함께 전개되었다. 새로운 과학은 마녀사냥을 물리치는 데 역할을 거의 하지 않았다. 마녀사냥은 자연에 대한 지식을 독립으로 만들려는 사람들을 몰아내려는 의도였으므로, 마술과 경쟁하던 과학은 마녀사냥에 동조했다. 이런 반동적 움직임이 잦아들게 된 것은 사회적 영향력을 지닌 사람들이 심각한 위협을 느끼면서부터다.[7] 또 다른 요인으로는 경제 체제가 봉건주의에서 시장 중심의 경제 체제로 전환한 것이었다. 마지막으로 가장 중요한 요인으로 기계론이 있다. 자연(우주)은 검증되고 납득될 수 있는 자연 법칙의 지배를 받는다는, 마법보다 더 나은 기계론적 세계관에서는 마녀라는 관념은 존재할 수 없었다. 이 세계관에는 초자연적인 설명은 끼어들 자리가 없었다.

그렇더라도 이성과 과학이 정치와 경제를 포함한 모든 분야에 확대 적용된 것은 도덕적 진보를 촉진한 요인으로 꼽을 수 있다.[8] 이성과 과학은 미신, 교조주의, 종교적 권위를 차츰 대체했다. 이러한 변화는 과학혁명과 이것이 직접 이끈 계몽주의의 결과였다. 이처럼 진보의 개념은 계몽주의와 깊이 관련되어 있다.

뉴턴 학파의 연구 활동과 강연 덕분에 대중 과학이 등장하고 과학 지식의 가치가 인정을 받기 시작했다. 이는 계산을 하고 기술을 다룬 글을 읽고 이해할 수 있는 대중의 기술적 소양이 새로운 단계로 접어들었음을 의미했다.[9] 그렇지만 당시의 대학은 지적 활동의 중심에서 거의 벗어나 있었다. 정치, 종교적인 압제가 대학의 자유를 빼앗았다. 그렇지만 어떤 특정한 분야에서 연구의 중심을 이루며 최고의 교육을 제공하는 몇 대학이 있었다. 이를테면 독일 괴팅겐에 있던 물리학과 천문학을 강조하는 현대식 대학을 비롯하여 라이프치히 그리고 네덜란드의 레이덴에 그러한 대학이 있었다. 프랑스에서는 기술전문대학과 군사학교가 그런 역할을 맡았다. 프랑스의 계몽주의는 대체로 대학과 별개로 진행되었으면서도 대학의 경직성과 보수성 때문에 늦어졌다.[10]

1738년에 데카르트 학파에 마지막 타격을 가한 볼테르(Voltaire 1694-1778)의 〈뉴턴 철학의 원론〉(Elémens de la philosophie de Neuton)이 출판되면서 영국의 경험주의와 이와 관련된 지식 체계가 유럽의 교양인들에게 널리 알려졌다. 계몽주의는 국가 수준을 넘어 국제적으로 폭넓게 전개되었다. 유럽의 지식인들은 학문이 유럽 전역에서 통일되었다고 생각했다. 출판물의 교역과 편지의 교환이 활발해지면서 자유롭게 연구 성과를 알리고 의견을 주고받을 수 있었기 때문이다. 17세기에 정기 간행물은 학회의 전문 잡지가 거의 전부였으나 18세기에는 좀 더 대중적인 정기 간행물이 나오기 시작했다. 계몽주의 시기에 공식적으로 결성된 학회만 70개였다.[11] 학자든 아마추어든 그들은 자신의 연구 결과를 정부 간섭이나 검열을 받지 않고 학회라는 조직의 출판물을 통해 학계에 알리고 명성을 얻고자 했다. 18세기가 끝날 무렵 계몽주의는 물리치기에는 상당히 큰 세력이 되었다.[12] 계몽주의라는 낱말은 단순히 한 시대를 가리키는 이름 그 이상이었다. 칸트(I. Kant 1724-1804)가 계몽주의를 인류가 스스로 부과했던 미성숙 상태로부터 탈출하는 것이라고 했듯이, 그것은 문화의 변화 과정을 가리키는 용어로 사용되었다.[13]

유통과 교환의 가속화로 변화는 진행되었다. 계몽주의 학자들은 모든 새로운 철학과 과학 지식을 빨리 일반인에게 제공하고자 했다. 이 시기에는 과학이 대중에게 열려 있었다. 학자들은 학회를 구성하고 더 많은 일반인은 독서 모임을 만들었다.

칸트는 그가 계몽 조건의 하나로 꼽은 '대중 영역'이라는 자유로운 토론의 중요성에 관심을 두었는데 대중 영역은 계몽주의 과학에 독특한 배경을 제공했다.[14] 이를테면 18세기 영국에서는 클럽, 프랑스에서는 살롱(salon)이 대중 영역이었다. 클럽은 남자로만 이루어졌으나 살롱이라는 가정집의 응접실은 귀족과 학자, 여자와 남자가 같은 입장에서 이야기를 나누는 장을 제공했다. 이곳에서 사교를 위한 교양을 갖추려는 것이기는 해도 물리학과 전기학 실험이 이루어지기도 했다. 그런 실험은 적어도 세계가 이성적인 관찰과 세심한 측정으로 알아낼 수 있는 법칙에 지배받는다는 사실을 널리 인식시켰다.[15]

과학에서 다루는 내용이 달라지면서 그것을 나타내고 처리하는 방식도 달라졌다. 과거에는 보통 이야기로 이론을 설명했으나 근대에 들어서는 수학을 사용하기 시작했다. 첫째로 구체적이고 물리적이지 않은 추상 개념을 더 많이 사용하게 되면서 더 정확하고 편리한 보편적인 수학의 언어로 기술하게 되었다. 이것은 과학에서 사용하던 언어의 부적절함이나 논리의 부족에서 일어나는 모순을 수학적으로 형식화하여 피할 수 있게 해주었다.[16] 둘째로 과학은 자연을 연구하고 파악하는 데 수학적 방법인 추상과 연역법을 따르게 되었다. 물리적 자료를 수학적으로 구성하고 결론을 끌어내는 수학적 추론은 모든 자연 탐구의 기본이 되었다. 정밀과학을 향하는 흐름은 거역할 수 없는 대세였고 '정밀'하다는 말은 수학적 도구를 사용한다는 뜻이 되었다.[17] 과학 전체 분야에 이어서 거의 모든 학문에서 형식화하기 위해 수학을 사용하는 것이 공통된 현상으로 되었다.

과학은 실험과 관찰로 얻은 여러 결과를 수학의 도움을 받아 하나로 결합하는 특징을 갖추었다. 정량적 연구와 엄밀한 추론이 모호하고 주관적이며 비효율적인 사변을 대체했다. 양적 연구의 성공으로 수학과 과학은 철학, 종교, 정치학, 경제학, 윤리학, 미학에도 깊은 영향을 끼쳤다. 심지어 생리학과 심리학에서도 수학적 용어로 현상을 설명하고자 했다. 수학과 과학에서 형성된 합리주의적 분위기는 거의 모든 분야에서 사고 과정을 완전히 바꾸어 놓았다. 계몽주의자들은 모든 지식을 재조직할 수 있으리라고 기대했고, 수학이 새로운 질서를 이루어 나갈 주요한 도구가 될 것이라고 굳게 믿었다.

계몽주의 사상가들의 구체적 견해에는 차이가 크나 이성과 지식에 바탕을 두어 합리적으로 사고하고 행동한다는 공통점이 있었다. 그들은 철학이나 형이상학보다 윤리, 그 가운데서도 개인보다 사회 전체의 윤리에 더 관심을 두었다.[18] 그들은 사회의 참된 법칙이 얻어지면 사회에서 일어나는 모순과 갈등이 해소되면서 더 나은 삶과 안정되고 정의로운 제도가 구축될 것이라 여겼다. 이에 사람에 대한 과학이 필요하다고 생각했다. 이에 벤담(J. Bentham 1784-1832) 같은 사람은 합리적, 연역적이며 수량적인 윤리 체계를 세웠다. 그는 행복을 느끼게 해주는 행위는 옳고 그렇지 않은 행동은 그릇된 것이라고 가정했다. 특정한 행동이 누구에게는 즐거움이고 누구에게는 괴로움이므로, 그는 최대 다수의 최대 행복이 옳음의 척도라고 했다. 그는 이 척도를 정량적으로 나타내기 위해 수학 개념으로 다듬었다. 목적은 즐거움과 괴로움을 측정하여 행복을 최대로 끌어올리는 것이었다. 사실 그가 제안한 가치는 쉽게 재고 계산될 수 없다. 중요한 것은 종교가 지배하던 영역에 이성을 들여왔고, 보통 사람을 위한 윤리학 체계를 추구했다는 점이다.[19] 당시의 사회과학자들은 정치학이나 경제학에서도 공리나 일반 원리를 찾고자 했으나 사회 자체를 연구하지는 않았다.

2 계몽주의로 이끈 기계론 철학자들과 수학

근대 철학의 바탕을 놓은 철학자는 F. 베이컨과 데카르트이다. 둘은 자연을 연구할 새로운 방법을 제시하려는 데서 출발하여 자신의 철학 체계를 세워나갔다. 이전의 과학자들과 달리 둘은 사람이 자연을 지배할 것을 제안했다. 이를테면 베이컨이 과학을 연구하는 목적은 사변적 만족이 아니라 사람이 자연을 통제하여 사람이 평안한 삶을 누리게 하는 것이었다.

새로운 시대를 대변하는 철학의 제창자로서 베이컨은 과거와 끊으면서 철학의 목적과 방법을 전면적으로 혁신하고자 했다. 그가 혁신의 대상으로 삼은 것은 아리스토텔레스의 철학과 논리학이었다. 그 까닭은 그것이 아무리 정교하더라도 관념적이어서 현실과 동떨어져 사람의 삶에 전혀 도움이 되지 않기 때문이었다. 베이컨에게 자연철학은 사람에게 도움이 되며 그러한 목적을 이루는 것이어야 했다.

베이컨은 아리스토텔레스의 삼단논법을 대신해 보편 진리를 구하는 방법으로 귀납법을 제시했다. 그의 귀납법의 기초는 계획을 세워 수행하는 실험이다.[20] 고찰하는 대상의 모든 성질과 관련된 가능한 모든 사례를 나열하고 주의 깊게 분류하여 검토하고 명확하게 확인되지 않은 정보는 배제하면서 마지막 지식에 오류가 생기지 않게 한다. 그가 이런 생각을 하게 된 것은 당시에 기술의 진보가 학문에 끼치는 영향이 커지는 데서 영향을 받았기 때문이다. 그는 경험의 확대와 함께 발전하는 새로운 학문을 장인과 기술자의 협업으로 기술이 발전하는 모습에서 발견했다. 그렇지만 베이컨이 내세우는 실험은 검증해야 할 명제가 사전에 명확히 설정된 가설을 검증하는 실험이 아니었다.[21] 그는 관찰을 강조했으면서도 정확한 측정의 중요성을 인정하지 않은 데서 보듯이 법칙을 발견하고자 했던 것은 아니었다. 이것이 그의 과학에 들어 있는 근본 결함이었다. 정밀하게 정량적으로 측정되고 수학적 관계로 표현되어야 법칙을 발견할 수 있는데 그는 이와 거리가 멀었다. 그렇더라도 베이컨이 생각한 유용한 지식을 탐구하는 방법론과 목적은 계몽주의 시대까지 지식인들에게 계속해서 영향을 끼쳤다.

갈릴레오에게 운동은 어떤 것도 새롭게 생기거나 없어지지 않는, 단순히 위치를 바꾸는 것이었다. 그는 현상의 원인이니, 사물의 본질이니 하는 문제는 제쳐두고 정량화하여 수학적으로 다룰 수 있는 현상에 연구의 대상을 한정했다. 그는 운동을 기술했을 뿐, 운동의 원인을 설명하지 않았다. 이를테면 물체가 떨어지는 거리 d를 지난 시간 t로만 $d=4.9t^2$으로 기술했다. 이러한 사고방식은 뒷날 기계론 철학으로 이어졌다. 갈릴레오는 모든 과학 분야가 공리나 원리로부터 연역하여 추론하는 수학을 본보기로 삼아야 한다고 했다. 과학이 수학과 다른 점은 공리나 원리를 세우는 방법에 있는데, 그는 물리학에서는 공리를 경험과 실험으로부터 얻는다고 생각했다. 그는 수학 법칙도 실험적 검증이 필요한 가설로 봄으로써 수학적이면서 실증적인 근대 물리학의 방향을 제시했다.[22] 물론 자연 현상을 연구하는 실험은 통제된 실험이어야 했다. 몇 학자는 갈릴레오가 자신이 주장하는 명제를 검증하려고 실험을 한 것이 아니라 수학적 추론으로 얻은 이론을 확인하려고 실험을 했을 뿐이라고 주장했다. 그러나 이후 연구들은 갈릴레오의 실험이 그 결과들을 수학적으로 기술하려는 노력보다 앞서 있었음을 보여주었다.[23] 물리학의 원리가 반드시 실험과 경험에 근거해야 한다는 주장은 혁신이었다.

베이컨처럼 데카르트도 아리스토텔레스의 철학을 수학적 논증으로 대체하면서 새로운 체계를 제시했다. 데카르트의 자연학은 기계론적 물질관을 출발점으로 삼고 거기서부터 엄밀하게 빈틈없는 추론을 거쳐 사물의 속성과 행동이 논리적으로 연역되는 체계이다. 거기에서는 실험적 검증이 거의 고려되지 않는다.[24] 그는 의심할 바 없는 바탕 위에 모든 지식을 재구성하려 했고, 이때 수학의 연역적 방법만을 믿을 수 있는 탐구 방법이라 여겼다. 그는 과학의 본질은 수학이라고 했다. 그가 원리를 파악하는 데 관찰도 도움이 된다고는 했으나 관찰은 원리의 올바름을 확인해줄 뿐이었다. 그는 정신이 근본 원리를 제공한다고 믿었다. 관찰과 실험으로는 무엇이 밝혀질지를 예견하지 못한다. 이런 한계 때문에 그의 방법은 자연에 대한 지식이 풍부해야 그나마 현실과 부합할 수 있었다. 그의 기계론은 자연에 대한 질적인 접근을 배제한다고 했으나 기계론적인 설명에 대한 지나친 요구는 자연을 완전히 수학화화는 데 장애가 되었다는 평가를 받기도 한다.[25] 소용돌이 우주론에서 보듯이 그의 기계론은 관념론적인 체계로서 질적인 것이었다. 그렇더라도 그의 생각은 뉴턴에게 운동의 중요성을 알린 역할을 했다. 계몽주의를 연 사람들은 데카르트의 방법론적 회의를 그들의 원리로 채용하고, 나아가 데카르트가 시도하지 않았던 사회, 종교 문제로 적용 범위를 넓혔다.[26]

자연의 모든 현상을 일관성 있고 이해할 수 있는 법칙으로 설명할 수 있다는 믿음은 과학과 기술의 발전을 이끈 원동력이었다. 이것은 과학혁명을 낳았고 과학혁명은 근대 과학을 형성시켰으며 근대 과학은 계몽사상의 가장 큰 원천이 되었다. 이러한 모든 변화를 이끈 분수령은 1687년 〈프린키피아〉의 출판이었다. 뉴턴은 추정과 추측을 멀리하고 관찰로부터 구성한 수학적으로 표현된 이론을 추구했다. 계몽주의에 대한 뉴턴의 가장 중요한 공헌은 자연 현상의 규칙을 일관되게 기술한 수학적 이론일 것이다. 뉴턴 과학과 바로 연계되는 계몽주의는 궁극적으로 유럽을 산업혁명과 근대적 경제 성장으로 이끈 문화적 진화의 마지막 단계였다.[27]

계몽주의 시대에 뉴턴은 인류의 합리성이 지닌 잠재력을 보여주는 완벽한 본보기였다.[28] 뉴턴은 사물의 '근본' 원인이 아니라 수학과 도구를 강조했다.[29] 뉴턴의 영향으로 우주는 거대한 기계와 같아 충분히 이해할 수 있는 대상이라고 생각하게 되었다. 이 시기에 뉴턴의 이론을 해석하고 설명하는 책이 나오면서 지식인 집단의 가치와 신념을 바꾸어 산업혁명에도 영향을 끼쳤다. 그렇지만 〈프린키피아〉 끄트머리의 '일반적인 설명'에서 뉴턴은 중력을 전달하는 근원의 요인을 어디에나 존재하는 신이라고 주장했다.[30]

3 수학적 사고에 영향을 받은 계몽 사상가들

계몽사상가들은 인간이 경험하는 모든 것에 적용되는, 보편중력의 법칙과 비슷한 일반 법칙을 찾으려고 했다. 그들은 과학의 진보를 자연을 통제하는 힘의 증대로, 이어서 사회를 이상적인 방향으로 이끄는 힘의 증대로 생각했다. 영국의 홉스(T. Hobbes 1588-1679)는 자연과학의 원리와 방법을 도덕에 적용했다. 그는 자연, 인간, 정부와 시민의 의무에 관한 연구에 데카르트 기하학의 정신과 기계적 인과론의 정신을 자신의 방식으로 바꾸어 적용했는데, 여기에 물리학과 생물학에서 사회학으로 이어지는 연결 고리가 있다.[31] 이때 그가 수학과 과학이 지닌 공리적 전개와 추론 방식을 따랐음은 그의 저작 〈법의 원론〉(Elements of Law 1640)을 보면 알 수 있다. 그는 이 저작에서 이전의 철학자를 두 부류로 나누었다. 실행할 수 있는 도덕철학이나 정치 철학을 만들지 못한 교조주의자와 명확한 기본 원리들로부터 면밀한 추론을 거쳐 세계에 쓸모 있는 지식을 발견하는 체계를 만든 수리철학자였다. 그는 정치사상사에서 가장 영향력 있는 저작의 하나로 여겨지는 〈리바이어던〉(Leviathan 1651)에서도 사회를 분석할 때 갈릴레오와 의사인 하비(W. Harvey 1578-1657)의 연구를 모방했다. 홉스는 무생물과 자연물을 다루는 과학과 마찬가지로 인간과 사회에 대한 학문을 기하학적 또는 가설-연역적 모델 위에 세울 수 있다고 믿었다.[32] 홉스 이후 반세기 동안 어떤 정치학자나 경제학자도 자신의 연구 결과를 발표할 때 과학적 접근 방식을 사용했음을 드러내지 않고는 인정받지 못했다.

뉴턴과 같은 시기에 살던 로크(J. Locke 1632-1704)는 뉴턴의 수학을 하위헌스와 함께 살펴보고 나서 그의 연구 성과를 인정하고 방법론을 받아들였다. 로크는 홉스보다 수학 지식을 선호했는데 그는 논리가 아니라 수학을 정확함에 이르는 유일한 방법으로 여기고, 수학이 아닌 분야에서는 추론의 가능성을 회의적으로 보았다. 예외의 분야로는 윤리학을 들고 있다. 그에게 도덕은 인간이 존재하는 주목적이었으므로 윤리학의 수학적 증명은 이루어야 할 중요한 결론이었다.[33] 그가 수학을 선호한 까닭은 수학적 지식에 담겨 있는 개념들은 명백하고 믿을만했기 때문이다. 또한 수학은 개념들 사이의 관계를 드러내어 엮어주는데 사람은 그러한 것들을 가장 잘 이해할 수 있기 때문이다. 그의 철학은 뉴턴 과학을 거의 완벽하게 반영한 것으로서 17세기의 데카르트의 철학만큼이나 18세기를 지배했다. 17세기 후반에도 스콜라주의의 잔재가 남아 있었으나 17세기 끝 무렵에 근대적 입장을 가장 명쾌하게 보여주는 로크의 저작들[28]이 출판되고 나서 근대인은 강력한 무기를 손에 넣게 되

28) 〈인간 오성론〉(An Essay Concerning Human Understanding 1689/90)과 〈교육론〉(Some Thoughts Concerning Education 1693)

었다.[34] 심지어 로크가 쓴 산문의 문체는 본보기가 되었다. 홉스와 로크는 둘 다 인간 외부의 물질세계가 존재한다는 것을 강조했다. 모든 지식이 이 근원에서 생겨나는데, 궁극적으로 정신에 의하여 얻는 진리는 바로 수학 법칙이었다.[35]

뉴턴의 물리학이 만든 거대한 지식 체계가 참임을 어떻게 믿을 수 있을까를 생각했던 흄(D. Hume 1711-1776) 같은 사람은 물질(운동)의 실재를 부정했다. 그에게 물리적 세계에 관한 영원하고 객관적인 법칙은 있을 수 없었다. 그에게 공리는 가정된 물리적 세계에서 감각으로 얻는 것이고 정리는 공리들의 교묘한 되풀이였다. 공간과 시간은 관념들이 작동하는 방식이며 질서일 뿐이다. 공간과 시간, 인과성은 모두 객관적 현실이 아니다.[36] 그가 인과성을 부정하자 그 결과로 세상을 창조하고 움직이게 만드는 존재도 필요 없어졌다. 세계는 영원히 스스로 움직이는 기계가 되었다. 관념론자로서 흄은 그러한 세계를 설명하는 수단으로 수학과 실험적 추론을 인정했다. 그는 양이나 수에 대한 추상적 추론과 사실 문제, 존재 문제에 대한 어떤 실험적 추론이 포함되어 있지 않은 책은 필요 없다고 했다.[37]

뉴턴 과학이 18세기 프랑스에 미친 영향은 매우 컸다. 뉴턴은 프랑스에서 시작되어 18세기의 유럽과 아메리카 전체로 전파된 계몽운동을 촉발시킨 사람이 되었다. 과학혁명의 성취에 힘을 얻은 계몽철학자들은 지난 세기에 자연과학이 이룬 진보를 사회과학과 인문학으로 확장하고자 했다. 이를테면 몽테스키외(Montesquieu 1689-1755)는 잘 작동하는 군주제를 '중력이 모든 천체를 중심(군주)으로 끌어당기는 우주 체계'에 비유함으로써 의식적으로 뉴턴을 연상시켰다. 그가 채택한 방법은 데카르트의 연역법이었다.[38]

프랑스의 계몽운동은 특히 퐁트넬(B. B. Fontenelle 1657-1757)이 데카르트의 이론을 대중화하면서 시작됐다. 가톨릭 교회가 1664년 데카르트의 저서를 금서 목록으로 지정했으나 1700년 무렵에는 보수주의 학파조차 즐겨 읽게 되었다. 그리고 볼테르가 뉴턴의 체계를 프랑스에 도입하면서 더욱 발전했다. 볼테르가 보기에 프랑스의 상류 계층은 편견과 독단에 빠져 있었고 하류 계층은 무지와 미신에 파묻혀 있었다. 그는 이런 나쁜 풍조가 교회와 관습에서 비롯되었다고 생각했다. 그는 그런 나쁜 요소들을 제거하는 일에 뉴턴 과학을 사용했다.[39] 그가 생각하는 뉴턴 과학은 편견이나 독단을 배제하고 경험과 이성에 바탕을 두어 올바르게 설명하는 본보기였다. 그로 대표되는 계몽주의 시대의 뉴턴 추종자들은 과학에서 종교를 배제하기 시작했다. 어느 나라보다 프랑스에서는 수학이 뉴턴의 이론을 완벽하게 뒷받침하는 학문으로 인식되었다. 그들은 보편중력 이론을 봉건주의 잔재에 대항하는 무기로 사용했고[40] 결국 오랫동안 쌓여 온 구체제(앙시앵 레짐)의 이데올로기적 잔재를 완전히 몰아냈다. 그 결과 통치자와 귀족마저 합리적이고 과학적인 세계관을 열렬히 받아들이는 분위기가 만들어졌다 사실 프랑스 혁명으로 봉건적 절대주의가 무너지기 훨씬 전부터 프랑스의 구체제는 이미 지적으로 파산 선고를 받은 것이나 다름없었다.[41]

인간을 계몽시켜 진보를 이루려 했던 프랑스의 계몽운동에서 가장 중요한 간행물인 〈백과전서〉(Encyclopédie)는 1751년부터 1777년에 걸쳐 22권으로 간행되었다. 편집자인 디드로(D. Diderot 1713-1784)가 주도하여 계몽주의 철학을 자세히 설명했다. 이 저작은 출판물이라기보다 사회운동이었다. 이것은 지식을 모으고 보전하는 것에서 더 나아가 인간의 사고방식과 세상을 바꾸고자 했다. 이러한 의도를 자주 뉴턴 과학의 정신을 내세워서 주장했는데 과학이나 기술과 관련된 항목에서 특히 그러했다. 1750년대 이후 지적인 측면에서 구체제에 반대하는 운동은 이 저작을 중심으로 이루어졌다. 달랑베르(J. R. d'Alembert 1717-1783)는 편집자 가운데 주목할 만한 수학자였다. 〈백과전서〉는 무신론을 지지하고 추론을 위한 도구로 과학적 방법을 강조했다. 그래서 정부로부터 엄격한 검열을 받았고 주기적으로 탄압당했다. 특히 달랑베르는 종교에서 학문을 분리하려는 의도를 공공연히 드러냈기 때문에, 예수회는 그를 거칠게 공격했다. 예수회를 배척하고 볼테르 같은 철학자들과 만나던 달랑베르의 활동은 프랑스 혁명이 일어나는 데 큰 역할을 했다.[42] 1789년의 혁명은 철학자들에게 인류의 진보를 이루는 때가 다가온 것으로 보였다. 철학자들은 〈백과전서〉가 토론이 세계를 통제한다는 관점을 예증해 주리라고 생각했다.[43]

4 뉴턴 과학에 영향을 받은 학문들

수학을 이용하여 자연을 성공적으로 연구할 수 있게 되면서 자연을 직접 연구하지 않는 분야의 종사자들도 자신의 분야를 이해하기 쉬운 법칙에 따라 기술할 수 있으리라는 바람을 품었다. 현상을 이상화하여 수학적으로 표현하는 일에 농학, 의학, 화학, 생명 과학, 사회학과 심지어 인문학 같은 분야의 연구자들도 관심을 기울였다. 과학과 이성에 대한 믿음 덕분에 자유로워진 지성은 이전에 이성으로 검토하지 않던 문제를 살펴보기 시작했다. 자기가 연구하는 분야에서 기본 원리를 찾고 그것으로부터 수학적 패턴에 따라 현상을 설명하고자 했다. 심지어 늘 회의적이었던 흄도 뉴턴의 성공을 모방하려 애썼다.[44] 밑바탕에 놓인 가정은 수학처럼 모든 질문에 확실하게 답을 할 수 있을 것이라는 생각이었다. 하지만 인간과 사회의 법칙을 끌어내어 사회학과 인문학을 뉴턴식으로 세우려는 시도는 거의 성공하지 못했다. 보편중력의 법칙은 물질세계에서 자연의 어떤 특정한 수학적인 규칙과 균일함을 내포하는 것이었기 때문이다. 인간이나 사회의 문제를 연역적인 방법으로 다루는 데 실패하자, 통계와 확률에 관한 수학 이론을 발전시키는 쪽으로 방향이 돌려졌다.

17세기 일부 의사와 자연철학자는 인간의 몸을 기계적 용어로 설명하기 시작했다.[45] 18세기의 기계론은 모든 생물은 역사적으로 발전하는 것이 아니고, 태어나는 것은 이미 만들어져 있던 모양이 크게 자라난 것에 지나지 않는다고 했다. 18세기 중반부터 생물을 기계론으로 설명할 수 있다는 생각으로부터 차츰 벗어났다. 이것은 18세기에 과학혁명을 흉내 내어 변혁을 이룬 의학에서 가장 두드러졌다. 주의 깊게 관찰하고 기록한다는 베이컨류의 기법은 병을 다룰 때 특히 효과가 있었다.[46] 기계론은 심리학에 적용되어 진보의 사상을 발생시키는 데 도움이 되었으며, 그 뒤에 진화론을 발전시키는 자극이 되었다. 기계론은 두 가지 방식으로 심리학에 적용되었다. 인간의 정신은 신체의 생리 기제에 의해 결정되므로 인류는 의학이 발달하면 진보하고, 다른 한편 교육과 같은 외부 조건에 의해 결정되므로 교육을 개선하면 인간은 진보하리라고 생각되었다.[47]

18세기 사상가들은 뉴턴 시대에 밝혀진 수학 법칙에서 추론하여 계획에 따라 설계되고 질서 정연하게 작동하는 세계를 제시하는 철학 체계를 세웠다.[48] 칸트는 자신의 철학을 수학적 진리, 특히 유클리드 기하학의 진리성에 의존하여 전개했다. 당시에는 비유클리드 기하학이 나오지 않았으므로 그는 다른 것을 생각할 수 없었다. 그에게 두 점 사이의 최단 거리가 선분(직선)이라는 명제는 참이다. 이것은 그가 우리의 정신에는 경험과 독립된 공간과 시간의 형식이 있다고 생각했기 때문이다. 그래서 그에게 수학의 모든 공리와 정리는 선험적 종합 판단이다. 앞의 명제는 서로 연역할 수 없는 두 관념인 최단 거리와 직선이 결합해 있으므로 종합적이다. 또한 직선이라는 경험과 측정이 이 명제를 진리이게 보장하는 것이 아니므로 선험적이다. 그래서 사람에게는 선험적 종합 판단이 있음은 분명한 사실이라고 그는 생각했다.

문학, 회화를 비롯한 예술의 특징이 변함에 따라 18세기의 미학도 달라졌다. 미학의 새로운 주제는 예술도 자연을 연구하고 베낌으로써 생겨나므로 자연과 마찬가지로 수학 공식에 영향을 받게 된다는 것이다. 그러므로 자연을 연구함으로써 예술의 법칙을 발견할 수 있다. 관찰과 관계없이 이성만으로도 미학의 법칙을 선험적인 기하학적 방법으로 연역할 수 있다고 믿는 사람들도 있었다. 그리하여 사람들은 자연을 연구하고 이성의 능력을 적용하여, 예술을 규칙 체계로 만들고 아름다움을 일련의 특성화된 공식으로 바꾸었다. 미를 얻는 데 요구되는 권고 사항을 세우고 숭고의 본질을 분석했다. 그러면 미의 추상적인 이상뿐만 아니라 그것의 주요한 특징도 알 수 있으리라 생각했다.[49]

유럽에서는 기독교의 가르침 덕분에 도덕이 진보했다고 이야기되곤 한다. 이것은 오해이다. 이렇게 된 데는 두 가지 까닭이 있다. 첫째로 수천 년 동안 기독교가 도덕을 독점했기 때문이다. 유럽에서 모든 도덕적 진보뿐만 아니라 예술과 문학도 기독교와 떼어놓고는 이야기할 수 없다. 둘째로 교역자들이 도덕의 진보를 자신들의 업적으로 둔갑시키고 도덕의 퇴보를 남의 탓으로 돌렸기 때문이다. 사실 기독교는 과거를 움켜쥔 채 근대 계몽주의로 억지로 끌려갔다.[50] 도덕의 진보는 수학과 과학의 발달에 따른 합리적 이성에 힘입고 있다. 보편적 수학 법칙이라는 형태로 나타난 인간 이성의 승리가 합리주의를 이루어냈다.[51] 이로부터 (직접은 아니더라도) 관용과 자유로운 사고가 등장했다. 수학의 명제는 가장 엄밀한 추론으로 세워지기 때문에 맹목적 믿음, 권위와 복종, 허황된 기적, 강요된 진리를 거부하는 태도를 갖추어 주었다. 이 덕분에 수학과 과학 연구는 종교로부터 상대적으로 구속받지 않을 수 있었다.

17세기의 모든 과학자는 기독교도로서 하느님이 세운 법칙과 질서를 알려고 자연을 연구했으므로 그들의 업적은 모두 종교적 표현이었다. 그렇지만 자연을 만든 하느님을 더 깊이 이해하려던 연구가 결국 신을 부정하는 결과를 낳았다. 하느님은 스스로 변하지 않는 진리를 통해 모습을 드러내는 비인격적이고 기계적인 신이 되었다. 18세기에 이르러서는 라그랑주와 라플라스가 당시에 관찰되고 있던 행성 운동의 불규칙성도 주기적으로 나타나는 자연 질서의 일부임을 밝혔다. 이리하여 그는 때로 하느님이 간섭해야 태양계가 질서를 유지한다고 믿었던 뉴턴과 다른 길을 걸었다. 17세기에 과학은 종교와 여러 면에서 공생 관계를 맺으며 발전했으나 계몽주의 시대인 18세기에는 과학 연구를 부추겼던 종교의 역할이 사그라들었다.[52]

중농주의자들은 사회에서 활동하는 사람들은 인간 본성과 경제의 특성에 관한 알 수 있는 법칙의 지배를 받는데, 이러한 법칙은 뉴턴이 발견한 법칙과 다르지 않다고 했다. 이러한 생각은 A. 스미스(A. Smith 1723-1790) 등이 옹호하는, 오늘날 경제 정책의 기초를 이루는 고전경제학파의 근간이 되었다. 스미스는 〈국부론〉에서 과학을 강조하면서 경제의 다면적인 활동에 뉴턴 과학의 법칙 같은 경제 법칙이 어떻게 작용하는지를 보였다.[53] 기본 전제는 자연 법칙이 경제를 지배하고, 사람은 이성적으로 계산하는 경제적 행위자이며, 시장(경제)은 '보이지 않는 손'에 의해 조절된다는 것이었다.[54] '보이지 않는 손'은 그가 죽은 뒤 1795년에 발표된 〈천문학사〉(History of Astronomy)에서 나왔다. 여기서 그것은 중력을 가리켰다.

과학혁명은 문학에도 영향을 끼쳤는데, 가장 극적인 변화는 새로운 산문체가 생겨났다는 것이다. 자연의 질서를 드러내고 표현하는 데에 성공한 수학자들이 17~18세기 문학의 언어, 문체, 정신과 내용에서 권위자가 되었다.[55] 산문과 운문 모두 수학과 과학을 모방하여 작품의 질을 높이고자 했다. 언어를 표준화, 추상화하려는 태도는 일상 언어의 효율성도 비판적으로 검토하게 했다. 언어 자체의 개혁은 수학이 미친 영향 가운데서는 아주 작았다. 문체는 급격하게 변했다. 17세기의 후반에 데카르트의 〈방법 서설〉이 강한 영향력을 발휘하기 시작하면서 그 변화가 일어났다.[56] 데카르트의 문체는 명료하고 깔끔하며 읽기 쉬워 빠르게 수용되었고 데카르트주의라는 말은 문체 양식의 하나가 되었으며, 파스칼의 우아함과 합리성도 많은 주목을 받았다.[57] 새로운 산문체는 수학과 비슷하게 쓰였다. 문체에 합리적 요소가 강조되면서 감정과 열정 같은 정서적 표현이 매우 억제되었다. 시의 형식 원리는 수학 공리와 비슷해졌고 그 공리가 정리의 내용뿐만 아니라 형식까지 결정지었다.[58] 시는 일련의 수학 명제처럼 정해진 규범을 따랐다. 낭만주의자들이 그 흐름에 저항하기는 했으나 그들의 정신이 묶여 있던 상황에서 완전히 자유롭지 못했다. 한편 기계론 철학이 거의 충격을 주지 못했던 독일에서는 18세기 후기까지 이러한 문체는 나타나지 않았다.[59]

뉴턴 과학에서 비롯된 계몽운동에 합세한 사람들이 제기한 문제들은 진보적이고 개혁적이었다. 그렇다고 그들이 혁명가는 아니었다. 그들은 사회 조직 방식에 의문을 제기했으나 해답을 제시하지는 않았다. 계몽사상의 핵심은 사물과 사실에 대한 비판 정신과 인간 사회의 어떤 일도 자유롭게 토론하고 탐구할 수 있다는 열린 태도에 있었다.[60] 이런 사상이 하층계급의 사람들에게 널리 알려졌을 때 상황은 빠르게 변했다. 영국에서 뉴턴의 우주론과 자연철학이 지배적인 사회, 정치 이데올로기를 뒷받침했고 심지어 중심에 있었다.[61] 영국의 이런 보수적인 교의가 해협 건너편에서는 체제를 뒤집어엎는 교의가 되었다. 18세기가 지나면서 프랑스와 독일에서는 영국의 경험론적 접근법이 더 급진적인 결론으로 이어졌다. 계몽사상은 현존 질서를 타파하고 개혁하는 사상의 바탕이 되어, 현실적으로 프랑스 혁명의 사상적 배경이 되고 나아가서는 근대의 사상적 동력이 되었다.[62]

이 장의 참고문헌

[1] Fara 2002, 130-131
[2] Golinski 2019, 281
[3] Kearney 1983, 233
[4] Golinski 2019, 278
[5] Shermer 2018, 178
[6] Mokyr 2018, 309
[7] Conner 2014, 413
[8] Shermer 2018, 178
[9] Mokyr 2018, 168
[10] Burton 2011, 523
[11] Golinski 2019, 274
[12] Mokyr 2018, 243
[13] Golinski 2019, 272, 274
[14] Golinski 2019, 273
[15] Burton 2011, 523-524
[16] Connes 2002, 14
[17] Harari 2015, 367
[18] 김영식 외, 2013, 142
[19] Kline 2009, 453
[20] 山本, 2012, 730
[21] 山本, 2012, 731
[22] 山本 2012, 713
[23] Conner 2014, 287
[24] 山本, 2012, 697
[25] Westfall 1977, 42
[26] Kearney 1983, 236
[27] Mokyr 2018, 300
[28] Mokyr 2018, 170
[29] Dear 2006, 37-38
[30] Newton 2018b, 193-198
[31] Shermer 2018, 186
[32] Olson 1990, 47
[33] Kearney 1983, 230
[34] Kearney 1983, 231
[35] Kline 2009, 343
[36] Kline 2009, 347
[37] Shermer 2018, 189
[38] Shermer 2018, 182
[39] 김영식 외 2013, 143-144
[40] Struik 2020, 208
[41] Faulkner 2013, 292
[42] Boyer, Merzbach 2003, 730
[43] Mason 1962, 325
[44] Mokyr 2018, 155
[45] Golinski 2019, 292
[46] Kearney 1983, 238
[47] Mason 1962, 319
[48] Kline 2009, 516
[49] Kline 2009, 398-400
[50] Shermer 2018, 231
[51] Kline 2009, 376
[52] Mokyr 2018, 194
[53] Kearney 1983, 236
[54] Shermer 2018, 184
[55] Kline 2009, 380
[56] Kearney 1983, 241
[57] Kline 2009, 384
[58] Kline 2009, 391
[59] Kearney 1983, 241
[60] Faulkner 2013, 296
[61] McClellan, Dorn 2008, 403
[62] 민석홍, 나종일 2006, 232

제 15 장

18세기의 대수학, 기하학, 확률과 통계

1 18세기의 시대 개관

앞 장에서 사회, 문화 측면에서 수학과 관련지어 계몽주의를 중심으로 18세기의 유럽을 살펴보았다. 이 절에서는 18세기 유럽의 경제, 정치 상황을 간략하게 살펴본다. 18세기 후반에 독립전쟁과 혁명의 열기가 북아메리카와 유럽을 휘감고 있을 때 영국에서는 산업혁명이 일어나기 시작했다. 과학과 기술을 포함한 지식이 매우 빠르게 변화하며 경제에 많은 영향을 끼친 가장 좋은 사례가 산업혁명이다. 그 시기 영국에서는 과학이 지적인 삶의 수준을 높여주는 문화적, 지성적 활동으로서 높이 평가되고 있었다. 산업혁명은 〈프린키피아〉(1687)가 나오고 7, 80년이 지나서야 본격 시작되었다. 기술이 과학으로부터 도움을 받으며 협력 체제를 구축하는 데는 꽤 긴 시간이 필요했다. 그사이 기술자나 장인이 과학 지식의 기반이 없는 채로 기술을 발전시켰다. 산업혁명의 기반을 놓은 기술의 혁신은 모두 그들이 이루어 냈다. 산업혁명을 선두에서 이끌던 증기기관은 기술의 산물이었다. 이 시기에는 기술의 발달이 과학을 자극하여 이론을 진보시켰다.

증기기관은 사람이나 동물의 힘을 빌리던 기계에 훨씬 강력한 동력을 제공함으로써 기계의 자동화에 길을 터주었다. 또한 증기기관은 교통수단을 혁신했다. 새로운 교통수단은 연료와 제품을 생산지와 소비지 사이에서 빠르고 쉽게 많이 실어다 줌으로써 산업 발전에 크게 이바지했다. 이런 변화를 바탕으로 진행된 산업혁명은 엄청난 규모로 도시화를 강제하면서 노동자 계급을 형성했고 제국주의를 낳았다. 증기선은 바람과 사람의 힘으로 움직이던 범선과 달리 어느 곳에나 내륙까지 많은 군대를 빠르게 실어 나를 수 있어 철도와 함께 제국주의가 본격화하는 데 많은 역할을 했다. 산업혁명보다 1700년 전에 알렉산드리아에도 증기기관이 있었다. 헤론은 보일러에서 나오는 수증기의 힘으로 회전구가 도는 기계 이어로파일(aeolipile)을 발명했으나 산업혁명으로 이어지지 못했다. 당시 노예제 경제였던 로마에 증기기관 같은 기계가 생산에 도입되면 노예들이 맡고 있던 수공업뿐만 아니라 농장주와 노예 상인은 커다란 타격을 받게 된다. 결국 기계의 사용은 노예를 부리거나 사고팔면서 이득을 챙기는 귀족들에 의해 저지당했다.[1]

17세기 중반의 청교도 혁명과 후반의 명예혁명을 계기로 영국은 절대군주, 지주, 성직자의 통치를 끝내고 젠트리와 상인의 지지를 받는 입헌군주제로 들어섰다. 이 부르주아 혁명을 계기로 영국은 본격적으로 자본주의 경제 체제로 옮겨갔고, 유럽 전역에 영향을 끼쳤다. 상업적인 농업과 해외 무역이 날로 늘어나면서 제국도 빠르게 건설됐다. 1750년 이후 빠르게 자본이 축적되면서 자본주의 체제는 세계화된다. 자본주의는 유럽이 제국을 세우는 데 아주 유리한 환경을 제공했다. 이 과정에 서유럽의 상품을 서아프리카로, 아프리카의 노예를 아메리카로, 노예들이 생산한 설탕, 담배, 목화를 유럽으로 내다 파는 삼각무역(특히 노예무역)이 중심 역할을 했다. 이때 수입한 목화를 이용한 면직물 공업에 증기기관을 이용한 기계가 쓰이면서 근대적인 공장이 등장하고, 생산양식이 빠르게 변화했다. 이로써 18세기 초까지 최고 수준이던 인도의 면직물 산업은 기계로 대량 생산된 영국산에 밀려 무너졌다.

부르주아의 번성은 기술자와 과학자의 공동체도 번창하게 했다. 이들의 창의성이 더 많은 부를 만들어 낼 수 있음을 보여주기 시작했다. 좋은 아이디어를 실제로 활용할 수 있는 장치로 만들려면 자본이 축적되어야 했다. 18세기의 영국이 바로 이런 조건을 갖추고 있었다. 영국의 상업 자본가는 교역으로 쌓은 자본을 산업혁명 시기에 운송망과 기계, 공장 등에 투자했다. 산업화는 더 많은 자본을 쌓게 해주었다. 상업으로 부를 축적하는 양적인 변화가 꾸준히 이루어지고 그 부가 혁신에 투자되면서 산업을 성장시키는 새로운 동력을 확보하는 질적 전화가 이루어졌다.

유럽의 초기 산업혁명은 농업 생산성이 빠르게 높아지고 시장 경제가 활성화되면서 시장의 규모가 커지는 데서 시작되었다. 그렇다고 농업 생산성의 향상이 작물과 가축을 키우는 데 실험적 방법을 적용한 지주들의 과학 정신 때문이라고 말하는 것은 잘못된 진단이다. 실제로 농업 생산성의 향상은 "중국에서 건너온 개념과 발명품 덕분에 가능했다. 이랑을 만들어서 작물을 키우는 것, 괭이를 이용해서 집약적으로 잡초를 없애는 것, 근대적인 파종기, 철 쟁기, 흙을 뒤집는 도구, 효율적인 마구 등은 모두 중국에서 들어왔다".[2] 다른 한편 산업 전반에 걸쳐 노동력이 부족하여 중국이나 인도처럼 노동 집약적 산업을 유지하기 어려운 상황에서 증기기관이 발명되었고 널리 퍼졌다.[3] 이 덕분에 노동력은 이전보다 적게 투입되지만 더욱 많은 양을 생산할 수 있는 새로운 생산 방식이 개발되었다.

유럽에서는 지정학적 요인으로 대륙 전체를 통일하려는 모든 제국주의적 시도가 실패했다. 이런 정황이 나라 사이의 경쟁을 유발하여 과학을 촉진하고, 떠오르고 있던 산업혁명을 빠르게 대륙 전체에 퍼뜨렸다. 이 시기의 전제군주들은 자신의 영광을 위하여 학자들을 가까이에 두었다. 지적 속물근성 때문이기는 했으나, 생산력과 군대의 효율성을 높이는 자연과학과 (응용)수학의 중요한 역할을 이해했기 때문이기도 했다. 강력한 중앙집권 국가가 등장하면서 유용한 지식에 재정을 지원하는 양상이 나타났다. 각 나라의 왕과 귀족이 과학자와 수학자를 확보하려는 경쟁이 심해졌다. 나라들 사이의 그리고 자본가들 사이 경쟁을 성장의 동력으로 삼았던 자본주의는 1800년 무렵 스스로 동력을 갖추고 성장하기 시작했다.

2 18세기의 수학 개관

고대나 중세와 달리 근대에는 어느 나라의 수학자 집단도 지도적 위치에 오래 머물지 못했다. 고대 그리스에서는 좁은 영역에서 도시국가들 사이의 경쟁으로 수학을 주도하는 곳이 바뀌었다. 르네상스 시기와 18세기에는 중서부 유럽이라는 훨씬 넓은 영역에서 수학을 주도하는 나라가 바뀌었다. 게다가 지역에 따라 수학자가 활동하는 공간이 달랐다. 영국, 스위스, 북해 연안의 낮은 지대의 나라에서는 주로 대학과 관계가 있었다. 옥스퍼드, 캠브리지, 바젤, 레이덴 대학이 대표적이다. 프랑스, 독일, 러시아에서는 절대군주가 설립한 아카데미가 주요 공간이었다. 파리, 베를린, 페테르부르크 아카데미가 유명했다. 유럽 전체로는 17세기 후반과 18세기 중반에 세워진 학술원들이 수학 연구를 지원하는 경향이 강했다. 학술원이 지원하여 펴내는 간행물은 새로운 연구 성과를 정기적으로 공표했다. 18세기의 또 다른 중요한 특징은 여성이 수학과 과학 분야에 가끔 등장했다는 것이다(대표적으로 아녜시(M. G. Agnesi)와 제르멩(S. Germain)). 그렇지만 여성은 아직 환영받지 못했고, 그들이 활동할 기회는 사실상 주어지지 않았다.

이 시기 수학자들의 활동은 프랑스 수학자 집단의 활동과 관련되어 있으며, 프랑스 수학자 집단은 계몽시대의 철학자 집단과 관련되어 있다.[4] 18세기 프랑스 대학은 유럽 전역이 데카르트의 철학으로 바뀔 때는 스콜라 철학을, 뉴턴의 학설로 바뀔 때는 데카르트 학설을 따랐다. 그래서 이 시기의 프랑스 수학자 대부분은 아카데미나 사관학교와 관계를 맺고 있었다. 프랑스가 18세기에 수학에서 뛰어났던 것은 기술적 훈련이 필요하게 되면서 두 기관에서 해석학을 역학에 응용하는 것을 다루었다는 데 있었다. 이런 상황이 프랑스 혁명기에 한층 두드러졌다. 두 기관의 수학자들은 많은 지식을 개발하면서 다음 세기에 일어날 수학의 엄청난 진보에 중요하게 이바지했다. 특히 기하학과 해석학에서 그러했다.

프랑스에서 고등교육은 프랑스 혁명으로 일어난 격변의 결과 극적으로 개혁되었다. 새로 들어선 혁명 정부가 교육과 연구를 담당하는 높은 수준의 대학을 세웠다. 에콜 폴리테크니크가 1794년에 세워지고 첫 수학 교수로 몽주와 라그랑주(J.-L. Lagrange 1736-1813)를 영입했다. 같은 해에 세워진 에콜 노르말이 1808년에 에콜 노르말 쉬페리외르로 다시 문을 열었다. 혁명의회는 창조적인 수학자들을 교수로 초빙하는 한편, 노트를 읽으면서 하는 강의를 금지했다. 교수는 일어서서 강의하고 교수와 학생들이 자유롭게 묻고 대답하면서 의견을 개진했다. 교수에게는 질의응답이 무익한 토론으로 빠지지 않도록 해야 할 책임이 있었다. 이 기획은 대단히 성공해서 프랑스는 수학, 과학사에서 가장 찬란한 시기를 맞이했다.[5]

독일의 경우 1800년 이전의 대학은 수학을 전혀 연구하지 않았다. 위대한 수학자들은 베를린 과학원에 소속되어 있었다. 그러다 1810년에 W. 훔볼트가 베를린 대학을 세우면서 교수는 자신이 원하는 내용을 강의하고 학생도 원하는 강의를 수강할 수 있어야 한다는 혁신적인 생각을 도입했다.[6] 19세기에 여러 독일 왕국, 공국, 자유 도시들이 대학을 세웠고, 연구 교수들을 지원하기 시작했다.

18세기 수학 연구는 물리학에서 직접 영향을 받았다. 연구의 목표가 수학이 아니라 물리학 문제의 해결이라 해도 좋을 만큼 수학은 물리학을 연구하는 수단이었다. 수학에 주요한 업적을 남긴 수학자 대부분은 미적분학을 역학과 천문학에 응용하는 것에서 시작했다. 수학은 눈에 보이지 않는 현상을 드러낸다. 물체를 공중에서 놓으면 바닥에 떨어지게 하는 중력을 볼 수 있도록 해준 것이 뉴턴의 운동과 역학 법칙이다. 비행기가 중력을 이겨내고 공중에 뜨도록 하는 양력을 보여준 것은 다니엘 베르누이의 유체역학 원리이다. 맥스웰 방정식은 19세기 말에 발견된 것이기는 하지만, 보이지 않는 전파가 있음을 느끼게 해주었다. 뉴턴, 베르누이, 맥스웰 방정식은 모두 미적분을 사용한다. 이처럼 미적분학은 물리학 원리들을 양적인 수학 명제로 표현하고 수학적으로 입증함으로써 눈에 보이지 않는 것의 존재를 느끼게 해준다. 그리고 이 과정을 거치면서 또 새로운 물리학 원리를 연역한다. 그러다 18세기 중반부터 수학의 응용뿐만 아니라 수학 자체에도 관심을 기울이기 시작했다. 형식적 증명이 제자리를 찾았고 순수수학의 많은 것이 개발되었다. 달랑베르가 기초에 관심을 기울인 해석학, 사케리와 람베르트가 다시 다룬 평행선 공준, 라그랑주가 엄밀하게 하고자 했던 미적분학, 카르노의 철학적인 사고를 비롯하여 해석역학, 미분방정식, 변분법, 미분기하학, 확률론과 통계학 등의 분야들이 그러하다. 또한 전문 분야를 연구하는 수학자가 나타나기 시작했다.

1600년 무렵에 발명된 문자 기호 덕분에 18세기 말에 대수는 일반 오차방정식의 풀이법부터 공학, 천문학, 회계학, 기초 통계까지 폭넓게 적용되었다. 여기에 중요한 역할을 한 세 가지의 대수학 저작이 있다. 1673~1683년에 걸친 강의 내용을 정리한 뉴턴의 〈보편 산술〉, 1730년에 집필되었다고 여겨지는 매클로린(C. Maclaurin 1698-1746)의 〈대수학 논고〉(A Treatise of Algebra in Three Parts 1748), 제목 그대로 입문서로 평가받는 오일러(L. Euler 1707-1783)의 〈대수학 입문〉(Vollständige Anleitung zur Algebra 1765/67)이다. 그렇지만 수학 자체로만 본다면 대수학이 주된 관심 분야이던 시기는 17세기이고, 18세기의 대수학은 해석학에 딸린 분야였다. 수론을 제외하면 대수학을 연구한 동기는 주로 해석학에 있었다. 18세기에 해석기하학이나 대수학에서는 눈에 띄는 새로운 발전이 그다지 없었다. 이전에 연구된 성과가 확장되고 체계화되는 정도였다. 하지만 13장에서도 보았듯이 당시에는 대수학과 해석학을 구별하지 않았다는 점을 반드시 염두에 두어야 한다. 미적분학은 대수학의 확장이었다. 이 때문에 이 시기의 수학자들은 무한급수를 사용할 때 생기는 문제를 인지하지 못하여 극한 개념을 정립할 필요를 깨닫지 못했다.

해석학 분야가 자리를 잡으려면 미적분학이 먼저 확장되고 발전해야 했다. 18세기의 대부분이 미적분학 개발에 집중되었다. 미적분학은 해석기하학의 도움을 받아 전에는 엄두도 못 내던 여러 문제를 효과적으로 해결했다. 대부분의 수학자는 미적분학이 지닌 엄청난 힘에 매료되어, 기초에 주의를 기울이지 않은 채 많은 결과물을 내놓았다. 그것은 논리에 바탕을 둔 수학적 사고력에 의한 추론이 아니라 직관력과 물리학적 통찰력으로 이루어졌다. 뉴턴, 라이프니츠, 오일러 등은 어떤 양이 무한히 커지거나 0에 가까이 가는 개념을 나름 정교한 논법으로 다루었으나, 이들이 다룬 것은 가무한이었다.[7] 또한 그들은 무한급수가 문자의 값에 따라 수렴하기도 발산하기도 한다는 것에 주의를 기울이지 않았다. 이것이 고려되지 않고는 급수와 적분의 수렴, 미분과 적분의 순서 교환, 고계미분, 미분방정식의 근의 존재성 같은 문제들을 다루기는 어려웠다. 수학자들이 미적분에서 성과를 낼 수 있던 것은 단지 연산 규칙이 명확했다는 것 덕분이었다. 과학에서 제기되는 문제를 미분방정식을 사용해서 해결하고 그것을 정식화해야 한다는 필요가 미적분학을 꾸준히 발전시켰다. 이 과정에서 새롭게 나오는 여러 함수를 다룰 수 있어야 했다.

미적분을 연산한 결과가 실제와 부합하던 것에 기대던 수학자들은 18세기가 끝나갈 무렵에야 미적분의 기초가 논리적으로 엄밀하게 검증되어야 함을 깨닫기 시작했다. 이것은 무분별한 직관의 사용과 형식주의에 대한 반작용이었다. 해석학의 기초를 다지는 작업은 19세기에 이루어졌고 그러고 나서는 수학 모든 분야에서 기초를 주의 깊게 살피는 작업이 일어나면서 많은 중요한 개념이 다듬어졌다. 이를테면 함수는 식으로 표현되어야 한다는 생각에서 벗어나면서 함수 개념이 분명해졌고, 덕분에 공간, 차원, 수렴, 적분 가능 같은 개념이 분명하게 일반화, 추상화되었다.

17세기에 복소수, 문자 계수를 사용하는 대수학, 해석기하학, 함수, 미분과 적분의 개념 등이 수학에 들어오면서 수학은 이것들을 중심으로 재편되기 시작했다. 그렇더라도 무한히 크거나 작은 양, 음수와 복소수의 개념은 경험에 직접 근거를 둔 것이 아니어서 더디게 받아들여질 수밖에 없었다. 수학자들은 그 개념들을 실세계에서 직접 추상하기보다 에둘러서 개념을 표상하고 받아들였다. 이 개념들이 현실을 해석하고 현실에 적용하는 데 적합하다는 것을 알게 되면서 새로 요구되는 개념들을 적극 찾아 나서고 다루었다. 18세기에는 해석기하학, 고차함수, 정수론, 방정식론, 삼각법, 확률론, 통계학, 화법기하학 등의 분야가 높은 수준으로 발전했다. 그리고 미적분학의 깊이가 더해지고 미분기하학, 상미분방정식, 편미분방정식, 변분법, 무한급수, 복소함수 등이 개발되었다. 이러한 발전과 개발은 자연의 법칙을 더 많이 알아내어 자연을 더 깊이 통찰하려는 노력의 결과였다. 새로운 도구, 특히 미분방정식 덕분에 과학자들은 천문학, 힘의 작용, 소리, 빛, 열, 재료의 강도, 유체의 흐름에 관한 복잡한 문제들을 다룰 수 있었다.

18세기 사람들은 자연이 수학적으로 짜여 있다고는 생각했으나 하느님이 우주를 설계했다는 어리석은 믿음이 아니라 수학적, 물리학적으로 의미 있는 추론과 결과에 근거를 두는 태도를 취했다. 복잡한 기하학적 도안들로 가득 채운 〈프린키피아〉의 뉴턴과 달리 온전히 미적분학의 언어로 쓴 〈천체역학〉의 라플라스는 하느님과 형이상학적 원리를 배격했다. 뉴턴이 물리학에서 신이 있음을 보았다면 라플라

스는 신이 없음을 보았다.[8]

3 수 체계와 수론

3-1 수 체계와 연산

18세기의 수학자들은 유클리드 기하의 영향에서 여전히 벗어나지 못했기 때문에 수 체계를 엄밀한 토대 위에 세우려고 시도하지 못했던 듯하다. 수가 양의 크기인 길이나 넓이를 나타낸다는 생각을 물리치지 못한다면 음수와 복소수의 논리적 바탕을 생각하지 못할 것이다. 다른 한편 적어도 실수의 연산 법칙은 직관적으로는 분명해 보였으므로 아무도 논리적 토대에 신경을 쓰지 않았을 수도 있다.

고대 그리스 시대 이후로 계산 과정에서 빼는 항이 있는 식을 조작하고 있었다. 그러나 계산의 마지막 결과가 양수일 때로 국한되었다. 곧, 음수 자체를 받아들인 것이 아니라, 계산 과정에서 근을 얻기 위한 절차로만 빼는 수를 사용했을 뿐이다. 18세기에도 계산법에 역점을 두었지, 음수라는 수의 실체에는 그다지 관심을 기울이지 않았다. 더구나 빼는 수의 곱셈 규칙을 충분히 검토해야 한다고 생각하면서도 음수끼리의 곱을 인정하지 않으려 했다.

매클로린(1748)은 대수학을 추상된 것이 아니라 그저 일반화된 산술로 여겼다. 그는 계산에 쓰이는 알고리즘과 그 알고리즘의 이면에 놓인 논법을 설명할 뿐이었다. 그는 같은 종류의 양끼리는 작은 양에서 큰 양을 뺄 수 있다고 했다. 이때 남는 것은 언제나 반대의 것이 된다. 그러나 의미가 이해될 수 있는 경우에만 이러한 뺄셈을 허용했다. 적은 양의 물건으로부터 많은 양을 뺄 수는 없기 때문이다. 그렇다고 음수가 실재성이 없다고는 생각하지 않았다.[9] 그는 양수와 음수를 곱할 때의 부호 규칙을 보이기 위하여 $+b-b=0$에서 $a(+b-b)=0$을 살폈다. 좌변을 전개하면 첫째 항 $+ab$가 양수이므로 둘째 항은 음수이어야 한다. 그러므로 $+a$와 $-b$를 곱하면 음수가 된다. 오일러(1765)의 논의는 부채 $-a$의 세 배$(+3)$를 지게 되면 결과로서 구하는 곱은 세 배의 부채 $-3a$가 된다는 식이어서 매클로린과 달리 형식적이지 않았다. 오일러는 그때 a와 $-b$를 곱하면 $-ba$이든 $-ab$가 된다는 것도 다루었다. 음수끼리의 곱에 대해서 매클로린은 앞의 결과를 이용하는데

$-a(+b-b)=0$을 전개했을 때 첫째 항이 음수이므로 둘째 항 $(-a)(-b)$은 $+ab$가 되면서 양수이어야 한다고 했다. 오일러는 $-a$와 $-b$의 곱은 $-a$와 b의 곱인 $-ab$와 같을 수 없으므로 $+ab$가 되어야 할 것이라고만 했다.[10] 음의 정수에 대한 실재성은 20세기나 되어야 확인된다. 물리학자인 디랙(P. Dirac)이 1929~1931년에 연구한 반입자 이론에 따르면, 모든 입자는 (가법적) 양자수의 부호가 자기 자신과 반대인 반입자 짝을 갖고 있다. 이로써 물리학자들은 음의 정수를 포함한 정수 체계가 물리적 우주에도 존재한다는 사실을 확인해 주었다.[11]

18세기에도 무리수 개념은 명료화되지 않았으나 얼마간의 진전이 있었다. $\sqrt{2}$ 같은 무리수를 분수의 형태로 정확히 표현할 수 없지만, $x^2-2=0$ 같은 유리수 계수의 유한 차수 대수방정식으로 나타낼 수는 있다. 이런 수를 대수적 수라고 한다. 그러면 유리수 계수 대수방정식 $a_0x^n+a_1x^{n-1}+\cdots+a_{n-1}x+a_n=0$의 근이 되지 않는, 곧 대수적이지 않은 무리수가 존재한다고 생각할 수 있다. 이러한 수를 초월적 무리수(초월수)라고 한다. 초월수 개념은 1682년에 라이프니츠가 $\sin x$는 x의 대수적 함수가 아니라고 언급한 시점까지 거슬러 올라갈 수 있다.[12] 대수적 수와 초월수 사이의 차이를 처음 안 때는 1744년이라고 할 수 있다. 둘의 차이를 인식한 오일러는 유리수를 밑으로 하는 유리수의 로그는 유리수나 초월수가 될 것이라고 가정했다. π는 대수적 수가 되지 못한다는 르장드르(A.-M. Legendre 1752-1838)의 가설이 나오면서 무리수를 구분하는 생각을 하게 되었다. 이런 무리수는 유리수와 어떤 관계도 맺지 않게 된다.

π가 무리수, 그것도 초월수임이 밝혀지는 것은 원적 문제를 해결하려는 연구에서였다. 원적 문제는 길이가 π인 선분을 작도하는 문제와 같다. 오일러는 π를 유리수 거듭제곱의 무한급수(이를테면 $\frac{\pi^2}{6}=1+\frac{1}{2^2}+\frac{1}{3^2}+\frac{1}{4^2}+\cdots$)나 arctan의 무한급수로 나타내고, 여기서 한 걸음 더 나아갔다. 그는 π가 유리수 계수의 유한차 대수방정식의 근이 될 수 있는지를 생각했다. 이 생각은 π의 역사에 새로운 장을 열었다. 오일러는 무한급수 $e=1+\frac{1}{2!}+\frac{1}{3!}+\frac{1}{4!}+\cdots$임을 알았음에도 e가 무리수임을 몰랐다. 1815년에야 푸리에(J. Fourier)가 이 급수를 이용해 무리수임을 보였다.

무리수의 역사에서는 연분수 이론이 매우 중요하다. 오일러가 1737년에 연분수에 관한 초기 이론에서 중요한 내용들을 정리했다.[13] 1744년에 제곱근인 무리수를 순환 연분수로 나타낼 수 있음을 증명했다. 1767년에는 라그랑주가 그 역도 참임을 증명했다. 곧, 그러한 순환 연분수는 이차방정식의 근을 나타낸다는 사실을 증명했다. 이것은 순환 연분수를 이용하면 바라는 만큼 정확하게 근을 어림할 수 있다는 말이기도 하다. 이런 점에서 이차방정식과 순환 연분수의 관계는 일차방정식과 순환소수의 관계와 같다. 오일러는 1748년에 급수를 연분수로, 거꾸로 연분수를 급수로 바꾸는 방법을 보였다. 이 방법은 π가 무리수이며 나아가 초월수임을 밝히는 데 바탕이 된다.

1768년에 람베르트가 연분수에 관한 오일러의 연구를 활용하여 x가 유리수(0은 제외)이면 e^x과 $\tan x$는 유리수가 될 수 없음을 증명했다. 이 덕분에 모든 양의 유리수의 자연로그가 무리수라는 사실과 $\tan\frac{\pi}{4}=1$이므로 $\frac{\pi}{4}$도 유리수가 될 수 없음이 밝혀졌다. 그렇지만 이것이 π를 작도할 수 없음을 의미하지 않았다. 참고로 니븐(I. Niven 1915-1999)이 1955년에 π가 무리수임을 보이는 데 다항식의 기본형으로 $f(x)=\dfrac{x^n(1-x)^n}{n!}$을 이용하는 현대적 방법을 사용했다.[14]

르장드르가 π를 나타낸 연분수가 순환 연분수가 아니라는 사실로부터 π가 유리수 계수 이차방정식의 근이 되지 않음을 증명했다. 따라서 원적 문제는 해결되지 않을 것이라는 실마리를 얻었다. 그러나 π가 여전히 무리수 계수 이차방정식의 근이 될 수도 있으므로 아직은 온전한 증명은 아니었다. 연분수 표현은 비순환이더라도 자와 컴퍼스로 작도할 수는 있기 때문이다.[15] 곧, π가 대수적 수일 가능성이 여전히 남았다. 사실 18세기에는 어떤 초월수도 알지 못했다.

16세기에 카르다노가 음수의 제곱근(허수)을 도입하고 나서 수학자들은 음수와 마찬가지로 계산 과정에서 차츰 거리낌 없이 허수를 사용했으나, 긴 세월 동안 참된 수로 받아들이지 않았다. 수학자들이 복소함수론을 개발하고 이 이론을 유체역학에 사용한 19세기에도 거부감이 유지될 정도였다. 몇 세기 동안 수학자들은 허수 때문에 혼란스러워했고 19세기 전반에도 허수의 의미를 놓고 격렬한 논쟁을 벌였다. 그런 수는 존재하지 않는 것 같은데, 계산 과정에서 계속 나타났다. 게다가 그런 수가 존재한다고 여겨 계산하면 완벽하게 쓸모 있는 결과를 얻었다.

달랑베르(J. R. d'Alembert 1717-1783)는 1747, 1748년에 $a+b\sqrt{-1}$ 꼴의 수들에 보통의 사칙연산과 지수 연산을 부여해도 여전히 같은 꼴임을 알아냈다.[16] 오일러는 허수의 로그 문제를 옳게 해결했으면서도 이 수의 개념을 명확히 이해하지 못했다. 그는 〈대수학 입문〉에서 $\sqrt{-4}$를 제곱하면 -4가 된다고 하면서 어느 것도 상상의 수(허수)를 계산에 사용하는 것을 방해하지 않는다고 했다. 그러면서도 그는 뒤에 가서 허수끼리 곱하는 일반적인 규칙으로는 $\sqrt{-1} \times \sqrt{-4} = \sqrt{(-4)(-1)} = \sqrt{4} = 2$가 된다고 했다.[17] 이런 불명확한 개념에도 불구하고 실수에 적용되는 법칙을 허수에 적용함으로써 허수가 효과적으로 이용되자 수학자들은 그것을 쓸모 있는 도구로 받아들이기 시작했다. 마침내 허수는 기존의 표준적인 대수 법칙을 모두 따르는 새로운 양으로 인정되었다. 허수를 자유롭게 사용한 데는 기호와 형식에 대한 믿음에서 비롯된 것도 있었다. 이런 믿음은 나중에 살펴볼 무한급수의 활용과 관련이 깊다. $\sqrt{-1}$에 i를 사용한 것은 1777년에 페테르부르크 아카데미에 제출된 오일러의 논문이 처음이었다.[18]

18세기에 복소수를 기하학적으로 나타내려는 시도들이 있었지만, 이때의 표현법은 복소수를 받아들이는 데 전혀 보탬이 되지 않았다. 이러는 가운데 앞서 월리스가 제시한 지금의 복소평면 개념이 차츰 설득력을 얻어갔다. 이제 대다수 수학자는 $\sqrt{-1}$이 실수 직선의 어디에 놓이느냐를 놓고 고민하는 대신 평면의 어디엔가 존재할 수 있다고 생각했다.

1800년 무렵에 수학자들은 비록 허수가 인위적이고 이해하기 어려우나, 방정식의 근과 관련된 사항들을 일관되게 규정해 줌을 알게 되었다. 이를테면 허수 덕분에 양수와 음수를 따로 고려하지 않아도 되어 계산이 간단해졌다. 복소수 체계 안에서 모든 실수의 제곱근을 얻을 수 있었다. 이것은 음수가 도입되면서 덧셈과 뺄셈을 따로 고려하지 않아도 된 것과 비슷했다. 허수가 대수에서만 쓸모 있었다면 그다지 관심을 끌지 못했을지도 모른다. 미적분학 덕분에 허수를 포함하는 수 체계를 받아들이게 된다. 실해석을 허수와 결합한 복소해석이 가능하고 실제로 많은 문제에서 복소해석이 필수임이 드러난다. 허수 덕분에 미적분학은 더욱 발전하면서 해석학으로서 더욱 엄밀한 모습을 갖추게 된다.

허수의 로그도 실제 문제에서 존재를 드러냈다. 요한 베르누이는 1702년에 미분방정식 연구에서 역삼각함수와 허수의 로그가 관련되어 있음을 보여주는 관계식 $\arctan x = \frac{1}{i}\ln\sqrt{\frac{1+ix}{1-ix}}$를 발견했다. 한편 이차식의 역수를 적분할 때 부분분수로 분해하여 적분하면 로그함수가 나타난다. 그는 $x/(x^2+1)$을 적분하기 위해 복소수를 인정하고 이것을 부분분수로 분해하여 $\frac{1/2}{x+i} + \frac{1/2}{x-i}$을 얻고, 이것을 적분하여

$\frac{1}{2}\log(x+i)+\frac{1}{2}\log(x-i)$를 얻었다. 그는 복소수의 로그를 타당한 것으로 받아들이고 이것을 발전시켜 활용했다. 그렇지만 복소수의 로그에 대한 개념이 명확하게 정립되어야 했다. 요한은 통상의 미적분학 공식을 이용하여 $\frac{d(-x)}{-x}=\frac{dx}{x}$를 적분하면 $\log(-x)=\log x$가 되기 때문에 음수의 로그는 실수라고 했다. 달랑베르도 이에 동의했다. 그러나 라이프니츠는 이 적분이 양수일 때만 성립한다고 주장했다.

등비수열과 등차수열 사이의 관계에서 생겨난 로그함수는 17세기에 $1/(1+x)$을 적분하여 얻은 급수로 다루어졌다. 그러다 월리스, 뉴턴, 라이프니츠, 요한이 수행한 연구에서 로그함수는 지수함수의 역함수임이 밝혀졌다. 오일러가 로그를 지수로 다루는 방법을 처음으로 이용했다. 오일러는 〈무한소 해석 입문〉(Introductio in analysin infinitorum 1748)과 〈대수학 입문〉에서 $a^x=y$일 때 x는 밑을 a로 하는 y의 로그라고 정의했다. 이제 로그의 기본 성질을 지수의 성질로부터 얻는다. 오일러는 이항정리를 이용하여 임의의 밑 a에 대한 지수함수와 로그함수를 각각

$$a^x=1+\frac{kx}{1!}+\frac{k^2x^2}{2!}+\frac{k^3x^3}{3!}+\cdots \text{ 와 } \log_a(1+x)=\frac{1}{k}\left(\frac{x}{1}-\frac{x^2}{2}+\frac{x^3}{3}-\cdots\right)$$

로 전개했다. 〈무한소 해석 입문〉에서

$$e^x=\lim_{n\to\infty}(1+x/n)^n,\ \log x=\lim_{n\to\infty}n\left(x^{1/n}-1\right)$$

로 정의했다.

오일러는 음수의 로그 개념을 정확히 세우는 데도 이바지했다. 그가 $y''+y=0$ 꼴의 미분방정식을 연구하다가 1740년에 발견한 공식 $e^{\pm ix}=\cos x\pm i\sin x$는 복소수 연산과 음수의 로그를 이해하는 열쇠가 되었다.[19] 이를 통해서 그는 복소수 체계가 초등 초월적 연산에서 닫혀 있음을 보였다. 이 공식은 극좌표 $a+ib=r\cdot e^{i\phi}$ ($r=|a+ib|$, ϕ는 $a+ib$가 실수축의 양의 방향과 이루는 각)하고도 연결된다. 음수의 로그가 양수의 로그처럼 작용하려면 $x>0$일 때 $\log(-x)=\log(-1\times x)=\log(-1)+\log x$가 성립해야 한다. 오일러는 $e^{ix}=\cos x+i\sin x$에 $x=\pi$를 대입하여 $e^{i\pi}=-1$을 얻었다[29]. 양변에 로그를 취하면 $\log(-1)=i\pi$가 나온다. 음수의 로그는 실수가 아니라 허수였다. 그러므로 $\log(-x)=\log x+i\pi$이다. 일반적으로 정수 n에 대하여 $x=(2n+1)\pi$이면 $\log(-x)=\log x+(2n+1)i\pi$가 된다. 또한

29) $e^{ix}=\cos x+i\sin x$은 1714년에 코츠가 발견하고 증명했다. $e^{i\pi}=-1$을 오일러가 맨 처음은 안 것은 아니지만, 그가 이 식을 매우 많이 이용했으므로 일반적으로 오일러의 항등식이라 한다.

$x=2n\pi$이면 $e^{i2n\pi}=1$이므로 $\log 1=i2n\pi$. 그러면 $x=x\times 1$이므로 $\log x=\log x+\log 1=\log x+i2n\pi$가 된다. 이는 복소수의 로그는 복소수가 되고, 복소수 z $(\neq 0)$에 대해 함수 $\log z$는 한없이 많은 값을 가지게 됨을 보여주고 있다. 좀 더 구체적으로 양의 실수일 때는 로그값 하나만 실수이고 나머지는 모두 허수이며, 음의 실수와 허수일 때는 모든 로그값이 허수가 된다. 오일러의 이런 성공적인 해결이 바로 받아들여지지는 않았다.

오일러는 1748년에 허수의 허수 거듭제곱이 실수가 될 수 있음을 알았다. $e^{ix}=\cos x+i\sin x$에서 $x=\pi/2$로 놓으면 $e^{\pi i/2}=i$. 그러므로 $i^i=(e^{\pi i/2})^i=e^{\pi i^2/2}=e^{-\pi/2}(=0.207879576\cdots)$이 되어 i^i은 실수이다. 1749년에 복소수의 복소수 거듭제곱 $(a+bi)^{c+di}$도 $p+qi$의 형태로 나타낼 수 있음을 증명했다. 달랑베르는 $(a+bi)^{c+di}$을 밑 $a+bi$가 변수인 함수로 생각하고 미분했다. 이 시도는 19세기에 발전하게 될 복소함수 이론의 선구적인 연구이다. 복소수는 여러 분야에서 활용되는데 원자물리학에서 원자 입자의 상태를 나타내는 방정식의 해가 복소수로 표현됨이 밝혀졌고, 과학이나 공학에서 벡터 힘의 작용을 나타내는 모델로 사용되기도 한다.[20] 이런 것들로부터 복소함수를 연구하는 복소해석이 발전하게 되었다. 복소해석은 이차평면에서 중력, 전기, 자기장에 적용되어 유용한 결과를 가져다주었다.

3-2 수론

18세기 수론은 여러 결과들을 그저 모아 놓은 수준이었다. 이런 가운데서 중요한 결과가 오일러의 1750년 무렵의 연구와 〈대수학 입문〉(1765/67), 르장드르의 1798년 연구에서 나왔다. 17세기에 페르마가 일궜던 수론 연구는 한 세기가 흐른 뒤에 오일러가 그것의 의미를 이해하면서 가치가 드러났다. 그는 페르마가 증명했다고 주장한 많은 정리를 페르마가 알지 못했던 방법으로 증명하면서 수론을 발전시켰다.

오일러는 오늘날 법(法 modulus)이라고 일컫는 수에 관한 합동 개념을 도입했다. 정수 n을 d로 나누었을 때의 나머지로 n의 잉여를 정의했다. 곧, $n=qd+r$ $(r=0,\ 1,\ 2,\ \cdots,\ d-1)$이 되어 d가지의 나머지가 나온다. 그러므로 모든 정수는 d가지의 잉여류$(n\equiv r\ (\mathrm{mod}\, d))$로 분류되고, 각 잉여류는 나머지가 같은 수로 구성된다. 나아가 그는 하나의 정수에 그 잉여류를 대응시키는 사상이 이른바 환준동형이 됨을 보였다. 환론은 이러한 생각에서 발전했다. 또한 등차수열 $0,\ a,\ 2a,\ \cdots$에 대하여 잉여를 생각한 오일러의 논의에는 군의 기본 생각도 보인다. 그는 법 d와 수 a가 서로소이면 이 수열이 d개의 잉여류에 들어 있는 원소를 포함하고 있음을 보였다. 따라서 $pa \equiv 1 (\mathrm{mod}\ d)$가 되는 역원 p가 있다. 한편 d와 a의 최대공약수가 $g(\neq 1)$라고 하면 d/g가지의 다른 잉여류가 있게 되는데, 이때는 역원이 없다.

오일러는 자연수 n보다 작고 n과 서로소인 자연수의 개수 $\varphi(n)$을 도입했다. n이 소수이면 $\varphi(n) = n-1$이다. 1736년에 n이 소수일 때 $b^{\varphi(n)}-1$은 n으로 나누어떨어진다는 페르마의 소정리를 증명했다. 1760년에 이 정리를 다음과 같이 일반화했다. 그는 b와 n이 서로소일 때 등비수열 $1,\ b,\ b^2,\ b^3,\ \cdots$의 잉여를 생각했다. 이 수열의 다른 잉여의 개수 k는 b^k이 잉여 1이 되게 하는, $\varphi(n)$보다 작고 1보다 크게 되는 최소의 수이다. 그는 나중에 군론에서 사용되는 논법을 사용한다. 그는 n과 서로소인 수들의 나머지가 이른바 곱셈군이 됨을 보였고, 이 곱셈군에서 n과 서로소인 b의 거듭제곱이 이루는 부분군의 잉여류를 고찰하여 군의 위수는 부분군의 위수로 나누어떨어짐을 보였다. 이것으로부터 $\varphi(n) = mk$인 자연수 m이 존재하고 $b^{\varphi(n)} = b^{mk}$은 n으로 나누어 잉여 1이 됨을 보였다. n이 소수 p인 경우가 페르마의 소정리이다.

오일러는 소수 p에 대하여 $q = a^2 + np$가 성립하는 정수 a, n이 존재하는, 곧 $x^2 \equiv q\ (\mathrm{mod}\, p)$가 근이 있을 때 $q \neq 0$을 p에 관한 제곱잉여라고 했다. 여기서 p에 관하여 제곱잉여가 되는 조건은 단지 p에 관한 q의 잉여류에만 의존한다는 것이다. 1783년에는 $p = 2m+1$이 홀수인 소수일 때 m개의 제곱잉여가 존재(또한 m개의 제곱비잉여가 존재)함을 증명했다. 두 제곱잉여의 곱과 몫이 제곱잉여가 됨도 보였다. 또한 p가 $4k+1$의 꼴이면 -1은 p에 관한 제곱잉여이고, p가 $4k+3$의 꼴이면 제곱비잉여임을 밝혔다.

또 오일러는 자연수 n에 약수의 합을 대응시키는 함수 $\sigma(n)$을 도입하고 이 함수를 이용하여 당시 알려진 우애수의 개수를 3쌍에서 100쌍 이상 늘렸다. 그리고 주어진 자연수를 자연수의 합으로 나타내는 방법의 수를 묻는 문제를 다루면서 생성함수를 처음 사용했다. 1751년에는 $4n+1$ 꼴의 소수는 두 유리수를 제곱한 값의 합임을 증명했다. 나중에 라그랑주가 이 결과를 개선하여 이런 수는 두 정수를 제곱한 값의 합임을 증명했다.[21]

라그랑주도 정수론에 관심을 기울였다. 정수론에서 하나의 이정표가 된 1768년 논문에서 n차 다항식 $f(x)$의 모든 계수가 소수 p로 나누어떨어지는 경우를 제외하면 합동식 $f(x) \equiv 0 \pmod p$에는 서로 다른 근이 n개보다 많을 수 없음을 증명했다. 그리고 nx^2+1을 제곱수로 만드는 문제도 다루었다. 1770년에는 페르마가 증명했다고 주장한 모든 양의 정수는 많아야 네 개의 완전제곱수의 합이라는 정리를 증명했다. 1771년에는 윌슨(J. Wilson 1741-1793)이 추측했던 정리인 p가 소수일 때 정수 $(p-1)!+1$은 p의 배수라는 정리도 증명했다.[22] 게다가 p가 소수가 아니라면 이러한 사실은 성립되지 않음도 보였다.[23]

르장드르가 1785년에 이차상호 법칙을 발표했다. p와 q가 서로 다른 홀수인 소수일 때, 두 이차합동방정식 $x^2 \equiv q \pmod p$와 $x^2 \equiv p \pmod q$의 풀이 가능성을 다루었다. 그는 p와 q가 모두 $4n+3$ 꼴이면 두 합동방정식 가운데 하나는 근이 있고 다른 것은 근이 없으며, 그밖에는 두 방정식에 모두 근이 있든지 없다고 했다. 그는 이 정리를 증명했다고 생각했는데 자명하다고 여긴 정리를 가정했다. 그는 1798년에 다른 방법으로 증명했는데 여기에도 빈틈이 있었다. 18살이었던 가우스가 1795년에 그 법칙을 독자적으로 발견했고 1년 동안의 노력 끝에 완벽하게 증명했다. 이밖에 르장드르는 n^2+n+17과 $2n^2+29$가 각각 1~16, 1~28일 때 소수가 된다고 했다.

수론은 소수나 서로소라는 개념을 중심으로 전개된다. 소수는 모든 수를 구성하는 기본 단위이므로 수학의 많은 문제가 소수에 대해 풀리면 다른 모든 정수에 대해서도 풀릴 수 있다. 소수는 문제의 해법을 때로는 더 쉽게 만드는 특별한 성질이 있다.[24]

4 방정식론

4-1 대수학의 기본 정리

다항방정식은 수학의 바탕이 되는 주제여서 더 나은 풀이법과 어림근을 찾으려는 노력이 16세기 이래 계속 이어져 왔다. 여기에는 방정식의 근의 개수에 관한 문제도 포함되어 있다. 이것은 다항식의 인수분해와 매우 가깝다. 더욱이 부분분수 적분법이 사용되면서 실수 계수 다항식이 언제나 실수 계수의 일차나 이차의 인수로 인수분해 되는지가 중요해졌다. 이 문제의 핵심은 모든 실수 계수 다항식은 일차나 이차 다항식의 곱으로 표현됨, 곧 n차 다항식은 n개의 근이 있음을 증명하는 것이었다. 이 대수학의 기본 정리의 증명이 대수학에서 주요 목표의 하나가 되었다. 이 정리는 지라르(1629)로 거슬러 올라간다.

드무아브르(A. de Moivre 1667-1754)가 1707년에 원의 둘레를 n등분하는 문제와 복소수의 n제곱근 사이의 관계를 처음 인식했다.[25] 그는 1722년에 드무아브르 정리 $(\cos\theta + i\sin\theta)^n = \cos n\theta + i\sin n\theta$를 제시했는데 이것은 삼각법과 해석학을 잇는 다리였다. 그는 복소수와 삼각함수의 관계에 초점을 맞추면서 기하학을 이용하여 복소수의 대수적 성질을 규명했다. 이로써 복소수는 해석학을 연구하는 데에 필수 도구가 되었다. 그는 1730년에

$$(\cos\theta + i\sin\theta)^{1/n} = \cos(2k\pi \pm \theta)/n \pm i\sin(2k\pi \pm \theta)/n$$

라는 식을 제시했고 이 식을 이용하여 $x^{2n} + 2x\cos n\theta + 1$을 $x^2 + 2x\cos\theta + 1$ 형태의 이차식으로 인수분해했다. 더욱이 1739년에 $a + \sqrt{-b}$의 n거듭제곱근을 오늘날과 같은 방법으로 구했다. $|a+bi| = \sqrt{a^2+b^2} = r$이라 하고 $a+bi$가 x축의 양의 방향과 이루는 각을 θ라고 하면 $(a+bi)^{1/n} = r^{1/n}[\cos\{(\theta+2\pi k)/n\} + i\sin\{(\theta+2\pi k)/n\}]$ $(k=0,\ 1,\ 2,\ \cdots,\ n-1)$가 되고 $r=1$이면 앞서 주어진 식이 된다. 또한 그는 원의 부채꼴에 대한 정리를 직각쌍곡선의 부채꼴에 대한 비슷한 정리로 확장하면서 쌍곡선 함수의 존재를 거의 알아냈다.[26]

1757년 무렵에는 람베르트가 삼각법에 이바지했다. 그는 쌍곡선 함수의 기호 $\sinh x$, $\cosh x$, $\tanh x$를 도입하고 현대 과학에 많은 도움이 되는 쌍곡선 삼각법을 보급했다. 오일러의 $\sin x = (e^{ix} - e^{-ix})/2i$, $\cos x = (e^{ix} + e^{-ix})/2$, e^{ix}에 대응한 $\sinh x = (e^x - e^{-x})/2$, $\cosh x = (e^x + e^{-x})/2$, $e^x = \cosh x + \sinh x$라는 관계식을 제시했다.

매클로린은 〈대수학 논고〉에서 어떤 방정식도 차수보다 많은 개수의 근은 있을 수 없음을 보였다. 그리고 허수의 근은 켤레로 나타나고 홀수 차수의 방정식은 반드시 하나의 실근이 있다고 했다. 그리고 최고차항의 계수가 1인 일변수 다항식에서 정수의 근은 상수항의 약수(음수 포함)에서 있을 수 있고, α가 근이라면 그 다항식을 $x-\alpha$로 나누어 차수를 줄일 수 있다고 했다. 그는 기하학 문제에 대수학의 기법을 응용하는 것과 거꾸로 방정식 풀이에 기하학 절차를 이용하는 것도 논하고 있다. 그러면서 대수학으로는 허근을 분명하게 나타낼 수 있지만 기하학으로는 전혀 그럴 수 없다고 했다. 그는 원을 이용하여 이차방정식의 실근을, 원뿔곡선을 이

용하여 삼, 사차방정식의 실근을 기하학적으로 작도하는 것도 다루었다.

복소수 계수의 다항식은 적어도 하나의 복소근(실근이나 허근)을 갖는다는 것을 달랑베르가 1746년에 증명했다. 이 증명은 본질적으로 복소수의 범위에서 이루어지는 어떤 대수 연산의 결과도 복소수가 된다는 사실을 보이려는 시도였다. 한편 오일러는 달랑베르가 대수 연산에 시도했던 것을 어떤 의미로는 기초적인 초월 연산에 대해서 시도했다.[27] 달랑베르는 1748년에 실수 계수 다항식에서 허근은 언제나 켤레로 나온다는 것과 실근을 갖지 않더라도 복소근은 언제나 존재함을 증명했으나 근의 존재를 상정함으로써 엄밀함이 다소 떨어졌다.[28] 대수학의 기본 정리를 증명한 것은 아니었다. 오일러는 실수 계수 다항식은 실수 계수의 일차와 이차 인수의 곱으로 표현되며, 따라서 차수만큼의 복소근을 갖는다고 언급했으나 완전하게 증명하지 못했다.

가우스는 1797년에 복소수 계수의 대수방정식에는 적어도 하나의 복소근이 있다는 정리를 방정식의 실수부와 허수부의 그래프가 적어도 한 점에서 만나는 것을 보임으로써 일반적인 방법으로 증명했다. 1799년에는 대수학의 기본 정리를 기하학이나 복소수를 거의 언급하지 않은 채 드무아브르의 방법만을 사용하여 증명했다.[29] 이것은 지금의 기준으로는 엄밀하지 못하지만, 이 정리를 처음으로 제대로 증명한 것이었다. 실수 계수 다항식의 허근은 언제나 켤레로 결합하여 실수 계수 이차 다항식 인수를 만들고, 실근에는 언제나 일차 다항식 인수가 대응된다. 이 증명은 실제로 모든 n차 실수 계수 다항식은 n개의 복소근을 가짐을 보인 것이다. 그러나 가우스는 일차나 이차식의 인수라는 말을 사용하고 허수라는 말을 피함으로써 아직도 복소수 체계를 끌어들이지 않으려 했다. 어쨌든 이 증명은 복소수를 전제로 했으므로 결과적으로 가우스는 복소수 체계가 자연스럽다는 가장 좋은 증거를 제시한 셈이었다. 가우스의 이 접근 방식은 수학적 대상의 존재 여부를 따지는 새로운 접근 방식을 본격 다루도록 했다. 1815, 1816년에 각각 새로운 증명을 하나씩 발표했는데 1816년 증명에서는 복소함수의 적분을 사용하여 대수학과 해석학을 결합했다. 1848년에 복소수를 전면에 내세운 대수적인 증명을 발표했다.

4-2 방정식과 근의 공식

페라리가 사차방정식의 일반해를 발표(1545)하고 나서 250년 정도나 지나는 동안 오차방정식에서는 전혀 진척이 없었다. 삼차와 사차방정식에 쓰였던 기법이 오차방정식에는 통하지 않았다. 19세기에 들어서기 바로 전에야 오차방정식에는 계수로 표현되는 근의 공식(일반해)이 존재하지 않을지도 모른다고 생각하기 시작했다.

취른하우스(E. W. von Tschirnhaus 1651-1708)가 1683년에 삼차 이상의 n차 다항식을 $n-1$차와 $n-2$차 항이 소거된 다항식으로 변환할 수 있음을 보였다. 여기에 적용된 것이 취른하우스 변환인데, 최고차 항의 계수가 1인 다항식 $f(x)$에 대해 $g(x)$와 $h(x)$가 다항식이고 $h(x)$가 $f(x)=0$의 한 근에 대하여 0이 되지 않을 때 $f(x)=g(x)/h(x)$로 표현되는 변환이다. 그는 이 방법을 발전시켜 일반 n차 방정식을 n차 항과 상수항만 있는 방정식으로 변환하고자 했다. 이 변환식은 17세기에 방정식의 일반해를 구할 수 있으리라는 바람을 품게 했다. 1786년에는 브링(E. S. Bring 1736-1798)이 이 변환을 써서 일반 오차방정식을 $y^5+py+q=0$ 형태로 변환했으나 근을 구하지는 못했다. 1834년에는 제라드(G .B. Jerrard 1804-1863)가 4차 이상의 어떤 다항식도 이 변환으로 $n-1$차, $n-2$차와 $n-3$차의 항을 소거할 수 있음을 증명했다. 그러나 이 방법으로도 오차방정식을 대수적으로 풀 수는 없었다. 이때는 이미 오차방정식에 근의 공식은 없음이 밝혀진 때였다.

1750년 무렵에 오일러는 페라리가 발견했던 사차방정식의 근을 구한 방법과 비슷하게 일반 오차방정식을 사차분해방정식으로 고치려고 했으나 실패했다. 오차방정식의 풀이에 대한 결정적인 통찰이 방데르몽드(A.-T. Vandermonde 1735-1796)에게서 나왔다. 그가 1771년에 방정식의 각 근을 모든 근을 사용하여 표현한다는 생각을 발표했다. 이를테면 $x^2+px+q=0$의 두 근이 α, β라고 하면 $\alpha=\{(\alpha+\beta)+(\alpha-\beta)\}/2$로 표현된다. 여기에 근들의 대칭식을 언제나 기본 대칭식으로 고쳐 쓸 수 있다는 사실을 적용한다. 이 기본 대칭식을 근과 계수의 관계를 이용해 방정식의 계수로 나타낼 수 있다. 그러면 근들의 대칭식은 계수의 다항식으로 표현된다. 위의 예에서 두 근은 대칭식 $\{(\alpha+\beta)\pm\sqrt{(\alpha-\beta)^2}\}/2$으로 나타낼 수 있고, 이것을 다시 기본 대칭식 $\alpha+\beta$, $\alpha\beta$로 표현되는 $\{(\alpha+\beta)\pm\sqrt{(\alpha+\beta)^2-4\alpha\beta}\}/2$로 고쳐 쓸 수 있으므로 $\alpha+\beta$, $\alpha\beta$에 각각 $-p$, q를 대입하면 근은 $(-p\pm\sqrt{p^2-4q})/2$가 된다. 이것은 근들의 치환으로 방정식을 해결하려는 첫 시도였다. 여기서 어떤 식을 변화시키지 않는 치환들로만 이루어진 부분집합을 찾는 것이 중요하다. 이때 정n각형과 관련된 방정식 $x^n-1=0$이 중요한 역할을 하는데, 그는 n이 10 이하일 때 이 방정식을 근호로 풀 수 있음을 증명하는 데 가장 크게 이바지했다. 그의 이 생각을 라그랑주가 모든 대수방정식을 공략하는 발판으로 삼았다.[30]

라그랑주는 1767년에 방정식을 대수적으로 풀 수 있는지에 대한 필요충분조건을 찾지는 못했으나, 해결의 실마리를 제공했다. 그는 카르다노, 페라리 같은 사람들이 적용한 기법들이 모두 한 가지에서 나왔음을 알았다. 그것은 방정식에서 직접 근을 구하지 않고 분해방정식을 거쳐 간접으로 푸는 것이었다. 삼차방정식의 분해방정식은 이차방정식이고, 이 이차방정식의 근으로 세제곱근을 구하고 이것들로 삼차방정식의 근을 구성하면 된다. 실제로 삼차방정식 $x^3+ax^2+bx+c=0$에서 $x=y-\frac{a}{3}$로 놓아 $y^3+py+q=0$으로 바꾸고, $y=z-\frac{p}{3z}$를 대입하여 $z^6+qz^3-\frac{p^3}{27}=0$으로 변형하고 $z^3=r$이라 하여 $r^2+qr-\frac{p^3}{27}=0$으로 놓는다. 두 근 r_1과 r_2는 $-\frac{q}{2}\pm\sqrt{\frac{q^2}{4}+\frac{p^3}{27}}$이다. 라그랑주는 주어진 방정식에는 세 개의 서로 다른 근 $x_1=\sqrt[3]{r_1}+\sqrt[3]{r_2}$, $x_2=\omega\sqrt[3]{r_1}+\omega^2\sqrt[3]{r_2}$, $x_3=\omega^2\sqrt[3]{r_1}+\omega\sqrt[3]{r_2}$가 있음을 보였다. 여기서 ω는 $x^2+x+1=0$의 근이다. 사차방정식의 분해방정식은 삼차방정식이고, 삼차방정식의 근으로부터 구한 근의 네제곱근으로 사차방정식의 근을 구성할 수 있다. 그러나 그가 예상한 바와 달리 오차방정식의 분해방정식은 육차방정식이 되었다. 삼차와 사차방정식을 간단하게 만든 풀이 방법은 오차방정식을 더욱 복잡하게 만들었다. 그는 이 결과로부터 사차를 넘는 다항방정식의 근의 공식은 없다고 유추했다.

라그랑주는 1770, 1771년에 새로운 단계로 나아갔다. 그는 사차 이하의 방정식을 풀 때 쓰인 방법이 왜 오차 이상의 방정식에는 적용되지 않는지에 대한 근본 질문을 다루었다. 그가 근들의 치환을 이용한 방데르몽드의 연구를 알고 있었다는 증거는 없으나 방데르몽드와 같은 사고 방식으로 더욱 깊이 들어갔다.[31] 방정식을 해결할 수 있는지를 알려면 그 근들의 치환을 조사하고 이 치환으로 분해방정식에 일어나는 상황을 살펴보아야 한다는 것이었다. 이 두 해 동안 근들 사이의 치환을 분석하여 이, 삼, 사차방정식을 푸는 공식을 얻었다.[32] 그는 위의 삼차방정식 풀이에서 (x', x'', x''')을 (x_1, x_2, x_3)으로부터 치환된 것이라 할 때, 여섯 개의 y 값이 $(x'+\omega x''+\omega^2x''')/3$이라는 형태로 나타남을 보였다. 이렇게 해서 근의 치환이 도입되었다. 그는 삼차방정식을 푸는 다른 몇 가지 방법을 생각했으나, 모두 같은 방식이 들어있었다. 어느 방법이든 가능한 여섯 가지의 치환에 대하여, 두 값만을 취하는 세 근의 유리식이 나타나고, 그 식은 이차방정식을 만족한다.

라그랑주는 삼차와 사차방정식을 푸는 방법을 연구한 뒤 일반화하고자 했다. 이때 방정식 $x^n-1=0$의 근을 연구하는 것이 중요했다. 그는 n이 홀수인 경우에 모든 근을 한 근(생성원)의 거듭제곱으로 나타낼 수 있음을 보였다. 특히 n이 소수이고 $\alpha(\neq 1)$가 근의 하나라면 n보다 작은 임의의 m에 대하여 α^m은 모든 근의 생성원이 될 수 있다. 다음에 그는 n차방정식을 공략하려면 $k(<n)$차로 환원한 방정식을 결정하는 방법이 필요함을 알았다. 그러한 방정식은 주어진 방정식의 근을 변수로 하는 함수를 풀어야 하고, 그 함수는 근을 $n!$가지의 모든 치환으로 정렬할 수 있을 때, k개의 값만을 취하는 것이어야 한다. 비교적 간단한 근의 함수가 그러한 방정식의 근이 되지 않았으므로 라그랑주는 그 함수와 그것이 만족하는 방정식의 차수를 결정하는 몇 가지의 일반적인 방법을 찾으려고 했다. 이 과정에서 유한군 G의 부분군의 위수는 G의 위수의 약수라는 라그랑주 정리를 얻었다.

라그랑주가 방정식의 가해성을 방정식의 근의 치환으로 고찰한 것은 근에 대한 유리함수와 근을 치환했을 때 유리함수가 어떤 성질을 갖는지에 대한 연구였다. 그는 대칭식은 방정식의 계수들로 나타낼 수 있어 하나의 식으로 특정된다는 것을 알았다. 관심을 끄는 것은 근들이 치환을 이룰 때 몇 가지 다른 값을 갖는 대수식이었다. 이 식들이 오차방정식을 푸는 열쇠일 것이었다. 그렇지만 그는 오차방정식의 근의 공식이 없을지도 모른다고는 생각하지 못한 듯하다.

처음으로 일반 오차방정식은 근호를 이용해서 풀 수 없음을 보이려고 했던 사람은 루피니(P. Ruffini 1765-1822)였다. 그는 1799년에 오차 이상의 일반 방정식을 대수적으로 풀 수 없다는 증명을 내놓았는데 당시에는 거의 이것을 이해하지 못했다. 푸아송(S.-D. Poisson 1781-1840)과 다른 수학자들이 이 증명은 너무 모호하다고 말한 데다가[33] 증명이 너무나도 길고, 오류가 있다는 소문이 나도는 바람에 누구도 확인하려고 하지 않았다. 실제로 대강에서는 타당했으나 구체적인 사항에서 몇 가지 흠이 있었다.[34]

라그랑주처럼 루피니도 치환에 바탕을 두고 연구했다. 방정식의 계수는 근들의 대칭식으로 표현되어야 한다. 곧, 근들이 치환되더라도 방정식의 계수는 그대로여야 한다. 그러나 라그랑주가 관찰했듯이 그 근들의 특정 표현은 어떤 치환에 대해서는 대칭이나 다른 치환에 대해서는 그렇지 않았다. 이것이 근의 공식과 관련되어 있다. 치환의 이러한 특성은 다른 수학자들도 알고 있었다. 그렇지만 그들은 두 치환을 합성하면(곱하면) 새로운 치환이 된다는 것을 이용하지 못했다. 루피니는 이런 합성이 오차방정식의 비밀을 드러낼 열쇠를 쥐고 있음을 알았다. 그는 합성의 규칙을 활용하여, 오차방정식의 다섯 개의 근이 만드는 120개 치환의 곱의 구조가 방정식이 근호로 풀린다면 반드시 존재하는 대칭함수와 일치하지 않음을 밝혔다.

4-3 부정방정식

오일러는 정수에 국한하여 근을 찾는 부정방정식도 연구했다. 그가 〈대수학 입문〉(1765)에서 다룬 부정방정식은 대부분 디오판토스의 〈산술〉에 있는 문제였다. 오일러는 디오판토스와 달리 하나의 근이 아니라 언제나 일반해를 구하려고 했다. 또한 그는 특정 문제보다 $y^2 = p(x)$ ($p(x)$는 이, 삼, 사차의 다항식)처럼 일반적인 형태를 띤 방정식의 유리수나 정수 근을 찾는 방법을 다루었다. 특별한 경우로 페르마가 다뤘으나 오일러가 오해하여 펠(J. Pell 1611-1685)의 이름을 붙인 방정식 $x^2 - ny^2 = 1$에서 n이 2부터 100일 때까지의 제곱수가 아닌 자연수일 때 가장 작은 자연수 해를 찾는 방법을 제시했다. 그러나 그는 모든 n에 대하여 근이 존재하는지는 증명하지 않았다. 라그랑주가 1766년에 증명했다. 이 내용은 오일러의 1767년판 〈대수학 입문〉에 실렸다. 펠 방정식을 처음으로 제대로 다룬 사람은 1150년 무렵의 인도의 바스카라였다.

4-4 연립일차방정식

연립일차방정식을 행렬식(determinant)을 이용하여 푸는 방법을 1600년대 말에 매우 멀리 떨어져 있던 두 사람이 동시에 발견했다. 일본의 세키코와(關孝和 1642?-1708)와 독일의 라이프니츠이다. 세키코와는 1683년에 중국식 소거법을 일반화하면서 행렬식으로 푸는 방법을 설명했다. 라이프니츠는 이 방법을 1693년 로피탈에게 보낸 편지에서 밝혔다. 일본에서는 세키코와 이후 주목할 만한 발전이 하나도 없었고, 유럽에서는 라이프니츠 이후 50년쯤 지나서 행렬식을 다시 주목하기 시작했다.

매클로린은 〈대수학 논고〉(1748)에서 연립방정식의 미지수를 소거하는 이른바 크라머 공식을 제시했다. 이를테면 $\begin{cases} ax+by=c \\ dx+ey=f \end{cases}$에서 $x = \dfrac{bf-ce}{ae-bd}$이고 $\begin{cases} ax+by+cz=m \\ dx+ey+fz=n \\ gx+hy+kz=p \end{cases}$에서 $x = \dfrac{bfp-bkn+ekm-ecp+hcn-hfm}{aek-afh+dhc-dbk+gbf-gec}$이다. 이 풀이에서 분자와 분모가 행렬식이다. 매클로린은 이 방법을 미지수가 네 개일 때까지만 적용하고 일반화하지

않았다.

행렬식으로 연립방정식을 푸는 방법은 크라머(G. Cramer 1704-1752)의 1750년 연구로 널리 알려지게 되었다. 그는 행렬식의 부호를 쉽게 결정할 수 있도록 문자 계수에 위첨자를 붙인 더 나은 기호법을 사용했다. 이것이 한결 쉽게 일반화해 주었다. 그는 행렬식 방법을 이차곡선을 구하는 데도 이용했다. 임의로 주어진 다섯 개의 점을 지나는 이차곡선 $ax^2+2bxy+cy^2+2dx+2ey+f=0$을 찾는 문제를 논의했다.[35] 이 문제는 다섯 개의 미지수와 다섯 개의 식으로 된 연립일차방정식으로 이어진다. 이런 문제는 추상적인 영역에 머물지 않는다. 케플러 법칙에 따르면 행성은 이차곡선(타원) 궤도를 따라 움직인다. 그러므로 다섯 번의 관찰로 위치를 알아내면 궤도를 꽤 정확하게 결정할 수 있게 된다.

오일러도 〈대수학 입문〉에서 연립일차방정식의 풀이를 다루었으나 하나의 미지수를 다른 미지수로 나타내어 미지수와 방정식의 개수가 줄어든 연립방정식으로 만드는 것을 언급했을 뿐이었다. 크라머 공식도, 연립방정식을 푸는 다른 일반적인 순서도 언급하지 않았다.

베주(É. Bézout 1730-1783)는 행렬식을 대수방정식의 소거법에 사용했다. 1779년에 미지수가 n개인 n개의 연립일차방정식을 푸는 데서 크라머 공식과 비슷한 방법을 몇 가지 제시했다. 그는 그런 방법들을 방정식이 공통근을 갖기 위해 필요한 계수 조건에 대하여 미지수가 둘 이상인 연립방정식으로 확장했다. 이를테면 연립방정식 $\begin{cases} a_1x+b_1y+c_1=0 \\ a_2x+b_2y+c_2=0 \\ a_3x+b_3y+c_3=0 \end{cases}$이 근을 가질 필요조건은 행렬식 $\begin{vmatrix} a_1 & b_1 & c_1 \\ a_2 & b_2 & c_2 \\ a_3 & b_3 & c_3 \end{vmatrix}$이 0일 때이다.

연립일차방정식과 관계없이 행렬식을 이용하거나 연구한 결과물도 있다. 라그랑주는 1775년에 물리 문제와 관련해서 삼각형의 넓이와 사면체의 부피를 구하는 공식을 제시했다. 지금은 일반적인 세 점, 네 점일 때의 $\frac{1}{2!}\begin{vmatrix} x_1 & y_1 & 1 \\ x_2 & y_2 & 1 \\ x_3 & y_3 & 1 \end{vmatrix}$, $\frac{1}{3!}\begin{vmatrix} x_1 & y_1 & z_1 & 1 \\ x_2 & y_2 & z_2 & 1 \\ x_3 & y_3 & z_3 & 1 \\ x_4 & y_4 & z_4 & 1 \end{vmatrix}$로 표현하고 있다. 그는 자신의 결과를 행렬식론으로 발전시키지 않았다. 라플라스(P. S. Laplace 1749-1827)는 1776년에 목성, 토성의 이심률과 궤도의 경사도를 분석한 논문에서 행렬식을 이용한다.[36] 여기서 그는 $n\times n$행렬 A에서 i행과 j열을 없앤 행렬식 M_{ij}에 대하여 $C_{ij}=(-1)^{i+j}M_{ij}$라 할 때 A의 행렬식은 고정된 i행에 대하여 $|A|$

$= \sum_{j=1}^{n} a_{ij} C_{ij}$가 된다는 이른바 라플라스 전개를 사용했다. 고정된 j열에 대해서는 $|A| = \sum_{i=1}^{n} a_{ij} C_{ij}$로 전개된다.

5 기하학

직선, 원, 삼각형, 평행육면체 형태를 대상으로 하던 그리스 시대의 기하학이 중세까지 이어졌다. 이와 달리 근대부터는 공간 자체의 구조를 연구 대상으로 삼기 시작했다. 18세기에 주목을 끄는 두 가지가 있었다. 하나는 사케리와 람베르트에 의하여 다시 시도된 유클리드의 평행선 공준의 증명이었다. 다른 하나는 해석 역학을 비롯한 역학 형식의 구성을 바탕으로 공간 개념이 확대, 심화되면서 해석기하학과 미분기하학에서 새로운 발상들이 나왔다. 덧붙여서 오일러가 위상기하학의 실마리가 되는 문제를 고찰했다. 공간에 대한 새로운 탐색 방법은 공리론에 새로운 관점을 제공하는 계기가 되었다.

5-1 고전 기하학

18세기는 뉴턴과 라이프니츠의 선취권을 다투다가 영국이 유럽 대륙과 교류를 끊음으로써 스스로 고립된 때이다. 이것은 기하학에 대한 관점의 차이 때문에 더욱 깊어졌다. 영국에서는 원근법에 대단히 관심이 있던 테일러(B. Taylor 1685-1731)가 1719년에 처음으로 소실점의 원리를 일반화했다. 이때 다룬 내용의 일부가 오늘날 항공사진으로 측량하는 사진 측량법의 수학적 처리에 응용되고 있다.[37] 매클로린은 1720년에 이차곡선인 원뿔곡선에 내접하는 육각형에 대한 파스칼의 정리를 다루고서 이것을 삼차곡선으로 확장했다. 그는 삼차곡선에 내접하는 사각형의 대변을 연장한 직선의 교점이 그 곡선 위에 있다면 마주보는 두 꼭짓점에서 그은 두 접선의 교점도 그 곡선 위에 있음을 증명했다.[38] 매클로린은 종합기하학의 엄밀함으로 돌아가는 것이 미적분학에 대한 버클리의 비판에 가장 효과적으로 대처하는 것이라 생각했다. 1720년 연구의 결과들은 모두 버클리의 비판에 대응하려는 것이었다. 그는 종합기하학을 능숙하게 사용하여 물리 문제를 해결하는 데 크게 이바지했다. 게다가 R. 심슨(R. Simpson 1687-1768)이 고대 그리스 기하학을 부흥시키고자 했다. 그 일환으로 유클리드와 아폴로니우스의 분실된 책의 복원판도 출판했다. 이런 노력들은 종합기하학의 방법을 고수하는 결과를 낳았고 영국을 18세기에 종합기하학의 중심지로 만들었다. 이런 상황이 유율법의 기호보다도 해석학의 발전을 더욱 가로막은 것으로 보인다.

영국이 종합기하학을 고수한 것은 뉴턴이 끼친 영향 때문이라고 생각하는 경우가 있다. 그렇지만 뉴턴은 〈유율법〉에서 해석기하학을 충분히 이용했고, 〈프린키피아〉에서도 기하학적 기술 방식과 달리 정리를 발견하는 데서 해석을 많이 이용했기 때문에 이 주장은 타당하지 않다. 미분법보다 훨씬 어색한 유율법의 방법과 기호법이 영국의 해석학을 발전시키지 못했다고도 자주 이야기되고 있다. 그렇지만 유율법의 기호가 오늘날 물리학에서 편리하게 사용되고 있어 이 주장도 그다지 설득력은 없다. 종합기하학에 대한 영국인의 집착은 논리적 엄밀함을 지나치게 중시하던 데서 비롯된 것이라 생각된다.[39] 고대 그리스에서 엄밀함을 고집한 것이 대수의 발전을 막았던 것과 비슷한 상황이라 하겠다.

유럽 대륙에서는 클레로(A. C. Clairaut 1713-1765)가 종합기하학의 명맥을 이었다. 그러나 접근 방식이 영국과 달랐다. 그는 기하학 초보자라면 측정이라는 자연스러운 방법으로 배워야 한다고 했다. 그는 유클리드처럼 정의와 공리부터 시작하지 않았다. 측정이라는 원리로부터 유추하는 방법으로 호기심을 자극하여 문제를 해결하고 새로운 개념을 발견하게 함으로써 더욱 복잡한 생각으로 나아가게 하려고 했다. 그는 증명이 엄밀하지 않다고 비평받는 것을 알고 있었으나, 누구나 옳다고 알고 있는 결과를 증명하는 데에 추상적인 추론을 이용할 필요는 없다고 생각했다.[40] 이것을 도형의 넓이나 부피를 구하는 데서 살펴보자. 직사각형의 넓이는 단위 길이의 변으로 둘러싸인 정사각형을 이용하여 측정한다. 이것으로부터 직사각형의 넓이를 길이와 나비라는 측정량을 곱해서 얻는다는 것이 나온다. 직사각형의 반이 삼각형이므로 삼각형의 넓이는 밑변과 높이를 곱한 것 반이 된다. 일반적으로 도형의 변은 직선이 아니므로 구부러진 변을 작은 직선들로 근사시켜 삼각형으로 분할하고 각각의 넓이를 구하여 더하면 곡선 도형의 넓이를 얻는다. 그는 원의 넓이도 케플러처럼 원을 한없이 많은 변으로 이루어진 다각형이라고 하여 구했다. 입체의 경우에는 먼저 각뿔이 밑면에 평행하게 잘린 한없이 많은 면으로 만들어진다고 생각했다. 이것으로부터 밑면과 높이가 같은 두 각뿔의 부피는 같다고 했다. 정육면체를 그것의 중심을 꼭짓점으로 하는 여섯 개의 같은 각뿔로 분해하는 것에서 시작하여 그는 높이 h, 밑넓이 A인 각뿔의 부피 공식 $V=Ah/3$을 끌어냈다. 그리고 반지름이 r인 구의 부피는 높이가 r인 무한개의 각뿔로 만들어진 것으로 생각했다.

18세기 말에 몽주(G. Monge 1746-1818)가 해석학 명제에 직관적 의미를 부여하고, 연구 지침을 마련하는 데 순수기하학을 사용한 것이 이것을 부흥시키는 계기가 되었다. 축성술의 문제를 계기로 기하학에 관심을 두게 된 그는 통상 사용하던 지루한 산술 계산을 그래프로 빠르게 해결하는 방법을 모색했다. 이것이 화법기하학(데자르그, 파스칼 등의 사영기하학과 다르다)의 출발이었다. 그는 1799년에 대수학 없이 기하학적인 생각에만 바탕을 둔 〈화법기하학〉(Géométrie descriptive)을 펴냈다. 여기에 담긴 생각은 이면각이 직각을 이루는 연직과 수평인 두 평면에 삼차원 입체의 모든 요소를 정사영하고서 한 평면이 되도록 펼쳐 보이는 것이었다. 이런 식으로 입체의 변과 꼭짓점의 관계를 왜곡 없이 나타냈다. 거꾸로 두 정사영으로부터 입체를 본래의 또는 의도한 형태로 만들 수 있었다. 오늘날 제도에서 흔히 사용되는 이 방법은 몽주의 시대에는 매우 혁신적인 설계 방법이었다. 화법기하학은 기계공학을 있게 한 모든 기계 작도의 기초로써 19세기에 기계를 대량 생산하는 것에 바탕이 되었다.

그림자, 투영도, 지형도의 연구와 함께 법선과 접평면을 포함한 곡면의 성질과 기계에 관한 이론들이 몽주가 프랑스 혁명기에 자신이 주도하여 세운 에콜 폴리테크니크에서 강의한 화법기하학의 내용이었다. 공간곡선과 곡면의 문제가 중심 주제였다. 이를테면 공간에서 꼬인 위치에 있는 세 직선과 만나면서 움직이는 두 직선이 각각 만드는 두 곡면의 교선을 결정하는 문제나 공간의 네 직선에서 같은 거리에 있는 점을 정하는 문제 같은 것이 있다.[41] 몽주의 이런 노력으로 18세기에 곡면의 연구가 시작되었다. 몽주의 화법기하학은 곡선과 곡면에 대수적 방법과 분석적 방법을 능숙하게 적용하여 해석기하학과 미분기하학의 발달에 크게 이바지했다. 특히 곡면의 곡률 연구에 미적분학을 체계적으로 응용하는 것에서 많은 진척을 이루게 했다. 곡률의 일반론에서 몽주는 가우스에게 길을 열어 주었고 가우스는 리만에게 영감을 주어 이른바 리만 기하학을 떠올리게 했다.

5-2 해석기하학

18세기에 해석기하학이 널리 연구되면서 종합기하학은 한 세기 이상 빛을 보지 못했다. 해석기하학의 힘은 직교좌표와 극좌표에서 나왔다. 직교좌표계는 오일러(1748)가 평면곡선에 관한 논제를 다루면서 계통이 갖춰졌다. 그는 이차, 삼차, 사차

곡선을 분류하고 곡선 일반의 여러 성질, 이를테면 점근선, 곡률, 고립점에 관하여 미적분학을 이용하지 않고 고찰했다. 초월곡선 $2y = x^i + x^{-i}$, $y = x^x$을 고찰하고 그래프를 사용해 삼각함수를 해석기하학으로 연구했다. 처음으로 $y = \arcsin x$의 그래프 개형을 그렸다. 또한 매개변수를 도입하여 평면 직교좌표 기하를 체계 있게 다루었다. 이를테면 굴렁쇠선을 $x = b - b\cos(z/a)$, $y = z + b\sin(z/a)$로 나타냈다. 극좌표계를 뉴턴과 야콥 베르누이가 특수한 곡선에만 사용했으나, 1729년에 헤르만(J. Hermann 1678-1733)이 극좌표의 일반적인 쓸모를 발견하고 곡선 연구에 널리 활용했다. 직교좌표에서 극좌표로 변환하는 방식도 보여주었다. 오일러(1748)가 극좌표도 온전하게 체계적으로 설명했다. 그가 좌표변환 방정식을 처음 현대적인 삼각법 형식으로 엄밀하게 보여주었다. 극좌표의 일반각 좌표와 음의 값을 갖는 동경벡터도 사용했다. 이렇게 해서 극좌표는 오늘날의 형태를 갖추었다. 오일러는 아르키메데스 나선, 로그나선 같은 특정 곡선을 극좌표로 기술하기도 했는데, 곧 편각을 θ, 동경의 길이를 r이라 하여 각각 $r = a\theta$, $r = ae^{\theta/n}$로 나타내고 그래프도 제시했다. 그는 1765년에 평면곡선을 따라 움직이는 입자의 가속도를 구성하는 성분의 극좌표 공식을 편미분방정식으로 유도하기도 했다.

17세기에 페르마, 데카르트, 라이르의 저작에 삼차원 해석기하학의 개념이 나타나기는 했다. 본격적으로 다루어진 것은 요한 베르누이가 1715년에 세 개의 좌표평면을 도입하고부터다. 1728년에 오일러는 해석기하학을 삼차원에 적용하여 원기둥, 원뿔, 회전면의 일반 방정식을 제시했다. 원뿔면 위의 두 점 사이의 최단곡선(측지선)은 그 곡면을 평면으로 펼쳤을 때 그 두 점을 잇는 직선이 됨도 보였다. 이것은 평면으로 펼칠 수 있는 곡면에 관해 처음 나온 정리의 하나였다.

클레로가 1731년에 공간곡선과 곡면을 주제로 삼은 저작에서 세 번째 좌표를 평면 밖의 점에서 평면까지의 거리로 나타냈다. 그는 세 변수의 방정식이 곡면을 정의함을 보였고, 곡면의 성질은 방정식으로 결정된다는 일반적인 결과를 증명했다. 전에 알려져 있던 곡면 가운데 몇 가지의 방정식, 이를테면 구면 $x^2 + y^2 + z^2 = a^2$, 포물면 $y^2 + z^2 = ax$ 등을 제시했다. 일반적으로 곡선 $f(u, z) = k$를 z축 둘레로 회전하여 만들어지는 곡면의 방정식은 u를 $\sqrt{x^2 + y^2}$으로 바꾸어 얻을 수 있음을 보였다. 헤르만도 1732년에 $x^2 + y^2 = f(z)$는 z축을 회전축으로 하는 회전면임을 보였다. 클레로는 공간곡선이 두 곡면이 교차하여 만들어지는, 곧 두 개의 곡면방정식으로 기술됨을 보였다. 또 그는 한 곡선을 지나는 두 곡면방정식을 적절히 결합하면(이를테면 더하기) 같은 곡선을 지나는 새로운 곡면방정식이 나온다는 사실을 확인했다. 이것은 두 점에서 만나는 두 원의 방정식이 있을 때 하나에 상수배를 하여 다른 것에 더하면 본래의 교점을 지나는 또 다른 원의 방정식이 나오는 것과 같다. 이 사실을 이용하여 곡선의 사영방정식을 얻는 방법을 설명한다. 이밖에 이, 삼차원에서 거리 공식, 평면의 절편, 공간곡선에 그은 접선과 같은 내용을 다루었다.

오일러는 공간좌표계에서 세 번째 좌표를 클레로처럼 정의하고. 이차곡면에 관한 문제를 체계화했다. 〈무한소 해석 입문〉에서 삼변수 일반 이차방정식 $ax^2+by^2+cz^2+dxy+exz+fyz+gx+hy+jz+k=0$에 좌표계 변환을 적용하여 여섯 가지 표준형 방정식인 원뿔, 원기둥면, 타원면, 일엽쌍곡면, 이엽쌍곡면, 포물면을 나타냈다. 차수는 선형변환을 해도 불변임을 근거로 데카르트처럼 차수로 곡면을 분류했다. 1770년(그 뒤에 라그랑주도)에는 좌표축 회전에 대한 대칭형 방정식을 다뤘다. 라그랑주도 삼차원 문제에 깊은 관심을 보였다. 이를테면 공간의 점 $(p,\ q,\ r)$에서 평면 $ax+by+cz+d=0$까지 거리가 $(ap+bq+cr+d)/\sqrt{a^2+b^2+c^2}$임을 증명했다. 몽주와 아셰트(J. N. P. Hachette 1769-1834)는 1802년에 이차곡면을 평면으로 자른 단면은 이차곡선이고, 평행한 평면들로 자른 단면들은 닮은꼴임을 증명했다. 오일러, 라그랑주, 몽주의 연구로 해석기하학은 기하학에서 벗어났다.

18세기에는 뉴턴의 삼차곡선 연구가 자극제가 되어 삼차 이상의 고차곡선도 많이 연구됐다. 고차곡선에는 이차곡선과 다른 특징, 이를테면 변곡점과 첨점이 있다. 변곡점은 이계도함수의 부호가 바뀌는 점이고 첨점은 두 곡선의 가지가 만나 접선이 둘(이중 접선 포함: $ay^2=x^3$) 생기는 점이다.

매클로린은 1720년에 고차 평면곡선의 교점 이론에 발판을 놓았다. 그는 특수한 경우에서 나온 결과를 일반화하여 'm차방정식과 n차방정식이 mn개의 교점을 갖는다'고 했다. 1748년에 오일러는 유추에 의존하는 논법으로, 1750년에 크라머는 예로만 설명했기 때문에 증명으로 인정받지 못했다. 이것을 1764년에 베주가 처음으로 증명했으나 한없이 멀리 떨어진 교점과 중복점을 제대로 반영하지 못해 불완전했다. 이 문제를 다루는 가운데 크라머의 역설이 나왔다. 이 역설은 앞에 기술한 정리와 'n차 대수곡선은 $n(n+3)/2$개의 점으로 단 하나 결정된다'는 정리로 이루어져 있다. 오일러는 이 역설을 다루면서 k개의 미지수를 결정하는 데는 k개의 방정식이면 충분하다고 할 때, 이 방정식들이 서로 다르고 어느 것이 다른 것을 포함하지 않는다는 제한이 필요하다고 했다. 그러나 그는 '포함한다'의 뜻을 명확히 규정하지 않았다. 크라머의 역설을 해결하기 위해 오일러는 예를 들어 "두 개의 사차 곡선은 16개의 점에서 만나므로 이 점들로부터 16개의 연립방정식이 나온다. 그런데 14개의 점으로 같은 차수의 곡선이 결정되므로 앞선 16개의 방정식에는 어떤 방정식에 '포함된' 두 개 이상의 방정식이 있다. 이리하여 이 16개의 점으로는 13개 이하의 점이 있는 경우와 마찬가지로 곡선을 결정할 수 없다. 곡선을 완전히 결정하려면 이 16개의 점에 하나나 두 개의 다른 점을 추가해야 한다"[42]고 했다. 수학자들은 더욱 일반적으로 결정불능 또는 불완전한 연립방정식에 관련된 생각을 완전히 이해하지 못했다. 1873년에 알펜(G. H. Halphen 1844-1889)이 중복도를 제대로 셈하는 문제를 해결했다.

몽주는 해석기하학과 미분기하학의 기본 체계를 세웠다. 그는 1784년에 '한 점과 기울기'가 주어졌을 때의 직선 방정식을 처음 제시했다. 그가 1795년에 에콜 폴리테크니크에서 학생을 가르치기 위한 저작을 써서 삼차원 해석기하학이 자리를 잡는 데 이바지했다. 그러나 직선과 평면은 대충 다뤄지고 대부분은 미적분을 삼차원의 곡선과 곡면에 응용하는 내용이어서 학생들이 이해하기에는 매우 어려웠다. 몽주는 〈기하학에서 해석학의 응용〉(Application de l'analyse à la géométrie 1807)에서 대수학을 기하학에 응용하는 방법을 보였다. 여기에서 이차와 삼차원 공간의 직선, 삼차원 공간의 평면에 대한 해석기하학의 첫 단계를 기술하고 있다. 그는 공간의 점은 세 개의 좌표평면 각각에 수직인 성분으로 결정되고, 직선은 세 좌표평면 가운데 두 평면에 내린 정사영으로 결정됨을 보였다. 이때 직선의 방정식을 기울기와 절편, 기울기와 한 점(주어진 직선에 평행하고 어떤 점을 지나는 것 포함), 두 점이 주어질 때 나타내는 방법과 두 평면 직선 $y=ax+b$와 $y=a'x+b'$은 $aa'=-1$이면 직교한다는 것 등을 보였다. 그리고 평면의 방정식을

$z=ax+by+c$[30]와 $ax+by+cz+d=0$[31] … (*)

의 꼴로 나타냈다. 그리고 (*)와 평면 $a'x+b'y+c'z+d=0$의 교선에 수직이고 점 $(p,\ q,\ r)$을 지나는 평면은

$$(bc'-b'c)(x-p)+(ca'-c'a)(y-q)+(ab'-a'b)(z-r)=0$$

이라는 것도 보였다. 좌표축의 변환, 이차곡면의 주평면을 결정하는 문제들도 다루었다. 또한 피타고라스 정리를 삼차원으로 확장한 정리, 곧 평면도형을 서로 수직

30) a와 b는 이 평면이 각각 xz평면, yz평면과 만나는 교선의 기울기
31) $a,\ b,\ c$는 이 평면이 각 좌표평면과 이루는 각의 방향코사인

인 세 평면 위로 정사영하여 생기는 도형의 넓이를 제곱하여 더한 값은 주어진 도형의 넓이를 제곱한 값과 같다는 정리도 있다. 이로써 몽주와 그를 이어서 에콜 폴리테크니크의 교사가 된 제자들에 의해 해석기하학은 새로운 모습을 띠면서 활성화되었다.

5-3 비유클리드 기하학

유클리드의 평행선 공준을 증명하려는 많은 사람의 시도는 모두 실패했다. 그들의 논법에는 제5공준과 동치인 가정이 사용되거나 추론에 오류가 있었다. 1633년에 월리스가 제5공준 대신에 '임의의 삼각형에 대해 합동이 아닌 닮은 삼각형이 존재한다'는 공리를 사용하자고 제안했다. 그는 이 가정과 유클리드의 다른 공리를 사용해서 이른바 플레이페어 공리가 성립함을 증명했다. 이로써 이것과 동치인 평행선 공준이 증명되었다고 생각했다. 그렇지만 월리스가 증명의 근거로 삼은 가정도 평행선 공준과 동치로 밝혀졌다. 그도 순환논법에서 벗어나지 못했다.

18세기 초에 유클리드의 평행선 공준을 다른 공리(준)들로부터 엄밀하게 유도하여, 그것이 필요 없음을 보이려는 시도가 새롭게 시작됐다. 이탈리아의 사케리와 독일의 람베르트가 대표적이다. 이들은 평행선 공준을 부정(주어진 직선 밖의 한 점을 지나 그 직선과 평행한 직선을 두 개 그을 수 있다)하면 어떠한 모순이 생기는지를 조사했다. 이들이 처음으로 이러한 방식으로 깊이 있게 연구했다. 그러나 이들의 연구는 비유클리드 기하가 발견되고 나서 널리 알려졌으므로 새로운 기하학을 발견하는 데에 얼마나 이바지했는지 알 수 없다.

1733년에 사케리(G. G. Saccheri 1667-1733)가 제5공준을 처음으로 실제적이며 논리적으로 일관되게 연구했다. 그는 이미 500년쯤 전에 나시르 딘 투시가 평행선 공준을 연구했던 사실을 알았다. 사케리는 유클리드의 제5공준을 오류라고 가정하고 나서 논리적 귀결로서 평행선 공준을 유도하고자 했다. 그는 두 변 AD와 BC의 길이가 같고 모두 AB에 수직인 사각형(8장 [그림] 참조)으로 논의를 시작했다. 여기서 그는 평행선 공준 없이 유클리드 〈원론〉의 다른 공리와 정리만 사용하여 각 C와 D의 크기가 같다는 사실을 보였다. 그리고 나서 이 두 각을 직각, 예각, 둔각이라 하고서 평행선 공준을 살펴보았다. 이전에 이 문제를 고찰한 사람들처럼 사케리에게도 유일한 참된 가능성은 직각 가설임은 명백했다. 그것이 평행선 공준이 의미하는 것이기 때문이었다. 다른 두 가설로부터는 모순이 나오는 것을 확인하여 평행선 공준을 제외해서는 안 된다는 것을 보여주고자 했다. 그에게 다른 두 가설은 평행선 공준이 오류라고 생각하는 데서 생기는 것이었다.

사케리는 앞서 언급한 사변형으로부터, 어떠한 직각삼각형이든 직각 가설로는 직각이 아닌 두 개의 예각을 더하면 직각과 같고, 둔각 가설에서는 직각보다 크며, 예각 가설에서는 작게 됨을 보였다. 그러고 나서 그는 몇 개의 정리를 거쳐서 둔각 가설이 성립하면 평행선 공준이 성립하고 이에 따라 삼각형의 세 내각의 합이 2직각과 같음을 알아냈다. 여기서 사실 그는 유클리드가 제시한 '어떠한 삼각형의 세 각을 더하면 2직각과 같다'(제1권 명제32)는 것을 전제로 두고 있었다. 어쨌든 이 결론은 둔각 가설에서 삼각형의 세 내각의 합은 2직각보다 크다는 결과와 모순되므로, 둔각 가설은 기각되었다. 증명 과정에서 사케리는 유클리드의 '임의의 삼각형에서 한 변을 연장하면 외각은 어느 내대각보다 크다'는 제1권의 명제16을 사용했다. 이렇게 보면 '유한한 직선을 얼마든지 늘릴 수 있다(제2공준)'는 암묵적인 가정이 그릇된 결론에 이르게 하는 데 일정한 역할을 했다. 결국 사케리는 유클리드의 제2공준을 직선은 한없이 길다는 것으로 해석해서 둔각의 가설로부터 모순이 나온다고 했음을 알 수 있다.

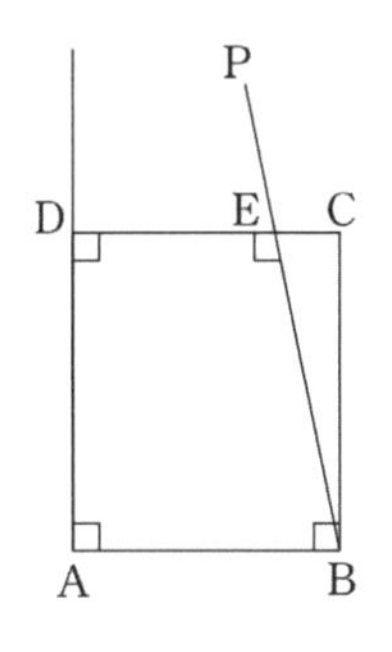

사케리에게 예각 가설을 처리하기는 어려웠다. 그는 정리를 하나씩 증명하는 동안 이 가설로부터 나오는, 직관에 어긋나는 여러 결과를 발견했으나 형식적인 모순을 찾지 못했다. 그런 흥미로운 결과에는 '직선 AD가 그것보다 짧은 임의의 직선 AB와 수직으로 만날 때, 예각 가설에서 AB와 예각으로 만나는 모든 직선 BE가 AD의 연장선과 만난다는 것은 옳지 않다'는 것과 같은 정리가 있다. 이 정리는 AD의 연장선과 만나지 않는 직선 BE가 둘 이상 있음을 의미한다. 이처럼 예각 가설에서 모순이 나타나지 않자, 사케리는 무한원점을 평면의 점처럼 다루면서 자신의 수학적 전개를 억지로 만족스럽지 못한 결말에 이르게 했다.[43] 이렇게 해서 그는 평행선 공준을 귀류법으로 확인했다. 이런 점에서 보면 그는 느끼지 못했으나 모순이 없는 비유클리드 기하학의 바로 앞에 다가섰다고 할 수 있다.

사케리는 유클리드의 평행선 공준에 사로잡혀 있었기 때문에 예각 가설에 모순이 존재하지 않음에도 모순을 억지로 끌어내고서는 모순이 유도된다고 했다. 그렇기는 하지만 평행선 공준을 부정하는 데서 출발한 그는 추론에 필요한 전제를 새롭게 제공했고, 그가 얻은 정리들이 직관에 어긋나 보이지만 내적으로 일관됨을 보임으로써 완전히 새로운 성과를 바랄 수 있게 했다. 그러므로 그는 비유클리드 기하학의 발견자로 일컬어질 만하다. 아쉽게도 벨트라미가 1889년에 언급할 때까지 그의 저작은 많은 영향을 끼칠 만큼 널리 읽히지 못했다.

클뤼겔(G. S. Klügel 1739-1812)이 1760년에 유클리드의 평행선 공준을 비롯한 공리들이 본래부터 자명하지 않은데도, 우리가 경험에 근거를 두고서 자명하다고 여기는 것뿐이라고 주장했다. 더구나 그는 사케리가 모순에 다다른 것이 아니라 단지 이상한 결과를 얻었을 뿐임을 알았다.[44] 그의 주장은 람베르트가 생각을 정리하는 데 큰 역할을 했다.

람베르트는 평행선 공준에 관한 연구를 1766년에 마쳤다. 그는 사케리의 저작을 살펴본 뒤에 그것을 개량했다. 그는 구면에서는 삼각형의 내각의 합이 2직각보다 크다는 사실로부터 그 합이 2직각보다 작게 되는 곡면도 있을 것이라고 했다. 그러면서도 그도 사케리처럼 유클리드의 평행선 공준을 부정한 두 경우에서 모두 모순에 이르게 됨을 보이고자 했다. 그는 세 직각을 갖는 사각형(8장 [그림] 참조)으로 연구했다. 네 번째 각을 직각, 둔각, 예각이라고 가정하고 차례로 조사했다. 그도 사케리처럼 유클리드의 제2공준을 근거로 둔각 가설을 제외했으나 예각 가설에서는 명확한 결론을 얻지 못했다.

람베르트는 예각 가설로부터 비유클리드 기하학의 여러 결론을 끌어내고 나서 사케리와 달리 모순이 나온다고 단정하지 않았다. 그런 결론 가운데 하나가 삼각형 내각의 합은 2직각보다 작고, 그 차는 삼각형의 넓이에 비례한다는 것이었다. 다시 말해서 삼각형이 클수록 내각의 합은 작아진다는 것이다. 그는 이 결과로부터 예각 가설이 성립한다면 닮음이라는 개념이 완전히 무너지게 됨을 알았다. 이 가설로는 두 삼각형이 있다면 둘은 합동이거나 다른 것이어야 한다. 그는 이 경우에 길이, 넓이, 부피를 측정하는 절대 기준이 있을 것이라고 했다. 그는 둔각 가설에서도 구면삼각형의 내각의 합이 2직각보다 크고, 내각의 합과 2직각의 차는 넓이에 비례한다는 성질이 있음도 알았다. 또한 둔각 가설의 기하학이 반지름이 실수인 구면기하학에 반영되고 있으므로, 예각 가설의 가하학은 허수의 반지름을 갖는 구면에서 구현될 것이라고 생각했다.[45] 그런 곡면을 1868년에 벨트라미가 보여준다. 기하학을 바라보는 람베르트의 견해는 선진적이었다. 예각 가설에 기반을 둔 기하학의 유용성을 언급하지는 않았으나 모순을 일으키지 않는다면 가정이 어떠하더라도 그것에 맞는 기하학이 나온다는 사실을 알았다. 그렇지만 그는 예각 가설의 기하학이 존재함을 확신하지 못했다. 그렇다고 예각 가설을 제대로 반박할 수도 없었으므로, 그는 유클리드 기하학이 바르다고 확신했으면서도 유클리드의 평행선 공준을 더 이상 연구하지 않았다.

가우스의 스승이었던 케스트너(A. G. Kästner 1719-1800)는 유클리드의 평행선 공준이 다른 9개의 공리로부터 증명될 수 없다고, 곧 다른 것들과 독립이라고 확신했다.[46] 이것은 가우스에게 많은 영향을 끼쳤다.

세월이 지나면서 유클리드의 평행선 공준을 대체할 정리가 많이 제시됐다. 이런 정리들은 직관적으로 더 매력적이지만 세심하게 살피면 결국 유클리드의 공준과 논리적으로 동치임이 밝혀진다. 이에 플레이페어(J. Playfair 1748-1819)는 1795년에 만족스럽지 못한 유클리드의 평행선 공준을 "주어진 직선 l 위에 있지 않은 주어진 점 P를 지나면서 직선 l과 평행인 직선 m은 한 개만 그을 수 있다"로 대체하자고 제안했다. 이렇게 되면 이제 유클리드 기하학의 나머지 아홉 공리와 플레이페어의 공리로부터 평행선 공준을 끌어내는 과제가 남는다. 그렇지만 유클리드의 평행선 공준과 플레이페어의 공리는 동치이다. 둘 사이에는 미묘한 차이가 있다. 플레이페어의 공리는 아주 먼 공간에서도 두 직선이 만나지 않을 것이라고 주장한다. 유클리드 공준은 어떤 조건일 때 직선들이 어떤 유한한 거리에서 만날지를 말하고 있다.

지금까지 유클리드의 평행선 공준과 동치인 정리로 밝혀진 것에는 다음 것들이 있다. 삼각형의 세 내각의 합이 2직각이다. 같은 선에 평행한 두 선은 서로 평행이다. 평행인 임의의 두 선에 공동 수선이 존재한다. 한 직선에 있지 않은 임의의 세 점을 지나는 원이 존재한다. 평행인 두 선 가운데서 하나와 교차하는 선은 다른 선과 교차한다. 모든 곳에서 두 직선 사이의 거리가 같은 한 쌍의 직선이 존재한다. 임의의 삼각형에 대하여 이것과 합동이 아닌 닮은 삼각형이 존재한다.

1800년 무렵에 비유클리드 기하학과 관련하여 주목할 만한 사람은 르장드르이다. 그는 오랫동안 평행선 공준을 증명할 수 있는지를 고찰하고서 1794년에 정리했다. 그는 삼각형 세 각의 합은 2직각보다 작거나 같거나 크다는 세 가지 가설을 세우고 유클리드 평행선 공준을 다시 고찰했다. 그도 다른 사람들처럼 직선의 무한성을 가정하고서 둔각 가설을 제외했다. 그렇지만 당연히 여겨지던 직선이 무한하다는 가정도 실은 평행선 공준만큼이나 의심스러운 것이었다. 그는 예각 가설을 바탕으로 여러 방향에서 유클리드의 평행선 공준을 다른 공리들로부터 끌어내려고 했다. 그의 모든 시도는 끌어내려는 정리와 논리적으로 동치인 어떤 가정에 의존함으로써 순환논법의 모순에 빠지고 말았다. 그의 이러한 여러 시도는 평행선 공준 문제에 관심을 기울이게 하는 데 많이 이바지했다.

5-4 미분기하학

미분기하학은 점마다 바뀌는 곡선과 곡면의 성질을 연구하는 분야로, 그런 성질은 미적분학의 기법으로만 파악할 수 있다. 그러므로 미분기하학은 미적분학 자체의 문제에서 자연스럽게 나올 수밖에 없다. 미적분학은 해석기하학에 힘입어 기하학에서 벗어났고 기계적인 절차를 채용함으로써 빠르게 발전했다. 해석기하학과 미적분학의 효능을 알게 된 수학자들은 두 가지를 결합하여 기하학 문제를 공략함으로써 미분기하학을 구축했다. 여기서 기하학 문제란 빛살과 빛의 파면, 곡선이나 곡면을 따라 움직이는 운동의 문제, 측지학과 지도 제작 같은 실제 상황에서 생긴 것들이었다.

클레로는 1731년에 그가 이중곡률곡선이라 일컬은 공간곡선의 기본 문제들을 해석학적으로 다루었다. 그는 데카르트가 시사한 방법인 공간곡선을 두 좌표평면에 사영하여 연구하는 방법을 실제로 사용했다. 그는 공간곡선을 무한개의 작은 변으로 구성되고 있다고 생각하면서 미분법을 적용하여 공간곡선의 접선과 수선을 찾았다.

다음으로 오일러가 공간곡선의 미분기하학에서 주요한 진전을 이루었다. 그는 곡선과 곡면을 사용하여 역학을 다루기 위해 미분기하학을 연구했다. 그가 공간곡선론에 관심을 두게 된 것은 아마도 꼬인 탄성끈[32]의 문제로, 1775년에 그것에 관한 이론을 완전하게 다루었다.[47] 그는 공간곡선을 호의 길이 s를 매개변수로 하여 $x=x(s)$, $y=y(s)$, $z=z(s)$로 나타냈다. 각각을 미분하여 $dx=p\,ds$, $dy=q\,ds$, $dz=r\,ds$로 나타내고, $p^2+q^2+r^2=1$을 끌어냈다. 함수 p, q, r은 s를 변수로 하는 좌표함수의 도함수이고, 곡선에 대한 단위 접선 벡터의 성분으로 특정한 점에서 그은 접선의 방향코사인이다. 따라서 점마다 값이 달라진다. 그는 (x, y, z)가 중심, 반지름이 1인 구를 생각하고 곡률을 $\sqrt{\left(\frac{d^2x}{ds^2}\right)^2+\left(\frac{d^2y}{ds^2}\right)^2+\left(\frac{d^2z}{ds^2}\right)^2}$ 으로 정의했다.

32) skew elastica: 곧은 끈 양 끝에 힘을 가해 끈을 뒤틀어 휜 형태

곡률은 공간곡선의 두 가지 특성 가운데 하나이다. 또 하나는 꼬임률이다. 꼬임률은 곡선이 접촉평면으로부터 어느 정도 벗어나 있는가를 나타내는 비율이다. 곡률과 꼬임률이 호의 길이의 함수로서 곡선을 따라 주어진다면, 곡선은 공간의 어디에 있는가를 제외하고는 곧, 평행이동을 무시하면 이 두 함수에 의해 완전히 하나로 결정된다. 랑크레(M. A. Lancret 1774-1807)가 꼬임률의 개념을 해석학적으로 명확히 했다.[48] 그는 곡선 위의 점마다 세 개의 방향을 주었다. 첫째는 접선 방향이다. 잇따른 접선은 접촉평면에 놓인다. 둘째는 주법선 방향이다. 곡선에 직교하면서 접촉평면에 놓인다. 셋째는 종법선 방향이다. 접촉평면과 수직이다. 꼬임률은 호의 길이에 대한 종법선 방향의 변화율이다.

곡면론은 지구 위의 측지선을 연구하는 문제에서 시작되었다. 1698년에 요한 베르누이는 측지선 위에 놓인 임의의 점에서 접촉평면을 택하면 그것은 그 점에서 곡면에 직교한다고 했다. 1728년에 오일러는 측지선의 미분방정식을 내놓았다.

곡면론에서 주된 관심사는 전개할 수 있는 곡면(일그러트리지 않고 평평하게 펼 수 있는 곡면)의 연구였다. 이런 곡면의 연구는 지도를 제작하는 실용 문제에서 제기되었다. 전개할 수 있는 곡면만이 기하학적 성질들을 모두 보존하면서 평면으로 옮겨갈 수 있는데, 기둥면, 원뿔면, 공간곡선의 접선으로 생성되는 곡면들을 들 수 있다. 이런 의미에서 구면을 평면으로 옮기는 방법은 없다. 오일러는 공간곡선의 접선 모임들이 전개할 수 있는 곡면을 이룬다는 사실을 보였다. 그는 전개할 수 있는 모든 곡면은 선직면임을 증명했으나, 역으로 선직면은 전개할 수 있는 곡면임을 보이는 데는 실패했다. 사실 후자는 성립하지 않는다.

구면을 평면으로 보내는 사상 가운데 항해에 가장 중요한 요소인 각을 보존하는 사상에 사람들이 관심을 기울였다. 각의 크기와 방향을 보존하는 사상을 공형사상이라고 한다. 여기에 극사영과 메르카토르 사영이 있다. 그렇지만 각의 상등은 한 점에서 성립하는 성질이므로 공형사상이라 해서 대응하는 두 유한 도형은 닮은꼴이 아니다. 1768년에 오일러는 복소함수를 이용하여 한 평면에서 다른 평면으로 가는 공형변환을 표현할 수 있었다. 사상 문제와 공형사상이 더 진척되려면 먼저 미분기하학과 복소함수론이 확장되어야 했다.

오일러는 1760년에 곡면의 미분기하학을 연구하기 시작했다. 그는 평면곡선의 곡률을 구하는 방법은 알고 있었으나 곡면에 대해서는 정의하기 어렵다고 했다. 그렇지만 곡면에 수직인 평면, 곧 주어진 점 P를 지나는 법선을 포함하는 평면은 규정할 수 있었다. 그는 곡면 $z=f(x, y)$에서 $a(\partial z/\partial x)-b(\partial z/\partial y)=1$이라면 평면 $z=by-ax+c$가 그 곡면에 수직임을 보였다. 그런 평면 가운데 xy평면에도 수직인 평면을 주평면이라 했다. 법선을 포함하는 평면의 하나가 주평면과 이루는 각이 ϕ일 때의 곡률이 최대라면 최소 곡률은 $\phi+90°$일 때 나온다는 사실을 알아냈다.

몽주는 미분기하학의 입문에 해당하는 입체 해석기하학을 고안함으로써 미분기하학의 선구자가 되었다. 그의 1807년 저작은 곡면의 미분기하학 초기 연구에서 중요한 자리를 차지한다. 그는 건축학의 시각에서 곡면을 한 입체의 경계로 보고 곡면을 둘러싼 공간에 관련된 곡면의 성질을 탐구했다. 나중에 가우스는 측지학의 시각에서 곡면을 입체와 분리된 이차원 피막으로 보고 곡면을 둘러싼 공간과 독립인 곡면의 성질을 탐구했다.[49]

몽주도 전개할 수 있는 곡면을 독립으로 연구하면서 곡면의 반귀곡선(edge of regression)을 다룬다. 반귀곡선은 곡면을 생성하는 직선족에 접하는 곡선, 곧 생성직선 집합의 포락선이다. 첨점이 평면곡선을 둘로 가른다면 반귀곡선은 전개할 수 있는 곡면을 둘로 가른다. 그의 이런 업적들은 기하학적 측면과 해석학적 측면을 융합했다. 그는 삼차원 공간에 있는 곡면의 곡률선(line of curvature)이라는 개념도 도입했다. 두 가지 곡률선이 있는데 하나는 각 점마다의 곡률이 곡면의 주곡률이 되는 곡선이고 다른 하나는 앞의 곡률선에 직교하는 곡률선이다. 두 곡률선에서 나타나는 법선들은 전개할 수 있는 곡면을 이룬다.

몽주는 1807년 저작에서 〈화법기하학〉에서 다룬 모든 주제를 해석적으로 전개하면서 미적분학을 이용했다. 그는 여러 유형으로 기술된 것으로부터 주어진 곡면을 나타내는 편미분방정식을 어떻게 결정하는가, 또 어떤 경우에 그 방정식을 어떻게 적분하는가를 상세히 다루었다. 그는 해석학 개념과 기하학 개념 사이의 대응 관계로부터 공통의 기하학적 성질을 지녔거나 같은 생성 방식으로 정의된 곡면들은 하나의 편미분방정식을 만족해야 함을 알았다.[50] 그가 편미분방정식과 공간의 기하학을 결부시킨 일반적인 발상은 미분기하학에 많은 영향을 끼쳤다.

5-5 위상기하학

736년에 오일러는 쾨니히스베르크의 다리 문제를 해결한, 첫 번째 그래프 이론에 관한 논문이라고 여겨지는 것을 발표했다. 현재 지명으로 칼리닌그라드의 프레골랴(Прего́ля) 강에 두 섬이 있는데 그림처럼 일곱 개의 다리가 놓여 있었다. 문제는 다리가 아닌 곳에서 출발하여 모든 다리를 한 번씩만 건너서 출발지로 되돌아오는 경로가 있는지였다(한붓그리기). 오일러는 이 문제를 해결하면서 두 가지 면에서 이바지했다. 첫째는 주어진 상황에서 문제를 해결하는 데 필요한 요소만 추상하는 것이었다. 중요한 것은 섬을 포함한 땅의 크기나 모양이 아니라 다리가 땅을 어떻게 이어주고 있는가였다. 그는 땅을 꼭짓점, 다리를 모서리로 여기고 네 개의 꼭짓점과 일곱 개의 모서리로 나타냈다. 둘째는 꼭짓점과 모서리의 개수에 구애받지 않고 그러한 경로가 있는지를 일반적으로 공략한 것이었다. 모서리를 한 번씩만 지나 출발지로 되돌아오는 경로를 오일러 회로라고 한다. 문제를 푸는 실마리는 꼭짓점마다 그곳에서 만나는 모서리의 개수를 세는 것이다. 이때 핵심은 어떤 꼭짓점을 지나는 경우, 들어가고 나오므로 이곳에서 만나는 모서리는 짝수개이어야 한다는 것이다. 이 생각으로부터 오일러는 일반적으로 홀수 개의 모서리가 만나는 꼭짓점이 두 개보다 많으면 그러한 회로는 있을 수 없다고 했다. 물론 모든 꼭짓점에서 짝수 개의 모서리가 만나면 언제나 오일러 회로가 있다.

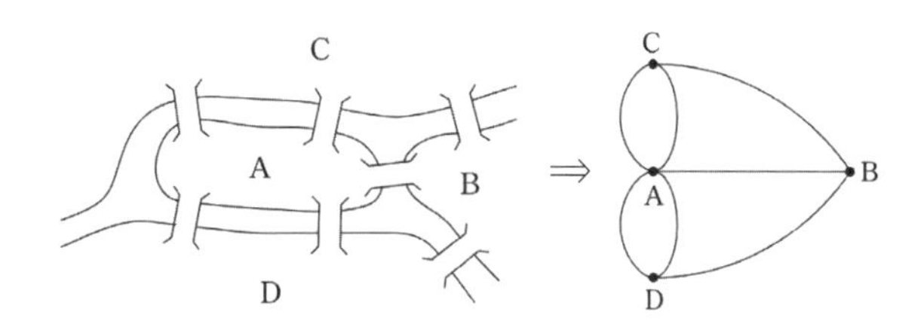

다음과 같이 생각할 수도 있다. 어떤 그래프가 오일러 회로가 되려면 모서리의 개수보다 꼭짓점이 하나 더 많아야 한다(꼭짓점은 중복될 수 있다). 위의 경우는 모서리의 개수가 7개이므로 꼭짓점은 8개이어야 한다. 그런데 어떤 꼭짓점에 연결된 모서리의 개수 k가 홀수라면 그 점이 시작점인지와 관계없이 그곳을 $(k+1)/2$번 지나야 하고, k가 짝수라면 시작하는 꼭짓점은 $(k/2)+1$번, 그 밖의 꼭짓점은 $k/2$번 지나야 한다. 위의 경우 각 꼭짓점에 연결된 모서리의 개수는 5, 3, 3, 3이다. 그러므로 각 꼭짓점을 지나야 하는 횟수 $(k+1)/2$는 3, 2, 2, 2이고 합계는 9이다. 이것은 전체로 지나야 하는 꼭짓점의 개수 8보다 많다. 따라서 이 경우는 오일러 회로는 없다. 쾨니히스베르크의 다리 문제를 해결한 오일러의 생각으로부터 위상수학의 주요 주제의 하나인 연결망 이론이 나왔다. 이 이론은 오늘날 통신망 분석과 컴퓨터 회로 디자인을 비롯한 여러 방면에서 응용된다. 이때 선을 어떻게 긋느냐가 아니라 두 꼭짓점이 연결되어 있느냐, 연결되어 있다면 몇 개의 선으로 연결되어 있느냐가 중요하다.

오일러가 해결한 다른 문제로 이른바 오일러 다면체정리가 있다. 꼭짓점이 V개, 모서리가 E개, 면이 F개인 임의의 볼록다면체에서 $V-E+F=2$가 성립한다는 사실은 18세기에는 고립된 사실에 지나지 않았다. 이러한 고찰은 관계가 위치에만 의존하고, 모서리의 길이나 면의 모양에는 의존하지 않는다는 것에 바탕을 두고 있다. 이것은 한붓그리기를 해결하는 사고방식과 매우 비슷하다. 다면체정리는 1639년에 데카르트가 처음 발견했으나 그는 당시에 증명하지 못했고 1752년에 오일러가 처음으로 증명했다.

한붓그리기는 연결 횟수를 세는 것으로, 어떤 경로가 존재할 때 뒤따라야 하는 관계에 관한 것이다. 다면체정리는 면, 모서리, 꼭짓점의 개수를 세는 것으로, 세 개의 수 사이의 보편적인 관계에 관한 것이다. 둘은 모두 다면체 다이어그램의 조합론에 관한 것이다.[51] 둘은 구부리거나 비틀고 좁히고 늘이는 등의 연속 변환에서 불변인 성질을 다룬다. 1900년 무렵이 되어 이것들과 다른 결과들이 체계적으로 연구되어 위상기하학으로 발전한다.

6 확률론과 통계

확률론은 16세기의 카르다노로 거슬러 올라가지만 19세기 기체운동론에 적용되었을 때에야 비로소 노름의 울타리에서 벗어났다고 할 수 있다. 초기에 확률은 어떤 사건이 일어나는 횟수를 일어날 수 있는 모든 경우의 수로 나누는 방법에 의존했다. 17세기에 고찰된 판돈의 공정한 분배와 공평한 놀이는 현재의 분명한 가치와 앞으로 생길 불분명한 가치를 교환하는 우연에 의존한 계약 개념과 관계되어 있다. 그러한 계약에는 연금과 보험도 있다. 여기서는 지금 내는 돈의 합계가 나중에 어떤 조건에서 돌려받을 돈의 합계와 비교되어야 한다. 그러므로 계약이 적정하게 이루어지도록 관련된 위험을 정량화하는 방법이 필요했다.

18세기에 들어서 야콥 베르누이(1654-1705)는 큰 수의 법칙을 증명했다. 드무아브르는 정규분포의 개념을 도입하고 그 성질을 연구했다. 베이즈(T. Bayes 1701-1761)와 라플라스에 이르러 어떤 경험 자료의 고찰로부터 확률을 어떻게 결정해야 할지가 제시되었다. 오일러는 혜성의 궤도를 계산하면서 관측 자료를 다루는 통계학으로 첫걸음을 내디뎠다.

통계학은 확률을 이용하여 실제 자료를 분석하는 분야다. 유럽에서 산업혁명이 일으킨 사회 문제로 말미암아 질병의 발생, 출생과 사망, 국가 전체 소득과 개인 소득, 실업률 같은 문제에 관심이 생겼다. 그론트(J. Graunt 1620–1674)가 이런 문제를 처리하는 데 처음으로 통계를 적용하려고 생각했다. 그를 이은 페티(W. Petty 1623–1687)는 사회과학은 정량적이어야 한다고 주장하며 그것에 적합한 통계 방법에 주의를 기울였다. 두 사람을 이어 핼리(E. Halley 1656–1742)가 인구와 소득, 사망률에 관해서 폭넓게 연구했다. 이러면서 통계라는 분야가 당시에 정치인에게 도움이 되는 기법으로 알려지기는 했으나 그것을 의미 있게 다룰 수 있는 수학적 방법은 아직 개발되지 않았다.

야콥은 불확실성을 정량화한 첫 번째 사람일 것이다. 그는 모든 가능성을 열거할 수 없는 상황에서 위험을 정량화하고자 했다. 그래서 마찬가지의 많은 예로부터 관찰된 결과를 살펴보고 귀납적으로 확률을 얻을 것을 제안했다.[52] 그는 1705년에 그것의 이론적 증명을 큰 수의 법칙으로 제시했고 이것을 〈추측술〉(Ars conjectandi 1713)에 실었다. 이 저작은 수학적 확률론을 시작하고 확률 개념을 마무리한 것으로 여겨진다.[53]

〈추측술〉의 제1부에서는 기댓값 개념을 다룬 하위헌스의 1657년 저작에 주석을 붙였다. 주석에는 다음과 같은 것들이 있다.[54] n개의 주사위를 던져 눈의 합이 m이 될 경우의 수는 $(x+x^2+x^3+x^4+x^5+x^6)^n$을 전개할 때 x^m의 계수와 같다. 한 번의 시행에서 성공할 비율과 실패할 비율이 각각 $\frac{b}{a}$, $\frac{c}{a}$일 때, n번 시행하여 적어도 m번 성공할 가능성은 $\left(\frac{b}{a}+\frac{c}{a}\right)^n$의 전개식에서 $\sum_{i=m}^{n}\left(\frac{b}{a}\right)^i\left(\frac{c}{a}\right)^{n-i}$이다. A, B 두 사람이 번갈아 두 개의 주사위를 던져 A는 6이, B는 7이 나오면 이기는 것으로 할 때 둘의 기댓값은 무한등비수열로 주어지는데 6이 나올 확률이 5/36, 7이 나올 확률이 6/36이어서 A의 기댓값은 30/61, B의 기댓값은 31/61이다. 이 부분에서 그가 우연의 문제를 해결하는 방법을 제시한 것에 많은 의미가 있다.

제2부에서는 이항정리와 다항정리를 이용하여 일반적인 조합론을 추구하며 새로운 종류도 몇 가지를 다루고 있다. 순열의 수를 구하는 규칙을 중복이 허용되지 않는 경우와 허용되는 경우로 보여주고, n개에서 r개를 끄집어낼 때의 조합의 수를 다루고 있다. 조합의 수에 관한 내용을 다룰 때 귀납법을 적극 이용한 파스칼과 달리 야콥은 귀납법이라는 논증 형식은 과학에서는 충분하지 않다고 했다.[55]

제3부에서 야콥은 노름이 중단되었을 때 판돈을 나누는 문제에서 두 노름꾼이 어떤 점수를 얻고 있을 때, 둘이 이길 가능성이 같은 경우부터 둘의 이길 가능성이 같지 않은 경우로 그리고 더욱 일반적으로 이기고 질 가능성이 같지 않은 경우로 확장했다. 그는 $n(=a+b)$번의 시행에서 a번 성공하고 b번 실패한다고 할 때 n번 시행에서 i번 성공할 확률은 $(a+b)^n$에 대한 ${}_nC_i a^i b^{n-i}$의 비와 같음을 보였다. 다음으로 그는 산술삼각형을 이용하여 정수의 거듭제곱의 합을 계산했다. 임의의 차수 $k(>0)$에 대하여

$$\sum_{i=1}^{n} i^k = \frac{1}{k+1}n^{k+1} + \frac{1}{2}n^k + \frac{k}{2}An^{k-1} + \frac{k(k-1)(k-2)}{2\cdot 3\cdot 4}Bn^{k-3} + \frac{k(k-1)(k-2)(k-3)(k-4)}{2\cdot 3\cdot 4\cdot 5\cdot 6}Cn^{k-5} + \cdots$$

라는 일반적인 결과를 얻었다. 이 점에서 야콥은 11세기 하이삼과 16세기 주예스타데바를 넘어섰다. 여기서 n의 지수는 양수이다. $A=1/6$, $B=-1/30$, $C=1/42$, $\cdots$ 로 이 값들을 베르누이 수라고 한다. 이 수는 이를테면 $k=2$일 때 $\sum_{i=1}^{n} i^2 = \frac{1}{3}n^3 + \frac{1}{2}n^2 + An$에서 $n=1$로 놓고서 $A = 1 - \frac{1}{3} - \frac{1}{2} = \frac{1}{6}$로 구한다. B는 $k=4$, $n=1$로 놓고서 구한다. 이 수는 함수 $x/(e^x-1)$의 매클로린 전개에서 차수가 짝수인 항의 계수에 $n!$을 곱한 것이다. 이 수는 삼각함수와 쌍곡선함수를 무한급수로 전개할 때 유용하다. 이 수는 페르마의 마지막 정리의 증명에 한몫했다.[56] 판돈을 나누는 문제에서 야콥은 다른 방법도 내놓았다. A가 이기려면 m점, B는 n점이 필요한 경우에 노름은 $m+n-1$번의 시행으로 끝난다. 가능한 경우의 수는 2^{m+n-1}가지이고 A, B가 한 판에서 이길 가능성이 같을 때 A가 이기게 되는 경우의 수는

$$1+\mu+\frac{\mu(\mu-1)}{2!}+\cdots+\frac{\mu(\mu-1)(\mu-2)\cdots(\mu-n+2)}{(n-1)!} \quad (\text{여기서 } \mu=m+n-1)$$

라고 했다.[57]

정치, 도덕, 경제학 문제에 확률론을 적용하려고 기획한 제4부에서 확률론의 실용적인 응용을 다루지는 않지만, 실생활에서 볼 수 있는 갖가지 근거와 그것이 어떻게 하나의 확률적 언명과 결부되는지를 논의하고 있다.[58] 확실한 정도로서 확률, 도덕적 기댓값과 수학적 기댓값 같은 확률론과 관련된 철학 문제를 다루었다. 대부분의 현실 상황에서 확률이 1인 경우는 있을 수 없다고 하고서 개연적 확실성이라는 개념을 도입했다. 그는 개연적 확실성을 결정하기 위해서 '큰 수의 법칙'이

라는 것을 정식화했다. 그가 이 법칙을 생각하게 된 것은 확률이라는 비를 정확히 결정할 수 없어 어림값에 만족해야 함을 인식했음을 보여준다. 그는 표본의 크기를 늘리면 표본으로 계산한 비가 주어진 오차 이내로 참된 확률에 가까이 놓인다는 것에 대한 신뢰도를 원하는 만큼 높일 수 있음을 증명한 것이다. 또한 이것은 표본으로부터 얻은 확률이 주어진 범위 안에서 참된 확률에 가까이 놓이는 데 필요한 시행의 횟수를 계산할 수 있음을 보여준 것이기도 하다.

큰 수의 법칙은 다음과 같다. p를 성공 확률, n을 시행 횟수, k를 성공 횟수, ε을 임의의 양이라 하자. 다른 한편 충분히 큰 임의의 양수를 c라 하면 k/n와 p의 차가 ε 이하일 확률이 k/n와 p의 차가 ε보다 크게 되는 확률의 c배보다 크게 되는, 곧 $P\left(\left|\frac{k}{n}-p\right|\leq\varepsilon\right)>cP\left(\left|\frac{k}{n}-p\right|>\varepsilon\right)$인 n을 찾을 수 있다는 것이다. 이 부등식은 k/n가 p에 가까울 확률은 가깝지 않을 확률보다 훨씬 크다는 말이다. 그런데 이때 야콥에게 ε은 그냥 임의의 양수가 아니라 $1/n$이었다.[59] 이 부등식을 $P\left(\left|\frac{k}{n}-p\right|>\varepsilon\right)<\frac{1}{c+1}$이 성립하는 n이 있다고도 기술하는데, 비 k/n가 p에서 매우 멀어질 확률이 시행 횟수가 늘어남에 따라 0에 가까워진다는 것이다. 시행 횟수가 커질 때의 비가 어떤 의미에서 확률에 해당하는지를 보여준다. 큰 수의 법칙은 결국 $\lim_{n\to\infty}P\left(\left|\frac{k}{n}-p\right|<\varepsilon\right)=1$이 성립한다는 것이다. 이것은 확률론에서 첫 극한 이론이다.

야콥은 이것을 거꾸로 이용하는 쪽이 더욱 중요하다고 했다. 이를테면 흰 구슬과 검은 구슬의 개수의 비를 모르는 주머니에서 하나씩 여러 번 꺼냈더니 흰 구슬이 m번, 검은 구슬이 n번 나왔다고 하자. 이때 주머니 안에 흰 구슬의 검은 구슬에 대한 비는 대략 m/n이 된다. 이렇게 추정되는 확률을 수치로 정확히 평정하는 데는 큰 수의 법칙을 거꾸로 이용하거나 베이즈 정리를 원용하는 방법이 있는데, 두 방법으로부터 얻는 결과는 거의 일치한다.[60] 1744년에 웹스터(A. Webster 1708-1784)와 R. 윌리스(R. Wallace 1697-1771)가 매클로린과 함께 큰 수의 법칙을 바탕으로 핼리의 생명표를 이용하여 구사했던 확률 계산이 보험과 인구 통계학의 기초가 되었다. 큰 수의 법칙은 이런 응용을 거치면서 무작위 오차 이론처럼 과학적으로 정당한 확률론의 응용으로 나아가는 디딤돌이 되었다.

그렇지만 야콥의 결론에는 두 가지 한계가 있었다. 이 법칙을 적용하려면 참된 확률을 알고 있어야 한다는 점과 받아들일 만큼 정확한 결론에 다다르는 데 필요한 시행의 수가 매우 커야 한다는 점이다. 이제 시행 횟수가 정해진 상태에서 그때 얻은 값이 참값을 중심으로 한 특정 범위 안에 들어갈 확률을 계산하는 과제가 남았다.

18세기 초의 확률론에서 야콥 다음으로 중요한 업적이 드무아브르의 〈우연의 원리〉[33](1718)에서 나왔다. 그는 확률을 구하는 일반적인 방법과 그것에 쓸 기호를 개발하여 새로운 대수학 체계로 만들었다. 그는 어떤 사건이 일어날 확률을 p, 일어나지 않을 확률을 $1-p$와 같이 하나의 문자로 나타냄으로써 계산의 효율을 높였다. q, r을 다른 두 사건이 일어날 확률이라 하면 $p(1-q)(1-r)$은 첫째 사건은 일어나고 둘째, 셋째 사건은 일어나지 않을 확률이다. 이 책에는 주사위 던지기, 이길 확률이 같지 않을 때의 득점, 여러 색의 공이 들어 있는 주머니에서 공 꺼내기, 종신 연금에 관련된 문제가 들어 있다. 그는 순열과 조합의 이론을 확률의 원리에서 유도했다. 이를테면 여섯 문자 a, b, c, d, e, f에서 어떤 특정 문자가 맨 처음에 올 확률은 $1/6$, 다른 특정 문자가 두 번째 나올 확률은 $1/5$이다. 따라서 두 문자가 그 순서대로 나열될 확률은 $1/6\times 1/5=1/30$이다. 그러면 한 번에 두 문자를 뽑아, 순서를 두어 나열하는 순열의 총수는 30이다. 지금은 일반적으로 거꾸로 다룬다.

드무아브르는 $(a+b)^n$의 이항전개의 합에 대한 어림 계산, 곧 이항분포에 대한 정규근사를 상세히 논의했다. 그는 이것을 1733년에 소개했고 〈우연의 원리〉 2판(1738)의 부록에 실었다. 그는 어떤 사건이 일어날 가능성과 일어나지 않을 가능성이 같은 때로 한정했다. n이 충분히 큰 짝수일 때, n번 시행에서 해당 사건이 $n/2$번 일어날 확률이 $\frac{{}_nC_{n/2}}{2^n}\approx\frac{2T(n-1)^n}{n^n\sqrt{n-1}}$이 됨을 보였다. 여기서 $\log T=\frac{A}{1\cdot 2}+\frac{B}{3\cdot 4}+\frac{C}{5\cdot 6}+\cdots$ 이고 A, B, C, …는 베르누이 수이다. 이로부터 그는 $(1+1)^n$을 전개한 식에서 가장 큰 항의 2^n에 대한 비를 $2/\sqrt{2\pi n}$라고 했다.[61] 가운데 항으로부터 i만큼 떨어진 항에 대해서 $P\left(X=\frac{n}{2}+i\right)\approx P\left(X=\frac{n}{2}\right)e^{-2i^2/n}=\frac{2}{\sqrt{2\pi n}}e^{-2i^2/n}$을 얻었다. 이러한 근사를 이용하여 많은 항의 합을 $\sum_{t=0}^{k}P\left(X=\frac{n}{2}+t\right)\approx\frac{2}{\sqrt{2\pi n}}\int_0^k e^{-2t^2/n}dt$로 나타낼 수 있게 되었다. 그는 피적분 항을 거듭제곱급수로 나타내고 항마다 적분하여 확률을 구했다.

33) 〈우연의 원리, 놀이에서 사건의 확률을 셈하는 방법〉(The Doctrine of Chances: a method of calculating the probabilities of events in play)

이로써 그는 미적분학과 확률론 기법을 이용해서 임의로 선택된 자료들이 평균 주위에 특정 형태로 분포하는 경향이 있음을 보였다. 또한 이것은 야콥이 말한 개연적 확실성의 정량화를 상당히 개량했다. 이렇게 하여 드무아브르는 무작위 관측의 성질을 조사하여 통계학에서 매우 중요한 확률적분 $\int_0^{\infty} e^{-x^2}dx = \frac{\sqrt{\pi}}{2}$와 정규분포곡선 $y = ce^{-hx^2}$(c와 h는 상수)을 처음으로 알아낸 셈이 되었다. 그는 $a \neq b$일때 $(a+b)^n$의 전개에서 항의 근사를 다룸으로써 더 일반화했다.

드무아브르가 확률밀도함수의 개념을 다루지도 않았고 이항분포에 대한 어림값 말고는 지수함수를 대수롭지 않게 여겼을지라도 그는 거의 분명히 그 함수를 곡선으로 여겼다.[62] 연속확률분포 이론은 라플라스가 만드는데 이것은 경우의 수가 무한대인 문제를 해결하는 데 필요했다. 드무아브르 덕분에 시행이라는 수단을 이용하여 확률을 계산할 수 있게 되었고 베르누이에게서 요구되던 정밀도를 시행 횟수를 훨씬 적게 하여도 달성할 수 있게 되었다. 그의 업적은 18세기 후반의 확률론과 통계학의 발전에 커다란 영향을 끼치면서 두 분야에 근본적으로 중요한 것임이 밝혀졌다.

드무아브르는 1730년 연구와 〈우연의 원리〉 2판에서 1부터 k까지의 수가 적힌 k개의 면이 있는 공정한 주사위 하나를 n번 던져 나온 수들의 분포가 $(1+x+x^2+\cdots+x^{k-1})^n$을 전개한 식의 계수로 나타남을 보였다. 그의 결과는 파스칼의 산술삼각형과 뉴턴의 이항정리로부터 파생된 것으로 베르누이의 이항분포를 확장한 것이다. 그리고 매우 큰 n에 대하여 드무아브르가 유도한 공식 $n! \approx (2\pi n)^{1/2}e^{-n}n^n$(스털링[34] 정리)은 큰 수의 계승을 어림셈하는 데 매우 쓸모 있다.

다니엘 베르누이(D. Bernoulli 1700-1782)는 기댓값과 관련된 여러 문제를 고찰하고 나서 덜 형식적인 개념인 효용 개념을 도입했다. 노름판에서 기댓값은 어떤 금액과 그것을 얻을 확률의 곱이다. 그러나 어떤 일정한 금액이 모든 사람에게 똑같이 중요할 수는 없다. 효용은 개인이 느끼는 가치에 따라 다르다. 이렇게 생각한 그는 확률론을 실제 문제에 적용하려면 개인의 의사가 고려되어야 한다고 생각했다. 그는 확률을 상업, 천문학, 의학에 응용하기도 했다. 보험회사가 부과하는 보험료에 대하여 가입자가 받게 될 보험금을 구하는 방법, 보험업자가 안전하게 사업을 하는 데 필요한 자본금의 크기를 구하는 방법, 상인이 보험에 가입할 때 위험을 분산하

34) James Stirling(1692-1770)

는 방법을 다루었다. 1734년에는 아버지 요한과 행성 궤도면의 기울기에 관한 확률 논문을 발표했다. 1760년에는 천연두 예방접종이 유효한지에 대한 문제에 확률론을 응용했다.

확률 이론에는 상식을 왜곡하는 역설이 자주 나오는데, 그 가운데 하나가 니콜라스 베르누이(N. Bernoulli 1687-1759)가 1713년에 제기한 문제로 페테르부르크의 역설이라고 한다. 두 노름꾼 A와 B가 동전 던지기 내기를 한다. 첫 번째 던져서 앞면이 나오면 B는 A에게 $1\,(=2^0)$크라운을 준다. 두 번째 던져서 처음 앞면이 나오면 B는 A에게 $2\,(=2^1)$크라운을 준다. 세 번째 처음 앞면이 나오면 $4\,(=2^2)$크라운을 준다. 그러니까 n번째에 처음 앞면이 나오면 2^{n-1}크라운을 준다. 이 내기를 공정하게 하려면, 내기를 하기 전에 A는 B에게 얼마를 주어야 하는가라는 것이다. A의 수학적 기댓값은 $1 \cdot 1/2 + 2 \cdot 1/2^2 + 2^2 \cdot 1/2^3 + \ \cdots \ + 2^n \cdot 1/2^{n+1} + \ \cdots$ 크라운이 되는데 이 값은 분명히 무한이다. 그러나 보통은 유한의 기댓값밖에는 생각할 수 없다. 1738년에 다니엘이 효용의 개념과 관련된 도덕적 기댓값의 원리에 따라 고찰한 결과를 발표했다.

T. 심슨(T. Simpson 1710-1761)이 1740년에 모양과 크기가 같은 물체 A, B, C, …가 각각 a, b, c, …개 있고 이것들이 아무렇게나 섞여 있는 주머니에서 m개를 꺼낼 때 A, B, C, …가 각각 p, q, r, …개가 꺼내질 확률을 구하는 문제 같은 것들을 다루었다. 이런 것보다 확률론의 발전에 이바지한 더 중요한 주제가 있다. 그는 1755년에 관측 자체나 관측되고 있는 천체에 의해서가 아닌 관측할 때 생기는 오차에 초점을 둔 개념을 발전시켰다. 1756년에 처음으로 임의의 사건을 오차 분포와 연관시켰다.[63] 18세기 중반에 통계적 추론이나 간접귀납확률(inverse probability)[35] 이론이 없던 사람들에게 그것은 불확실성을 양적으로 나타내는 문을 열어주는 단계였다.[64] 그는 오차의 분포에 특정한 가설을 세우면서 시작했는데 평균 관측값보다 평균 오차에 초점을 두었다. 평균의 오차는 오차의 평균과 같으므로 평균을 사용한 추정 오차를 하나의 분포로 측정할 수 있었다.

달랑베르는 〈백과전서〉(1754)의 '앞면일까 뒷면일까'라는 항목에서 동전을 두 번 던져 앞면이 한 번 이상 나올 확률을 다루고 있다. 첫 번째 동전을 던졌을 때 앞면이 나오면 그 놀이는 끝나므로, 전체로는 세 가지 경우 (앞), (뒤앞), (뒤뒤)가 있으므로 확률은 $3/4$이 아니라 $2/3$라고 했다. 심지어 동전 하나를 m번 던지는 것과

35) 관측되지 않은 변수의 확률 분포를 나타내는 용어로, 이제는 쓰지 않는다.

m개의 동전을 동시에 던지는 것이 같다는 것을 인정하지 않았다. 그가 이렇게 생각하게 된 것은 페테르부르크의 역설을 비롯한 여러 정황에서 확률론의 근거가 불확실했기 때문이었다. 그래서 그는 가능한 확률을 실험으로 결정하자고 했다.

뷔퐁(C. de Buffon 1707-1788)은 달랑베르의 견해를 지지했다. 그는 니콜라스가 제기한 문제를 1777년에 실제로 2084회 시행하고 나서 A는 B에게 10,057크라운을 지불하면 된다고 했다. 한 회의 평균 기댓값은 5크라운보다 적다. 이 문제를 다루는 방법 가운데 전적으로 받아들여지는 의견은 없는데, 사실 그 역설은 동전 던지기가 끝나지 않고 영원히 계속될 가능성이 있다는 데서 생긴다. 이보다 중요한 것은 그가 새로운 분야인 기하학적 확률의 예를 제시했다는 것이다. 바둑판처럼 정사각형이라는 규칙적인 도형으로 나뉘어 있는 넓은 평면 위에 동전을 던졌을 때 경계선과 만나지 않을 가능성, 하나의 경계선과 만날 가능성 등을 구하고 있다. 이 예들은 넓이만 알면 된다. 그는 적분법이 필요한 문제로 나아갔다. 평면에 같은 간격(d)으로 평행선을 긋고 가는 바늘(길이 l, $d > l$)을 그 평면 위에 무작위로 던지는 실험을 했다. 바늘이 떨어져서 직선 하나와 만날 확률을 $2l/\pi d$ 라고 했다. 그가 실험으로 π의 값을 결정한 것은 사람들의 상상력을 자극했다.

큰 수의 법칙도 드무아브르의 성과도 곧바로 적용되지 못했다. 왜냐하면 주어진 횟수를 시행하여 특정한 사건이 몇 번 일어났다는 경험적 사실이 주어졌을 때, 일반적으로 그 사건이 일어날 확률을 구하는 통계적 추론의 방법이 없었기 때문이다. 야콥과 드무아브르는 관측된 빈도의 비가 주어진 확률에 얼마나 가까이 가고 있는지를 기술했을 뿐이다. 관측 빈도로부터 확률을 결정하는 방법을 맨 처음 제시한 사람은 베이즈였다. 이 방법은 관측된 사건이 일어나게 될 원인의 확률을 추정하는 것으로 1763년에 출판되었다. 이 저작은 뉴턴의 기하학적 기술 방식을 따랐으므로 무엇을 구하려는지 알더라도 읽기가 아주 어려웠다.[65] 라플라스가 일반 원리를 명확하게 나타냈다.

n회 시행에서 어떤 사건이 일어난 횟수를 X, 한 번의 시행에서 그것이 일어날 확률을 x로 나타낸다. 베이즈는 X가 주어진 경우, x가 어떤 두 확률 a와 b 사이에 있을 확률을 구하고자 했다. 그는 먼저 E가 첫 번째 사건, F가 두 번째 사건이라고 할 때 $P(E \cap F) = P(E)P(F|E)$라는 정리를 얻고 나서 $P(E|F) = P(E \cap F) / P(F)$라는 베이즈 정리를 유도했다. 이제 두 확률 $P(E \cap F)$와 $P(F)$를 계산하는 방법이 필요하게 된다. E는 $a < x < b$가 되는 사건이고 F는 n회의 시행에서 바라

는 것이 k번 일어나는 사건이다. 베이즈는 베르누이의 결과, 곧 어떤 사건이 일어날 확률이 x일 때 n회의 시행에서 k회 일어나는 경우의 확률이 ${}_nC_k\,x^k(1-x)^{n-k}$이 됨을 알고 있었다. 드무아브르는 $x=1-x$인 경우를 주로 고찰했다. 베이즈는 이 문제를 직접 해결하기 위하여 드무아브르의 넓이를 사용한 방법을 이용했다.

베이즈는 사건 E, F에 대하여 확률 $P(E\cap F)$는 $P((a<x<b)\cap(X=k))$로 표현되고 $\int_a^b {}_nC_k\,x^k(1-x)^{n-k}dx$ …(*)가 된다고 했다. 그리고 $P(F)=P(X=k)$는 $P((0<x<1)\cap(X=k))$로 생각할 수 있으므로 $\int_0^1 {}_nC_k\,x^k(1-x)^{n-k}dx$이고, 따라서 $P(E|F)=P((a<x<b)|(X=k))=\dfrac{\int_a^b {}_nC_k\,x^k(1-x)^{n-k}dx}{\int_0^1 {}_nC_k\,x^k(1-x)^{n-k}dx}$가 된다. 베이즈 문제는 이렇게 형식적으로 풀렸다.

다니엘은 1768년에 우연에 관한 문제를 풀면서 확률론에 미분을 도입했다. 그리고 1778년에는 T. 심슨과 라그랑주에 이어 관측값의 오차 이론을 다루었다. 각기 다른 관측값으로부터 어떤 결과를 얻으려 할 때 모든 관측값에 같은 가중치를 두고서 산술평균을 구하는 보통의 방법에서 벗어나 오차가 작은 쪽이 오차가 큰 쪽보다 쉽게 일어난다고 생각했다. 그는 오차가 e일 확률을 $\sqrt{r^2-e^2}$ (r은 상수)으로 할 것을 제안했다. 그러면 그의 분포곡선은 원이 되는데 이것은 지금의 정규분포곡선과 다르다.

라그랑주는 1770~1773년에 중요한 문제를 다루었다. 관측 오차가 없는 경우가 a번, 오차가 1인 경우가 b번, -1인 경우가 b번 있었다고 가정하고, n번 관측한 값의 평균이 참값일 확률을 구하는 것에서 시작하여 오차가 $-\alpha$, $-\alpha+1$, …, 0, 1, 2, …, β의 어느 하나일 것이 똑같이 확실할 때 n번의 관측에서 평균 오차가 주어진 값이 되는 확률과 정해진 범위 안에 놓일 확률을 구하고 있다.[66] 여기서 그는 확률분포곡선의 초기 개념이라 할 수 있는 오차곡선을 도입한다. 가로축에서 고정점의 오른쪽에는 양의 오차, 왼쪽에는 음의 오차를 나타내고 세로축에는 가로축에 표시된 각 오차가 생길 확률을 나타냈다. 이렇게 그린 그래프는 이등변삼각형이었다. 그는 또 두 가지 새로운 예를 들고 있다. 오차가 $-c$와 c 사이에 놓일 때 오차곡선이 $\phi(x)=K\sqrt{c^2-x^2}$인 것과 오차가 $-\pi/2$와 $\pi/2$ 사이에 놓일 때의 오차곡선이 $\phi(x)=K\cos x$인 것이다.[67]

드무아브르, T. 심슨, 라그랑주는 X_1, X_2, $\cdots$, X_n이 독립인 임의의 변수이고 $P(X_k = k) = p_k$이라면 합 $S_n = X_1 + X_2 + \cdots + X_n$이 k값을 취할 확률은 $(p_0 + p_2 s + p_2 s^2 + \cdots)^n$의 전개식에서 s^k의 계수일 것임을 알고 있었다. 문제는 그 계수를 해석학으로 처리할 수 있는 형태로 어떻게 재생하는가였다.[68] 이 문제를 라플라스가 앞선 것과 같은 방식으로 해결했다.

1770년대까지 확률은 주로 우연의 놀이(노름)와 보험 문제에 제한됐다. 야콥과 드무아브르가 관측 오차의 어림, 인구 구조의 변화, 정치와 사회 현상에서 나타나는 규칙성을 연구하면서 확률을 더 넓게 응용했으나, 이런 연구들은 아직 깊이가 없었다. 라플라스에 이르러 확률이 수학적 논의를 바탕으로 하여 과학적 연구로 영역을 넓히게 되었다. 이런 면에서 그가 현대 확률론을 창시했다고 보아도 좋을 것이다. 그는 천문학의 주요 문제를 다루면서 관측값이 정확한지를 꼼꼼히 짚어보게 되었고, 이것이 확률론에 관심을 기울이는 계기가 되었다. 그에게 천체 역학과 확률론은 완전히 결정된 우주라는 통일된 세계관을 실현케 하는 상호보완적인 도구였다.[69] 그는 확률론을 이용하여 자료로부터 끌어낸 결과의 신뢰도를 높여 특정한 천문 현상이 우연이 아님을 확인하고자 했다. 확률은 자연계의 우연한 현상을 측정하는 것이 아니라, 인간의 능력이 아직 모자라 원인을 모르는 것을 측정하는 방법으로, 계산을 거쳐 필연의 사실로 확정할 수 있는 것이었다. 그는 1773년에 태양으로부터 모든 행성까지의 평균 거리는 아주 작은 주기적 변화를 제외하고는 불변임을 밝혔다.

확률론은 다른 어떤 연구보다 라플라스의 〈확률의 해석적 이론〉(Théorie analytique des probabilités 1812)으로부터 많은 도움을 받았다. 그는 자신의 이전 성과물을 담은 이 저작에서 확률론이 발달해 온 과정을 추적하면서 이미 알려져 있었으나 조직적이지 않던 결과들을 체계화하고 확장했다. 1774년에 그는 관찰된 사건이 일어나는 원인에 관한 확률을 계산하는 원리를 처음으로 명백하게 기술했다. 여기서 그는 통계적 확률의 기본 문제에 답하는 출발점이 된 조건부확률에 관한 베이즈의 연구를 더욱 깊이 다루었다. 그는 베이즈처럼 경험적 사실이 주어졌을 때 적분을 이용하여 확률을 결정했다. 그는 주머니에 흰 돌이 들어있는 비율 x는 알 수 없지만 m개의 흰 돌과 n개의 검은 돌을 꺼냈다고 가정하고서 x를 추정했다. x와 $m/(m+n)$의 차가 바라는 만큼의 작은 값 ε 이하가 될 확률은

$$P\left(\left|x-\frac{m}{m+n}\right| \le \varepsilon | X=m\right) \cong \frac{2}{\sqrt{2\pi}\,\sigma}\int_0^{\varepsilon} e^{z^2/2\sigma^2}dz$$ (여기서 $\sigma^2 = mn/(m+n)^3$)

이고 $u = z/\sigma$라 하면

$$\frac{2}{\sqrt{2\pi}}\int_0^{\varepsilon/\sigma} e^{-u^2/2}du$$

로 계산할 수 있음을 보였다. ϵ이 얼마더라도 $m+n$이 커짐에 따라 이 확률이 1에 가까워짐을 증명하려면 $\int_0^{\infty} e^{-u^2/2}du$를 계산해야 했다. 실제로 오일러의 결과를 이용하여 이 적분이 $\sqrt{\pi/2}$ 임을 보임으로써 증명했다. 이것은 확률곡선 $y = e^{-x^2}$의 아래쪽 넓이 $\int_{-\infty}^{\infty} e^{-x^2}dx$가 $\sqrt{\pi}$ 임을 밝힌 것과 같은데, 라플라스가 처음이었다. 그는 통계적 추정에서 요구되는 문제를 풀고 나서 천문학으로 관심을 돌리게 된다.

라플라스는 1780년에 오차 이론을 다루었다. 같은 현상에서 얻은 일련의 관측값으로부터 가장 적절한 평균을 추정하고자 했다. 곡선 $y = \frac{1}{2a}\log\frac{a}{|x|}$, $|x| \le a$가 왜 오차의 분포를 나타내는지에 관한 꽤 복잡한 논의였다.[70] 단위 구간에 임의로 n개의 점을 찍어 $n+1$개의 작은 구간으로 나눈다. $n+1$개의 작은 구간은 $d_1 > d_2 > \cdots > d_{n+1}$ $(d_1 + d_2 + \cdots + d_{n+1} = 1)$로 감소한다고 가정한다. 가로축의 구간 $[0,\ a]$에 $n+1$개의 똑같은 간격으로 높이 $d_1,\ d_2,\ \cdots\ d_{n+1}$을 놓아 곡선의 세로좌표로 삼는다. n이 무한대가 될 때 세로좌표의 기댓값을 계산한다. 그는 구간 $[0,\ a]$에서 $\log(a/x)$에 비례하는 곡선을 얻었다. 대칭에 의해 이것은 구간 $[-a,\ a]$에서 $\log(a/|x|)$에 비례하는 곡선이 된다. 곡선 아래의 전체 넓이가 1이라는 조건으로부터 곡선의 방정식은 $(1/2a)\log(a/|x|)$가 된다. 그는 이 연구에서 오차 한계가 관측 횟수와 관련됨도 알아냈다. 이로써 오차의 확률을 주어진 범위에 들어가게 하는 표본의 크기를 구하는 문제를 해결했다.[71] 확률론에서 라플라스가 끌어낸 중요한 결과는 중심극한정리이다. 이것은 드무아브르의 극한정리를 일반화했다고 할 수 있는 것으로 시행 횟수가 크면 독립확률변수는 근사적으로 정규분포를 이룬다는 것이다.

뷔퐁의 이른바 기하학적 확률을 구하는 방법과 관련하여 라플라스가 발견한 계산 방법은 컴퓨터가 나오면서 위력을 발휘한다. 그의 방법은 독립된 사건을 여러 번 시행하여 그 결과로부터 수치를 구하는 것(몬테카를로 방법)이다. 컴퓨터는 수백만 개의 난수를 손쉽게 만들어 그만큼의 시행을 독립으로 처리할 수 있게 해주기 때문이다. 이 방법을 이용하면 확률 문제뿐만 아니라 비확률적인 문제도 별 어려움 없이 해결할 수 있게 됨으로써 이 방법은 경제학부터 핵물리학에 이르기까지 폭넓게 응용되고 있다.

라플라스는 급수의 합에 확률론을 적용하기도 했다. 이를테면 무한급수 $1-1+1-1+\cdots$ 는 $1/2$이라 했다. 왜냐하면 짝수 개의 항을 더하면 0, 홀수 개수의 항을 더하면 1이 되는데, 무한개의 항은 짝수 개가 되든지 홀수 개가 될 가능성이 같기 때문이라는 것이다.

19세기 중반의 가장 중요한 통계적 방법이라고 할 수 있는 최소제곱법이 18세기에 모습을 드러내기 시작했다. 18세기 중반까지는 본질적으로 같은 조건에서 대개 같은 관찰자가 작성한 적은 양의 측정값들에 산술평균을 취하는 통계적 기법이 천문학과 항해에 자주 사용되었다.[72] 그러던 중에 코츠(R. Cotes 1682-1716)는 1715년에 관측 결과에 가중치를 부여한 평균을 사용했고, 최소제곱법으로 여길 만한 방법을 제안했으나 거의 받아들여지지 않았다. 오일러는 1749년에 목성과 토성의 궤도에 미치는 중력과 관련해서 얻은 미지수가 8개인 75개의 연립방정식을 분류하고, 적은 개수의 연립방정식으로 조합하고 풀어서 가장 나은 근을 얻었다. 1750년에는 메이어(T. Mayer 1723-1762)가 달의 운동을 관측하여 얻은 미지수가 3개인 27개의 연립방정식을 9개씩 묶고, 세 모둠마다 정리하여 결과로 미지수가 3개인 3개의 연립방정식을 푸는 방법을 개발했다. 1760년에는 보스코비치(R. J. Boscovitch 1711-1787)가 지구의 형상을 찾는 문제와 씨름하면서, 연립방정식의 근을 결정하는 방법이 만족해야 하는 기준으로, 특정한 수치의 모음을 방정식에 대입해서 나오는 오차의 절댓값의 합을 최소로 하는 방법을 제시했다.[73] 몇 해 뒤에 라플라스가 이것을 정밀한 대수적 방법으로 고쳤다. 이런 과정을 거쳐 오류에 관한 이론에서 가장 나은 방법인 최소제곱법이 나왔다. 이것은 관측값들을 좁혀나가는 방법의 하나이다. 천체의 궤도를 알아내고자 할 때 미지수보다 방정식의 개수가 많은 연립일차방정식을 얻게 되는데, 이것을 풀 때 사용하는 방법이 최소제곱법이다. 이를테면 어떤 물리적인 관계가 일차함수 $y=ax+b$로 나타나는 것을 알고 있다고 하자. 문제가 되고 있는 현상을 여러 번 관측하여 (x_1, y_1), (x_2, y_2), $\cdots$, (x_k, y_k)를 얻었다고 한다. 방정식에 있는 x와 y에 이 k개의 쌍을 차례로 대입하여 계수 a, b에 대한 k개의 방정식을 세운다. k개의 일차방정식에는 일반적으로 정확한 근이 없다. 이때 근에 가장 가깝게 어림하는 것이 최소제곱법이다. 처음에는 18세기에 천체 관측과 관련지어 많은 수학자가 논의했다. 르장드르가 1798년 초에 최소제곱의 개념을 받아들였고 1805년에 혜성의 자취를 결정하는 논문을 준비하면서 최소제곱법을 사용했다.

이 장의 참고문헌

[1] 도현신 2014, 97
[2] Temple 1986, 99
[3] 도현신 2014, 101
[4] Struik 2020, 191
[5] Bell 2002a, 237
[6] Kline 2016b, 875-876
[7] Aczel 2002, 59
[8] McClellan, Dorn 2008, 448-449
[9] Katz 2005, 692
[10] Katz 2005, 696
[11] Penrose 2010, 130
[12] Havil 2014, 263
[13] Havil 2014, 149
[14] Havil 2014, 173-174
[15] Dantzig 2005, 163
[16] Gandt 2015, 150
[17] Katz 2005, 696
[18] Cajori 1928/29, 128 498항
[19] Haier, Wanner 2008, 58
[20] Smith 2016, 73
[21] Sandifer 2015, 146
[22] Gowers 2015, 154
[23] Bell 2002a, 197
[24] Stewart 2016, 139
[25] Mazur 2008, 197
[26] Boyer, Merzbach 2000, 695
[27] Boyer, Merzbach 2000, 732
[28] Gandt 2015, 150
[29] Mazur 2008, 204
[30] Stewart 2010, 124
[31] Derbyshire 2011, 166
[32] Panza 2015, 154
[33] Struik 2020, 250
[34] Burton 2011, 331
[35] Derbyshir 2011, 229
[36] Gillispie 2015, 156
[37] Eves 1996, 397
[38] Boyer, Merzbach 2000, 699
[39] Boyer, Merzbach 2000, 749-750
[40] Katz 2005, 705
[41] Boyer, Merzbach 2000, 773
[42] Katz 2005, 699
[43] Burton 2011, 569
[44] Kline 1984, 99
[45] Katz 2005, 714
[46] Kline 1984, 100
[47] Kline 2016b, 786
[48] Kline 2016b, 788
[49] Eves 1996, 509
[50] Kline 2016b, 797
[51] Stewart 2016, 313
[52] Katz 2005, 677
[53] Hacking 1975
[54] Todhunter 2017, 69-70
[55] Todhunter 2017, 72
[56] Havil 2008, 142
[57] Todhunter 2017, 74
[58] Katz 2005, 679
[59] Stigler 2003, 67
[60] Todhunter 2017, 78
[61] Stigler 2003, 73
[62] Stigler 2003, 76
[63] Bennet 2003, 103
[64] Stigler 2003, 91
[65] Stigler 2003, 123
[66] Todhunter 2017, 263-266
[67] Todhunter 2017, 271
[68] Stigler 2003, 137
[69] Gillispie 2015, 154
[70] Stigler 2003, 120
[71] Gillispie 2015, 155
[72] Placklett 1958
[73] Katz 2005, 850

제 16 장

18세기의 해석학

1 미적분 개관

유율법은 18세기 영국 수학에 긍정적이지 못한 영향을 끼쳤다. 적분에서 도함수의 역유율을 강조한 뉴턴의 방식이 사용되면서 합의 개념은 좀처럼 채택되지 못했다. 매클로린 같은 사람들은 종합기하학 방법을 고수하도록 부추겼다. 유럽 대륙에서는 기하학이 아니라 해석학이 떠오르고 있었다. 라이프니츠가 사용한 도함수의 미분 형식과 기호법이 표준으로 되었다. 하지만 18세기 내내 미분은 정확하게 정의되지 않은 채 기계적인 규칙에 따라 조작되고 있었다. 이런 형식적인 조작으로 뛰어난 기법들이 만들어지고 사용되면서 미적분학의 힘은 강화되었다. 이렇게 해서 무한급수, 미분방정식, 미분기하학, 변분법, 복소함수론 등이 나왔다. 대륙에서는 미적분학을 이처럼 여러 영역으로 확대하면서 해석학이라는 분야를 구축했다. 그러는 가운데 수론과 기하학은 더욱 분리되면서 수 체계와 대수학, 해석학에 엄밀한 기초를 마련해야 하는 문제가 대두되었다.

13장에서 언급했듯이 뉴턴의 〈프린키피아〉와 라이프니츠의 〈학술기요〉로는 미적분학의 원리를 이해하기 매우 어려웠다. 로피탈의 〈무한소 해석〉(1696)이 미적분학 교과서 역할을 하다가 18세기에 들어서서 미적분학 교과서가 많이 쓰였다. 일반인들의 교양을 높이기 위하여 제 나라말로 쓴 것과 대학 교육에 이용하려고 라틴어로 쓴 책들이 나왔다. 영국에서는 중간계급이 수학 지식을 갖추려는 분위기가 형성되어 개인 교수를 하던 사람들이 중간계급을 대상으로 교과서를 썼다. 디통(H. Ditton 1675-1715)과 헤이즈(C. Hayes 1678-1760)가 영국어로 책을 펴냈는데 두 사람은 모두 미적분학의 기초를 뉴턴과 비슷하게 다루었다. 이를테면 둘은 어떤 양의 로그 $\ell(x)$의 유율은 변량의 유율을 변수로 나누어 구했다, 곧 $\dot{\ell}(x) = \dot{x}/x$라고 했다. 디통은 거듭제곱급수를 이용하여 증명했다. 헤이즈는 로그함수곡선이 지수함수에 의

하여 결정된다고 생각했다. 헤이즈는 처음으로 넓이의 유율을 일반적으로 $y\dot{x}$라고 쓰고 로그곡선의 아래쪽 넓이를 계산했다.[1]

테일러(B. Taylor 1685-1731)는 1715년에 함수 $f(x)$에 대한 테일러 급수 $f(x+h) = f(x)+f'(x)h/1!+f''(x)h^2/2!+ \cdots$ 를 다루었고, 미분방정식을 적분하는 데 사용했다. 이 급수는 $x=0$으로 놓으면 매클로린 급수가 된다. 사실 테일러도 이 경우를 언급했으나 수렴성을 고려하지 않았다. 테일러 급수의 중요성은 오일러가 그것을 미분법에 적용(1755)하고 나서야 인정받았으며 나중에 라그랑주가 나머지항을 덧붙인 급수를 함수론의 기초로 이용했다. 테일러는 현의 진동도 연구했는데 나중에 달랑베르를 비롯한 여러 수학자가 이어받았다.

T. 심슨(1710-1761)은 특히 적분에 관련된 문제를 풀 때 뉴턴이 다루던 방식, 곧 무한급수를 많이 이용했다. 그는 삼각형에 내접하는 가장 큰 평행사변형, 원에 외접하는 가장 작은 이등변삼각형, 부피가 주어졌을 때 겉넓이가 최소인 원뿔을 구하는 방법을 비롯하여 많은 문제를 다뤘다. 처음으로 다변수함수의 최댓값을 결정하는 문제도 다루었다. 여기서 그는 편도함수라는 말을 사용하지는 않았으나, 각 변수에 대하여 다른 변수를 고정시키고 그 변수에 대해 유율을 따로 계산했다. 사인함수를 미분하는 규칙도 처음 실었을 것이다. 1743년에는 자신의 이름이 붙어 있는 포물선의 근사에 의한 수치적분법의 규칙을 다루었는데, 17세기에 이미 소개된 것이다.[2]

매클로린은 버클리가 유율론의 기초를 비판(1734)한 것에 대응하려는 의도를 부분적으로 담은 〈유율론〉(A treatise of fluxions 1742)을 썼다. 그 대응이 담긴 제1권은 기하학적 관점에서 뉴턴의 미적분학 기초를 다루고 있다. 제2권은 유율의 규칙과 응용을 대수적 알고리즘으로 증명하는 문제를 다루고 있다. 그는 극대, 극소, 변곡점, 접선, 점근선, 곡률을 다루고 최속강하곡선을 온전히 설명했다. 그리고 x로 나타낸 곡선 y의 아래쪽 넓이의 유율이 $y\dot{x}$임을 보이고, 이 식의 유량을 계산했다. 회전체의 부피와 겉넓이도 유율을 먼저 결정하고서 계산했다. 타원체에 작용하는 중력을 연구하기 위하여 중적분의 초등 공식을 이용했다. 여기에 매클로린 급수가 실려 있다. 그는 미정계수법을 이용해 증명했으나 $f(x)$를 $x=0$에서 끝없이 미분할 수 있다는 조건을 분명하게 밝히지 않고, 단순히 언제나 거듭제곱 급수로 전개할 수 있다고만 했다. 그는 또 함수의 급수를 다항함수처럼 항별로 미분한 결과는 당연히 그 함수의 도함수와 같다고 했다. 그는 미분에 의한 극값의 판정 기준을 만들 때 이 급수를 이용했다. 세로금의 일차 유율이 사라지는 곳에서 이차 유율이 양수이면 세로금은 극소가 되고, 음수이면 극대가 된다고 했다. 그는 〈유율론〉을 마무리하면서 미적분학의 기본 정리의 일부, 적어도 거듭제곱 급수로 표현되는 함수의 특별한 경우를 해석적으로 증명했다.

1748년에 아녜시가 로피탈의 책에 상응하는 책을 썼다. 이것은 여성이 쓴 현존하는 첫 수학책이다. 라이프니츠와 그의 후계자들의 영향을 받은 그녀는 적분 계산을 미분 계산의 역계산으로 했다. 곧, 기호 $\int y\,dx$는 역미분이고 피적분항인 $y\,dx$는 무한소 직사각형이다. 샤틀레(É. du Châtelet 1706-1749)는 데카르트의 책들을 대체하기 위한 물리학 책을 쓰고(1740) 뉴턴의 〈프린키피아〉를 자세한 주석을 달아 프랑스어로 번역(1749)했다. 프랑스 과학계가 뉴턴의 보편중력 법칙이 행성의 움직임을 옳게 설명한다고 믿게 된 것은 그녀의 노력 덕분이었다.

오일러는 미분법과 유율법을 연구하여 그것을 해석학이라는 더욱 보편적인 분야로 만들었다. 그는 1748년의 〈무한소 해석 입문〉, 1755년의 〈미분학 강의〉(Institutiones calculi differentialis), 1768-70년의 〈적분학 강의〉(Institutiones calculi integralis)에서 자신이 의도한 내용을 분명하고 상세하게 기술했다. 특히 〈무한소 해석 입문〉은 고대 유클리드의 〈원론〉, 중세 콰리즈미의 〈대수학〉이 각각 기하학과 대수학에서 했던 역할을 해석학에서 했다.[3] 오일러의 교과서들은 그의 선구자들과 그가 발견한 것들을 체계 있게 조직한 것으로 18세기 말까지 영향을 끼쳤다. 프랑스 혁명 뒤에는 여러 분야에서 교육에 필요한 새 교과서를 쓰는 분위기가 만들어졌다. 그리하여 오늘날의 교과서로 이어지는 내용과 형식을 갖춘 책이 출간되기 시작했다.

2 함수 개념

근대 수학에서 중심은 해석학 분야가 되었고, 그 가운데서도 함수 개념이었다. 요한 베르누이와 오일러가 함수 개념에 주목하여 미적분법을 구체적인 곡선에 관한 계산법으로부터 일반적인 방법으로 발전시켰다. 라이프니츠, 요한, 오일러로 이어지는 시대에는 함수를 주로 초등함수에 바탕을 두고서 생각했다. 19세기에 푸리에(J. Fourier 1768-1830)의 열 방정식과 디리클레(P. G. L. Dirichlet 1805-1859)의 푸리에 급수의 연구에 영향을 받아 더 넓고 명확한 개념이 나온다.

요한 베르누이는 1718년 등주 문제에 관한 논문에서 그것을 일반화할 때 함수의 개념을 정식화할 필요가 있어[4] '어떤 변량의 함수란 그 변량과 몇 개의 상수를 여러 방식으로 구성한 양'이라고 막연하게 정의했다. 여러 방식이란 사칙연산, 거듭제곱근 같은 것들이다. 그는 φx라는 표기법을 사용했다.[5] 어떤 개념을 나타내는 기호가 도입되었을 때 그 개념이 이론적으로 인지되었다고 한다면, 야콥에 의해 함수의 개념이 성립하기 시작했다고 할 것이다. 1734년 무렵에 클레로와 오일러가 지금의 함수 기호 $f(x)$를 사용했다.[6]

오일러는 실질적으로 함수 개념을 처음으로 해석학의 기초로 삼은 사람이다. 〈무한소 해석 입문〉에서 '어떤 변량의 함수란 변량과 상수를 이용하여 여러 방식으로 구성한 해석적 표현'이라고 정의했다. 베르누이의 정의와 다른 점은 끝마치는 곳에서 베르누이가 '양'이라고 한 것을 '해석적 표현'으로 상세화한 것뿐이다. 오일러에게 함수는 해석적 표현(식)을 의미한다. 그렇지만 그는 '해석적'과 '표현'을 개념적으로 정의하지 않고 '여러 방식'도 설명하지 않은 채 $a+3z$, $az-4z^2$, $az+b\sqrt{(a^2-z^2)}$(a, b는 상수이고 z는 변수) 따위를 z의 함수의 예로 들었다. 다항식, 지수함수, 삼각함수, 로그함수, 거듭제곱급수는 당연히 함수였고, 여기에 음함수와 역함수, 함수를 적분한 것과 상미분방정식의 근도 함수로 여겼으므로 해석적 표현에는 여러 가지가 있었다.[7]

오일러는 '해석적 표현'을 변수와 상수를 결합하는 방식에 주목하여 구분했다. 가감승제와 거듭제곱근 같은 대수적 연산만으로 구성한 함수를 대수함수라 하고, 대수적이지 않은 연산을 초월적 연산이라 하고 이것이 들어 있는 함수를 초월함수라 했다. 초월함수는 대수함수를 무한 번 결합하여 얻은 것이어서 둘은 구별된다고도 했다. 하지만 오일러도 당시의 사람들처럼 무한급수 표현이 합당한지를 고려하지 않았다. 그는 초등 초월함수인 삼각함수, 로그함수, 역삼각함수, 지수함수를 오늘날 다루는 것처럼 생각하고 사용했다. 이를테면 삼각함수를 어떤 반지름의 원 안에 있는 어떤 선의 길이가 아니라 단위가 없는 양의 비로 여겼다.

오일러는 〈미분학 강의〉에서 함수를 새롭게 정의했다. 이 변화는 진동현의 문제에 관한 논쟁과 관련되어 있다. 이 논쟁은 '함수=식'이라는 근대 해석학의 고전적인 패러다임이 무너지는 주요 계기가 되었다.[8] 달랑베르가 해석학의 새로운 패러다임을 펼치기 시작했다. 그는 1747년에 양 끝이 고정되어 팽팽하게 당겨진 현이 진동할 때 왼쪽 끝에서 거리 x에 있는 점이 시각 t일 때 놓이는 위치 y는 $\frac{\partial^2 y}{\partial t^2} = a^2 \frac{\partial^2 y}{\partial x^2}$로 결정됨을 보이고, 이 편미분방정식의 근으로 $y = -2\sin\frac{\pi}{l}x\sin\frac{\pi a}{l}t$를 얻었다. 여기서 주기가 $2l$인 우함수를 취할 때는 얼마든지 해를 얻을 수 있으므로 '주기 $2l$인 우함수를 모두 결정한다'는 문제를 제외하고는 진동현 문제를 해결했다고 생각했다. 여기서 달랑베르의 함수 개념의 외연을 보게 된다. 그에게 함수란 변수의 해석적인 식으로 나타낼 수 있는 것이었다. $\cos(n\pi/l)x$ $(n=1, 2, 3, \cdots)$ 이외에 주기 $2l$인 우함수 일반을 생각하려고 했다. 어떤 의미에서는 푸리에 급수의 선구라고도 말할 수 있으나, 그는 18세기의 함수 개념에 충실했다.[9] 당시의 오일러와 달리 달랑베르는 현을 안쪽의 한 점에서 연직으로 당겨 꺾은선이 되는 경우, 구간 전체에서 하나의 해석적 표현으로 나타내지 못하므로 수학적 해석이 미칠 수 없다고 했다. 오일러는 구간마다 다른 식으로 표현되는 곡선과 손으로 그린 완전 임의의 곡선도 함수로 여겼다. 오일러는 이런 상황을 반영하기 위하여 함수의 정의를 바꾸게 된다. 임의의 함수는 곡선을 나타내고 거꾸로 임의의 곡선은 함수로 나타난다고 했는데, 이것은 수학의 중심이 기하학으로부터 기호 대수로 옮겨가는 것을 의미했다.[10]

1753년에 다니엘이 달랑베르와 오일러 사이에서 다른 입장을 보였다. 그는 진동현이 이른바 기음과 배음, 삼배음, … 을 동시에 내는 현상에 바탕을 두고서 $y = \sum_{n=1}^{\infty} a_n 2\sin\frac{n\pi}{l}x\cos\frac{n\pi a}{l}t$이 진동현의 운동을 모두 결정한다고 주장했다. 이것이 함수의 역사에서 중요한 것으로 여겨지는 푸리에 급수론의 선구이다.[11] 18세기 연구의 결과인 모든 악기의 소리는 기음과 그것의 배음들로 구성되어 있다는 지식은 오늘날 모든 음향기기를 설계하는 기초이다. 오일러(1753)는 삼각함수라는 가장 기본인 주기함수를 더하는 것만으로 일반(주어진 구간을 넘어서면 주기적이지 않은) 함수까지 나타낼 수는 없다고 하여 다니엘의 근이 일반해라는 것에 반대했고, 달랑베르도 마찬가지였다.[12]

1755년에 오일러는 $y = a^x$에서 a는 1보다 큰 양의 상수라 규정하고 이것을 초월적 연산의 예로 제시하면서 지수함수를 생각하기 시작했다. 그는 이것을 $a^x = y$로 고쳐 쓰고 y가 임의의 양수일 때의 x 값을 y의 함수로 보아 y의 로그라 하고 $x = \log_a y$로 썼다. 그런데 y의 로그 x를 규정하는 것은 등식 $a^x = y$ 자체여서 로

그를 함수로 볼 수는 없게 된다. 이것을 해소하려면 함수 개념을 넓혀야 했다. 그래서 오일러는 〈미분학 강의〉에서 'x의 변화와 y의 변화는 상호의존 관계에 있고 x가 변화함에 따라 y도 변화하면, 그때 y를 가리켜 x의 함수'라고 하여 함수를 그런대로 명확히 정의했다.[13] 그러나 지금처럼 '대응'에 기초하여 정의하지 않았고 정의역의 개념도 없었다. 여기서 '따라서 변화하는' 것과 '대응'에는 상당한 차이가 있다. 새로운 정의에서 중요한 진전은 '하나의 해석적 표현'에서는 빠져 있던 꺾은선 같은 '구간에 따라 정의된 함수'가 허용되고 있다는 것이다. 정의역은 19세기 들어서 등장한 푸리에게서 보이는데, 19세기 후반에 이것의 중요성이 인식되고 완전한 개념이 나온다. 오일러는 $f(x)=\begin{cases} a & (x=x_0) \\ 0 & (x\neq x_0) \end{cases}$과 같은 함수도 다루었다. 이렇게 함으로써 로그함수뿐만 아니라 삼각함수 같은 여러 종류의 변화량을 모두 함수로 포괄할 수 있게 되었다. 그렇지만 이 정의가 나온 뒤에도 해석적 표현에 의한 함수의 정의는 한동안 계속 사용되었다.

오일러는 1757년에 발표한 유체역학의 기초 방정식에 관한 논문에서 오일러 방정식이라 하는 편미분방정식 $\frac{\partial f}{\partial y}-\frac{d}{dx}\left(\frac{\partial f}{\partial y'}\right)=0$의 근을 함수라 하고 있다. 상미분방정식의 근을 함수라 여기는 것은 그리 어렵지 않다. 테일러 급수로 전개할 수 있을 때는 '해석적 표현'의 연장이기 때문이다. 그러나 편미분방정식의 근은 테일러 급수로 전개된다고 할 수 없고, 된다고 하여도 자명하지 않다. 이 때문에 함수의 범위가 더욱 넓어져야 했다.

오일러는 연속함수의 개념을 기술하지 않았지만 연속곡선은 명확히 나타냈다. 함수의 연속성은 오일러가 함수 개념을 제안한 때부터 문제가 되었다. 그는 하나의 해석적 표현의 그래프로 그려진 곡선을 '연속곡선'이라 했다. 1765년 논문에서는 '불연속'곡선의 토막들은 서로에게 속하지 않으며 함수 전체 범위를 포괄하는 하나의 식으로 결정되지 않는다고 했다. 이를테면 두 개의 식으로 표현된 $\begin{cases} y=x & (x\geq 0) \\ y=-x & (x<0) \end{cases}$는 연속곡선이 아니었다. 이처럼 몇 개의 연속곡선을 이어 붙인 곡선을 '혼합곡선'이라 했다. 연속함수의 개념은 혼합곡선에서 시작됐다.[14]

라그랑주는 1772년에 〈해석함수론〉(Théorie des fonctions analytiques 1797년 출판)에서 일변수함수나 다변수함수를 어떤 형태로든 변수 또는 변수들을 결합하여 계산에 유용하도록 나타낸 표현이라고 정의했다. 1804년에는 알려진 양에서 알려지지 않은 양을 얻어내는 연산의 결합이라 했다. 18세기에 규정된 함수 개념은 유한이든 무한이든 해석적 표현이었다.

함수 개념을 적극 다루게 된 것은 거듭제곱 급수가 도입되고 나서이다. $a_0+a_1x+a_2x^2+\cdots$ 이라고 하는 식의 일반성에 주의를 기울이게 되었기 때문이다.[15] '해석적 표현'과 '구간에 따라 정의된 함수'의 대립을 푸리에가 해소했다. 푸리에는 1797년에 〈열의 해석적 이론〉(Théorie analytique de la chaleur)에서 '일반적으로 함수 $f(x)$는 각각 임의의 값을 갖는 일련의 세로좌표를 나타낸다. 이 좌표들은 하나의 법칙에 종속되지 않는다. 그것들은 임의의 방식으로 서로 이어진다'고 했다. 이를 뒷받침하려고 제시한 증거는 아직 증명은 아니었고, 베르누이나 오일러가 내놓은 추론보다 엉성했다.[16] 이 저작은 1822년에 발간되었으므로 푸리에의 업적은 19세기에서 다루기로 한다.

여기서 오일러가 이바지한 다른 측면을 짚고 가자. 수학의 발전은 언제나 개념을 함축적으로 표현해 주는 기호와 깊은 관계를 맺고 있는데 그는 〈무한소 해석 입문〉에서 불안정한 수학적 표기법의 질서를 세웠다. 그는 기호를 써서 형식적으로 일관된 논법을 구사하면 정확한 결과를 얻는다고 생각했다. 그는 대부분의 경우 오늘날 우리가 사용하는 것과 같은 용어와 기호를 사용했으므로 수학 용어와 기호에 오일러가 가장 큰 영향을 끼쳤다고 할 수 있다. 그가 만든 기호를 들면 자연로그의 밑 e, 원주율 π, 허수 단위 i, 삼각형의 변 a, b, c와 그것의 대응각 A, B, C, 내접원과 외접원의 반지름 r과 R, 삼각형의 둘레 길이의 반 s, 합의 기호 Σ, 함수 기호 $f(x)$, 오일러 상수 $\gamma=\lim_{n\to\infty}\left(1+\frac{1}{2}+\frac{1}{3}+\cdots+\frac{1}{n}-\ln n\right)$, 로그 기호 lx 등이 있다.

3 무한급수

뉴턴, 라이프니츠뿐만 아니라 오일러, 라그랑주도 무한급수는 무한히 긴 다항식으로서 대수학 분야에 속한다고 여겼다. 유한 다항식에는 없는 성질이 무한급수에 있음을 알지 못했다. 물론 17세기의 뉴턴과 그레고리는 무한급수의 합이 유한일 수도, 무한일 수도 있음을 알고 있었다. 뉴턴은 등비급수에서 독립변수가 작을 때 수렴한다는 정도만 언급했다. 또 일부 무한급수는 어떤 x값에서 발산하는데 그런 급수는 쓸모가 없다고 했다. 그레고리는 1667년에 타원과 쌍곡선의 구적을 계산하면서 수렴과 발산이라는 말을 사용했으나, 더 이상 나아가지 않았다.

1713년 야콥 베르누이가 〈추측술〉에서 조화급수 $\sum_{n=1}^{\infty} 1/n$이 무한대가 됨을 밝히고 나서 무한급수의 본질을 살피기 시작했다. 그는 이 사실을 요한이 처음 알았다고 했다. 야콥은 $\sum_{n=1}^{\infty} 1/n^2$이 유한임을 보였으나, 얼마인지를 구하지 못했다. 오일러가 $\pi^2/6$임을 알아냈다. 야콥은 무한급수 $\sum_{n=1}^{\infty} 1/\sqrt{n}$는 $\sum_{n=1}^{\infty} 1/n$보다 대응하는 항이 크므로 무한대라고 했다. 비교 판정법을 사용한 것이다. 조화급수를 비롯해서 그는 마지막 항이 사라지는 무한급수라도 그 합은 무한일 수도 있음을 보였다. 이는 당시 수학자들의 믿음에 어긋나는 결과였다. 그렇지만 이후의 글은 야콥도 무한급수를 신중하게 다루어야 함을 제대로 인식하지 못했음을 보여준다.

라이프니츠는 1713년에 수렴급수를 뜻하는 용어를 사용했고 항의 부호가 교대로 바뀌고 항의 절댓값이 0으로 단조 감소하는 급수는 수렴한다고 했다. 매클로린은 〈유율론〉(1742)에서 무한급수의 수렴성을 고려했으며 무한급수의 수렴 여부를 판정하는 적분 판정법을 고안했다. 니콜라스 베르누이는 1743년에 유한과 무한 항의 합을 구별해야 한다고 했다. 후자에는 마지막 항이 없으므로 근과 계수의 관계를 사용할 수 없기 때문이었다. 오일러는 급수와 관련된 연구를 상당히 했는데, 무한급수를 $1/(1-a)=1+a+a^2+a^3+\cdots$ 처럼 나눗셈을 이용하여 도입했다. 그는 이런 것의 수렴성을 따지지 않았다. 오일러는 계산에서 발산급수를 사용할 때 생기는 곤란에 주목했으나 수렴과 발산 개념을 명확히 알지 못했다. 그가 표명한 수렴과 발산의 개념은 썩 단단하지 못했다. 심지어 발산급수에서도 특정한 양이나 함수의 정확한 값이 나온다고도 생각했다.[17] 오일러의 논법은 당시에 시행되던 과정의 전형을 보여준다. 그는 무한급수의 수렴과 존재의 문제나 무한 과정을 포함하는 처리 방식의 문제를 꼼꼼히 살펴보지 않고, 극한과 수렴을 형식적으로 조작하고 부주의하게 다뤘다. 이를테면 그는 0이 양수와 음수를 가르듯이 무한대도 양수와 음수를 가른다고 했다.[18] 그가 무한급수를 다루는 논법은 다른 까닭으로도 불합리했다. 어떤 함수의 급수를 미분하거나 적분한 결과는 각각 그 함수의 도함수나 적분과 같다는 사실을 정당화해야 했다. 그런데도 그는 변수의 조건에 관계없이 문제 해결에 적용했다. 이 때문에 그는 불합리한 결과에 이르기도 했으나 중요한 결과들을 운 좋게도 자주 얻었다. 그가 이렇게 발견한 사실 가운데 많은 것이 나중에 엄격한 과정을 거쳐 확인됐다. 이를테면 $e=1+1/1!+1/2!+1/3!+\cdots$을 얻은 과정이 그러하다. 그리고 지금도 사용되고 있는 급수의 변환을 도입하여 수렴급수를 더욱 빠르게 수렴하는 급수로 바꾸기도 했다.

라그랑주는 1772년에 테일러 급수와 나머지항을 이용하여 임의의 함수 $f(x+h)$를 대수적인 절차로 $\sum_{i=0}^{\infty} f^{(i)}(x)\frac{h^i}{i!}$ (여기서 $f^{(i+1)}$은 $f^{(i)}$의 도함수)으로 전개할 수 있는 방법을 보였다. 그는 이 급수에서 $h^i/i!$의 계수에 적용되는 형식적 관계를 미분으로 해석했다.[19] 하지만 수렴의 개념이나 나머지항의 값과 수렴 사이의 관계를 살피지 않았다. 그렇더라도 이러한 시도 덕분에 함수를 추상적으로 다루는 데로 상당히 나아가게 되었다. 여기에서 처음으로 실변수 함수(실함수) 이론이 나타난다.[20] 워링(E. Waring 1734-1798)은 $1+1/2^n+1/3^n+1/4^n+\cdots$은 n이 1보다 크면 수렴하고 1보다 작으면 발산한다고 했다. 1776년에는 코시의 이름이 붙은 비 판정법인 '급수 $\sum_{n=1}^{\infty} a_n$에서 $a_n \neq 0$이고 $L=\lim_{n\to\infty}|a_{n+1}/a_n|$이 존재할 때 $L<1$이면 수렴하고 $L>1$이면 발산한다'는 것을 내놓았다. 1일 때는 결론을 내리지 못했다(이때는 수렴하기도 발산하기도 한다).

18세기 무한급수 연구에는 형식적 관점이 지배했다. 수학자들은 본질보다 형식, 논리보다 기호에 기댔다. 무한급수를 대수적으로 조작해서 물리적으로 쓸모 있는 결과를 얻었던 데다가, 무한급수가 수렴하든 발산하든 항들이 같은 기호 형태를 띠었으므로 그 조건에 그다지 주목하지 않았던 것으로 보인다. 조금은 신중하게 발산급수를 사용하기도 했으나 오일러를 비롯한 18세기의 수학자들은 이상한 무한급수 문제에 힘들어했고 그것들을 이용하면서 틀린 증명을 하거나 잘못된 결론을 얻기도 했다. 그렇지만 이런 연구들이 쌓이면서 18세기 말에 발산급수가 함수의 어림값을 계산하는 데 쓸모 있다는 것과 급수가 발산하더라도 그것이 해석적 연산에서 함수를 나타낼 수도 있다는 생각이 제기된다.

드무아브르가 피보나치 수열 $F_0=0$, $F_1=1$, $F_{n+2}=F_{n+1}+F_n$, $n\geq 0$을 이용하여 1730년에 무한급수의 강력한 응용인 모함수 방법을 발견했다. 이 방법은 조합론, 확률론, 수론에서 매우 중요한 것이 되었다. 피보나치 수열의 모함수는 $f(x)=F_0+F_1x+F_2x^2+F_3x^3+\cdots$ 이다. 이것으로부터 $(1-x-x^2)f(x)=F_0+F_1x-F_0x=x$가 된다. $f(x)=x/(1-x-x^2)$에서 분모를 인수분해하여 부분분수로 나타낸 뒤, 각각을 등비급수로 나타내고 동류항끼리 정리하면 $F_n=\frac{1}{\sqrt{5}}\left\{\left(\frac{1+\sqrt{5}}{2}\right)^n-\left(\frac{1-\sqrt{5}}{2}\right)^n\right\}$을 얻는다. 모함수의 목적은 복잡한 급수를 실함수나 복소함수로 바꾸는 것이다. 참고로 오일러는 1735년 후반에 $1+1/2^2+1/3^2+\cdots=\pi^2/6$임을 무한급수 $\sin x=x-x^3/3!+x^5/5!-x^7/7!+\cdots$를 이용하여 얻음으로써 멘골리가 제기하고 나서 80년 남짓 해결되지 않던 문제가 해결됐다. 역수 $6/\pi^2$은 임의로 택한 두 자연수가 서로소가 될 확률이기도 하다.

18세기 수학자들은 삼각급수도 널리 연구했다. 관측으로 얻은 두 지점 사이에서 행성의 위치를 결정하는 데 쓰이는 보간법에 삼각급수를 사용했다. 그리고 앞서 보았듯이 편미분방정식의 초기 연구에도 삼각급수가 도입되었다. 두 문제에 삼각급수가 사용되었고 같은 사람들이 두 문제를 모두 다루었음에도, 두 연구는 한동안 별개의 영역이었다. 1747년에 오일러는 자신이 '급수의 보간법'이라 했던 방법을 삼체 문제[36]에서 나온 함수에 적용했고 그 함수의 삼각급수를 구했다. 또한 그 기법을 써서 월리스가 예시했던 이항계수의 일반화인 베타함수와 계승의 일반화인 감마함수를 만들었다. 오일러의 감마함수 $\Gamma(x)=\int_0^1(-\ln t)^{x-1}dt$는 $x>0$에서 수렴한다. $-\ln t$를 t로 치환하면 $\times\Gamma(x)=\int_0^\infty t^{x-1}e^{-t}dt,\ x>0$이 되고 $\Gamma(1)=1,\ \Gamma(x+1)=x\Gamma(x)$이다. x를 양의 정수 n으로 놓으면 $\Gamma(n)=(n-1)!$이 된다. 오일러는 로그함수와 삼각함수 값을 바라는 만큼 정확하고 효율적으로 계산하는 급수를 끌어내기도 했다. 이를테면 $(\cos x+i\sin x)^n=\cos nx+i\sin nx$ (n은 자연수)로부터 대수학적, 해석학적 조작을 거쳐 $\cos x=1-x^2/2!+x^4/4!-\cdots$를 유도했다.

달랑베르는 1754년에 두 행성 사이 거리의 역수를 확장하는 문제를 다루면서 원점에서 행성을 잇는 두 반직선이 이루는 각의 배수를 변수로 하는 코사인 급수 문제를 살폈다. 이 연구에서 푸리에 급수의 계수를 구하는 정적분이 등장한다.[21] 클레로는 1757년에 섭동을 연구하면서 보간법과 관련하여 어떤 함수라도 $f(x)=A_0+2\sum_{n=1}^{\infty}A_n\cos nx$ 같은 꼴로 나타낼 수 있다고 했다. $A_n=\frac{1}{2\pi}\int_0^{2\pi}f(x)\cos nx\,dx$이다. 오일러, 달랑베르가 클레로의 글을 알았으나 자신의 생각과 다르다 해서 받아들이지 않아 클레로의 연구는 곧 잊혔다. 1768년에 라그랑주는 $x^{2/3}$을 삼각급수로 나타냈다. 1773년에 다니엘 베르누이가 삼각급수의 합이 구간에 따라 대수적 표현식이 달라질 수 있음을 알았다. 1777년에 오일러는 천문학 문제를 다루면서

36) 보편중력 때문에 생기는 세 물체의 상호작용과 움직임을 다루는 문제로 해, 지구, 달에서 지구와 달의 궤도에 대한 물음에서 시작되었다.

$$f(x) = \frac{a_0}{2} + 2\sum_{k=1}^{\infty} a_k \cos\frac{k\pi x}{l}, \quad a_k = \frac{2}{l}\int_0^l f(x)\cos\frac{k\pi x}{l}dx$$

로 표현할 수 있다고 했다. 이처럼 오일러는 다항식을 삼각급수로 나타냈으나 함수 일반을 그렇게 할 수 있다고 생각하지 않았다. 다루고 있던 모든 종류의 함수가 삼각급수로 표현되었음에도 클레로를 빼고는 그렇게 생각하지 못했다. 결국 이런 결과들은 진동현을 둘러싸고 이어진 논란에 영향을 끼치지 못했다. 그렇지만 물리학에서 나온 증거들은 각종 함수를 삼각급수로 나타낼 수 있음을 보였으므로 그들은 삼각급수 표현식을 썼고 계수 공식도 끌어냈다. 더군다나 사람들은 비주기 함수도 삼각급수로 표현됨을 알고 있었다. 그렇지만 수학으로 정당화하지 못했다. 이 모든 문제는 푸리에(1807)가 등장하고 나서야 해결되었다.

4 적분법

4-1 적분

적분법은 미분방정식과 관련하여 발전하게 되는데, 그에 앞서 무한급수와 미분의 역연산을 이용한 적분을 많이 다루게 된다. 야콥 베르누이는 등시곡선과 현수선의 방정식, 포물나선과 간단한 초월곡선(타원, 쌍곡선)의 호의 길이를 구하는 과정에서 적분하는 방법을 정식화함으로써 적분 개념의 발전에 본질적인 변화를 일으켰다. 곡선(함수)의 연구, 알고 있는 것과 복잡한 적분 계산을 연결하는 방법, 미분방정식에 의한 문제의 해결에 많은 주의를 기울이게 되었다.

코츠(R. Cotes)가 1722년에 분수식을 부분분수식으로 분해하여 적분하는 것을 깊이 있게 다루었다. 드무아브르가 $x^{2n} + 2x^n\cos n\theta + 1$을 이차인수로 인수분해하고자 했던 동기의 하나가 코츠의 연구를 완성하려는 바람이었다. 코츠는 미적분을 로그함수나 삼각함수에 응용하는 것을 처음으로 제대로 다루었다. 또한 삼각함수의 주기성을 인정했고 탄젠트, 시컨트의 주기를 처음으로 제시한 것으로 보인다.[22]

오일러는 〈적분학 강의〉에서 적분법을 어떤 양의 미분 사이의 관계로부터 그 양 사이의 관계를 구하는 방법이라고 정의하면서 시작한다.[23] 아네시, 요한 베르누이처럼 그에게 적분은 미분의 역이었다. 이런 생각을 바탕으로 하여 그는 오일러-매클로린 급수를 개발하여 급수와 적분 사이의 관계를 공고히 했다.[24] 그는 미분은

0이고, 0의 합은 0으로밖에 되지 않는다고 생각하여 정적분37)을 무한개의 미분의 합으로 정의하지 않고 원시함수의 차로써 얻고 있다. 그러다 1775년에

$$\int_a^b f(x)dx = -\int_b^a f(x)dx, \quad \int_a^b f(x)dx = \int_a^c f(x)dx + \int_c^b f(x)dx$$

와 같은 정적분의 기본 성질을 다루면서 '무엇으로부터의 극한'이라든지 '무엇까지의 극한'을 기술했다.[25] 그는 임의의 상수가 적용되는 적분을 완전적분, 정해진 상수가 적용되는 것을 특수적분이라고 했다. 몇 개의 변수값에 관한 특수적분 값이 정적분으로 되었다. 이렇게 정적분은 자신의 자리를 잡지 못하고 특수적분의 어떤 값이었다. 이리하여 19세기에 유계함수의 정적분으로 코시-리만 합이라는 극한을 고려하는 정의가 나오기 전까지 함수 $f(x)$의 정적분을 $f(x)$의 원시함수 $F(x)$가 갖는 값의 차, 곧 구간 $[a, b]$에서 $\int_a^b f(x)dx = F(b) - F(a)$로 했다. 여기서 '값의 차'를 적분이라 하는 까닭을 이해할 수 없다는 비판이 제기되었다.[26] 18세기의 모든 수학자는 적분을 도함수나 미분 dy의 역으로 다루었다. 당시에 다룬 대다수 응용 문제에서 적분이 쉽게 구해졌으므로 적분의 존재를 전혀 의심하지 않았다.

4-2 중적분

뉴턴의 〈프린키피아〉에서 구체와 구 모양의 얇은 껍질이 질점에 작용하는 인력을 다룬 부분에서 실질적으로 중적분이 사용되었다. 중적분에 관한 중요한 발상이 1692년에 비비안니(V. Viviani 1622-1703)가 도전한 '반구의 표면에 있는 똑같은 네 개의 창을, 표면의 나머지가 자와 컴퍼스로 작도할 수 있는 영역과 같은 넓이가 되도록 결정'하는 문제에서 나왔다.[27] 이 문제에 대한 라이프니츠의 풀이(1692)에 기원을 둔 논의가 오일러의 〈적분학 강의〉에 실렸다. 라이프니츠는 이 문제를 풀 때 반구의 표면에 놓인 여러 영역의 넓이를 계산해야 했다. 그것을 계산할 때, 먼저 하나의 변량을 고정하고서 다른 변량에 관하여 적분하고, 다음에 두 변량의 역할을 바꾸어 적분하고서 두 미분량의 곱에 관련된 식 전체를 적분했다. 중적분은 18세기 전반부에 본격 등장했고 편미분방정식 $\partial^2 z/\partial x \partial y = f(x, y)$의 근을 나타내는 데에 사용되었다.

1731년에 클레로는 일정한 영역의 부피를 계산하면서 중적분을 다루었다. 그는

37) 라플라스가 '정적분'과 '적분의 극한'이라는 술어를 도입했다.

$y=f(x)$, $z=g(y)$로 주어진 두 기둥이 겹치는 부분의 부피 요소를 $dx\int z\,dy$로 나타낼 수 있었다. 그는 고찰 대상인 방정식을 이용하여 x로 z와 dy를 고쳐 쓰고서 $z\,dy$를 적분했다. 이제 부피 요소는 완전히 x로 표현되었고, 다시 적분할 수 있었다. 마찬가지로 그는 겉넓이의 요소를 $dx\int\sqrt{dx^2+dy^2}$으로 나타내고 비슷하게 계산했다.[28] 또한 그는 곡면에 대한 해석기하학과 미분기하학을 처음으로 시도했고 선적분에도 이바지했다.

1766~1769년에 라그랑주도 변분법을 연구하던 중에 부피와 겉넓이를 다루었다. 그는 면을 나타내는 방정식이 $z=f(x,\,y)$이면서 $dz=\left(\frac{\partial z}{\partial x}\right)dx+\left(\frac{\partial z}{\partial y}\right)dy$로 주어지는 경우에 부피를 $\iint z\,dx\,dy$, 겉넓이를 $\iint dx\,dy\sqrt{1+\left(\frac{\partial z}{\partial x}\right)^2+\left(\frac{\partial z}{\partial y}\right)^2}$으로 썼다. 그는 1773년에 회전타원체의 인력을 다룬 연구에서 인력을 삼중적분으로 나타냈다. 오일러는 이것을 직교좌표로는 계산하기 어려워 구면좌표로 변환했다. 여기에 쓰인 것이 변수변환인데, 이 주제가 중적분에 관한 오일러의 논문에서 가장 관심을 끄는 부분이었다.[29] 간단한 변수변환의 예로는

$$\iint_{x^2+y^2}9(x^2+y^2)dx\,dy=\int_0^{2\pi}\int_0^3 r^2\,dr\,d\theta=\int_0^3 r^2\,dr\int_0^{2\pi}d\theta=18\pi$$

가 있다. 중적분에서 변수변환은 18세기 수학적 증명의 전형이었으나 오일러는 형식적 절차를 따랐을 뿐이다. 라그랑주도 삼차원 적분에서 변수변환의 공식을 끌어낼 때 형식적으로 논의했다. 둘 다 극한이나 무한소의 근사라는 개념을 이용하지 않고, 도함수의 존재 여부에도 관심을 두지 않았다. 오일러는 형식적인 논의만으로도 커다란 성공을 거두었다.

오일러는 1769년에 적분의 개념을 역도함수로 일반화했다. 그는 이중의 역도함수로서 중적분의 발상을 떠올리고 나서 한 번만 적분하여 넓이를 계산하는 개념을 일반화하고, 이중적분으로 부피를 구했다. 그의 기본 사고방식은 라이프니츠처럼 먼저 한 변수를 일정하게 유지하면서 다른 변수에 관하여 적분하고 다음에 두 번째 변수를 다루는 것이었다.[30] $\iint z\,dx\,dy$는 먼저 x에 관해서만, 다음에 y에 관해서만 미분했을 때 $z\,dx\,dy$가 미분량으로 주어지는 이변수함수이다. 이를테면 그는 $\iint a\,dx\,dy=axy+f(x)+g(y)$가 됨을 보였다. 그는 위쪽이 구면이고 아래쪽이 여러 평면 영역으로 둘러싸인 입체의 부피를 계산하는 방법을 보이고 나서, 중적분을 겉넓이 계산에도 이용할 수 있다고 했다.

18세기 내내 수학자들은 여러 형태의 물체, 그 가운데서도 타원체 꼴인 물체의 인력 문제를 연구했다. 기본적으로 이 문제는 삼중적분 문제인데 라플라스가 이것을 편미분방정식으로 바꿨다.

4-3 타원적분

초기의 타원적분 연구는 그 값을 계산하기보다 복잡한 적분을 타원과 쌍곡선의 길이를 나타내는 적분으로 나타내는 데에 집중되었다. 기하학적 관점에서 타원과 쌍곡선 길이를 나타내는 적분이 가장 단순하다고 여겼기 때문이다.[31] 뉴턴이 먼저 알았으나 (1671년쯤) 야콥 베르누이가 먼저 출판한 극좌표를 두 사람 모두 미적분에 응용하고자 했다. 야콥은 극좌표를 이용하여 접선, 변곡점, 넓이, 호의 길이, 곡률반지름을 구하는 식을 끌어냈다. 이를테면 1694년에 포물나선 $r^2 = a\theta$에서 호의 길이는 $ds = \sqrt{dr^2 + r^2 d\theta^2}$에 의해 사차 다항식의 제곱근이 적분으로 유도됨을 알았다. 이 값을 구하는 과정에서 야콥이 처음으로 타원적분을 다루게 되었다. 그런 적분들이 실용 문제에서 자주 나왔다. 야콥이 제기하고 오일러가 해결한 탄성곡선[38]의 방정식 $dy = \dfrac{(x^2+ab)dx}{\sqrt{a^4-(x^2+ab)^2}}$, 천문학에서 중요한 타원 $\dfrac{x^2}{a^2}+\dfrac{y^2}{b^2}=1$의 길이를 구하는 방정식 $s = a\displaystyle\int_0^1 \frac{(1-k^2t^2)dt}{\sqrt{(1-t^2)(1-k^2t^2)}}$ (여기서 $k = \frac{a^2-b^2}{a^2}$, $t = \frac{x}{a}$), 흔들이[39]의 주기를 찾는 방정식 $T = 4\sqrt{\dfrac{l}{g}}\displaystyle\int_0^{\pi/2} \frac{d\phi}{\sqrt{1-k^2\sin^2\phi}}$를 비롯하여 피적분함수로서 무리함수가 곡선의 길이를 구하는 여러 문제에서 등장했다. 이런 종류의 적분을 타원적분이라고 한다. 이름은 타원의 길이를 구하는 문제에서 나왔다. 이러한 적분은 대수함수, 삼각함수, 로그함수, 지수함수로는 계산할 수 없다. 그래서 물리학적 결과를 얻기 위해 급수를 이용했다.

부정 타원적분은 새로운 초월함수이다. 18세기에 해석학 연구가 진행되면서 더 많은 초월함수가 나왔다. 이 가운데 보간론과 원시함수를 연구하는 과정에서 나온 감마함수가 매우 중요하다. 오일러가 1729년에 해결한 보간법 문제는 정수가 아닌

38) 탄성이 있는 가늘고 긴 막대의 양 끝에 힘을 주었을 때 생기는 막대의 축선이 이루는 곡선

39) 흔들이는 18세기의 지구의 형태를 알아내는 연구와 중력은 거리의 제곱에 반비례한다는 법칙을 입증하는 연구에 긴밀하게 관련되어 있었다.

n에 대해 $n!$의 값을 정하는 것이 핵심이었다.[32] 그는 $n! = \prod_{k=1}^{\infty}\left(\frac{k+1}{k}\right)^n \frac{k}{k+n}$라고 했다. 그는 1744년에 탄성 막대의 연구 결과를 발표했다. 막대의 모양이 타원적분의 형태를 취한다는 것을 끌어내어 야콥이 제기한 문제를 해결했고, 끝 쪽의 조건이 다를 때의 풀이도 내놓았다. 여기서 탄성곡선뿐만 아니라 최댓값과 최솟값을 찾는 많은 문제를 다뤘다. 이것들 덕분에 변분법은 새로운 분야의 수학이 되었다.

타원적분 연구에서 오일러는 기하학적 관점에 얽매여 있던 반면에 르장드르는 해석학적 측면에 집중했다. 그 결과 타원적분의 중요한 결과가 나왔다. 그는 $f(x)$는 유리함수, $g(x)$는 사차 다항식일 때인 일반 타원적분 $\int \frac{f(x)}{\sqrt{g(x)}}dx$를 아래의 세 유형으로 단순화할 수 있었다. 르장드르는 이런 획기적인 결과를 얻었으면서도 아직 타원적분을 뒤집은 타원함수라는 개념을 생각하지 못했다. 이것을 19세기의 아벨과 야코비가 끌어냈다. 타원함수 이론은 야코비의 가장 두드러진 성취이다. 르장드르의 연구에서 시작한 그도 해석학적으로 접근했다. 그는 타원함수의 변환, 이를테면 이중주기와 역함수의 연구에 집중했다.

$$\int \frac{dx}{\sqrt{1-x^2}\sqrt{1-k^2x^2}},\quad \int \frac{x^2dx}{\sqrt{1-x^2}\sqrt{1-k^2x^2}},\quad \int \frac{dx}{(x-a)\sqrt{1-x^2}\sqrt{1-k^2x^2}}$$

5 미분방정식

5-1 미분방정식의 시작

일반적으로 미분방정식은 변화하는 양이 있고 그것이 연속으로 변할 때 나온다. 이때 순간변화율과 관련된 표현이 미분방정식의 형태로 쓰인다(가장 간단한 것으로는 $ds/dt = 9.8t$가 있다). 뉴턴이 이런 미분방정식을 해결할 수 있었기 때문에 케플러의 법칙을 케플러보다 훨씬 쉽게 연역할 수 있었다. 제시한 예처럼 간단한 문제에서는 초등함수로 계산할 수 있다. 타원적분처럼 더 어려운 문제에서는 그럴 수 없다. 그렇기는 하나 이 두 유형 모두 미적분학의 범위에서 해결됐다. 더욱 복잡한 문제를 해결하려면 특별한 기법이 필요했고 여기서 미분방정식이라는 분야가 나왔다. 1693년에 하위헌스가 미분방정식을 언급하고 나서 그것은 과학을 비롯한 여러 분야를 공략하는 가장 효과적인 수단이 되었다.

유체 속에서 운동하는 회전면이 어떤 꼴일 때 저항을 가장 적게 받을까에 대한 뉴턴의 연구는 실질적으로는 미분방정식의 해를 구하는 것이었으나 해석적으로 옮겨 표현했고 풀이의 기하학적 특징만 기술했다. 1694년에 그는 미분(유율)방정식을 사용해서 온전한 풀이를 설명했다. 그러나 그는 미분방정식을 역학 때문이 아니라 곡선의 기하학에 사용하기 위해 고안했다. 그래서 뉴턴은 역학의 창시자일지는 모르지만 역학계(dynamical system)의 창시자라고 말하기는 어렵다.[33] 미분방정식의 구적법은 주로 라이프니츠 학파에서 발전했다. 라이프니츠와 야콥, 요한 베르누이가 미분방정식을 본격 사용하고 역학에 응용하는 것을 눈에 띄게 발전시켰다.

1693년에 라이프니츠가 사인함수에 대한 미분방정식을 기하학적으로 끌어냈고, 사인함수를 거듭제곱 급수로 나타내기 위한 미정계수법을 이용하여 그것을 풀었다. 18세기 초에는 그러한 방정식이 나오는 자연학의 문제를 통상 기하학적으로 해결했다. 이런 방정식이 나오는 문제의 하나는 1728년에 요한 베르누이가 생각한 것으로, 주어진 점으로부터 거리에 비례하는 힘이 작용하는 물체의 운동을 결정하는 것이었다.[34]

17세기 말과 18세기 초에는 미분방정식을 구적법으로 풀었다. 1720년 무렵부터 구적법으로 풀 수 없는 미분방정식이 있음이 인식되기 시작했다. 1724년 리카티(J. Riccati 1676-1754)가 미분방정식을 적분하는 것이 일반적으로 어렵다는 것에 주목했다. 그는 적분할 수 있는 방정식과 그렇지 않은 방정식을 구별해야 함을 제기하고, $y'+y^2/x^n=nx^{m+n-1}$이라는 미분방정식이 m, n이 어떨 때 구적법으로 풀리는가를 물었다. 그는 의문을 제기하는 것으로 그쳤고, 다니엘 베르누이가 $y'+y^2=x^n$은 일반적인 n에 관하여 구적법으로 풀리지 않는다고 했다.[35]

다변수함수에 관련된 발상이 미분방정식을 푸는 데 중요함이 밝혀졌다. 다변수함수의 기원은 기하(이를테면 매개변수에 의존하는 곡선)와 물리학에 있다. 18세기 내내 다뤄지던 진동현의 문제에서 현 $u(x,\ t)$의 위치는 실제로 공간좌표 x와 시간 t의 함수이다. 다변수 미분방정식의 계산 방법을 1730년대에 오일러가 발견했고, 그것은 현대적인 사인과 코사인함수 개념의 발견을 이끌었다.

미분방정식은 모두 소리, 빛, 열, 유체의 흐름, 중력, 전기, 자기 같은 물리 문제를 해결하려는 과정에서 나왔고, 그 수가 많을뿐더러 유형도 매우 여러 가지였다. 18세기 초에는 미분방정식을 푸는 방법이 보잘것없었기 때문에 미분방정식을 유형으로 나누거나, 그것들의 특징을 연구하기 어려웠다. 18세기 중반에 미분방정식의 근을 찾는 일에서 성공이 이어지면서 그것은 독립된 분야가 되어 갔다. 그러는 가운데 근을 바라보는 시각과 찾고자 하는 근의 속성이 바뀌어 갔다.

요한 베르누이가 적분 계산에서 다뤄지는 여러 문제를 실제로 풀게 되면 모든 것이 미분방정식을 푸는 것으로 귀착된다고 했다. 오일러는 〈적분학 강의〉에서 이 관점을 전면적으로 전개하면서 많은 곳에서 미분방정식을 푸는 방법을 다루었다. 그의 적분 계산은 미분방정식을 푸는 이론이고, 곡선에 구애받지도 않았다. 오일러는 편미분방정식을 논의하면서 이 저작을 마무리하고 있다. 미분방정식이 자연 현상과 관련된 문제로부터 나옴에도, 그는 이 저작에서 이를 언급하지는 않았다. 미적분학의 기본 정리도 나타나지 않고 정적분의 계산조차 없었다.

5-2 상미분방정식

선형상미분방정식 상미분방정식은 하나의 독립변수에 하나 이상의 종속변수를 대상으로 하는 도함수를 포함하는 방정식을 말한다. 이를테면 x를 독립변수, y를 종속변수라고 할 때 $\frac{dy}{dx}=2y$, $\frac{d^2y}{dx^2}-3\frac{dy}{dx}+2y=0$ 또는 t를 독립변수이고 x, y를 종속변수라 할 때 $\frac{dx}{dt}+\frac{dy}{dt}=x+y$를 들 수 있다. 상미분방정식의 풀이는 어떤 의미에서 미적분학의 기본 정리가 확인되자마자 시작되었다고 할 수 있다. 상미분방정식은 선형과 비선형으로 나뉜다. 선형상미분방정식의 일반 표현식은 $a_n(x)y^{(n)}+a_{n-1}(x)y^{(n-1)}+\cdots+a_1(x)y'+a_0(x)y=f(x)$이고, $f(x)=0$일 때를 동차선형상미분방정식, $f(x)\neq 0$일 때를 비동차선형상미분방정식이라 한다.

1691년에 라이프니츠는 상미분방정식을 푸는 변수분리법을 고안했다. 이를테면 상미분방정식 $\frac{dy}{dx}=\frac{f(x)}{g(y)}$를 $g(y)dy=f(x)dx$로 만들고 양변을 적분하여 y를 구하는 방법이다. 그는 또 동차방정식 $dy=f(y/x)dx$를 $y=vx$로 바꿔 쓰고 변수를 분리하여 푸는 방법도 생각해 냈다. 1694년에는 일반적인 일계상미분방정식 $f(x)dx+g(x)ydx+dy=0$도 풀었다. 그는 식 $dp/p=gdx$로 p를 정의하고, 대입하여 $pfdx+ydp+pdy=0$으로 했다. 이것은 $pfdx+d(py)=0$이 되고 적분하면 $\int pfdx+py=0$이다. 변수분리법과 동차방정식의 풀이법은 요한 베르누이가 1694년 〈학술기요〉에서 더 자세히 다루었다.

야콥 베르누이는 1690년에 무한소 해석을 이용하여 등시곡선의 미분방정식으로 $\sqrt{b^2y-a^3}\,dy=\sqrt{a^3}\,dx$를 얻고서 곡선의 방정식으로 $(2b^2y-2a^3)\sqrt{b^2y-a^3}/3b^2=x\sqrt{a^3}$을 구했다. 이어서 현수선의 식을 찾으라는 문제를 제출했다. 갈릴레오는 포물선 모양이라고 했는데 이것은 옳지 않았다. 포물선은 끈에 걸리는 하중이 수평 방향의 단위 길이마다 일정하지만, 현수선은 끈의 단위 길이마다 일정하기 때문이었다. 1691년의 〈학술기요〉에 세 가지 풀이가 제시됐다. 하위헌스는 기하학적 방법에 의존했고 라이프니츠와 요한은 훨씬 직접적인 방법인 미적분학으로 해결했다. 요한은 일계상미분방정식 $dy/dx=s/a$에 바탕을 둔 풀이법을 내놓았다. s는 꼭짓점에서 임의의 점까지 호의 길이, a는 단위 길이당 끈의 질량에 의존하는 상수이다. 여기서 $y=a\cosh(x/a)=a(e^{x/a}+e^{-x/a})/2$라는 방정식이 나온다. 현수선 문제는 아르키메데스의 방법과 미적분학을 사용하는 새로운 경향을 구분하는 경계이다.[36] 야콥은 이 문제를 여러 가지로 일반화해서 풀었는데, 매달린 끈이 탄성이 있거나 밀도가 변하는 경우도 다뤘다. 그리고 현수선에서 이용한 것과 같은 형식의 일계상미분방정식을 이용하여 추적선의 방정식도 끌어냈다. 그는 평면에서 그 방정식으로 $dy/ds=y/a$(s는 호의 길이, a는 추적선을 만드는 선분의 길이)을 얻었다. 이 식에서 $\int y\,dx=\int dy\sqrt{a^2-y^2}$를 끌어내고, 이어서 $x=a\log\{(a+\sqrt{a^2-y^2})/y\}-\sqrt{a^2-y^2}$을 얻었다. 추적선의 축폐선이 현수선이다. 18세기 미적분학은 기하학에서 벗어나 더욱 해석적인 특성을 띤다.

요한은 1700년에 n계의 동차선형미분방정식 $y^{(n)}+a_{n-1}(x)y^{(n-1)}+\cdots+a_1(x)y'+a_0(x)y=0$에서 p^i 꼴의 적분인자를 사용하여 계수(rank)를 줄여가는 방법으로 풀었다. 사실 요한은 특별한 삼계미분방정식을 다루었고 계수를 이계로 낮추는 방법을 보였을 뿐이다. 이 방정식을 완전히 푸는 가능성은 매우 낮은데 계수 $a_i(x)$가 상수이거나 $a_i(x)=a_ix^{i-n}$ (a_i는 상수)일 때는 풀 수 있다. 전자를 1739년에, 코시 방정식이라 하는 후자를 1769년에 오일러가 풀었다.[37]

이러한 상미분방정식은 용수철 같은 탄성체의 복원력, 흔들이의 운동곡선, 삼체 운동을 연구하는 데에 필요했다. 이를테면 흔들이의 상미분방정식은 $(d^2\theta/dt^2)+k^2\sin\theta=0$ (여기서 t는 시간, θ는 각으로 연직 방향일 때 $\theta=0$, k는 상수)이다. 흔들이가 아주 작게 진동한다면 $\sin\theta\approx\theta$가 되고 이때 미분방정식은 $(d^2\theta/dt^2)+k^2\theta=0$이 된다. 일반해는 $\theta=A\sin kt+B\cos kt$이다. 장점은 주기가 $2\pi/k$임을 바로 알 수 있다는 것이고 단점은 θ가 크면 이 근은 성립하지 않는다는 것이다. 수학이 발전하면서 편미분방정식이 등장했는데, 이것이 상미분방정식을 깊이 연구하게 했다. 미분기하학과 변분법도 상미분방정식의 연구를 더욱 촉진했다.

1728년에 오일러는 역학을 연구하면서 이계상미분방정식에 관심을 두게 되었다. 이를테면 저항 매질 안의 흔들이 운동을 연구할 때 이 방정식이 나왔다. 그는 특정 부류의 비선형이계상미분방정식을 변수변환하여 일계방정식으로 바꾸었다. 이 연구로부터 이계미분방정식 $y'' = f(x, y, y')$이 체계적으로 연구되기 시작되었고, 고계미분방정식에서 중요한 역할을 하는 지수함수가 도입되었다.[38] 1730년까지 오일러는 $y = e^{ax}$을 만족하는 미분방정식이 $dy = ae^{ax}dx$이고 반대로 미분방정식 $dy = ay\,dx$에 대한 답이 $y = e^{ax}$임을 알았다. 그는 1730년대 초의 여러 논문에서 다른 미분방정식을 푸는 데에 지수함수의 이 성질을 이용했다. 1730년대 중반 오일러는 지수함수로는 충분하지 않다고 느꼈다. 오일러(1747)는 공기 속에서 전파되는 소리를 연구할 때, 무게가 없는 용수철로 일직선의 같은 간격으로 연결된 n개의 질량 m이 수평으로 놓여 길이 방향으로 운동하는 상황에서 생각했다. 여기서도 이계상미분방정식이 나왔다. i번째 질량의 변위 x_i에 대해 $m(d^2x_i/dt^2) = k(x_{i+1} - 2x_i + x_{i-1})$이다. k는 용수철 상수이다. 이것을 만족하는 일차원 파동 방정식을 1727년에 요한 베르누이가 처음으로 소개했다. 달랑베르(1747)는 여기서 편미분방정식을 유도하여 특정한 경우의 해를 제시했고, 오일러(1753)가 일반적인 경우의 해를 제시했다.

1734년에 다니엘 베르누이는 한 끝은 고정되어 있고 다른 끝은 자유롭게 움직이는 길이가 l인 탄성 막대(이를테면 강철로 된 일차원 물체)의 수직 변위 y를 구하는 문제를 해결했다. 그는 사계미분방정식 $y = a^4\dfrac{d^4y}{dx^4}$를 얻었다. a는 상수, x는 고정된 끝점에서 잰 거리이다. 오일러는 1735년에 급수를 사용하는 방법밖에 없다고 하면서 네 가지의 급수해를 구했다. 당시에는 그 급수들이 삼각함수나 지수함수를 나타내고 있음을 알지 못했다. 1739년에 오일러는 거듭제곱급수 꼴이 아닌 사인함수가 그러한 고계미분방정식의 근이 됨을 알았다. 그는 거리에 비례하는 힘과 시간에 따라 사인함수 형태로 변하는 힘이 작용하여 움직이는 물체의 운동에 대한 미분방정식을 풀었다. 아마 이것이 시간의 함수로서 사인함수를 가장 일찍 이용한 예일 것이다.[39]

탄성 문제를 계기로 오일러는 일반적인 상수 계수 선형미분방정식을 다루었다.

그는 적분인자 개념을 사용하여 체계적으로 푸는 방법을 제시했다. 이 방정식을 푸는 핵심은 $y=e^{\lambda x}$ 꼴의 답을 찾는 것이다. λ는 결정되어야 하는 상수이다. 이 생각을 오일러가 1739년에 요한에게 보낸 편지에 담았고 1743년에 출간했다. 오일러는 동차와 비동차선형미분방정식, 특수해와 일반해를 구별했다. 그는 n계동차방정식에 n개의 특수해가 있고, 그것들을 선형으로 연결하면 일반해가 됨을 알아냈다. 그는 $y^{(n)}+a_{n-1}y^{(n-1)}+\cdots+a_0y=0$을 대수방정식 $p^n+a_{n-1}p^{n-1}+\cdots+a_1p+a_0=0$으로 고치고 일차와 이차 인수로 분해하고 실수 범위에서 근을 얻는다. $p-\alpha$에 대하여는 $y=Ae^{\alpha x}$을, $p^2+\alpha p+\beta$에 대해서는 $e^{-\alpha x/2}\left(C\sin\frac{x\sqrt{4\beta-\alpha^2}}{2}+D\cos\frac{x\sqrt{4\beta-\alpha^2}}{2}\right)$을 근으로 한다. 일반해는 각 인수에 대응하는 근의 선형 결합이다. 오일러는 이 생각을 다니엘 베르누이(1735)가 얻은 $y-a^4y^{(4)}=0$에 적용했다. 대응하는 대수방정식은 $1-a^4p^4=0$이고 $(1-ap)(1+ap)(1+a^2p^2)=0$이 되어 미분방정식의 근으로 $y=Ae^{-x/a}+Be^{x/a}+C\sin\frac{x}{a}+D\cos\frac{x}{a}$를 얻었다. 사인과 코사인 항이 더 이상 인수분해되지 않는 이차 인수에서 유래하는 것은 분명하다. 기약인 이차 인수는 복소수 범위에서 인수분해되고, 이 복소수 근이 사인과 코사인함수를 동반한다. 오일러는 미분방정식 $x^ny^{(n)}+a_{n-1}x^{n-1}y^{(n-1)}+\cdots+a_0y=f(x)$에서 $x=e^t$을 대입하면 이 방정식을 상수 계수의 선형상미분방정식으로 바꿀 수 있음도 보였다.

문제 처리의 보편성과 정밀함에 주의를 기울이던 라그랑주는 비동차선형미분방정식의 풀이에서 상수 변화법에 크게 이바지했다. 그는 오일러의 상수 계수 선형미분방정식 풀이에서 얻은 결과의 일부를 변수 계수로 확장했다. 그의 변수 계수 방정식 연구(1762, 1765)로부터 딸림(adjoint)방정식의 개념이 나왔다. 이를테면 $a_2(x)y''+a_1(x)y'+a_0(x)y=f(x)$에서 양변에 $g(x)dx$를 곱하고 좌변의 두 항에 부분적분법을 적용한다.

$$\int a_2gy''dx=a_2gy'-(a_2g)'y+\int(a_2g)''ydx,\quad \int a_1gy'dx=a_1gy-\int(a_1g)'ydx$$

이므로 주어진 방정식은

$$a_2gy'+\{a_1g-(a_2g)'\}y+\int\{(a_2g)''-(a_1g)'+a_0g\}ydx=\int fgdx$$

가 된다. 좌변에서 $(a_2g)''-(a_1g)'+a_0g=0$을 g에 관한 미분방정식으로 여기고, 풀 수 있으면 주어진 방정식보다 계수(rank)가 낮춰진다. 이때 이것을 주어진 미분방정식의 딸림방정식이라 한다. 그는 n계동차방정식의 특수해 m개를 알고 있다면 계수를 m만큼 줄일 수 있음을 발견했다.

르장드르(1752-1838)의 초기 연구는 지구의 모양과 지구 위의 한 점에 미치는 외부 인력에 관한 것[40]으로 여기서 나온 $(1-x^2)y''-2xy'+n(n+1)y=0$은 오늘날 응용 수학에서 상당히 중요하다. 이것을 만족하는 근은 르장드르 함수의 성질을 연구하는 계기가 되었다. n이 음수가 아닌 정수일 때의 근을 르장드르 다항식이라 한다.

비선형상미분방정식 비선형상미분방정식이란 이를테면 y, y' y''의 거듭제곱 항이 있는 방정식이다. 일계비선형방정식 가운데는 이계선형방정식과 가까운 관련을 맺고 있어 흥미를 끄는 것이 있다. 야콥 베르누이는 1691년에 바람을 받는 돛의 형태를 결정하는 문제를 살피는 과정에서 이계비선형방정식 $d^2x/ds^2=(dy/ds)^3$을 얻었다. s는 호의 길이이다. 요한 베르누이가 같은 해에 이것이 수학적으로는 현수선 문제와 같음을 알아냈다. 야콥은 1695년에 일계비선형방정식 $y'=f(x)y+g(x)y^n$ $(n\neq 0,\ 1)$을 제출했다. 1696년에 라이프니츠가 $z=y^{1-n}$으로 치환하여 선형방정식으로 변형하여 풀었고, 야콥이 변수분리법으로 풀었다. 1717년 무렵에 요한은 저항이 속도에 비례하는 매질 속에서 발사된 물체의 운동을 알아내는 문제를 해결했다. 미분방정식은 비선형 $m(dv/dt)-kv^n=mg$이다. m은 질량, g는 중력가속도, v는 속도, t는 시간, k는 상수이다.

리카티(1724)는 곡률반지름이 세로좌표에만 의존하는 곡선을 살펴보고서 방정식 $x^n(d^2x/dp^2)=d^2y/dp^2+(dy/dp)^2$을 얻었다. 그는 이계비선형방정식에 변수변환을 적용하여 일계비선형방정식으로 고치는 방법을 내놓았다. 또한 상미분방정식의 변수분리법을 이용하여 특별한 n값에 대한 해를 얻었다. 이런 비선형방정식으로 리카티 방정식 $y'=a_2(x)y^2+a_1(x)y+a_0(x)$가 있다. 이 방정식은 음향학을 연구하던 그가 도입하고 해결에 이바지하면서 관심을 끌었다. 오일러는 1760~1761년에 리카티 방정식의 한 특수해 $v=f(x)$가 알려져 있으면 $y=v+1/z$로 치환하여 이 방정식을 z에 관한 선형미분방정식으로 바꿀 수 있고, 일반해도 구할 수 있음을 처음 제시했다. 또한 오일러는 1760~1763년에 특수해 두 개를 알 수 있으면 일반해는 단순한 구적법으로 구할 수 있음을 밝혔다. 리카티는 이 방정식을 연구하면서 뉴턴의 연구를 이탈리아에 알리는 데 매우 애썼다.

대부분의 미분방정식은 구적법으로 환원하기 어려워, 근을 구하려면 꽤 특별한 치환법이나 계산법이 필요했다. 이 때문에 단순한 방법으로 풀 수 있는 미분방정식을 찾고자 했다. 이를테면 야콥의 방정식 $y'+f(x)y=g(x)y^n$ $(n \neq 0,\ 1)$이 그러하다. 양변을 y^n으로 나누고 $z=y^{1-n}$으로 치환하면 $z'+(1-n)fz=(1-n)g$라는 선형방정식이 된다. 이른바 클레로 방정식 $y=xy'+f(y')$도 그러하다. 양변을 미분하면 $y'=y'+xy''+f'(y')y''$에서 $\{x+f'(y')\}y''=0$이 되는데, $y''=0$에서 일반해를 얻고 $x+f'(y')=0$에서 특이해를 얻었다. 특이해로는 처음 찾아진 것이다. 이때 쓰인 방법은 B. 테일러가 이미 사용한 적이 있다. 달랑베르는 클레로의 것보다 일반적인 달랑베르 방정식 $y=xf(y')+g(y')$의 특이해를 얻었다. 특이해는 특수해가 아닌 근으로 일반해에 포함되지 않는 근임을 클레로가 분명히 언급했다. 클레로와 오일러는 미분방정식 자체에서 특이해를 얻는 방법을 찾았다. 라그랑주는 특이해 그리고 특이해와 일반해의 관계를 연구했다. 그리고 상수를 소거하여 일반해에서 특수해를 얻는 일반적인 풀이법을 얻었다. 특이해를 적분곡선 모임의 포락선으로 파악하는 기하학적 해석도 내놓았다.[41] 특이해의 완전한 이론은 19세기에 나왔고 1872년에 케일리와 다르부(J. G. Darboux 1842-1917)가 지금의 형태로 다듬었다.

연립상미분방정식 연립상미분방정식은 주로 천문학 문제와 관련되었다. 두 구체가 저항이 있는 매질 속에서 운동하거나 두 물체가 구체가 아니거나 물체의 개수가 두 개보다 많으면 물체들은 섭동이 일어나 타원 궤도를 유지하지 못한다. 성능이 좋은 망원경 덕분에 주목하게 된 섭동은 18세기에 수학 문제, 특히 연립상미분방정식을 푸는 것과 관련되었다.

이체 문제와 달의 운동에 적용된 삼체 문제는 각각 〈프린키피아〉 초판(1687)과 3판(1726)에서 뉴턴이 기하학 방식으로 해결했다. 다니엘 베르누이(1734)는 이체 문제를 해석학적 방법으로 연구했고 오일러가 1744년에 이 문제를 해결했다.

구면 대칭40)으로 질량이 분포된 공 모양의 물체 n개가 있으면 이 물체들은 질량이 그 중심에 몰려 있는 듯이 서로 끌어당긴다. n개 물체의 질량을 $m_1,\ m_2,\ \cdots,\ m_n$, i번째 물체가 놓인 공간좌표를 $(x_i,\ y_i,\ z_i)$, i와 j번째 물체 사이의 거리를 r_{ij}라고 하면 i번째 물체의 x축 운동을 나타내는 미분방정식은

$$i \neq j\text{일 때}\quad m_i\frac{d^2x_i}{dt^2}=-km_i\sum_{j=1}^{n}m_j\left(\frac{|x_i-x_j|}{r_{ij}^3}\right)$$

40) 원점에 대하여 임의로 회전해도 대상이 변하지 않는 대칭

이다. y, z축 운동은 x를 각각 y와 z로 바꾸면 된다. 그러면 이계방정식은 모두 $3n$개가 만들어진다. 그러나 n체 문제는 고사하고 삼체 문제도 정확하게 풀 수는 없다.[42] 오일러는 삼체 문제를 다루면서 행성 운동의 중심은 해가 아니고 해와 행성 질량의 중심임을 처음 보여주었다.[43] 클레로는 1752년에 주로 달의 운동을 연구하려는 목적에서 삼체 문제를 연구했다. 이는 오일러가 달의 운동과 삼체 문제에서 이룬 성과에 자신의 연구를 보탠 것이다. 그는 미분방정식의 급수해 방법을 이용했고, 이것으로 1758년에 핼리 혜성의 근일점을 예측하고 맞힘으로써 의미 있는 성과를 처음으로 이루었다. 오일러와 클레로는 일반 삼체 문제에서는 근사적 방법만 얻었을 뿐이다.

해, 지구, 달을 다루는 삼체 문제가 주로 18세기에 연구된 까닭은 이체 문제 다음 단계이기도 했으나 달의 운동을 알아야 경도를 찾는 문제를 해결할 수 있기 때문이었다. 섭동을 계산하기 위해 매개변수 변분법이 만들어졌다. 라그랑주는 요한 베르누이나 오일러 등이 은연중에 사용하던 매개변수 변분법을 더 일반적인 형태로 다루고 많은 물리학 문제에 응용할 수 있음을 보였다. 그는 삼체 문제의 특수해를 처음으로 제시했다. 라그랑주(1772)는 세 물체가 동시에 기술할 수 있는 비슷한 타원 궤도로 운동할 수 있다고 했다.[44]

핼리는 여러 세기 동안 목성의 평균 각속도가 줄곧 커졌고, 토성의 평균 각속도는 줄곧 줄어들었다는 사실을 1675년에 발견했다. 뉴턴은 일탈로 보이는 이런 현상을 행성끼리의 인력 때문에 생기는 것이라고 어느 정도 생각했으나, 수학적으로는 설명하지 못했다. 라플라스는 1784년과 1788년 사이에 행성 궤도에서 보이는 그런 점진적인 변화가 매우 긴 주기(목성과 토성의 경우에는 약 900년)를 띠면서 일어난다는 사실을 증명했다. 이것은 궤도의 이심률이 커지면서 파국을 맞는 것이 아니라 본래의 상태로 되돌아올 것임을 뜻했다. 연립상미분방정식과 관련이 있는 라플라스의 연구는 행성 운동 문제의 어림근이다. 라플라스는 삶의 대부분에 역학을 연구했는데, 순수수학(주로 확률론)에서 거둔 성과도 천체 역학을 연구하기 위한 수단으로 얻은 부산물이었다. 그의 1812년 저작에는 미분방정식에서 매우 쓸모 있는 라플라스 변환이 실려 있다. $f(x)=\int_0^\infty e^{-xt}g(t)dt$ 일 때 함수 $f(x)$를 함수 $g(x)$의 라플라스 변환이라 한다.

5-3 편미분방정식

선형편미분방정식 18세기 초에 이변수 이상의 다변수함수 미적분학이 발전하기 시작했다. 처음에는 다변수함수의 도함수와 일변수함수의 도함수를 분명하게 구별하지 못했고 같은 기호 d를 사용했다. 다변수함수의 도함수도 변수 하나에 대한 변화율이어야 한다고 생각했다. 초기의 편도함수 개념은 이변수함수로 정의된 곡면이 아니라 곡선족에서 발전했다. 이를테면 굴렁쇠선족과 수직으로 만나는 곡선에 접선을 긋는 경우를 생각할 수 있다.

1694년에 라이프니츠와 요한 베르누이는 주어진 곡선족을 주어진 각으로 관통하는 곡선(절선)이나 그런 곡선족을 찾는 문제를 제기했다. 균질하지 않은 매질을 지나는 빛살의 자취를 알 필요가 있기 때문이었다. 1698년에 요한은 시작점이 같은 굴렁쇠선족의 직교 절선의 미분방정식을 세우고 풀었다. 새로운 곡선은 공시곡선이다. 이 곡선의 각 점은 굴렁쇠선의 시작점으로부터 복수의 굴렁쇠선을 따라 미끄러지는 물체가 같은 시각에 다다르는 지점이다. 굴렁쇠선이 빛살이라면 공시곡선은 파면(波面)이 되고, 시작점에서 같은 때에 방사된 입자가 동시에 존재하는 지점을 나타낸다. 요한은 공시곡선이 굴렁쇠선과 직각으로 만남을 알았다. 1716년에 뉴턴은 이계상미분방정식을 이용하여 직교 절선뿐만 아니라 주어진 곡선족을 일정한 각으로 관통하거나 주어진 규칙에 따라 변하는 각으로 관통하는 곡선을 구하는 풀이법도 찾았다. 1717년에 헤르만(J. Hermann 1678-1733)이 직교 절선의 문제를 분명하고 단순하게 표현했다.

수학자들은 상미분방정식을 끌어냈던 것과 같은 물리적 현상의 원리를 더욱 확실하게 파악하려는 과정에서 편미분방정식 꼴로 표현되는 명제를 구성하게 됐다. 대표적인 편미분방정식은 파동방정식이다. 이를테면 전에는 진동현의 변위 y를 시간 t를 독립변수로 하는 함수와 거리 x를 독립변수로 하는 함수를 따로 생각해서 다루었다면, 이제는 변위 y를 두 변수 x, t의 함수로 보고서 모든 가능한 운동을 이해하고자 했다. 일차공간차원 파동 방정식은 요한 베르누이가 1727년에 공기 속에서 소리가 전파되는 모델로부터 얻은 이계상미분방정식을 편미분방정식으로 고쳐 나타냄으로써 처음 제시했다. 현의 진동으로 생기는 소리의 전파를 다루는 연구에서 또 다른 편미분방정식이 나왔다. 파동은 빛과 소리 같은 물리 현상에서 생긴다. 오일러는 삼차원 파동 방정식을 알아내어 음파에 적용했다. 대략 한 세기 뒤에 맥스웰은 전자기장의 방정식에서 파동 방정식과 형태가 같은 수학적 표현을 찾아내 전파의 존재를 예측했다.

라이프니츠는 1697년에 한 쌍의 유한량에 대하여 그 부분의 차분의 합은 부분합의 차분과 같다는 것에서 미분과 적분의 교환정리 $d_\alpha \int_b^x f(x, \alpha)dx = \int_b^x d_\alpha f(x, \alpha)dx$를 발견했다. 그는 이것을 로그곡선족 $y(x, \alpha) = \alpha \log x$를 같은 길이의 호로 자르는 곡선의 접선을 구하는 데 적용했다.[45] 교환정리는 이변수함수에 대해서 미분을 계산하는 기초의 하나가 되었다. 이변수함수의 미적분학에서 니콜라스 베르누이가 1719년에 발견한 $z = f(x, y)$일 때 전미분 $dz = \frac{\partial z}{\partial x}dx + \frac{\partial z}{\partial y}dy$와 혼합이계미분 $\frac{\partial^2 z}{\partial x \partial y} = \frac{\partial^2 z}{\partial y \partial x}$ (도함수들이 주어진 점에서 연속일 때 성립한다)의 개념이 중요한 구실을 하게 된다. 1734년에 오일러가 유체동역학 문제를 다룬 논문에서 후자를 미분과 관련된 대수적인 논의로 다시 새롭게 보였다.

클레로도 해석학에 중요하게 이바지했다. 지구의 모양을 다룬 1739년 논문에서 혼합이계미분방정식을 보이고, f와 g가 각각 x와 y의 함수일 때 동차선형미분방정식 $f dx + g dy = 0$이 근이 있을 조건을 생각해 냈다. 전미분과 혼합이계미분의 개념으로부터 $f dx + g dy$가 $f(x, y)$의 전미분이 되는 필요충분조건이 $\frac{\partial f}{\partial y} = \frac{\partial g}{\partial x}$임을 보인 것이다. 1740년 무렵 오일러도 이 생각을 했다. 오일러는 이 결과와 교환정리는 자신과 니콜라우스 I 이 모두 편도함수의 이론을 기초로 하여 혼합미분에 관한 정리로부터 끌어냈다고 했다. 클레로는 1739년에 f, g, h가 x, y, z의 함수일 때 $f dx + g dy + h dz = 0$ …(*)꼴의 미분방정식도 제시했다. 좌변이 전미분이라면

$$\frac{\partial f}{\partial y} = \frac{\partial g}{\partial x}, \quad \frac{\partial f}{\partial z} = \frac{\partial h}{\partial x}, \quad \frac{\partial g}{\partial z} = \frac{\partial h}{\partial y}$$

가 성립한다고 했다. f, g, h가 유체 운동의 성분일 때 (*)은 전미분이 되어야 한다는 것 때문에 (*)에 관심이 일어났다. 클레로는 (*)이 전미분이 아닐 때도 적분인자가 있을 수 있음을 보였다. 1744년에 달랑베르가 적분가능일 필요(충분)조건

$$f\left(\frac{\partial g}{\partial z} - \frac{\partial h}{\partial y}\right) + g\left(\frac{\partial h}{\partial x} - \frac{\partial f}{\partial z}\right) + h\left(\frac{\partial f}{\partial y} - \frac{\partial g}{\partial x}\right) = 0$$

을 제시했다.

달랑베르가 1743년에 뉴턴의 운동 제3법칙이 고정된 물체뿐만 아니라 움직이는 물체에도 적용된다는 결과를 발표했다. 달랑베르 원리라고 하는 이 결과는 대략 말하면 겉보기 힘, 가속도와 질량의 곱의 음의 값인 '운동학적 반작용'을 도입함[46]으로써 동역학의 문제를 정역학처럼 힘의 관계로 다루는 원리이다. 액체의 평형 상태

와 운동에 관한 1714년의 연구에 이 원리가 보이는데, 1746년에는 바람의 원인에 관한 연구에 이 원리를 적용했다. 그는 이 연구들과 진동하는 현에 관한 1747년의 두 논문에서 편미분방정식을 다룸으로써 이 분야를 개척했다. 1747년 전의 연구에서는 편미분방정식이 조건 방정식으로 생각되었고 특수해만 구했을 뿐이었다. 그의 1746, 1747년의 연구 결과가 나온 뒤로 수학자들은 특수해와 일반해의 차이를 깨닫게 되었고 일반해가 더 중요하다고 생각했다.[47]

달랑베르의 1747년 연구는 팽팽하게 당긴 현을 진동시킬 때의 모습을 해명하는 것이었다. 그는 연속인 현이 한없이 많은 무한소 선분(질점)으로 만들어져 있다고 생각했다. 현 위에 있는 질점의 위치는 거리 x에 있는 점이 시각 t일 때 평형의 위치에서 변위 y만큼 벗어난 양이다. 뉴턴의 법칙을 이용하여 파동 방정식으로 편미분방정식 $\frac{\partial^2 y}{\partial t^2}=a^2\frac{\partial^2 y}{\partial x^2}$를 이끌어냈다. a는 현의 장력과 밀도에 관련된 상수이다. 수리물리학의 문제가 상미분방정식이 아니라 편미분방정식을 푸는 것으로 되었다. 그는 먼저 $a^2=1$일 때 근으로 $y(t, x)=f(x+t)+g(x-t)$를 제시했다. 이어서 길이가 l인 현에서 $a^2 \neq 1$이고 두 끝점이 움직이지 않는 경계 조건 $y(t, 0)=y(t, l)=0\ (t>0)$과 초기 조건이 $y(0, x)=0\ (0<x<l)$인 경우에 일반해를 $y(t, x)=f(at+x)-f(at-x)$로 구했다. f는 주기가 $2l$인 주기함수이며 기함수 곧, $f(-x)=-f(x)$이다. 이를 바탕으로 $y(0, x)\neq 0$인 경우도 현에서 각 점의 처음 속도가 주어지면 현의 운동은 완전히 결정됨을 보였다. 곧 $y(0, x)=\phi(x)$, $\frac{\partial y}{\partial t}(0, x)=\psi(x)$라는 조건에서

$$y(t, x)=f(x+at)-f(-x+at),\ \ f(x)=\frac{1}{2}\left\{\phi(x)+\frac{1}{a}\int\psi(x)\,dx\right\}$$

로 주어짐을 보였다. 오일러는 1753년에 다시 이보다 일반적인, 경계 조건이 없을 때 파동 방정식의 일반해는 $y(t, x)=f(x+at)+g(x-at)$임을 밝혔다.

다니엘 베르누이는 1732, 1733년 논문에서 진동현은 배진동의 합성으로 진동한다고 했다. 그는 이 연구부터 생각해 오던 것을 정리하여 1753년에 발표했다. 그는 달랑베르, 오일러와 달리 진동현의 운동을 나타내는 편미분방정식의 근을 2절에서 기술했듯이 삼각함수의 무한급수로 나타낼 수 있음을 보였다. 일반해는 a_n, b_n을 상수로 하여 $\sum_{n=1}^{\infty}\left\{a_n\cos\left(\frac{n\pi t}{l}\right)+b_n\sin\left(\frac{n\pi t}{l}\right)\right\}\sin\left(\frac{n\pi x}{l}\right)$로 주어진다고 했다. 이것이 방정식을 만족하는 것을 보이기는 쉬우나, 거꾸로 방정식의 일반해가 이렇

게 주어지는지를 보이기는 쉽지 않다. 다니엘의 주장은 옳았지만, 오일러와 달랑베르가 반격했다. 오일러는 sin과 cos의 유한합에 관해서는 바르지만 무한합에 관해서는 바르지 않다[48]고 생각했다.

달랑베르는 현의 초기 형태가 하나의 해석적 식으로 주어진다고 했고 오일러는 임의의 '연속'곡선으로도 가능하다고 생각했으며 다니엘은 급수해가 완전한 일반해라고 했다. 라그랑주는 1759년에 현을 n개의 입자로 이루어진 이산계로 나타낸 뒤 n을 무한대로 하는 방법을 이용하여 달랑베르와 달리 폭넓은 종류의 '함수'를 허용한 오일러가 옳았음을 논증했다.[49] 나아가 다니엘의 풀이에 대한 의구심은 푸리에가 임의의 함수를 삼각급수로 나타낼 수 있음을 분명하게 보여준 1824년에 사라졌다.

이계편미분방정식은 진동현이라는 물리학 문제에서 직접 나왔기 때문에 많은 사람의 주목을 받았다. 그러나 일계편미분방정식에서는 몇 가지가 풀리기는 했지만 일관성이 없는 개별화된 풀이였다. 라그랑주에 이르러 이것은 체계적으로 연구되고 성과가 나왔다. 이변수 일계편미분방정식의 일반형은 $f(x,\ y,\ z,\ \frac{\partial z}{\partial x},\ \frac{\partial z}{\partial y}) = 0$으로 주어진다. 이것은 $\partial z/\partial x$와 $\partial z/\partial y$에 대해 선형일 때 선형편미분방정식, 그렇지 않으면 비선형편미분방정식이다. 라그랑주가 1772, 1774, 1779년에 완전해, 일반해, 일반해의 특수한 경우, 특이해에 관한 논문을 발표했다. 그가 이변수 일계편미분방정식에 사용한 방법을 n변수 함수로 일반화하고자 했는데, 이때 드러난 난점들을 코시가 1819년에 해결했다. 그래서 라그랑주의 방법을 코시의 특성 방법이라 할 때가 많다.

진동현을 둘러싼 논쟁이 진행되는 동안에 압축되는 기체와 그렇지 않은 액체가 매질일 때 일어나는 파동의 운동이 연구되었다. 이 분야에서도 편미분방정식이 나오면서 파동 방정식 연구는 확장되었다. 오일러와 라그랑주를 비롯한 여러 사람이 공기 속의 소리 전파를 연구했다. 음파 연구의 다음 단계인 악기 소리를 1739년에 다니엘이 연구하기 시작했다. 1759년에 라그랑주는 입자에서 입자로 일직선으로 전달되는 충격에 의해 그 직선 위에 있는 공기 분자들이 어떻게 움직이는가를 고찰하여 탄성 입자계의 역학적 진동으로 설명함으로써 또 하나의 진보를 이루었다.

18세기에는 하나의 공간변수와 시간만이 등장하는 이계편미분방정식 그리고 이변수일계편미분방정식에서 벗어나지 못했다. 전반적으로 독립변수가 서너 개인 편미분방정식을 풀려는 데는 한계가 있었다. 근이 x와 t를 따로따로 하여 간단한 삼각급수로 표현되지 않기 때문이었다. 수학자들은 복잡한 급수에 등장하는 함수를 거의 알지 못했고 계수(rank)를 결정하는 방법도 아직 몰랐다.

편미분방정식이 적용되는 또 한 가지 사례는 퍼텐셜 이론이다. 18세기에 중요한 문제의 하나는 한 질량이 다른 질량에 작용하는 인력의 크기를 결정하는 것이었다. 다니엘은 1738년에 '퍼텐셜 함수'라는 용어를 사용하면서 힘이 그 함수에서 도출되어 나올 수 있다고 했다. 라플라스는 1796년에 회전 유체의 평형조건을 태양계의 기원에 대한 성운가설에 연결하여 살펴봤다. 그의 〈천체역학〉 제1권(1799)에는 입자에 대한 회전타원체의 인력과 관련하여 라플라스의 퍼텐셜 개념과 라플라스 방정식이 실려 있다. 여기에 편도함수가 관여된다. 특히 천문학과 수리물리학에서 아주 중요한 것으로 함수 $u(x,\ y,\ z)$에 대한 u의 이계편도함수의 합 $\nabla^2 u = \frac{\partial^2 u}{\partial x^2} + \frac{\partial^2 u}{\partial y^2} + \frac{\partial^2 u}{\partial z^2}$를 라플라시안이라 하는데, 이것은 사용되는 좌표계와 관계가 없다. 따라서 어떤 종류의 조건에서도 중력 퍼텐셜과 전기적 퍼텐셜은 라플라스 방정식 $\nabla^2 u = 0$을 만족한다. 여기서 $u(x, y, z)$는 공간의 점 (x, y, z)의 퍼텐셜로 운동의 특수성에 따라 결정된다. 수리물리학에서 중요한 방정식은 대부분 편미분방정식인데, 라플라스 방정식이 대표적인 예이다. 이 방정식은 임의로 주어진 점의 퍼텐셜 값은 그 점을 둘러싸고 있는 한 작은 구면의 퍼텐셜 값들의 평균임을 보여준다. 사실 이 방정식은 오일러가 유체 안에 있는 임의의 점의 속도 성분을 다루면서 유도한 수력학의 중요한 방정식이 실린 1752년 논문에 있었다. 이것을 수리물리학의 표준 수단으로 삼은 사람이 라플라스이다.[50] 이것은 뉴턴의 보편중력 이론, 전자기학, 유체역학 등에서도 나온다. 유체역학에서 이 방정식은 점성이 없는 유체는 증감하지 않는다는 사실의 수학적 표현이다. 점성이 없는 유체에서 각 입자의 x, y, z축 방향의 속도 성분은 함수 $u(x,\ y,\ z)$의 편도함수 $-\partial u/\partial x$, $-\partial u/\partial y$, $-\partial u/\partial z$로 계산된다. 퍼텐셜 이론이 없었다면 전자 현상을 전혀 이해하지 못했을지도 모른다. 이 이론으로부터 발전한 것이 뉴턴의 보편중력 이론보다 큰 의의를 지닐 정도인 경곗값 문제이다.[51]

비선형편미분방정식과 연립편미분방정식 순전히 해석학적으로 연구했던 라그랑주와 달리 몽주가 기하학적 방식을 도입했다.[52] 몽주를 시작으로 해석학의 연구 결과를 기하학적으로 해석하는 연구가 일어나면서 많은 개념들이 발견되었다. 당대의 수학자들은 기하학과 해석학을 몇 가지만을 공유하는 별개의 분야라고 여겼지만 몽주에게 두 분야는 단지 접근 방식만 다른 한 분야였다. 몽주는 곡선을 다루는 문제에서 상미분방정식이 나오듯이 곡면을 다루는 문제에서 편미분방정식이 나온다는 사실을 알았다. 그는 비선형일계편미분방정식에서 특성곡선이라는 새로운 개념을 내놓았다. 특성곡선의 개념과 포락면(특성곡선의 집합은 포락면을 채운다)으로 적분을 다루는 그의 방식은 당시에 제대로 이해되지 못했다. 특성곡선 이론은 나중에 나온 연구에서 매우 중요한 주제가 된다. 더 일반적인 비선형이계편미분방정식이 라그랑주의 극소 곡면 연구(1760, 1761)에 등장했다. 극소 곡면이란 주어진 공간곡선을 테두리로 하는 곡면 가운데 가장 넓이가 작은 곡면이다. 몽주가 1795년에 극소 곡면방정식의 적분을 제시했다.

유체역학 연구에서 연립편미분방정식이 처음 나왔다.[53] 압축되지 않는 유체, 특히 물에 관한 연구는 물의 저항을 덜 받는 배의 설계, 미세기와 강물의 흐름, 분출구에서 나오는 물의 흐름, 배의 옆면에 가해지는 수압 등을 계산하는 것 같은 실용 문제를 다루었다. 압축성 유체, 특히 공기에 관한 연구는 돛에 가해지는 공기의 작용, 풍향계의 설계, 소리의 전파 등을 다루는 문제에 중점이 놓였다. 소리 전파에 관한 연구는 유체역학 연구를 진폭이 작은 파동에 응용한 것이다.

수학자들은 탄성, 유체역학, 인력 문제에서 편미분방정식이 중요함을 알았으나 편미분방정식에서 새로운 기법을 구안해내지 못했다. 편미분방정식을 푸는 방법은 아직 방정식마다 달랐다. 수학자들은 임의의 함수가 근이 될 수 있다는 점에서 상미분방정식과 차이가 있음은 알았다. 한편 그들은 편미분방정식을 풀기 위해 상미분방정식으로 변형하고자 했다. 이 때문에 이런 상미분방정식을 다루는 데 많은 새로운 연구가 필요했다. 19세기 말에 작용소 방법과 라플라스 변환이 도입될 때까지 새로운 방법이 나오지 않았다. 응용에 필요한 풀이법은 있었으므로 일반 해법에 관심을 기울이지 않았다. 대체로 미분방정식의 유형마다 풀이법을 찾는 것에 머물러 있었다.

6 변분법

변분법은 특정한 적분을 최대나 최소가 되게 하는 곡선을 찾는 데서 발달했다.

가장 단순한 변분법 문제는 적분 $\int_a^b f(x, y)dx$를 최대나 최소가 되게 하는 함수 $y = f(x)$를 정하는 것이다. 변분법을 처음으로 다루었다고 여겨지는 문제는 뉴턴이 〈프린키피아〉에서 다룬, 유체 속에서 회전면이 회전축 방향으로 일정한 속도로 움직일 때 가장 작은 저항을 받는 회전면의 형태를 결정하는 문제라고 할 수 있다. 뉴턴은 물체 표면의 점에 가해지는 유체의 저항은 곡면에 수직인 속도의 성분에 비례한다고 가정했다. 이 문제는 오늘날의 기호로 적분 $\int_{x_1}^{x_2} \frac{yy'^3}{1+y'^2}dx$가 최소가 되게 하는 함수 $y(x)$를 찾는 것이다. 이런 문제는 공기나 물의 저항을 적게 받는 교통수단을 제작하는 데 중요하다.

변분법은 17세기 말의 최속강하곡선 문제(1696), 등주 문제(1697), 곡면 위의 측지선 문제(1697) 같은 경우에서 다루어졌다. 그러다 1755년에 라그랑주가 변분법에 관한 일반적인 방법을 제시하면서 한 획을 그었다. 뉴턴부터 라그랑주 전까지는 기하학 도형을 사용하여 역학 문제를 다루었다. 1760, 1761년에 라그랑주는 순수 해석적 변분법을 구성하고 동역학에 적용하면서 기하학적 방법으로부터 완전히 벗어난다. 변분법은 1760년에 이용한 기호법에서 나왔다. 이 연구에서 그는 최소 운동 원리에 대한 오일러의 등식을 이용했다. 그는 해석적 방법에 기하학적 방법은 따라올 수 없는 힘과 융통성이 있음을 보여주었다.[54] 그는 변분법으로 역학을 통일했다. 그가 펴낸 〈해석 역학〉(Mécanique Analytique 1788-1789)은 뉴턴의 보편중력 법칙이 천체 역학에서 했던 역할을 일반 역학에서 했다.

최속강하곡선 갈릴레오에서 시작되었다고 볼 수 있는 최속강하곡선을 찾는 문제를 1696년 요한 베르누이가 공식적으로 제기했고, 라이프니츠와 베르누이 형제가 그것이 굴렁쇠선임을 밝혔다. 이 문제가 변분법이라는 새로운 분야로 이끌었다. 최속강하곡선 문제는 떨어지는 시간을 나타내는 적분을 최소로 하는 문제이다. 요한은 이 문제를 해결하기 위해 갈릴레오의 낙하 법칙과 스넬의 굴절 법칙을 이용했다. 그는 매질을 유한개의 꺼풀로 나누고 하나의 꺼풀에서 다음 꺼풀로 방향을 바꾸며 빛살이 지나는 것을 생각했다. 이때 빛살이 한 꺼풀에서 다음 꺼풀로 옮겨갈 때 굴절률이 불연속으로 바뀐다고 해놓고서 꺼풀의 수를 무한으로 보냈다. 이렇게 되면 곡선 위의 각 점에서 곡선에 그은 접선과 연직선이 이루는 각의 사인은 속도에 비례하고, 속도는 낙하 거리의 제곱근에 비례하게 된다.[55] 요한은 이렇게 생각하여 $dy = dx\sqrt{x/(a-x)}$를 끌어냈다. x, y는 각각 시작점부터 그 곡선 위의 점

P까지 연직, 수평 방향의 거리이고, a는 P에 대응하는 속도의 수평 성분 t와 P부터 곡선의 증분 ds에 대하여 $a\,dy = t\,ds$를 만족하는 값이다. 요한의 최속강하곡선 연구는 앞서 언급했던 곡선족의 성질을 연구하는 쪽으로 나아갔다. 더욱이 그 연구는 다변수함수의 이론에서 몇 가지 새로운 기본 개념과 연결되었다.

야콥 베르누이는 최속강하곡선 전체가 지닌 성질을 그 곡선의 어떠한 무한소 부분도 갖고 있다고 생각했다. 그는 복잡한 기하학적인 논의를 거쳐 미분방정식 $ds = \sqrt{a}\,dy/\sqrt{x}$를 이끌어냈다. 이것을 요한의 방정식으로 변환할 수 있다. 야콥의 방법은 더 일반적인 풀이로서 새로운 분야인 하나의 곡선이 최대나 최소의 성질을 만족하도록 요구되는 변분법의 시작이었다. 또한 야콥은 최속강하곡선의 전제를 일반화했다. 그는 1697년에 〈학술기요〉에 한 입자가 주어진 점 P에서 그 점을 지나지 않는 연직 방향의 직선 l을 향해서 미끄러질 때 가장 짧은 시간에 닿게 하는 자취를 결정하는 문제를 제기했다. 이 문제는 한 고정점에서 다른 고정점이 아닌 어떤 직선으로 간다는 것이 앞의 문제와 다르다. 그는 1698년에 그 곡선이 직선과 수직으로 만나는 굴렁쇠선임을 밝혔다. 이 문제는 점 P 대신에 한 곡선의 어떤 점에서 다른 곡선의 어떤 점으로 가장 짧은 시간에 옮겨가는 입자의 경로를 찾는 문제로 일반화되었다.

변분법의 발달사에 등장한 또 다른 부류의 문제는 곡면 위에 있는 두 점을 잇는 가장 짧은 선인 측지선을 찾는 문제였다. 그리고 주어진 길이의 둘레를 갖는 폐곡선 가운데 가장 넓은 넓이를 둘러싸는 곡선을 찾는 문제인 등주 문제도 있다. 야콥은 1697년에 다소 복잡한 등주 문제를 〈학술기요〉에 실었다. 그의 풀이법은 최속강하곡선 문제에서 그랬던 것처럼 등주 문제의 일반화를 향해 나아가는 중요한 한 걸음이었다. 요한이 야콥의 풀이를 상당히 개선했다.

최소/최대 작용 원리 고대에 헤론은 빛은 반사되어 갈 때 가장 짧은 경로를 지난다고 했다. 17세기의 페르마는 빛이 언제나 가장 짧은 시간이 걸리는 경로를 택한다고 했다. 처음에 페르마의 의견에 반대했던 하위헌스도 연속으로 성질이 달라지는 매질 안에서 전파되는 빛에도 페르마의 원리가 적용된다고 했다. 1744년에 모페르튀(P. L. Maupertuis 1698-1744)가 신학의 입장에서 하느님이 자연을 경제적으로 설계했음을 과학적으로 보여주기 위해 이전까지의 논의를 종합하여 최소 시간 대신에 최소 작용의 원리를 제안했다. 그는 작용이란 질량, 속도, 거리 곱의 적분으로, 자연에서 일어나는 모든 것은 이 작용을 가장 작게 하도록 되어 있다고 했다.[56] 물체의 자연스러운 운동 경로는 직선이거나 가장 짧은 곡선이라는 뉴턴의 제1법칙도 이것을 보여주는 것이었다. 그러나 페르마나 모페르튀의 주장처럼 자연이 언제나 함숫값이 최소가 되도록 작용하지는 않는다. 이를테면 빛은 가장 긴 시간이 걸리는 경로를 지나는 경우도 있기 때문이다. 실제로 아인슈타인은 시공간에 놓인 물체의 자연 경로가 간격이라는 함수를 최대화하려는 경로임을 보여줌으로써 상대성 이론을 끌어냈다.[57]

오일러는 미분방정식과 관련된 변분법에 많이 이바지했다. 그는 모페르튀보다 더 나아가 모든 자연 현상은 어떤 함수가 최대나 최소가 되는 방식으로 일어난다고 믿었다. 물리학의 기본 원리들은 최대나 최소가 되는 함수로 표현되어야 했다. 오일러는 변분법을 다루기 위해서라도 함수 개념을 더 명확히 제시해야 했다. 특히 동역학에서 그러했다. 1744년에는 변분론을 체계적으로 정리하여 발표했다. 그는 극값이 되는 필요조건을 구하기 위해 적분에 다각형의 근사를 사용했다. 그는 최소 작용 원리를 엄밀한 동역학 정리로 공식화하면서 현수면과 나선체가 최소 평면을 가짐을 발견했다.[58] $(x_1,\ y_1)$과 $(x_2,\ y_2)$를 잇는 곡선 중에서 x축 둘레로 회전하여 얻는 곡면의 넓이가 최소로 되는 곡선은 적분 $\int_{x_1}^{x_2} 2\pi y\sqrt{1+y'^2}\,dx$가 최소가 될 때의 $y=f(x)$로, 현수선의 한 호이다. 그때의 곡면을 현수면이라 한다. 매개변수방정식으로 $x=\rho\cos\alpha\theta,\ y=\rho\sin\alpha\theta,\ z=\theta$ (ρ와 θ는 변수, α는 상수)로 주어지는 공간도형을 나선체라 한다. 오일러는 최속강하곡선을 찾는 문제를 비롯하여 많은 비슷한 것들을 연구한 뒤 $J=\int_a^b f(x,\ y,\ y')dx$ 꼴을 띠는 적분이 최대나 최소가 되는 곡선 $y(x)$를 결정하는 일반 이론으로 통합했다. 이 함수 y는 2절에서 언급한 오일러 방정식을 만족해야 함을 발견했고 이것을 충분조건이라고도 생각했다.[59] 그러나 오일러 방정식은 필요조건일 뿐이었다. 게다가 그는 물리적 근거를 바탕으로 근을 결정했다. 그는 1779년에 최대나 최소 성질을 갖는 공간곡선을 연구했고 1780년에 삼차원 공간에서 힘이 작용할 때나 저항 매질이 존재할 때로 최속강하곡선 문제를 확장했다.

1786년에 르장드르가 미적분학에서 $f'(x)=0$인 점에서 $f''(x)$의 부호가 극대나 극소를 결정하는 것을 염두에 두고 이차변분 $\delta^2 J$를 살펴보았다. 그는 오일러 방정식을 만족하고 $(x_1,\ y_1)$, $(x_2,\ y_2)$를 지나는 곡선 $y(x)$ 위의 점마다 $f_{y'y'}=\frac{\partial}{\partial y'}\left(\frac{\partial f}{\partial y'}\right)$가 0 이하이면 J는 $y(x)$에서 최대, 0 이상이면 최소가 된다고 했다.

이어서 이 결과를 J보다 일반적인 적분으로 확장했다. 하지만 1787년에 그는 $f_{y'y'}$의 조건이 최대나 최소화 곡선이 되는 필요조건일 뿐임을 확인했다.[60] 18세기에 충분조건을 찾는 문제는 해결되지 못했다. 19세기의 해밀턴이 변분 원리를 더욱 일반화했다.

라그랑주는 최소 작용의 원리를 명료화, 일반화하면서 극값 조건을 만족하는 곡선을 찾는 오일러의 방법을 간단하게 만들 새로운 형식적 방법, 곧 변분 원리를 찾았다. 이 원리로 많은 역학 문제를 해결했다. 그는 오일러에게 보낸 편지(1755년)에서 그 방법을 설명했다. 그는 베르누이와 오일러가 기하학과 해석학을 결합하여 구성한 방식을 버리고 해석학적인 방법으로만 구성했다. 이러한 방법은 일반화된 좌표41)[61]를 이용해 역학을 새롭게 통합하는 계기가 되었다.[62] 라그랑주는 곡선의 국소 무한소 변환을 주는 좌표의 독립적인 변분량을 나타내기 위해 1760~1761년에 δ-형식화 기법을 제시하고 최소 작용의 원리를 일반화하여 형식화했다. 이러한 형식적인 방법론으로 변분법의 기본 방정식인 오일러 방정식을 유도했다.[63] 그는 $J=\int_a^b f(x,\ y,\ y')dx$를 다룰 때 $y(x)$의 개별 세로좌표에 변화를 주는 대신에 두 끝점을 잇는 새로운 곡선 $y(x)+\delta y(x)$를 도입했다. 그 결과로 중심 사이의 거리에 의존하는 중심력이 끌어당기는 물체들의 계의 운동방정식을 끌어냈다. 1766, 1769년 논문에는 피적분함수에 두 개의 독립변수에 대한 도함수를 포함하는 $\iint f(x,\ y,\ z,\ \frac{\partial z}{\partial x},\ \frac{\partial z}{\partial y})\,dx\,dy$ 꼴의 적분을 최대나 최소가 되게 하는 함수 $z(x,\ y)$를 찾는 문제가 나온다. 이는 하나의 독립변수에 대한 도함수만 있는 변분법 문제를 확장한 것이다. 이런 이중적분은 특정한 경계선으로 둘러싸인 곡면 가운데 최소 넓이를 갖는 곡면을 찾는 문제에서 등장한다.[64]

라그랑주는 〈해석 역학〉에서 역학을 순수하게 해석학으로 다뤘다. 해석학을 점과 강체의 역학에 적용했다. 여기서 최소 작용의 원리를 변분법으로 나타낼 수 있는 베르누이의 '가상 속도'의 원리를 일반화한 실제 속도의 원리로 대체했다. 일반화된 좌표 φ_i를 이용하여 오일러 방정식의 확장인 라그랑주 운동방정식 $\frac{d}{dt}\left(\frac{\partial T}{\partial \dot{\varphi}_i}\right)-\frac{\partial T}{\partial \varphi_i}+\frac{\partial V}{\partial \varphi_i}=0$을 유도했다.[65] $i=1,\ 2,\ 3$이고 T와 V는 각각 해당하는 계의

41) 물체의 위치를 완전히 규정하는 이산계의 배위 공간(configuration space)에서 서로 독립인 좌표

운동 에너지와 퍼텐셜 에너지이다. 어떤 계라도 여러 좌표로 기술할 수 있게 됨으로써 그는 폭넓은 범위의 문제들을 포괄하는 체계적이고 통일된 일반 방식을 얻었다. 이 확장 문제에서 방정식은 φ_i에 관한 연립이계상미분방정식이 된다.

오일러와 라그랑주를 비롯한 당시의 사람들은 변분법이 새로운 분야이거나 새로운 기법임을 알았으나, 변분법의 논리적 근거를 미적분학에 둠으로써 변분법을 온전히 파악하지 못했다.

7 미적분학 개념의 기초

17세기의 수학자 대다수는 미적분에서 엄밀함의 문제를 그다지 고려하지 않았다. 무한소를 양이라 할 때 그것이 언제 0이 되고, 언제 0이 아닌가라는 의문은 페르마까지 올라간다. 페르마, 파스칼, 배로는 넓이나 부피를 구하는 합의 방법이 논리적으로 치밀하다고 생각하지 않았으나 착출법으로 엄밀하게 증명할 수 있다고 믿었다. 그렇지만 아르키메데스의 방법으로는 엄밀성을 확보할 수 없었다. 미분법의 경우는 더욱 그러했다.

뉴턴과 라이프니츠가 미적분학을 결정적으로 발전시켰으나 엄밀하게 정립하는 데는 이바지하지 못했다. 둘은 도함수와 적분의 기본 개념을 명확하게 이해하지 못했다. 시간이 0으로 갈 때의 궁극의 비(사라져가는 양의 마지막 비)라는 뉴턴의 표현은 개념 규정의 어려움을 드러냈을 뿐이다. 뉴턴은 대수학과 해석기하학을 사용하기는 했으나 본질적으로는 순수기하학으로 전개했다. 이것은 뉴턴이 나름 엄밀함을 추구했음을 보여준다. 뉴턴보다 엄밀성에 관심이 적었던 라이프니츠는 몇 군데에서 막 시작되는 양의 비로 극한값을 설명했다. 그는 이론의 궁극적 정당함을 효율에서 찾았고 알고리즘의 가치를 강조했다. 결과적으로 두 사람은 엄밀함보다 자신의 방법이 가져다주는 결과들의 물리적 타당함과 일관됨에 기댔다. 이러했기 때문에 당연히 유율이나 미분에 의구심을 품고 비판하는 사람들이 있었고, 두 사람은 그런 비판을 알고는 있었다.

프랑스에서 1700년 바로 뒤에 과학 아카데미 사람들은 로피탈이 제출한 것과 같은 새로운 무한산법의 타당성에 의문을 던졌다. 롤의 정리[42]로 알려진 롤(M.

Rolle 1652-1719)도 그 가운데 한 사람으로 미적분을 기묘한 오류를 모아놓은 것이라고 했다. 이에 대해 바리뇽(P. Varignon 1654-1722)은 무한소 방법이 유클리드의 기하학과 양립할 수 있음을 보임으로써 혼란을 해소하고자 했다. 또한 무한급수, 예를 들어 테일러 급수를 사용하려면 나머지항을 검토해야 한다고 했다. 이것은 무한급수를 이용해서 미적분을 하던 것에 대한 비판을 우려하고 있었음을 보여준다. 미분이 상수가 아니라 변수임을 깨달았던 듯한 그의 미적분에 대한 견해를 롤이 지지했다. 학계의 권위자로 인정받던 롤이 바리뇽의 해석이 본질적으로 정당하다고 하자, 미적분은 기초가 분명하지 않은 채로 18세기 동안 순조롭고 빠르게 발전했다.

미적분학의 기법을 발전시키고 쓰임새를 늘리는 동안, 논리적 기초를 마련하려는 노력도 이어졌다. 그렇지만 영국인은 여전히 뉴턴의 모멘트(불가분의 증분)와 유율을 헷갈려 했고 대륙의 학자들은 라이프니츠의 미분을 어떤 양수보다도 작은 0이 아닌 양으로도, 0으로도 다루었다. 양쪽 모두 유한 n차 다항식에서 성립하는 명제가 n이 무한일 때에도 성립한다고 생각했듯이, 매우 큰 수와 무한을 구별하지 않았다. 차분의 몫과 도함수, 유한 항의 합과 적분을 구별하지 않았다. 무한소가 다른 결과로 이어진다는 것을 생각하지 못했다. 오히려 잘못된 방향으로 전개된 엄밀화, 특히 오일러와 라그랑주의 그릇된 논리적 기초를 그들이 권위자라는 까닭으로 받아들였고 비판 없이 되풀이했다. 미적분학의 활용 범위와 효율성에 만족한 수학자들은 그것에 들어있는 모순을 해소하는 데 시간을 들이지 않았다.

그렇지만 이런 상황이 계속 이어질 수는 없었다. 극한 개념을 제대로 합의한 바가 없다는 데 대해서 의견이 나오기 시작했다. 무한소와 유율에 관한 모호한 규정을 극복하는 데는 상당한 세월이 흘러야 했다. 유럽 대륙에서도 영국만큼 치열하지는 않았으나 이미 라이프니츠 시대에 취른하우스가 미적분과 무한급수의 기본 개념을 부정하면서 대수적 방법으로 충분하다고 주장했다. 네덜란드에서는 니벤테이트가 미적분법을 써서 얻은 결과가 옳다는 것을 인정하면서도 뉴턴의 사라져가는 양이라는 개념이 모호하고 라이프니츠의 고차미분 정의가 명확하지 못하다고 비판했다.

영국의 버클리가 1734년에 무한소와 유율에 가장 날카로운 비판을 전개했다. 그는 유율법을 사용하여 얻은 결과의 타당함을 부정하지는 않았으나 수학의 영향을

42) 어떤 함수가 $[a, b]$에서 연속이고 (a, b)에서 미분가능하며 $f(a)=f(b)$일 때 $f'(x)=0$은 (a, b)에서 적어도 하나의 실근이 있다.

받은 기계론과 결정론이 종교에 위협이 되는 것을 두려워했다. 그는 미적분학이 신앙보다 안전한 기초에 근거하고 있지 않음을 보이려고 했다. 수학자도 신학자처럼 믿음에 의존하고 있음을 보임으로써 종교의 권위를 되살리려 했다.[66] 버클리에게 유율이란 사라지는 증분의 속도인데, 사라져가는 증분은 유한한 양도 아니고 한없이 작은 양도 아니며, 더욱이 아무것도 아닌 것이 아니었다. 라이프니츠와 그의 추종자들은 처음에 무한히 작은 양을 가정하고 나중에 0으로 놓았다. 버클리는 이러한 설정에 의문을 제기했다. 버클리에 따르면 미분의 비는 기하학적으로 접선의 기울기가 아니라 할선의 기울기인데, 이것을 회피하기 위해 고계 미분을 무시했다는 것이다. 두 번의 오류를 거쳐 진실에는 다다랐다고 했다. 그에게 미적분은 오류가 오류를 보충하는 것에 지나지 않았다. 뉴턴과 라이프니츠가 정적인 방식으로 설명한 무한소를 염두에 둔다면 버클리의 반론은 타당하다. 또한 버클리는 수학자들이 연역이 아닌 귀납적 방식으로 연구를 진행한다고도 지적했다. 이런 버클리의 비판 덕분에 수학자들은 미적분학의 약점에 관심을 기울이면서 논리적으로 설명하고자 애썼다.

매클로린은 〈유율론〉에서 미적분학의 기초에 관한 버클리의 공격으로부터 미적분을 지키고자 그리스 증명의 엄밀함을 본보기로 삼아 뉴턴의 '궁극의 비'에 기하학적 바탕을 제공하려고 했다. 목적의 하나가 뉴턴의 무한소를 언제나 유한량으로 치환할 수 있음을 보이는 것으로 그는 무한소를 특성삼각형으로 엄밀하게 이끌어 낼 수 있음을 보였다. 이때 그는 유율법은 증분이 유한일 때 증분의 비를 결정하고, 증분을 감소시켰을 때 그 유한량의 비가 어떠한 극한에 가까워지는가를 결정할 수 있다고 했다.[67]

17, 18세기에는 무언가를 정의할 때 그것이 존재해야 했다. 그래서 매클로린은 엄밀하게 이론을 전개할 때 존재가 모호한 극한이라는 것을 배제했다. 그는 물리적 직감으로 자명한 존재인 속도를 이용하여 유율을 정의했다. 곧, 운동하고 있는 것이 어떤 순간에 외력을 잃었다고 가정하고, 그 뒤에 등속도운동을 할 때의 속도를 유율이라고 했다. 이것은 곡선에 놓인 임의의 점에 접선이 존재한다고 가정하는 것과 같다. 현대적인 관점에서 보면 그는 순간 속도가 시간이 0에 가까이 갈 때의 평균속도의 극한이라는 기본 생각을 놓치고 있다. 그의 방법에 따르는 또 다른 문제는 계산의 규칙을 엄밀하게 세우지 못했다는 데도 있다. 이 때문에 그의 연구가 많은 영향을 끼쳤을지라도, 그의 이론 덕분에 미적분학이 엄밀해졌다고 생각하는 사람은 없다.[68] T. 심슨도 1750년에 매클로린과 그다지 다르지 않게 유율을 속도

로 정의하고 있지만, 주목할 것이 한 가지가 있다. 영국에서 함수라는 말이 쓰이지 않았으나 그는 시간에 의존하는 양이라고 하여 실질적으로 함수를 이해했다고 할 수 있다.[69]

오일러도 미적분학을 엄밀화하려고 시도했다. 그는 미적분학의 기초에서 기하학을 배제하고 미적분학을 산술과 대수학 위에 세우면서 형식적으로 접근했다. 그는 〈미분학 강의〉(1755)에서 미적분학은 사라지는 증분의 비와 관계가 있다고 생각하여 증분 일반, 곧 유한 차분으로 논의하기 시작한다. 이를테면 $y=x^2$에서 x의 증분이 ω일 때 $x+\omega$에 대응하는 y값을 $y'=(x+\omega)^2$이라 하여 일차의 차분 $\Delta y=y'-y=2x\omega+\omega^2$을 구한다. 다시 같은 논법을 적용하여 $\Delta y'=2\omega(x+\omega)+\omega^2$이라 놓고 이차의 차분 $\Delta\Delta y=\Delta y'-\Delta y=2\omega^2$을 구한다. 이 경우 삼차 이상의 차분은 0이다. 그는 급수 전개를 사용하여 모든 초등함수에서 차분을 계산할 수 있었다. 그에게 무한소 해석이란 유한 차분을 무한소라고 했을 때 생기는 것이다. 무한소량인 이 미분량을 이용한 계산에 관한 오일러 법칙으로 미분 계산에서 통상 이용되는 공식이 나온다. 이를테면 $y=x^n$에서 $y'=(x+dx)^n$이므로 $dy=y'-y=nx^{n-1}dx+\dfrac{n(n-1)}{2!}x^{n-2}dx^2+\cdots$ 이 된다. 여기서 그는 둘째 항 이후의 것은 첫째 항에 견줘 사라져 없어질 것이라고 하여 $d(x^n)=nx^{n-1}dx$가 된다고 했다. 오일러는 n을 자연수로 제한하지 않았다. n이 자연수가 아닐 때 $(x+dx)^n$의 전개식은 반드시 유한개의 합은 아니다. 여기서 수렴성에 관한 것은 완전히 무시됐다.

오일러에게 무한소는 정의의 대상이 아니라 실제로 있는 수학적 존재였으므로 처음부터 개념을 규정할 필요가 없었다. 그는 라이프니츠의 미분량, 곧 임의의 수보다 작으나 0은 아닌 양을 거부했다. 하지만 0은 어떤 주어진 양보다 작은 유일한 양이었으므로 무한소량은 사실 0과 같은 양이었다.[70] 라이프니츠에게 dy/dx는 무한소량들의 비였으나 오일러에게는 사실상 $0/0$이었다. 여기서 두 0은 차가 언제나 0이기 때문에 같은 것이라고 하여도 0으로 되어 가는 본래의 양에 의존한다. 그러므로 이러한 두 0에 대한 비는 각각 특정한 경우에 상응하여 계산되어야 했다. $m\cdot 0=n\cdot 0$이므로 $0:0=m:n$에서 양변에 있는 첫 번째 양이 두 번째 양의 m/n배라고 할 수 있다. 이렇게 본다면 실제로 비 $0:0$은 어떠한 유한량의 비도 될 수 있다. 무한소를 이용한 계산은 서로 다른 무한소량의 비에서 나오는 결과가 된다. 그는 정연한 함수만을 다루었으므로 그의 생각을 위태롭게 하는 일은 일어나지 않았다.

달랑베르는 1743년에 지금까지 기초를 튼튼히 하기보다 높이 쌓아올리는 데 더 많은 관심을 기울여 왔다고 하면서[71] 해석학의 기초에 관심을 두었다. 그는 dx, dy를 0과 같지만 질적으로 다른 양이라고 생각한 오일러의 의견에 반대하고 미적분법의 핵심은 극한 개념에 있다고 생각했다. 〈백과전서〉 제4권(1754)에서 해석학의 기초를 다지려면 극한 이론이 필요함을 제안했다. 그는 무한소량이 의미 없는 것임을 인식하고 해석학을 무한소가 아니라 극한을 바탕으로 이론을 구축해야 할 것이라고 했다. 그는 극한의 정의에 가까운 정의를 내놓았다. 〈백과전서〉 제9권(1765)에서 "어떤 크기가 또 다른 어떤 크기의 극한이라는 것은 아무리 작은 양이 주어지더라도 그 범위 안에 첫 번째 크기가 두 번째 크기에 가까이 가는 것이다. 그렇지만 첫 번째 크기는 가까이 가는 두 번째 크기를 넘지는 않는다"고 했다.[72] 지금처럼 수의 부등식만으로 정의를 완결하는 형식은 아니었다. 그는 극한 개념을 공식화하고자 했으나, 사람들이 받아들일 수 있는 형식으로 나타내지 않았고 충분히 활용하지도 않아, 그 제안은 그다지 관심을 끌지 못했다.

달랑베르는 뉴턴의 처음이자 마지막의 비를 극한 개념으로 바꾸었다. 곧, 도함수는 독립변수 변화량과 종속변수 변화량의 비의 극한으로 정의해야 한다는 것이었다. 그는 〈백과전서〉에서 방정식의 미분은 방정식에 포함된 두 변수의 유한한 차분의 비의 극한값을 찾는 것이라고 했다.[73] 이러한 주장은 미분을 무한히 작은 양으로 여기는 모호한 개념을 배제하게 했다. 그는 미분 기호가 편리한 표현법에 지나지 않고, 그 기호를 정당화하는 것도 극한이라는 개념에 달려 있다고 생각했다.[74] 그는 이를 바탕으로 다른 차수의 무한 개념도 다루어서 한 걸음 더 나아갔다. 그러나 그의 도함수 정의는 뉴턴의 궁극의 비와 그다지 다르지 않았다. 여전히 기하학적 직관에서 벗어나지 못했기 때문이다. 이를테면 그가 두 교점이 하나가 될 때 할선이 접선이 된다고 한 모호함 때문에 변수가 극한에 도달할 수 있는지를 두고 논쟁이 벌어졌다. 이런 극한에 대한 부정확 정의는 19세기가 되어서 극복된다.

산술적이기보다 기하학적이었던 달랑베르의 생각은 계승되지 않았다. 오일러는 무한대를 무한소의 역수로 생각했으나, 무한소의 개념을 배제한 달랑베르는 무한대를 극한으로 정의했다. 두 직선의 비가 어떤 임의의 수보다 크면, 한 직선이 다른 직선에 대해 무한대라고 했다.[75] 그의 무한은 집합론적인 양이 아니고 기하학적인 양이어서 그가 실무한을 받아들였다고는 볼 수 없다. 더구나 그는 단조인 극한만 염두에 있었다. $\lim_{x\to 0} x\sin(1/x)=0$ 같은 극한은 성립하지 않게 된다.

류리에(S. A. J. L'Huilier 1750-1840)가 해석학의 엄밀화에 한 걸음 다가섰다. 그는 1786년에 극한의 정의부터 시작하면서, 해석학을 극한 개념 위에 세우고자 했다. 단조 수렴의 생각만 없다면 상당히 현대적인 정의에 가까웠다. 그러나 달랑베르의 울타리에서 벗어나지 못하여 ε-δ 논법의 ε은 있어도 δ가 없었다. 그래도 그가 처음으로 dy와 dx에는 의미가 없고 dy/dx만이 의미가 있다고 주장했을 만큼 달랑베르보다 한 걸음 앞으로 나아갔다.[76]

라그랑주는 무한소, 유율, 극한이 적절히 정의되어 있지 않다고 생각했으므로 그런 개념을 쓰지 않고 도함수를 정밀하게 정의하여 미적분학의 기본 결과를 이끌어 내고자 했다. 그가 취한 방법은 해석학의 대수화[77]로써 무한급수를 사용하여 미적분학의 논리를 엄밀하게 세우려는 것이었다. 그런데 대수학의 일부로 여겨지던 무한급수의 논리는 미적분학보다 혼란스러웠다. 극한 개념 없이 미적분학의 결과들을 얻고자 했기 때문이다.

라그랑주가 〈해석함수론〉에서 기술한 도함수에 관한 새로운 생각의 바탕은 함수를 거듭제곱 급수로 나타낼 수 있다는 것이었다. 그는 함수 f가 $f(x+h)=f(x)+ph+q\dfrac{h^2}{2!}+r\dfrac{h^3}{3!}+\cdots$ (*)와 같은 꼴의 테일러 급수로 전개된다고 가정했다. 여기서 $p,\ q,\ r,\ \cdots$은 h에 의존하지 않는 x에 관한 함수들로 서로 다르지만 f로부터 유도된다. (*)로부터 나오는 식 $\{f(x+h)-f(x)\}/h=p+V$에서 h가 0에 가까워지면 V도 0에 가까워진다. 그래서 라그랑주는 x에 관한 f의 도함수를 (*)에서 h의 계수로 정의했다. 여기서 p를 오늘날의 기호 $f'(x)$로 나타내고 그것을 도함수라고 했다. 그리고 $h^2/2!,\ h^3/3!,\ \cdots$의 계수를 고계도함수 $f''(x),\ f'''(x),\ \cdots$로 정의했다. 여기서 그는 무한소, 유율, 극한을 이용하지 않고 도함수를 정의하고, 미적분학의 기본 결과들을 얻었다고 주장했다. 그 하나가 $F(x)$가 x축과 곡선 $y=f(x)$ 사이에 있는 넓이를 나타내면 $F'(x)=f(x)$라는 것이다. 그는 이것이 유한량의 대수 해석을 이용하는 것만으로 증명될 것이라고 했으나, 실은 극한의 개념이 이용됐다.

무한급수 (*)로 전개할 때 도함수의 존재가 담보되어야 했는데 라그랑주는 그 존재를 가정하지 않고서 이론을 전개했다. 도함수의 존재가 가정되었더라도 도함수에 무한소가 이용되고, 무한소가 관련되는 무한급수의 수렴 문제에는 극한의 개념이 필요했다. 그런데 그는 수렴과 발산에 충분히 주의를 기울이지 않았다.[78] 또한 모든 함수가 거듭제곱 급수로 전개되지도 않을 뿐만 아니라 함수의 n계도함수

$(n \in \mathbb{N})$가 존재하더라도 주어진 테일러 급수가 함수를 유일하게 결정하지 않을 수도 있음을 고려하지 않았다. 이를테면 함수 $f(0)=0$인 $f(x)=e^{-1/x^2}$과 상수함수 $g(x)=0$은 $x=0$에서 테일러 급수가 같다. 그는 극한 개념을 에둘러 간 것이 아니었다. 더구나 1820년대에 거듭제곱 급수로 나타낼 수 없으나 미분할 수 있는 함수가 나타나면서 라그랑주의 주장은 힘을 잃었다.

라그랑주는 미적분학을 더욱 논리적으로 만들려던 여러 시도를 〈해석함수론〉과 1806년의 저작에 담았으나 그 시도는 성공하지 못했다. 그의 방법론이 적합하지 않았지만 오일러처럼 그도 기하학과 역학에서 벗어나 해석학의 기초를 마련하는 데 이바지했다. 두 저작은 카르노(L. Carnot 1753-1823)의 〈고찰〉43)(1797)과 함께 코시와 그 밖의 사람들이 미적분학을 엄밀하게 세우도록 하는 계기를 마련했다. 특히 〈해석함수론〉에서 전개되고 있는 여러 부등식이 그러했다.[79] 이 저작에는 나머지항이 어떻게 되는가에 주목한 테일러 정리에 관한 아이디어도 처음 나오고 있다. 그리고 실함수 이론을 처음 다루었는데 나중에 주요한 관심의 대상이 되었다.

18세기 후반 내내 미적분학의 기초 개념을 두고서 혼란스러운 논의가 거듭됐다. 뉴턴의 유율법, 라이프니츠의 미분법, 달랑베르의 극한은 모두 만족스럽지 못했다. 이에 카르노는 〈고찰〉에서 미적분학의 논리가 착출법을 간략하게 다듬어 하나의 편리한 계산법으로 바꾼 것이라고 주장했다. 이에 근거하여 그는 세 사람이 미적분학에 접근하는 방법이 본질적으로 같음을 보이고자 했다. 카르노도 의심스러운 가정으로부터 정확한 정리가 어떻게 나타나는지를 여러 오류가 상쇄되어 나타나는 것이라고 했다. 그는 무한소는 미소량으로서 허수처럼 계산을 쉽게 하기 위해 도입된 것으로 보고, 미적분에서 불완전한 방정식은 오차를 생기게 했던 고차의 무한소 같은 미소량을 소거하면 오차가 사라지면서 정확한 것이 된다고 했다.[80]

43) 〈무한소 계산법의 형이상학적 고찰〉(Réflexions sur la métaphysique du calcul infinitésimal)

이 장의 참고문헌

[1] Katz 2005, 605
[2] Katz 2005, 635-636
[3] Boyer, Merzbach 200, 723
[4] 岡本, 長岡 2014, 24
[5] Cajori 1928/29, 643항
[6] 日本數學會 1985, 157
[7] 岡本, 長岡 2014, 26
[8] 岡本, 長岡 2014, 27
[9] 岡本, 長岡 2014, 29
[10] 김용운, 김용국 1990, 399
[11] 岡本, 長岡 2014, 31
[12] 岡本, 長岡 2014, 32
[13] 高瀬 2017, 13
[14] 高瀬 2017, 47
[15] Stillwell 2005, 198
[16] Stewart 2016, 229
[17] Kline 2016b, 652
[18] Burton 2011, 534
[19] Panza 2015, 153
[20] Struik 2020, 219
[21] Kline 2016b, 644
[22] Boyer Merzbach 2000, 696
[23] Никифоровский 1993, 174
[24] Gowers 2015, 147
[25] Никифоровский 1993, 175
[26] 高瀬 2017, 60
[27] Katz 2005, 650
[28] Katz 2005, 651
[29] Katz 2005, 653
[30] Katz 2005, 652
[31] Kline 2016b, 583
[32] Kline 2016b, 597
[33] 岡本, 長岡 2014, 238
[34] Katz 2005, 628
[35] 岡本, 長岡 2014, 239
[36] Burton 2011, 575
[37] Haier, Wanner 2008, 145, 152
[38] Kline 2016b, 677
[39] Katz 2005, 629
[40] Guinness 2015, 157
[41] Kline 2016b, 674
[42] Kline 2016b, 694-695
[43] Beckmann 1995, 248
[44] Struik 2020, 218
[45] Katz 2005 624
[46] Gandt 2015, 150
[47] Kline 2016b, 763
[48] 岡本, 長岡 2014, 112
[49] Panza 2015, 152
[50] Boyer, Merzbach 2000, 803
[51] Bell 2002a, 219
[52] Kline 2016b, 754-755
[53] Kline 2016b, 760
[54] Bell 2002a, 189
[55] Katz 2005, 621
[56] Kline 1984, 82
[57] Kline 2009, 320
[58] Struk 2020, 199
[59] Sandifer 2015, 147
[60] Kline 2016b, 830
[61] Panza 2015, 153
[62] Stewart 2016, 205
[63] Panza 2015, 152
[64] Kline 2016b, 823
[65] Panza 2015, 153
[66] Burton 2011, 525
[67] Katz 2005, 662
[68] Grabiner 1997, 104
[69] 岡本, 長岡 2014, 77
[70] Katz 2005, 663
[71] Hollingdale 1993하, 131
[72] Hollingdale 1993하, 133
[73] Hollingdale 1993하, 133
[74] Boyer, Merzbach 2000, 735
[75] Boyer, Merzbach 2000, 735
[76] 岡本, 長岡 2014, 84
[77] Grabiner 2005
[78] Eves 1996, 412
[79] 岡本, 長岡 2014, 85
[80] Boyer, Merzbach 2000, 784

제 17 장

19세기의 대수학

19세기의 시대 개관

계몽사상의 영향을 받아 사회 곳곳이 혁명의 열정에 휩싸였다. 그러나 얼마 지나지 않아 지배계급을 중심으로 인민대중은 국가 정책에 관여할 수 없다는 생각이 퍼지기 시작했고 곧이어 계몽주의의 기초가 공격받기 시작했다. 테르미도르 반동과 나폴레옹의 황제 등극을 거치면서 반(反)이성의 물결이 드세게 들이닥쳤다. 뷔퐁과 라마르크(J.-B. Lamarck 1744-1929), 에라스무스 다윈(E. Darwin 1731-1802)은 18세기에 종(種)이 진화한다는 생각을 발전시켰으나 그 뒤 매우 나빠진 상황 탓에 1840년대까지도 에라스무스의 손자 찰스 다윈(C. Darwin 1809-1882)은 진화론을 공표하지 못했다. 그렇다고 반계몽주의가 자리를 잡지는 못했다. 산업이 확산되면서 기술 수요가 늘자 수학, 물리학, 화학 분야가 많이 진보했다. 진보가 빨라지면서 1830년 이후에 과학이 산업혁명을 이끌어가는 원동력이 되었다. 자연과학과 이에 따른 기술의 눈부신 발달은 유럽 근대 문화의 가장 중요한 내용이 되었다. 세상은 눈에 띄게 달라졌고 18세기의 생활양식을 강요하려는 왕정복고 시도는 무력화되었다. 1859년에 발표된 C. 다윈의 진화론은 기독교도의 엄청난 반대에 부딪혔으나 생물학, 통계학의 발전과 근대 사회사상의 형성에 크게 이바지했다. 사회학과 인문학 분야에서도 근대적이고 과학적인 토대가 마련되었다. 이런 과정에서 형성된 민주적 사고는 학문 연구의 바탕을 이루었고 학회와 대학들이 다시 형성되면서 학문 연구는 활기를 띠었다.

전기와 전구는 노동 시간을 늘렸다. 전기 모터는 동력원과 기계를 가까이 두지 않아도 되게 해주었다. 여기에 더해진 전신기, 전화의 등장과 철도의 확장은 지역의 개념을 바꿔놓았다. 성격이 다른 공장들이 한 곳에 모여 상승효과를 거두었다. 이러한 공장 지대는 거대 도시가 만들어지는 바탕이 되었다. 거대 도시의 형성은 자본가 계급에게 기회인 동시에 골칫거리였다. 자본주의는 체제 외부로부터 노동력을 공급받을 수 없었으므로 질병으로부터 노동자를 방어하면서 미래의 노동력을 확보하기 위해 아동과 여성을 함부로 부려먹지 않는 것뿐만 아니라 체력과 건강을 유지하도록 해야 했다. 자본가들은 보건과 위생, 청결, 안전 등에 신경을 쓰게 되었는데, 이런 일(서비스업)에서도 그들은 돈을 벌었다. 또한 스포츠 같은 비물질적 서비스를 만들어 수익을 창출했다. 경쟁하는 팀끼리 규칙을 정해놓고 경기를 벌이는 것은 자본주의 사회의 경쟁 정신을 반영하는 것이었다. 그런 팀을 운영하는 자본가들은 계급을 초월한 지역 감정을 조장하고 이용했다. 이제 사람들의 삶 전체가 돈벌이 수단이 되었다. 나아가 이런 소비의 확대뿐만 아니라 노동자에게 읽고 쓰며 간단한 계산을 할 수 있도록 가르쳐 생산성을 높이고자 했다. 또한 그에 못지않게 시간을 엄수하고 복종하는 습관이 몸에 밴 노동자가 필요했다. 특히 후발 자본주의 국가들은 영국의 시장 지배력에 도전하기 위해 미래의 노동자를 훈련시키는 엄격한 공교육을 추진했다.

2 19세기의 수학 개관

19세기 전반에 수학에는 두 가지의 혁신적인 발견이 있었다. 유클리드 기하학과 다르며 그 자체에 모순이 없는 비유클리드 기하학과 기존 실수 체계의 대수와 달리 곱셈의 교환 법칙이 성립하지 않는 행렬 대수 같은 대수학이었다. 여기에 중요한 수학적 사건을 하나 더 보탠다면 해석학의 산술화이다. 해석학의 바탕이 엄밀하게 다져지면서 그동안의 모든 논의에 단단한 바탕을 제공했다. 17세기 이래로 수학자들은 대수학이나 해석학이 기하학만큼 엄밀함을 갖추지 못했음을 알고 있었다. 19세기 초까지도 수학의 상황은 바뀌지 않았다. 19세기 수학의 가장 두드러진 양상은 엄밀하고 논리적으로 접근하는 것이었다.

19세기에는 산업에서 새로운 기술적 요청이 있던 데다가 수학과 자연 사이의 관계를 옳게 파악할 수 있는 여건이 조성되었다. 이 덕분에 새롭고 풍부한 수학이 창조될 수 있었다. 수학이 추상 개념을 다루지만 그 개념은 물리적 대상이나 사태를 이상화한 형상이다. 함수와 도함수 개념도 실제 현상을 서술하기 위해 도입한 것이었다. 수학이 확장된 일차 원인은 과학의 확장이었다. 물리학에서 특히 그러했다. 많은 부분에서 여전히 과학은 공학, 기술과 분리되어 있었지만 응용과학이라는 새로운 활동이 산업화의 상황에서 등장하면서 그것들은 융합하기 시작했다. 새로운 수학 연구는, 과학의 목적을 기계학이나 천문학으로 보는 고대의 시각에서 해방되어, 과학 그리고 그것과 융합된 기술을 발판으로 새로운 영역을 개척했다. 아마도 이 세기의 가장 눈에 띄는 과학 발전은 전기와 자기에 관한 연구일 것이다. 여기서 나온 물리적 원리가 수학적으로 표현되고 그것을 다시 물리적 원리에 적용할 수 있게 됐다. 이럼으로써 새로이 드러난 현상들이 하나의 수학 체계 안에 포함됐다. 이어서 라디오와 텔레비전이라는 실제 결과물이 나왔다. 수학이 이렇게 보편성을 바탕으로 과학과 기술이 발전하는 데 역할을 하게 된 것은 19세기의 대부분과 20세기 초에 수학이 과학과 기술로부터 이뤄낸 결과들 덕분이었다. 이런 상황에서 대학의 학부에서 배우는 대부분의 수학이 이 시기에 개발되거나 완성된 성과로부터 가져온 것일 정도로 엄청나게 발전했다.

19세기에 다른 나라의 수학자들끼리 전통적인 방법으로 교류하는 것이 증가했다. 영국, 프랑스, 미국, 독일 등지에서 많은 수학회가 결성되어 정기간행물을 발행하면서 질 높은 수학 잡지의 수가 무척 늘었다. 이 학회들은 논문을 발표할 수 있는 정기 학술회의를 열어 연구 결과에 대한 의견을 주고받는 일을 촉진했다. 여러 기관과 학술지가 생겼다는 것은 수학 연구가 매우 확대되었음을 뜻한다. 이것은 수학자들이 왕족이나 귀족 계급 출신에서 벗어나 훨씬 폭넓은 계층에서 배출되었기 때문이다. 새 학회들은 능력과 성과가 있는 사람이라면 회원으로 받아들였다. 그들은 아카데미가 아니라 대학이나 기술학교에 소속된 연구원이자 선생이었다. 과학혁명이 일어난 17~18세기 동안 뒷전에 있던 대학이 19세기에 자연과학을 이끌게 된 것도 또 하나의 원인이었다. 대학이 연구에 참여하고 많은 교재를 집필했다. 유능하고 업적이 많은 수학자가 대단히 많아졌다. 이를테면 앞서 기술했듯이 프랑스에서는 나폴레옹이 체계적인 과학자 교육을 적극 지원하면서 많은 수학자가 나왔다. 나라마다 학자들이 늘어나면서 수학 활동의 지리적인 분포에도 변화가 일어났다. 지금까지 수학이 발전한 지역과 주요 기간이 특정되는 경향이 있었으나 19세기 전반에는 수학을 연구하는 지역이 넓어졌다. 나라마다 학자들 사이에 관계가 형성되어 이전 시대의 국제주의는 상대적으로 약화되었다.[1] 또한 가우스, 야코비의 활동으로 학문적 국제 공용어로서 라틴어도 차츰 각 나라의 언어로 바뀌었다.

19세기에는 수학의 영역끼리 서로 관계를 맺으며 발전했다. 이러한 흐름은 이전에 마련된 성과 덕분이었다. 해석학과 대수학을 기하학적으로 해석하기도 하고 기하학은 대수의 힘을 빌려 삼차원이 넘는 공간들을 탐색했다. 수론에 해석학적 기법을 도입하기도 했고 논리를 대수적 기호 체계 안으로 끌어들이기도 했다. 19세기 말에 일어난 산술화의 경향은 대수학, 기하학, 해석학에 영향을 끼쳤다. 수학은 수, 모양뿐만 아니라 운동, 변화, 공간을 연구했고 여기에 사용되는 수학 도구들을 연구했다.

전반적으로 경제생활이나 전쟁의 직접 요구로부터 차츰 벗어나 학문 자체를 추구하는 전문가가 나오기 시작했다. 프랑스 혁명을 계기로 사상의 자유가 주어짐으로써 문화가 확산하고 과학 안에서도 전문화가 이루어졌다. 제2의 과학혁명과 함께 전문 직업인으로서 과학자의 등장은 현대 과학으로 나아가는 중요한 변화였다. 수학도 엄청나게 크고 다루기 힘든 불편한 구조로 자랐으며 전문가만이 방법을 알 수 있는 많은 분야로 쪼개졌다. 라이프니츠, 오일러, 달랑베르는 일반적인 수학자로 알려져 있으나 코시는 해석학자, 슈타이너는 기하학자, 케일리는 대수학자, 칸토어는 집합론 연구자라고 할 수 있다. 이런 수학자들은 자신의 저작으로 독자를 만족시키고 가르치는 것을 넘어서 그것에 담긴 내용의 힘을 일깨워서 활동을 추동해야 한다고 생각했다.[2]

수학에서 전문성이 증가함에 따라 순수와 응용의 구분이 이전 시대보다 분명해졌다. 그렇다고 수학과 실생활의 관련이 없어진 것이 아니다. 새 영역으로 수리물리학이 생겨남과 함께 추상적이고 기본적인 개념을 대상으로 삼는 순수수학이 자신의 자리를 굳혔다는 말이다. 19세기의 수학사는 순수 영역(복소변수, 대수함수, 미분방정식, 군, 무한집합, 비유클리드 기하학 등)에 초점을 맞추고서 응용을 언급하지 않고도 쓸 수 있게 되었다.[3] 그러면서도 수학은 더욱 폭넓은 영역과 관계를 맺고서 세상을 기술하고 통제하며 바꾸는 수단을 주었다. 수학은 세계를 더욱 폭넓게 이해할 수 있게 해주었고, 학문 분야로서는 더 추상적으로 되었다. 그렇지만 시간과 재정 면에서 순수수학 연구는 아직 보편적이지 않았다.

프랑스 수학 산업 혁명의 중심지였던 영국에서 수십 년 동안 수학 연구는 침체 상태에 빠져 있었다. 이런 시기에 과거의 사상과 가장 심하게 단절된 그리고 자본주의 경제와 정치 구조를 새롭게 갖춰가던 프랑스와 독일에서 전반적인 변화가 일어나면서 수학이 가장 활발하게 연구되었다. 프랑스 혁명과 나폴레옹 시대는 과학이 발전하기에 더없이 좋은 조건을 제공했다. 나아가 유럽 대륙에서 산업혁명이 전개될 수 있는 여건을 마련해주었다. 이러한 상황은 물리학의 발전을 자극했고 과학과 기술에 관심을 기울이는 계층을 넓혔다. 18세기에 조직되어 국가의 지원을 받으며 과학을 뒷받침하던 학회들이 연구의 기능을 잃어가는 대신에 과학을 더욱 활발히 연구하는 기관이 등장했다. 프랑스 수학의 새로운 시기는 18세기 끄트머리에 혁명 정부가 세운 군사학교와 기술전문학교에서 시작되었다고 할 수 있다. 에콜 폴리테크니크를 비롯한 이 기관들은 당시까지 발전된 이론을 가르치는 핵심 역할을 함으로써 프랑스를 1830년대에 최고의 과학 국가로 만들었다.

그러나 프랑스는 1830년대 이후 쇠퇴하여 1840년 무렵에는 지도적인 역할을 독일에 내줬다. 프랑스의 정치적 상황과 나이 든 세대의 죽음, 영국과 독일에서 수학을 굳건히 세워나가게 된 것 등이 맞물렸기 때문이다. 19세기 말 프랑스는 수학적 힘을 다시 보여주었다. 이때 에콜 노르말 쉬페리외르의 학문적인 엘리트 교육이 중요한 역할을 했다. 이 기관은 여러 가지 면에서 19세기 후기 독일 대학을 닮았다. 매우 경쟁적인 입학시험을 거쳐 전국에서 입학생을 뽑았고 과목을 형식적 강의가 아니라 세미나 형식의 콩페랑스(conférence)로 가르쳤다.[4] 푸앵카레, 피카르, 아다마르, 보렐, 르베그 등이 이 시기에 활약했다.

독일 수학 1800년대 초에 독일은 가장 큰 프로이센 왕국을 비롯하여 많은 공국과 왕국으로 이루어져 있었다. 이에 따라 독일에서는 여러 곳에 새로 세워진 대학이 과학과 수학을 연구했다. 1806년에 예나에서 프로이센이 나폴레옹에게 패배하고서 발트해 연안의 대학들만 남겨졌다. 그러다 1810년에 베를린에 새로이 대학을 세우고 새로운 형식과 개념의 고등교육을 구현하면서 특징적인 모습을 갖추었다. 주요한 목적이 지식의 개발로, 교수와 학생에게 독창적인 연구를 강조했다. 추가로 전문 직업 계층도 가르쳤다. 독일의 대학들이 취한 선도적인 개혁들이 유럽에서 주요한 지적 대세로 자리를 잡게 된다. 이를테면 박사 학위를 받은 학문적으로 뛰어난 사람이 시강사로서 대학에서 강좌를 인가받아 개설하는 것이다. 강의와 세미나, 실험이 결합된 수업이 진행되었다. 정부가 교수를 임명했으나 대학이 독립으로 연구와 관리를 하는 체제를 갖춤으로써 현대적인 학문의 자유 개념이 나타났다. 20세기 초에 독일의 대학은 학생이 과학적이고 전문적인 연구를 하는 방법을 교육받을 수 있는 기관이 된다.[5]

1848년에 이탈리아에서 시작되어 서유럽으로 번진 혁명의 열풍에 독일도 휩싸였다. 이 영향으로 독일에서 자유주의에 기반을 둔 개혁이 이뤄지면서 프로이센의 주도로 1871년에 연방제의 통일 독일을 이루었다. 이 과정에서 독일 대학들은 세속적인 국가 기관이 되었다. 과학 강의는 중등학교 교사, 의사, 약사, 관료 그리고 다른 분야의 전문가들을 양성하는 데도 이바지함으로써 국가를 위한 기능을 수행했다.[6] 수학을 번성시키는 데서는 훔볼트 형제가 많이 이바지했다. 언어학자 W. 훔볼트(W. von Humboldt 1767-1835)는 독일 교육계를 개혁했고, 과학자 A. 훔볼트(1769-1859)는 자국인들이 국내에서 연구할 수 있는 여건을 마련하고, 외국 수학자들에게도 관심을 기울였다. 19세기가 저물 때 독일 대학의 수학과 그 교육이 이웃 나라들보다 더 뛰어났기 때문에 많은 학생이 교육을 받고 영감을 얻기 위해 독일로 갔다.

영국 수학 뉴턴과 라이프니츠 사이에 벌어진 논쟁 이후로 영국 수학자들은 뉴턴의 기하학적 방법을 따르면서 스스로 고립되는 길을 택했다. 18세기 내내 영국은 뉴턴의 유율법을 연구하는 일에 갇혀 유럽 대륙의 수학에 뒤처져 있었다. 이것은 사회적 배경과 깊이 관련되어 있기도 했다. 당시에 영국은 프랑스와 무역전쟁에서 이기고 유럽 대륙의 철학자가 영국의 정치 체제를 고수하고 있다는 점에서 지적 우월성을 느끼고 있었다.[7] 영국인은 스스로 뛰어나다는 생각에 젖어 있었고 수학자는 자기만족에 빠져 있었다. 그러다 나폴레옹 1세와 치른 전쟁을 계기로 영국인은 대륙의 사고방식에 주의를 기울이게 되었고 프랑스의 수학이 뛰어남을 깨달았다. 유럽 대륙에서 빠르게 발전하던 미적분 이론과 그것의 확장은 영국인의 관심을 끌기에 충분했다. 젊은 영국 수학자들은 자신들이 놓인 상황에 불만이었다. 1813년 케임브리지의 트리니티 칼리지 학생이었던 대수학자 피코크와 배비지, 천문학자 J. 허셜이 해석학회를 세워 미적분의 기호와 교육을 개혁하고자 했다. 이들은 엄청난 반대에 부딪혔으나 1816년에 라크로와의 〈미적분의 기초 이론〉(2판, 1806)을 번역하는 등의 활동을 하면서 극복했다. 1830년이 되자 영국은 대륙의 연구 활동에 참여할 수 있게 되었으나 영국의 해석학은 주로 수리물리학 분야에 집중되었다. 1840년대에는 영국이 대륙의 수학을 따라잡기 시작했다. 여기서 독립으로 대륙 수학을 연구한 그린과 해밀턴 같은 사람들이 중요하게 이바지했다. 이들이 대수적 불변 이론과 기호논리학 같은 새로운 방향의 연구를 시작했다.

19세기의 마지막 이삼십 년을 케임브리지 대학이 고등 수학 연구의 중심에 있었는데, 그 대학의 수학은 우등 졸업 시험에 묶여서 몹시 왜곡되었다. 이 때문에 1880년대의 영국의 수학은 자기만족에 빠져 유럽 대륙과 멀어지면서 다시 매우 낮은 수준으로 떨어졌다. 이러한 상황을 현대 해석학의 방법을 케임브리지에 소개한 포사이스(A. Forsyth 1858-1942)가 타개했다. 영국 해석학파의 주요 설계자인 하디의 전문 분야는 해석적 수론으로 그는 리만 가설에 대해 1914년에 $\zeta(s)$의 무수히 많은 영점이 임계선 위에 있다는 사실을 밝혔다.

미국 수학 17, 18세기에 미국의 대부분 대학은 모국인 영국을 본받아 세워졌다. 교육 체계는 자본가 계급의 이익에만 맞춰졌으므로 산업 국가의 경제에 보탬이 되지 않았다. 19세기 중반에도 고전 학문에 중점이 놓여 있었다. 발전하고 있던 사회의 요구와 달리 과학이 아닌 기술 교육만 제공했다. 게다가 응용과학은 열등한 학생이나 배우는 과목으로 여겨졌으며, 그 학위도 거의 인정받지 못했다. 19세기 전반기에 수학은 거의 실용적인 천문학이나 측량에 국한되었다. 수학 연구 결과를 발표할 잡지가 거의 없었고, 있더라도 독자가 없어서 금방 사라졌다. 사실 수학을 제대로 이해하지 못해 연구자가 될 학생을 가르칠 능력도 없었다. 따라서 독창적인 연구를 장려하지도 못했다. 교수들은 유럽의 문헌 내용을 전달하는 데 급급했으므로 고등 수학을 배우기 위해서는 유럽, 특히 독일로 갔다. 이 때문에 그들은 순수수학에 더 많은 관심을 두게 되었다. 또한 꽤 많은 독일 수학자가 미국 대학교에서 근무했고 성공적으로 이바지했다. 이에 따라 1890년대 초에 미국의 수학 수준은 유럽과 같은 수준으로 올라가기 시작했다.

베를린 대학을 모델로 하여 1876년에 세워진 첫 연구 중심의 존스 홉킨스 대학이 미국으로 하여금 수학적 힘을 갖추게 했다. 이 덕분에 대학에서 연구 기능이 중심을 차지하게 되었다. 1877년에 초빙된 실베스터가 존스 홉킨스 대학에 있는 동안에 수학의 대학원 과정이 개설되면서 기존의 대학원들도 교육과정을 현대화하게 되었다. 그의 주도 아래 대학의 분위기는 근본적으로 바뀌었고 수학이 융성하기 시작했다. 그가 1878년에 미국의 첫 수학 연구 잡지를 창간함으로써 미국에서 연구된 수학 논문을 읽을 수 있게 되었다. 이에 수학 연구 속도가 빨라지면서 잡지의 수가 증가하고 논문을 읽는 모임이 더욱 많아지고 활발해졌다. 1920년 말이 되면 고등 수학 교육을 받으러 유럽에 가지 않아도 되게 되었다.

3 수 체계와 수론

3-1 수 체계의 구축

정수 수학의 대단히 많은 부분이 실수계 위에 세워지므로 실수계의 기초를 깊이 생각했을 것 같지만 수를 다루는 법이 마련되고 나서 훨씬 나중에 공리적 기반이 갖춰졌다. 1800년에 이르러서 수학자들은 실수뿐만 아니라 복소수도 자유로이 사용했으나, 그때에도 이 수들의 연산에 논리적 정당성을 부여하지 못했고 이 수들을 정확히 정의하지도 않았다. 수학자들은 수가 어떻게 행동하는지는 알았으나 왜 그렇게 되는지, 수가 무엇인지를 모르고 있었다.

대수학을 포함한 수학적 과정은 수와 함수(사상)라는 개념에 기대고 있는데 함수도 궁극적으로 수로 환원된다. 복소수는 실수로써 정의되고 실수는 유리수로 설명되며 유리수는 정수의 순서쌍으로 구성된다. 그러므로 초점이 놓이게 되는 것이 정수의 정의이다. 이렇게 해서 수의 일반 개념은 자연수의 속성으로 귀결된다. 수학적 추론에 오류가 없음을 확인하려면 그 근거를 자연수에서 찾아야 한다. 19세기 말에 데데킨트, 칸토어, 프레게, 페아노의 연구로 기초가 확립되었다.

자연수의 기본 성질의 하나는 수마다 다음 수가 하나만 있다는 것이다. 곧, 자연수 집합 $\mathbb{N}$에 대하여 사상 $s:\mathbb{N}\to\mathbb{N}$이 $s(n)=n+1$이 주어진다. 사상 s에 의한 $\mathbb{N}$의 상이 $\mathbb{N}$ 자신의 진부분집합이 되고, 그 상에 속하지 않는 유일한 원소는 1이다. 집합 $\mathbb{N}$의 무한성은 상이 진부분집합이 된다는 것이다. 데데킨트(R. Dedekind 1831-1916)는 이런 자연수의 특징으로부터 수학적 귀납법의 원리와 $\mathbb{N}$ 위에서 순서 관계와 덧셈, 곱셈이라는 연산을 정의하고 여러 성질을 유도했다.

칸토어(G. Cantor 1845-1918)가 1874년에 도입한 무한집합에 대한 농도의 개념과 불(G. Boole 1815-1864)의 생각을 바탕으로 프레게(G. Frege 1848-1925)는 1884년에 기수를 정의했다. 그는 원소의 대응 개념이 정수의 상등 개념에도 기본이라고 생각했다. 그는 이 상등 개념으로부터 기수의 정의에 다다랐다. 두 유한집합의 원소끼리 일대일대응을 이루면 두 집합의 기수는 같다. 더 일반적으로, 한 기수는 주어진 집합과 일대일대응을 이루는 모든 집합으로 이루어지는 집합이다. 이런 바탕 위에서 그는 자연수의 산술이 모두 집합의 성질로 환원되므로 그것을 모두 논리적 토대 위에 놓을 수 있게 되었다. 그는 자신의 생각을 확장하여 1893년에 산술의 개념을 형식논리의 개념에서 유도했다. 그러나 그의 연구 결과는 너무 참신했고 표기법은 당시에(지금도) 독자들이 다루기에 불편한 데다가[8] 철학적인 형식으로 표현되어 잘 받아들여지지 않았다.

프레게는 뛰어난 수학자와 철학자도 산술의 가장 기본이 되는 개념과 연산을 거의 이해하지 못하고 있다고 생각했다. 그는 우리가 수 1은 무엇인가 또는 수사 '1'은 무엇을 나타내는가라는 물음에 이치에 맞게 답하지 못할 만큼 산술의 기초 구조를 제대로 알고 있지 못하다고 했다.[9] 이러한 인식을 바탕으로 그는 수의 정의가 받아들여지기 위해 만족해야 하는 조건들을 설정했다. 그러나 이를 형식화할 때 러셀의 역설과 비슷한 모순에 부딪혔다. 그는 러셀(B. Russell 1872-1970)이 1903년에 그것을 지적하고 나서야 알게 되었다. 프레게는 임의의 타당한 성질은 하나의 유의미한 집합을 정의하며 이 집합은 해당 성질을 갖는 대상들로 이루어진다고 증명도 없이 가정했다. 그런데 모든 집합의 집합은 자기 자신을 원소로 갖지 않으므로 하나의 집합에 대응하지 않는 타당한 성질이 존재한다. 최근에 논리학자들이 프레게의 체계를 자연스럽고 모순이 없게 약화시키면 프레게가 재구성하려고 했던 수학을 유도할 수 있음을 증명했다.[10]

오늘날 대수학과 해석학의 많은 엄밀한 구조는 자연수 공리를 바탕으로 쌓은 것이다. 페아노(G. Peano 1858-1932)는 수리논리를 비롯하여 수학의 중요한 분야를 모두 포괄하는 형식 언어를 개발하고자 했다. 그의 연구가 프레게의 그것에 견줘 영향력이 컸던 까닭은 철학적인 표현을 피하고 ∈, ⊂, ∩, ∪과 같은 적절한 기호를 사용했기 때문이다. C. 퍼스(C. S. Peirce 1839-1914)와 데데킨트도 그 무렵 비슷한 연구물을 출간했는데 페아노는 퍼스보다 완결적이며 데데킨트보다 쉽고 낯익은 용어로 표현했다.[11] 페아노는 1889년에 자연수 집합에 대한 페아노 공리계를 처음 제시했고 1898년에 더 다듬었다. 그는 산술의 기초로 0, 수(자연수), 후자라는 기본 개념과 다음의 다섯 가지 공리를 정식화했다. (1) 0은 수이다. (2) a가 수이면 a의 후자도 수이다. (3) 0은 어떤 수의 후자가 아니다. (4) 후자가 같은 두 수는 같다. (5) 수의 집합 S에 0이 있고, 동시에 어떤 수의 후자도 있다면 모든 수는 S에 속한다. 마지막 공리는 이른바 수학적 귀납법의 공리이다. 페아노 공리계는 보통의 산술을 가장 적은 기호로 나타내려는 혁신적인 시도였다. 그에 의하여 공리적 방법은 의미의 모호함이나 숨겨진 가정이 제거되어 추론의 정확성이 한층 높아졌다.[12] 그의 연구는 기호논리학 발전에 영향을 끼쳤고 논리학 위에 수학을 세우려는 프레게와 러셀에게 영향을 주었으나, 페아노는 그들과 다른 노선을 걸었다.

유리수 무리수 연구 이전에 유리수를 정의하고 성질을 알아내려는 연구가 있었다. 그때 이런 연구를 하던 대부분의 사람은 자연수의 본질과 성질은 이미 밝혀져 있는 것으로 여겼다. 신이 정수를 창조하고 사람이 그 나머지를 만들었다는 말을 남긴 크로네커(L. Kronecker 1823-1891)는 자연수는 기본 개념이므로 논리적으로 분석할 필요가 없다고 했다. 그의 영향으로 사람들은 음수와 분수를 논리적으로 확립하는 데 집중했다. 바이어슈트라스(K. Weierstraß 1815-1897)가 1860년대에 양의 유리수를 자연수 한 쌍으로, 음의 정수를 특별한 유형의 자연수 한 쌍으로, 음의 유리수를 음의 정수 한 쌍으로 정의했다.[13] 데데킨트는 1888년에 칸토어가 주창한 집합론 개념을 사용해서 정수 이론을 제시했으나 매우 복잡해서 그다지 관심을 끌지 못했다. 페아노가 1889년에 공리적 방법으로 자연수를 구성하고 나서, 바이어슈트라스가 사용했던 것과 같은 방식이지만 그와 독립으로 자연수로부터 유리수를 끌어냈다. 페아노는 자연수의 공리를 바탕으로 했고 바이어슈트라스는 선험적으로 받아들인 자연수를 바탕으로 했다는 것이 다르다. 페아노에게 정수는 한 쌍의 자연수 (a, b)로 이것은 $a-b$를 의미한다. $a>b$이면 (a, b)는 통상의 양의 정수를, $a<b$이면 음의 정수를 나타낸다. 이제 덧셈을 $(a, b)+(c, d)=(a+c, b+d)$, 곱셈을 $(a, b)\cdot(c, d)=(ac+bd, ad+bc)$로 정의하면 정수의 성질이 나온다. 유리수는 한 쌍의 정수 (A, B)로 정의한다. 이것은 A/B를 의미한다. 이제 덧셈을 $(A, B)+(C, D)=(AD+BC, BD)$, 곱셈을 $(A, B)\cdot(C, D)=(AC, BD)$로 정의하면 유리수의 성질이 나온다.

무리수를 포함하는 실수 체계의 논리적 바탕은 18장의 실수의 연속성을 다루는 곳에서 기술한다. 정수를 바탕으로 유리수를 정의하는 것과 유리수에서 무리수로 옮겨가는 것은 이산과 연속이라는 질적 전화가 있기 때문에 기술적으로나 상징적으로 전혀 다른 문제이다. 또한 복소수를 복소평면 위의 한 점으로 여기는 사고도 복소해석을 다루는 곳에서 언급한다. 한 가지만 짚는다면 해밀턴(W. R. Hamilton 1805-1865)이 실수를 기반으로 복소수를 구성하고 난 뒤에 유리수를 사용하여 무리수를 정의하고 나서야 정수를 사용하여 유리수의 논리적 토대가 만들어졌다는 점이다. 그러고 나서 마침내 정수와 자연수가 규명되었다. 수가 등장하는 순서는 수 체계를 구성하는 논리 체계가 마련되는 순서와 반대였다. 자연수에 대한 논리적 접근이 마지막으로 수립되고 나서야 수 체계 전체의 논리적 구조가 완전히 세워졌다.

페아노의 연구로 실수계를 비롯하여 수학의 많은 부분이 자연수계를 규정하는 공리로부터 나옴이 입증되었다. 그 뒤 자연수가 집합론의 개념으로 정의될 수 있고, 수학의 대부분이 집합론 위에 세워질 수 있음이 밝혀졌다. 이를테면 미적분학이 집합론이라는 단단한 기반 위에 놓이면서 그것은 뉴턴이 사용한 운동과 곡선군이라는 물리적 세계로부터 독립하게 되었다.

3-2 수론

18세기와 19세기를 구분 짓는 사람은 가우스(C. F. Gauß 1777-1855)이다. 그는 수학에서 순수하게 이론적인 연구와 함께 물리학, 역학, 이론 천문학을 비롯한 여러 과학 분야를 연구했다. 그가 수론에서 이룬 업적은 페르마 다음의 커다란 발전이었다. 그가 〈산술 연구〉(Disquisitiones Arithmeticae 1801)에서 치밀하고 엄격하게 수론을 전개함으로써 수론이 수학의 주류가 되었다. 그는 해석학과 물리학 등에서 이루어지는 수 계산을 수론과 결부시켰다. 그것은 이론을 단순히 계산에 응용하는 것이 아니고 계산과 관련해서 수에 들어 있는 이론 구조를 찾아내려는 것이었다. 오일러와 독립으로 1795년에 발견하고, 1799년에 일부를 발표한 이차상호 법칙을 다루는 1~4장에서는 합동과 잉여류 개념이 중요하다. 5장은 미지수가 2개인 이차형식 이론에 대한 것인데 특히 $ax^2+2bxy+cy^2=m$ 형태의 방정식에 대한 풀이법을 다루고 있다. 6장은 여러 응용 문제로 구성되어 있다. 마지막 7장에서는 소수 차수의 일반 원분방정식의 풀이법을 다룬다. 19세기에 크게 발전한 또 다른 분야는 디리클레(G. L. Dirichlet 1805-1859)와 리만(G. Riemann 1826-1866)이 이끈 해석적 수론이다. 이 분야에서는 대수학과 해석학을 사용하여 정수에 관한 문제를 다룬다.

합동식 이론 가우스의 〈산술 연구〉가 이끈 변화에서 가장 중요한 것은 단순하지만 위력적인 개념인 합동식이다. 그는 제1장에서 합동의 정의와 기호를 제시하면서 시작한다. 세 정수 a, b, m에 대해서 $a-b$가 m으로 나누어떨어질 때, a와 b는 법 m에 대하여 합동이다. 이것을 $a \equiv b \pmod m$으로 쓴다. 법 m에 대한 산술은 보통의 정수에 행해지는 것과 같은데, 차이가 있다면 m이 0으로 여겨진다는 점이다. 그는 일차합동식 $ax+b \equiv c \pmod m$에서 a와 m의 최대공약수가 1이면 유클리드 호제법으로 반드시 해결된다는 것과 중국의 나머지 문제, n과 서로소이고 n보다 작은 정수의 개수(오일러 함수 $\varphi(n)$)를 계산하는 방법 같은 합동의 기본 성질을 논했다. 합동식은 천체의 운동처럼 되풀이되는 순환과정에서 나타나는 변화를 살필 때 매우 유용하다(6장 참조).

제3장에서는 오일러가 논의하던 거듭제곱 잉여를 다루었다. p는 소수이고 a가 p보다 작은 임의의 수라고 하면 $a^m \equiv 1 \pmod p$가 되는 가장 작은 지수 m은 $p-1$을 나누어떨어뜨린다. 그는 이것에 주목하여 $p-1$제곱 이하의 어떠한 거듭제곱도 1과 합동이 아닌 수 a가 언제나 존재함을 보였다. 이러한 수 a가 p를 법으로 하는 원시근이다. 이 원시근 개념을 바탕으로 윌슨 정리를 비롯하여 여러 정리를 다루었다.

제4장에서는 이차상호 법칙이 중심으로 논의된다. 오일러는 홀수인 두 소수를

서로 법으로 하여 제곱 잉여가 되기 위한 조건이라는 형태로 기술했는데 증명하지는 않았다. p와 q가 서로 다른 홀수인 소수일 때 이차 합동식 $\begin{cases} x^2 \equiv q \pmod{p} \\ y^2 \equiv p \pmod{q} \end{cases}$에 대하여 (1) p와 q가 모두 $4n+3$ 꼴의 소수이면 합동식 가운데 하나는 근이 있고 다른 하나는 근이 없으며 (2) 그밖에는 둘 다 근이 있거나 없다. 가우스는 이 정리를 매우 중요한 것으로 생각하고 여러 증명을 제시했다. 그 가운데 가장 의미가 있는 것은 르장드르(1752-1838)가 제안한 제곱 잉여의 기호를 이용하여 표현하고 증명한 것이다. 그는 p, q가 모두 $4n+3$ 꼴의 소수일 때는 $(q/p)=-(p/q)$이고 p와 q의 어느 하나가 $4n+1$ 꼴의 소수이면 $(q/p)=(p/q)$라고 했다. 르장드르는 (p/q)를 p가 q를 법으로 하여 제곱 잉여이면 1, 그렇지 않으면 -1로 정의했다. 그러면 위 정리는 $\left(\frac{p}{q}\right)\left(\frac{q}{p}\right)=(-1)^{\frac{p-1}{2}\frac{q-1}{2}}$으로 간결하게 표현된다.

가우스는 이차상호 법칙을 삼차나 사차상호 법칙으로 일반화하려고 했다. 곧, 어떤 수가 다른 수를 법으로 하여 세제곱이나 네제곱으로 나타나는 수와 합동이 되는 것은 언제일까를 결정하는 법칙을 구하고자 했다. 그는 1825~1831년 사이에 남긴 사차상호 법칙에 관한 연구는 복소수 이론의 도움을 받아 이루었다. 1831년의 논문에서 다룬, 이른바 가우스 정수(a, b가 정수일 때의 $a+bi$)라는 확장된 정수 개념을 바탕으로 한, 새로운 복소수 이론은 산술의 많은 취약점을 보완하고 명료화했다.[14] 이차상호 법칙은 실수일 때에 비하여 더 단순해졌다. 나아가 그는 삼차상호 법칙은 $a+b\omega$ 형태의 복소수를 포함할 것임을 알았다. 여기서 a, b는 보통의 정수이고 $\omega^3=1$이다.

정수의 일반화와 대수적 수 가우스는 일찍이 1805년에 사차상호 법칙에 관한 일반론은 수의 범위를 확장함으로써 발견될 것임을 알고 있었다. 이런 생각을 깊이 고찰하여 가우스 정수라는 개념을 끌어냈다. 가우스 정수에는 네 개의 단원[44] 1, -1, i, $-i$가 있다. 가우스 정수 $a+bi$의 노름(norm)을 $\|a+bi\|=(a+bi)(a-bi)$ $=a^2+b^2$으로 정의했다. 어떤 가우스 정수를 단원이 아닌 두 개의 다른 가우스 정수의 곱으로 표현할 수 없을 때 그 수를 소(prime 가우스 소수)라고 했다. 어떤 가우스 정수가 가우스 소수가 되는가를 살펴보자. 먼저 $2=(1+i)(1-i)$이므로 2는 합성수이다. 다음에 그는 홀수인 소수는 $4n+1$인 꼴일 때 a^2+b^2 곧, 두 정수의 제곱으

44) 단위원 1이 있는 환에서 곱셈에 관한 역원이 존재하는 원소

로 표현된다. 이러한 소수는 $(a+bi)(a-bi)$로 쓸 수 있으므로 합성수이다. 가령 $5=(2+i)(2-i)$이다. 한편 $4n+3$ 꼴의 소수는 가우스 정수로도 소수이다. 이를테면 3이나 7과 같은 소수가 그러하다. 이를 바탕으로 가우스는 수론의 기본 정리를 증명했다. 먼저 그는 임의의 가우스 정수는 가우스 소수의 곱으로 분해될 수 있음을 보였다. 다음에 그는 단원을 제외하면 인수의 순서를 무시했을 때 이 인수분해는 유일하다는 유클리드 시대 이래의 정리를 엄밀히 증명했다. 인수분해의 유일성이 성립하는 정역을 가우스 정역이라고 한다.

무리수를 깊이 이해하게 된 것은 대수적 무리수와 초월수에 관한 19세기 중엽, 방정식의 해에 관한 연구였다. r이 방정식 $a_0x^n+a_1x^{n-1}+\cdots+a_{n-1}x+a_n=0$ ($n>0$, a_i는 보통의 정수, $a_0\neq 1$)의 근으로서 n보다 낮은 차수의 방정식을 만족하지 않을 때 그 r을 n차의 대수적 수라고 하고, $a_0=1$일 때는 n차의 대수적 정수라고 한다. 여기에는 분수 꼴도 포함된다. $n=1$일 때는 유리수이다. 이제 모든 무리수가 $n\geq 2$일 때 이 방정식의 근이 되는지를 살펴야 한다. 1844년에 리우빌(J. Liouville 1809-1882)이 모든 대수적 수가 유리수의 대수적 연산으로 얻어지는 것은 아님을 밝혔다. 같은 해에 그는 매우 폭넓은 초월수의 무리, 이를테면 $\sum_{i=1}^{\infty}1/n^{i!}$ 꼴의 수가 초월수임을 알아냄으로써 어떤 종류의 수가 초월수임을 처음으로 보였다. 이로써 초월성의 존재가 입증되었으나 특정한 수가 초월수이냐는 또 다른 문제였다. 어쨌든 리우빌은 어떤 수가 대수적인 수이기 위한 필요조건을 제공했고 따라서 어떤 수가 초월수이기 위한 충분조건을 제공했다.[15]

e와 π가 대수적 수인지 초월수인지는 줄곧 수학자들의 관심사였다. 1873년에 에르미트(C. Hermite 1822-1901)가 $\sum_{i=0}^{\infty}1/i!$로 표현되는 수 e가 초월수임을 연분수를 이용하여 증명했다. 1882년에 린데만(F. von Lindemann 1852-1939)이 에르미트의 방식을 발전시켜 π가 초월수임을 보였다. 그는 어떠한 대수적 수 x도 방정식 $e^{ix}+1=0$을 만족시킬 수 없음을 밝혔다. 그런데 $e^{ix}=\cos x+i\sin x$에서 $x=\pi$를 대입하면 $e^{i\pi}=-1$이므로 π는 $e^{ix}+1=0$의 근이다. 그러므로 π는 당연히 대수적 수가 아니다. 이제 π는 유리수 계수 다항방정식의 근일 수 없으므로 원을 정사각형으로 만들 수 없음이 판명되었다. 원적 문제의 작도 불가능보다 훨씬 중요한 것은 어째서 그것이 불가능한지를 알게 되었다는 사실이다. 1934년에 겔폰드(А. Гéльфонд 1906-1968)는 a를 0도 1도 아닌 임의의 수, b를 임의의 대수적 무리수라고 할 때 a^b이라는 모양을 한 모든 수는 초월수임을 증명했다.[16] 대수적 수와 달리 초월수

는 무리수처럼 덧셈이나 곱셈에 대해 닫혀 있지 않다.

대수적 수 이론은 페르마의 대정리를 증명하려는 시도에서 생겨났고 이것을 증명하는 데 사용됐다. 디오판토스 방정식을 풀고 상호 법칙을 이해하는 데도 이용됐다. 1847년에 라메(G. Lamé 1795-1870)가 페르마의 대정리를 새로운 방식으로 증명하려고 했다. 기본 사고방식은 먼저 n이 소수일 때 x^n+y^n를 복소수의 범위에서 $(x+y)(x+\alpha y)\ \cdots\ (x+\alpha^{n-1}y)$로 인수분해하는 것이었다. α는 $x^n-1=0$의 원분정수[45]이다. 라메는 이것을 바탕으로 페르마의 대정리를 증명했다고 생각했으나 리우빌이 문제점을 찾았다. 1847년에 리우빌은 쿠머(E. Kummer 1810-1893)의 연구 결과를 듣기 전에 소인수분해의 일의성이 성립하지 않는 간단한 정역의 예를 보였다. $x^n=1$이 아니라 $x^2=-17$의 근으로 만들어지는 정역에서는 $169=13\cdot13=(4+3\sqrt{-17})(4-3\sqrt{-17})$이 성립한다는 것이다.

쿠머는 페르마의 대정리를 풀려는 시도와 가우스의 원분체[46] 이론에서 대두된 대수적 수체로부터 수론의 기본 정리를 되살렸다. 그는 이상적인 복소수(이상수 ideal number)라는 새로운 종류의 수를 구성하여 이 일을 이루었다. 그는 1844년에 가우스 정수를 n이 소수일 때 $\alpha^{n-1}+\alpha^{n-2}+\ \cdots\ +\alpha+1=0$인 원분정수 α에 대하여 $f(\alpha)=a_0+a_1\alpha+\ \cdots\ a_{n-2}\alpha^{n-2}$ 꼴의 수로 확장했다. α는 위 등식을 만족하므로 α^{n-1}은 그것보다 낮은 차수의 항들로 대체할 수 있다. 그는 원분정수에 대한 나누어떨어짐, 기약성, 소(prime)의 개념을 다루었다. 이때 그는 원분정수에 관하여 소인수분해의 유일성이 적용되지 않는 경우가 존재한다는 것을 비롯하여 몇 가지 성질을 발견했다.[17] 소인수분해가 유일하지 않는 데서 생겨난 문제에 맞닥뜨린 쿠머는 가상적인 인수인 이상수를 끌어들여 유일하게 소인수분해되도록 하고자 했다. 이제 수는 소인수의 곱으로 생각할 수 있으나 소인수에 원분정수가 아닌 것이 나타난다.[18] 그가 이상수를 이용해서 p가 소수이고 x, y, z가 모두 0이 아닌 정수일 때 $x^p+y^p=z^p$이 성립하지 않음을 아주 많은 소수 p에 대해 증명했다.

데데킨트도 대수적 수 이론을 연구하여 가우스 정수와 쿠머의 대수적 수를 일반화했다. 그는 대수적 정수의 덧셈, 뺄셈, 곱셈의 결과도 대수적 정수임을 보였다. 그는 가우스 정수의 계가 대수적 정수의 체계를 이루는 것 그리고 가우스가 이 체계 안에서 소인수분해의 일의성을 보였다고 기술했다. 그는 나누어떨어진다는 것

45) $x^{n-1}+x^{n-2}+\ \cdots\ +x+1=0$을 만족하는 근

46) 유리수체에 1의 거듭제곱근을 첨가하여 얻는 대수적 수체

을 보통의 방식으로 정의하면서 기약인 가우스 정수 p가 두 가우스 정수의 곱 rs를 나누어떨어지게 하면, p는 두 인수 가운데 하나를 나누어떨어지게 한다는 것을 보였다. 이것으로 가우스 정수계에서 소인수분해의 유일성이 유도된다.

그러나 특정한 대수적 체의 정수로 이루어진 환에서는 대수적 정수를 언제나 소인수분해할 수 있지만 일반적으로 유일한 인수분해는 아니다. 그래서 데데킨트는 아이디얼(ideal)이라는 새로운 개념을 고안하여 인수분해의 유일성을 확보했다. 그는 이미 존재하는 수 체계인 대수적 정수집합의 원소 가운데서 주어진 이상수로 나누어떨어지는 것 전체의 집합을 아이디얼이라 했다. 데데킨트는 아이디얼을 수의 무한집합으로 규정하고 그것의 산술을 만들었다.[19]

형식 이론 가우스가 말하는 의미로 산술은 유리수의 성질을 다룬다. 앞서 기술했듯이 그는 $4k+1$ 꼴의 소수는 두 자연수 제곱의 합으로 유일하게 표현되고 $4k+3$ 꼴은 그렇지 않다는 페르마의 주장을 증명했다. $8k+1$이나 $8k+3$ 꼴의 소수는 x^2+2y^2의 형태로 유일하게 표현된다. 가우스는 이런 사항을 확장하여 일반적인 이차식 형태 $ax^2+2bxy+cy^2$은 어떻게 되는지를 연구했다. 그가 이차형식을 논의한 주요 목적은 주어진 정수를 어떤 특별한 형식으로 표현할 수 있는지를 결정하는 것이었다.

이변수 이차형식 $ax^2+2bxy+cy^2$에서 a, b, c, x, y에 특정한 정수를 넣어 그 값으로 m을 얻으면 그 형식이 m을 표현한다고 한다. 문제는 한 형식이나 형식들의 집합으로 나타낼 수 있는 수 m의 집합을 찾는 것과 거꾸로 m과 a, b, c가 주어져 있을 때 m이 나오게 하는 x, y를 찾는 것이다. 가우스는 디오판토스 해석에 속하는 후자를 연구했다. 그는 판별식 $D=b^2-ac$가 제곱이 아닌 양수일 때 m을 형식 $ax^2+2bxy+cy^2$으로 표현하는 모든 방법을 어떻게 찾는지 보여주었다. 보통의 정수, 곧 이산적인 수의 범위 안에서 완전히 풀 수 있다. 가우스는 먼저 형식의 동치를 정의했다. α, β, γ, δ가 정수일 때 선형변환 T: $x=\alpha x'+\beta y'$, $y=\gamma x'+\delta y'$에서 조건 $\alpha\delta-\beta\gamma=1$을 만족하는 것을 생각한다. 이 변환으로 형식 $f=ax^2+2bxy+cy^2$이 형식 $f'=a'x'^2+2b'x'y'+c'y'^2$으로 바뀔 때 형식 f와 f'을 동치라고 한다. 두 형식이 동치이면 판별식은 같다($b^2-ac=b'^2-a'c'$). 그렇지만 두 형식의 판별식이 같다고 해서 반드시 동치는 아니다. 가우스는 판별식이 같은 두 이차형식 f, f'에 대하여 새로운 형식 $F=f+f'$을 f, f'의 합성으로 정의했다. 그는 합성이 덧셈의 기본 성질을 만족함을 보였다. 푸앵카레(H. Poincaré 1854-1912)는 이차형식에 관한 가우스의 이론을 기하학적으로 재구성했다. 이차형식의 선형변환에 의한 불변량이 다루어지게 되면서 대수적 불변량(식) 이론이 등장했다.

가우스는 삼변수 이차형식 $ax^2+2bxy+cy^2+2dxz+2eyz+gz^2$(모든 계수는 정수)을 다룬다. 이것으로 모든 수는 세 개 이하의 삼각수의 합으로 나타난다는 정리를 증명했다. 그리고 페르마가 언급했던 모든 자연수는 네 개 이하의 제곱수의 합으로 나타낼 수 있다는 라그랑주 정리를 다시 증명했고 모든 자연수는 k개 이하의 k각수의 합으로 나타낼 수 있다고 했다. 아이젠슈타인(G. Eisenstein 1823-1852)은 1844년의 삼변수 이차형식을 다룬 논문에서 변환 S와 T의 합성 변환을 $S\times T$로 나타내면서 합성하는 순서를 바꿀 수 없음을 고려해야 한다고 했다. 실베스터(J. J. Sylvester 1814-1897)는 이차형식 $ax^2+2bxy+cy^2$을 두 제곱수의 합 X^2+Y^2으로 나타내는 것처럼 오차형식 $ax^5+5bx^4y+10cx^3y^2+10dx^2y^3+5exy^4+fy^5$을 X^5+Y^5로 나타내는 것을 다뤘다.[20]

에르미트는 이차형식의 산술 연구에서 어떤 형식이 언제 선형변환을 거쳐 다른 형식으로 변환되는지를 연구했다.[21] 여기서 이른바 에르미트 행렬이 나온다. 그는 연속인 수를 연구하는 해석학을 방정식 $ax^2+2axy+cy^2=m$의 모든 정수근 x, y를 논하는 이산적인 수의 문제에 적용했다. 다시 말해서 이산적인 수의 문제에 해석학을 응용하여 의미 있는 결과를 얻었다. 그는 이런 해석학적 도구로 가우스와 아이젠슈타인이 논했던 이런 종류의 일반적인 문제를 다룰 수 있었다. 그는 임의 개수의 미지수를 가진 이차형식을 다뤘다. 그리하여 그는 일가함수의 주기성에 관한 야코비(C. Jacobi 1804-1851)의 연구가 이차형식의 문제와 관련되어 있음을 발견했다.[22] 디리클레를 비롯한 가우스의 후계자들은 계수나 변수로 등장하는 유리 정수를 가우스 정수로 대체한 이차형식을 논했다. 에르미트는 이러한 상황을 일반화해서 이른바 에르미트 형식으로 정수를 나타내는 문제를 연구했다. 이를테면 $a_{11}x_1\overline{x_1}+a_{12}x_1\overline{x_2}+a_{21}x_2\overline{x_1}+a_{22}x_2\overline{x_2}$이다. $\overline{x}$는 x의 켤레복소수이다. 70년 이상 지나고 나서 에르미트 형식의 대수학은 수리물리학, 특히 현대의 양자역학에 절대 필요하게 되었다.

소수와 해석적 수론 소수의 개수와 분포는 유클리드 시대부터 많은 수학자가 관심을 기울인 문제이다. 소수의 개수에 관한 문제에 처음 의도적으로 해석학을 이용한 사람은 디리클레였다. 그는 1837년에 해석학을 이용하여 a와 b가 서로소일 때 등차수열 a, $a+b$, $a+2b$, $\cdots$, $a+nb$, $\cdots$로 이루어지는 비교적 드문 정수의 부분집합에도 소수가 한없이 많음을 보였다. 이로써 이산 영역에 속하는 수론에도 연속변수를 다루는 해석학이 쓰이게 되었다.

해석학을 이용한 가장 중요한 문제는 소수의 분포에 관한 정리일 것이다. $\pi(x)$가 x를 넘지 않는 소수의 개수라 할 때 x까지의 자연수에서 소수의 밀도 $\pi(x)/x$는 x가 커짐에 따라 $1/\log_e x$에 가까워진다, 곧 $\lim_{x \to \infty} \frac{\pi(x)}{x/\ln x} = 1$ …(*)이 된다고 오일러, 르장드르, 가우스가 추측했다. 체비쇼프(П. Чебышёв 1821-1894)는 1850년에 오일러가 도입한 제타 함수 $\zeta(x) = \sum_{n=1}^{\infty} n^{-x} = \prod_{p\text{는 소수}} \frac{1}{1-p^{-x}}$을 이용하여 $A_1 < \frac{\pi(x)}{x/\ln x} < A_2$로서 $0.922 < A_1 < 1$이고, $1 < A_2 < 1.105$임을 증명했다. 1852년에는 $x > 3$일 때 x와 $2x-2$사이에 적어도 하나의 소수가 있음을 증명했다. 1896년에 아다마르(J. Hadamard 1865-1963)는 리만-제타 함수로 (*)을 정당화했다. 같은 해에 푸생(C. J. V. Poussin 1866-1962)이 독립으로 이 정리를 다르게 증명했다.

리만은 1859년에 복소수 이론을 소수의 분포에 적용하여 (*)을 분석했다. 그는 $0 < a < 1$인 복소수 $z = a + bi$에 대하여 리만-제타 함수가 $\zeta(z) = \sum_{n=1}^{\infty} n^{-z} = 0$이면 $z = (1/2) + bi$의 꼴이라는 가설을 제기했다. 이것은 소수 연구에서 혁신이었다. 복소해석과 자연수가 깊이 관련되어 있다는 사실은 수학적 추상의 위력을 보여주는 증거였다. 리만은 ζ와 관련된 함수 ξ를 $\xi(w) = \pi^{-z/2}(z-1)\,\Gamma\left(\frac{1}{2}z+1\right)\zeta(z)$로 정의했다($z = 1/2 + iw$). 이렇게 놓으면 제타 함수보다 다루기 쉽다.[23] ξ는 $z=1$일 때 $\zeta(z)$의 문제점이 해소됨으로써 복소평면 전체에서 해석적이고 $\xi(z) = \xi(1-z)$임도 쉽게 확인할 수 있으며, 정의로부터 ζ의 영점들 집합과 ξ의 영점들 집합이 서로 같다는 점도 분명하다. 나아가 ζ의 모든 유기영점이 $0 < \mathrm{Re}(z) < 1$에 있다는 사실은 ξ의 영점들의 허수부가 $-1/2$과 $1/2$ 사이에 있다는 말과 같다. ζ의 영점들이 갖는 대칭성을 고려하면 양의 허수부만 살펴보면 된다.

여전히 임의의 큰 수가 소수인지 아닌지를 판별하는 방법은 알려져 있지 않다. 또한 한정된 개수의 소수를 얻을 수 있는 다항함수, 이를테면 $f(n) = n^2 - 79n + 1601$ ($n < 80$인 자연수)과 같은 것 말고는 모든 자연수에 대하여 소수가 되는 함수도 발견되지 않았다. 가우스는 수론이 타원함수의 연구와 깊이 관련되어 있음을 알았다. 야코비는 처음으로 타원함수를 디오판토스 방정식에 적용하고[24] 페르마가 제기한 모든 자연수는 네 제곱수의 합(0도 포함)으로 나타난다는 정리를 증명하는 데

도 이용했다. 야코비의 연구는 해석적 정수론이 발전하는 데 중요한 역할을 했다.

4 방정식의 풀이와 군

1800년 무렵에도 대수학은 방정식을 푸는 것에 한정되어 있었다. 세월이 더 지나서 대수학은 방정식론의 울타리를 넘어서는데, 이때는 다른 대부분의 수학 분야에서도 그때까지의 이론을 뛰어넘어 발전하기 시작했다.

비에트와 데카르트가 문자 기호 체계를 내놓은 지 두 세기쯤 지난 19세기에 수학계는 수를 나타내려고 사용하던 기호가 수 조작의 범위를 넘어 훨씬 많은 것을 포괄할 수 있음을 알게 되었다. 대수는 특정한 방정식을 푸는 방법을 넘어 풀이 과정 자체의 구조를 파헤치는 쪽으로 나아갔다. 곧, 기호를 이용하여 구조와 형식을 다루는 학문 분야가 되었다. 1900년까지 대수학은 특정한 공리를 만족하는 명확히 정의된 연산을 수반하는 원소의 집합을 연구하는 범위로 확대되었다.

가우스가 〈산술 연구〉에서 보여준 원분방정식을 푸는 방법의 연구는 코시(A. L. Cauchy 1789-1857)가 1815년에 행한 치환의 연구와 함께 오차 이상의 대수방정식을 해결하는 시도에 도움이 되었다. 일반적인 오차방정식의 근을 대수적으로 구할 수 없음을 확실하게 증명한 공로를 아벨(N. H. Abel 1802-1829)에게 돌리는 게 일반적이다. 그는 증명을 1824년에 발표했다. 이어서 갈루아(É. Galois 1812-1832)가 치환군의 개념을 도입하여 어떤 대수방정식을 대수적으로 풀 수 있는지를 1831년에 해결했다. 이로써 대수방정식의 풀이에 관한 논의는 마무리됐다. 갈루아의 이론은 정수론에도 응용되어 쿠머, 디리클레, 데데킨트 등에 의해 대수적 정수론이 형성되었다.

가우스는 일반적인 오차방정식을 근호로 풀 수 없다고 생각했으나 이 문제를 직접 공략하지는 않았다. 그렇더라도 가우스로부터 이것을 해결하는 연구가 시작되었다고 할 수 있다. 그는 정구각형과 같은 정다각형을 자와 컴퍼스로는 작도할 수 없음을 증명했다. 그는 자와 컴퍼스를 이용한 작도 문제를 이차방정식의 풀이로 환원할 수 있다는 생각에 기반을 두고 해석기하학을 이용해 정다각형을 분석했다. 1796년에 가우스는 정17각형을 작도할 수 있음을 증명했는데, 이것은 유클리드 시대 이후 첫 진전이었다. 가우스의 분석은 방정식 $x^{17}-1=0$의 근들이 복소평면 위에서 정17각형의 꼭짓점 좌표가 된다는 사실에 근거하고 있다. 이 방정식에서 근의 하나는 $x=1$이다. 다른 16개는 16차방정식 $x^{16}+x^{15}+\cdots+x+1=0$의 근이다. 정17각형은 그것의 꼭짓점들이 일련의 이차방정식의 근으로 표현됨으로써 작도되는데 16이 2의 거듭제곱 수이어서 작도할 수 있다는 것이었다. 이것은 그리스 방식의 기하를 확장한 것이다. 작도할 수 있는 양의 기약다항식의 차수는 2의 거듭제곱이어야 한다. 한편 $\sqrt[3]{2}$는 삼차방정식 $x^3-2=0$을 만족시키며 이 방정식은 기약다항식이다. 차수 3은 2의 거듭제곱이 아니어서 $\sqrt[3]{2}$은 작도할 수 없다. 이로써 정육면체의 배적 문제에 대한 논의도 마침표를 찍었다.

더 일반적으로 1의 n제곱근에 관한 문제는 복소수에 대한 거부감이 사라지는 18세기 중반쯤에 본격 탐구되기 시작했다. 가우스는 〈산술 연구〉에서 원분방정식 $x^n-1=0$을 푸는 방법과 그것의 근을 정다각형의 작도에 응용하는 것을 다루었다. 그는 이 방정식의 근이 $\cos\dfrac{2\pi k}{n}+i\sin\dfrac{2\pi k}{n}$ $(k=0,\ 1,\ 2,\ \cdots)$인데 이것이 대수적으로 결정될 수 있는지를 밝히고자 했다. $x^n-1=0$은 좌변이 $(x-1)(x^{n-1}+x^{n-2}+\cdots+x+1)$로 인수분해 되므로 $x^{n-1}+x^{n-2}+\cdots+x+1=0$을 푸는 것이 중심에 놓인다. 가우스는 이 방정식을 풀려고 일련의 보조방정식을 세우고 풀었다. 그것들의 차수는 $n-1$의 소인수이고, 계수는 각각 직전 방정식의 근에 의하여 결정된다. 그는 $n-1$보다 작은 소수 차수의 방정식들을 찾고, 그것들의 근이 처음 방정식의 근을 결정하는 것을 보였다. 다음에 그는 n이 소수일 때 방정식 $x^n-1=0$을 그의 방법으로 풀 때 나타나는 보조방정식이 언제나 순수 방정식으로 귀착됨을 개략적으로 증명했다. 그것으로부터 그는 귀납법을 사용하여 이 방정식들을 언제나 근호로 풀 수 있음을 증명했다.[25] 물론 $n-1$이 2의 거듭제곱일 때는 모든 보조방정식은 2차가 되므로 증명할 필요가 없다. 그는 $n-1$이 2의 거듭제곱이 아닐 때는 작도할 수 없음을 언급하기만 했다. 가우스는 정n각형을 작도할 수 있는 정수 n에 관한 필요충분조건을 기술했으나 충분조건인 경우만을 증명했다.

가우스는 원분방정식을 정다각형과 관련지은 연구에서 정수론과 기하학을 연결했다. 1의 거듭제곱근에 들어있는 성질들은 소수, 인수, 나머지를 다루는 수론과 고전 기하학이 가까운 관계를 맺고 있다. 이러한 연구가 바탕이 되어 18세기 후반과 19세기 초반의 정수론은 한 세기 뒤의 추상 대수학으로 이어진다. 힐베르트가 1894년에 가우스 이후의 정수론에서 나온 성과를 종합하여 새로운 체계인 환(環 ring), 체(體 field) 등의 개념을 도입하면서 정수론의 연구에 많은 아이디어를 제공했다. 1895년에는 대수적 정수론의 새로운 기초를 제시했다.

방정식론으로 이어가기 앞서 방정식의 근의 작도 문제를 좀 더 살펴보자. 방첼(P. Wantzel 1814-1848)은 정7, 11, 13, 19, …각형은 작도할 수 없다는 과제를 해결하면서, 가우스의 연구에서 빠진 부분을 1837년에 보완했다. 그는 계수를 작도할 수 있어도 차수가 2의 거듭제곱인 기약대수방정식으로 환원할 수 없으면 곧은 자와 컴퍼스로 해결할 수 없다는 간단한 대수적 판정법을 얻었다. p가 2^n+1 꼴의 소수가 아니면 정p각형을 작도할 수 없다는 것이다. 이로써 그는 각의 삼등분 문제와 정육면체의 배적 문제를 해결할 수 없음을 처음으로 엄밀하게 밝혔다. 두 문제는 방첼의 조건을 만족하지 못하는 삼차방정식이 되기 때문이다. 이로써 방첼은 문제를 어떤 방법으로 해결할 수 있음이 아니라 해결할 수 없음을 보이는 또 하나의 강력한 증명 방법을 제시했다. 갈루아 군을 실질적으로 알고 있었던 그는 1845년에 일부 대수방정식들을 근호로 풀 수 없다는 정리를 새로운 방법으로 증명했다.

모든 오차방정식은 근이 있고, 일반적으로 복소수이다. 만일 공학이나 천문학에서 오차방정식과 관련된 문제에서 수치해만 찾고자 한다면 원하는 만큼의 자릿수까지 근삿값을 얻는 방법은 이미 있었다. 하지만 문제는 근을 구하는 대수 공식이었다. 수많은 도전에도 해결되지 않던 데다가 실용성도 거의 없어 보이는 이 문제에 수학자만이 관심을 보였다.

루피니(1799)에 이어 아벨이 1822년에 일반적인 오차방정식의 근을 거듭제곱근들로 찾았다고 생각했다. 그러나 증명에 결함이 있음을 깨닫고 루피니의 연구를 모르는 상황에서 루피니보다 엄밀하게 오차방정식을 풀 수 없음을 온전하게 증명했다. 1824년에 그 결과를 축약하여 발표했다. 그러고 나서 크렐레(A. L. Crelle 1777-1855)가 창간한 수학 논문만 싣는 최초의 잡지인 〈크렐레의 잡지〉[47] 창간호(1826)에 산술 연산과 거듭제곱근 풀이만 사용해서는 오차 이상의 다항방정식에서 일반적인 공식을 찾을 수 없다는 연구 결과를 자세히 기술했다. 이로써 봄벨리부터 비에트에 이르는 여러 수학자를 혼란에 빠뜨렸던 문제가 해결되었다. 아벨은 불가능성을 증명할 때 라그랑주(1770)와 코시(1815)의 아이디어에서 실마리를 얻었다. 그것은 방정식의 근을 함수의 형태로 쓰고 근을 치환했을 때 그 함수들이 어떻게 변하는지에 대한 것이었다.[26] 1829년에 아벨은 어떤 방정식의 각 근을 다른 근들의 함수로 표현할 수 있으며 이 함수들이 가환이면, 그 방정식을 거듭제곱근만으로 풀

47) 〈순수와 응용 수학 잡지〉(Journal für die reine und angewandte Mathematik)

수 있다는 증명을 내놓았다. 오늘날 가환군을 아벨 군이라고 일컫기도 하는 것은 이 때문이다. 아벨의 증명은 가우스가 〈산술 연구〉에서 사용한 아이디어를 확장한 것이다. 가우스는 특별한 경우인 원분다항식만을 다루었다.

루피니와 아벨은 모두 당시의 수학적 언어로 기술했다. 그러나 특수한 대상을 다루던 그것들은 일반 오차방정식에 근의 공식이 없음을 보이는 데 필요한 사고방식을 제대로 뒷받침해 주지 못했다. 그들의 생각은 당시의 언어를 넘어섬으로써 그 시대의 수학자들에게 받아들여지기 어려웠다.[27] 구조나 과정과 관련된 일반적인 용어로 사고하고 기술했어야 했다. 아벨의 다른 업적으로는 아벨의 적분방정식과 아벨 함수($2n$개의 독립된 주기가 있는 n개의 복소변수를 갖는 함수)로 유도되는 대수함수에 관한 적분의 합에 관한 정리, 무한급수에 관한 수렴 판정법, 멱급수에 관한 정리가 있다.

주어진 차수의 어떤 방정식에 대수적 풀이법이 있는지에 대한 답은 갈루아가 내놓았다. 갈루아는 아벨의 증명에 힘을 얻어 기약인 대수방정식의 근에 대한 대칭군이 가해군이면 그 대수방정식을 근호로 풀 수 있음(역도 성립)을 알아냈다. 그는 이것을 1831년 프랑스 아카데미에 제출한 초고에서 대강 설명했다. 1846년에 리우빌이 갈루아가 발표한 몇 편의 논문과 읽히지 않은 채 방치되어 있던 원고들을 편집해서 자신의 〈수학 잡지〉48)에 실었다. 갈루아가 몇 편의 논문을 출판하기는 했으나, 리우빌의 이러한 노력으로 그의 연구가 효과적으로 알려졌다. 아벨의 연구와 갈루아의 논문에서 군(群 group) 이론의 기초가 그 모습을 실질적으로 온전하게 드러냈다.

갈루아가 쓴 초고의 내용은 다음과 같다. 그는 정다각형을 작도할 수 있는지에 관한 가우스의 결과를 일반화하여 방정식 일반을 풀 수 있는지를 판정하는 조건을 찾았다. 어떤 방정식의 계수는 모두 특정한 수 체계 안의 수이다. 그 방정식이 근호로 풀린다는 것은 임의의 근을 모두 해당 수 체계의 원소에 사칙연산과 거듭제곱근 연산으로 나타낼 수 있다는 것이다. 이를테면 방정식 $x^n = a$가 풀린다면 다음 단계로 $\sqrt[n]{a}$, $r\sqrt[n]{a}$, $r^2\sqrt[n]{a}$, $\cdots$ (여기서 r은 1의 원시n제곱근)로 표현되는 근으로 계수를 나타낼 수 있다. 그는 r과 이것이 첨가된 수 체계의 수로부터 사칙연산으로 만들어지는 임의의 수는 유리적이라고 간주되는 것에 주목했다.[28] 이 방법을 갈루아 이론이라고 하는데, 이는 19세기에 대수학에서 나온 매우 뛰어난 결과의 하나였다.

갈루아는 대수방정식의 근들의 치환을 연구했다. 그런 치환들의 집합에 있는 임의의 두 치환의 곱(합성)이 다시 그 집합의 원소가 되는 특성이 있는 치환의 집합을

48) 〈순수와 응용 수학 잡지〉(Journal de Mathématiques Pures et Appliquées)

대칭군이라 했다. 이 집합은 그 방정식의 근으로 만든 치환을 모두 포함한 군의 부분군이 되어야 한다. 만일 어떤 방정식을 근호로 풀 수 있다면 이것이 그 방정식의 갈루아 군[49)]의 구조에 반영되어야 한다. 이제 주어진 방정식의 갈루아 군을 확인하고 필요한 구조가 있는지를 보면 그 방정식이 근호로 풀리는지를 알 수 있게 된다.

라그랑주는 이미 부분군의 위수는 주어진 군의 위수의 약수이어야 함을 보여주었고, 갈루아는 다항식의 인수분해를 근 사이의 치환의 성질로 옮겨서 그 대응 관계를 살폈다. 갈루아는 방정식의 군의 분해성과 방정식을 풀 수 있는 것 사이의 관계를 발견했다. 가우스는 이미 n이 소수일 때, 다항식 x^n-1의 근은 근호를 사용하여 나타낼 수 있음을 보였다. 이것에 의해 1의 원시n제곱근이 본래의 체에 포함되어 있다면, x^n-a의 근 하나를 첨가하는 것은 모든 근을 첨가하는 것과 같게 된다. 그러므로 만일 G를 방정식의 군이라 하면, 이 첨가에 의하여 군 G에서 지수가 n인 정규부분군 N이 만들어진다[50)]. 갈루아는 이것의 역인, 방정식의 군 G에 지수 n인 정규부분군 N이 있다면 본래의 체(1의 n제곱근이 본래의 체에 속한다고 가정하고)의 원소 a를 찾아 $\sqrt[n]{a}$를 첨가함으로써 방정식의 군을 N으로 환원할 수 있음도 증명했다. 그는 모든 지수가 소수로 될 때까지 정규부분군을 찾을 수 있으면 방정식은 근호로 풀린다고 결론을 내렸다. 갈루아의 연구로 수학은 수와 도형의 울타리에서 벗어나 과정, 변환, 대칭 등의 구조를 다루는 학문이 되었다.

갈루아는 n제곱근(n은 소수)을 취하면 방정식의 대칭군은 똑같은 크기의 각각 다른 n개의 군으로 나뉘어야 한다고 보았다. 여기서 방정식의 근이 근호로 표현되려면 그 군들이 매우 엄격한 조건을 만족시켜야 한다. 특히 그 군들 가운데 하나는 반드시 지수가 n인 정규부분군이어야 한다. 일반적인 오차방정식에는 5개의 근이 있으므로 치환은 $5!=120$개가 존재한다. 갈루아는 이 120개의 치환으로 이루어진 군에 120의 소인수인 2, 3, 5를 지수로 하는 정규부분군이 있는지를 조사하여, 먼저 지수가 3과 5인 정규부분군은 없음을 증명했다. 지수가 2인 정규부분군은 하나가 있는데 그것은 60개의 치환을 포함하는 교대군[51)]이다. 그러므로 일반적인 오차방정식의 군이라면 반드시 교대군에 이르는 제곱근에서 시작되어야 한다. 60의 소인수는 2, 3, 5이다. 이것은 제곱근, 세제곱근, 다섯제곱근을 추가해야 한다는 뜻

49) 체 F의 확대체 K의 자기동형사상 가운데 F의 원소를 고정시키는 자기동형사상 전체의 집합

50) N의 지수란 G의 위수를 N의 위수로 나눈 값, 군 G의 정규부분군 N이란 N이 모든 $g\in G$에 대하여 $gN=Ng$인 G의 부분군

51) 대칭군에서 우치환 전체의 집합

이면서, 교대군이 지수가 2, 3, 5인 정규부분군을 가지는 필요충분조건과 같다. 그는 치환을 분석하여 교대군이 항등원만의 군과 자신 말고는 정규부분군을 갖지 않는다는 사실을 보였다. 교대군은 단순군이다. 그러므로 근호로 표현되는 근의 공식도 존재하지 않게 된다.

갈루아는 수학 문제를 추상화하여 다룰 때 더 잘 파악될 수 있음을 처음으로 온전하게 보였다. 오차방정식을 근호로 풀 수 없다는 그의 증명은 수학과 과학의 발전에 엄청난 영향을 미쳤다. 근을 대수적으로 구할 수 없음을 증명하려고 도입한 방법이 대칭을 수학적으로 이해하는 중요한 수단이 되었고, 이것으로부터 강력한 수학 개념인 군의 개념이 생겼다. 군 이론은 대수, 나아가 수학 전체를 추상적으로 다루도록 이끌었다. 실용을 중시하는 학자들은 처음에 이런 경향을 몹시 걱정했다. 코시와 라그랑주가 순열군을 연구했으며 브라베(A. Bravais 1811-1863)는 1849년에 삼차원 공간의 대칭군을 이용해서 결정의 대칭성을 수학적으로 연구하여 결정체의 구조를 분류했다.[29] 갈루아와 다른 각도에서 군이 이용되고 연구되면서 추상화를 바탕으로 한 연구 방법이 매우 강력한 힘을 발휘하자 반대는 차츰 누그러졌다. 이제 대칭은 수학과 과학에 모두 핵심이 되었다.

에르미트는 이차형식의 불변량에 관심을 두었고 자신의 연구를 다항식의 근의 위치를 찾는 문제에 적용했다.[30] 이어서 타원함수 이론에서 야코비의 결과를 확장한 그는 1858년에 일반 오차방정식은 계수에 제곱근이나 세제곱근 말고는 무리수를 포함하지 않는 미지수 x에 관한 치환에 의해 $x^5-x-a=0$ 같은 꼴로 변형될 수 있음을 보였다. 이 방정식을 풀 수 있다면 일반 오차방정식도 풀 수 있게 된다. 그는 이것을 타원모듈러함수를 사용하여 다루면서 대수학과 해석학의 새로운 분야를 개척했다.[31] 이를 바탕으로 일반 n차방정식을 유한한 형식으로 풀 수 있는 함수를 찾고 연구했다. 1880년에 푸앵카레가 타원함수를 확장하여 보형함수를 만들어 이 문제를 온전히 해결했다.

5 군과 체, 환

1850년대를 지나면서 수의 조작을 표현하는 수식이 과정의 기호 표현으로 여겨지던 대수에서 벗어나 수식과 변환은 그 자체로 의미를 지니게 되었다. 대수의 대상은 훨씬 추상화, 일반화되었다. 이런 변화에 군의 발견이 가장 커다란 영향을 끼쳤다. 군은 19세기 초에 발전한 수론과 근호에 의한 방정식의 가해성을 연구하는 과정에서 나왔다. 일반 오차방정식에 관한 아벨의 연구 뒤에 바로 갈루아가 대수방정식과 근의 치환이 이루는 군의 관계를 대략 보였다. 갈루아의 연구는 잠시 완전히 이해되지 않았고 1846년에 그의 논문들이 발간되고 나서도 한동안 군론은 치환에 관한 이론이었다. 1854년 케일리(A. Cayley 1821-1895)가 추상군의 가장 초기의 정의를 제시하면서 군론이 시작되었다고 할 수 있다. 군론은 1870년대 후반에 케일리, 다이크(W. von Dyck 1856-1934), 베버(H. M. Weber 1842-1913)의 연구에서 비로소 충분히 다루어졌다. 군뿐만 아니라 체, 환, 벡터공간, 행렬 등의 현대적 개념들이 19세기 중반에 발견되었고 그 모습을 갖추었다. 체의 경우는 대수방정식의 근으로 정해진 수의 연구로부터 크로네커와 데데킨트가 수체(number field)를 정의하고, 곧이어 베버가 추상적으로 정의했다.

군의 정의를 살펴보면 우리가 일상에서 다루는 연산의 몇 가지 성질을 모아놓은 것이다. 어떤 집합 G가 어떤 연산에 관하여 군이라는 것은 G의 원소들에 그 연산을 시행한 결과가 G에 속해야 하고(닫힘), G의 모든 원소에 해당 연산에 대한 결합법칙이 성립하고, 항등원이 존재해야 하며, G의 각 원소의 역원이 존재하면 된다. 이 네 요건을 갖추면 군이라는 새로운 질을 갖는 수학적 대상이 만들어진다. 네 가지를 하나하나 떼어 군과 견주면 무척 무력해진다. 그렇지만 넷이 하나의 틀 안에서 통일되면 질적 전화가 일어난다. 군의 개념은 16세기 이래로 커다란 과제였던, 방정식에 근의 공식이 있는지를 판정해 주었다. 나아가 대칭을 바탕으로 대상의 성질을 파악할 뿐 아니라 높은 추상성으로 인해 여러 구체적인 것들을 아우를 수 있게 해주었다. 군은 발견되고 나서 반세기가 지나서야 대칭을 연구하는 데 알맞은 체계임이 밝혀졌다. 새로운 방법이 잇따라 나오면서 대칭은 과학 전반에서 폭넓게 응용되는 중요한 개념이 되었다. 군은 단순해서 오히려 응용의 폭이 넓고, 따라서 체보다 더 어렵다. 19세기 말과 20세기 초의 많은 수학자는 중요한 수학적 주제는 군과 깊이 관련되어 있다고 생각했다. F. 클라인(F. Klein 1849-1925)은 본래 이산집합과 관련이 있던 군의 개념 안에서 이산과 연속의 통일을 생각했다.

갈루아는 근의 공식과 관련해서 실질적으로 처음 군을 연구하기 시작했으며 군이라는 말도 이때 처음 사용했다. 그는 방정식의 실근이 존재하지 않을 때 $x^2+1=0$의 근 i를 끌어들인 것처럼, 근을 첨가하면 어떠한 일이 일어나는지를 고찰했다. 그는 방정식에서 근들의 형태가 계수체와 근체의 관계에 달려 있음을 발견했다. 1830년에 그는 이 관계를 군(당시는 치환)의 언어들로 표현할 수 있음을 알았다. 근체 안의 치환들에는 계수체를 변화시키지 않는 부분집합이 있다. 이 부분집합은 군(갈루아 군)을 이루는데, 방정식의 가해성은 이 군의 구조에 달려 있다. 그의 연구는 방정식론에서 기본이 되는 군이라는 추상 개념을 만들었고 해석학의 산술화와 비슷하게 대수학에 산술적 접근법을 도입했다. 이 연구는 여러 수체에서 대수적 구조를 신중하게 공리적으로 다루게 했다. 그 덕분에 대수학은 수식을 다른 형태로 변화시키는 방법에 지나지 않던 도구에서 벗어나 그 자체로서 지식의 근간이 됐다. 그 중심에 놓인 군은 코시와 후계자들에 의하여 치환군의 특별한 형태로 연구됐다.

코시는 1840년대 중반에 루피니와 라그랑주의 연구 결과를 바탕으로 치환의 개념을 실질적으로 연구했다. 그는 대수학 공식에 있는 몇 가지 연산과 그것들의 결합 법칙을 찾고 추려내어 군을 구성했다. 이로써 그는 치환군을 독립된 연구 대상으로 확립한 한 사람이 되었다. 치환을 사상으로 생각하고 그 성질에 주목한 코시는 치환의 표기, 곱, 거듭제곱과 항등치환, 차수, 순환치환, 역치환, 부분군, 위수 등의 개념을 다루었다. 그가 다듬은 치환군은 나중에 유한군으로 발전한다.

코시의 연구에 많은 영향을 받은 케일리는 치환군의 개념을 일반화했다. 특히 케일리는 1854년에 치환군의 생각을 수 집합 위의 연산, 곧 사상으로 확장하여 유한 집합 위의 치환으로 이루어진 군의 일반적인 정의를 구성했다. 그는 사상들의 집합을 생각하고 그것이 군이 될 조건을 제시했다.[32] (1) 모든 원소를 불변인 채로 유지하는 사상이 있어야 한다. 이것을 1이라는 기호로 나타냈다. (2) 두 원소를 어떤 순서로 합성(곱)한 결과는 그 집합에 들어있어야 하고, 어느 원소 하나를 집합 전체에 곱하면 군 전체가 만들어져야 한다. (3) 합성은 결합 법칙을 만족해야 하지만 교환 법칙을 반드시 만족하지 않아도 된다. (4) 모든 원소에는 역원이 있어야 한다. 그는 이 군의 원소가 n개일 때는 각 원소 a를 n번 합성한 결과는 $1(a^n=1)$이 된다고 했다. 그리고 n이 소수이면 그 군은 필연적으로 1, a, a^2, $\cdots$, a^{n-1}이라는 원소로 이루어짐을 보였다. n이 소수가 아니라면 다른 가능성이 있다. 그가 생각한 군의 예로는 사원수집합, 곱셈이 주어진 행렬집합이 있다. 두 개념은 새로운 것인데다가 군의 개념으로 설명할 수 있는 수학 체계가 아직 매우 적었기 때문에 그의 추상군 개념은 바로 받아들여지지 않았다.

데데킨트는 대수학과 정수론에서 군 개념이 근본적으로 중요함을 가장 일찍 인정한 사람의 하나였다. 1850년대 후반까지 유한군을 보통 치환으로 다루었는데,

이와 달리 그는 군을 공리계로 정의하고 군의 속성을 그 공리계로부터 끌어내고자 했다. 이로써 추상과 일반화를 지향하는 현대적인 경향을 띠게 되었다.

갈루아의 아이디어가 리우빌 덕분에 체계를 갖추고 나서 조르당(C. Jordan 1838-1922)이 군 이론을 형성하는 데 많이 이바지했다. 브라베의 영향을 받은 그는 1867년에 유클리드 공간에서 강체 운동의 기본 유형을 분류하여 군과 대칭의 관계가 기하학으로 훨씬 쉽게 이해된다는 점을 보였다.[33] 그는 도형의 회전이나 반사를 군의 개념을 이용해 조합할 수 있음을 보여주었다. 이를 통해 그는 군을 방정식의 근을 근호로 나타낼 수 있는지 알아내는 도구가 아닌 독립된 분야로 발전시켰다. 그의 관점에서 정삼각형의 대칭을 보자. 삼각형의 귀퉁이에 일반적인 삼차방정식의 근에 대응하는 기호 a, b, c를 적는다. 정삼각형의 대칭은 이 기호들의 자리를 바꾼 것이다. 이때 6가지 대칭은 6가지 치환에 대응한다. 두 대칭의 곱은 각각에 대응하는 두 치환의 곱에 대응한다. 그런데 평면에서 대칭인 회전과 반사는 모두 선형변환이다. 그러므로 이때 치환군은 선형변환들의 군으로 해석된다. 이러한 생각은 수학과 물리학에서 중요한 결론들을 끌어냈다. 조르당은 1870년에 갈루아의 몇 가지 결과를 군 이론을 바탕으로 정리하면서 대수방정식의 가해성과 관련된 군 이론을 체계적, 종합적으로 발전시켰다. 그는 근호로 풀리는 방정식에 속하는 군을 가해군이라 정의했다. 갈루아의 연구를 분명하게 해석해 낸 조르당의 연구로 치환군의 이론이 방정식의 가해성과 밀접하게 관련되어 있음이 분명해졌다.

가우스는 이차형식과 잉여류의 거듭제곱을 다루는 방식이 비슷함을 알았으나 군론으로 나아가지 못했다. 1840년대 중반에 쿠머는 이상수 사이의 동치를 바탕으로 이상수를 류(class)로 나누었는데, 이것은 가우스의 이차형식의 류가 지닌 성질과 매우 비슷했다. 이러한 유사성으로부터 추상군의 이론을 세운 사람은 쿠머의 학생인 크로네커였다. 그는 1870년에 이차형식과 이상수에 관한 연구를 깊이 살펴보고서 (유한인) 가환군에 해당하는 공리들을 처음으로 정하고 군의 기본 정리를 전개했다. 그는 그 체계에 이름을 붙이지 않았고, 갈루아 이론으로부터 나온 치환군의 관점으로 해석하지도 않았다.[34] 케일리는 1878년에 발표한 논문에서 1854년의 정의와 결과를 다시 쓰고, 군은 기호를 결합하는 법칙으로 정의된다고 했다. 그는 군론에서 여러 문제는 군을 추상적으로 고찰해야 제대로 공략할 수 있음을 알고 있었다.

1878년 이후 상황은 빠르게 진척되어 크로네커와 케일리의 정의를 엮으면 하나의 추상군 개념으로 될 수 있음이 받아들여졌다. 1882년에 군의 개념을 완전히 공리화할 수 있음을 보여주는 두 편의 논문, 다이크가 군을 직접 다룬 것과 베버의 이차형식에 관한 것이 나왔다.[35] 다이크는 결합성과 역원의 성질을 제시하기는 했으나 군을 정의하는 성질로 삼지 않고, 생성원과 기본 관계를 이용하여 군을 구성하는 방법을 보였다. 그는 유한개의 조작(원소)으로 시작하는데, 이 원소들과 그 역원의 거듭제곱으로 만들 수 있는 모든 곱을 생각함으로써 가장 일반적인 군을 구성했다. 이 군은 오늘날의 군의 공리를 만족한다. 베버는 처음으로 원소의 성질을 언급하지 않고 지금처럼 유한군을 공리로만 구성했다. 그는 크로네커가 제시한 유한인 가환군에 담긴 불필요한 제한 조건을 제거했다. 그는 n개의 원소 θ_1, θ_2, $\cdots$, θ_n으로 이루어진 계 G가 다음 조건을 만족할 때 G를 위수 n인 군이라 했다. (1) 그 계에 속하는 임의의 두 원소로부터 합성(곱)이라는 규칙으로 같은 계에 속하는 새로운 원소를 얻는다. 기호로는 $\theta_r\theta_s=\theta_t\in G$이다. (2) $(\theta_r\theta_s)\theta_t=\theta_r(\theta_s\theta_t)=\theta_r\theta_s\theta_t$는 언제나 참이다. (3) $\theta\theta_r=\theta\theta_s$ 또는 $\theta_r\theta=\theta_s\theta$이면 $\theta_r=\theta_s$이다. 이는 근본적으로 현대적인 군의 정의와 같다. 군 개념이 더욱 알려짐에 따라 여러 공준 모음이 나타났다. 새로운 정의에는 (3)과 달리 항등원과 역원의 존재가 직접 제시된다. 베버는 1893년에 무한군까지 포함한 군의 정의를 발표했다. 그는 군의 동형 개념을 정의하고 나서 이것을 바탕으로 군을 추상적으로 다루는 근거를 분명히 했다.[36] 또한 그는 군의 예로 유한집합의 치환으로 이루어진 군, m을 법으로 하는 잉여류로 이루어진 덧셈군, m과 서로소이면서 m을 법으로 하는 잉여류로 이루어진 곱셈군, 평면 위의 벡터로 구성되는 가군, 가우스의 합성 법칙에 따라 주어진 판별식을 갖는 이변수 이차형식의 류가 이루는 군을 제시했다.

수학자들은 군과 함께 환, 체라고 하는 구조를 비롯해 여러 대수를 연구하기 시작했다. 이런 관점의 확대는 편미분방정식, 역학, 기하학에서 비롯되었다. 특히 리 군과 리 대수 때문이었다.[37] 리(S. Lie 1842-1899)는 1873년에 대수방정식에 대한 갈루아 이론에 대응하는 이론이 미분방정식에도 있는지, 미분방정식의 근을 찾을 수 있는지를 연구하던 중에 근 공간의 변환에 의해 구성되는 연속 변환군, 곧 리 군을 전개했다.[38] 리는 특정 미분방정식의 근이 하나 주어진 경우, 그 근에 특정한 군으로부터 나온 변환을 적용하면 그 결과도 근이 됨을 증명했다. 하나의 근으로부터 많은 근을 얻을 수 있었고, 이러한 근들은 모두 군으로 연결되었다. 곧, 그 군은 해당 미분방정식의 대칭으로 구성되었다.[39] 이로써 리 군은 자연의 여러 대칭성을 설명하는 개념이 되었다. 이를테면 역학에서는 많은 계가 대칭을 이루는데, 이 덕분에 여기서 나오는 미분방정식에 리 군을 적용하여 근을 찾을 수 있게 되었다.

이리하여 리 군과 리 대수는 수학 및 수리물리학의 많은 분야에서 중요한 역할을 하고 있다.

군은 한 가지 연산에 대하여 닫힘성, 결합 법칙, 항등원, 역원에 관한 네 공리로 정의된다. 연산의 교환 법칙이 성립하면 가환군이다. 군은 정의가 단순해서 역설적으로 복잡한 내적 구조를 가지는데, 여기서 정규부분군이 핵심 역할을 한다. 한 가지 연산만으로 정의되는 군과 달리 체는 덧셈과 곱셈의 두 가지 연산으로 정의된다. 체에서는 덧셈, 곱셈과 함께 뺄셈, 나눗셈이 정의되고 통상적인 모든 대수 법칙이 성립한다. 정의의 이런 복잡함 때문에 체는 일반적인 수와 더 강하게 결부된다. 역설적이게도 이런 복잡성이 응용의 폭을 넓혀주는 데는 오히려 장애가 된다. 환은 군보다 복잡하지만 체보다는 단순하다. 환에서는 덧셈, 뺄셈, 곱셈 연산이 정의되며 곱셈의 교환 법칙을 제외한 통상적인 모든 대수 법칙이 성립한다. 곱셈의 교환 법칙이 성립하면 가환환이다. 따라서 환은 응용 범위가 군보다 좁지만 수를 주로 다루는 체에 견줘 훨씬 넓다. 환도 군과 비슷한 내적 구조를 가지는데, 여기서 아이디얼이 핵심 역할을 한다. 환은 현대 대수기하학에서 중심에 놓여 있다.

데데킨트는 가우스 정수를 대수적 정수로 일반화했다. 이 체계는 곱셈의 역원이 존재하지 않으므로 체를 이루지 못하지만 수체의 다른 조건은 만족한다. 대수적 정수의 체계는 정역을 이룬다. 정수가 일반화되면서 소인수분해는 유일하지 않게 되었다. 데데킨트는 이런 새로운 정수의 대체물을 만들고 그것으로 소인수분해의 유일성을 되살리고자 아이디얼이라는 개념을 만들었다. 통상적인 소수에 해당하는 아이디얼이 소(prime)아이디얼이다. 아이디얼 이론에서 모든 아이디얼은 소아이디얼의 곱으로 유일하게 표현된다.

체의 역사는 군의 그것보다 간단하다. 체의 개념은 1830년 무렵의 갈루아의 연구에서 시사되었다. 그는 실질적으로 유한체를 다루고 있다. 이것을 갈루아 체라고도 한다. 이를테면 소수를 법으로 하는 정수의 체가 있다. 그는 모든 소수의 거듭제곱 p^n에 대하여 p를 법으로 하는 기약인 n차 합동식을 찾을 수 있고, 그 근의 하나가 위수 p^n의 갈루아 체를 만듦을 보였다.

체는 군보다 일상에서 흔히 보게 된다. 수 체계에서 가장 작은 체는 모든 체에 포함되는 유리수체이고 가장 큰 것은 모든 체를 포함하는 복소수체이다. 유리수 전체의 집합인 유리수체는 대수적 구조를 강조하고자 할 때 다룬다. 원소에는 크기에 따른 순서가 있다. 실수체는 원소에 크기의 순서가 있으며 대수적 수와 초월수라는 무리수가 존재하기 때문에 완비성이라는 성질이 더 있다. 복소수체는 새로운 종류의 수인 -1의 제곱근을 끌어들임으로써 실수를 확장한 체계이다. 복소수는 완비된 체계이지만 음수의 제곱근이 쓰임으로써 단일한 순서에 의해 정렬되지 않고 이차원 평면 위에 놓인다. 모든 체는 나눗셈대수(division algebra)이다. 곱셈의 교환 법칙이 나눗셈대수가 요구하는 성질은 아니지만 있어도 문제가 되지 않는다. 그러나 나눗셈대수가 체는 아니다. 해밀턴이 발견한 사원수 체계가 그러한데 여기서는 곱셈의 교환 법칙이 성립하지 않는다.

유리수체, 실수체, 복소수체 말고도 확대체라는 것을 구성할 수도 있다. 이 확대체는 유리수체를 포함하고 복소수체에 포함된다. 대개 확대체는 유리수체에 유리수가 아닌 원소를 첨가하여 만들어진다. 이렇게 첨가하는 까닭은 특정 방정식을 풀기 위해서이다. 이처럼 어떤 체를 확장하면 이전에는 근이 없던 방정식도 다룰 수 있다. 또 하나 중요한 점은 이 확대체가 유리수체 위에서 벡터공간을 이룬다는 사실이다. 실제로 크로네커가 1850년대에 이미 무리수가 존재하고 있는지에 관계없이 유리수체와 주어진 방정식의 근으로 생성된 확대체를 구성하여 그 개념을 더욱 명확히 하고자 했다. 그는 x가 체 K 위에서 초월적일 때 K에 x를 첨가하여 얻은 체 $K(x)$, 곧 K와 x를 모두 포함하는 최소의 체는 K의 원소를 계수로 하는 일변수 유리함수의 집합 $K(x)$와 동형이 됨을 알아냈다.

데데킨트는 1850년부터 원소를 첨가해 가는 과정보다 원소의 모임 자체에 관심을 두었다. 그는 1871년에 실수 또는 복소수 α의 계(系) A는 이 α들의 임의의 두 수의 합, 차, 곱, 몫이 A에 속할 때 체가 된다고 했다.[40] 이때 체는 0이 아닌 수를 포함해야 하고 0은 분모가 될 수 없다고 했다. 크로네커와 데데킨트의 어느 쪽에서나 모든 체는 유리수체를 포함하고 있으나 데데킨트는 크로네커와 달리 대수적인 원소를 체에 부가하는 것이 언제나 복소수체 안에서 이루어진다. 실제로 복소수를 원소로 하는 임의의 집합 S가 주어졌을 때 데데킨트는 체 $Q(S)$를 S의 모든 원소를 포함하는 최소의 체라고 정의했다. 이 수체는 덧셈과 곱셈에 대해서 가환군을 이루며 덧셈에 대한 곱셈의 분배 법칙이 성립하는 수의 집합이다. 물론 0의 역원은 제외한다. 이러한 체의 개념은 아벨과 갈루아의 연구에 사실상 들어있지만 수체를 처음으로 명확히 정의한 것은 1879년 데데킨트의 기술일 것이다.

6 논리 대수

수학의 여러 분야에서 쓰이는 정의, 공리들은 물질세계를 올바르게 파악하기 위한 것이다. 물질세계에 적용할 수 있음이 보장된 정의와 공리의 모음이 하나만 있는 것은 아니다. 물리 현상의 연구가 더욱 진전되면 새로 밝혀진 사실을 반영하여 이전보다 정확하게 표현하기 위한 새로운 정의와 공리 모음이 필요하게 된다. 수학의 이론은 이러한 모음과 이것을 바탕으로 정리를 만드는 규칙을 구성하는 논리가 상호작용하여 만들어진 결과이다.

고대 그리스인이 형식논리를 발전시키고 아리스토텔레스가 체계화했으나, 이때는 모두 일상 언어와 보통의 구문론 규칙을 사용했다. 중세 시대의 스콜라 철학의 논리학은 일상 언어로부터 어느 정도 추상은 되었으나 특정한 구문론의 규칙과 의미론적 기능이 있었다. 오늘날의 수학자는 논리를 과학적으로 다루기 위해서 기호 언어를 도입했다. 기호 언어에서 말과 기호는 한정된 의미론적 기능만 있다. 따라서 해석이 필요 없던 중세 때까지와 달리 현대에는 기호 언어로 순수하게 형식적으로 체계를 세웠기 때문에 일상 언어로 해석해야 한다.

19세기 초에 대수학은 단순히 산술을 기호로 나타낸 것으로 여겨졌다. 특수한 수를 계산하지 않고 이 수들을 문자로 대신 계산했다. 자연수를 문자로 나타낸 덧셈, 곱셈의 교환 법칙과 결합 법칙, 덧셈에 대한 곱셈의 배분 법칙은 언제나 성립하는 명제이다. 이 다섯 가지를 기호로 쓰고 이항 연산을 적당히 정의하면 자연수가 아닌 다른 수 집합에도 적용되리라 생각할 수 있다. 실제로 문자가 모든 종류의 수를 나타내고, 직관적으로 받아들여지는 자연수처럼 계산되었다. 그러나 유리수, 실수, 복소수의 성질이 논리적으로 확립되지 않았기 때문에 문자를 이처럼 사용하는 것은 정당화될 수 없었다. 이를 극복하고자 1830년대부터 문자나 기호를 사용한 연산의 정당성을 확보하는 문제가 다루어졌다. 수학이 발전하면서 기호의 의미보다 그런 기호를 조작하는 규칙이 더 중요해졌다.

17세기에 들어서 대수 기호의 체계를 사용하여 수량에 관한 추론을 진척시키고 논리적 방법의 정밀성을 높이려는 노력이 있었다. 데카르트나 라이프니츠는 대수의 유용함에 영향을 받아 모든 분야의 추론을 포괄하는 대수를 고안하고자 했다. 둘은 윤리학, 정치학, 경제학, 철학의 개념들도 수와 비슷해질 것이며 이런 개념들 사이의 관계는 산술 연산과 비슷해지리라고 생각했다.[41] 그들은 이런 대수를 보편 수학이라 하여 추구했으나 성공하지 못했다. 1830년 무렵에 피코크(G. Peacock 1791-1858)는 기호에 의한 연산 법칙을 다루는 논리 대수를 구상하면서 기호가 반드시 수를 나타낼 필요가 없음을 시사했다. 1850년 무렵에 더 나은 성과를 드모르간(A. de Morgan 1806-1871)과 불이 내놓았다. 드모르간은 논리를 수치화함으로써 더 타당한 삼단논법을 도입했다. 또한 관계의 논리학을 시작하면서 연산 기호를 어떤 것으로 해석해도 됨을 보였다. 불은 논리학에서 연구하는 추론 과정이 집합 대수와 똑같은 논리 대수로 형식화되고 실행됨을 보였다. 드모르간과 불의 노력으로 기호 논리학이 수학의 한 분야가 되었다.

기호 조작과 수학적 진리에 관심을 기울이는 새로운 움직임을 피코크가 주도했다. 그는 1830년에 대수학의 대상을 기호로 생각한다는 새로운 방식을 도입하면서 대수학에서 형식주의적 접근을 이끌었다. 그의 관심은 18세기 말에 제기된 음수와 허수의 의미에 대한 물음까지 거슬러 올라간다. 정수나 분수에 적용되는 것과 똑같은 연산 법칙을 따르고 유용함에서나 직관 면에서도 문제가 없는 무리수는 논리적 기초가 없더라도 인정할 수 있었다. 문제는 직관적으로 받아들일 수 없던 음수와 허수였다. 그것들이 몇 가지 물리적인 맥락에서 유추되기는 했으나 그것들의 의미가 명확히 규명되지 않고 있었다. 물론 두 수는 당시에는 자유로이 사용되었고, 모든 부류의 수학적인 결과를 얻는 데 필요했으나 19세기에도 거부되고는 했다. 이를테면 카르노는 1813년에도 음수는 계산에 쓸모 있는 허구적인 존재로서 대수학에 쓰일 수는 있으나, 양(量)은 아니기 때문에 오류를 일으킬 수가 있다고 했다.[42] 그러나 방정식의 풀이에서 보여주는 음수와 허수의 가치를 생각하면 이것들을 제쳐놓을 수는 없었다.

피코크는 기호 하나하나에 의미를 부여하는 것에서 벗어나 그런 기호로 수행하는 연산의 법칙에 관심을 두었다. 그는 산술 대수와 논리 대수를 구분하고 대수학을 산술의 기반으로부터 해방하면서 음수와 허수를 구제하고자 했다.[43] 산술 대수에서는 음이 아닌 실수에 관한 통상적인 연산을 수가 아니라 문자와 기호를 사용하여 전개한다. 이를테면 $c < b$이면서 $b-c < a$라는 조건이 성립할 때만 $a-(b-c) = a+c-b$라고 쓸 수 있다. 그러나 논리 대수에서 기호는 그런 조건의 제약을 받지 않고 어떤 특정한 해석과 독립이어서, 음수와 허수를 나타낼 수도 있다. 나아가 그는 문자가 어떤 수를 나타내야 한다는 생각도 버렸다. 그것들은 수를 나타내는 것도 아니고 특정하게 해석될 필요도 없다. 그는 논리 대수의 연산을 산술 대수의

연산으로 제한했으나 적용되는 범위를 제한하지는 않았다. 형식불역의 원리에 입각해서 위의 등식을 논리 대수에서는 언제나 성립하는 것으로 확장했다. 이 사실은 대수에서 중요한 것의 하나로, 적용 가능성의 근거이다. 대수학이 그 자체로서 추상 체계라는 이러한 인식 덕분에, 현대적인 형태로 발전할 수 있었다.

피코크가 추상 대수학의 방향으로 나아갔더라도 전통적인 산술의 법칙에서 벗어나, 연산 법칙을 구성하는 데까지 나아가지 못함으로써 논리 대수가 지닌 유용성을 구현하지 못했다. 그는 기호만 일반화했기 때문에, 이를테면 곱셈의 교환 법칙이 성립하지 않는 대수 체계를 구성하지 못했다. 그렇지만 논리 대수의 결과는 약속만으로 존재할 수 있을지도 모른다는 피코크의 언급은 대수학 전체에 새로운 의미가 부여되기 시작했음을 보여주었다.[44] 덕분에 대수학의 논리적 기초가 중요한 수학적 관심사로 되었다.

비형식적이고 말로 표현된 아리스토텔레스의 원리에 따라 추론하던 상황에서 온전하게 벗어나는 혁신은 피코크의 영향을 받은 드모르간이 이루었다. 그는 1847년에 논리는 일반적인 관계를 다루어야 한다고 생각하고서 논리학을 철저히 구명하고 표기법을 개선했다. 그는 산술 법칙이 아니라 임의의 기호에서 시작하여 이 기호들이 작용하는 법칙의 모음을 만들어 새로운 대수 체계를 세울 수 있다고 생각했다. 그러고 나서 이 법칙들에 해석을 주는 것이었다. 그는 참된 수학은 실질적인 내용을 가져야 한다고 믿었으므로, 해석하는 것이 체계의 공리적인 구조를 설명하는 것보다 훨씬 중요했다. 그에게 수학적인 체계에 의미를 주는 것은 해석뿐인데 그 해석은 공리로 세워진 논리적인 틀 바깥에 있었다.[45] 드모르간은 자신의 기호가 새로운 대수의 공리를 만들 수 있고 또 기호는 양과 크기가 아닌 것도 나타낼 수 있음을 알았다. 그는 불처럼 수학을 기초 연산의 집합에 종속되는 기호의 추상 연구로 여겼다. 그렇지만 그도 피코크처럼 대수학에서 통용되는 기본 법칙은 모든 대수 체계에 적용된다고 생각했다. 해밀턴이 발견한 사원수가 그의 생각이 잘못되었음을 보여주었다.

집합론에서 드모르간은 쌍대성을 다루었는데 이른바 드모르간의 법칙이 한 예이다. 집합 기호로는

$$(A \cup B)^c = A^c \cap B^c, \ (A \cap B)^c = A^c \cup B^c$$

이다. 논리 기호로는

$$1-(x+y)=(1-x)(1-y), \ 1-xy=(1-x)+(1-y)$$

이다. 이것은 드모르간의 표현을 따른다면 합의 부정은 부정의 곱('x이거나 y이다'의 부정은 'x도 아니고 y도 아니다')이고, 곱의 부정은 부정의 합('x이고 y이다'의 부정은 'x가 아니거나 y가 아니다')이라는 것이다.

19세기 중반 수학자들은 대수학의 방법이 일반 산술이 아닌 영역에도 적용될 수 있음을 깨닫기 시작했다. 해밀턴은 사원수 대수, 케일리는 행렬 대수라는 새로운 대수를 전개하고 있었다. 해밀턴이 사원수 대수를 공표하자 새로운 체계들이 빠르게 등장했다. 드모르간의 기호 논리학에 영향을 받은 불은 덧셈과 곱셈이 모두 가환이지만 전통 대수학과 전혀 다른 체계를 전개했다. 그는 이 체계를 논리 대수라고 했는데 일반적인 기호는 집합이나 명제로 해석할 수 있었다.

불은 연산과 연산의 대상을 분리하여 연산 자체를 연구했다. 그는 수학 연산도 일종의 논리 대수를 따른다는 것을 발견했다. 그에게는 기호들이 따르는 법칙이 중요했다. 대수학은 수만이 아닌 임의의 대상을 나타내는 기호와 연산의 학문이었다. 그는 논리학의 추론 과정을 대수학에서 공식화하고 시행할 수 있음을 보이고자 했다. 추론의 법칙을 기호로 나타내어 추론의 논리적 방법을 정교화함으로써 논리를 정확하고 빠르게 적용할 수 있다고 생각했다. 그의 발상은 기호 논리학의 바탕이 됐다. 불에게 수학의 본질적인 특성은 내용보다 형식에 있었다. 수학은 더 이상 수와 양의 문제만을 다루는 데에 한정되지 않고, 정확한 연산 규칙에 따르는 기호와 내적인 무모순성을 갖춘 법칙으로 이루어지는 연구였다.

언어의 기호화가 논리학을 엄밀하게 만든다고 생각한 불은 논리 대수에서 혁신적인 기호 체계를 마련했다. 그는 1847년에 수학을 양 또는 수의 과학으로 생각하는 당시의 인식에 반대하는 생각을 제시했다. 1854년에는 형식논리와 이른바 불 대수라는 집합의 대수를 확립했다.

뇌가 정보를 어떻게 처리하는지를 알고 싶어 했던[46] 불은 정신 작용의 기본 법칙을 계산이라는 기호 언어로 표현하면서 그 위에 논리학을 구축했다. 그는 대수 기호를 사용하는 수준을 넘어 대수 구조도 사용해서 논리학을 연구했다. 그는 명제가 집합을 다룬다고 여기고, 원소가 아닌 집합 자체에 주목하여 집합의 산술을 개발했다. 전체집합은 1로 나타냈고 공집합은 0으로 나타냈다. 두 집합 x와 y의 교집합은 $x \times y (= xy)$, 합집합은 $x+y$, x의 여집합은 $1-x$로 나타냈다. 이 새로운 집합 산술에 다음 성질이 있음을 알아냈다.

$$x+y=y+x, \quad xy=yx, \quad x+(y+z)=(x+y)+z, \quad x(yz)=(xy)z,$$

$$x(y+z)=xy+xz, \quad x+0=x, \quad 1x=x, \quad x+x=x, \quad xx=x.$$

이 새로운 대수학은 $x+x=x$와 $x \cdot x=x$에서 보듯이 통상의 대수학과 본질에서 다르다. 보통의 대수학에 없는 또 하나의 법칙인 $x \cdot (1-x)=0$은 한 대상에 어떤 성질이 있으면서 동시에 그 성질이 없을 수는 없음을 보여준다. 또한 $zx=zy(z \neq 0)$이어도 $x=y$라고 할 수 없고, $xy=0$이어도 $x=0$이거나 $y=0$이라는 것도 반드시 참이 아니다. 이 등식들을 만족하는 집합과 여기에 적용되는 곱셈과 덧셈을 불 대수라고 한다. 이제 논리 문제를 형식적인 계산 과정으로 해결할 수 있게 되었다. 불 대수의 기호는 조금 바뀌어서 합집합, 교집합, 공집합은 각각 ∪, ∩, ϕ가 되었으나 불이 확립했던 기본 원리는 지금도 그대로이다.

불은 여기서 더 나아가 집합 산술을 명제 산술로 해석했다. 이를테면 x와 y가 명제이면 xy는 x와 y가를 모두 옳고, $x+y$는 x나 y 가운데 적어도 하나는 옳다는 명제이다. $x=1$은 x가 참, $x=0$은 x가 거짓이라는 뜻이다. $1-x$는 x의 부정이다. 그는 명제 산술에서 더 이상 나아가지 않았다. 불의 논리 대수는 본질적으로 단순하며 추상적이어서 많은 통찰력을 주고 있다. 불 대수의 중요성은 1939년에 섀넌(C. Shannon 1916-2001)이 디지털 스위치 회로를 나타내는 데 적합한 언어임을 밝혔을 때 분명해졌다.[47] 현대의 디지털 통신은 섀넌의 이론에 바탕을 두고 있다.

C. S. 퍼스가 명제와 명제함수를 구분하고 추론을 명제함수까지 확장하여 불의 연구를 더욱 발전시켰다. '7은 0보다 크다'라는 명제와 달리 'x는 0보다 크다'처럼 변수가 있는 것을 명제함수라 한다. 명제는 그 자체로 참이거나 거짓이지만, 명제함수는 변수의 값에 따라 참이나 거짓이 결정된다. 또한 그는 한정기호(전칭기호 ∀과 존재기호 ∃)를 도입했다. 그는 순수하게 가설적이고, 조건 명제만 산출하는 수학과 달리 논리학은 단언적이라 하여 수학과 논리학은 같지 않다고 했다.[48] 이 견해는 20세기 전반에 논의를 불러일으켰다. 퍼스는 드모르간과 독립으로 논리의 쌍대 원리의 하나인 드모르간의 법칙을 발견하여 수리논리학을 풍부하게 했다. 그리고 보통의 실수, 복소수, 사원수 대수에서만 나눗셈이 유일하게 정의됨을 증명했다.

기하학에서는 몇 개의 공리로부터 많은 명제가 나온다. 현대 논리의 특질을 처음으로 다룬 프레게가 논리학에서 이런 일을 했다. 그는 1879년의 〈개념 표기법〉(Begriffsschrift und Andere Aufsälze)을 비롯하여 1884, 1893년의 연구에서 수리논리학에 새로운 방향을 제시한다. 〈개념 표기법〉에서 논리학을 공리적 기초 위에 세웠다. 산술에서 사고 법칙만을 근거로 하여 논리적 연역만으로 어디까지 다다를 수 있는지를 확인할 필요가 있었다. 이때 프레게는 일상 언어가 적합하지 않았으므로 개념 표기법을 고안하고, 언어로부터 증명의 타당성을 입증하는 데 관계없는 것들을 떼어냈다.[49] 그는 과학의 근본 원리는 빈틈없는 증명으로 드러난다고 믿었다. 그래서 산술의 참된 본성을 오류 없이 세우고자 새로운 계산법을 구상했고 이것을 위해 구성한 것이 개념 표기법이다. 엄밀하게 증명해야 하는 모든 영역에 적용되는 유일한 표기법이 되도록 했다.[50]

프레게는 변수, 한정기호, 명제함수를 폭넓게 사용했다. 그에게 삼단논법의 약점은 '모든'과 '어떤'이라는 말이 주어의 위치에서가 아니라 문법상의 술어 어딘가에 나타나는 추론을 다룰 수 없는 것에 있었다.[51] 그는 '모든 A는 B이다'와 같은 삼단논법적인 형태를 '모든 x에 대해, x가 A이면 x는 B이다'처럼 양화 조건문으로 해석하여 어떤 명제의 근원적인 논리 형태는 표층 문법과 다를 수도 있음을 나타냈다.[52] 그는 명제의 진술과 그 명제가 참이라는 주장, 원소 x와 x만을 원소로 갖고 있는 집합 $\{x\}$, 원소가 집합에 속하는 것과 한 집합이 다른 집합에 포함되는 것을 구별했다. 그는 퍼스처럼 변수와 명제함수를 사용하여 문법상의 주어와 술어를 항과 함수라는 논리적 개념으로 치환했고 명제함수의 진리집합을 사용했다.

논리학은 명제와 명제함수에 관한 추론을 다루며 여기서 함의는 매우 중요하다. 프레게는 실질함의라는 더욱 넓은 함의의 개념을 형식화했다. 그 개념은 조건 p와 결론 q를 임의의 명제로 두는 것을 허용한다. 이 명제들은 인과관계 같은 어떤 관계에 놓일 필요가 없다. 더구나 자연 언어인 '…이면'에는 인과적 연관이 아닌 것도 들어있다. 프레게의 기호는 결합되는 내용 사이의 연관을 나타내지 않고, 문장들의 참, 거짓이라는 연관만을 나타낸다.[53] p와 q가 명제일 때, p가 참이라면 'p이면 q이다'(p는 q를 함의한다)라는 함의는 q가 참임을 의미한다. 실질함의는 p가 거짓일 경우 q가 참이든 거짓이든 'p이면 q이다'라는 함의를 참인 것으로 여긴다. p가 참이고 q가 거짓인 경우에만 이 함의는 거짓이다. 'p이면 q이다'라는 함의 전체가 가리키는 결과를 보고 판단하는 것이다. 프레게는 공리 위에 논리학을 구성하고 나서 논리학을 확장하여 수학을 세웠다. 곧, 논리적 원리로부터 엄밀하게 산술과 해석학을 유도하려고 했다.[54] 이를테면 수의 정의와 법칙을 논리학의 전제에서 끌어냈다.

페아노는 직관에 얽매이지 않으려면 직관의 연상에 기대는 일상어의 위험에서 벗어나게 해주는 기호를 사용해서 의미가 수학에서 아무런 역할도 하지 못하게 해야 한다고 했다. 그는 수리논리의 기호를 써서 수학적 결과들을 증명 없이 제시했다. 불, 퍼스, 프레게의 논리학에서 혁신은 기호와 논리의 공리들로부터 논리의 원리들을 연역적으로 증명한 것이었다. 기호의 사용은 심리적, 인식론적, 형이상학적 의미와 함축된 것을 피할 수 있게 해주었다. 페아노에게 논리는 언어의 정확함과 간결함을 주어야 했으나 프레게와 달리 더 엄밀한 수준일 필요는 없었다.[55] 프레게는 수학에 튼튼한 기초를 마련하려 했고 페아노는 모든 수학을 논리적 연산으로 표현하려 했다.

7 수 개념의 확장과 차원의 확대

인간의 시각을 공식화한 그리스 기하학은 우리가 살고 있는 실제 공간을 기술한다고 여겨졌다. 그리하여 기하학 개념은 19세기 초까지도 삼차원 이하에 머물러 있었다. 기하학을 눈에 보이는 세계의 연구로 생각한다면 사차원 이상의 공간을 받아들이지 못한다. 오늘날 삼차원 공간은 많은 차원 가운데 하나일 뿐이다. 케일리는 공간을 구성하는 요소(점, 원, 선 등)를 무엇으로 선택하느냐에 따라 공간의 차원 수가 결정된다고 했다. 데카르트의 좌표 개념을 바탕으로 그 요소가 몇 개의 수로 규정되느냐로 차원을 정한다고 하자. 전통적으로 공간을 구성하는 요소로 세 개의 좌표로 표현되는 점을 상정했기 때문에 공간을 삼차원이라고 여기고 있을 뿐이다. 만일 공간을 이루는 요소로 직선을 생각하면, 하나의 직선에는 그것이 지나는 점을 가리키는 좌표 셋과 방향을 나타내는 좌표 하나가 필요하다. 그러면 직선으로 형성되는 공간은 사차원이다. 이런 예들은 고차원 공간을 자연스럽게 떠올릴 수 있게 해준다.

그렇지만 고차원 공간의 개념은 기하학이 아닌 대수학에서 나왔다. 이차원의 복소수 체계와 같은 역할을 하는 삼차원의 수 체계를 개발하려는 과정에서 부산물로 나왔다. 방정식의 근을 구하다가 인지된 허수는 도입되고 나서 250년이나 흐른 뒤에 적절하게 해석되었다. 이 과정에서 허수의 논리적 기초를 정당화하려는 노력이 복소수를 기하학적 해석으로 정착시키는 방향과 수 개념에 복소수를 포함하는 더 넓은 수 체계로 확장하는 방향으로 향했다. 삼차원의 점들도 수로 여기는 연구에서 벡터해석이 발생했고, 여기에서 해밀턴의 사원수 이론과 그라스만(H. Graßmann 1809-1877)의 다원수 이론이 나왔다.

복소수의 기하학적 표현법이 웬만큼 정착되고 나서 수학자들은 평면 벡터를 복소수로 나타내고 다룰 수 있음을 알았다. 이로써 수는 수직선이라는 일차원의 틀에서 벗어났다. 지금은 실수로 복소수를 정의할 때, 복소수 $a+bi$를 실수의 순서쌍 $(a,\ b)$로 나타내는 방법이 가장 흔히 쓰인다. 이 방식을 해밀턴이 1837년에 도입했다. 이것은 평면 없이도 순수하게 해석적으로 복소수를 정의할 수 있다는 장점이 있다. 실수의 순서쌍은 벡터를 나타내는 방식으로도 쓰인다. 결국 복소수는 벡터와 그것들 사이의 연산을 표현하는 대수를 제공한다. 그럼으로써 곡선을 곡선의 방정식으로 나타내고 연구하듯이 벡터의 연산을 대수적으로 다룰 수 있게 되었다. 평면에서 복소수가 갖는 물리적 의미와 마찬가지로 삼차원 공간에서 그런 대상을 찾으려는 노력 끝에 찾은 것이 해밀턴의 사원수이다. 복소수가 독립된 두 양인 1과 i로 만들어진 이차원 수 체계이듯이 사원수는 독립된 네 양인 $1,\ i,\ j,\ k$로 만들어진 사차원 수 체계이다. 이 덕분에 어떤 개념과 이론이 물리적 의미와 직접 관련을 맺지 않더라도 논리적인 완결성을 갖추고 보편성을 충족하면 받아들여질 수 있었다. 그러나 사원수 대수는 물리적 의미와 직접 관련을 맺지 못함으로써 결국 벡터 대수에 자리를 내주고 말았다.

7-1 수 개념의 확장

복소함수론을 창시한 코시조차 1821년의 〈해석학 강의〉[52]에서 $a+bi$라는 식은 의미가 없다고 하면서 수로 다루지 않았다. 허수로 표현되는 등식은 실수 사이에 성립하는 기호 표현에 지나지 않았다. 이를테면 $a+bi=c+di$는 $a=c,\ b=d$임을 나타낼 뿐이다. 1831년의 드모르간도 음수와 허수를 거부했다. 이를테면 아버지의 나이가 56살, 아들의 나이는 29살일 때 아버지의 나이가 아들 나이의 2배가 되는 때를 묻는 문제에서 $56+x=2(29+x)$에서 $x=-2$인데 이 결과는 불합리하다고 했다. 그는 x를 $-x$로 바꾸고 $56-x=2(29-x)$를 풀어서 $x=2$를 얻었다. 그러고 나서 본래의 문제를 잘못 나타냈다고 결론지었다. 더욱이 근이 허수일 때는 이렇게도 할 수도 없다고 하여 허수를 인정하지 않았다. 1837년의 해밀턴도 허수의 제곱은 음수이므로 허수가 나타내는 양은 0보다 크지도, 0보다 작지도, 0도 아니어서 허수를 바탕으로 성립되는 과학은 생각하기 어렵다고 했듯이[56] 그에게 허수는 실질적인 의미가 없었다. 코시와 해밀턴에게 허수는 적절하게 정의될 수 없는

52) 〈에콜 폴리테크니크의 해석학 강의〉(Cours d'Analyse de École Royale Polytechnique)

것으로 통상의 대수학에서 배제돼야 했다. 복소수를 기반으로 하는 미적분학의 기법들이 개발되기 시작한 19세기 중반에야 허수가 수로 인정된다.

해밀턴은 음수에 의미를 부여하는 데서 뉴턴의 생각을 따랐다. 뉴턴이 물리 세계의 시간 개념에 기대어 유율을 정의했듯이 해밀턴은 공간과 시간이 감각에 따른 직관의 두 측면인데 기하학이 공간의 과학이므로 대수학은 시간의 과학이어야 한다고 생각했다.[57] 그는 시각이 지나간 폭에 바탕을 두어 음수를 구성했다. 시각으로 이루어진 집합에 속하는 원소(시각) A에서 B로 나아가는 폭 $B-A$를 a로 나타냈다. 그는 a를 단위로 하여 자연수, 정수, 유리수를 차례로 정의했다. $-a$는 $A-B$를 나타낸다. 양의 정수는 a와 이것으로 만들어지는 배수로, 음의 정수는 $-a$의 배수로 정의했다. 이어서 그는 산술 연산의 표준 규칙을 보였다. 음수를 곱하는 것은 진행한 폭의 방향을 거꾸로 하는 것이다. a의 음수 배를 두 번 곱하는 것은 그 절차를 두 번 시행하는 것이므로 양수가 되어야 한다. 이렇게 해서 없음보다 작은 수량에 기대지 않고 답을 할 수 있었다. 유리수로부터 실수를 구성하려는 시도는 실패했다.

그렇지만 실수의 순서쌍으로 복소수를 구성하는 방법은 오늘날에도 자주 쓰일 정도로 성공적이었다. 1830년 무렵에는 복소수를 평면의 점이나 벡터로 나타내고 있었으므로 복소수는 직관적으로 수용되고 있었다. 산술의 논리에 관심을 기울이고 있던 해밀턴은 1835년에 복소수를 기하학적 요소가 배제된 대수의 대상으로 전환했다. 그는 복소수 $a+bi$는 $2+3$과 같은 합은 아니라고 했다. 덧셈 기호는 어쩌다 사용하게 된 것으로, bi에 a를 더할 수는 없는 것이었다. 그는 허수를 언급하지 않고 한 쌍의 실수 $(a,\ b)$로 복소수 $a+bi$를 나타내고, 이 쌍들의 연산이 $a+bi$ 꼴의 복소수로 연산했을 때와 같은 결과가 나오도록 정의했다. $(a,\ b)\pm(c,\ d)=(a\pm c,\ b\pm d)$와 $(a,\ b)\cdot(c,\ d)=(ac-bd,\ ad+bc)$로 정의하고 이를 바탕으로 나눗셈은 $\dfrac{(a,\ b)}{(c,\ d)}=\left(\dfrac{ac+bd}{c^2+d^2},\ \dfrac{bc-ad}{c^2+d^2}\right)$로 정의했다. 이것으로 그는 복소수란 무엇인가에 대한 물음에 답할 수 있었다. 그가 복소수의 새로운 이론을 마련했던 것은 $\sqrt{-1}$에 대한 당시의 논리적 근거를 납득할 수 없어서였다. 실수 쌍도 하나의 실수처럼 실재하는 것이므로 복소수도 실재와 밀접하게 관련되었다. 이렇게 해서 엄밀한 복소수의 대수가 만들어졌고, 대수학을 괴롭히던 '형이상학적인 장애물'도 제거됐다.[58] 가우스는 사차상호 법칙 연구(1831)에서 복소평면 기하학에 기초해서 엄밀한 복소수 대수를 만들었는데, 해밀턴과 독립된 연구일 것이다.

이제 평면 벡터의 연산도 기하학이 아닌 복소수를 사용하여 대수적으로 수행할 수 있게 되었다. 실수의 순서쌍에 대한 곱셈 법칙은 회전을 수반하는 연산으로 해석된다. 복소수는 평면에서 벡터와 회전을 다루는 데 매우 편리한 도구가 되었다. 이제 삼차원 복소수와 그 대수가 추구되기 시작했다. 사람들은 많은 물리 현상이 삼차원 공간에서 일어나므로 세 수의 조(組)로 구축한 연산 체계는 많은 도움이 되리라 생각했다. 이미 쓰이고 있던 데카르트 좌표 (x, y, z)를 사용하여 원점에서 그 점까지 닿는 벡터를 나타낼 수는 있었으나 벡터 연산이 문제였다. 그 연산이 복소수처럼 사칙연산이 되고, 더구나 자유롭고 효과적으로 수행되려면 곱셈의 결합 법칙을 만족하고 가환이며 덧셈에 대한 곱셈의 분배 법칙도 만족해야 했다. 해밀턴이 이 문제를 1830년부터 연구하여 1843년에 해결책을 찾았으나 바라던 방식이 아니었다. 이렇게 늦어진 까닭은 당시에 실수체에서 성립하는 대수와 다른 대수가 있으리라고는 생각하지 못했기 때문이다. 삼원수를 찾지는 못했으나 대신에 곱셈의 결합 법칙과 역원의 존재는 유지되나 곱셈의 교환 법칙은 성립하지 않는 사원수를 얻었다. 사원수 체계는 곱셈의 교환 법칙이 성립하지 않으면서도 모순은 없는 대수였다.

해밀턴은 네 수의 조를 복소수의 표기법과 닮은 $a+bi+cj+dk$로 표기했다. 곱셈의 기본 규칙은 $i^2=j^2=k^2=ijk=-1$과 여기서 파생된 $ij=k$, $ji=-k$, $jk=i$, $kj=-i$, $ki=j$, $ik=-j$이다. 다른 연산 법칙은 보통의 대수와 같다. 사원수 체계는 복소수 $a+bi$를 포함한다. 해밀턴의 식들은 -1의 제곱근이 i와 $-i$의 두 가지만이 아니라 j, $-j$, k, $-k$도 있음을 보여준다. 사실 사원수 체계에서 -1의 제곱근은 한없이 많다. 이로써 이차방정식이 두 개의 근을 갖는다는 명제도 성립하지 않게 되었다. 현대식으로 말하면 사원수의 집합은 피코크와 드모르간이 정한 표준이 되는 대수 법칙을 따르지 않는 첫 번째 비가환 나눗셈대수였다.

해밀턴은 1853년에 기하학, 미분기하학, 물리학에 사원수를 응용하고자 했고, 이때 벡터와 스칼라에 관한 기본 개념을 논의했다. 그는 사원수를 벡터로 다루었고 그것들이 실수체 위에서 선형 벡터공간을 이룸을 보였다. 그는 삼차원 공간을 다루는 데에 사원수를 사용하는 것을 정당화하기 위해 벡터의 몫이라는 개념을 끌어들였다. 하나의 벡터를 다른 벡터로 나눈 몫이란 후자를 전자로 회전시킨 양이다.[59] 이때 벡터는 주어진 공간 축을 중심으로 회전하면서 늘거나 줄어든다. $a+bi+cj+dk$에서 회전축의 방향을 결정하는 데 bi와 cj, 회전각을 지정하는 데 dk를 사용한다. 곧, i, j, k는 공간에서 직교하는 세 축을 중심으로 하는 회전에 쓰이는데,

이때 완전한 회전은 720°이다. 또한 i, j, k는 연산 기호로도 쓰였다. 벡터를 늘이거나 줄이는 데는 a가 필요하다.

한편 해밀턴은 사원수로 시공간 세계를 수학적으로 설명할 수 있다고 생각했다. 공간에서 점을 세 실수 좌표 b, c, d로, 시간을 스칼라 a로 지정하여 해석하는 것과 같았기 때문이다. 그는 기하학, 광학, 역학에 사원수를 응용했으나 중요한 물리적 발견을 거의 하지 못했다. 사원수는 그가 바라던 만큼 그다지 쓸모가 없었다. 게다가 사원수는 익히고 응용하기에 너무 복잡했다.

사원수는 실질적으로 실패했다. 그렇지만 곱셈의 교환 법칙이 성립하지 않는 사원수는 대수학이 발달하는 데 중요한 역할을 했다. 기하학에서 평행선 공준을 부정한 비유클리드 기하학이 혁명적이었듯이, 대수학에서는 곱셈의 교환 법칙을 버린 사원수 체계가 그러했다. 사원수가 도입되고 나서 어느 특정한 대수 법칙을 만족하지 않는 수 체계를 구성할 수 있다는, 곧 여러 종류의 대수학이 있을 수 있음을 알게 되었다. 형식불역의 원리라는 모호한 근거에 얽매여 예외 없이 적용하던 기본 법칙에 구속되지 않아도 됐다. 수학자들은 실수나 복소수의 성질과 전혀 다른 수 체계를 생각하기 시작했다. 이런 상황에서 사원수보다 대수학의 법칙을 더 어기는 벡터해석이 발전했다.

클리퍼드(W. K. Clifford 1845-1879)는 이중사원수(또는 팔원수)를 특별한 경우로서 포함한 비가환 대수(클리퍼드 대수)를 구성했다.[60] 실수, 복소수, 사원수, 팔원수는 각각 하나, 둘, 넷, 여덟 개의 수로 만들어졌다. 다음에 16원수가 있을 것이라 예상했으나, 오차방정식부터는 근의 공식이 없듯이, 더 확장된 수 체계는 없다.

7-2 차원의 확대

초기 n차원 공간은 기하학 연구가 아닌 해석학적 사고를 쉽게 하는 도구로 도입되었다. 실제로 n차원 기하학의 개념은 18세기 후반 달랑베르, 오일러, 라그랑주의 해석학 연구에 등장한다. 달랑베르는 〈백과전서〉에서 시간을 네 번째 차원으로 받아들이자고 제안했다. 라그랑주는 이차형식을 표준형으로 변형하는 방법을 연구하면서 n변수의 형식을 도입했다. 또 그는 〈해석 역학〉과 〈해석함수론〉에서 세 개의 공간 좌표와 대등하게 시간을 네 번째 차원으로 사용했다. 그렇기는 하지만 사차원 이상의 기하학은 19세기에 들어서서 깊이 있게 다루어졌다.

그린(G. Green 1793-1841)이 1828년에 n차원 퍼텐셜 문제를 다루었다. 그는 1833

년에 두 타원체의 상호 인력에 관한 문제를 해석학으로 변형하고 여러 개의 변수에 대하여 풀었다. 19세기 중반부터 해석학적, 대수적 방법이 자주 쓰이면서 많은 기하학적 착상을 물리적 공간에 제한하여 다룰 까닭이 없어졌다.

1840년대에 들어서자 사, 오, 육차원, 나아가 일반 n차원이 본격 논의되었다. 해밀턴의 사원수도 사차원에 대한 여러 아이디어의 하나였다. 그라스만이 사차원 이상의 유클리드 공간에서 기하학 개념을 나타낼 수 있는 기호 연산에서 주목할 만한 성과를 냈다. 그는 미세기 이론을 새롭게 설명한 1840년 논문에서 이, 삼차 공간에서 벡터의 곱셈을 다루었다.[61] 이차 공간에서 두 벡터 $a=(a_1, a_2)$, $b=(b_1, b_2)$의 기하곱은 그 벡터들로 만든 평행사변형의 넓이로 $A=\begin{vmatrix} a_1 & b_1 \\ a_2 & b_2 \end{vmatrix}$ $=a_1b_2-a_2b_1$이다. 삼차 공간에서는 두 벡터 $a=(a_1, a_2, a_3)$, $b=(b_1, b_2, b_3)$의 외적에 $c=(c_1, c_2, c_3)$를 내적하는 방식으로 기하곱을 정의하는데, 결과는 그 벡터들로 만든 평행육면체의 부피로

$$V=\begin{vmatrix} a_1 & b_1 & c_1 \\ a_2 & b_2 & c_2 \\ a_3 & b_3 & c_3 \end{vmatrix}=(a_2b_3-a_3b_2)c_1+(a_3b_1-a_1b_3)c_2+(a_1b_2-a_2b_1)c_3$$

이다. 이때 넓이와 부피는 양수일 수도 있고 음수일 수도 있다. 그는 이 곱의 부호를 적절히 정하는 것에서 두 벡터의 기하곱은 분배 법칙이 성립하면서 비가환이고, 세 벡터가 같은 평면 위에 있는 경우에 기하곱은 0이 됨을 보였다. 두 벡터의 기하곱은 수치로는 외적의 길이와 같다. 그것들의 차이는 곱셈으로 만들어지는 대상의 기하학적 성질에 있다. 삼차 공간에서 정의된 두 벡터의 기하곱에서 보면 그라스만의 기하곱의 이점은 외적과 달리 더 높은 차원으로 확장할 수 있다는 것이다. 그는 1844년의 〈선형확대론〉(Die lineale Ausdehnungslehre)과 1862년의 개정판에서 이 결과를 일반화했다.

그라스만은 기하곱의 개념에서 시작하여 기하학적 인식을 기호로 표현하는 체계적인 방법을 발전시키고자 했다.[62] 이런 의도를 구현하고자 노력한 끝에 그는 벡터공간론이라고 하는 분야의 주요 내용을 구축했고, 벡터와 텐서 표기법을 고안했다. 그는 해밀턴의 사원수보다 훨씬 일반적인 대수의 유형, 곧 사원수 $1, i, j, k$를 임의 개의 단위 $e_1, e_2, \cdots, e_n$으로 대체한 대수가 있음을 보였다. n중 순서수 $(x_1, x_2, \cdots, x_n)$에 n개의 단위를 결합한 $x_1e_1+x_2e_2+\cdots+x_ne_n$이라는 다원수끼리의 곱이 같은 종류의 수가 되도록 그 단위들의 곱셈표를 만들어야 한다. 이때 각기

다른 곱셈표를 만들 수 있으므로 다른 대수가 만들어진다. 곱셈표는 그 대수를 적용하려는 맥락과 보존하려는 대수 법칙으로 정해진다. 그는 1855년에 열여섯 가지 다원수 곱을 정의하고 기하학적 의미를 기술했으며 역학, 자기학, 결정학에 응용했다.[63] 그의 기하곱이 중요하게 응용된 예는 É. 카르탕(É. Cartan 1869-1951)이 발전시킨 미분형식의 이론을 전개하는 데서 보인다.[64] 처음에 미분형식은 '적분기호 안에 있는 것'으로 19세기에 널리 사용되었는데, 특히 선적분, 면적분, 부피적분에서 사용되었다.

그라스만은 〈선형확대론〉의 개정판에서 근본적으로 오늘날과 같은 방식으로 차원, 기저, 사영, 일차종속, 일차독립, 부분 공간 등과 같은 기본 개념을 정교하게 다듬었고 부분 공간과 그것들의 합집합과 교집합, 생성집합(spanning set)을 논의했다. 더 나아가 벡터의 곱셈과 기저의 변환법을 개발함으로써 사원수보다 일반적인 방법으로 대수의 개념을 세웠다. 사원수 이론에서는 벡터가 사원수의 특수한 경우이지만 그라스만의 대수에서는 벡터가 기본이다. 그에게 수학적 대상들은 본질적으로 완전히 추상적이고 기하학은 단순히 그것을 응용한 것이었다. 벡터공간은 순수한 대수 개념으로 추상된 도구이므로 기하학적 표현에 의존하지 않아도 된다. 이것을 기하학으로든 다항식으로든 해결하고자 하는 문제에 따라 나타내면 된다. 다항식의 경우에 5차의 다항식 $ax^5+bx^4+cx^3+dx^2+ex+f$는 벡터공간을 이루는데, 기저로 x^5, x^4, x^3, x^2, x, $1(=x^0)$을 택하면 된다. 이 다항식은 a, b, c, d, e, f가 모두 0일 때만 0(영다항식)이 되기 때문에 이 기저의 원소들은 일차독립이다. 이때 x의 지수는 단순히 자릿수와 같다고 여겨도 된다.

그라스만의 〈선형확대론〉은 텐서 이론을 연구하는 토대를 제공했다. 텐서를 다루는 포괄적인 해석학은 리만 기하학에서 나왔다. 리만은 1854년 논문에서 삼차원 물리 공간의 기하학에 관심을 기울였는데, 이미 이때 n차원 다양체를 자유롭게 다루었다. 다양체 개념은 물리학의 여러 분야에서 매우 중요하게 다뤄지며, 특히 아인슈타인의 일반상대성 이론에서 핵심 역할을 하게 된다.

사영기하학을 다룬 데자르그만큼 그라스만도 그다지 익숙하지 않은 용어를 사용하는 등 관습을 따르지 않아 〈선형확대론〉에 실린 내용은 읽기가 어려워 좀처럼 인정받지 못했다. 하지만 그것보다는 그의 논의 자체가 새롭고 매우 일반적이었다는 것이 더 근본적인 문제였을 것이다. n차원 기하학의 개념이 도입되고 한참 지나서도, n차원이 경험에 직접 근거하지 않은 까닭에 이것을 반대하는 수학자가 적지 않았다. 그렇지만 음수나 복소수가 그랬듯이 n차원을 표상하는 다원수도 차츰 받아들여졌다. 해밀턴의 사원수, 그라스만의 다원수, 깁스(J. W. Gibbs 1839-1903)의 벡터라는 세 가지 다른 체계들이 빠르게 벡터라는 같은 수학적 표현으로 통일되었다. 추상적인 벡터공간의 정의는 1920년대 초에 널리 알려졌고, 벡터공간을 그 자체로 고찰하기 시작했다.

케일리도 그라스만과 독립으로 n차원 기하학을 해석적으로 연구했다. 이것은 또 하나의 사고 방법으로 현재의 과학과 수학에 매우 중요한 역할을 한다. 이 접근법은 다른 방법으로는 쉽게 얻을 수 없는 통찰력을 주었다. 현실 세계와 직접 관련되어 있지 않은 수학 개념을 간접적이지만 실제 대상인 것만큼이나 쉽게 이해할 수 있게 해준다. 케일리는 1843년에 n차원 공간이라는 개념을 다가가기 쉬운 형태로 도입했다. $n=3$인 경우에 곡면에 대한 기존 정리들을 다루면서 n변수의 해석적 결과들을 싣고 있다. 그는 기하학적으로 다가가고 있으나, 결국은 동차좌표를 사용하면서 대수적인 경향을 강하게 띠었다.[65] 그는 행렬식을 이용하는 보통의 n차원 공간의 해석기하학을 창안하고, 동차좌표를 이용해서 직선의 방정식을 $\begin{vmatrix} x & y & t \\ x_1 & y_1 & t_1 \\ x_2 & y_2 & t_2 \end{vmatrix}=0$으로 썼다. 19세기 후반에야 삼차원 이상의 기하학을 받아들이게 되는데, 세 개 이상의 변수를 가지는 대수형식과 미분형식 이론을 해석하는 데 기하학을 사용하게 되면서부터다.[66]

n차원 기하학은 n차원 산술 공간에 알맞은 개념을 사용해서 해석적으로 연구하는 것이다. n차원 산술 공간이란 실수의 순서조 $x=(x_1,\ x_2,\ \cdots,\ x_n)$의 집합이고, 이 순서쌍 하나를 공간에서 점이라고 한다. 이 점들 사이의 관계는 이차원, 삼차원의 직교 공간에서 점들 사이에 대응하는 관계와 비슷하게 전개된다. 이를테면 x와 $y=(y_1,\ y_2,\ \cdots,\ y_n)$ 사이의 거리는

$$d(x,\ y)=\left\{(x_1-y_1)^2+(x_2-y_2)^2+\ \cdots\ +(x_n-y_n)^2\right\}^{1/2}$$

이다. 중심이 $(a_1,\ a_2,\ \cdots,\ a_n)$이고 반지름이 r인 n차원 구는

$$(x_1-a_1)^2+(x_2-a_2)^2+\ \cdots\ +(x_n-a_n)^2=r^2$$

을 만족하는 점의 집합이다. 선분 xy의 방향수는

$$(k(y_1-x_1),\ k(y_2-x_2),\ \cdots,\ k(y_n-x_n))$$

이다. 두 선분 xy와 uv가 이루는 각 θ의 코사인은

$$\cos\theta = \{(y_1 - x_1)(v_1 - u_1) + \cdots + (y_n - x_n)(v_n - u_n)\}/d(x, y)d(u, v)$$

이다.

7-3 사원수와 벡터

물리학에서 고차원 공간의 개념이 발전하고 있었는데, 기하학이 아닌 전자기 방정식의 영향을 받았다. 여기에 그라스만이 제시한 벡터 개념을 기반으로 한 대수가 아닌 사원수 개념이 결합되었다. 테이트(G. Tait 1831-1901)와 맥스웰(J. C. Maxwell 1831-1879)이 사원수를 물리학에 적용하고자 했던 해밀턴을 이어받았다. 초기의 매듭 연구에도 이바지한 테이트는 1867년에 벡터의 내적과 외적의 연산에 관한 현대적인 법칙과 실질적으로 같은 것을 다루었다. 1864년에 전자기의 파동 방정식을 성공적으로 끌어낸 맥스웰은 1873년에 사원수와 그것에 수반하는 벡터로 물리량을 명확한 개념으로 나타냄으로써 벡터를 사용하는 데에 깊은 영향을 끼쳤다.

맥스웰의 전자기 이론은 1820년 외르스테드(H. C. Ørsted 1777-1851)가 전선에 전류가 흐르면 나침반의 바늘이 움직인다는 사실을 발견한 것이 계기가 되었다. 1821년에는 앙페르(A.-M. Ampère 1775-1836)가 평행으로 놓인 두 전선에 같은 방향으로 전류가 흐르면 두 전선은 서로 당기고, 반대 방향으로 흐르면 밀어낸다는 사실을 발견했다. 1831년에는 페러데이(M. Faraday 1791-1867)와 헨리(J. Henry 1797-1878)가 독립으로 앙페르와 역의 사실, 곧 원형의 전선을 변하는 자기장 속에 넣으면 전선에 전류가 유도되는 것을 발견했다. 1845년에 패러데이는 전자기장의 아이디어를 떠올렸다. 그는 이것을 수학적으로 구체화할 수 없어서 전자기에 관련된 현상을 역선(line of force)이라는 상상의 개념으로 설명했다. 맥스웰 등이 전자기 현상을 벡터로 이해하고 설명함으로써 이런 약점은 해소되었다. 전기와 자기는 모든 방향으로 향하는 온갖 크기의 흐름이므로 벡터로 해석하는 것이 가장 알맞다. 전자기파의 속도는 초당 약 30만 km이다. 이렇게 빠르게 움직이는 것을 파동이라 하는 까닭은 수학식인 맥스웰 방정식의 근이 기체나 액체 속에서 나타나는 파동을 기술하는 함수와 같은 종류이기 때문이다. 전자기파의 진동수는 그것의 원인인 전류의 진동수와 같다. 우리는 이렇게 함수로 표현된 결과를 이용하여 전자기파를 발생시키고 제어하면서 이용(라디오, 텔레비전, 휴대전화 등)하고 있다. 이 때문에 수학을 사용하는 것이 정당화된다.

맥스웰은 사원수를 자주 언급, 사용하면서도 벡터가 단순한 표기 수단이 아니라 물리학적으로 사고하는 데 절대 필요한 도구임을 분명히 했다. 그는 사원수 $a+bi+cj+dk$를 스칼라 부분(a)과 벡터 부분(i, j, k항)으로 따로 다루었다. 그는 벡터 부분의 세 양 b, c, d를 세 좌표축 방향의 길이로 해석했고 스칼라 부분은 단위 시간당 단위 부피에 대해 점 주변의 작은 영역을 지나는 순량으로 해석했다.[67] 그러므로 사원수는 순량의 크기와 그것이 지나는 방향을 함께 나타내게 된다. 1840년대에 시작된 수학적 대상인 벡터공간과 벡터 대수는 1880년대에 맥스웰의 영향으로 벡터해석으로 발전했으며 1890년대에 깁스와 헤비사이드(O. Heaviside 1850-1925)에 의해 벡터해석은 사원수로부터 독립했다.

19세기에 선형독립과 선형결합이라는 개념을 포함하는 선형 대수가 수학의 많은 곳에서 이용되고 있었다. 그러나 페아노가 1888년에 처음 벡터공간을 추상적으로 정의했다. 그는 그라스만처럼 기하학적 대상에 관한 계산을 전개하고자 했다. 그는 이때 덧셈과 스칼라배가 성립하는 양으로 구성된 선형계(linear system)라는 것을 정의했다. 덧셈에서는 교환 법칙과 결합 법칙이 성립해야 한다. 한편 스칼라배는 두 종류의 분배 법칙 $a(\vec{v}+\vec{w})=a\vec{v}+a\vec{w}$와 $(a+b)\vec{v}=a\vec{v}+b\vec{v}$, 결합 법칙 $(ab)\vec{v}=a(b\vec{v})$, $\vec{v}$에 대하여 $1\vec{v}=\vec{v}$를 만족해야 한다. 여기에다 임의의 $\vec{v}$에 대하여 $\vec{v}+\vec{0}=\vec{v}$, $\vec{v}+(-1)\vec{v}=\vec{0}$을 만족하는 영벡터라는 양을 공리계에 포함했다. 그리고 선형계의 차원을 그 계에서 선형독립인 양의 최대 개수로 정의했다. 그라스만의 것과 마찬가지로 페아노의 연구도 수학에 바로 영향을 끼치지 못했다. 페아노의 연구에 포함되어 있던 기본 개념이 사용되어 오고 있었음에도 그의 정의는 잊혔다.

사원수는 사차원의 대상이지만 물리학자들이 대수적으로 조작할 때는 삼차원의 부분만 사용했다. 이처럼 사원수는 물리학자들이 사용하기에는 적합하지 않아, 그들은 데카르트 좌표계와 가까운 개념을 찾게 되었다. 깁스와 헤비사이드는 독립으로 물리 개념을 다루는 데 사원수의 대수학이 필요하지 않음을 알았다. 필요한 것은 벡터의 내적과 외적뿐이었다. 헤비사이드 1880년대에 학술지에 실은 논문을 정리하여 1893년에, 깁스는 1881년에 강의용으로 만든 소책자를 정리하여 1901년에 벡터해석을 발표했다. 헤비사이드는 사원수를 공학자가 배우기 어렵다고 생각하여 벡터해석을 전개했다. 그에게 벡터는 데카르트 좌표를 간단히 표시하는 수단이었다. 깁스는 선형확대론을 더욱 한정된 삼차원 벡터해석으로 전환했다. 사원수의 벡터 부분 $bi+cj+dk$만을 사용해서 삼차원 벡터해석을 구성했다. 벡터해석도 곱셈의 교환 법칙이 성립하지 않는 다원수 대수학이다. 두 사람은 사원수의 벡터

부분에서 벡터를 끌어냈으나 그들의 벡터는 사원수와 관련이 없었다. 깁스는 내적(스칼라 곱)을 $\vec{u}\cdot\vec{v}$, 외적(벡터 곱)을 $\vec{u}\times\vec{v}$라고 쓰는 오늘날의 표기법을 만들었다.[68]

벡터 $\vec{v}$는 $\vec{v}=a\vec{i}+b\vec{j}+c\vec{k}$로 나타내는데, $\vec{i}$, $\vec{j}$, $\vec{k}$는 각각 x, y, z축 방향의 단위 벡터이고 실수 a, b, c는 성분이라 한다. 대응하는 성분이 같은 두 벡터는 같다고 하며, 두 벡터의 합은 대응하는 성분끼리 더하면 된다. 벡터의 곱에는 두 가지가 있고 모두 물리학에서 사용된다. 먼저 내적으로, 기본 규칙은 같은 방향의 단위 벡터를 곱하면 1(예: $\vec{i}\cdot\vec{i}=1$)이고 다른 방향이면 0(예: $\vec{i}\cdot\vec{j}=0$)이다. 따라서 두 벡터의 내적은 스칼라이다. 두 벡터가 모두 영벡터가 아니어도 내적은 0일 수도 있다. 그러니까 두 벡터의 내적은 실수나 복소수, 사원수의 곱과 달리 같은 종류의 수가 나오지 않는다. 결합 법칙이나 소거도 성립하지 않는다. 나눗셈의 결과는 벡터가 될 수 없고, 스칼라가 되는 경우도 아주 예외적일 때뿐이다. 나눗셈이 없음에도 두 벡터의 내적은 한 벡터를 다른 벡터로 정사영한 것의 크기를 다루게 해준다는 점에서 물리학적으로 유용하다.

다음 외적으로, 기본 규칙은

$$i\times i=j\times j=k\times k=0,\ i\times j=k,\ j\times i=-k,$$

$$j\times k=i,\ k\times j=-i,\ k\times i=j,\ i\times k=-j$$

이다. $\vec{v}$와 $\vec{v'}=a'\vec{i}+b'\vec{j}+c'\vec{k}$의 외적은

$$\vec{v}\times\vec{v'}=(bc'-cb')\vec{i}+(ca'-ac')\vec{j}+(ab'-ba')\vec{k}$$

로 다시 벡터가 된다. 방향은 $\vec{v}$와 $\vec{v'}$에 모두 수직이고 전자에서 후자의 작은 각 쪽으로 나사를 돌릴 때 나아가는 방향이다. 외적은 교환 법칙과 결합 법칙을 모두 만족하지 않고, 두 벡터가 수직일 때를 빼고는 나눗셈도 없다. 그리고 평행인 두 벡터의 외적은 둘이 영벡터가 아니어도 0이다. 이상은 깁스가 스칼라 부분이 0인 두 사원수의 곱

$$(ai+bj+ck)(a'i+b'j+c'k)=-(aa'+bb'+cc')+(bc'-cb')i$$
$$+(ca'-ac')j+(ab'-ba')k$$

에서 스칼라 부분에 음의 부호를 붙인 것을 오늘날 벡터의 내적, 벡터 부분을 외적이라 한 것에 대한 설명이다.

물리학자와 공학자들은 벡터해석을 지지했으나 수학자들은 아니었다. 19세기의 끄트머리까지 벡터해석과 사원수 지지자들 사이에 논쟁이 이어졌다. 물리학과 공학의 실용성 때문에 벡터해석이 우위를 차지하면서 물리학자들의 언어로 되었

다.[69] 사원수는 수학적으로는 오랫동안 중요했으나 물리학에서는 머지않아 사라졌다. 벡터는 물리학에서 힘이나 속도에서 분명한 의미를 갖는 데다가 물리학의 내용을 수학적으로 쉽게 표현해 준다. 이 때문에 수학자들도 이 경향을 따랐고 해석기하학과 미분기하학에 벡터 개념을 도입했다. 사원수는 고등 대수학의 일부 분야에서만 관심을 두는 대상이 되고 말았다. 사원수는 물질세계의 운동으로부터 뒷받침을 받지 못하는 이론은 결국 사라진다는 것을 보여주는 증거가 되었다. 그렇지만 사원수는 실수와 복소수의 대수만이 아닌 여러 대수를 구성하는 마중물이 되었다는 데 역사적으로 커다란 의미가 있다.

8 행렬 대수

행렬은 적어도 −2세기 중국에서 연립일차방정식을 푸는 데 사용한 것까지 거슬러 올라간다. 이 기록이 남아 있는 〈구장산술〉에서 사용한 방법은 행렬을 다루는 하나의 방법이기는 하지만, 요즘 말하는 행렬 대수로 여기기는 어렵다.

논리적으로 행렬의 개념이 행렬식에 앞서기 때문에 오늘날 교육과정에서는 행렬을 행렬식보다 먼저 다룬다. 그러나 역사적으로는 행렬식이 행렬보다 앞서 발견되고 연구되었다. 그 까닭은 행렬식이 본질적으로 수이기 때문이다. 이와 달리 행렬은 수가 아니다. 행렬은 수의 어떤 배열로서 행렬식과 다른 성격의 수학적 대상이다. 그렇지만 이전에 여러 곳에서 많이 다뤄진 행렬식 덕분에 행렬의 여러 기본 성질은 이미 알려져 있었다.

유럽에서 라이프니츠(1693), 매클로린(1748), 크라머(1750), 라그랑주(1773) 등이 연립일차방정식을 풀 때 행렬식을 자주 이용했다. 이름은 코시(1812)가 붙였다. 행렬식은 19세기에 들어서서 연립일차방정식에서 소거, 좌표변환, 다중적분에서 변수변환, 연립미분방정식의 풀이, 삼변수 이상의 이차형식과 형식 다발을 표준 형식으로 변환하기 등에서 쓰였다. 행렬식의 덧셈과 곱셈에서 기본 성질은 다음과 같다. 두 행렬식을 더한 것과 두 행렬의 합의 행렬식은 같지 않다. 두 행렬식을 곱한 것과 두 행렬의 곱의 행렬식은 같다.

$$\begin{vmatrix} a & b \\ c & d \end{vmatrix} + \begin{vmatrix} e & f \\ g & h \end{vmatrix} \neq \begin{vmatrix} a+e & b+f \\ c+g & d+h \end{vmatrix}, \quad \begin{vmatrix} a & b \\ c & d \end{vmatrix} \begin{vmatrix} e & f \\ g & h \end{vmatrix} = \begin{vmatrix} ae+bg & af+bh \\ ce+dg & cf+dh \end{vmatrix}.$$

행렬식을 여러 주제에서 다루게 되면서 행렬식이라는 값에서 벗어나 수가 배열된 형태(행렬) 자체를 여러 목적에서 연구하고 적용할 필요가 생겼다. 19세기 초부터 행렬을 하나의 실체로 받아들이기 시작했는데, 이때는 대수의 대상들이 차츰 수와 위치를 다루는 전통적인 수학에서 멀어지면서 독자적으로 자리를 잡아가는 때이기도 했다. 행렬 대수는 오늘날 현대 대수학이라 일컬어지는 것의 한 측면을 이루게 되었다.

이러한 수의 배열을 형식적으로 다루게 되면서 19세기 중반까지는 행렬이 정의되고 행렬 대수가 발전했다. 이 형식적인 연구와 더불어 더욱 어려운 측면에서 이루어진 고찰이 행렬 이론을 발전시켰다. 그 고찰이란 가우스가 했던 이차형식의 연구이다. 이 연구로부터 행렬의 닮음, 고윳값, 대각화 등의 개념이 정립되었고 행렬을 표준형에 따라 분류했다. 직사각형 모양으로 수를 늘어놓은 것을 처음으로 행렬이라고 일컬은 사람은 1850년의 실베스터였다. 그 뒤 케일리와 B. 퍼스(B. Peirce), C. 퍼스가 행렬 대수를 발전시켰다. 코시는 19세기의 이른 시기에 이차형식을 고찰한 뒤에 고윳값을 연구하기 시작했고, 이어서 조르당과 프로베니우스(F. G. Frobenius 1849-1917)가 발전시켰다. 프로베니우스는 행렬 이론을 오늘날과 같은 형식으로 체계화했다. 행렬의 기초 연구에 등장하는 행렬의 성분은 실수이다. 그러나 행렬의 성분은 복소수나 다른 양이어도 된다. 행렬의 성질은 그 성분의 성질을 띠게 된다.

행렬에 대한 연산 전체가 하나의 대수를 만들 수 있음을 C. 퍼스가 생각했다. 사원수와 행렬은 전통적인 대수에서 벗어나는 새로운 대수들의 선두 역할을 했다. 행렬 대수를 비롯한 여러 비가환 대수의 연구는 추상 대수의 개념을 발전시키는 중요한 요인이었다. 보통의 대수에서 하나 이상의 공준을 약화, 제거하거나 다른 공준으로 대체하여 여러 체계를 만들 수 있었다. 이렇게 만든 대수가 끝까지 살아남느냐는 현실에 얼마나 바탕을 두고 적용되느냐에 달려 있다. 행렬 이론은 추상수학 이론으로 출발했으나 양자 이론을 비롯하여 여러 과학 분야에 응용되고 있다.

가우스는 1803년부터 1809년 사이에 팔라스라는 소행성을 관측하고 그 궤도를 계산했다. 여기에는 여섯 개의 미지수와 여섯 개의 식으로 된 연립방정식이 등장한다. 그는 〈구장산술〉에 나왔던 것과 같은 방법인 이른바 가우스 소거법으로 해결했다. 계산 방법은 같았으나 계수를 행렬의 형태로 나타내지 않았고, 또한 그에게는 행렬에 대한 개념도 아직 없었다.

가우스는 이차형식 연구에서 행렬의 성질을 다루었다. 그는 한 이차형식을 다른 이차형식으로 변환하는, 일차식에 의한 잇따른 두 번의 치환을 고찰했다. 이차형식 $ax^2+2bxy+cy^2$에서 두 미지수 x, y를

$$x=px'+qy',\ y=rx'+sy'$$

으로 치환(선형변환)하여 새로운 미지수 x', y'으로 바꾸었다. 다음에 x', y'을

$$y'=tx''+uy'',\ y'=vx''+wy''$$

으로 치환하는 선형변환을 한 번 더 실행했다. 그러면 미지수 x, y는 x', y'을 거쳐 x'', y''으로 바뀌는데 처음과 마지막을 곧바로 잇는 치환은

$$x=(pt+qv)x''+(pu+qw)y'',\ y'=(rt+su)x''+(ru+sw)y''$$

이 된다. 이것으로부터 실질적으로 행렬의 곱이 선형변환의 합성과 관계가 있음을 알 수 있었다. 다시 말해서 합성에 의한 새로운 변환의 계수 행렬은 본래의 두 변환의 계수 행렬의 곱이 된다. 가우스는 변환의 계수를 정사각형으로 써놓고 각각을 하나의 문자로 나타냈다. 그는 이 합성을 곱셈이라는 말로 분명하게 언급하지 않았다.[70] 이때 가우스는 행렬식이라는 말을 사용하기는 했으나, 두 이차형식이 동등한지를 판별하는 식($ax^2+2bxy+cy^2$에서 b^2-ac)의 의미로 썼다.

코시는 1812년에 행렬식 계산에 관한 많은 기본 결과를 완전히 체계 있게 설명했다. 이때부터 현대적 행렬 대수가 시작되었다고 본다. 그는 이중 첨자를 사용하여 성분을 나타냈다. 그리고 라그랑주가 삼차 행렬식에 대해 증명했던 것을 일반화하여 행렬식에 대한 곱셈정리를 다루었다. 이것은 n차 행렬식 $|a_{ij}|$, $|b_{ij}|$에 대하여 $c_{ij}=\sum_{k=1}^{n}a_{ik}b_{kj}$로 정의하면 $|a_{ij}|\cdot|b_{ij}|=|c_{ij}|$라는 것이다. 그리고 정사각행렬의 여인자(cofactor)로부터 구성하는 딸림행렬(adjoint matrix), 임의의 한 행과 열로 전개하여 행렬식을 계산하는 방법이 포함되어 있다.

코시는 행렬 (a_{ij}) 자체의 성질로부터 고윳값의 성질을 결정하는 문제도 처음 다루었다. A를 $n\times n$행렬이고 X를 $n\times 1$행렬이라고 할 때 행렬의 방정식 $AX=\lambda X$ 또는 X를 $1\times n$행렬이라고 할 때는 $XA=\lambda X$의 근 λ를 행렬의 고윳값이라 한다. 이 방정식을 만족하는 벡터 X를 고윳값에 대응하는 고유벡터라고 한다. 이 개념들은 본질적으로 행렬 이론과 독립이었다. 이를테면 고윳값 문제는 18세기 달랑베르의 연구에서 처음 나왔고, 상수 계수의 연립선형미분방정식을 푸는 방법과 관련되어 있었다. 이처럼 고윳값과 고유벡터는 여러 착상을 연구하는 데서 발전했고, 나중에 행렬 이론에 포함되었다. 코시는 달랑베르의 미분방정식 연구가 아닌, 1815

년부터 에콜 폴리테크니크에서 가르치고 있던 해석기하학의 일부로 필요했던 이차곡면의 연구로부터 영향을 받았을 것이다.[71] 이차곡면을 분류하기 위하여 좌표변환을 찾아야 했다. 그는 변수의 적당한 선형변환을 찾고 이것으로 이변수 이상의 이차형식 계수로 만든 행렬을 대각화하고자 했다. 그는 대칭행렬의 모든 고윳값이 실수인 것, 적어도 고윳값이 중복되지 않으면 직교변환을 이용하여 행렬을 대각화할 수 있음을 보였다.[72]

야코비는 1841년에 행렬식과 역함수의 관계, 행렬식을 이차형식과 다중적분 변환에 응용하는 연구 결과를 발표[73]하면서 행렬식 이론에 많이 이바지했다. 그의 이런 연구 덕분에 수학자들이 행렬식 이론을 알게 되었다. 실베스터는 이런 대수와 소거 이론에 대한 야코비의 연구를 기리기 위해 함수 행렬식을 야코비안이라고 했다.

행렬 형식은 좌표를 달리 표현하려는 생각에서 나왔다. 이 생각을 바탕으로 n차원 공간의 기호 체계인 n변수 대수의 계산 기법이 개발됐고, 그 하나가 행렬 대수였다. 케일리가 처음으로 정사각형 배열 자체를 대수적 양으로 다루었다. 그는 1855년에 연립일차방정식 이론에서 행렬을 이용하면 매우 편리하다고 했다. 이를테면 $\begin{matrix} p = & ax + & by + & \cdots \\ q = & a'x + & b'y + & \cdots \\ \cdots = & \cdots + & \cdots + & \cdots \end{matrix}$을 $\begin{pmatrix} a & b & \cdots \\ a' & b' & \cdots \\ \vdots & \vdots & \ddots \end{pmatrix}\begin{pmatrix} x \\ y \\ \vdots \end{pmatrix} = \begin{pmatrix} p \\ q \\ \vdots \end{pmatrix}$로 쓰고 그가 행렬의 역이라고 한 것을 사용하여 이 연립방정식의 근을 $\begin{pmatrix} x \\ y \\ \vdots \end{pmatrix} = \begin{pmatrix} a & b & \cdots \\ a' & b' & \cdots \\ \vdots & \vdots & \ddots \end{pmatrix}^{-1}\begin{pmatrix} p \\ q \\ \vdots \end{pmatrix}$로 정했다. 이 표현은 변수가 하나인 일차방정식과 위 방정식의 형태가 비슷하다는 데서 빌어온 것이었다. 그는 크라머의 공식을 이용해서 역행렬의 성분을 본래 행렬의 행렬식을 분모로 하는 분수로 나타냈다.

케일리는 변환의 이론과 함께 정사각행렬의 여러 성질을 1858년에 발표했다. 이때 대수적 불변량 이론에서 두 선형변환을 결합하는 방법으로부터 행렬 대수가 나왔다. 여기서 그는 행렬을 하나의 문자로 나타내면서 행렬의 곱, 합, 차를 나타내는 방법을 보였다. 이를테면 앞서 다룬 연립일차방정식을 $AX = B$로 나타내고 근을 구하는 식은 $X = A^{-1}B$로 나타냈다. 또한 그는 선형변환이 행렬과 관련 있음을 알아냈다. 이것을 이용하여 변환이 만드는 대수학이라는 아이젠슈타인의 생각을 발전시켰다. 케일리의 해석은 다음과 같다. $T_1 \begin{cases} x' = ax + by \\ y' = cx + dy \end{cases}$는 순서쌍 (x, y)를 순서쌍 (x', y')으로 바꾼다. 연립일차방정식을 축약하여 나타내고자 했던 그는 이 변환을 계수(성분)의 정사각형 배열 $\begin{pmatrix} a & b \\ c & d \end{pmatrix}$로 기호화했다. 삼차원 공간의 선형변환은 3×3 행렬로 나타낼 수 있다. 이제 변환 T_1에 이어 변환 T_2 $\begin{cases} x'' = ex' + fy' \\ y'' = gx' + hy' \end{cases}$을 적용한다. 그러면 $(x'',\ y'')$을 변환 $T_2 T_1$ $\begin{cases} x'' = (ea + fc)x + (eb + fd)y \\ y'' = (ga + hc)x + (gb + hd)y \end{cases}$를 사용해서 $(x,\ y)$에서 직접 얻을 수 있다. 그는 선형변환을 합성하는 법칙을 행렬로 옮겨서 행렬의 곱셈을 $\begin{pmatrix} e & f \\ g & h \end{pmatrix}\begin{pmatrix} a & b \\ c & d \end{pmatrix} = \begin{pmatrix} ea + fc & eb + fd \\ ga + hc & gb + hd \end{pmatrix}$로 정의했다. 단위 행렬은 $I = \begin{pmatrix} 1 & 0 \\ 0 & 1 \end{pmatrix}$, 영행렬은 $O = \begin{pmatrix} 0 & 0 \\ 0 & 0 \end{pmatrix}$으로 했고 행렬의 덧셈은 $\begin{pmatrix} a & b \\ c & d \end{pmatrix} + \begin{pmatrix} e & f \\ g & h \end{pmatrix} = \begin{pmatrix} a+e & b+f \\ c+g & d+h \end{pmatrix}$로 정의했다. 이로써 덧셈에서는 교환 법칙과 결합 법칙이 성립하고, 곱셈에서는 결합 법칙이 성립하며 덧셈에 대한 곱셈의 분배 법칙이 성립함을 보였다. 그렇지만 행렬의 곱셈에서는 교환 법칙이 성립하지 않고, 더구나 어느 두 행렬이 영행렬이 아닌데도 곱은 영행렬이 될 수가 있음도 보였다. 이제 변환을 대수적으로 계산할 수 있게 되었다.

케일리는 행렬이 표기의 편리함을 제공할 뿐이지 응용되지 못하리라고 생각했으나 과학과 통계학에서 매우 중요한 도구가 되었다. 이를테면 하이젠베르크(W. Heisenberg 1901-1976)는 1925년에 행렬의 대수학에서 양자역학에 필요한 도구를 얻었다. 임상실험에서는 원인과 결과 사이의 어떠한 관련성이 통계적으로 의미가 있는지를 행렬을 이용하여 알아낸다. 더욱이 행렬과 같은 기하학적 이미지를 이용하면서 정리를 증명하기가 쉬워졌다.[74]

케일리는 1858년에 임의의 정사각행렬은 자신의 고유방정식을 만족시킨다는 케일리-해밀턴 정리를 기술했다. 이차정사각행렬 $A = \begin{pmatrix} a & b \\ c & d \end{pmatrix}$의 고유방정식은 $p(x) = |A - xI| = \begin{vmatrix} a - x & b \\ c & d - x \end{vmatrix}$이다. 그러면 $p(x) = x^2 - (a+d)x + (ad - bc)$이다. x에 A를 대입하면 $p(A) = A^2 - (a+d)A + (ad - bc)I = O$. A가 고유방정식을 만족한다는 것은 이 의미이다. 이것이 행렬이 대수에서 지니는 중요한 성질이다. 그는 3×3의 경우에 이것이 성립함을 보였다.[75] 이차형식 $ax^2 + 2bxy + cy^2$의 판별식에 해당하는 $b^2 - ac$는 원점이 중심인 회전변환에서 불변량인데($a + c$도 그러함), 이와 관련된 또 다른 불변량이 바로 고유방정식의 근이다. 1878년에 프로베니우스가 고유방정식의 일반적인 경우를 증명했다. 케일리가 케일리-해밀턴 정리를 기술한 것은 "임의의 행렬은 무엇이든 그 행렬의 차수와 같은 차수의 대수방정식을 만족한다.

따라서 행렬의 임의의 유리함수나 다항함수는 기껏해야 그 행렬의 차수보다 하나 낮은 차수의 유리함수든지 다항함수로 표현된다"는 것을 보여주려는 것이었다.[76] 그는 이 결과를 무리함수에도 적용하려고 했으나 실패했다. 이 문제가 1868년에 조르당이 행렬을 조르당 표준형이라 하는 것으로 분류하게 된 계기였다.

케일리의 업적 가운데서도 뛰어난 것의 하나는 불변량 이론일 것이다. 불변량 개념의 확장은 대수적 불변량 이론으로부터 유도되는데 이 이론은 단순한 관찰에서 나왔다. 그 생각은 가우스와 라그랑주가 정수론에서 이룬 업적까지 거슬러 올라가나, 두 사람은 그 의미를 이해하지 못했다.[77] 단순한 관찰이란 이차방정식 $ax^2 + 2bx + c = 0$은 하나의 불변량이 있는데 판별식 $b^2 - ac$가 그것이다. 이차방정식에서 변수 x를 유리변환 $y = \dfrac{px+q}{rx+s}$, 곧 $x = \dfrac{q-sy}{ry-p}$를 적용하여 새로운 방정식 $Ay^2 + 2By + C = 0$을 얻는다. 변환된 이차방정식의 판별식은 $B^2 - AC = (ps-qr)^2(b^2-ac)$이다. 새 판별식은 본래 방정식의 판별식에 $(ps-qr)^2$을 곱한 것이다. 이것은 유리변환의 계수 p, q, r, s에만 관계된다. 여기에 주목할 만한 것이 있음을 불(1841)이 처음 알았다. 그는 일반 사차방정식에는 불변량이 두 개 있음을 알아냈다. 아이젠슈타인은 1844년에 본래 방정식의 계수와 변수 x를 유리변환에 의해 새로운 계수와 변수 y로 바꾸면, 본래의 방정식에서 만들어진 식과 변환된 방정식에서 구성된 식은 변환할 때 쓰인 계수에 관계된 인수만 다르다는 것을 발견했다. 케일리가 1845년에 그러한 불변성을 가진 모든 식을 일반화하는 방법을 제시했다.[78] 실베스터도 같은 분야에 관심을 기울였다.

케일리의 영향을 받아 대수학을 연구하게 된 실베스터는 1830년대 후반에 두 다항방정식이 언제 공통근을 갖는지를 판별하는 문제를 다뤘다. 그는 공통근이 있는지를 판정하기 위해 행렬식의 용어를 써서 표현한 새로운 판별법으로 연구했다.[79] 이어진 연구는 케일리와 함께 1850년대에 시작한 변수가 둘 이상인 동차다항식과 이것들의 불변량에 대한 것이었다. 이 가운데 해석기하학이나 물리학에서 가장 중요한 경우는 이변수나 삼변수 이차형식이다. 이 식을 어떤 상수와 같다고 놓으면 원뿔곡선이나 이차곡면을 나타내기 때문이다. 바이어슈트라스가 처음으로 행렬식을 공준으로 정의했을 것이다.[80] 그는 정사각행렬 A의 행렬식을, 각 행의 성분에 대하여 동차이면서 선형이고 두 행끼리 자리를 바꾸면 부호만 바뀌며 A가 단위 행렬이면 1이 되는, A의 성분으로 이루어진 다항식으로 정의했다.

행렬식과 행렬은 무한차수로 확장되었다. 무한행렬식은 푸리에 급수의 계수를 결정하는 푸리에의 연구와 상미분방정식의 근에 대한 힐(G. W. Hill)의 연구에서 다루어지기 시작했다. 무한행렬은 두 사람의 연구를 완성한 푸앵카레에게서 나오기 시작했다. 하지만 무한행렬이 본격 다루어진 것은 볼테라(V. Volterra) 이후의 적분방정식 연구이다.

이 장의 참고문헌

[1] Struik 2020, 230
[2] Klein 2012, 19
[3] Aubin 2008, 284
[4] Burton 2011, 673
[5] Burton 2011, 658
[6] McClellan, Dorn 2008, 467
[7] Struik 2020, 214
[8] Tappenden 2015, 200
[9] Kenny 2001, 62
[10] Tappenden 2015, 200
[11] Ferreirós 2015, 209
[12] 김용운, 김용국 1990, 468
[13] Kline 2016b, 1383
[14] Struik 2016, 235
[15] Havil 2014, 266
[16] Bell 2002b, 215
[17] Edwards 1977
[18] Gray 2008, 670
[19] Gray 2008, 670
[20] Bell, 2002b, 134
[21] Archibald 2015, 187
[22] Bell 2002b, 207
[23] Havil 2008, 309
[24] Plute 2015, 172
[25] Katz 2005, 750
[26] Gowers 2015, 168
[27] Stewart 2010, 142
[28] Katz 2005, 754
[29] Devlin 2011, 306
[30] Archibald 2015, 187
[31] Bell 2002b, 213
[32] Katz 2005, 761
[33] Stewart 2016, 275
[34] Katz 2005, 759
[35] Katz 2005, 763
[36] Katz 2005, 764
[37] Stewart 2016, 284
[38] Stubhaug 2015, 194
[39] Stewart 2010, 247-248
[40] Katz 2005, 765
[41] Kline 2016a, 729
[42] Kline 1984, 183-184
[43] Katz 2005, 767
[44] Katz 2005, 769
[45] Katz 2005, 771
[46] MacHale 2015, 182
[47] MacHale 2015, 182
[48] Boyer, Merzbach 2000, 961
[49] Kenny 2001, 14
[50] Kenny 2001, 15
[51] Kenny 2001, 23
[52] Tappenden 2015, 199
[53] Kenny 2001, 33-34
[54] Tappenden 2015, 199
[55] Ferreirós 2015, 209
[56] Kline 1984, 186
[57] Boyer, Merzbach 2000, 946
[58] Burton 2011, 635
[59] Katz 2005, 775
[60] Gray 2015c, 198
[61] Katz 2005, 893
[62] Katz 2005, 892
[63] Kline 2016b, 1099-1100
[64] Katz 2005, 896
[65] Derbyshire 2011, 206
[66] Struik 2020, 277
[67] Kline 2016b, 1101
[68] Cajori 1928/29, 506항

[69] Katz 2005, 737
[70] Katz 2005, 779
[71] Katz 2005, 783
[72] Katz 2005, 785
[73] Pulte 2015, 172
[74] Stewart 2016, 343
[75] Katz 2005, 782
[76] Katz 2005, 782
[77] Bell 2002b, 123
[78] Bell 2002b, 125
[79] Parshall 2015, 180
[80] Eves 1996, 520

제 18 장

19세기의 해석학과 통계학

해석학 전반

미적분의 발달 과정은 수학이 발전하는 방식을 잘 보여주는 예이다. 처음에는 통찰력과 직관으로 자연과 사회의 사물로부터 개념을 얻고, 많은 사례로부터 유효함을 확인하며, 집중적으로 탐구하여 개념을 확충하고, 정밀한 체계를 갖춰나가, 마침내 논리적 엄밀함을 갖춘다.

미적분학은 발견된 뒤 150년 동안 아주 빠르게 발달했다. 그렇지만 급수를 재배열하고 미분과 적분을 하는 과정에 통상의 형식적인 방식을 이용하기만 했지, 그것이 타당한지를 따지지 않았다. 논리적 근거가 마련되지 않은 상태에서 직관적으로 그럴듯한 설명을 찾다 보니 자주 그릇된 결과를 얻었다. 그러다 유한인 수를 사용할 때는 모순이 생기지 않지만 무한급수와 미적분학을 사용할 때는 모순이 생긴다는 것을 깨닫기 시작했다.

17~18세기를 거치는 동안 미적분학, 무한급수, 미분방정식 같은 영역에서 논리적 곤란이 두드러지게 나타났다. 1800년 무렵에 수학자들은 이런 영역에 나오는 개념과 증명의 논리적 근거를 주의 깊게 살피기 시작했다. 그 동기의 하나를 수학교육에서 찾아볼 수 있다. 프랑스 혁명 전에 수학자는 왕립 아카데미에 소속되어 연구만 하면 되었지만, 혁명 이후에는 대학에서 가르치기도 해야 했다. 이 과정에서 수학의 여러 개념을 학생에게 어떻게 제시할 것인가에 관심을 기울이게 되어, 그것에 수반하는 엄밀함에도 관심이 높아졌다는 것이다.[1] 이것은 어디까지나 추측일 것이다. 다만 데데킨트가 스위스의 연방 공과대학에서 처음 가르치게 되었을 때 실수가 제대로 정의되어 있지 않음을 깨달았다고 1872년의 저작에서 기술한 것으로 보아 교육의 의무가 엄밀화를 추진시켰다고 하는 것이 반드시 틀리지는 않는 것 같다.[2]

그렇지만 그 동기를 수학 내부에서 찾는 것이 본질에 더 가까울 것이다. 19세기에 들어서도 미분과 무한소라는 용어가 자유롭게 쓰였지만, 0이기도 하고 0이 아니기도 한 양이라는 식으로 불명료하고 불합리한 상태에 놓여 있었다. 해석학의 대상이 되는 함수의 범주가 매우 넓어졌으나 그 개념이 여전히 명확하지 않았다. 함수가 오일러의 해석적 표현(식)에 머물렀다면, 더욱이 그 범주가 알맞게 한정되어 있었다면 미적분의 엄밀화 수준은 오일러의 단계에서도 충분했을 것이다. 무한급수가 수렴하는지를 따지지 않고 사용하면서 모순에 빠지기도 했다. 도함수와 적분의 기본 개념조차도 제대로 정의되지 않았다. 여기에 함수의 삼각급수 표현을 둘러싼 논란이 혼란을 더했다. 이러한 여러 문제가 해석학에 논리적 토대가 없어서 생겼다고 생각하게 했다. 이제는 실수의 개념과 실수의 연속성, 수렴하는 무한급수의 개념, 함수의 연속성과 미분 가능성, 정적분의 개념 등을 적절히 규정하거나 정의할 필요가 절박하게 되었다.

수학의 여러 분야에서 엄밀화는 공리를 바탕으로 이루어진다. 해석학의 엄밀화는 19세기에 라그랑주와 가우스에서 시작되어 볼차노, 코시, 아벨, 디리클레가 진전시켰다. 그 가운데서도 코시가 상당히 심화, 발전시켰으며 바이어슈트라스가 더욱 공고히 했다. 코시와 바이어슈트라스가 등장하고 나서야 해석학의 가장 기본이 되는 개념인 극한이 엄밀한 수학적 방식으로 파악되었다. 이들 덕분에 동적인 운동을 정적인 함수로 파악할 수 있게 되었고 1900년대에 들어서는 급수, 극한, 도함수, 적분을 모순 없이 적용할 수 있게 되었다. 이로써 새로운 학문 분야인 해석학이 탄생했다. 미적분의 엄밀한 정의에서 무한소라는 용어는 완전히 사라졌다.

2 해석학의 엄밀화와 산술화

해석학을 산술화하려는 연구는 M. 옴(M. Ohm 1792-1872)이 1822년에 전개한 시도에서 시작됐다. 그렇지만 함수의 무한급수가 그것이 유도된 본래의 함수에 항상 수렴하는지가 분명하지 않았고 더욱이 실수를 제대로 정의하지도 못했다. 이 때문에 옴의 연구 뒤로도 반세기가량 해석학을 산술화하려는 시도는 그다지 나아가지 못했다. 또한 그때까지는 코시의 해석학조차 기하학적 추론과 직관에서 벗어나지 못하고 있었다. 게다가 1834년에 볼차노(B. Bolzano 1781-1848)가 어느 구간에서 연속이지만 미분 불가능한 함수를 제시했다. 리만(B. Riemann 1826-1866)은 독립변수가 무리수일 때는 연속이지만 유리수일 때는 불연속인 함수를 제시했다. 이제 극한 이론이 단순하고 직관적인 실수 개념 위에 세워져 왔음이 드러났다. 극한, 연속성, 미분 가능성 이론은 가정되어 왔던 것보다 실수의 성질에 더 깊이 좌우되고 있었다. 실수라는 연속체의 본성을 더 깊이 연구해야 했다. 이 연구의 출발점은 실수를 양쪽으로 한없이 뻗은 직선 위에 놓인 점들의 집합으로 여기는 것이었다.[3] 이렇게 해서 운동과 변화의 연구로 시작된 미적분학 이론이 극한을 거쳐 실수 연속체의 연구로 나아갔다.

실수계 자체를 엄밀하게 세우고 나서 해석학의 모든 기초 개념을 수 체계로부터 끌어내야 했다. 해석학의 산술화로 일컬어지는 이 생각을 바이어슈트라스(K. Weierstraß 1815-1897)와 그의 제자들이 실현했다. 기하학의 혁명이 공간에 대한 선입관에서 벗어났을 때 일어난 것처럼 해석학의 산술화도 실수, 특히 무리수를 유클리드 기하학에서 이어받은 직관적으로 주어진 양으로 여기는 데서 벗어났을 때 이루어졌다. 오늘날 해석학의 모든 이론을 실수계를 규정하는 공리들로부터 논리적으로 끌어낸다. 유클리드 기하학이 모순이 없으면 대부분의 기하학도 모순이 없게 되는데 이 유클리드 기하학도 해석적 표현으로 실수계에 기초를 둘 수 있다. 또한 실수계로 매우 많은 대수학의 분야를 표현할 수 있다. 곧, 수학의 상당 부분의 무모순성이 실수계의 무모순성에 달려 있다. 한마디로 수학의 기초에 실수가 있다.

2-1 함수의 개념

미적분과 관련하여 라이프니츠가 쓰기 시작한 함수라는 용어는 요한 베르누이, 오일러, 라그랑주를 거쳐 푸리에(J. Fourier 1768-1830)에 이르러 '해석적 표현'이라는 규정에서 벗어나 지금의 정의로 커다란 한 걸음을 내딛는다. 푸리에의 연구를 계기로 19세기의 수학자들은 함수의 의미, 함수를 표현하는 방법, 함수가 지닌 성질이 무엇이며 어떤 표현이 어떤 성질을 보증하는지를 구분하여 다루게 되었다.

실함수의 이론을 오일러가 시작하고 라그랑주가 일단 완성했으며 푸리에가 새로운 발전의 기틀을 놓았다. 푸리에 전에는 함수란 x에 어떤 수를 넣어 다른 수 $y=f(x)$를 얻는 일종의 기능이었다. 정의역을 고려하기도 했으나 아직 함수를 명확히 정의하지 못했다. 연속과 불연속에 대한 관념이 혼란을 키웠다. $\begin{cases} y=x & (x \geq 0) \\ y=-x & (x<0) \end{cases}$도 연속함수

가 아니었다. 게다가 $\begin{cases} y=1 & (x \ge 0) \\ y=0 & (x<0) \end{cases}$처럼 도약이 있는 경우도 다뤄야 했다. 복소함수는 수학자들을 더욱 혼란에 빠뜨렸다. 복소함수에서 제곱근함수는 두 값을 산출하며 로그함수는 한없이 많은 값을 산출하기 때문이었다. 게다가 푸리에가 임의의 함수를 사인함수와 코사인함수의 무한급수로 전개하는 방법을 찾아냄으로써 혼란은 가중되었다.

산업 현장에서 금속의 열 흐름을 다루는 문제, 지구 내부의 온도를 알아내거나 여러 매질에서 시간에 따른 온도의 변화를 결정하는 문제에서 열전도는 중요한 관심사였다. 1807년에 푸리에가 열전도 현상을 연구한 결과를 프랑스 학사원에 제출했다. 그는 열의 흐름을 수학의 영역으로 들여오면서 푸리에 급수라고 일컬어지는 삼각급수 전개를 다루었다. 이 논문은 열의 흐름을 나타내는 미분방정식을 유도하는 과정을 해석하기 어려웠다는 점과 푸리에 급수를 풀이에 사용했다는 것 때문에 받아들여지지 않았다. 푸리에는 연구 결과를 다시 정리하여 1822년에 〈열의 해석적 이론〉(Théorie analytique de la chaleur)으로 발표했다. 고체 내부에서 일어나는 열의 흐름, 수학적 해석의 새로운 방법, 데카르트가 제안했으나 아직 적용되지 않던 차원 이론을 다루었다.[4] 게다가 그는 열의 물리적 본성을 해명하지 않고 열 현상을 해석적으로만 기술했다. 이 모든 것이 그 뒤의 수학이 발달하는 데에 많은 영향을 끼쳤다.

푸리에는 시각이 t이고 x축의 양의 방향으로 무한히 길고 y축으로 나비가 2인 직사각형의 얇은 판에서 열 분포 $T(t,\ x,\ y)$가 $x=0$에서는 1°, $y=\pm 1$에서는 0°로 유지되는 경우부터 생각했다. 그는 열의 흐름에 관하여 몇 가지를 가정하고서 T가 편미분방정식 $\dfrac{\partial T}{\partial t}=\kappa\left(\dfrac{\partial^2 T}{\partial x^2}+\dfrac{\partial^2 T}{\partial y^2}\right)$를 만족함을 보였다[53]. κ는 열전도율이다. 이것을 풀기 위하여 임의의 함수 $f(x)$를 삼각함수의 급수

$$f(x)=\frac{1}{2}a_0+\sum_{n=1}^{\infty}(a_n\cos nx+b_n\sin nx)$$

라는 꼴, 곧 이른바 푸리에 급수로 나타내는 방법을 제시하고 성공했다. 이것은 일찍이 다니엘 베르누이가 어느 정도 보여준 개념이다. 여기서

$$a_0=\frac{1}{\pi}\int_{-\pi}^{\pi}f(x)dx,\ \ a_n=\frac{1}{\pi}\int_{-\pi}^{\pi}f(x)\cos nx\,dx,\ \ b_n=\frac{1}{\pi}\int_{-\pi}^{\pi}f(x)\sin nx\,dx$$

53) 삼차원 입체에서는 $\dfrac{\partial T}{\partial t}=\kappa\left(\dfrac{\partial^2 T}{\partial x^2}+\dfrac{\partial^2 T}{\partial y^2}+\dfrac{\partial^2 T}{\partial z^2}\right)$임을 보였다.

으로 결정된다. 이것을 이용하면 첨점이 있는 함수나 현대적 의미의 불연속함수도 나타낼 수 있어 테일러 급수보다 훨씬 일반적인 함수를 연구할 수 있다. 이를테면 함수 $f(x)=\begin{cases}0 & (-\pi \le x \le 0)\\ \sin x & (0 \le x \le \pi)\end{cases}$는 구간 $[-\pi,\ 0]$이나 $[0,\ \pi]$에서는 테일러 전개가 되나 $[-\pi,\ \pi]$ 전체에서는 그렇게 할 수 없다. 푸리에 급수로는 $[-\pi,\ \pi]$에서 $f(x)=\frac{1}{\pi}+\frac{1}{2}\sin x-\frac{2}{\pi}\sum_{n=1}^{\infty}\frac{1}{(2n)^2-1}\cos 2nx$로 나타낼 수 있다. 이처럼 푸리에 급수로는 한 함수를 전체 구간에서 해석적으로 나타낼 수 있다. 이것이 푸리에 급수의 강점이다. 푸리에의 연구 덕분에 해석함수나 테일러 급수 전개 방식에서 벗어나 새로운 방법을 찾게 되었다.

푸리에는 자신의 급수 표현에 근거하여 과거의 제한에 얽매이지 않고서 함수를 정의했다. 함수는 정연한 모습일 필요가 없게 되었다. 그는 변수 y가 일정한 범위에 있는 x값마다 특정한 y값을 갖는다면 y를 변수 x의 함수라고 했다. 이 y의 값은 공통 법칙을 따를 필요 없이 임의의 방식으로 독립된 양처럼 주어진다. 아직 모호하지만 함수가 변수 사이의 관계라는 현대의 관점에 가까워졌다. 그가 생각하고 있던 함수는 유한개의 작은 구간으로 나뉘고, 구간마다 해석적 표현으로 주어지든 그래프로 주어지든 넓이를 시각적으로 떠올릴 수 있는 매끄러운 함수였다. 그는 $e^{-|x|}$을 불연속함수로 여기고 있는 데서 보듯이 아직 18세기의 흔적이 남아 있다.[5] 그렇더라도 그의 해석은 함수 개념을 정하는 기준이 되었다.

푸리에는 '완전 임의의 함수'라는 것을 설명하는 데서 x의 변역을 $0 \le x \le X$인 임의의 x에 대응하는 것으로 하고 그것 이외는 배제할 것을 주장하고 있는데, 여기서 정의역의 원시 형태를 볼 수 있다.[6] 그는 함수의 무한열로 이루어진 급수가 수렴하는 구간을 명백하게 인식하고 있었다. 이것은 오일러, 베르누이, 라그랑주가 함수의 정의역을 정확히 인식하지 못했던 것과 대비된다.

푸리에는 몇 가지 경우에 그의 전개식이 실제로 어떤 함수를 표현하고 있음을 처음 n항의 부분합을 삼각함수로 나타내고 나서 n이 증가할 때의 극한을 보이고자 했다.[7] 그러나 실제로 임의의 연속함수가 푸리에 급수로 전개되는 것은 아니고, 여러 제한 조건이 부과된다. 연속이든 아니든 어느 함수라도 자신의 급수로 전개된다는 푸리에의 주장은 순진했다.[8] 1826년에 아벨은 푸리에 급수가 본래의 함수에 수렴함을 입증하려던 푸리에의 시도가 충분하지 않음을 알았다. 이를테면 $\frac{1}{2}x$는 무한급수 $\sin x - \frac{1}{2}\sin 2x + \frac{1}{3}\sin 3x - \frac{1}{4}\sin 4x + \cdots$로 표현되지만, 이 급수는 $[-\pi/2, \pi/2)$에서는 함수 $(1/2)x$을, 실수축 전체에서는 π를 주기로 같은 그래프가 되풀이된다. 게다가 이 급수는 $\frac{\pi}{2}\left(\frac{x}{\pi} - \left[\frac{x}{\pi}\right]\right)$에서도 나왔다. $[x]$는 x를 넘지 않는 가장 큰 정수이다. 이 급수의 각항은 연속함수이고 모든 x에서 수렴하지만, 본래의 함수는 $x = \pm\pi$에서 불연속이다. 이로써 푸리에 급수로 전개한 것이 본래의 함수가 되지 않을 수도 있고, 그 급수가 같더라도 본래 함수의 성질이 다를 수도 있음이 드러났다. 이는 푸리에 급수가 일반적이지 않다는 것이다. 푸리에는 자신의 급수가 x의 어떤 값에서 수렴하는지, 그것이 수렴한다면 그 합이 본래 함수의 값인지를 수학적으로 정당화하지 못했다. 임의의 함수가 푸리에 급수로 표현된다는 명제에 대한 푸리에의 '증명'이 엄밀한 의미로는 증명은 아니었을지라도 그의 주장은 기본적으로는 옳았고, 그 뒤의 해석학을 앞선 것과 결정적으로 구별했다.[9]

푸리에의 주요한 공적은 편미분방정식의 경곗값 문제에 있다. 그는 초기 경계조건에 알맞은 미분방정식의 근을 구하는 것에서 수리물리학의 방법에 중요한 영향을 끼쳤다. 편미분방정식론, 초함수론, 조화해석, 함수해석 같은 분야가 푸리에 급수론의 도움을 받았다. 이를 통해 푸리에 급수는 본래 의도했던 열역학 문제도 해결했고 음향학, 광학, 전기역학 같은 여러 분야를 연구하는 데도 매우 중요한 역할을 했다. 소리는 매질인 공기의 분자가 진동함으로써 나타나는 짙음과 옅음의 파동으로 전달되는 현상이다. 이 파동을 가장 단순한 형태로 나타낸 것이 사인함수 그래프이다. 소리의 요소인 크기, 높이, 소리맵시는 모두 이 사인함수 그래프를 더한 것이다. 푸리에의 연구로 소리를 수학적으로 기술할 수 있게 되면서 소리의 파동을 수학적으로 통제할 수 있게 되었다. 푸리에 정리를 독일의 G. 옴(G. Ohm 1789-1854)[54]이 음악에 적용했다. 전기 자극을 이용하여 적절한 진동수와 진폭으로 이루어진 소리를 만들고, 이것들을 조합하여 복잡한 소리를 발생시켰다. 맥스웰은 1861년에 앙페르 법칙(1820)과 페러데이 법칙(1831)을 바탕으로 맥스웰 방정식이라는 파동방정식으로 전자기장을 기술하면서 페러데이의 정성적인 전자기장 개념을 수학화(1845)했다. 이로써 그는 전기장과 자기장이 음파처럼 공간을 이동할 수 있음을 보여주었다. 그리고 빛의 운동 공식과 전자기파의 움직임을 기술하는 공식이 같음을 알아냈다. 1887년에 헤르츠(H. R. Hertz 1857-1894)가 한 회로에서 전자기파를 발

54) 옴의 법칙($R = V/I$, R: 저항, V: 전압, I: 전류)으로 알려진 물리학자

생시키고 조금 떨어진 다른 회로에서 그 전자기파를 받는 데 성공함으로써 전자기파의 존재를 입증했다. 뉴턴이 중력을 물리적으로 설명하지 못했듯이 맥스웰도 전자기파를 설명하지 못했으나, 그의 전자기 이론은 많은 현상을 포괄한다는 점에서 뉴턴의 보편중력 이론을 넘어선 총괄적인 수학 법칙 체계라고 할만하다. 맥스웰의 연구로 전자기파가 에테르를 매개로 한다는 물리적 설명은 타당성을 잃었다. 맥스웰의 이론은 H. 로렌츠(H. Lorentz 1853-1928)의 전자에 관한 이론과 아인슈타인의 상대성에 관한 이론에 시사점을 주었다.

코시는 1823년에 여러 변수 사이에 어떤 관계가 있고, 변수 가운데 하나의 값이 주어져서 그것으로부터 다른 것의 값이 정해질 때, 이 하나의 변수를 독립변수라 하고 다른 것을 함수라 했다.[10] 독립변수라는 개념을 전에는 변화하는 양이라 하던 것에서 오늘날 쓰이는 의미를 담은 변수(variable)로 대체했다는 것이 중요하다. 변수 사이의 관계(대응)로서 간결하게 규정한 코시의 정의는 함수를 x값마다 y값을 정하는 규칙으로 파악하는 계기가 되었다. 이에 따라 기하학적 이미지나 해석적 표현 등은 함수 개념을 제대로 담지 못한다고 생각하게 됐다. 하지만 코시도 오일러처럼 함수를 다룬 적이 많았다. 변수들의 상호의존 관계에 의거한 코시의 함수는 집합에서 집합으로 가는 일가 대응이라는 요즘의 함수와 여전히 거리가 멀었다.

오늘날 대학에서 가르치는 함수의 정의는 디리클레에서 시작한다. 그가 처음으로 수식 등의 법칙이 없이 대응의 규칙을 함수라고 하면서 해석적 표현이라는 인식을 제거했다. 그는 푸리에 해석의 이론을 바탕으로 함수 개념을 일반화했다. 푸리에 급수로 표현되는 함수는 필연적으로 일가이어서 그는 함수 개념을 일가성에 바탕을 두었다. 1829년에는 '완전 임의의 함수'를 푸리에 급수로 전개하기 위한 충분조건을 처음으로 엄밀하게 제시했다. 함수 $f(x)$가 구간 $[-\pi,\ \pi]$에서 정의되어 있고 극값의 개수가 유한이며 유한개의 점을 제외하고 연속이면, 이것의 푸리에 급수는 연속인 각 점 x에서 $f(x)$에 수렴한다.[11]

디리클레는 모든 x에 대하여 유한의 확정된 값을 갖지만 푸리에 급수로 나타낼 수 없는 이른바 디리클레 함수 $f(x)=\begin{cases} c & (x:\ \text{유리수}) \\ d & (x:\ \text{무리수}) \end{cases}$ $(c \neq d)$도 제시했다. 이런 함수 가운데 하나인 $f(x)=\begin{cases} 1: & x\text{가 유리수} \\ 0: & x\text{가 무리수} \end{cases}$의 해석적 표현은 $\lim_{m\to\infty}\lim_{n\to\infty}\cos^{2n}(m!\pi x)$이다.[12] 이 함수는 그래프를 그릴 수 없으므로 그래프로는 연속인지, 접선을 그을 수는 있는지, 그래프와 x축으로 둘러싸인 도형의 넓이를 생각할 수 있는지를 알 수 없다.

더구나 x와 $y(=f(x))$를 변수라고는 하지만 실제로 둘을 대응시키는 규칙만 있다. 이 함수는 집합 사이의 일가 대응이라는 함수 개념의 원형이라고 할 수 있다.

디리클레는 1837년에 오늘날 널리 쓰이는 일변수함수의 정의를 제시했다. 구간 $[a,\ b]$에서 x의 함수 y는 이 구간에 속한 모든 x에 대하여, y가 같은 규칙을 따르지 않아도 되고 규칙이 수학적 연산으로 표현되지 않아도 되는,[13] 하나의 확정된 y가 대응하는 경우라고 했다. 어떤 특별한 법칙이나 공식이 필요하지 않다고 분명히 했다. 연속함수라는 울타리 안에 있지만 함수는 두 집합의 수 사이의 대응임을 분명히 함으로써 현대적인 정의에 거의 다가섰다. 당시는 아직 집합이나 실수 개념이 확립되어 있지 않은 한계가 있었다. 로바체프스키도 디리클레와 거의 같은 때(1834)에 독립으로 순수한 대응으로 함수 개념을 기술했다.[14]

리만과 바이어슈트라스에 앞선 시기에는 몇 개의 특이점이 제외된 모든 연속함수를 미분할 수 있다고 여겼다. 그러다 1854년에 리만은 '조밀한 점집합에서 불연속이지만 적분할 수 있는 함수'를 발표하여 충격을 주었다.[15] 1861년 무렵 리만은 $\sum_{n=1}^{\infty}\frac{\sin(n^2x)}{n^2}=\sin x+\frac{1}{4}\sin 4x+\frac{1}{9}\sin 9x+\ \cdots$를 제시하면서 이 함수는 급수가 고른 수렴을 하므로 연속이지만, 어디에서도 미분할 수 없다고 생각했다. 바이어슈트라스는 이것을 증명할 수 없다고 했는데, 1970년에 거버(J. Gerver)가 $x=\pi$ 같은 특정한 점에서 미분할 수 있음을 발견했다.[16] 이제 함수의 개념은 손이 가는 대로 자유로이 그린 곡선(오일러)에서 벗어났다.

바이어슈트라스는 널리 받아들여지던 개념들에 자주 반례를 들어 엄밀하게 논리적으로 접근해야 함을 상기시켰다. 이를테면 1872년에 제시한 모든 실수 x에서 연속이지만 어디서도 미분할 수 없는, 이른바 바이어슈트라스 함수 $f(x)=\sum_{n=0}^{\infty}a^n\cos(b^n\pi x)$는 엄청난 충격을 주었다. $0<a<1$이고 b는 $ab>1+\frac{3\pi}{2}$인 홀수이다. 이 함수를 볼차노가 1834년에 생각했으나 널리 알려지지 않아, 바이어슈트라스가 첫 발견자로 되었다. 직관만으로는 혼란에서 벗어날 수 없음이 드러난 이 무렵부터 실수론이 본격 연구되기 시작하여 해석학의 기초가 마련된다. 바이어슈트라스가 다룬 것보다 일반적인 조건인 a는 $0<a<1$인 실수, b는 $ab\geq 1$인 실수일 때를 하디(G. H. Hardy 1877-1947)가 증명했다.[17] 한편 이 함수가 발전하여 20세기에 새로운 기하 개념으로 프랙털이 등장한다.

여기서 더 나아가 조르당(C. Jordan)은 1887년에 곡선을 연속함수 $x=f(t)$, $y=$

$g(t)$, $t_0 \le t \le t_1$로 표현되는 점들의 집합이라고 정의했다. 여기서 t, $t' \in (t_0, t_1)$에 대해 $f(t) \ne f(t')$이거나 $g(t) \ne g(t')$이다. 이 곡선을 조르당 곡선이라 하는데 정의에 따르면 곡선이 정사각형을 채울 수 있다는 점에서 이 정의는 지나치게 폭이 넓었다.[18] 1890년에 페아노가 조르당의 정의를 만족하면서 사각형 안에 있는 모든 점을 적어도 한 번 지나는 곡선을 발견했다.

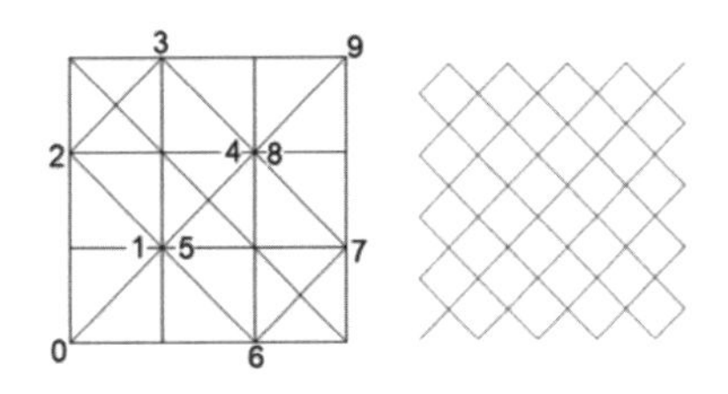

그림과 같은 방법으로 선분 [0, 1]을 9개의 선분으로 보낸다. 다음에 작은 정사각형마다 그 안에 있는 선분을 같은 방식으로 9개의 선분으로 보낸다. 한 정사각형에서 다음 정사각형으로 옮겨갈 때 끊어지지 않게 한다. 이 과정을 한없이 되풀이하면 마침내 전체 정사각형이 모두 채워진다. 이러한 비정상적인 행동을 보이는 연속함수(또는 곡선)가 여럿 나왔고, 이것들은 기하학적인 증명에 주의해야 한다는 것을 시사했다.

미분 불가능 연속함수는 길이의 의미를 다시 생각하게 했다. 부아레몽(Bois-Reymond 1831-1889), 페아노, 조르당 등이 적분 정의나 기하 개념을 사용하는 방식으로 곡선의 길이 개념을 일반화하려고 했다. 가장 일반적으로는 측도 개념을 사용하는 것이었다. 곡면의 넓이도 측도 개념으로 다시 다루어졌다. 코흐(H. von Koch 1870-1924)가 1904년에 유한 넓이를 둘러싸면서 길이가 무한인 미분할 수 없는 연속곡선(이른바 눈송이 곡선)을 예로 내놓으면서 문제는 복잡해졌다.

리만은 1854년에 자연 현상을 다룰 때 나타나는 함수와 자연과학의 외부(이를테면 그가 연구하고 있던 수론)에 나타나는 함수를 구별했다. 그는 후자의 예로 푸리에 급수가 본래의 함수와 일치하지 않는, 나아가서는 애초에 푸리에 급수를 갖지 않는 함수들을 들었다. 그에게 수학은 현실 세계의 사물로부터 추상한 대상을 넘어 나아가는 것이었다. 리만의 함수는 적절한 수학적 기교가 없으면 정의될 수 없었다. 함수는 함수를 해석하기 위해 이용되는 수학적 기교의 산물이었다.[19]

2-2 함수의 극한과 연속

미적분은 함수의 극한이라는 개념에 기대고 있다. 엄격히 말해서 극한값이 존재할 때만 도함수와 적분은 존재한다. 이 때문에 미적분은 이전에 연구됐던 다른 수학 분야들과 구별된다. 무한급수의 수렴과 발산도 극한 개념에 달려 있으므로 극한은 해석학이 발전하려면 반드시 명확히 규명되어야 하는 개념이었다.

달랑베르는 수학적이지 않은 운동이라는 개념에 바탕을 둔 순간속도로 유율법을 설명한 뉴턴을 비판했다. 뉴턴의 설명에 쓰인 무한소라는 관념은 엄밀함이 없음을 가장 뚜렷하게 보여주는 것이었다. 달랑베르는 〈백과전서〉 제4권(1754)과 제9권(1765)에서 각각 해석학의 기초에는 극한이 필요하다는 주장과 극한의 정의라고도 할 수 있는 것을 실었다. 극한이 옳은 접근법이었으나 그는 가까움이라는 모호한 개념에 의존하여 극한을 기하학적으로 보여주려 했다. 여전히 18세기 수학의 전통을 벗어나지 못했다.

라그랑주가 테일러 급수 전개로 함수를 표현하고자 했는데, 이것은 미적분학을 엄밀하게 구축하려는 실제적인 첫 시도였으나 수렴과 발산의 조건을 고려하지 않아 실패했다. 이 내용을 다룬 〈해석함수론〉(1797)을 기점으로 해석학에서 직관과 형식론이 제거되기 시작됐다. 그는 이 저작에서 '$x=0$에서 연속'을 여기서 함숫값이 0이 되는 특정한 경우에 다음 같이 정의했다. "임의로 주어진 양보다 작게 되는 세로좌표에 대응하는 가로좌표 h를 언제든 찾을 수 있다. 그리고 더 작은 모든 h의 값도 주어진 양보다 작은 세로좌표에 대응한다."[20]

라크로와(S. F. Lacroix 1765-1843)는 〈미적분학 개론〉(Traité du Calcul Différentiel et du Calcul Intégral 1797-1800)의 제1권에서 뉴턴과 라이프니츠 다음에 나온 미적분의 여러 방법으로 라그랑주, 달랑베르, 오일러 등의 연구를 다루었다. 1802년에 그는 이 저작을 축약한 〈미적분의 기초 이론〉에서 미분몫의 극한을 결정하는 과정에서 정의한 극한의 개념에 미분학의 기초를 놓고자 했다. 그는 접선의 기울기를 이용하여 설명했던 이전 사람들과 달리 미분학을 변수와 그것에 따르는 함수가 동시에 변하는 증분끼리의 비의 극한을 찾는 것이라고 했다. 접선은 단순히 미분학이 응용된 것이었다. 그는 미분학을 극한 개념으로 논의하려고 했음에도 함수의 테일러 전개를 증명하는 쪽으로 옮겨갔다.[21] 그는 〈미적분학 개론〉의 제2판(1810)에서 각각 0으로 가까이 가는 두 양의 비는 특정한 값을 극한으로 지닐 수 있다는 개념을 내놓았다.[22] 이를테면 $ax/(ax+x^2)$는 $a/(a+x)$와 같고, 이 값은 x가 (양이든 음이든) 0에 가까이 갈 때 1로 가까이 간다고 했다. 그러나 두 양이 모두 0일 때도 그 비를 다뤘고 $0/0$이라는 기호를 사용하기도 했다. 그는 도함수 대신에 미분계수라는 용어를 사용했다. 미분계수의 정확한 정의는 코시의 1823년 저작에 나온다.

코시의 극한 개념과 본질적으로 같은 것을 코시에 앞서 포르투갈의 쿠냐(J. A. da

Cunha 1744-1787)가 1782년에, 체코의 볼차노가 1817년에 전개했다. 쿠냐의 저작은 1811년에 프랑스어로 번역되었으나 거의 주목을 받지 못했다. 또한 볼차노의 연구도 유럽의 변두리에서 나왔기 때문에 프랑스와 독일에서는 읽히지 않았다. 오늘날 보게 되는 극한 개념은 코시의 연구로부터 전개되었다.

오일러가 규정했던 연속함수의 의미는 볼차노와 코시에 이르러 완전히 달라진다. 오일러 시대까지 다항식과 같은 해석적 표현을 연속함수라고 여겼으나 증명된 적이 없었다. 사실은 연속이 정의된 적이 없었기 때문에 그것을 증명할 수도 없었다. 현대적인 연속함수의 개념은 라그랑주의 저작을 잘 이해하고 있던 볼차노에게서 처음 나타났다. 여기서 그가 코시(1821)의 것과 실질적으로 같게 연속을 정의했다. 중간값정리를 순수하게 해석적으로 증명했는데 이때 함수의 연속을 비기하학적으로 정의하는 것이 필요했다. 그는 우연속과 좌연속이라는 개념도 사용했다.[23] 미적분학의 산술화, 극한, 도함수, 수렴의 정의에서도 볼차노는 코시와 비슷했다. 볼차노는 푸리에를 이어서 정의역을 확실히 제시했다. 그리고 중간값정리의 역이 성립하지 않는 예를 들어 보였다.[24] 연속이지만 어떠한 열린집합에서도 단조가 아닌 함수를 발견했고 코시열의 개념을 코시보다 먼저 다루었으며 이른바 볼차노-바이어슈트라스 정리를 발견했고 무한집합을 연구했으며 조르당 폐곡선정리도 기술했다.

볼차노에 따르면 $f(x)$가 어떤 구간에서 연속이라는 것은 구간 안에 있는 임의의 x에 대해 h를 충분히 작게 택해도 $f(x+h)-f(x)$를 원하는 만큼 작게 할 수 있다는 것이다. 그는 이것으로 다항함수가 연속임을 증명했다. 이전에는 h가 무한소이면 $f(x+h)-f(x)$도 무한소라는 식으로 기술했다. 볼차노의 정의에서는 $f(x+h)-f(x)$를 아주 작게 만들고 싶다면 h의 적절한 값을 특정하면 되고 어느 경우에도 같은 값일 필요는 없다. 이로써 연속과 불연속의 차이가 드러나게 되었다. 이를 바탕으로 그는 연속함수의 성질에 의존하는 여러 명제를 산술적으로 증명했다. 그러나 그의 정리 가운데는 다변수의 실함수가 변수마다 연속이면 그 다변수 함수도 연속이라는 명제처럼 그릇된 것도 있다. 같은 오류가 코시에게도 보인다.

뉴턴 시대의 곡선은 끊기지 않고 매끄럽게 움직여 생기는 것이었다. 19세기 전반까지는 때로 방향이 바뀌기도 하고, 고립점에서 불연속일 수도 있지만 실연속함수는 대부분의 점에서 도함수가 있다고 생각했다. 이런 상황에서 볼차노는 실수 이론을 제외하고는 미적분학을 바로 세우는 데 필요한 연속과 미분 가능성의 차이를 알고 있었다. 1834년에 그는 구간에서 연속이지만 어느 점에서도 미분할 수 없는 함수를 생각했다. 그러나 당시에는 그 함수를 해석적 표현으로 나타낼 수 없었다. 당시는 해석적 표현으로 주어진 경우만 함수로 여겼던 때라 볼차노의 함수는 관심을 끌지 못했다. 또한 그가 성직자로서 표명한 신학에 관한 견해가 교회의 불만을 사는 바람에 그가 수학에서 이룬 업적을 같은 시대의 사람들이 거의 볼 수 없었다.[25]

미적분학을 산술과 대수학에 바탕을 둔 극한 개념에 근거해서 새롭게 구성하는 일을 코시가 수행했다. 그는 〈해석학 강의〉(1821)에서 기하학적이며 직관적인 개념을 버리고 극한 개념에 매우 정확한 산술적 성격을 부여했다. 그리고 극한 이론을 바탕으로 무한급수의 수렴과 발산의 개념을 규정하고 연속함수의 여러 성질을 밝혔다. 그는 수, 변수, 함수의 개념에 기대어 변수에 잇따라 주어지는 일련의 값들이 하나의 고정된 값에 한없이 가까워져서 마침내 그 차가 바라는 만큼 작아질 때, 그 고정된 값을 극한이라고 했다. 그때까지 무한소를 고정된 수로 생각하던 많은 수학자와 달리 코시는 변수로 정의했다. 코시가 이처럼 순수하게 산술적으로 극한을 정의하고 나서, 이 정의로 미적분학의 중심 개념인 연속성, 미분 가능성, 정적분을 정의함으로써 많은 발전을 이루게 된다.

코시의 극한은 '한없이 가까워지는' 상태를 가리키고 있으나 결코 '다다른' 것은 아니므로 무한소나 무한대 자체를 상정하지 않는다. 그렇더라도 '한없이 가까워지는' 것에는 여전히 모호함이 남아 있어 그의 극한 정의는 달랑베르의 것과 그다지 달라 보이지 않는다. 코시가 여전히 동적인 근사 과정에 바탕을 두고 있었기 때문이다. 코시의 정의와 앞선 사람들의 정의가 다른 점은 그가 '한없이 가까워지는' 상태를 종속변수와 독립변수에 기댄 부등식을 사용하여 산술적으로 표현하고 있다는 것이다. 그는 극한 개념을 부등식에 기초해서 해석적으로 직접 밝힘으로써 엄밀화했다. 몇 해 뒤에 바이어슈트라스가 극한 개념을 형식적으로 정의함으로써 결정적인 한 걸음을 내딛는다. 이로써 미적분학은 개발된 지 두 세기나 지난 뒤에야 비로소 굳건한 토대를 갖췄다. 오늘날에는 이른바 입실론(ε)-델타(δ) 논법이라는 정성적이고 정량적인 개념에 바탕을 둔 두 부등식에 귀착시킴으로써 의문이 발생할 여지를 제거하고 있다. 그러나 코시는 극한과 연속을 말로 정의하고 무한소를 자주 사용했으며 여러 극한값의 존재성을 증명할 때 기하학적 직관에 호소하는 등 몇 가지 중요한 기초적 문제가 있었다.[26] 현대적인 ε-δ 형식이 처음 제시된 1870년대 전까지는 코시의 정의가 쓰였다.

오일러는 해석적 표현에 바탕을 두고서 이어져 있는 곡선에 관련지어 함수의 연속이라는 개념을 생각했다. 연속함수라는 말을 처음 사용한 코시에게 영향을 준 사람이 오일러이다. 코시는 연속곡선이라는 기하학적 이미지에서 벗어나 함수의 연속을 표현하는 해석적 정의를 찾았다. 코시는 라그랑주의 생각을 일반화하고 나서 정의했는데, 그것은 오늘날 쓰이는 연속함수 정의와 매우 비슷하다. 코시는 〈해석학 강의〉에서 함수 $f(x)$에 대해서 주어진 두 값 사이에 있는 변수 x의 각 값에 대하여 한없이 작은 h와 함께 $|f(x+h)-f(x)|$가 한없이 감소하면 $f(x)$는 변수 x의 연속함수라고 했다. 물론 볼차노와 코시는 한 점에서 연속이 아니라 구간에서 연속을 정의했다. 그렇더라도 둘은 분명히 구간의 각 점에서 연속을 정의했다고 볼 수 있다. 미적분학에 무한은 절대로 필요한데 코시의 논법에도 무한은 있다. 코시의 이론을 '부등식의 대수학'[27]이라 하는데, 코시의 이론에는 한없이 많은 부등식이 들어있기 때문이다. 그러니까 임의의 자연수 n에 대하여 $\delta=\delta(n)$이 존재하여 $|f(x+h)-f(x)|<1/n$ $(|h|<\delta)$이 성립한다고 할 때 모든 n에 관하여 이러한 부등식이 순식간에 마련되어야 한다.[28]

그런데 코시는 δ가 어느 양에 의존하는지를 명확히 하지 않아 잘못된 결과에 이르기도 했다. 이를테면 각 항이 연속함수인 무한함수열의 합이 존재한다면 그것은 연속함수가 된다는 코시의 결과는 참이 아니었다. 푸리에 급수에 대한 아벨의 1826년 반례를 여기서도 들 수 있다. 실제로 코시의 정의에서 $\delta(n)$은 x에도 의존한다. 만일 δ가 x와 관계없이, 곧 모든 x에 대하여 똑같은 δ가 정해진다면 위의 연속은 '고른 연속'이 된다. 코시가 염두에 두었던 것은 '점마다 연속'이고 고른 연속의 개념은 아니었다고 생각된다.[29] 코시의 잘못된 정리로부터 시작된 함수의 불연속점에 대한 연구와 코시와 볼차노의 연구에서 해결되지 않던 여러 문제가 19세기 후반에 실수의 체계를 살펴보도록 했다. 또한 고른 연속은 리만이 적분론을 다시 세우는 계기가 되었다.

바이어슈트라스가 극한과 연속을 ε-δ 논법으로 정확히 정의하면서 해석학을 산술화했다. 그가 해석학을 운동, 기하학 개념, 직관적 이해에 의존하는 모든 것에서 해방했다. 이렇게 되려면 극한의 개념이 더욱 명확히 규정되어야 했다. 사람들은 코시가 말한 '한없이 가까워진다', '원하는 만큼 작게'와 같은 표현이 엄밀하지 못함을 알게 됐다. 이러한 표현은 시간에 따른 직관적인 운동을 연상시킨다. 바이어슈트라스는 볼차노와 코시가 기술한 함수의 극한과 연속에 대한 정의에서 모호함을 제거하고 오늘날처럼 정의하면서 엄밀성을 완결지었다. 이를 바탕으로 그는 고른 수렴을 도입하고 모든 곳에서 연속이지만 모든 곳에서 미분할 수 없는 함수의 예를 들었다.

바이어슈트라스는 변수를 값들의 집합에 속한 원소를 나타내는 문자로 해석함으로써 운동을 제거한다. x_0은 변수의 집합에 속하는 임의의 값이고 δ는 임의의 양수일 때 구간 $(x_0-\delta,\ x_0+\delta)$ 안에 변수의 다른 값들이 들어 있으면 그 변수를 연속변수라고 했다.[30] 이러한 생각을 바탕으로 그는 임의의 양수 ε에 대해 적당한 양수 δ가 존재하여 구간 $0<|x-x_0|<\delta$에 속하는 모든 x에 대해 $|f(x)-L|<\varepsilon$이 성립할 때 L을 $x=x_0$에서 함수 $f(x)$의 극한이라고 했다. 그리고 어떠한 양수 ε을 택하더라도 구간 $|x-x_0|<\delta$에 속하는 x에 대해 언제나 $|f(x)-f(x_0)|<\varepsilon$이 되는 적당한 $\delta=\delta(\varepsilon)$이 존재하면 $f(x)$는 $x=x_0$에서 연속이라고 했다. 이어서 어떤 구간 안에 있는 모든 x값에 대해 $f(x)$가 연속이면 함수 $f(x)$는 그 구간에서 연속이라고 했다. 이로써 지금 쓰이고 있는 ε-δ 용어가 엄밀한 해석학 언어가 됐다. 위의 정의에서 동적인 과정은 전혀 언급되지 않고 특정한 성질을 지닌 수 δ의 존재만 언급될 뿐이다. 뉴턴이 시간을 정적인 변수 t로 나타내고 운동을 t로 이루어진 공식으로 파악했듯이 바이어슈트라스는 정적인 x가 포함된 공식 형태의 정의로 극한 개념을 파악했다. 그의 분명한 언어와 표기법은 이전의 모호함을 제거하여 관련 명제들을 설득력 있게 증명하게 해주었다. ε-δ 논법을 사용하게 된 까닭은 볼차노나 코시가 내린 정의는 직관적으로는 그럴듯해 보이나 엄밀하지 못하고, 디리클레 함수처럼 눈으로 보아서는 연속 여부를 알 수 없는 함수까지도 연속인지를 판단하기 위해서였다. 이렇듯 바이어슈트라스의 중요한 유산은 높은 수준의 엄밀함을 유지하려는 엄격한 태도와 수학적 개념이나 정리의 바탕에 놓인 기본 아이디어를 추구하는 것이다.[31] 그가 해석학을 산술화하면서 구축한 공리적 방법은 유클리드 기하학을 엄밀한 공리적 기초 위에 세우려는 시도로도 이어진다.

하이네(E. Heine 1821-1881)가 1870년에 연속함수의 푸리에 급수 전개가 고른 수렴하는 조건에서는 유일하게 결정됨을 증명했다. 이로써 디리클레와 리만의 연구에서 보이던 푸리에 급수에 관한 난점을 없앴다. 그는 1872년에 점마다 연속을 정의했고 구간에서 연속에 대한 코시의 정의를 개정했다. 주어진 구간에서 임의의 양수 ε에 대응하는 적당한 양수 $\delta=\delta(\varepsilon)$이 존재하여 그 구간에 속하는 x, y에 대하여 $|x-y|<\delta$이면 $|f(x)-f(y)|<\varepsilon$임을 만족하는 함수 f를 주어진 구간에서 고른 연속이라고 했다. 그는 폐구간에서 연속인 함수는 그 구간에서 고른 연속임을

하이네-보렐 정리라는 것을 암묵적으로 사용하여 증명했다. 그는 또 폐구간에서 연속인 함수는 최댓값과 최솟값을 가진다는 정리도 처음으로 증명했다.

2-3 무한급수의 수렴

18세기까지 수학자들은 가무한만을 생각했다. 뉴턴과 라이프니츠도 가무한 개념만으로 만족했다. 가우스도 천문학과 측지학 연구에서 무한급수의 첫째 항부터 유한 번째까지의 항만을 사용했다. 몇 개의 항만으로도 쓸 만한 어림값이 나왔으므로 무한급수가 수렴, 발산하는지는 거의 관심이 없었다. 게다가 무한급수를 그냥 유한 다항식처럼 사용했다. 그러다 18세기 말에 무한급수를 사용하다가 의심스럽거나 생각하지 못한 몇 가지 결과가 나오면서 무한급수 연산이 타당한지를 살펴보아야 한다는 의식이 생겼다. 무한급수가 수렴하는지를 논증으로 밝히는 것과 수렴하는 경우 그 합을 계산하는 것이 과제가 되었다. 1810년 무렵에 푸리에, 가우스, 볼차노가 무한급수를 주의 깊게 살피기 시작했다. 특히 볼차노는 이항정리의 엉성한 증명을 비판하면서 무한급수의 수렴 여부를 따져야 한다고 했다. 무한급수 이론이 없었다면 수리물리학, 천문학은 더 이상 발전하지 못했을 것이다.

푸리에가 1811년에 n이 증가할 때 n항까지의 합이 어떤 고정된 값에 더욱 가까워져서 그 둘의 차이가 주어진 어떤 크기보다 작아질 때 무한급수가 수렴한다고 꽤 만족스럽게 기술했다. 또한 그는 항이 0으로 수렴하는 것은 급수가 수렴하는 필요조건이라고 했고, 함수열이 어떤 구간에서 수렴할 수 있음도 알았다.

가우스는 하나의 관점으로 여러 가지 함수를 논의한 1812년의 초기하급수를 다룬 논문에서 무한급수의 수렴을 처음으로 체계 있게 고찰했다. 그는 직관적인 생각에서 상당히 벗어나면서 수학적인 엄밀성의 수준을 높였다.

볼차노는 1817년에 이항정리

$$(1+x)^n = 1 + nx + \frac{n(n-1)}{1\cdot 2}x^2 = \frac{n(n-1)(n-2)}{1\cdot 2\cdot 3}x^3 + \cdots$$

을 엄밀히 증명했다. 그는 만일 n이 자연수가 아니라면 이 정리는 $-1 < x < 1$일 때만 의미가 있음을 밝힘으로써 오일러나 라그랑주가 거듭제곱 급수를 다루던 방식에서 벗어났다.

코시는 당시에 실수에서 참인 것은 복소수에서도 참이고, 수렴하는 수열에서 참인 것은 발산하는 수열에서도 참이며, 유한인 양에 참인 것은 무한(소)에도 참이라고 여기는 것을 비판했다. 그는 대수적인 식, 특히 무한다항식을 다루는 방식에 기초가 없다고 했다. 무한다항식을 포함하는 등식은 무한급수가 수렴할 때만 올바르기 때문이었다. 그는 함수 $f(x)=\begin{cases} e^{-1/x^2} & (x \neq 0) \\ 0 & (x=0) \end{cases}$을 원점에서 테일러 급수로 전개하면 계수가 모두 0임을 보였다. 원점에서 수렴하지만 본래 함수로 수렴하지 않는다는 것이다. 이것은 실함수론을 거듭제곱 급수 전개만으로 엄밀하게 다룰 수 없다는 결정적 증거였다. 이에 그는 해석학의 기초를 전면적으로 검토하기 시작했다.

코시는 먼저 실수 연속체 위에서 무한수열의 수렴을 다뤘다. 그는 $\{a_n\}$이 실수의 무한수열이고 n이 커질수록 이웃한 두 항의 차가 0에 가까워지면, 수열의 항들이 가까이 가는 어떤 실수가 존재하는데, 그 실수를 수열의 극한이라고 했다. 이 극한 개념은 실수와 유리수를 구분하고 무리수를 규정짓기 위한 도구로써 고안되었으나, 무한급수의 수렴을 판정하는 데도 사용할 수 있는 기준을 동반하고 있다. 그는 1821년에 어떤 무한급수에서 $S_n = a_1 + a_2 + a_3 + \cdots + a_n$ (n은 자연수)이라고 하고서 n이 계속 증가할 때 S_n이 어떤 극한 s로 한없이 가까이 가면 그 급수는 수렴한다고 하고, 그 극한을 급수의 합이라고 했다. 그리고 S_n이 어떤 고정된 값에 가까이 가지 않으면 그 급수는 발산하고 합은 없다고 했다. 그는 급수가 수렴하려면 항 a_n이 0으로 수렴해야 하나, 이것은 필요조건일 뿐임을 알았다. 어떤 무한급수가 수렴하기 위한 필요충분조건이 어떤 자연수 k에 대해서 S_n과 S_{n+k}의 차가 n이 한없이 커질 때 0에 가까워지는 것($\lim_{n\to\infty} |S_{n+k} - S_n| = 0$)이라고 했다. 이 수렴 조건은 코시 수렴 판정법으로 알려졌으나 쿠냐와 볼차노도 알고 있었다. 이 판정 조건은 극한을 모르고서도 수렴하는지를 확인할 수 있다는 것이 장점이다. 그러나 실수의 완비성이 아직 증명되지 않았기 때문에 코시는 충분조건인 경우를 증명하지 못하고 예만 듦으로써 충분조건임을 보장하는 수준에 머물렀다. 이보다 중요한 문제는 함수의 무한급수를 다룰 때 그가 주어진 구간에서 점마다 수렴과 고른 수렴을 구별하지 않았다는 것이다.[32] 그는 연속함수 $f_n(x)$의 수렴하는 무한급수의 합인 함수 $S(x) = \sum_{n=1}^{\infty} f_n(x)$가 언제나 연속이라는 오류를 드러냈다.

코시는 위의 판정 조건을 제시하고 나서 양수 항의 급수 $a_1 + a_2 + a_3 + \cdots$ 가 수렴할 때, 이것을 바탕으로 여러 판정법을 끌어냈다. 먼저 급수 $b_1 + b_2 + b_3 + \cdots$ 가 어떤 항부터 $|b_n| \le a_n$이라면 이 급수는 수렴한다는 비교 판정법이 있다. 그는 이것을 사용하여 여러 판정법의 정당함을 증명했다. 이를테면 근호에 의한 판정법,

비(比) 판정법, 교대급수 판정법을 증명하고 수렴하는 두 급수의 합과 곱을 계산하는 방법을 보였다. 그러나 $\lim_{n\to\infty}(a_n - b_n) = 0$이면서 $\sum a_n$이 수렴하면 $\sum b_n$도 수렴한다고 잘못된 주장을 하기도 했다. 그는 함수열에도 여러 판정법을 적용했다. 특히 그는 거듭제곱급수가 수렴하는 구간을 찾는 방법을 보였다. 또한 급수에 관해 알려져 있던 개별적인 결과를 비롯하여 복소수와 복소함수로 이루어진 급수에도 적용할 수 있는 일관된 이론으로 일반화하여 정리하기도 했다.

코시는 함수, 극한, 연속성, 도함수를 올바르게 정의했으나, 언어를 사용하는 데서는 모호했다. 그는 급수의 수렴과 발산을 구별했으나 수렴급수에 대한 명제를 잘못 제시하거나 그릇되게 증명하기도 했다. 다른 사람들처럼 연속이면 미분가능하다고 생각하여 많은 정리를 연속이라고만 하고서 기술했다. 어떤 함수를 나타낸 무한급수를 항별로 적분하고서 그것이 본래의 함수를 적분한 것이라고도 했다.

디리클레는 1837년에 해석함수 이론을 수론 문제에 적용하여 z가 복소수일 때 복소수열 $\{a_n\}$에 대하여 $\sum_{n=1}^{\infty} a_n/n^z$으로 정의되는 디리클레 급수를 도입했다. 이것의 한 예가 리만-제타 함수 $\zeta(z) = \sum_{n=1}^{\infty} 1/n^z$이다. 급수의 고른 수렴성에 대한 디리클레 판정법도 있다. 이 판정법은 실수열 $\{a_n\}$, $\{b_n\}$에 대하여 $a_n \geq a_{n+1}$이고 $\lim_{n\to\infty} a_n = 0$이며 $\left|\sum_{n=1}^{N} b_n\right| \leq M$이 모든 자연수 N에 대해 성립하는 상수 M이 있다면 $\sum_{n=1}^{\infty} a_n b_n$은 수렴한다는 것이다.

디리클레와 리만의 연구로 푸리에 급수가 불연속함수를 나타낼 수 있게 됨으로써 연속함수로 이루어진 급수의 합에 관한 코시의 정리는 수정되어야 했다. 바이어슈트라스가 합이 정해진 함수가 구간 전체에서 연속임을 보증하는 방법을 분명히 했다. 그리고 고른 수렴하는 급수는 항별로 적분해도 된다는 것과 연속함수열 $\{f_n\}$이 f에 고른 수렴하면 f도 연속함수라는 정리를 얻었다. 그는 정의에서 어떤 양이 다른 양에 어떻게 의존하는가를 명확히 했고 무한소라는 말을 사용하지 않을 수 있게 했다. 그 뒤 무한소 개념을 포함하는 모든 정의는 모두 산술적으로 주어졌다. 고른 수렴의 개념은 1847년에 스토크스(G. Stokes 1819-1903)와 자이델(L. V. Seidel 1821-1896) 그리고 1853년 무렵까지는 코시도 독립으로 발견했다. 스토크스는 현대식으로 $\lim_{h\to 0}\sum_{n=1}^{\infty} v_n(h) = \sum_{n=1}^{\infty}\lim_{h\to 0} v_n(h)$가 되는지를 살폈다. 이러한 함수의 수렴 논의는 무리수의 엄격한 정의로 이어졌다.[33]

바이어슈트라스는 함수의 거듭제곱 급수 전개가 매우 유효한 수단임을 알고서 아벨의 연구를 참고하여 그 개념을 더욱 발전시켰다. 이와 관련하여 그가 해석학에 이바지한 또 하나는 복소해석에서 성립하는 이른바 '해석적 연속'이라는 개념이다. 이것은 함수의 거듭제곱 급수 전개에 의하여 해석적으로 정의되는 영역을 늘리는 방법이다. 그는 해석적 함수를 하나의 거듭제곱 급수와 이것으로부터 해석적 연속으로 얻을 수 있는 급수 전체로 확장했다. 수리물리학 분야에서는 미분방정식의 근이 거의 예외 없이 무한급수의 형태로 얻어지기 때문에 그의 이 연구는 중요한 역할을 했다.

발산급수 코시의 영향으로 발산급수는 연구의 대상에서 배제되었다. 하지만 많은 계산이 필요했던 천문학자와 새로운 것을 발견하는 데 도움을 받은 수학자들은 발산급수를 계속해서 사용했다. 아벨과 코시도 발산급수의 배제는 쓸모 있는 무언가를 버리는 것일지 모른다고 우려하기도 했다.[34] 실제로 발산급수를 이리저리 다루다가 정확한 해를 얻을 때도 있고 이렇게 구한 해가 실험으로 확인되는 경우도 자주 있었다.[35] 이렇게 되자 마침내 수학자들은 발산급수에도 어떤 성질이 있을 것이라고 생각하게 되었다. 비유클리드 기하학과 새로운 대수의 등장은 수학자들에게 코시의 정의가 필연이나 필수가 아닐 수도 있음을 생각하게 함으로써 발산급수를 받아들이게 하는 또 다른 자극이 되었다. 19세기 후반에 수학자들은 발산급수의 특성을 알아보기 시작했다. 하디(1963)에 따르면 1880년에 프로베니우스가 발산급수를 다루기 시작하면서 발산급수를 본격적으로 생각하는 수학자가 나오기 시작했다.[36] 발산급수 이론에서는 일부 발산급수는 항의 개수를 고정할 때 변수 값이 클수록 더 좋은 어림값이 나온다는 것과 코시의 정의에서는 발산하는 급수도 유한합을 갖도록 새로운 정의를 도입할 수 있다는 가합(summability)의 개념이 다뤄진다.[37]

발산급수의 한 가지 쓰임새는 적분을 계산하는 것이었다. 이를 위해 최급강하법(steepest descent method) 같은 방법들이 만들어졌다. 또 다른 쓰임새는 미분방정식을 직접 푸는 것이었다. 스토크스는 주로 적분 계산에 관심이 있었지만 미분방정식을 푸는 데에 발산급수가 일반적으로 사용될 수 있음을 알고 있었다.[38] 오일러와 푸아송(1781-1840) 같은 사람들이 발산급수를 사용하여 특수한 물리학 문제에서 나오는 개별 미분방정식을 해결했다. 이 방법들을 이론으로 정리하고 근삿값의 의미를 제대로 이해하는 데는 푸앵카레(1854-1912)가 점근급수라고 했던 이론이 나타나야 했다. 푸앵카레가 천문학의 삼체 문제와 관련된 선형미분방정식의 풀이법을 발전시키기 위해 이 주제를 다루었다. 점근급수 이론이 널리 확장되는 과정에서 발산급수의 효용성이 인식되고, 어떤 급수를 그것으로 표현된 함수의 해석적 등가물로 사용할 수 있게 되었다.[39]

가우스는 곡면 영역 위의 적분을 연구한 결과를 영역의 경계를 따르는 적분과 관련짓는, 오늘날 발산정리라고 알려진 것의 특별한 경우를 증명했다. 이 정리의 일반적인 경우를 오스트로그라드스키(M. B. Остроградский 1801-1861)가 1826년에 처음으로 기술하고 증명했다.[40] 발산정리는 입체에 관한 적분을 경계 곡면의 적분과 관련짓는 것이다. 이와 관계 깊은 정리인 폐곡선으로 둘러싸인 평면 영역 위의 이중적분과 그 경계인 폐곡선을 따르는 적분을 관련짓는 그린(G. Green) 정리가 1828년에 발표되었다. 삼차원 공간에서 곡면 위의 적분과 그 경계선이 되는 곡선을 따르는 적분을 비교하는 스토크스 정리는 1854년에 처음으로 공간되었다. 발산정리, 스토크스 정리는 전자기 같은 물리학의 영역에서 바로 응용되었다. 1889년에 볼테라(V. Volterra 1860-1940)가 그린 정리, 스토크스 정리, 발산정리를 n차원의 초곡면을 연구하면서 통일했다. 무한급수의 독특한 성질은 현대 물리학 이론에서 매우 중요한 역할을 하고 있다.[41]

가합 수학자들이 발산급수의 합을 다루게 된 동기에는 천문학 말고도 해석함수의 경곗값 문제가 있었다. 거듭제곱 급수 $\sum a_n x^n$은 x의 절댓값이 수렴 반지름 r 미만일 때는 해석함수를 나타내지만, r일 때는 그렇지 못하다. 아벨은 거듭제곱 급수로 정의된 함수의 변수가 수렴 반지름으로 다가갈 때의 연속성에 대한 이른바 아벨 극한 정리를 다루기도 했다.[42] 이 정리는 수렴 반지름 r이 $0 < r < \infty$일 때 $\sum_{n=0}^{\infty} a_n x^n$이 $x = r$에서 수렴하면 $\sum_{n=0}^{\infty} a_n r^n = \lim_{x \to r-0} \left(\sum_{n=0}^{\infty} a_n x^n\right)$이 성립한다는 것이다.

스틸체스(T. J. Stieltjes 1856-1894)의 연분수 연구가 발산급수의 합을 찾는 연구를 더욱 촉진했다. 이전에 오일러가 연분수를 급수로, 거꾸로 급수를 연분수로 전환하는 것을 사용했다. 이때 오일러는 적분의 점근급수에 해당하는 것을 사용했다. 스틸체스는 1886년에 푸앵카레의 점근급수 정의를 사용하여 발산급수를 다루기 시작하고 이후에 발산급수의 연분수 전개를 연구하여 1894-1895년에 해석적 연분수의 출발점이 된 수렴의 문제 그리고 정적분과 발산급수 사이의 관계를 연구했다.[43] 그는 급수를 연분수를 거쳐 적분으로 나타내고 그 역의 문제도 해결했다. 1895년 보렐(É. Borel 1871-1956)의 연구로 가합 이론이 체계적으로 발전하기 시작했다. 그는 1901년에 몇 개의 발산급수에 대하여 그 급수를 포함하는 관계와 연산에서 그것이 의미가 있도록 급수의 합을 정의하는 방법을 제시했다. 2000년 무렵에 연분수 이

론은 혼돈(카오스) 이론, 컴퓨터 알고리즘과 관련하여 관심이 되살아났다.[44]

가합의 개념 덕분에 여러 발산급수에 그 값이나 합을 부여할 수 있게 되었다. 발산급수 이론의 구성과 수용은 수학이 발전하는 또 다른 방식을 보여준다. 논리가 분명하지 않더라도 개념이나 기법이 쓸모가 있으면 끈질긴 연구 끝에 논리적 정당성이 주어지기도 한다는 것이다. 가합의 개념은 작위적이나 물리학 문제의 수학적 풀이법에 근거를 제공했다. 그 정의는 수학의 영역에 들어왔다.

2-4 집합론

집합론에서 핵심은 무한집합의 개념이다. 제논이 제기한 역설들은 가무한을 바탕에 두고서 생겨난 것이다. 이러한 한계는 19세기 중반까지 해소되지 못했다. 고대의 프로클로스는 원의 지름은 무한개이고, 지름은 원을 이등분하므로 반원의 개수는 지름의 두 배가 된다고는 했다. 하지만 가무한 개념에 묶여 무한에 두 배를 해도 본래의 무한과 같아진다는 생각을 떠올리지 못했다. 중세 때는 두 동심원이 있을 때 같은 반지름에서 한 쌍의 대응점들이 나오므로 길이가 다른 두 동심원의 점들이 일대일대응함을 알았으면서도 깊이 있게 고민하지 않았다. 그러나 19세기에 해석학에서 엄밀화가 요구되면서 실수집합의 구조를 이해해야 하는, 곧 무한집합의 본질을 파악해야 하는 상황에 놓였다.

볼차노는 1840년 무렵에 실수는 셀 수 없으므로 실수의 무한과 정수의 무한은 다르다는 것을 알았던 듯하다.[45] 그가 처음으로 집합론을 향한 한 걸음을 내딛게 되었다. 그가 죽고 나서 1851년에 출판된 저작에서 집합이라는 용어가 처음 나온다. 그는 진부분집합이 전체집합과 동등할 수 있는 무한집합의 존재를 받아들여야 한다고 했다. 그는 무한집합과 그것의 진부분집합에 속한 원소 사이에 일대일대응이 흔하게 있음을 보여주었다. 이를테면 0부터 1까지의 실수집합은 0부터 2까지의 실수집합의 부분집합이지만 일차식 $y=2x$에 의해 두 집합 사이에 일대일대응 관계가 성립한다. 다시 말해 선분 위에 놓여 있는 점의 개수는 길이와 관계가 없다. 이 지점에서 제논이 제기한 역설은 파기된다. 이를테면 아킬레스가 지나야 하는 거리가 거북이가 지나야 하는 거리보다 멀기 때문에, 아킬레스는 거북이보다 더 많은 점을 지나야 한다는 주장은 옳지 않다. 볼차노는 무한을 끝없이 생성되는 과정이 아니라 수량으로 규정되는 상등과 대소의 관점에서 파악했다. 무한집합에서도 두 집합 사이에 일대일대응이 성립하면 상등 관계가, 그렇지 않으면 대소 관계가 성립한다.

데데킨트(R. Dedekind 1831-1916)가 1872년에 무한을 존재하는 무한, 곧 수학적인 대상으로서 명시적으로 사용되는 실무한으로 다룬다. 그는 볼차노가 무한집합의 성질로 여겼던 것을 무한의 정의로 삼았다. 그는 1888년에 자연수가 사물 또는 '사고의 대상'의 집합을 형성한다는 견해에서 출발하여[46] 자연수집합을 바탕으로 어떤 집합을 무한집합이라 하는 것은 자신의 진부분집합과 동치인 경우이고, 그렇지 않으면 그 집합은 유한집합이라고 하여 무한을 정의했다. 그러나 데데킨트는 모든 무한집합의 크기가 같다고 생각했다. 그는 여전히 집합을 모호하게 정의하고는 있지만 집합에 관련된 많은 단순한 관계(부분집합, 합집합, 공통집합)를 기술했다.

칸토어가 무한집합을 연구한 동기는 푸리에 급수에 관해 해결되지 않던 문제를 풀려는 데 있었다. 그는 구간 $[0,\ 2\pi]$에 있는 점들의 무한집합에 대해 수렴하지 않더라도 함수가 삼각급수로 유일하게 표현됨을 증명(1870-1872)했다. 이 증명이 실직선에 포함된 특정한 점집합의 속성에 깊이 의존했고 삼각급수에는 적게 좌우되었으므로 그는 자연스럽게 점집합의 속성을 탐구하게 됐다.[47] 그가 19세기 중반에 확립된 해석학의 전통에서 벗어나 선형 점집합에 초점을 맞추면서 새로운 시대가 열렸다. 그의 1874년 논문과 함께 집합론과 무한 이론이 연구되기 시작됐다. 그는 이 글에서 무한집합을 다루면서 유클리드 〈원론〉에 나오는 '전체는 부분보다 크다'는 공리를 버렸다. 그리고 셀 수 있는 무한집합과 셀 수 없는 무한집합을 구별했다. 그 뒤 무한집합의 크기를 비교해야 했기 때문에 실무한에 바탕을 둔 초한수(transfinite number) 이론을 발전시키고 그것의 계산법을 만들었다. 여러 무한의 크기를 다루는 초한수 이론은 수학 전체에서 대단한 발견이었다. 이것은 1895년에 명확한 형태를 갖췄으며, 얼마의 세월이 지나고 나서 새로운 수학 분야로 인정받았다.

자연수와 짝수의 개수가 다르다는 믿음은 유한집합만으로 추론하며 생긴 사고의 버릇일 뿐이다. 전통 개념에서는 어떤 선분이라도 끊임없이 둘로 나눌 수 있으므로 그것에는 무한개의 점이 있다고 한다. 그러나 이 전통에서는 선분에 점이 몇 개나 있는지를 따져본 적이 없었다. 아리스토텔레스 이후 수학자들은 가무한과 실무한을 구별하고는 있었다. 사람들은 실무한집합에 대응하는 물리적 실재가 존재한다는 증거가 없다는 데서 혼란스러워했다. 칸토어에게 무한대는 분명한 형태의 완성된 전체로 형식에 맞춰 수학적으로 확정된 것이었다.[48] 그는 가무한만이 실재한다고 여기던 반대자들로부터 자신의 이론을 지키기 위해 많이 노력했다. 이를테면 $\sqrt{2}$와 같은 무리수를 소수로 나타내면 소수 자리에 놓인 수가 아무리 많더라도 그것은 유한소수로서 $\sqrt{2}$의 어림값일 뿐이므로 무리수는 실무한과 관련된다고 했다.

18세기에도 n이 ∞로 가까이 갈 때 $1/n$의 극한은 0이라는 맥락에서 ∞라는 기호를 사용했다. 그렇지만 이때 ∞는 $1/n$과 0의 차이가 원하는 만큼 작게 되도록 n을 더 큰 값으로 택할 수 있음을 의미할 뿐이었다. 따라서 여기서 실무한은 관련이 없었다. 미적분학에서도 무한은 언제나 변하는 양과 결부되어 있었다. 이것은 생성되는 무한이어서 여기에도 무한대라는 수는 없었다. 칸토어의 초한수 개념은 변수가 한없이 작아지거나 커진다고 할 때 사용하는 무한과 다르다. 무한집합의 농도, 순서수 개념을 도입한 칸토어는 무한을 생성되어 가는 것이 아니라 실제로 눈앞에 있는 것으로 나타냄으로써 농도의 비교나 덧셈, 곱셈 등을 할 수 있었다. 그에 의해서 무한의 개념이 새롭게 정립되고 무한대의 척도와 산술이 완성되었다.

칸토어에게 집합이란 수의 개념을 넘어 사고의 명확한 대상(원소)으로 구성된 모임이었다. 그는 데데킨트처럼 무한집합을 정의했으나 데데킨트와 달리 무한집합이라고 해서 모두 같은 것이 아니었다. 그는 더 나아가 무한집합에 원소의 개수를 나타내는 수를 부여하여 무한집합을 크기에 따라 구별하고 기수(Kardinal Nummer)의 개념을 도입했다. 1874년에는 유한집합에서 두 집합의 원소가 일대일대응하면 두 집합의 기수가 같다고 하는 방법과 비슷하게 무한집합을 집합의 농도(Mächtigkeit)에 따라 분류하는 방법을 제시했다. 그는 만일 두 무한집합 A와 B의 원소 사이에 일대일대응이 존재할 때 A와 B의 농도는 같다고 했다. 그리고 집합 A가 집합 B의 어떤 진부분집합과 일대일대응이 되지만, 집합 B가 집합 A나 집합 A의 진부분집합과 일대일대응이 되지 않을 때 집합 B는 집합 A보다 크다고 했다. 이렇게 해서 칸토어는 순서 관계를 정했다. 이를 바탕으로 그가 도입한 초한기수를 사용해서 무한집합의 크기를 비교한 것은 엄청난 파장을 일으킨다. 그는 대응과 크기의 정의를 이용해서 자연수집합이 유리수집합과 대응하지만, 실수집합보다 작다는 결과를 얻었다.

먼저 자연수집합과 정수집합의 농도와 같음을 확인해 보자. 이것은 정수를 0부터 시작해서 양의 정수와 음의 정수를 번갈아 적되, 절댓값이 작은 것부터 $0,\ 1,\ -1,\ 2,\ -2,\ 3,\ -3,\ \cdots$로 쓰고 나서 세면 된다. 다음으로 자연수의 집합과 유리수의 집합도 농도가 같다. 이것을 실제로 확인하려면 아래 그림처럼 유리수를 나열하고 화살표를 따라 분수를 세면 된다.

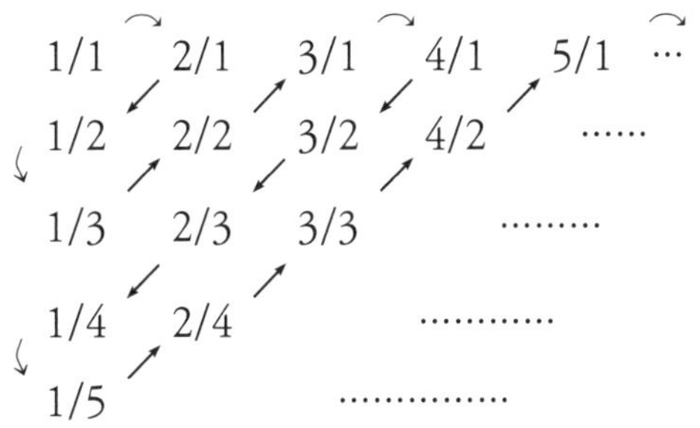

1/1 2/1 3/1 4/1 5/1 …
1/2 2/2 3/2 4/2 ……
1/3 2/3 3/3 ………
1/4 2/4 …………
1/5 ……………

칸토어는 유리수집합보다 훨씬 일반적인 대수적 수의 집합도 자연수집합과 농도가 같음을 밝혔다. 임의의 대수방정식 $a_0x^n + a_1x^{n-1} + \cdots + a_{n-1}x + a_n = 0$을 생각하자. 여기서 a_0, a_1, $\cdots$, a_n은 정수이고 $a_0 > 0$이다. 이 방정식의 '높이' h를 $h = n + a_0 + |a_1| + \cdots + |a_n|$이라는 자연수로 정의한다. a_0과 n은 자연수이므로 높이는 $h \geq 2$이다. $h = 2$인 경우는 $x = 0$뿐이다. $h = 3$인 경우는 $x^2 = 0$, $x \pm 1 = 0$이다. 이처럼 h가 정해지면 n, a_0, a_1, $\cdots$, a_n은 유한 번의 방법으로 정해지고 그에 따라 유한개의 방정식이 만들어진다. 방정식의 근의 개수는 차수를 넘지 않는다. 따라서 높이가 주어지면 그것에 따른 대수적 수는 유한개만 나타난다. $h = 2$, 3, 4, $\cdots$로 진행하면서 h에 해당하는 대수적 수를 써나갈 수 있다. 이로써 대수적 수의 집합도 자연수집합과 농도가 같음을 알 수 있다.

실수집합의 농도는 유리수집합보다 크다. 실수집합은 유리수집합과 달리 셀 수 없는 집합이다. 이것을 칸토어는 1891년에 자연수집합과 실수집합은 일대일대응할 수 없음을 귀류법으로 보였다. 0과 1 사이의 실수를 셀 수 있다고 가정한다. 그 수들은 모두 $\{a_1, a_2, \cdots, a_n, \cdots\}$으로 그리고 모든 a_i는 무한소수로 나타낼 수 있다(이를테면 1/2=0.4999⋯, 1/3=0.333⋯). 그러면 모든 원소를 다음과 같이 순서에 따라 늘어놓을 수 있다. 여기서 모든 a_{ij}는 0부터 9까지의 자연수이다. 이제 0과 1 사이에 모든 무한소수의 집합에 포함되지 않는 어떤 실수가 있음을 보이면 된다. 이를 위해 늘어놓은 것과 다른 실수 b를 만든다. 새로운 무한소수 b는 $a_{ii} = 1$이면 $b_i = 2$, $a_{ii} \neq 1$이면 $b_i = 1$로 놓아 $b = 0.b_1b_2b_3\cdots$가 되도록 한다. 소수 b는 0과 1 사이에 있으면서도, 처음에 가정한 어떠한 무한소수도 아니다. 그러므로 0과 1 사이에 있는 모든 실수로 이루어진 집합과 자연수의 집합 사이에 일대일대응 관계가 성립하지 않는다.

$$
\begin{aligned}
a_1 &= 0.a_{11}a_{12}a_{13}\cdots a_{1n}\cdots \\
a_2 &= 0.a_{21}a_{22}a_{23}\cdots a_{2n}\cdots \\
a_3 &= 0.a_{31}a_{32}a_{33}\cdots a_{3n}\cdots \\
&\cdots\cdots\cdots\cdots\cdots\cdots
\end{aligned}
$$

이상에서 유리수집합뿐만 아니라 대수적 수의 집합도 셀 수 있는 집합이고 실수집합은 셀 수 없는 집합임을 알 수 있다. 이런 질적 변화는 초월수 때문에 일어난다. 칸토어는 거의 모든 실수가 초월수임을 초월수집합의 원소를 구성하지도 않고서 밝혔다. A가 대수적 수의 집합, T는 초월수의 집합일 때 실수의 집합은 $R=A\cup T$이다. A가 셀 수 있는 집합이므로, T가 셀 수 있는 집합이면 R도 셀 수 있는 집합이 된다. 이것은 R이 셀 수 없는 집합이라는 사실과 모순되므로 T는 셀 수 없는 집합이다. 이로써 유리수집합과 달리 아무리 작은 선분이라도 그것의 점집합의 농도와 실직선 전체의 점집합의 농도가 같게 된다. 그렇지만 칸토어의 존재 증명은 초월수를 셀 수 없음을 알려줄 뿐이지, 어떤 수가 초월수인지를 증명하는 데는 사용할 수 없다.

칸토어는 집합의 농도를 결정하는 것은 차원과 관련이 없음도 밝혔다. 그는 직선 위에 있는 점들과 이차원 평면에 있는 점들은 일대일대응하지 않음을 보이려고 했으나 다른 결과를 얻었다. 1878년에 정사각형 안에 있는 점들과 선분에 있는 점들이 일대일대응함을 알아냈다. 그는 무한소수로 표현되는 수 $x=a_1a_2a_3\cdots$와 $y=b_1b_2b_3\cdots$의 쌍 $(x,\ y)$를 $z=a_1b_1a_2b_2a_3b_3\cdots$로 표현되는 점으로 보내는 대응을 구성했다. $(x,\ y)$마다 z가 하나만 대응되며 다른 $(x,\ y)$에는 다른 z가 대응된다. 그런데 이 대응에는 0.19999…와 0.20000…이 같은 수를 나타낸다는 것과 관련된 문제가 있었다. 그는 곧바로 수정하여 일대일대응이 존재함을 입증했다. 그렇지만 칸토어의 일대일대응은 연속함수는 아니다. 다시 말해서 z근방을 택했을 때 그 근방이 반드시 $(x,\ y)$의 근방으로 옮겨가지도 않고 또 역도 마찬가지이다. 이 때문에 여러 수학자는 직선과 평면 사이의 사상이 연속이면 그 결과가 성립하지 않을 것이라고 생각했다.

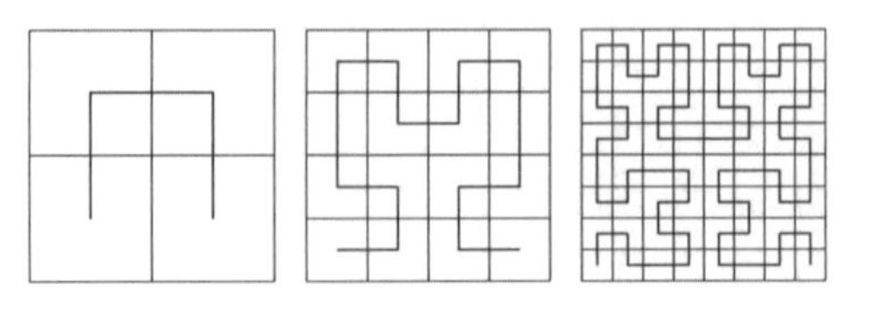

그런데 힐베르트(D. Hilbert 1862-1943)가 1891년에 기저(base)가 3인 좌표를 기술적으로 조작함으로써 정사각형을 꽉 채우는 연속곡선을 발견했다. 이 곡선들은 힐베르트 함수와 마찬가지로 연속곡선에 대한 기하학적 선입견에 상당한

충격을 주었다.

일대일 연속 사상에 의해서 차원이 변하지 않는다는 사실은 브라우어(L. Brouwer 1881-1966)가 1911년 쓴 논문을 비롯한 몇 수학자의 연구로 증명되었다. 어쨌든 칸토어가 제시한 사상은 연속은 아니지만, 차원이란 점이 많고 적음의 문제가 아님을 보여주었다. 단위 선분의 점의 집합의 농도는 단위 넓이나 단위 부피의 점의 농도와 같다.

칸토어 연구의 출발점은 집합의 '산술'을 개발하는 것이었다. 그는 완전한 초한 산술을 세웠다. 그는 가장 간단한 무한대인 자연수집합과 일대일대응하는 집합의 기수를 초한수 $\aleph_0$라고 했다. 그러므로 정수, 유리수, 대수적 수의 집합도 기수는 $\aleph_0$이다. 그는 어떤 집합의 모든 부분집합으로 이루어진 집합의 기수는 본래 집합의 기수보다 큼을 보였다. 기수 $\aleph_0$인 집합의 모든 부분집합으로 이루어진 집합의 기수는 $2^{\aleph_0}$이고 $\aleph_0 < 2^{\aleph_0}$이 된다. 그는 실수집합의 기수가 $\aleph_0$ 다음으로 큰 기수이기를 바랐으나 이것을 명확히 밝힐 수 없어서 새로운 초한수 c라고 했고, $2^{\aleph_0} = c$임을 증명했다.

$\aleph_0 < c$이므로 칸토어는 실수의 부분집합이 $\aleph_0$, c가 아닌 다른 농도($\aleph_1$)를 가질 수 있는지를 문제로 제기했다. 칸토어는 $\aleph_0$와 c 사이에 초한수가 없을 것, 곧 $\aleph_1$은 $\aleph_0$ 아니면 c인데, $\aleph_1 = c$이라고 예상했다. 이것을 연속체 가설이라고 한다. 그리고 농도가 c보다 큰 집합은 셀 수 없는 집합이고, 집합의 모든 부분집합으로 이루어지는 집합은 언제나 본래의 집합보다 농도가 크므로 c보다 큰 초한수가 수없이 많이 있음, 곧 무한집합들의 가장 큰 기수는 존재하지 않음을 보였다.

무한집합은 유한집합과 전혀 다르므로 무한집합의 기수에는 유한집합의 기수에 적용되는 연산이 적용되지 않는다. 이를테면 $\aleph_0 + \aleph_0 = \aleph_0$이지만, 양변을 $\aleph_0$로 나누어 $1 + 1 = 1$이라고 할 수는 없다. $\aleph_0$는 통상의 실수가 아니며 이 수에 대한 나눗셈은 정의되어 있지 않다. 이 수로 나눌 수 있는지도 알 수 없다.

1900년 무렵 칸토어의 생각이 받아들여지기 시작했을 때 예상하지 못한 논리적 모순이 드러났다. 최대 초한수는 존재하지 않는다는 칸토어의 증명에 부르알리-포르티(C. B.-Forti 1861-1931)가 1897년에 반론을 제기했고 칸토어도 1899년에 그 증명에 문제가 있음을 언급했다. 모든 집합이 원소인 집합을 생각한다. 어느 집합도 이 집합보다 더 많은 원소를 가질 수 없다. 그렇다면 이 집합의 초한수보다 더 큰 초한수는 없게 된다. 곧, 최대 초한수가 있게 된다.

강력한 영향을 끼친 역설을 1903년에 러셀이 제시했다. 집합 자체의 개념에만 관계된 그것은 모든 집합을 포함하는 집합을 생각했을 때 나타났다. 자기 자신에 속하지 않는 집합들 전체의 집합 U를 생각할 때 U는 어디에 속하는가라는 문제였다. 만일 U가 U에 속한다면 U의 정의에 따라 U는 U에 속하지 않아야 한다. 만일 U가 U에 속하지 않는다면 마찬가지로 U의 정의에 따라 U는 U에 속해야 한다. 러셀은 처음에 이것을 수학 자체의 역설이라기보다 논리학의 난점으로 생각했다.[49] 그런데 이 역설이 생긴 까닭은 대상을 정의할 때 그것을 포함하는 집합의 원소로 정의한 데에 있었다. 수학의 많은 부분이 집합론을 바탕에 두고 있었으므로 이 역설은 곧바로 수학의 기초를 위협했다. 이에 집합과 그것에 관련된 개념을 개선하려는 많은 시도가 있었으나, 역설을 뛰어넘는 결과를 얻지 못하여 오늘날은 집합과 원소를 무정의 용어로 두고 있다.

당시의 보편적인 생각을 뒤집은 칸토어의 연구는 즉각적이고 거센 반대에 부딪혔다. 그의 집합론을 받아들이려면 무한집합의 존재를 인정해야 했기 때문에, 철학자는 자신의 영역을 침해하고 교역자는 교리를 망가뜨린다고 비난했다. 사실 그가 실무한을 공식화함으로써 아리스토텔레스 시대부터 이어진 많은 낡은 철학적 논쟁을 처리해 주었음에도 철학자와 교역자들은 실무한을 한사코 인정하지 않았다. 당시에 강력한 영향력을 행사하던 크로네커(L. Kronecker)는 모든 수학은 자연수로부터 유한 번의 과정을 거쳐 구성되어야 그 실재가 인정된다는 반동적인 견해를 끈질기게 내세웠다. 그는 바이어슈트라스의 해석학도 받아들지 않았다.

이런 거센 반대에도 데데킨트, 바이어슈트라스, 힐베르트 등은 칸토어를 지지했다. 무한과 관련된 역설들이 발견되어 집합론의 여러 개념은 많은 수정을 거쳤으나 칸토어의 집합론은 많은 수학 분야의 바탕이 됐다. 그것은 유한수와 초한수의 이론을 세우는 데 유용했고, 차원을 비롯한 공간에 관련된 개념과 공간기하학을 개혁했다. 또한 극한, 함수, 연속, 미분과 적분 같은 해석학의 기본 개념도 대부분 집합론에 근거하여 엄밀하게 정의되었다. 베르(R.-L. Baire 1874-1932)는 1899년에 집합론을 연속함수의 극한함수와 관련지었고, 후르비츠(A. Hurwitz 1859-1919)와 아다마르(J. Hadamard 1865-1963)는 해석학에서 초한수 이론을 응용했다. 보렐과 르베그(H. Lebesgue 1875-1941)가 칸토어의 집합론에 기반을 두어 적분을 일반화했다. 특히 르베그는 측도론으로 집합론을 더욱 풍부하게 하여 집합론의 중요성이 더욱 부각되었다. 집합론은 위상수학에도 응용되었다.

2-5 실수의 본질

19세기 중반에 대수학과 해석학이 폭넓게 발전한 것과 달리 그것의 토대인 실수 체계의 정확한 구조와 성질을 파악하지 못하고 있었다. 그때까지 유리수, 무리수의 간단한 성질을 찾지 못했고, 그 수들을 정의하지도 못했다. 복소수는 논리적 토대를 갖추기는 했으나 실수 체계를 전제로 했다. 19세기 후반에 들어서서 실수 체계의 논리 구조를 집중적으로 파고들기 시작했고 무리수가 중심에 놓였다. 물론 이전에도 무리수를 '두 정수의 비로 나타낼 수 없는 수'라거나 '유한소수나 순환소수로 나타낼 수 없는 수'라고 정의하고 있었으나, 이것은 무리수의 본성 가운데 하나를 정의한 것이지 그 자체적인 실체로 정의한 것은 아니었다.[50] 무리수란 엄밀하게 무엇인가라는 문제가 해결되어야 했다. 몇 가지 사항이 이것을 깊이 살피도록 추동했다. 이를테면 $x=a$에서 양의 값, $x=b$에서 음의 값이 되는 연속함수는 a와 b 사이에 있는 적당한 x값에서 0이 된다는 볼차노의 정리를 증명할 때 문제가 생겼다. 푸리에 급수로 표현할 수 있는 함수의 불연속성을 다룬 연구에서도 같은 문제가 있었다. 그것들은 실수 체계의 구조를 이해하는 것과 관련되었다. 더구나 바이어슈트라스 함수는 연속함수의 성질을 제대로 인식하려면 실수 연속체의 문제, 곧 무리수에 의미를 부여하는 문제를 고찰해야 함을 확실히 깨닫게 했다. 또 다른 측면에서 비유클리드 기하학의 출현이 유클리드 기하학이 진리라는 믿음을 무너뜨림으로써, 의심할 여지가 없는 실체로 보이던 통상의 산술 위에 세워진 수학을 다시 살펴보게 했다.

볼차노는 코시에 앞서 1817년에 실수 체계를 특징짓는 것의 하나인 상한(최소상계)의 성질을 증명했다. 그 정리는 변수 x의 모든 값이 성질 M을 만족하지는 않지만, 어떤 u보다 작은 모든 x가 성질 M을 만족한다면, 그것보다 작은 모든 x가 성질 M을 만족하는 최대의 u가 언제나 존재한다는 것이다. 상한이 존재한다는 것은 중간값의 정리를 의미한다. 곧, 실직선의 어느 부분도 둘로 나뉜 수들의 열린집합으로 나타낼 수 없다는 것이다.

실수와 유리수를 구분 짓는 핵심 공리는 극한과 관련되어 있다. 유리수는 극한의 성질을 만족하지 못한다. 이를테면 $\sqrt{2}$의 유리수 어림값들로 이루어진 수열 1, 1.4, 1.41, 1.414, ⋯ 는 끊임없이 이어지면서 이웃한 항끼리 더욱 가까워지나, 항들이 임의로 가까워지는 유리수는 없다. 코시는 이런 생각을 바탕으로 무리수를 규정했다. 유리수에서 시작해서 유리수 수직선에 새로운 점을 추가하는 방식으로 실수를 형식적으로 구성했다.[51] 여기에는 자신의 수렴 판정법이 바탕에 놓여 있다. 그런데 그 판정법으로 수열이 수렴하는지는 알 수 있으나, 극한의 존재를 주장하려면 그 극한이 무엇인지를 미리 특정해야 했다. 예로 든 유리수 수열에서는 $\sqrt{2}$가 특정되어야 한다. 어쨌든 코시는 무리수를 어떤 무한유리수열의 극한이라 여겼다. 그는 이것을 정당화하지 않고 선험적으로 그러한 수가 존재한다고만 했다.

한동안 아무도 무리수를 수학적으로 어떻게 규정해야 하는지 그리고 1.4, 1.41, 1.414, 1.4142, 1.41421, ⋯ 와 같은 코시 수열의 궁극의 항이 무엇이어야 하고 그것을 어떻게 이해해야 하는지를 몰랐다. 해밀턴은 1833, 1835년에 유리수로부터 무리수를 구성하는 방법을 맨 처음 시도했다. 그는 유리수 이론을 펼친 뒤 유리수를 두 모임으로 분할하는 아이디어를 무리수에 적용하려 했으나 이루지 못했다.

1869년에 메레이(C. Méray 1835-1911)는 무리수를 정의할 때, 먼저 유리수열의 극한이 어떤 실수라고 정의하고 나서, 이것을 그 유리수열의 극한으로 정의하는 오류를 지적했다. 그는 1872년에 유리수를 바탕으로 무리수를 정의하면서 극한값의 외적 조건에 의존하지 않고서, 곧 n, k는 자연수이고 ε이 유리수일 때 무리수를 언급하지 않고 코시 수렴 판정법만을 사용하여 수렴을 기술했다. 그는 넓은 의미에서 수렴하는 수열을 극한으로서 유리수 또는 '허구의 극한'으로서 '허구의 수' 가운데 하나를 결정하는 것으로 생각했고, 이 '허구의 수'에 순서가 있음을 증명했는데 이것이 바로 무리수이다.[52]

바이어슈트라스도 수의 개념에 바탕을 두고서 미적분학의 기초를 마련하기 위해 극한 개념과 관계없이 무리수를 정의해야 한다고 생각했다. 그는 코시의 논리적인 잘못을 바로잡기 위해 수열 자체를 수나 극한으로 만듦으로써 수렴수열의 극한의 존재 문제를 해결했다.[53] 그는 유리수의 성질을 토대로 무리수를 명확히 정의하고 그 성질들을 정리했다. 유리수열 1, 1.4, 1.41, 1.414, ⋯ 은 하나의 무리수에 궁극적으로 가까이 가는데 그 무리수를 $\sqrt{2}$라 하고, 이것이 유리수열의 수렴에 의해 정의되었다고 생각했다. 이 수열의 항은 유한개가 아니므로 수열을 모두 지정할 수는 없으나, 어떤 항이라도 구할 수 있으므로 임의의 무리수를 조작하는 방법을 얻은 것이다.[54] 하이네도 같은 생각에 바탕을 두고 무리수를 정의했다.

이처럼 실수를 산술적으로 정의하는 문제를 다룬 사람들은 모두 코시의 판정법을 만족하는 수열을 이용하여 무리수를 정의했다. 바로 무리수를 무한유리수열의 극한으로 보았다. 그런데 극한이 무리수이면 무리수가 먼저 정의되어야 그 극한이 논리적으로 존재하게 된다. 칸토어는 이 논리적 오류가 곧바로 문제를 일으키지 않아 한동안 사람들이 이 오류를 미처 깨닫지 못했다고 했다.[55]

칸토어는 푸리에 급수의 수렴이라는 문제에 관심을 두고, 주어진 함수를 표현하는 삼각급수가 유일하게 존재하는지를 고민했다. 1870년에 그는 모든 x값에 대하여 삼각급수가 수렴하면 그것은 하나뿐임을 증명했다. 1871년에는 주어진 구간의 유한개의 점에서 삼각급수가 수렴하지 않아도 이 정리가 성립함을 밝혔다. 1872년에는 이러한 예외인 점이 한없이 있어도 그것들이 어떤 특별한 방식으로 분포하고 있다면 그러함을 보였다. 이러한 점의 분포를 정확하게 기술하기 위해서는 실수를 기술하는 새로운 방법이 필요했다.[56] 곧, 무리수를 이해하는 문제가 삼각급수 표현의 유일성을 일반화하여 증명하는 데 근간이었다.

칸토어는 데데킨트처럼 유리수의 집합에서 시작하여 기본열의 개념을 도입했다. 기본열이란 임의의 양의 유리수 ε에 대하여 충분히 큰 n과 어떤 자연수 m에 대하여 $|a_{n+m} - a_n| < \varepsilon$을 만족하는 수열 $\{a_n\}$이다. 그는 1872년에 기본열을 이용해서 무리수를 엄밀하게 공식화했다. 그는 유리수로 이루어진 각 기본열과 실수를 결부시켰다. 유리수 r은 수열 r, r, $\cdots$, r, $\cdots$와 결부시킬 수 있지만 유리수와 결부시킬 수 없는 수열도 있다. 이를테면 $\sqrt{2}$를 계산하는 알고리즘으로 만든 수열 1, 1.4, 1.41, 1.414, $\cdots$가 그러한 기본열이다. 칸토어의 방법은 폭넓은 범위에서 집합론과 관련되어 있다. 두 기본열이 같은 실수에 수렴할 때도 있으므로 그는 같은 실수에 수렴하는 것으로 수열의 동치관계를 정의했다. 수열 $\{a_i\}$가 정의하는 b와 수열 $\{a_i'\}$이 정의하는 수 b'이 같다는 것은 임의의 $\varepsilon > 0$에 대하여 $n > n_1$일 때 $|a_n - a_n'| < \varepsilon$이 성립하는 n_1이 있음을 의미한다.

무리수의 개념을 명확히 함으로써 해석학의 기초를 세우는 데 중요하게 이바지한 사람이 데데킨트이다. 그는 1858년에 미적분학 과목을 가르치면서 미적분학의 기반이 허술하다고 생각했다.[57] 1872년에는 미적분학에서 사용하는 극한 개념보다 실수 체계가 문제인데, 바로 이 실수가 제대로 정의된 적이 없다고 했다. 이에 실수의 연속성을 분명히 하고자 했다. 실수의 연속성에는 무리수가 관련된다고 생각하고, 무리수가 유리수와 어떤 점이 다른지를 고민했다.

데데킨트는 1888년에 기하학적 연속을 실수와 관련지어 생각했다. 그는 실직선이 무리수라는 틈에 의해 떨어져 있는 순서 매겨진 유리수로 조밀하게 차 있다고 생각하고, 수직선이 각 틈에 의해 두 조각으로 잘린다는 절단(데데킨트 절단)이라는 개념을 떠올렸다.[58] 유리수는 조밀하지만 연속이지 않다는 사실을 바탕으로 절단을 고안한 것이다. 유리수체를 출발점으로 삼았으나, 실수를 유리수수열의 극한으로 보지 않고 유리수의 분할로 만들어지는 것으로 파악했다.

데데킨트는 직선 위에 있는 점들을 두 집합으로 나누되 한 집합에 있는 점들이 다른 집합에 있는 모든 점의 왼쪽에 오게 하면 그 분할을 결정짓는 점이 하나만 존재한다는 성질에서 무리수를 정의하는 실마리를 얻었다. 산술적으로 표현하여 그는 실수집합 $\mathbb{R}$이 한 쌍 L과 R로 분할되어 있으며 L의 어느 수도 R의 어느 수보다 작고 R의 어느 수도 L의 어느 수보다 클 때, 이러한 분할을 절단이라고 하고 $(L,\ R)$로 나타낸다. 모든 유리수 a는 그것이 L에서 가장 큰 수가 되거나 R에서 가장 작은 수가 되는 절단을 결정할 수 있다. 그러나 유리수로 만들어지지 않는 절단도 있다. 실수 a가 L에서 가장 큰 수도 아니고 R에서 가장 작은 수도 아닌 경우이다. 이를테면 R은 제곱이 2보다 크게 되는 모든 양의 실수의 집합이고 L은 그렇지 않은 모든 실수의 집합이 되는 경우이다. 유리수가 모든 절단을 만들지 못하는 것은 유리수집합의 불연속성을 보여준다. 그리고 유리수가 어떤 절단 $(L,\ R)$을 만든 것이 아니라면, 이때 새로운 수로서 무리수(이를테면 $\sqrt{2}$)가 있어야 하고 이 무리수는 절단 $(L,\ R)$로 정의된다. 무리수의 존재를 상정하지 않고서도 무리수를 구성했다. 이러한 절단의 모임이 실수체 $\mathbb{R}$을 결정한다. 데데킨트는 $\mathbb{R}$에 연속이라는 성질이 있는 것, 곧 $\mathbb{R}$을 한 쌍 L, R로 나누고 L에 속하는 수 a_1이 R에 속하는 수 a_2보다 작게 될 때 L의 최대수이든지 R의 최소수가 되는 실수 a가 하나만 있음을 증명했다. 여기에 이르러 극한에 관한 기본 정리를 산술적으로 엄밀히 증명할 수 있게 되었다.

산술 공리[55]를 만족하는 수 집합(체)에는 대표적으로 유리수체, 실수체, 복소수체가 있다. 이 셋 가운데 순서 공리[56]를 만족하는 집합(순서체)은 유리수체와 실수체이다. 더군다나 완비 공리[57]까지 만족하는 집합(완비순서체)은 실수체뿐이다. 실수와 연관되는 모든 성질이 세 공리로부터 확립된다. 실수를 유리수와 구분하는 성질은 실수에는 완비성을 보장하는 절단으로 이루어진 무한수열의 극한이 존재하고, 거꾸

55) 덧셈과 곱셈에 대하여 닫혀 있다. 결합 법칙과 교환 법칙이 성립한다. 모든 원소에 항등원이 있다. 각 원소(곱셈에서 0 제외)의 역원이 있다. 덧셈에 대한 곱셈의 분배 법칙이 성립한다.

56) 임의의 $a,\ b \in S$ 사이에 관계 $a<b$, $a=b$, $a<b$에서 하나만 성립한다. $a<b$이고 $b<c$이면 $a<c$이다. $a<b$이면 모든 $c \in S$에 대하여 $a+c<b+c$이다. $a<b$이면 모든 $0<c \in S$에 대하여 $a \times c < b \times c$이다.

57) 공집합이 아닌 상계를 갖는 모든 부분집합이 최소상계를 가지는 순서체를 완비순서체라 한다. 유리수집합 $S=\{s \in \mathbb{Q} | s \times s < 2\}$는 많은 상계를 가지지만 최소상계는 없다. $\sqrt{2}$는 무리수이다.

로 임의의 무한소수에 대응하는 절단이 존재한다는 것이다.

데데킨트의 방법은 실수에 관한 사안을 그것에 대응하는 유리수에 대한 사안으로 환원[59]한 것인데, 이는 또 정수에 대한 것으로 환원된다. 이에 F. 클라인(1895)이 실수를 정수로 귀착시킨다는 의미에서 해석학의 산술화라고 했다. 그러나 여기서는 수학의 기초로 무한집합을 승인해야 했다. 동시에 실수의 성질은 상식의 문제로부터 증명이 필요한 것이 되었다. 데데킨트는 절단의 덧셈과 곱셈을 정의함으로써 실수의 산술이 성립하도록 했고, 그러한 절단의 산술이 실수에 존재하는 모든 성질을 증명할 수 있게 해주었다.

3 미분과 적분

3-1 도함수

볼차노(1817)가 처음으로 $f(x)$의 도함수 $f'(x)$를 변수 x의 증분 Δx가 0에 가까워질 때 비 $\frac{|f(x+\Delta x)-f(x)|}{\Delta x}$의 극한으로 정의했다. 그에게 $f'(x)$는 영끼리의 나눗셈도, 무한소들의 비도 아니었다. 오늘날 미적분학 교과서에 실려 있는 도함수의 정의는 코시가 정리한 것이다. 코시의 미적분학에서는 함수와 함수의 극한 개념이 기본이다. 코시는 1823년에 도함수와 적분을 고찰할 때 달랑베르의 극한 개념을 이용했다. 코시는 연속의 정의에서 시작하여 볼차노와 같은 방식으로 도함수를 정의했다. 그런 다음에 도함수의 개념과 라이프니츠의 미분을 통합했다. 미분의 의미는 도함수를 통해 표현되는 종속 개념이므로 논리적으로는 미분을 사용하지 않아도 되지만, 생각을 풀어내고 여러 개념을 서술하는 방식으로는 쓸모가 있다.[60] 코시는 연속과 마찬가지로 도함수의 개념을 구간에서 정의했다. 변수 x에 증분 Δx가 0에 한없이 가까이 갈 때 차의 몫 $\frac{f(x+\Delta x)-f(x)}{\Delta x}$의 극한을 x에 관한 y의 도함수라고 했다. 그러고 나서 평균값정리로 $\Delta y/\Delta x$와 도함수 $f'(x)$ 사이의 관계 $\Delta y = f'(x+\theta\Delta x)\Delta x$ (단, $0<\theta<1$)가 성립함을 밝혔다. 기호 $f'(x)$는 라그랑주가 처음 사용했다.[61] 라그랑주는 1772년에 도함수의 정의 자체를 직접 다루고 있다. 그는 f의 거듭제곱 급수 전개의 일부인 V를 h가 0에 가까이 갈 때

이와 동시에 0에 가까이 가는 함수라고 하면 $f(x+h)=f(x)+hf'(x)+hV$가 됨을 보였다. 이 정리를 코시는 도함수의 정의로 삼을 수 있었다. 이렇게 보면 코시의 도함수에 관한 것에는 새로운 것이 없어 보이나 두 사람의 차이는 다음과 같다. 라그랑주는 임의의 함수를 거듭제곱 급수로 전개할 수 있다는 그릇된 가정에 바탕을 두고서 도함수를 정의했다. 코시는 자신이 내렸던 극한의 정의를 바탕으로 한 부등식 표현으로 도함수를 근대적으로 정의했다.

3-2 미분방정식

편미분방정식 이미 알려져 있던 파동방정식과 퍼텐셜 방정식이 새로운 물리학 분야에 적용되었고 그 분야에서 다루는 여러 현상에서 새로운 유형의 편미분방정식들이 나왔다. 편미분방정식은 물리학에서 주요한 위치를 차지하기 때문이기도 했으나 수학 자체에서도 주요 분야가 되었다. 그것은 함수론, 변분법, 급수전개, 상미분방정식, 대수학, 미분기하학 같은 분야와 깊은 관련을 맺게 되었다. 18세기에 도입된 파동방정식이 구면좌표로 표현되기도 했다. 삼차원 공간에서 기본 형태는 열방정식과 같은 형태이다. 실제로 푸리에의 열역학 연구에서 나온 결과가 다니엘 베르누이의 연구를 뒷받침하면서 진동현의 문제를 둘러싼 논란을 해결했다.

19세기에 파동방정식은 탄성 이론 등에서 새로운 쓰임새를 찾았다. 푸리에는 편미분방정식의 초기 조건이 어떻게 만족되는지 보여줌으로써 방정식을 푸는 기법을 발전시켰다. 서로 다른 초기 조건과 경계 조건에서 여러 물체가 진동하는 경우와 탄성체 안에서 파동이 전파되는 경우를 연구하는 데서 많은 문제가 나왔다. 빛의 전파를 연구하는 분야에서도 여러 문제가 등장했다. 편미분방정식에서 초등함수와 그런 함수의 적분으로 표현되는 근을 찾는 방법 가운데 가장 중요한 방법이 푸리에 적분으로, 이 생각은 푸리에, 코시, 푸아송에게서 비롯되었다.[62] 라플라스가 1778년에 시작한 유체 표면의 파동 문제를 처음으로 폭넓게 다룬 코시는 1816년에 푸리에 적분을 유도했다.

18세기에 오일러와 라그랑주에 의해 기초가 놓인 변분법을 연구하도록 이끈 주된 동기는 최소 작용 원리였다. 이것은 19세기에도 그대로 이어져 많은 탄성 문제에서 나오는 변분법과 미분방정식에서 중요한 역할을 했다. 해밀턴이 최소 작용 원리의 공식화에 큰 변화를 일으켰다. 그는 1820년대에 광학의 수학적 이론을 확립하면서 그 원리를 변분 원리로 발전시켰고 1830년대에 역학 연구에 이용했다. 그는 하나의 일반 원리에서 역학과 광학을 끌어낼 수 있었다. 그는 변분 원리를 바탕으로 여러 편미분방정식을 다루었다. 또한 그는 적분의 변분으로부터 물리학과 역학의 법칙을 끌어냈다. 그의 연구는 탄성, 전자기학, 양자 이론 같은 수리물리학 분야에서 변분 원리를 적용하도록 추동했다. 상대성 이론도 기초 원리를 해밀턴 함수 $\dot{q} = \partial H / \partial p$, $\dot{p} = -\partial H / \partial q$에 기반을 두고 있다. 해밀턴(1833)은 광학계의 성질은 빛살의 처음과 마지막 좌표의 함수로 빛이 그 계를 지나는 시간을 재는 어떤 함수(특성함수의 하나)가 완전히 결정함을 보였다.[63] 그러므로 두 끝점 좌표가 변하면 작용이 변화하는 법칙에 따라 시간도 달라진다.

리만은 소리의 전달에 관한 연구에서 D, E, F는 연속이고 이계미분할 수 있는 x와 y의 함수일 때 이변수의 이계선형편미분방정식 $\frac{\partial^2 f}{\partial x \partial y} + D\frac{\partial f}{\partial x} + E\frac{\partial f}{\partial y} + Fg = 0$을 다루는 문제와 수반편미분방정식 $\frac{\partial^2 g}{\partial x \partial y} - \frac{\partial (Dg)}{\partial x} - \frac{\partial (Eg)}{\partial y} + Fg = 0$을 만족하는 함수를 찾는 것을 연구에 포함했다.[64] 리만의 업적은 파동방정식의 역사에서 전환점을 이루지만, 삼변수 이상으로 확장하지는 못했다. 헬름홀츠(H. Helmholtz 1821-1894)는 한 쪽만 뚫려 있는 대롱 속에서 일어나는 공기의 진동을 연구(1860)하면서 헬름홀츠 방정식이라는 이계편미분방정식 $\nabla^2 f + k^2 f = 0$의 풀이법을 일반적으로 연구했다. $\nabla^2 f$은 라플라시안, k는 상수이다. 야코비(C. Jacobi 1804-1851)는 1866년에 일차편미분방정식을 연구하고 그것을 역학의 미분방정식에 응용했다.

퍼텐셜 방정식 퍼텐셜 방정식은 중력에 관한 18세기 연구에서 모습을 드러냈고 19세기 초까지 중력 계산에 널리 쓰였으며 열전도 연구에도 등장했다. 열전도의 경우에 한 물체에 분포된 온도가 위치에 따라 다르되 시간이 지나도 그대로일 때

$$\frac{\partial T}{\partial t} = \kappa\left(\frac{\partial^2 T}{\partial x^2} + \frac{\partial^2 T}{\partial y^2} + \frac{\partial^2 T}{\partial z^2}\right)$$

에 나오는 온도 T는 시간 t에 독립이고 이 방정식은 퍼텐셜 방정식으로 바뀐다. 퍼텐셜 방정식은 전기와 자기에도 응용되면서 더욱 중요해졌다.

처음에 푸리에의 방식을 비판했던 푸아송은 나중에 푸리에가 내놓은 증거에 수긍하고 푸리에의 방법을 받아들이면서 급수 전개로 모든 편미분방정식을 해결할 수 있다고 생각했다. 그는 1815년쯤부터 여러 열전도 문제를 해결했고, 그 연구의 상당 부분을 1835년에 출판했다. 또한 탄성 이론에 수학적 기초를 주었으며 중력 퍼텐셜 이론을 전기와 자기에도 적용할 수 있음을 처음 언급했다.

푸아송의 영향을 받은 그린이 퍼텐셜 함수의 개념을 전기와 자기에 적용한 연구를 담은 1828년의 저작은 가우스의 1839년 논문과 함께 퍼텐셜 이론을 수학의 독립 분야로 만들었다. 그는 퍼텐셜 함수가 만족해야 할 조건을 진술했다. 입체의 안쪽 성질과 경계면 성질을 관련짓는 것이 퍼텐셜 이론의 중심 문제임을 인식한 것이 커다란 업적이었다. 오늘날에도 비동차미분방정식과 편미분방정식의 근을 찾는 데 그린 함수가 널리 이용된다.[65]

가우스는 1839, 1840년에 힘은 거리의 제곱에 반비례한다는 이론을 발표했다. 이로써 퍼텐셜 이론이 독립된 수학 분야로 자리를 잡기 시작했다. 가우스가 퍼텐셜 이론에 도입한 원리를 수정하여 디리클레가 변분 계산에 도입했다.[66] 디리클레는 공간 적분에 대한 최소의 원리로써 주어진 경계 조건에서 적분 $\iiint\left\{\left(\frac{\partial u}{\partial x}\right)^2+\left(\frac{\partial u}{\partial y}\right)^2+\left(\frac{\partial u}{\partial z}\right)^2\right\}dxdydz$를 최소화하는 함수 u의 존재를 가정하는 디리클레 원리를 끌어냈다. 나중에 리만이 이것을 퍼텐셜 이론의 문제를 해결하는 도구로 사용했다. 리만은 이 원리를 초기하함수와 아벨 함수에 적용했다.

곡선좌표 물리적인 문제를 기술하면서 편미분방정식, 특히 열방정식에 관심을 기울였던 라메(G. Lamé 1795-1870)는 많은 유형의 방정식에 사용될 수 있는 좌표계로 곡선좌표와 그것에 대응하는 좌표곡면을 도입했다. 이를테면 직교좌표에서 구면좌표로 변환하는 방정식을 이용하여 퍼텐셜 방정식을 직교좌표에서 구면좌표로 변환할 수 있다. 곡면좌표계는 두 가지 면에서 가치가 있다.[67] 첫째로 직교좌표에서는 상미분방정식으로 분해할 수 없는 편미분방정식이더라도 곡선좌표에서는 분해할 수도 있다. 둘째로 물리학 문제, 이를테면 타원면 같은 도형에서 경계 조건이 주어지기도 하는데 그러한 경계는 직교좌표계에서는 복잡한 방정식이 사용되나 타원면을 좌표곡면으로 하는 좌표계에서 간단하게 표현된다. 라메의 연구를 계기로 하여 많은 좌표계가 만들어졌다. 편미분방정식으로부터 변수 분리를 거쳐 나오는 상미분방정식을 푸는 과정에서 특별한 함수들이 등장했고, 이러한 함수들에 적절한 좌표계가 필요하기도 했다.

라메에 이어 하이네는 1842년에 회전타원체의 겉면에 값이 주어질 때 그 안쪽의 퍼텐셜과 그 타원체와 이것의 바깥에서 초점을 공유하는 회전타원체 사이의 퍼텐셜을 결정했다. 라메의 곡선좌표 개념을 적극 받아들인 마티외(E. L. Mathieu 1835-1890)는 진동하는 타원형 막의 문제와 관련된 이계 파동방정식을 푸는 과정에서 자신의 이름이 붙은 함수를 발견했다. 이 함수는 초기하함수의 특별한 경우이다. 이계 파동방정식은 물리 문제에 따라 달라지는 상수 a, q에 대한 $(d^2y/dx^2) + (a+16q\cos 2x)y=0$이라는 마티외 방정식의 특수해이다.[68] 그는 타원기둥좌표도 소개했다.

연립편미분방정식 18세기 중반에 점성이 없는 유체 운동을 기술하는 미분방정식에서 오일러가 처음으로 연립편미분방정식을 다루었다. 19세기에는 점성 매질의 유체역학방정식, 탄성 매질의 방정식, 전자기론의 방정식이 연립편미분방정식에 추가되었다. 나비에(C.-L. Navier 1821), 푸아송(1829), 스토크스(1845)가 다룬 점성이 있는 유체의 운동에 대한 편미분방정식을 나비에-스토크스 방정식이라 한다. 모든 액체의 마찰 작용을 설명하려고 했던 스토크스는 많은 기본적인 물리 원칙으로부터 같은 방정식을 이끌어냈다.[69] 코시나 푸아송 같은 수학자를 비롯해서 공학자와 물리학자들이 탄성 매질(공기도 포함)의 움직임을 제어하는 방정식을 얻고자 매우 노력했다. 압력을 받는 물체의 반응, 초기 교란이나 잇따라 작용하는 힘에 의해 움직이기 시작한 물체의 진동, 공기나 고체를 통해 전달되는 파동을 포괄한다. 분자 구조를 비롯한 물질의 성질을 거의 알지 못했으므로 탄성과 관련된 방정식을 얻기가 매우 힘들었다.[70] 1861년에 맥스웰의 전자기 법칙이 나오면서 과학기술에 엄청난 영향을 끼쳤다. 맥스웰 방정식은 벡터 형식을 써서 네 개의 편미분방정식으로 표현된다. 그는 이것으로부터 전자기파의 속도가 빛의 속도와 같고, 빛이 전자기 현상이라고 주장했다.

상미분방정식 상미분방정식은 18세기에 물리학 문제로부터 직접 생겼다. 19세기에는 주로 편미분방정식을 변수분리법으로 풀려는 과정에서, 그리고 편미분방정식을 여러 좌표계로 표현하는 데서 여러 형태의 상미분방정식이 나왔다. 많은 유형의 상미분방정식을 다루게 되고 나서 방정식의 유형을 연구하기 시작했다. 이것으로 18세기와 19세기가 구별된다.

편미분방정식에 변수분리법을 적용하면 두 개 이상의 상미분방정식으로 변형되고 원하는 근의 경계 조건은 한 상미분방정식의 경계 조건이 된다. 그 상미분방정식에는 일반적으로 변수분리 과정에서 생긴 매개변수가 하나 들어 있다. 통상 그 매개변수의 특정한 값(고윳값)에 대해서 근(고유함수)을 구할 수 있다. 초기에는 상미분방정식을 근의 존재나 형태를 염두에 두지 않고 급수 풀이법으로 풀었다. 이러한 상미분방정식 가운데 가장 중요한 방정식이 진동 막을 연구하면서 나온 $x^2y''+xy'$

$+(x^2-a^2)y=0$이다. a는 0 이상의 상수이다. 행성의 운동을 연구하던 F. 베셀(F. W. Bessel 1784-1846)이 이것의 풀이를 체계적으로 연구하여 베셀 방정식이라 한다. 베셀은 n과 x값으로 실수만을 생각했다. n마다 2개의 독립인 근을 갖는데 하나는 $x\to 0$에서 발산하지 않고(제1종 베셀 함수) 다른 하나는 발산한다(제2종 베셀 함수). 둘의 선형결합이 일반해이다. 제2종 베셀 함수에서 오일러 상수 $\gamma=\lim_{n\to\infty}(\sum_{i=1}^{n}\frac{1}{i}-\ln n)$이 나온다. 베셀 방정식은 막의 진동, 원통에서 열의 전도, 원통형 도체에서 전류의 이동에 관련된 문제와 해석적 정수론의 문제 등에서 나온다.[71]

본래 문제의 초기 조건이나 경계 조건을 만족시키려면 주어진 함수를 고유함수로 표현해야 할 필요가 있다. 이러한 것들 가운데 경계 조건이 있는 이계상미분방정식을 다룬 스튀름(J. C. F. Sturm 1803-1855)과 리우빌(J. Liouville 1809-1882)의 1830년대 연구가 매우 중요했다. 이 점은 후기의 영국 수리물리학자들이 스튀름-리우빌 이론을 이용하면서 드러났다. 이 이론은 주어진 경곗값 조건을 만족하는 자명하지 않은 근(고유함수)이 존재하도록 잘 선택해야만 하는 매개변수가 포함된 자기 수반 이계미분방정식을 다룬다. 이 이론은 팽창성을 확고히 했고 고유함수의 값을 구하는 것과 풀이법의 표준을 제공했다. 스튀름의 중요한 연구 성과는 어떤 두 실제 용액의 진동은 서로 엇갈리거나 분리된다는 분리정리이다.[72]

19세기 중엽에 미분방정식 연구는 새로운 길로 들어섰다. 존재성정리나 스튀름-리우빌 이론에서는 근을 찾고자 하는 영역에서 미분방정식이 해석함수나 적어도 연속함수를 포함하고 있다고 가정한다. 그렇지만 베셀 방정식, 르장드르 방정식(16장 5절), 초기하미분방정식 $x(1-x)y''+\{c-(a+b+1)x\}y'-aby=0$ 같은 것에서는 특이점을 지닌 계수가 나오고 특이점 근방에서 얻은 급수해의 하나는 그 형태가 독특했다. 이에 수학자들은 특이점 근방의 근을 살펴보았다. 이 특이점에 대가 되는 개념인 보통점은 모든 계수가 적어도 연속이고 통상의 해석적인 점이다. 특이점 근방에서 근은 급수로 얻을 수 있다. 따라서 계산에 앞서 그 급수의 형태에 대한 정보가 있어야 한다. 그 정보는 주어진 미분방정식에서만 얻을 수 있다. 가우스의 초기하급수 연구가 이 문제를 다룰 길을 열었다. 리만과 푹스(L. Fuchs 1833-1902)가 이 연구를 이끌었다. 브리오(C. A. Briot 1817-1882)와 부케(J. C. Bouquet 1819-1885)의 연구 그리고 초기하미분방정식에 대한 리만의 논문을 바탕으로 푹스는 복소수 영역에서 선형상미분방정식의 확정 특이점을 체계적으로 연구했다. 푹스의 연구를 프로베니우스가 정교하게 다듬었고, 이것은 푸앵카레 연구의 출발점이 되었다. 푸앵카레의 이후의 상미분방정식과 편미분방정식 연구는 대부분 물리학적인 응용, 특히 천체 역학과 n체 문제에 관련되었다.

1880년대에 헤비사이드가 미적분을 전자기에 응용했다. 그는 전기회로를 찾다가 미분방정식을 해결하는 어떤 규칙성을 관찰했고 미분방정식을 간단한 대수방정식으로 바꾸는 방법을 발견했다. 30년 가까이 전자공학자들은 그의 연산자법을 사용했는데 수학적 뒷받침이 부족하고, 엄밀성이 매우 부족했다. 1920년 초에 그의 방법이 라플라스가 1812년에 다룬 적분변환이라는 바탕 위에 세워질 수 있음이 발견되었다.

보형함수론 미분방정식을 연구하던 푸앵카레는 1880년에 타원함수를 일반화했다. 삼각함수의 주기는 하나이고 타원함수의 주기는 둘이다. 푸앵카레는 주기성을 다음과 같은 일반적인 성질의 특별한 경우라고 했다. 어떤 함수는 변수에 몇 번의 유리변환을 시행해도 그 값이 변하지 않고, 이러한 변환의 집합은 군을 이룬다. 기호로 나타내면 다음과 같다. z를 $(az+b)/(cz+d)$로 바꾸어 놓는다고 하자. 몇 가지의 a, b, c, d에 대해서 z의 일가함수 $f(z)$ 가운데 $f\{(az+b)/(cz+d)\}=f(z)$를 만족하는 것이 존재한다. 이를테면 삼각함수 $\sin z$는 $a=d=1$, $c=0$, $b=2k\pi$인 경우이다. 변환의 횟수는 셀 수 있는 무한이다. 푸앵카레는 이러한 함수를 만들어 보이고 그것의 중요한 속성을 1880년대에 쓴 일련의 논문에서 발표했다. 이 함수를 보형함수(automorphic)라고 한다. 이로써 그는 보형함수론의 실질적인 창시자가 되었다. 보형함수는 원함수, 쌍곡선함수, 타원함수를 비롯한 해석학의 여러 함수를 일반화한 것으로서, 특히 미분방정식에서 중요한 역할을 한다.

가장 먼저 연구된 보형함수는 a, b, c, d는 정수이고 $ad-bc=1$이라는 제한된 변환 조건에서 불변인 타원모듈러함수족으로 에르미트(C. Hermite 1822-1901)가 연구했다. 이 타원모듈러함수는 타원함수에서 나온다. 푸앵카레는 1883년에 두 변수 사이의 해석적 관계는 균일화될 수 있다는 사실, 곧 변수들은 한 가지 값을 갖는 일변수 보형함수로 나타낼 수 있음을 알아냈다.[73] 이 균일화정리를 1908년에 푸앵카레와 쾨베(P. Koebe 1882-1945)가 증명했다. 오늘날 보형함수란 극점을 제외한 정의역에서 해석적이고 유리변환 $z'=(az+b)/(cz+d)$의 셀 수 있는 무한군 또는 이 변환군의 적당한 부분군 아래에서 불변인 함수이다. a, b, c, d는 실수나 복소수이고 $ad-bc=1$이다. 푸앵카레의 보형함수는 약간 특수한 경우로서 타원함수를 포함하고, 같은 군에서 불변인 두 보형함수는 하나의 대수방정식으로 맺어져 있다.

그리고 어떤 대수곡선 위에 있는 점의 좌표는 보형함수에 의해 한 매개변수의 일가 함수로 표현된다. 이를테면 원의 방정식 $x^2+y^2=a^2$인데 x, y는 하나의 매개변수 t의 보형함수 $x=a\sin t$, $y=a\cos t$로 표현된다. 각 삼각함수는 타원함수의 특수한 경우이고 타원함수는 보형함수의 특수한 경우이다.

비선형미분방정식 천문학의 발달은 마티외 방정식보다 일반적인 이계미분방정식에 관심을 기울이게 했다. 복잡한 급수 근을 제외하고는 n체 문제의 근을 찾을 수 없게 되자 주기 근에 주목했다. 행성이 궤도 주위에서 진동하다가 다시 궤도로 돌아오는지는 행성의 안전성을 좌우하는 문제여서 중요했다. 이에 행성 운동의 불규칙성에 주기가 있는지를 알아내는 것이 부각되었다. 앞서 라그랑주(1772)가 삼체 문제에서 특수한 주기 근을 발견했다. 삼체 문제의 새로운 주기함수를 발견한 힐(G. W. Hill 1838-1914)이 1877, 1878년에 발표한 달의 운동에 대한 두 논문에서 주기 계수를 갖는 선형미분방정식 이론을 세웠다.[74] 그의 연구는 주기함수 계수 동차선형미분방정식 이론의 받침돌이 되었다. 힐의 연구에 자극을 받은 푸앵카레가 행성 운동을 설명하는 미분방정식의 주기 근과 행성 궤도의 안정성을 찾는 새로운 접근 방식을 본격적으로 다루었다. 푸앵카레는 1892, 1893, 1899년에 $n(\geq 3)$체 문제를 설명하는 데 사용된 미분방정식의 근이 규칙적이고 주기적인 운동을 비롯해서 긴 기간에 걸친 불규칙한 행동도 포함함을 밝혔다. 그런데 관련 방정식들이 비선형이어서 안정성 문제는 근을 살펴보는 방식으로는 해결할 수 없었다. 그래서 그는 미분방정식 자체를 살펴봄으로써 문제에 답할 수 있는 방법을 찾고자 했다. 이렇게 해서 시작된 이론을 그는 미분방정식의 질적 이론이라고 했다.[75] 비선형미분방정식은 20세기에 많은 관심을 받았다. 통신, 자동제어장치 같은 전자공학 등에서 응용되었고 질적 연구에서 양적 연구로 옮겨갔다.

3-3 미분방정식에서 근의 존재 문제

미분방정식이 더욱 폭넓게 연구되면서 풀기 어려운 방정식이 자주 나왔다. 이렇게 되자 오차 이상의 다항방정식에 근의 공식이 있는지를 다루게 된 경우와 비슷하게 어떤 초기 조건과 경계 조건에서 근이 존재하는지가 문제로 떠올랐다. 오랫동안 미분방정식에 근이 있는지에 관심을 두지 않았던 것은 미분방정식이 물리학과 기하학 문제에서 나왔고 이런 경우에는 근이 있기 때문이었다.

코시가 처음으로 미분방정식에 근이 있는지를 증명할 필요가 있음을 깨달았다.

그는 널리 쓰이는 두 방법을 제시했다. 리우빌이 하나를 더 보탰다. 코시는 1824년에 초깃값이 주어진 상미분방정식에 대한 근의 존재정리를 제시했다.[76] 이를테면 $dy/dx = f(x, y)$, $y(0) = y_0$에서 f와 df/dy가 연속이면 x의 함수 y가 늘 존재한다는 것이다. 여기서 유한 합의 극한으로 적분을 정의하는 데 쓰인 방식을 사용했다. 오일러의 연구를 바탕으로 하여 차분법으로 어림근을 구성하고 그 가운데서 수렴하는 부분열들의 수렴하는 식이 근이 됨을 보이고 있다. 차분법을 사용하여 근이 있음을 증명하는 방법은 지금도 편미분방정식의 근이 있는지를 보일 때 사용된다. 이 증명에는 수치해석 방법이 바탕에 놓여 있다. 다음으로 코시는 첫째 것보다 더 널리 적용할 수 있는 우세한(majorant) 급수 방법을 제시하고 복소수 영역에 적용했다. 이 방법을 브리오와 부케가 더 간단한 형태로 만들었다. 이어서 코발레프스카야(C. Ковалевская 1850-1891)가 1874년에 초깃값이 주어진 편미분방정식에는 근이 있음을 보증하는 정리인 코시-코발레프스카야 정리를 증명하면서[77] 더욱 고계의 미분방정식으로 확대했고 방법도 간단히 했다. 셋째 방법은 $y' = f(x, y)$에 대해 리우빌이 제시한 연속 대입 근사법이다. 1893년에 피카르(É. Picard 1856-1941)가 이 방법을 이계미분방정식으로 확장했고, 지금은 복소수 x, y로도 확장되어 있다.

미분방정식의 근이 존재하는지에 대한 증명은 여러 가지로 쓰인다. 미분방정식은 거의 모든 경우에 물리학 문제를 수학적으로 구성한 결과물이지만 그것의 근을 얻을 수 있다는 보장은 없다. 이때 근이 있는지를 아는 것은 무모하게 근을 찾는 수고를 하지 않도록 해준다. 존재 증명은 어떤 초기 조건과 경계 조건이 근을 보장하고 또 유일한 근을 보장하는지에 답을 준다. 또한 이것은 초기 조건이나 경계 조건에 대해 근이 연속으로 변하는지, 조건이 조금만 바뀌어도 완전히 새로운 근이 나오는지도 알려준다.

3-4 적분

18세기에 적분하기는 통상 단순히 미분하기의 역연산으로 여겨졌다. 그 당시에는 무한소에 내재된 문제 때문에 부정적분, 곧 원시함수가 적분론의 기본 바탕이었다. 라이프니츠가 적분이 넓이, 부피를 직사각형, 원판 같은 무한소의 무한합임을 떠올릴 수 있도록 기호법을 발달시켰지만 이러한 생각은 무시되었다.

코시가 도함수를 그의 새로운 극한의 정의를 사용하여 다룬다고는 해도 오일러나 라그랑주의 방법과 그다지 다르지 않았다. 이와 달리 코시는 적분을 새로운 관점에서 접근했다. 당시에 원시함수로 넓이를 구하기도 했으나, 여러 근사 계산의 방법으로도 구하고 있었다. 코시는 근사의 방법을 기본 원리로 하여 정적분의 이론을 구축했다. 그는 극한을 이용하여 연속함수의 정적분이 있음을 처음으로 증명했다. 이 극한값의 존재 증명은 수학의 새로운 흐름으로 해석학의 대상이 경험 세계로부터 독립함을 뜻했다. 그가 합의 극한으로 적분을 정의하게 된 까닭은 다음과 같다.[78] 먼저 구간의 두 끝점에서 원시함수의 값을 구해서 계산할 수 없어도, 곡선 아래쪽의 넓이가 의미를 갖는 상황이 여럿 있었다. 이를테면 푸리에 급수의 연구에서 나타난, 구간마다 따로 연속인 함수가 있었다. 둘째로 아마 코시 자신의 연구로부터 본격 시작된 복소함수의 적분 이론이 발달했다. 셋째로 모든 함수에 원시함수가 존재한다고 보증할 수 없었다.

코시는 〈무한소 해석 강의〉(1823)에 합을 이용하여 부정적분의 정의를 엄밀하고 상세하게 기술했다. 코시는 정적분을 오일러와 라크로와가 채택했던 근사 계산의 연구를 바탕으로 하여 정의했을 것이다. 그러나 코시는 이 방법을 넓이의 어림 계산법으로 생각하기보다 적분의 존재를 직관적으로 이해할 수 있다는 데서 이 근사법을 정의로 삼았다.[79] 그는 $[a,\ b]$에서 $f(x)$는 연속이라고 가정하고 $a=x_0$과 $x_n=b$ 사이에 $n-1$개의 값을 $x_1<x_2<\cdots<x_{n-1}$이 되게 놓고 합 $S_n=\sum_{i=1}^{n}(x_i-x_{i-1})f(x_{i-1})$을 구성했다. 구간 x_i-x_{i-1}의 값이 한없이 감소할 때 합 S_n의 극한을 구간 $[a,\ b]$에서 함수 $f(x)$의 정적분 $\int_a^b f(x)dx$라 정의했다. $f(x)$가 $(a,\ b]$에서 연속인 경우는 $\int_a^b f(x)dx=\lim_{\varepsilon\to 0}\int_{a+\varepsilon}^{b} f(x)dx$로 정의했다. 코시는 $f(x)$가 주어진 구간에서 유계이면 불연속점이 많더라도, 불연속점에서 구간을 잘라 부분 구간을 만들고 구간마다 적분할 수 있음을 보였다. 오늘날처럼 일반화된 적분을 이용하게 된 것은 적분을 합의 극한으로 기술한 코시 덕분이다. 나중에 코시의 적분 개념은 복소수의 영역으로 확장되었다. 정적분을 함수로 여겼을 때 그것이 부정적분이 된다는 것, 곧 $\frac{d}{dx}\int_a^x f(t)dt=f(x)$를 증명했다. 부정적분의 존재를 보여주는 이 증명은 여기서 처음 나타났다. 전에는 이 등식이 정리이기보다 정의였다. 또한 코시는 합의 극한으로 정의된 정적분을 사용하여 연속함수 $f(x)$에 대해 $\int_a^b f(x)dx=(b-a)f(c)$인 $c\in[a,\ b]$가 존재한다는 적분의 평균값정리를 증명했다.

코시는 그의 적분 정의를 다른 형태로 일반화한 것을 사용하여, $\partial A/\partial y = \partial B/\partial x$일 때의 미분식 $A\,dx + B\,dy$를 적분하는 새로운 방법을 제시했다.[80] 코시는 구하려는 적분 $f(x, y)$가 평면 위의 고정점 (x_0, y_0)부터 (x, y)까지의 정적분 $f(x, y) = \int_{x_0}^{x} A(x, y)dx + \int_{y_0}^{y} B(x_0, y)dy$를 취함으로써 정의됨을 보였다. 이것은 $\partial f/\partial x = A(x, y)$, $\partial f/\partial y = B(x, y)$를 의미한다.

코시는 앞서 1814년에 피적분함수가 적분 영역에서 불연속일 때는 이중적분의 적분 순서를 바꾸면 그 값이 달라질 수 있음을 보였다. $f(x, y)$가 유계가 아니면 $\int_0^1 dy\left(\int_0^1 f(x, y)dx\right)$와 $\int_0^1 dx\left(\int_0^1 f(x, y)dy\right)$가 반드시 같지는 않다는 것이다.

푸리에도 1822년에 적분을 미분의 역연산으로 여겨오던 것과 달리 정적분의 개념을 넓이로 규정하는 생각을 제시했다. 어떤 곡선이든 그것이 둘러싼 영역의 넓이는 존재할 것이므로 적분값이 구해진다는 푸리에의 주장은 해석적 방법의 보편성을 믿었던 18세기 수학적 패러다임의 끝을 시사한다.[81] 정적분 기호 $\int_a^b \cdots dx$는 푸리에가 맨 처음 사용했다.[82]

새로운 적분 이론은 불연속함수도 다루어야 했는데, 여기서 더 나아가 불연속함수가 적분을 새로 정의하게 되는 주요 원인이 되었다. 적분값을 구할 때 수렴이라는 개념을 사용해야 할 경우도 있었다.[83] 그래서 그들은 불연속함수의 급수가 연속함수로 수렴하는 것을 배워야 했다. 계단함수는 매끄러운 함수로 수렴하는 기본 요소이다. 이는 현재 구분구적법으로 정적분을 구하는 방법의 기본 생각이다. 이로부터 원시함수를 모르더라도 '리만 합'이라 일컫는 합의 극한을 고찰하는 절차로 유계함수의 정적분을 구할 수 있게 된다.

리만은 어떤 구간의 한없이 많은 점에서 불연속이지만 적분이 존재하는 그리고 해당 구간의 한없이 많은 점에서 도함수가 없는 연속함수 $F(x)$를 정의하는 함수 $f(x)$를 제시했다.[84] 이 함수를 적분하려면 넓이를 기하학적 감각에 기대어 유도했던 코시보다 주의 깊게 정의해야 한다. 리만은 연속함수와 적분할 수 있는 함수의 개념을 분명히 구별했다. 연속함수에 한정하여 고찰한 코시와 달리 리만은 더욱 폭넓게 함수가 유계이면 적분할 수 있는지를 살폈다. 그는 $[x_0, x_n]$을 n개의 부분 구간 $[x_{i-1}, x_i]$ $(i = 1, 2, \cdots, n)$로 분할하고 $f(x)$가 유계일 때 $\delta_i = x_i - x_{i-1}$로 놓고 합 $S = \sum_{i=1}^{n} \delta_i f(x_{i-1} + \varepsilon_i \delta_i)$, $0 \le \varepsilon_i \le 1$이 수렴하기 위한 필요충분조건을 생각했다. 그는

δ_i와 ε_i를 어떻게 택해도 이 합이 가까이 가는 극한이 존재할 때 그 극한을 적분이라 했다. 코시가 어떤 종류의 함수가 적분될 수 있음을 보였을 뿐 적분할 수 있는 함수를 규정하지 않았던 것과 달리 리만은 유계인 함수 $f(x)$가 적분되기 위한 필요충분조건을 정식화했다.[85] 그리고 코시의 기준으로는 적분할 수 없으나 리만(1854)은 자신의 기준으로는 적분할 수 있는 함수로 모든 구간에서 불연속인 함수 $R(x)=\sum_{n=1}^{\infty}\frac{f(nx)}{n^2}$를 제시했다.

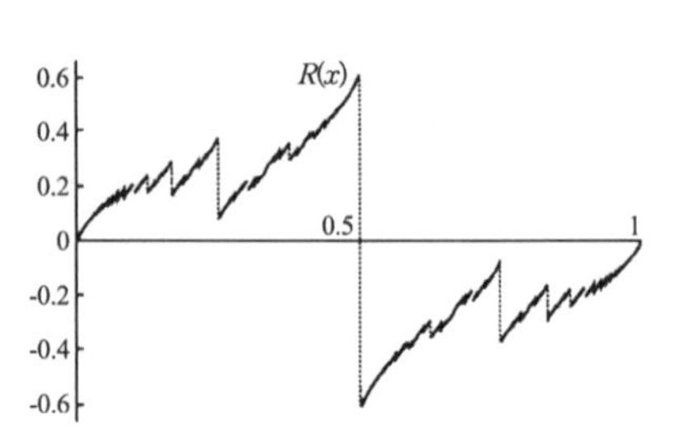

여기서 $f(x)=\begin{cases} x-\langle x\rangle & (x \neq k/2) \\ 0 & (x=k/2) \end{cases}$이고 $\langle x\rangle$는 x에 가장 가까운 정수이다. $R(x)$는 주기가 1이고 모든 점에서 유한인 값을 갖는다. 기약분수로 나타낼 때 분모가 짝수가 되는 모든 유리점에서 우극한과 좌극한이 있고, 둘은 일치하지 않는다. 그것 이외의 점에서는 연속이어서 리만 적분이 된다. 이후에 이런 종류의 함수가 여럿 나왔다. 리만은 적분 정의에서 연속과 조각연속 조건을 제거했다. 이런 점에서 코시의 적분보다 일반화되었다. 이와 함께 리만은 디리클레가 내놓은 푸리에 급수의 수렴성에 관한 결과를 확장했다.

적분과 관련된 코시와 리만의 차이는 함수에 대한 관점에서 나타난다. 코시는 x의 변화와 y의 변화 사이에 상호의존 관계가 있고 x가 변함에 따라 y도 변할 때의 y를 가리켜 x의 함수라고 한다는 오일러의 1775년 정의를 수용했다. 이때 y는 반드시 x의 해석적 표현은 아니어도 된다. 어쨌든 이 때문에 코시의 적분은 연속함수에 한정되었다. 이에 대하여 디리클레의 영향을 받은 리만은 '완전 임의의 함수'를 푸리에 급수로 전개할 수 있음을 밝혔듯이 추상적인 일가 대응을 함수 개념으로 받아들였다. 리만은 유계인 함수에 대하여 정적분이 있는지를 생각했다. 리만은 1854년에 유계함수를 언급했다. 그는 구간 $[x_{i-1},\ x_i]$ $(i=1,\ 2,\ 3,\ \cdots,\ n)$에서 $M_i,\ m_i$를 각각 $f(x)$의 최대, 최소라 하고 $x_i-x_{i-1}=\Delta x_i$라 하여 오늘날 상합, 하합이라고 하는 $S_n=\sum_{i=1}^{n}M_i\Delta x_i,\ s_n=\sum_{i=1}^{n}m_i\Delta x_i$을 정의한다. 그러고 나서 $[a,\ b]$에서 $f(x)$가 적분될 수 있는 필요충분조건을 $[a,\ b]$의 모든 $\Delta x_i \to 0$(곧 $n\to\infty$)일 때 상합과 하합의 차가 0에 수렴하는 것, 곧 $\lim_{n\to\infty}(S_n-s_n)=0$이 되는 것이라고 했다. 더 이상의 설명 없이 언급된 리만의 정리를 다르부가 완성하고 증명했다. 리만 적분은 1902년 이후에 함수의 행동이 푸리에 급수에 미치는 행동양식을 더 잘 담아내도록 조정된 르베그 적분으로 대체된다.

복소함수와 복소해석학

복소함수론은 19세기에 새롭게 등장한 분야이다. 미적분학이 18세기를 지배했듯이 복소함수론이 19세기를 지배했다. 절댓값을 이용해 복소수의 크기를 정의하고, 실수에 대한 극한의 개념 등을 복소수에 적용하면 복소해석으로 넘어가는 셈이다. 복소수 개념을 사용하여 대수학의 기본 정리를 다룬 여러 증명이 있다. 이것들은 해석학 분야에 속하는 연속의 개념을 바탕으로 하고 있다는 공통점이 있다. 복소수는 대수학뿐만 아니라 미적분에서도 유용하다. 복소수와 복소함수는 실수 계수 다항식의 인수분해, 음수 및 복소수의 로그값을 결정하는 문제, 공형사상, 부분분수 적분법 등과 관련되어 있다. 특히 복소함수로 미적분을 할 수 있다는 사실은 수학에 엄청난 영향을 끼쳤는데 매우 쓸모 있던 탓에 그것의 논리적 바탕을 중요하게 여기지 않을 정도였다.

4-1 복소수의 기하학적 표현

직관적으로 복소함수론을 타당하다고 인식하게 된 데는 복소수의 기하학적 표현과 복소수의 대수적 연산이 결정적인 역할을 했다. 수학자들은 논리가 아니라 기하학적 표현 덕분에 복소수를 받아들였다. 실직선 위의 점을 하나의 수로 여기듯이 평면 위의 점을 하나의 수로 여길 수 있게 되었다. 복소수를 평면의 점으로 여겨 기하학적으로 해석하는 것은 단순한 발상이지만, 실마리를 얻기까지는 상당한 시간이 걸렸다. 월리스가 1685년에 시도했던 복소수의 기하학적 표현은 성공하지 못했다. 1800년 무렵에 멀리 떨어져 있어 서로 알지 못했던 베셀, 아르강, 가우스가 그 발상을 현실화했다. 이로써 허수가 존재하지 않는다는 낡은 생각은 하지 않게 되었다.

측량 기사이자 지도 제작자인 베셀(C. Wessel 1745-1818)은 복소수를 평면에서 벡터의 끝점으로 나타내는 방법을 1797년에 발표했다. 가우스도 1799년에 박사 논문에서 묵시적으로 사용했으나, 이것은 베셀의 논문처럼 한동안 주목을 받지 못했다. 베셀은 벡터의 기하학적 표현을 기하학과 삼각법에 응용했다. 수를 기하학적 변환으로 이해한다는 것은 수를 비로 이해했던 과거의 관점을 좀 더 적극 수용한다는 뜻이다.[86]

베셀은 선분의 길이와 방향을 하나의 대수적 표현으로 나타낼 수 있다면 여러 기하학적 개념을 더욱 잘 이해할 수 있으리라 생각했다. 여기서 중요한 것은 선분의 방향 변화를 대수적으로 표현하는 방법이었다. 먼저 그는 평면에서 두 선분의 합을, 첫 번째 선분의 끝점에 두 번째 선분의 시작점을 놓고 첫 번째 선분의 시작점과 두 번째 선분의 끝점을 이은 선분으로 생각했다. 이제 선분의 대수적 표현은 이 성질을 만족하도록 표현되어야 했다. 여기서 베셀은 복소수를 점이 아니라 벡터로 생각했다. 그런데 그가 방향을 표현하는 문제에 답을 준 것은 곱셈이었다. 그는 단위 선분 1에 수직인 단위 선분을 i라 하면, 그것은 $i^2=(-i)^2=-1$, 곧 $i=\sqrt{-1}$을 의미함을 보였다. 그러면 선분 1과 각 θ를 이루는 단위 선분은 $\cos\theta+i\sin\theta$로 표현된다. 그러므로 길이가 r이고 선분 1과 이루는 각이 θ인 선분은 $r(\cos\theta+i\sin\theta)$가 되고 $r\cos\theta$, $r\sin\theta$를 각각 a, b라 하면 $a+ib$로 쓸 수 있다. 그러면 P(a, b)를 Q에 곱하는 연산의 기하학적 의미는 P의 극좌표 (r, θ)에 함축되어 있다. 복소수 Q를 새로운 복소수 P・Q로 바꾸는 변환은 선분 OQ의 길이에 r을 곱하여 확대($r<1$일 때는 축소)하는 것과 원점을 중심으로 동경 OQ를 각 θ만큼 반시계 방향으로 회전하는 것이 함께 일어나는 변환이다. 이렇듯 복소수의 기하학적 해석은 베셀이 기하학적인 선분을 대수적으로 해석한 데서 나왔다.[87] 베셀의 방법은 벡터공간의 개념과 대수학을 예견했다고 볼 수 있다.

부기 계원이었던 아르강(J.-R. Argand 1768-1822)도 혼자서 같은 생각을 하고 이를 1806년에 출판했다. 그는 크기에 방향을 결합하여 양수에서 음수를 이끌어냈다. 수열 -1, x, 1에서 어떤 연산을 하여 1을 x로 바꾸고, 그 연산으로 다시 x를 -1로 바꾸는 것을 생각했다. 그 연산으로 $i=\sqrt{-1}$을 곱하는 것을 제시했다. i은 반시계 방향으로 $90°$, $-i$을 시계 방향으로 $90°$ 회전하는 것이다. 그는 복소수 연산의 이러한 기하학적 의미를 이용하기 위해 원점이 한 끝점이고 길이가 r인 선분을 $r(\cos\theta+i\sin\theta)$로 나타냈다. 여기서 θ는 그 선분과 x축의 양의 방향이 이루는 각이다. 또 그는 복소수 $a+bi$를 밑변 a와 높이 b인 직각삼각형의 빗변을 나타내는 것으로 했다. $a+bi$는 하나의 복소수이지 a와 b로 이루어진 한 쌍의 수는 아니다. 아르강도 이 기하학적 개념을 적용하여 복소수의 덧셈과 곱셈을 보여주었고 삼각법, 기하학, 대수학의 정리를 증명했다. 아르강의 논문도 한동안 읽히지 않았다.

베셀과 아르강이 도입한 복소수의 기하학적 표현을 받아들이게 된 것은 가우스가 그것을 이용하여 대수학의 기본 정리를 증명하고 사차잉여를 연구했기 때문이다. 가우스는 1811년에 복소수를 평면 위에 나타낼 수 있다고 생각했다. 그가 1799, 1815, 1816년에 대수학의 기본 정리를 증명할 때 복소수의 기하학적 해석을 사용했다. 여기서 그는 실질적으로는 $p(x+iy)=u(x, y)+iv(x, y)$로 놓고 $p=0$의 근을 곡선 $u=0$과 $v=0$의 교점으로 생각했다. 그리고 중간값의 정리를 이용하여 두 곡선이 반드시 만나는 것을 보였다. 이처럼 그는 복소수와 복소함수를 실질적으로 사용했으나 아직 그것들을 받아들이기 꺼리고 있었다. 사실 그는 실수부와 허수부를 분리하여 다루었으므로 복소수와 복소함수를 실제로 사용했다고 보기 어렵다.

그러다 가우스는 1831년에 데카르트 평면과 복소수체가 수학적으로 동등하다고 분명히 언급했다. 베셀과 아르강이 복소수를 유향 성분으로 해석한 것과 달리 가우스는 수 $a+bi$를 점 (a, b)로 바꾸어 평면에 있는 점으로 해석했다. 이렇게 해서 수론은 실수로부터 복소수 분야로 확대된다. 그는 마침내 1848년에 복소수의 기하학적 해석을 대수학의 기본 정리를 증명하는 데 명시적으로 사용했다. 여기서는 다항식의 계수가 복소수인 경우도 허용되고 있다. 그는 1801년 저작에서 허수가 아닌 복소수라는 말을 처음으로 사용했으며, $\sqrt{-1}$의 뜻으로 i를 체계적으로 사용했다.[88] 이렇게 해서 허수도 실수와 대등한 가치를 지닌 유용한 수임이 분명해졌다.

복소수의 기하학적 표현과 함께 모든 대수방정식과 다수의 초월방정식이 복소수체에서 해를 갖는다는 증명이 나오면서 혁신이 일어났다. 해석학에서는 무한과정이 복소수체로 확장되면서 복소함수 이론이 확립되었고, 기하학에서는 복소수를 출발점으로 하여 일반 사영기하학과 여러 종류의 비유클리드 기하학이 만들어졌으며 무한소 기하에 복소수가 응용되었고 상대성 이론의 기초가 되는 미분기하학으로 발전해 나갔다.[89]

4-2 복소함수론

오일러는 1749년에 $(a+ib)^{c+id}$이 복소수 $p+iq$ 꼴로 됨을 밝혔다. 달랑베르가 그것을 밑 $a+ib$가 변수인 함수로 놓고 미분했다. 이것은 복소함수론의 선구적인 연구였다. 달랑베르는 1752년에 균질이고 무게도 없는 이상 유체 속에서 일어나는 물체의 운동을 다룬 논문에서 복소해석의 중요한 코시-리만 방정식을 얻었다. 이것은 해석적 함수 $f(x+iy)=u(x, y)+iv(x, y)$에 대해 $f(x-iy)=u(x, y)-iv(x, y)$ ⋯ (*)이고 $\dfrac{\partial u}{\partial x}=\dfrac{\partial v}{\partial y}$, $\dfrac{\partial u}{\partial y}=-\dfrac{\partial v}{\partial x}$ ⋯ (**)이 성립한다는 것이다. 오일러

는 1777년에 복소함수의 가장 중요한 정리로 (*)을 꼽았다.[90] 나아가 오일러는 복소함수 적분을 형식적으로 유도했다. 먼저 통상의 적분 등식 $\int f(z)dz = g(z)$에서 변수 z가 $x+iy$일 때 피적분함수를 $f(x+iy) = u(x,\, y) + iv(x,\, y)$, 우변을 $g(x+iy) = p(x,\, y) + iq(x,\, y)$로 놓으면 $\int (u+iv)(dx+i\,dy) = p+iq$가 된다. 실수부와 허수부로 나누어 $\int (udx - vdy) = p$, $\int (vdx + udy) = q$를 얻는다. 그는 이 등식을 이용하여 미지의 적분을 기지의 적분으로 귀착시켜 구했다. 그는 이 등식에서 좌변의 적분이 존재하는 것으로부터 $udx - vdy$, $vdx + udy$가 완전미분이고, u와 v에 관하여 코시-리만 방정식 (**)이 성립한다고 했다.[91] 오일러는 1776년부터 죽기 전까지 복소함수를 이용하여 실수 적분을 계산하는 방법을 연구했다. 라플라스도 1812년에 오일러처럼 실수 적분에서 복소수 적분으로 옮겨가는 방식을 이용하여 실수 적분을 계산했다. 복소수 영역에서 계산하고 나서 실수 결과만 추려내는 것이 단순할 때가 많다. 코시 이전에도 알려져 있던 코시-리만 방정식은 코시에게 커다란 영향을 끼쳤다. 그러나 오일러와 달랑베르만이 아니라 초기의 코시도 이 관계와 복소함수 $f(z)$의 미분가능성이 관계가 있음을 깨닫지 못했다.[92] 달랑베르, 오일러, 라플라스의 연구는 함수 이론 발전에서 중요한 역할을 했지만 그들의 연구에는 $f(x+iy)$의 실수부와 허수부를 분리하여 다루었다는 한계가 있었다. 복소함수 자체를 연구하지 않았다. 오일러와 달랑베르의 유체역학 문제와 관련하여 가끔 등장하던 복소함수가 물리학에 쓸모 있는 도구라는 역할에서 벗어나 독립 분야가 된 것은 코시 덕분이었다.

복소해석의 경우에는 복소수 전체의 집합이 평면을 이루기 때문에 실해석과 다른 양상을 띤다. 이를테면 실함수 $1/x$는 하나의 함수임에도 두 곡선으로 이루어져 있고 경계 지점에서 해석적으로 연결되지도 않는다. 그러나 복소수 영역으로 확장한 $1/z$은 $z=0$인 점을 제거해도 복소평면은 여전히 연결되어 있으므로 아무런 문제도 일어나지 않는다. 실해석과 달리 복소해석의 경우에 복소함수는 코시-리만 방정식을 만족하므로 한 함수를 미분할 수 있다면 필요한 만큼 계속 미분할 수 있고 거듭제곱 급수로 전개할 수도 있다. 코시-리만 방정식은 가우스의 결과로 이어진다. 실해석의 경우에 $\int_a^b f(x)dx$ (a, b는 실수)의 값은 $f(x)$의 부정적분 $F(x)$를 찾아 $F(b) - F(a)$로 구하는데 이 값은 a와 b에만 달려 있지 a에서 b로 가는 경로는 아무 관계도 없다. 가우스는 이 점을 깨닫고 복소함수 이론을 따로 세워야 한다고 생각했다. 그는 1811년에 복소수는 평면 위에 점으로 표시되므로 한 점에서 다른 점으로 가는 경로는 수없이 많다고 했다. 이 때문에 복소함수의 정적분 $\int_{\alpha}^{\beta} f(z)dz$ 는 두 점 α와 β 사이의 경로에 따라 달라질 수 있음을 지적했다. 그는 $f(z)$가 시작점과 끝점이 같은 두 곡선으로 둘러싸인 적분 영역에서 무한대가 되지 않는다면 각 곡선을 따르는 적분값은 같게 된다고 했다. 단, 새로운 경로는 $f(z)$의 정의역 안에서 처음 경로를 연속적으로 변형해 얻을 수 있는 경로여야 한다. 이것을 1825년에 코시가 증명해서 일반적으로 코시 적분정리라고 한다. 정의역 안에 구멍이 있으면($1/z$에서는 $z=0$인 곳) 연속적인 변형으로 얻을 수 없는 근본적으로 다른 경로가 존재하고 이 경로를 따라 적분하면 결과도 달라진다. 푸아송은 1815년에 복소함수의 경로 적분에 주목했고, 1820년의 논문에서 경로에 따라 결과가 다른 복소함수 적분의 예를 실었다.

코시는 복소함수론의 표준적인 결과에서 많이 이바지했는데, 적분정리와 유수의 응용이 대표적이다. 그의 적분 이론과 적분 공식을 주제로 하는 주요 논문은 1814년에 쓰고 1827년에 펴낸 것과 1825년의 것이다.[93] 유수 이론과 가지점의 특이성에 관한 연구는 여기서 확립된 복소 적분을 기초로 1826년 이후에 전개된다.

코시는 1814년의 논문으로 복소함수론의 실질적인 창시자가 되었다. 그는 머리말에서 오일러와 라플라스가 정적분을 계산하기 위해 사용한, 실수에서 복소수로 전환하는 과정에서 얻은 성과를 직접적이면서 엄밀한 해석 위에 세우려 한다고 했다.[94] 그는 '임의'의 유한 확정인 함수 $f(z)$의 적분 $\int f(z)dz$에서 z가 x, y의 함수이면 그것을 x와 y로 한 번씩 미분하여 $\frac{\partial}{\partial y}\left(f(z)\frac{\partial z}{\partial x}\right)=\frac{\partial}{\partial x}\left(f(z)\frac{\partial z}{\partial y}\right)$를 얻을 수 있다고 했다. 그런 다음 오일러(1777)의 생각을 사용하여 앞서 언급한 코시-리만 방정식을 끌어냈다. 그러고 나서 유체역학에서 나온 이중적분의 적분 순서를 바꾸는 문제 $\int_a^b\int_c^d f(x, y)dydx=\int_c^d\int_a^b f(x, y)dxdy$를 다룬다. 곧, 직사각형의 변을 따라 적분한 결과는 같다. 또한 일반적인 단순폐곡선 C를 따르는 적분을 다룬다. C의 안쪽을 D라 하고, 그린 정리를 이용하여 D 위의 중적분으로 바꿔놓고 코시-리만 방정식을 이용하는 오늘날의 표준적인 적분정리 증명법의 원형을 보여주었다. 사다리꼴 이외의 폐곡선을 따르는 경우의 적분정리에 상당하는 것도 있다. 여기서 정적분을 계산할 때 복소함수를 사용했지만 복소함수를 기본 대상으로 삼지는 않았다.[95] 이런 점에서 머리말에서 내세운 것과 달리 그다지 명료하지 못했다. 19세기 초까지 함수 $f(z)$는 z를 포함하는 해석적 표현이었다. 그래서 $\int f(z)dz$

$= F(z)$에서 $f(z)$, $F(z)$가 모두 z의 해석적 표현이면 z에 임의의 함수 $\phi(x, y)$를 대입할 수 있어 x, y에 관한 등식이 생긴다. 한편, 적분 $\int f(z)dz$는 미분하면 $f(z)$가 되는 z의 함수였으므로 당시의 그에게 $\frac{d}{dz}\int f(z)dz = f(z)$는 자명했다. 이것은 바로 17, 18세기적인 대수적 형식주의의 수법이었는데, 당시에 코시는 이것을 깨닫지 못했다.[96] 이 시기의 코시는 미덥지 않던 허수 표현을 되도록 삼가고 있었으므로 1814년 논문에는 선적분의 개념은 보이지 않는다. 코시는 이 논문의 뒤쪽에서 적분 구역에서 피적분함수에 특이성이 있는 경우에는 중적분의 순서를 바꾸면 적분값이 달라질 수 있음을 보였다.

코시는 〈해석학 강의〉(1821)에서 복소수의 상등과 사칙연산, 복소함수의 개념 · 극한 · 연속, 복소수 급수의 수렴 조건 등을 정리하고, 이를 바탕으로 복소평면에서 복소함수의 적분을 정의한 다음 정적분 계산을 실함수 정적분 계산과 통일하고자 했다. 여기서 그는 복소함수를 실수부와 허수부의 두 실변수로 구성된 두 실함수로 정의하고, 보통의 초월함수가 복소수 영역에서 무엇을 의미하는지를 보였다. 복소함수론의 기본 정리가 제시되었고, 이로써 복소함수론이 본격 시작되었다.

코시는 1825년 논문에서 앞서와 달리 복소적분를 실함수로 귀착시키지 않고 복소함수 안에서 논의했다. 이때에도 그는 복소평면을 인식한 것으로는 보이지 않으나 복소적분을 복소평면 위의 곡선을 따르는 선적분으로 파악했다.[97] 또 두 경로 사이에 $f(z) = f(x+iy)$의 불연속점이 없다면 적분값은 경로에 의존하지 않음을 보였다. 다시 말해서 복소평면 위의 단순폐곡선에 대해서 $f(z)$가 이 곡선과 그 안쪽의 모든 점에서 도함수를 갖는다면 곡선을 따라 구한 선적분은 0이 된다. 이 결과는 직사각형에서 얻은 결과의 일반화이다. 코시는 적분값이 적분 경로를 따르지 않는다고 결론 내렸다. 이것이 바로 정칙함수에 관한 코시 적분정리로 그는 이것을 변분법으로 증명했다. 이론적인 기초가 아직 제대로 갖춰지지 않은 변분법을 복소함수에 적용했다는 점에서는 앞으로 나아갔으나, 미분 가능성을 자명한 것으로 다룬 데서 보이는 함수의 정칙성에 대한 이해나 실수에서 복소수로 이행할 때 대수적 형식주의를 따른 데서는 뒷걸음질했다.[98]

다음으로 코시는 직사각형 $a \le x \le b$, $c \le y \le d$ 안쪽이나 경계의 어떤 값 z_1에서 $f(z)$가 무한대가 되는 경우를 생각했다. 이때 z_1을 둘러싼 다른 두 경로를 따라 적분한 값은 다를 수 있다. 1826년에 그는 자신의 적분정리를 확장했다. 그는 z_1이 주어졌을 때 $f(z_1+\varepsilon)$의 ε에 관한 거듭제곱 급수 전개가 음의 지수부터 시작하는 것에 주목했다. 그는 $1/\varepsilon$의 계수를 z_1에서 $f(z)$의 유수(residue)라고 했다. 코시는 유수 이론이 유리함수를 부분분수로 분해하고 어떤 정적분의 값을 결정하며 어떤 일정한 형태를 띤 방정식을 푸는 문제에 응용될 수 있음에 주목했다.[99] 복소함수론은 선적분과 유수 이론을 바탕으로 비로소 독자의 영역을 구축하게 된다. 1820년대 말에 유럽은 복소수를 복소평면에서 이해하는 것뿐만 아니라 복소함수의 성질에 익숙해졌다. 코시는 1846년에 적분정리보다 흥미로운 n차원 공간의 선적분 개념과 그린 정리로 알려진 것을 발표했다. 내용에는 벡터해석과 토폴로지의 몇 가지 기본 내용도 들어있다.

리우빌은 복소변수 z의 전해석함수 $f(z)$가 복소평면 위에서 유계이면 $f(z)$는 상수라는 리우빌 정리를 제시했다. 이 정리에서 대수학의 기본 정리가 다음과 같이 유도된다. $f(z)$가 차수가 0보다 큰 다항식이고 복소평면의 어디에서도 0이 아니면 $g(z)=1/f(z)$은 이 정리의 조건을 만족한다. 그러므로 $g(z)$는 반드시 어떤 상수가 되어야 한다. 그런데 $g(z)$는 분명히 상수함수가 아니다. 따라서 적어도 하나의 복소수가 방정식 $f(z)=0$을 만족한다.

코시는 해석적 표현으로 주어진 함수의 도함수와 적분을 바탕으로 복소함수론을 연구한 반면, 바이어슈트라스는 거듭제곱 급수를 바탕으로 연구하여 1840년대에 해석함수와 해석접속(analytic prolongation) 이론을 세웠다. 기하학을 바탕으로 하고 있던 코시와 달리 바이어슈트라스는 직관을 믿지 않았고 실수 이론의 기반 위에서 논증하고자 했다. 그의 엄밀한 방법, 간결하고 정연한 정리, 분명한 존재성의 증명은 중요한 성과였다.[100] 그의 이런 성과와 함께 함수 이론에서 한 시대가 막을 내린다.

복소평면에서 정칙함수 $f(z)$에 대하여 D를 진부분집합으로 포함하는 영역 D'에서 정칙이면서 D에서는 $f(z)$와 일치하는 함수 $F(z)$가 있다면 $F(z)$를 $f(z)$의 D에서 D'으로 가는 해석접속이라고 한다. 복소함수는 해석접속이라는 과정을 거쳐 자신의 정의역을 스스로 결정하는 능력이 있다.[101] 정칙함수의 0점은 고립되어 있으므로 영역 G에서 정칙인 함수 f와 g가 G 안에 집적점을 갖는 집합에서 일치하면 G에서 $f\equiv g$이다. 따라서 $f(z)$의 해석접속 $F(z)$가 존재하면 그것은 단 하나이다.[102] 해석접속과 관련된 대표적인 예로 제타 함수를 들 수 있다. 급수 $\sum_{i=1}^{\infty} i^{-z}$은 z의 실수부가 1보다 클 때 해석적 함수인 제타함수 $\zeta(z)$로 수렴하며 이 함수의 해석접속은 $z=1$을 제외한 복소평면 전체에서 유일하게 결정된다. 해석적으로 접속된 제타 함수에서 $\zeta(z)=0$을 만족하는 z와 관련된 가설이 바로 리만 가설이다.[103]

복소수의 세계에서 타원적분과 타원함수를 생각하고 있던 가우스, 아벨, 야코비에 이어서 리만이 대수함수와 아벨 적분을 복소수의 범주에서 생각했다. 리만은 복소함수론에 결정적으로 이바지했다. 그는 복소함수에 대한 아이디어를 평면에서 흐르는 전류를 연구하면서 얻었을 것이다.[104] 전류 연구에서 퍼텐셜 방정식이 결정적인 역할을 하는데, 이 방정식은 리만이 복소함수론에 접근하는 데서도 중요했다. 리만은 1851년의 박사 학위 논문에서 실함수와 복소함수의 차이를 전자는 대응으로, 후자는 복소평면에서 어떤 영역의 각 점에서 미분 가능성으로 보고 있다. 함수를 대응으로 정의하는 것이 복소함수에도 적용될 수 있음에도, 리만은 독립변수 $z=x+iy$와 종속변수 $w=u+iv$에 대해 도함수를 정의하는 비 dw/dz의 극한은 dz가 어떻게 0에 가까이 가는지에도 의존하므로, 임의의 함수를 초등 연산으로 구성할 수 없다는 점에 주목했다. 그래서 리만은 dw/dz의 값이 dz에 의존하지 않는다는 성질을 양(量)의 연산으로 구성할 수 있는 함수에 공통된 성질로 보고 이것을 복소함수의 개념에 기초로 삼았다.[105] 미분몫 dw/dz가 dz의 값에 의존하지 않고 변화할 때 w를 z의 함수라 했다. 이 리만 함수가 오늘날의 복소함수론으로 이어져 정칙함수라 일컬어지고 있다. 그는 이러한 복소함수를 z평면에서 w평면으로 가는 사상으로 생각하면 각을 보존한다는 것을 보이는 데에 이 정의를 처음 응용했다.[106]

리만은 코시가 다룬 다가함수 이론을 연구하면서 새로운 길을 닦았다. 그가 접근하는 방식의 핵심은 리만 곡면의 개념이다. 독립변수가 하나인 실함수는 이차원 평면에 곡선으로 나타낼 수 있다. 복소함수는 독립변수만 나타내려 해도 두 차원이 필요하고, 두 복소변수의 함수 관계 $w=f(z)$를 그래프로 나타내려면 네 차원이 필요하다. 그러므로 복소함수론에는 실함수보다 깊은 추상성과 복잡성이 요구된다. 이를테면 복소함수의 도함수는 단순히 어떤 곡선에서 접선의 기울기가 아니다. 그래서 복소함수에 대해서는 한 평면 위의 곡선에 놓인 독립변수 z를 따라가면서, 다른 평면에 종속변수 w가 만드는 곡선을 생각한다. 복소함수는 언제나 거듭제곱급수로 나타낼 수 있으므로 리만은 $(x,\ y)$ 평면의 영역에서 정의된 $x+iy$의 함수는 한 가지 방법으로 해석적으로 연장할 수 있음을 알았다. 연장되는 함수의 속성에 따라 어떻게 연장되더라도 이 함수는 언제나 하나의 값을 갖거나 그렇지 않게 된다. 그는 전자를 일가함수, 후자를 다가함수(이를테면 $w=z^2$의 역함수 $w=z^{1/2}$)라 했다. 후자는 전자처럼 두 평면을 사용하는 것만으로는 함수를 효과적으로 다룰 수 없다. 그래서 리만은 다중평면, 곧 z평면의 한 점에 대한 함숫값의 개수와 같은 수의 면으로 덮는 것을 생각했다. 치역을 다중평면으로 확장하면, 이를테면 로그함수가 하나의 z에 대하여 여러 값을 갖는다 해도 문제가 되지 않는데 이것이 리만 곡면의 기본 개념이다. 그가 복소다가함수를 논의하려고 끌어들인 리만 곡면의 개념은 오늘날 위상기하학의 중요한 토대가 되었다. 또한 그 덕분에 대수함수, 삼각함수, 지수함수, 타원함수 등을 일관되게 다룰 수 있게 되었다. 무한대라는 값도 단순한 극한값의 의미도 아니고 사영기하학에서 통용되는 것하고도 다른 뜻을 지닌 수학적 존재가 되었다. 곧, $f(z)=1/z$라는 함수는 $f(1/z)=z$이기 때문에 무한원점에서 정칙이다. 사영기하학과 함수론에서 정의된 두 가지의 무한원점은 칸토어가 무한집합을 수학적 존재로 받아들인 근거가 되었다.[107]

리만 곡면은 복소평면 위에서 다가함수인 복소함수에 일대일대응을 부여하는 체계이다. 여기서 리만에게는 바이어슈트라스의 해석학에 관한 산술화 경향과 대조되는 직관적이고 기하학적인 배경이 있음을 알 수 있다.[108] 그는 그 배경에서 다양체(리만 공간)의 곡률 같은 개념을 끌어냈다. 이 개념으로부터 일반상대성 이론이 나오게 된다. 리만은 수학과 물질세계 사이의 관계에 깊은 관심을 두고서 빛, 열, 기체 이론, 자기, 유체동역학, 음향학 등을 연구하고 중력과 빛을 통합하고자 했다. 복소함수는 등각사상과 리만 곡면에 연계되고 진동 이론의 근간을 이루는 푸리에 급수와 결합하며 양자역학과 양자장 이론에서도 중요한 역할을 하는, 새로운 물리학 이론 개발에 없어서는 안 될 도구이다.[109] 복소함수론은 그것의 바탕을 놓은 코시, 리만, 바이어슈트라스를 따르는 집단에 의해 한동안 따로 연구되다가 20세기 초에 하나로 통일된다.

4-3 타원함수론

가우스가 일찍이 생각했으나 공표하지 않은 것 가운데 다른 사람이 새롭게 발전시켜 발표한 것의 하나가 타원함수 이론이다. 여기에는 르장드르, 아벨, 야코비가 관계되어 있다. 가우스는 미분방정식에서 중요한 초기하미분방정식을 연구했다. 이것은 매개변수가 세 개이고 특이점이 두 개인 이계선형미분방정식으로, 그는 이 방정식이 타원함수라는 이론에서 중요한 역할을 한다는 것을 보였다.[110] 가우스가 1811년에 타원적분의 역은 일가의 이중주기 함수가 된다는 사실을 이를 발견했으나 아벨과 야코비가 다시 생각하기까지 빛을 보지 못했다. 삼각함수의 확장이라고 볼 수 있는 타원함수는 복소함수론이 전개되는 중요한 계기였다. 타원함수는 방정식론과 깊이 관련되어 있어 해석학의 문제이면서도 필연으로 복소수가 관계된다. 타원함수론에는 복소함수론의 포괄적인 정리의 특수한 예가 많은데 이것들을 통해 일반적인 이론에 많은 실마리가 제공되면서 복소함수론이 발전할 수 있었다.[111] 타원함수는 타원의 호의 길이를 찾는 식으로 나타나는 데서 그 이름이 붙었다.

타원적분이란 $g(t)$가 t의 삼차, 사차 다항식일 때 $\int_0^x \frac{dt}{\sqrt{g(t)}}$를 말한다. $g(t)$가 사차보다 크면 아벨 적분이다. 르장드르가 타원적분에 대해 일반화했던 중요한 연구는 $y=\int_0^x dt/\sqrt{(1-k^2t^2)(1-t^2)}$로 표현되는 함수 $y=f(x)$의 성질이다. 이것이 그가 40년 동안이나 씨름했던 것이었다. 그가 제시했던 타원함수와 관련된 많은 공식 가운데 여러 개가 역삼각함수의 관계식과 비슷했다. 앞의 식에서 $k=0$일 때의 $y=\int_0^x dt/\sqrt{1-t^2}$ …(*)를 보면 이를 알 수 있다. 그러나 그는 y와 x 사이의 함수 관계를 거꾸로 나타내면 문제 전체가 매우 단순해진다는 것을 생각하지 못했다. 이것을 아벨과 야코비가 알아챔으로써 더욱 쓸모 있는 함수 $x=f(y)$를 얻었다. 이 함수를 타원함수라고 한다. 이런 역전으로 르장드르가 오랫동안 고민하던 대부분의 문제점을 제거할 수 있었다. 함수 (*)는 $y=\arcsin x$이다. 여기서 x와 y의 역할을 바꾸면 $x=\sin y$를 얻는데 이것은 본래의 함수보다 훨씬 다루기 쉽고, 주기가 바로 드러난다.

1820년대 중반에 아벨과 야코비는 독립으로 타원적분의 역함수, 곧 타원함수를 다루는 것이 낫다는 혁신적인 생각을 했다. 그들은 타원적분의 값을 위끝의 함수로 다루지 않고 위끝을 적분 자체의 함수로 생각했다.[112] 이 새로운 함수의 가장 두드러진 특징은 이중주기였다. 이것을 누가 처음 발견했는지는 분명하지 않다.야코비는 이것을 다룬 논문을 1829년에 출판했고 아벨은 1828년에 발표했다. 이때에도 아직 발표되지 않은 가우스의 1811년 결과도 있다. $\sin z$와 같은 삼각함수에는 하나의 실수 주기 2π만 있고, 지수함수 e^x에는 하나의 허수 주기 $2\pi i$만 있는 반면, 타원함수에는 $f(x+p+q)=f(x)$가 되는 두 복소수 p, q가 주기로서 존재한다.

아벨은 타원함수 이론을 정리하고 그것을 폭넓게 확장하여 아벨 함수와 아벨 적분을 끌어냄으로써 해석학과 대수기하학이 함께 들어 있는 영역을 구축했다.[113]

르장드르의 연구로부터 시작된 야코비의 1827~1829년의 연구는 해석학적으로 접근했고 타원함수의 변화, 이를테면 이중주기성과 같은 성질이나 역함수의 소개에 집중돼 있다.[114] 야코비는 일변수 일가함수가 독립된 세 개의 주기를 가질 수 없음을 증명하고 이변수 사중주기함수 $f(x+a+b,\ y+c+d)=f(x,\ y)$를 발견했다. $a,\ b,\ c,\ d$는 주기이다. 타원함수 이론에서 이중주기함수는 통상의 사인, 코사인함수와 비슷하게 어떤 항등식과 덧셈정리를 만족한다. 타원함수의 덧셈정리는 대수함수의 적분의 합에 관한 아벨 정리의 특별한 응용으로 여길 수 있다.[115]

르장드르 연구의 많은 부분이 타원함수와 관련되어 있는데 1830년에는 아벨과 야코비의 연구를 포함해서 이전의 연구를 자세히 다루었다. 1830년대에 리우빌은 e^t/t와 같은 초등함수의 적분을 닫힌 형식으로 나타낼 수 없음과 타원적분은 초등함수가 아님을 증명했다. 리우빌은 1844년 무렵에 타원함수에 대해 이중주기 복소함수를 근거로 한 새로운 접근법을 제안했는데, 이런 함수는 상수함수가 아닌 경우 특이점을 가져야 한다는 관찰에 근거한 것이다.[116] 코시는 이로부터 유계인 복소함수는 상수함수이어야 한다는 정리로 일반화했다. 다중주기함수에 관한 아벨과 야코비의 연구는 아주 다른 관점에서 바이어슈트라스와 리만에 의해 완성되었다.

타원함수론은 다른 분야의 문제를 이전과 다른 각도에서 해결하는 데도 적용됐다. 이를테면 야코비는 디오판토스 방정식에 타원함수를 응용하여 해석적 수론의 발전에 중요한 역할을 했다.[117] 에르미트는 타원함수와 수론의 관련성을 연구하고, 오차방정식 풀이에 타원함수를 응용했으며 타원함수가 나오는 역학 문제도 다루었다. 그는 야코비에 이어서 이변수 사중주기함수를 다뤘는데 여기서 얻은 하나의 사차방정식을 대수적으로 풀 수 있다는 사실도 발견했다.

5 확률론과 통계학

수학과 물리학에서는 올바르고 의미 있는 기본 원리로부터 연역적으로 자연의 규칙성을 이해할 수 있었다. 수학에는 이런 기본 원리로 수 체계와 기하학의 공리가 있고 물리학에는 운동과 중력의 법칙 같은 것이 있다. 생물학, 경제학, 심리학, 사회학에서는 그런 원리를 찾지 못해 뉴턴 식으로 이해하려던 시도들이 실패했다. 이 분야들에서 일어나는 현상은 엄청나게 복잡하기 때문이었다. 그렇다고 그 분야의 연구자들이 수학을 제쳐놓은 것은 아니었다. 페르마와 파스칼 이후에 자연과 사회의 불규칙성을 효과적으로 이해하는 수단으로 확률론과 응용 분야인 통계학을 개발했다. 통계적 방법은 임의의 어느 한 사례에 관해서는 정확하게 예측하지는 못하지만 커다란 집단에 대해서는 무슨 일이 일어날지를 알려준다. 그것은 추론의 근본 원리를 알아낼 수 없을 때, 일어난 일들에서 추려낸, 목적에 부합하는 정보의 모음에서 지식을 끌어낼 수 있게 해준다.

19세기에는 사회 규모가 커지고 그것에 맞게 체제가 갖추어지면서 사회 통계의 필요성이 늘고, 자연과학에서도 통계 처리가 필요한 문제가 자주 제기되었다. 특히 생물학과 사회학에서는 현상에 관한 정보를 얻는 방법으로 통계적 기법이 적용되기 시작했다. 19세기 후반에는 그것이 힘을 발휘하기 시작했다. 20세기 초에는 여러 표준적인 통계 방법이 발전한다. 그것은 문제에 다가가고 사고하는 방식을 개선함으로써 사변적이고 뒤떨어진 분야를 과학적으로 조직하는 데 중요한 역할을 했다. 우연한 사건에도 수학적 패턴이 존재하는데 이것은 많은 사례와 평균 같은 통계적인 양으로만 드러난다. 이런 패턴으로 어떤 사건이 언제 일어날지를 예측하기는 매우 어렵더라도 그것이 일어나거나 일어나지 않을 가능성을 예측할 수는 있다. 이때 확률이 매우 폭넓게 이용되었다. 관찰 자료로부터 끌어낸 결과에 의미가 있는지를 판단하는 데도 확률이 쓰인다. 곧, 통계적 방법을 사용하여 얻은 결과가 믿을 수 있는지를 확률에 관한 수학 이론으로 결정하게 된다. 확률론은 19세기 말에 갖춰진 공리주의적 방법론에 힘입어 수학의 중요한 분야가 되었다.

자료로부터 지식을 끌어내는 데 가장 널리 쓰이는 것이 대푯값의 하나인 (산술)평균이다. 다른 대푯값으로는 중앙값과 최빈값이 있다. 하지만 평균의 위아래 값들과 그것들의 분포가 달라져도 평균은 그대로일 수 있다. 평균만 사용할 때의 이런 단점을 보완하기 위해 자료가 평균 주위에 얼마나 가까이 모여 있는지를 보여주는 표준편차를 사용한다. 평균과 표준편차만으로는 파악하기 어려운 세밀한 정보를 얻기 위해 왜도와 첨도, 그래프를 사용한다. 특히 그래프는 자료의 분포를 사실에 가깝게 나타내주기 때문에, 그것을 평균, 표준편차와 함께 사용하면 구체적인 문제에 응용하는 데도 효과적일 뿐만 아니라 이론 면에서도 가치가 있는 결론을 얻을 수 있다.

그러한 그래프에서 흔히 쓰이는 것이 정규분포곡선이다. 18세기 천문학에서 관측 오차를 고려해야 할 필요성이 제기되었다. 그런 측정에서 나타나는 우연한 오차들이 임의의 우연한 패턴을 따르는 것이 아니라, 정규분포의 형태를 띤다는 것이 알려졌다. 실제로 물리량의 거의 모든 측정값이 정규분포를 이루었기 때문에 이 곡선은 1800년 무렵부터 잘 알려져 있었다.

천문학에서 어떤 천체의 운동을 결정하는 통상의 과정은 다른 관찰자들이 다른 도구로 여러 장소에서 관측한 수많은 자료를 처리하는 것에서 시작된다. 이런 관측값들은 관찰자의 관측 방식과 사용한 도구의 정밀도에 영향을 받으므로 참값에 가장 가깝다고 여겨지는 값을 결정하는 것이 문제가 된다. 이 문제를 해결하는 데 최소제곱법이 쓰인다. 이것으로 가장 적합한 곡선을 찾게 된다. 18세기 말에 모습을 나타내기 시작한 이 방법은 관측값과 참값의 차를 제곱하여 더한 값을 최소로 하는 데서 이런 이름이 붙었다. 이것은 미지수의 개수보다 방정식의 개수가 많은 연립일차방정식을 푸는 가장 좋은 방법으로 오늘날까지 쓰이고 있다. 이 방법으로 불가피한 관측 오차를 최소로 한다.

르장드르는 이르면 1798년에 측지학과 관련해서 최소제곱법의 개념을 받아들인 것으로 보인다. 그는 이 방법을 1805년에 혜성의 궤도를 결정할 때 사용하면서 명확한 설명과 함께 독자적으로 먼저 발표했다. 그는 산술 평균의 법칙이 최소제곱법의 특별한 경우임도 보였다. 그러나 그는 정확히 증명하지 않았다. 가우스는 이 아이디어를 대학 진학을 준비하던 콜레기움 카롤리눔에 다닐 때인 1795년부터 사용했다고 주장했다. 이 때문에 선취권을 둘러싸고 둘 사이에 다툼이 있었다.

르장드르는 오차의 제곱을 최소로 하는 데 미적분학의 기법을 사용했다. 단순하게 변수(미지수)가 2개인 세 개의 근사식으로 이루어진 연립방정식

$$a_{11}x+a_{12}y+a_{13}=0,\ a_{21}x+a_{22}y+a_{23}=0,\ a_{31}x+a_{32}y+a_{33}=0$$

을 얻었다고 하자. 이것의 가장 좋은 근사해를 $\bar{x}$, $\bar{y}$라 하고 각 등식의 좌변에 대입하여 얻은 값을

$$a_{11}\bar{x}+a_{12}\bar{y}+a_{13}=E_1,\ a_{21}\bar{x}+a_{22}\bar{y}+a_{23}=E_2,\ a_{31}\bar{x}+a_{32}\bar{y}+a_{33}=E_3$$

이라 하자. E_1, E_2, E_3는 오차이다. 여기서 x가 변할 때 $E_1^2+E_2^2+E_3^2$이 최소가 되려면 x에 관한 편미분이 0이 되어야 하므로

$$(a_{11}^2+a_{21}^2+a_{31}^2)x+(a_{11}a_{12}+a_{21}a_{22}+a_{31}a_{32})y+(a_{11}a_{13}+a_{21}a_{23}+a_{31}a_{33})=0$$

이 된다. y에 대해서도 마찬가지의 절차를 거치면, 미지수와 방정식의 개수가 두 개씩인 연립방정식을 얻는다. 여기서 가장 적절한 x, y를 얻게 된다. 그는 이 방법을 단순한 최소화 문제로 보아 확률론과 관련짓지 못했는데 머지않아 라플라스와

가우스가 그 일을 했다.[118] 르장드르가 발표하고 나서 10년 동안 유럽에서 최소제곱법이 천문학과 측지학에서 나오는 문제를 해결하는 표준이 되었다.

라플라스는 온 삶을 바친 천문학 연구의 결과물인 〈천체역학〉에서 뉴턴이 시작한 연구를 완성했다. 곧, 태양계를 이루는 알려진 천체의 모든 움직임을 보편중력의 법칙으로 설명할 수 있음을 보였다. 그는 천문학 문제를 해결하기 위해 수학을 연구했다. 천문학 연구에는 정밀한 관측값이 필요했고, 당연히 관측 오차의 문제가 심각하게 제기되었는데 이 문제를 해결하려면 발전된 확률론이 필요했다. 이를 위해 그는 1774년부터 확률론을 연구했고 이때 나온 논문들을 정리, 확장하여 1812년에 펴낸 것이 〈확률의 해석적 이론〉이다. 그는 수없이 많은 음의 오차와 양의 오차가 동등하게 일어난다고 할 때 관측값의 평균이 어떤 값으로 수렴한다는 큰 수의 법칙을 증명했다. 이런 분석으로부터 불확실성을 최소로 하는 방법인 오차에 대한 최소제곱법이 나왔다.[119] 분명한 확률론적 공식화가 부족했지만 르장드르와 라플라스가 최소제곱법을 다루었고 나중에 가우스가 완성했다. 초기의 라플라스는 관측한 결과로 얻은 자료의 평균에 관심을 두었다. n개의 관측값이 각각 미지의 양을 오차로 동반한다고 가정하고, 각 오차에 그것이 생길 가능성을 곱하고 그것으로부터 예상되는 오차의 평균을 되도록 작게 되는 방법을 조사했다. 최소제곱법으로 얻은 결과가 예상되는 오차의 평균을 가장 작게 함으로써 얻은 결과와 일치했으므로 최소제곱법은 쓸모 있고 편리했다. 그의 방법은 개연성이 가장 높은 결과는 아니지만 가장 안성맞춤인 것으로 여겨지는 결과를 주었다.

1801년 첫날에 피아치(G. Piazzi 1746-1826)가 새로운 소행성 세레스(Ceres)를 발견했는데 몇 주 뒤에 보이지 않았다. 가우스가 이때 얻은 몇 안 되는 관측값에 최소제곱법을 적용하여 궤도를 계산해서 그 행성이 있는 곳을 다시 알아냈다. 1846년에 가우스가 다시 최소제곱법으로 해왕성의 궤도를 알아냄으로써 그 방법의 효과를 입증했다. 천왕성에서 관측된 불안정한 운동의 결과로 발견된 해왕성은 이론에 근거한 계산으로 궤도를 찾은 첫 행성이었다.[120] 이 방법은 지금도 인공위성을 추적할 때 사용된다.

최소제곱법으로 미지수의 개수와 방정식의 개수가 같은 연립방정식을 만들고 나서도 이것을 푸는 데 많은 어려움을 겪었다. 15장에서 다룬 크라머의 방법으로는 엄청난 양을 계산해야 했다. 그래서 가우스는 적당한 수를 선택하고 그것을 방정식에 곱하고 나서 방정식끼리 서로 더하여 간단히 만들어 나가는 방법을 생각했다.

이 방법을 오늘날 가우스 소거법이라 한다. 이것은 3세기 중국의 유휘가 〈구장산술주〉에 남긴 것과 같은 방법이다. 19세기 끝에 독일의 측지학자인 요르단(W. Jordan 1842-1899)이 가우스의 방법을 개량했다. 그는 대입법을 고안하여 삼각형 꼴의 연립방정식을 찾고, 각 방정식에 미지수가 하나만 포함되는 연립방정식으로 변형했다.

가우스가 르장드르의 연구를 발전시킨 것으로 오차 함수(error function)가 있다. 그는 1809년에 최소제곱법에서 르장드르가 확률론적으로 정당화하지 못했던 일반원리에 대해 근거가 분명한 오차의 확률 법칙을 끌어냈다. 가우스는 관측량을 결정할 때 오차가 x가 될 확률을 기술하는 적당한 오차 함수 $\phi(x)$를 찾고, 그것으로부터 이 법칙을 도출했다. 그는 오차 분석의 전문가로 천문학에서 얻는 정확도를 지질 측량의 수준으로 가져왔다.[121] 오차 함수를 찾는 앞선 연구로는 1733년 드무아브르, 1755년 T. 심슨(T. Simpson), 1760년 보스코비치(R. J. Boscovitch 1711-1787), 1770년대 라플라스의 연구를 들 수 있다. 정규분포곡선 $y = Ae^{-kx^2}$은 처음에 베르누이 시행에서 확률을 계산하는 것으로부터 드무아브르가 발견했는데, 나중에 측정 오차를 최소로 하는 데 중요하다는 것이 밝혀졌다. 뒤이어 가우스와 라플라스가 정식화함으로써 정규분포곡선은 사실상 오차의 분포를 나타내는 것이 된다.

심슨은 관측값의 평균을 구함으로써 관측 오차가 작아질 수 있음을 보이고자 했다. 그는 특정한 천문 측정에서 $-\alpha$, $-\alpha+1$, $\cdots$, 0, 1, $\cdots$, α초 이내의 오차가 일어날 확률은 1, 2, $\cdots$, $\alpha+1$, α, $\cdots$, 2, 1에 비례한다고 가정하고서 그것을 보였다. 라플라스는 이러한 함수가 만족해야 할 조건을 제시함으로써 면밀히 해석하는 데 적절한 오차 함수를 유도하려고 했다.[122] 첫째 그 함수는 원점에 관하여 대칭이다. 둘째 이 곡선은 음양의 양쪽 방향에서 실수축에 차츰 가까이 간다. 셋째 이 곡선의 아래쪽 넓이를 1이 되게 한다. 그러면 임의의 두 값 사이에 있는 곡선의 아래쪽 넓이가 오차의 확률을 나타낸다. 라플라스의 연구로 함수 $y = Ae^{-kx^2}$은 오차의 확률분포, 더 나아가 여러 상황에 적용되는 일반적인 확률분포로서 확립되었다. 그는 1810년에 정규 법칙을 이끄는 새로운 이론인 오늘날 중심극한정리라 일컫는 것을 발표했다. 이것은 이항정리에 관해 드무아브르가 했던 계산의 일반화에 기초를 제공했다. 그는 중심극한정리의 증명과 혜성 궤도의 기울기에 관한 문제에 위의 함수를 적용했다.

라플라스가 제시한 세 가지 조건을 만족하는 곡선은 매우 많았다. 이 문제에 1809년에 가우스가 처음 답을 끌어냈다. 이로써 가우스는 정규분포를 처음 발견한 사람이 되었다. 그는 라플라스가 제시한 오차 함수 $\phi(x)$가 만족해야 하는 기준에서 시작했다. 그는 이 기준과 n개의 미지수가 있는 m개의 일차함수의 값을 결정하는 르장드르의 문제를 결부시켰다. 이 함수들의 m개의 관측값에 대응하는 오차를 Δ_1, Δ_2, $\cdots$, Δ_m이라고 가정한다. 모든 관측값을 독립으로 얻었으므로 가우스는 모든 오차가 일어날 확률은 $\Omega = \phi(\Delta_1)\phi(\Delta_2)\cdots\ \phi(\Delta_m)$이 되는 것에 주목했다. Ω가 최대가 되는 가장 확실한 값들을 찾기 위해서 ϕ를 더욱 깊이 고찰하여 $\phi(\Delta)$는 $(h/\sqrt{\pi})e^{-h^2\Delta^2}$이라고 결론을 내렸다. 그는 이것으로부터 최소제곱법을 쉽게 끌어낼 수 있었으므로 이 오차 함수를 정확하다고 생각했다. 함수 $\phi(\Delta)$에 대해 Ω는 $(h/\sqrt{\pi})^m\ e^{-h^2(\Delta_1^2+\Delta_2^2+\ \cdots\ +\Delta_n^2)}$으로 주어졌다. 따라서 Ω를 최대로 하려면 $\sum \Delta_i^2$, 곧 오차의 제곱의 합을 최소로 해야 하는데, 이것이 르장드르가 발전시킨 방법이었다.[123] 오차가 정규분포를 이루는 것은 실제로 많은 사실로 뒷받침되었으므로 더욱 확신할 수 있었다. 오차함수 $\phi(x)$의 그래프는 종 모양의 곡선을 그리는데, 이것을 정규분포곡선(가우스 곡선)이라고 한다. 가우스는 정규분포를 우연히 나타난 것이 아니라 측정 오차에는 반드시 나타난다고 보고, 그것을 이용해서 관측값의 신뢰성을 평가할 수 있다고 생각했다. 실제로 정규분포함수를 이용해서 관측값의 근사적인 확률을 알 수 있다. 측정값이 정규분포를 이룬다면 평균은 참값에 매우 가까운 근삿값이 된다. 측정값이 정규분포를 이루지 않는다면 어떤 저해 요인이 측정에 개입되었다고 볼 수 있고 그 요인을 고려하도록 해준다. 여기서 정규분포함수를 이용하는 데 필요했던 핵심 개념은 표준편차였다.

라플라스는 〈확률의 해석적 이론〉에서 적절한 확률 이론, 중심극한정리, 수리통계학을 다루었다. 먼저 확률론의 여러 원리를 예제와 함께 간단히 기술하고 있다. 먼저 어떤 사건의 확률을 가능한 모든 경우의 수에 대한 그 사건에 해당하는 경우의 수의 비율로 정의했다. 이때 어떤 경우가 다른 경우보다 쉽게 일어난다고 생각하지 않는다고 전제했다. '같은 가능성'은 야콥 베르누이에게서 비롯되었다. 다음으로 확률의 덧셈정리와 곱셈정리를 다룬다. 이어서 이전에 다뤄졌던 것들을 바탕으로 내기(노름)로 제시되는 모형에서 나온 문제를 모두 살폈다. 이 가운데 많은 것은 확률이 같은 일련의 독립 시행에 대한 베르누이 시행과 관련된다.

〈확률의 해석적 이론〉의 후반부는 확률론적 분석 영역을 획기적으로 넓힌 많은 응용으로 이루어져 있다. 특히 1600년대 이래로 한 나라의 번영을 가늠하는 지표로 여겨져 정치 산술에서 중요한 문제로 여겨지던 인구 문제에 관심을 두고서 인구 통계학의 많은 문제를 제기하고 풀었다. 라플라스는 확률론을 보험, 결정론, 목격의 신빙성이라는 것에도 응용했다. 그렇지만 이 저작은 부정적인 영향도 끼쳤다.[124] 그를 따르는 사람들이 정치학과 사회학도 자연과학처럼 확실성을 지닌다고 생각하여 사회 현상도 확률론의 범위 안에서 분석할 수 있다고 주장했다. 심지어 확률과 전혀 관련이 없는 법정 판결 같은 경우에도 확률론을 적용했다. 이 때문에 확률론을 재밋거리로 여기게 하기도 했다. 이런 상황은 확률론의 논리적 기초를 다시 구축하게 했고, 이를 바탕으로 1880년 무렵부터 사회과학에도 통계학 개념을 폭넓게 사용할 수 있게 되었다. 특히 정규분포곡선이 자주 실험을 대체했다.

푸아송은 1837년에 특정한 시간에 나타날 사건의 횟수를 설명하는 데 사용되는 형태의 확률분포를 연구하여 오늘날 푸아송 분포와 푸아송의 큰 수의 법칙이라 일컫는 것을 끌어냈다. 일반적으로 이항분포 $(p+q)^n$은 n이 증가함에 따라 통상의 정규분포에 가까워진다. $p+q=1$이고 n은 시행 횟수이다. 여기서 평균인 곱 np가 일정하다는 조건에서 n이 매우 클 때가 푸아송 분포이다. 이 분포는 $P(X=k) = (\mu^k/k!)e^{-\mu}$ $(\mu=np,\ k=0,\ 1,\ \cdots)$으로 표현된다. t-검정을 창안한 고셋(W. S. Gosset 1876-1937)은 1904년에 통 안에 들어있는 효모의 양을 알아내는 데 푸아송 분포를 이용했다.[125] 다음으로 베르누이의 큰 수의 법칙을 일반화한 것이 있다. n번의 시행에서 사건 E가 일어날 횟수를 m, E가 i번째 일어날 가능성을 p_i라고 하자. 그러면 m/n과 $(p_1+p_2+\ \cdots\ +p_n)/n$ 사이의 차이는 n이 커짐에 따라 0에 수렴한다. 여기서 p_i가 모두 같을 경우가 베르누이의 큰 수의 법칙이다.

물리학의 성공에 영향을 받았고 사회학에 연역적인 접근법이 통하지 않음을 알았던 케틀레(A. Quetelet 1796-1874)는 사회와 사회학 연구에 적합한 통계 방법을 찾아 적용하고자 했다. 브뤼셀 천문대의 초대 천문대장이었던 그는 천문대의 전통에서 찾고 발전시킨 도구를 사람에 관련된 여러 과학에 적합하게 만들었다.[126] 그는 큰 수의 법칙이 사회에 관한 기본 법칙이고, 통계적 연구를 통해 사회를 과학적으로 파악할 수 있다고 생각했다.[127] 그는 통계적이고 확률적인 수단을 이용하여 수리통계학을 더욱 발전시켰다. 또한 그때까지 물리학자들이 거의 시도하지 않았던 확률론을 전개하여, 통계물리학의 기초를 구축한 맥스웰과 볼츠만(L. Boltzmann 1844-1906)이 이룬 중요한 혁신과 연계했다.[128]

케틀레는 1829년에 출생률과 사망률을 계산할 때, 동질성을 확보하려면 추출하는 표본의 수를 지역의 인구수에 따라 배정해야 한다고 생각함으로써 불완전한 표본으로 모집단을 추정할 가능성을 제거한 것으로 보인다.[129] 또한 사람의 특성과 능력의 분포를 연구하여 그것들이 오차 함수와 같은 분포곡선을 따른다는 것을 알았다. 그는 1835년에 통계학적 수법, 특히 정규분포를 출생, 사망, 이혼, 범죄, 자살과 같은 사회에서 얻은 자료에 처음으로 적용하고 사회 현상의 원인을 밝히는 데 이용함으로써 사회학에 과학적 기초를 놓는 데 이바지했다. 그는 여기서 표본이 클수록 개인의 변이는 약화되고 집단 전체의 중심 특성이 뚜렷이 드러나는 경향이 있음을 보았다. 그는 천체의 평균적인 위치로부터 형식적으로 유추하여, '평균인'의 주요 개념을 도입했다. 이것은 라플라스가 행성의 운동을 연구하여 식별한 주기 운동과 항구 운동을 구별한 것을 사회 현상에 끌어들인 것이다.[130] 이로써 그는 통계 자료에 근거한 공공정책 결정을 개척한 셈이 되었다. 이것은 사회과학을 위한 수학적 수단의 개발과 발전에서 커다란 한 걸음이었다.

그는 모든 특성이 사회의 평균에 부합하는 사람을 '평균인'이라 하고 그 사람이 사회를 대표한다고 생각했다. 그가 제시한 평균인은 사회 정의의 목표였다.[131] 그러니까 평균인이라는 개념을 내세운 목적은 평균에서 벗어나는 것은 우연한 사건의 조합으로 일어나는 것임을 보이면서 사람들의 여러 개인차를 고르게 하고, 표준적인 여러 사회 법칙을 명확하게 하려는 것이었다. 그렇다고 그가 평균인의 특성을 물리적 상수처럼 불변이라고 생각하지는 않았다. 문제는 사회 현상이 많은 사람에 의해 만들어지므로 사회적 사실을 검증하려면 많은 사람을 관찰해야 한다는 사실을 큰 수의 법칙과 바로 연결한 점이다. 많은 대상을 관찰해서 전체 경향을 보는 것은 사실 확률론과 관계없다. 확률과 연결할 수 있는 것은 관찰 대상이 우연히 뽑혔을 경우이다.[132]

체비쇼프(1821-1894)는 1866년에 라플라스-푸아송 형태를 일반화한 큰 수의 법칙을 유도했고 1887년에 중심극한정리를 확립했다. 그가 확률론의 발달에 가장 많은 영향을 끼친 것은 수리과학으로 엄밀하게 유도된 중심극한정리에 따라, 특히 무한과 관련된 법칙에 따라 확률론을 다루어야 한다는 주장일 것이다.[133] 이에 힘입어 확률론의 응용 범위가 자연과학과 공학의 여러 분야로 넓어졌다.

골턴(F. Galton 1822-1911)은 케틀레의 사고방식을 이용하여 C. 다윈의 진화론을 수학화하고자 했다. 그는 1865년에 인간의 유전을 연구하면서 인간 집단을 구별하는 수단으로 케틀레의 정규분포곡선을 이용했다. 그는 1869년에 회귀의 개념을 처음 다루었다. 임의의 집단 구성원들이 시간이 지남에 따라 전체 집단에서 도출된 정규분포곡선의 한가운데(평균)로 돌아오는 경향을 띤다는 것이다. 그는 1875년에 특정한 스위트피를 일곱 가지 크기로 구분(제1세대)하고 각 모음에 같은 개수를 할당하여 재배했을 때 일어나는 현상을 조사했다. 제2세대의 각 모음에서 크기는 제1세대의 크기 평균과 달랐으나 정규분포를 이루었고, 크기의 퍼짐 정도는 사실상 같았다. 그는 제2세대의 크기 평균이 대응하는 제1세대의 각 평균과 어떤 관계가 있는지를 살폈다. 그 관계를 찾기 위하여 관측값을 좌표평면 위에서 제1세대의 평균은 가로축에, 대응하는 2세대의 평균은 세로축에 나타냈다. 여기서 그것들을 일차식으로 관계 지으면서 이것에 가장 부합하는 직선을 그었더니 기울기가 1/3이었다. 제2세대의 각 모음은 제1세대 전체의 평균으로 회귀한다는 결론을 얻었다. 그는 이러한 연구로부터 1877년에 회귀분석을 고안하고 통계적으로 연구했다. 그는 다른 몇 가지 연구도 했는데, 그 가운데 비정상적인 키가 유전되는가라는 문제가 있다. 아이의 키와 부모의 키가 관련이 있는지를 조사하고 스위트피의 경우와 비슷한 결과를 얻었다.

회귀분석은 한 자료의 모음을 다른 자료의 모음과 관련지어 개연성이 가장 높은 관계를 찾는 것이다. 골턴은 자신이 얻은 양적 자료가 정규분포를 이루는데 이 분포는 세대에서 세대로 능력을 물려주는 것과 관련이 없음을 알았다. 그는 전체 집단의 평균으로 회귀하는 것은 특별한 특징을 물려주려는 경향보다 무작위 효과가 강하기 때문에 생긴다고 결론을 내렸다. 그리고 골턴은 상관관계 개념을 도입한다. 그는 여러 상황에서 고찰한 두 변수에 상관관계가 있는 것, 곧 자료의 두 모음이 정확한 오차의 단위로 측정될 때, 각 변수에 대한 다른 변수의 회귀직선의 기울기가 같음을 보였다.[134] 이 공통의 기울기가 상관계수이다. 물론 그는 강한 상관관계가 인과관계를 의미하지 않음을 알고 있었다. 상관관계라는 개념 덕분에 함수 관계로 엮이지 않는 두 자료 사이의 관계가 어느 만큼 강한지를 알 수 있게 되었다. 이것의 정확한 수학적 측정을 K. 피어슨(K. Pearson 1857-1936)이 체계화했다.

임의 추출법을 처음 문헌에서 제시한 에지워스(F. Y. Edgeworth 1845-1926)는 사회학에서 통계의 이용은 천문 계측에서 이용하는 오차의 이론처럼 객관적인 성질이 없음을 알고 있었다. 그럼에도 경제를 비롯한 여러 사회 현상에 통계 이론을 적절히 적용할 수 있음을 보여줌[135]으로써 골턴의 여러 개념을 단단한 수학적 바탕 위에 올려놓았다. 그는 의미 있는 차이를 재는 데 정규분포곡선을 이용하는 것에 매우 조심했다. 그는 정규곡선 $y=(1/c\sqrt{\pi})e^{-(x^2/c^2)}$의 편차의 단위로서 표준편차

$c/\sqrt{2}$가 아닌 c를 사용하여, 일반적으로 두 평균의 차가 $2c$를 넘으면 그 차는 의미 있다고 결론 내렸다.[136]

K. 피어슨은 골턴의 회귀선 개념을 바탕으로 상관관계 이론을 발전시켰다. 그는 1893년에 표준편차를 도입하면서 상관관계라는 개념을 바탕으로 두 양의 관계를 측정하는 방법으로 χ^2-분포라는 생각을 발전시켰다. 골턴이나 피어슨의 통계학은 유전이나 생물통계학에서 사용한 연구 방법을 일반화한 것이어서 형식주의적 경향이 강하다. 율(U. Yule 1871-1951)이 가우스의 최소제곱법을 이용하여 최적의 회귀방정식을 계산했다. 오늘날 통계학이 실험 방법을 계획하거나 분석할 때, 그 방법의 효과를 결정하는 수단으로 쓰이지만, 당시에는 이미 정리되어 있는 양들 사이의 관계를 보여주는 데 머물렀다.

이 장의 참고문헌

[1] Katz 2005, 798
[2] 岡本, 長岡 2014, 102
[3] Devlin 2011, 206
[4] Mason 1962, 488
[5] 岡本, 長岡 2014, 117
[6] 岡本, 長岡 2014, 37
[7] Katz, 2005, 819
[8] 高瀬 2017, 30
[9] 岡本, 長岡 2014, 117
[10] 日本數學會 1985, 157
[11] Burton 2011, 613
[12] Havil 2014, 371
[13] 日本數學會, 1985, 157
[14] 岡本, 長岡 2014, 40
[15] 岡本, 長岡 2014, 141
[16] Haier, Wanner 2008, 263-264
[17] 岡本, 長岡 2014, 144
[18] Kline, 2016b, 1429
[19] Gray 2008, 671
[20] Katz 2005, 803에서 재인용
[21] Katz 2005, 800
[22] Kline 2016b, 612
[23] 岡本, 長岡 2014, 96
[24] Russ 2004, 472
[25] Boyer, Merzbach 2000, 838
[26] Kleiner 2015, 183
[27] Grabiner 2005
[28] 岡本, 長岡 2014, 104
[29] 高瀬 2017, 65
[30] Kline 2016b, 1334
[31] Kleiner 2015, 184
[32] Burton 2011, 609
[33] Aczel 2002, 89
[34] Kline 2016b, 1538
[35] Penrose 2010, 149
[36] 岡本, 長岡 2014, 103
[37] Kline 2016b, 1539
[38] Kline 2016b, 1547
[39] Kline 2016b, 1555
[40] Katz 2005, 845
[41] Penrose 2010, 149
[42] Gowers 2015, 169
[43] Kline 2016b, 1563-1564
[44] Havil 2008, 155
[45] Boyer, Merzbach 2000, 839
[46] Katz 2005, 831
[47] Burton 2011, 677
[48] Burton 2011, 680
[49] Kline 1984, 244
[50] Havil 2014, 17-18

[51] Devlin 2011, 207
[52] Boyer, Merzbach 2000, 915
[53] Boyer, Merzbach 2000, 916
[54] Bell 2002b, 177
[55] Kline 2016b, 1377
[56] Katz 2005, 827
[57] Stewart 2016, 355
[58] Havil 2014, 346
[59] Stewart 2016, 357
[60] Kline 2016b, 1337
[61] Cajori 1928/29, 585항
[62] Kline 2016b, 956
[63] Wilkins 2015, 174
[64] Kline 2016b 973
[65] Gowers 2015, 167
[66] Struik 2020, 257
[67] Kline 2016b, 967
[68] Gowers 2015, 192
[69] Stewart 2016, 202
[70] Kline 2016b, 980
[71] Havil 2008, 175
[72] Boyer, Merzbach 2000, 929
[73] Struik 2020, 321
[74] Boyer, Merzbach 2000, 907
[75] Kline 2016b, 1027
[76] 岡本, 長岡 2014, 96
[77] 藤原 2003, 106
[78] Katz 2005, 812
[79] Katz 2005, 812
[80] Katz 2005, 814
[81] 岡本, 長岡 2014, 36
[82] Cajori 1928/29, 626항
[83] Aczel 2002, 93
[84] Boyer, Merzbach 2000, 913
[85] Katz 2005, 821
[86] Mazur 2008, 190
[87] Katz 2005, 834
[88] Cajori 1928/29, 498항
[89] Dantzig 2005, 211
[90] Katz 2005, 835
[91] 岡本, 長岡 2014, 214
[92] 岡本, 長岡 2014, 219
[93] 岡本, 長岡 2014, 215
[94] Kline 2016b, 894
[95] Kline 2016b, 895
[96] 岡本, 長岡 2014, 218-219
[97] 岡本, 長岡, 2014, 228
[98] 岡本, 長岡 2014, 230
[99] Katz 2005, 838
[100] Kline 2016b, 923
[101] Penrose 2010, 234
[102] 日本數學會 1993, 506
[103] Penrose 2010, 230
[104] Kline 2016b, 924
[105] 高瀬 2017, 32
[106] Katz 2005, 840
[107] 김용운, 김용국 1990, 407
[108] Boyer, Merzbach 2000 903-904
[109] Penrose 2010, 216
[110] Gray 2015a, 160
[111] Bell 2002b, 56
[112] Burton 2011, 560
[113] Gowers 2015, 169
[114] Pulte 2015, 171
[115] Struik 2020, 253
[116] Lützen 2015, 176
[117] Pulte 2015, 172
[118] Guinness 2016, 157
[119] Gillispie 2015, 155-156
[120] Burton 2011, 549
[121] Gray 2015a, 160
[122] Katz 2005, 852
[123] Katz, 2005, 853-854
[124] Burton 2011, 488
[125] Salsburg 2019, 29
[126] Aubin 2008, 288
[127] 竹内, 2014, 199
[128] Poter 1986
[129] Stigler 2003, 164-165
[130] Aubin 2008, 288
[131] Stewart 2016, 393
[132] 竹内, 2014, 200
[133] Burton 2011, 492
[134] Katz 2005, 856
[135] Bennet 2003, 126
[136] Katz 2005, 856-857

제 19 장

19세기의 기하학과 위상수학

1 사영기하학

1-1 사영기하학의 전개

기하학은 시대마다 다뤄지는 내용이 바뀌었다. 고대 그리스에서 종합기하학이 절정에 달했다가 고대 로마 시대에 쇠퇴하고 나서 아랍과 르네상스의 유럽에서 얼마간 되살아났다. 르네상스 시기부터 17세기 중반에는 투영법과 그것에 바탕을 둔 사영기하학의 몇 가지 측면이 연구되었다. 17세기 후반부터는 해석기하학이 대세를 이루었다. 그러나 해석기하학은 그 방법이 대수적이어서 도형을 다룬다는 느낌을 주지 못했다. 이에 대한 반동으로 고전 기하학을 되살리려는 노력이 일어나 사영기하학이 다시 연구됐다. 사영기하학은 데자르그가 실용 목적에서 시작한 분야였으나 예술이나 과학, 공학에서 그다지 중요한 역할을 하지 못했다.

19세기에 기하학의 재발견은 사영기하학과 함께 시작되었다. 원근법에서 원근감을 주기 위해 무한원점과 그것들이 이루는 무한원직선을 상정했듯이, 사영기하학에서는 평행과 관련된 문제를 해결해야 했기 때문에 무한원점과 무한원직선이 필요했다. 이제 한 평면 위에 있는 직선마다 하나의 무한원점이 있게 되고, 모든 무한원점은 하나의 무한원직선 위에 있게 된다. 무한원점이 존재함으로써 평행성이 성립하지 않는다는 것이 사영기하학의 가장 두드러진 특징이다. 이러한 무한원점과 무한원직선을 시각적으로 보여줄 수 없으므로 사영기하학은 공리적인 방식으로 구성될 수밖에 없었다.

사영기하학을 연구하게 한 것은 몽주의 화법기하학이었다. 이것을 비롯한 여러 종류의 투영법에서 19세기 초에 기하학적 도형의 사영불변량을 다루는 사영기하학이 연구되기 시작했다. 사영의 단면이 어디에 어떻게 놓이느냐에 따라 길이와 각이 달라진다. 그러므로 사영기하학에는 길이, 각, 합동과 관련된 공리는 나오지 않는다. 이것이 기하학의 대상을 위치와 계량의 문제로 나누는 바탕이 되었다.

사영기하학은 카르노(L. Carnot 1753-1823)에 의해 되살아났다. 해석적 방법을 배제한 그는 몽주와 함께 현대 종합기하학을 세웠다. 그는 종합기하학적 추론이 데카르트의 해석기하학적 방법보다 뛰어나다고 생각했다. 그는 〈위치 기하학〉(Géométrie de position 1803)에서 연속성의 원리라는 도형의 상관관계를 넓게 확장했다. 그가 연구한 연속적 변형에서 도형의 불변인 성질은 위상기하와 맞닿아 있다. 실제로 그가 다룬 도형의 상관관계는 위상기하에서 더욱 발전했다.

임의의 삼각형에서 수심, 외심, 무게중심은 하나의 직선(오일러 선) 위에 놓인다는 정리를 오일러가 1765년에 발견하고 해석기하로 증명했으나 카르노는 종합기하로 증명했다. 한편 그의 업적은 고도의 일반화를 추구하는 특징을 잘 보여주고 있다. 이를테면 피타고라스 정리의 한 일반화인 평면삼각법의 코사인법칙 $a^2 = b^2 + c^2 - 2bc\cos A$를 사면체로 확장했다. a, b, c, d는 네 면의 넓이이고 B, C, D는 각각 면 c와 d, b와 d, b와 c가 이루는 각일 때 $a^2 = b^2 + c^2 + d^2 - 2cd\cos B - 2bd\cos C - 2bc\cos D$가 성립함을 유도했다. 그는 한 직선이 삼각형의 변이나 그 연장선과 만났을 때의 메넬라오스 정리를 한 곡선이 삼각형의 변이나 그 연장선과 만났을 때로 일반화하여 같은 성질이 있음을 증명했다. 그리고 삼각형의 넓이를 세 변의 길이로 찾는 헤론의 공식을 사면체의 부피로 확장하여 여섯 모서리의 길이로 나타냈다. 카르노의 일반화를 위한 노력은 20세기 수학을 이끌어가는 동기가 되었다.[1]

사영기하학에서 중요한 역할을 하는 켤레의 원리를 브리앙숑(C. J. Brianchon 1785-1864)이 처음으로 다루었다. 그는 1806년에 오랫동안 잊혀 있던 원에 내접하는 육각형에서 세 쌍의 대변을 연장한 직선의 세 교점은 한 직선에 놓인다는 파스칼 정리를 재구성했다. 그러고는 자신이 발견한 원뿔곡선에 외접하는 임의의 육각형에서 세 대각선은 한 점에서 만난다는 정리를 증명하면서, 이 둘의 관계를 살폈다. 여기서 점이 원뿔곡선 위에 있다는 것을 직선이 원뿔곡선에 접한다고 바꾸어 넣는다. 그러면 파스칼 정리와 브리앙숑 정리는 점과 직선을 서로 맞바꾼 것이다. 이런 점에서 두 정리는 켤레의 원리를 보여주는 첫 번째 예가 되었다. 브리앙숑의 연구는 사영기하학의 사실상의 창시자가 된 퐁슬

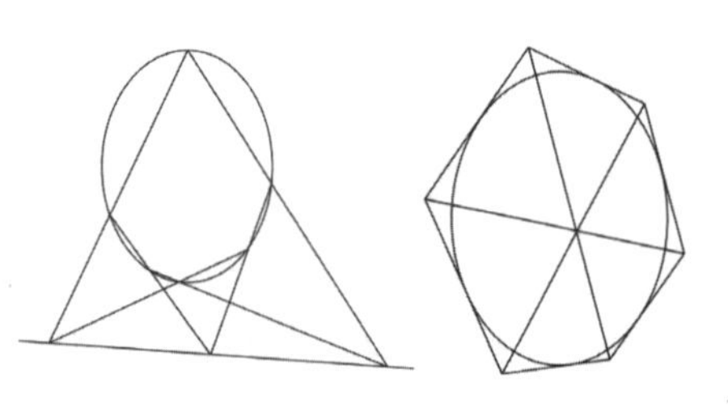

레에 의하여 더욱 발전했다. 브리앙숑과 퐁슬레는 1820~1821년에 삼각형의 각 꼭짓점에서 대변에 내린 수선의 발, 각 변의 중점, 수심과 각 꼭짓점을 잇는 선분의 중점이 모두 한 원(아홉 점 원) 위에 있다는 포이에르바흐 정리를 다루었다.

포이에르바흐(K. W. Feuerbach 1800-1834)는 1822년에 위 정리와 함께 원의 성질에 관한 몇 가지 증명을 다루었다. 이를테면 아홉 점 원의 중심은 오일러 선 위에 있고 수심과 외심의 중간쯤에 있다는 것과 임의의 삼각형의 아홉 점 원은 그 안쪽에서 삼각형의 내접원에 접하고 바깥쪽에서 삼각형의 세 방접원에 접한다는 것이다.[2] 브리앙숑과 포이에르바흐 정리는 삼각형과 원의 기하학에서 많은 연구를 이끌었다.

나폴레옹 군대의 장교로 복무할 때 러시아와 벌인 전투에서 포로가 된 퐁슬레는 수감 생활을 하는 동안(1813-1814)에 몽주와 카르노에게서 배웠던 평면기하학과 해석기하학을 아무런 자료도 없이 다시 구성했고 나아가 사영기하학의 새로운 결과들을 찾았다. 그는 이 내용을 정리하여 1822년에 발간했다. 원뿔곡선에 내접, 외접하는 다각형에 대한 이론을 담고 있다.

17세기 사영기하학이 특수한 문제를 다루었다면 퐁슬레는 임의의 사영과 절단으로도 변하지 않는 성질을 찾는 일반 문제를 다룸으로써, 이 분야를 고유한 방법과 목표를 갖춘 독립된 영역으로 발전시켰다. 특히 그는 허수의 기하학적 해석, 곧 '허량'을 공간의 '이상적' 요소로서 기하학적으로 해석하는 데 성공했다.[3] 눈에 보이는 직선, 평면, 삼차원 공간의 유한한 부분에 이상적인 점, 직선, 평면과 무한원에 있는 부분을 보태어 더욱 풍부하게 했다.

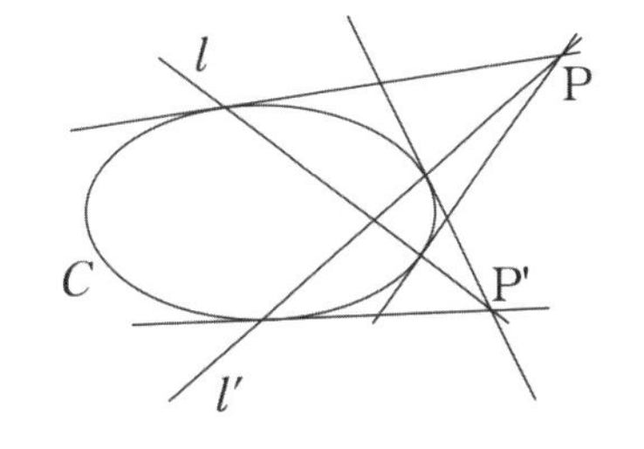

퐁슬레는 주요한 수학적 도구로 결레의 원리와 연속의 원리를 사용했다. 특히 결레의 원리는 수학의 모든 분야에서 뛰어난 원리 가운데 하나이다. 퐁슬레는 1822년 저작을 원뿔곡선의 극의 이론으로 시작한다. 그는 원뿔곡선 C 밖의 한 점 P(극)에서 C에 그은 두 접선의 접점을 지나는 직선 l(극선)을 긋는다. 극선 l 위의 한 점 P$'$에서 C에 그은 두 접선의 접점을 지나는 직선 l'이 극 P를 지나는 것을 발견했다. 그는 극과 극선의 결레 성질로부터 점과 직선 사이의 결레성을 더욱 일반적으로 발전시켰다. 그는 평면 위의 사영기하학에서 하나의 명제가 있을 때 그 명제의 점을 직선으로, 직선을 점으로 바꾸어 놓은 명제를 결레라고 했고, 한 명제가 성립하면 다른 쪽도 성립하므로, 어느 하나만 증명하면 다른 쪽을 증명할 필요가 없는, 이것을 결레 원리라고 했다.

이렇듯 결레 원리는 점과 직선의 역할이 대칭임을 보여주는데, 이 대칭성은 직선과 점이 동등한 대상임을 보여준다. 결레 원리는 새로운 것을 발견하는 통찰을 제공한다. 실제로 결레 원리는 입체 사영기하학, 불 대수, 명제의 연산, 구면기하학, 반순서집합에서도 성립한다. 새로운 진술로서 결레 진술은 그 자체가 하나의 정리이고, 결레 원리를 적용하여 바로 증명할 수 있다. 이로써 결레 원리를 이용해 새로운 정리를 발견하는 것은 거의 기계적인 절차가 되었다.

퐁슬레는 논쟁의 여지가 있는 기하학적 연속성의 원리도 폭넓게 사용했다. 이 원리는 사영이나 다른 점진적인 변형에 의해 한 도형이 다른 도형으로 바뀌더라도 보존되는 기하학적 성질을 말한다. 직선 l과 l 밖의 한 점 P를 지나는 직선 m을 P를 중심으로 회전시키면, l과 m의 교점은 두 직선이 평행이 되는 순간 사라지면서 연속성도 사라지다. 이때 퐁슬레는 연속성이 유지되도록 무한원점을 도입했다. 이 원리 덕분에 관계없어 보이던 도형의 성질이 일관성을 유지하면서 전체로 통일됨으로써 기하학적 도형의 연구가 단순해진다. 예를 들면 다음이 있다. 원 안쪽에서 두 현 AB와 CD가 만나는 점을 P라고 하면 $\mathrm{AP} \cdot \mathrm{PB} = \mathrm{CP} \cdot \mathrm{PD}$이다. 이 정리는 교점이 원의 바깥에 있어 두 할선이 생길 때와 할선 가운데 하나가 접선일 때도 적용됨을 보여준다. 그는 원뿔곡선의 초점은 원뿔곡선이 무한원점을 지날 때의 접선의 교점으로 여길 수 있음도 알았다.[4]

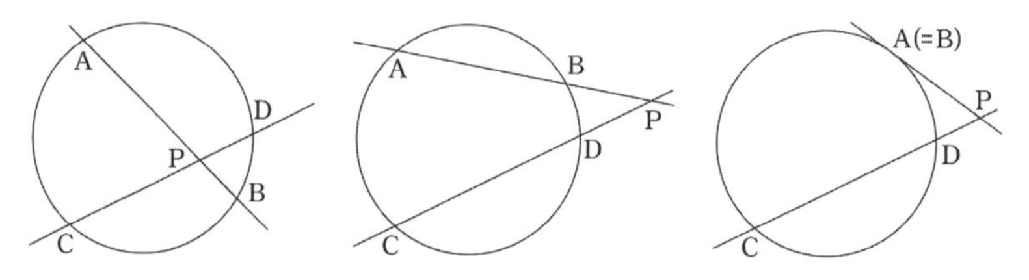

퐁슬레는 해석을 일반화할 수 있도록 무한원점 말고도 허점이라는 것도 도입했다. 이렇게 하면 평면에서 원과 직선이 언제나 만나고, 원은 모두 두 개의 점을 공유하게 된다.[5] 이것은 두 원이 두 실점에서 만나는 경우로부터 해석기하학 방법으로 증명할 수 있다. 이처럼 실재의 경우로부터 가상인 경우의 정리를 얻는 추론법이 바로 연속성의 원리이다. 이 원리를 써서 실사영에서 성립하는 정리를 허사영으로 확장한 예가 많이 있다.

퐁슬레는 한 직선 위에 있는 네 점의 복비(5장 참조)라는 중요한 사영불변량을 발견하지 못했다. 샤슬레(M. F. Chasles 1793-1880)가 이 개념을 자세히 조사하여 이것의 불변성과 중요성을 확인했다. 그는 1852년에 순수기하학에서 유향선분을 사용하는 데 크게 이바지했다. 케일리(A. Cayley)가 복비 개념을 바탕으로 계량기하학의 기초인 거리와 각의 개념을 수정했고, F. 클라인(F. Klein 1849-1925)이 이것을 이용하여 유클리드 기하학과 비유클리드 기하학을 포괄할 수 있었다.

19세기 전반에 종합기하학과 해석기하학 사이에 적절한 추론 방법을 두고서 논쟁이 있었다. 종합기하학 쪽에 섰던 슈타이너(J. Steiner 1796-1863)는 유클리드적인 기술(記述)이나 사영의 접근만 받아들일 수 있다고 주장했다.[6] 퐁슬레가 떠올린 아이디어를 슈타이너가 더욱 높은 수준으로 올려놓았다. 이를테면 퐁슬레가 1822년에 제시했던, 유클리드 기하학에서 다루는 평면도형은 하나의 원만 있으면 모든 작도를 곧은 자만으로 할 수 있다는 정리를 1833년에 증명했다. 슈타이너는 해석학에 속하는 것으로 보이던 정리인 삼차곡면은 27개의 직선만 포함한다는 것을 종합적인 방법으로 증명하기도 했다.[7] 그는 자신의 기하학 방법으로 몇 개의 등주 문제도 해결했다. 그는 둘레가 일정한 폐곡선 중에서 넓이가 가장 큰 도형은 원임을 증명(1836)할 때 둘레가 주어진 원이 아닌 모든 도형은 둘레의 길이가 같거나 긴 다른 도형으로 바꾸는 절차를 이용했다.[8] 이때 그는 원을 제외했기 때문에 실제로 최대가 존재함을 밝힌 것은 아니다. 나중에 바이어슈트라스가 증명했다.

슈타이너의 발견 가운데 반전기하라는 것이 중요하다. 반지름(r)이 0이 아닌 원 C의 중심 O를 시점으로 하는 반직선 위에 중심이 아닌 점 P와 P'이 있다. 두 선분 OP와 OP'의 곱이 r^2이면 P와 P'은 원 C에 대해 서로 반전한다고 한다. 반전이라는 변환에 의해 원 바깥(안)쪽에 있는 어느 점이라도 이 점에 대응하는 점이 원 안(바깥)쪽에 있게 된다. 이때 중심을 지나지 않는 원의 반전은 원이 되고, 중심을 지나는 원의 반전은 중심을 지나지 않는 직선이 된다. 또한 평면 전체를 평면 자신으로 보낸다. 반전의 중요한 성질은 곡선과 곡선이 이루는 각이 보존된다(공형변환)는 것이다. 리우빌(J. Liouville 1809-1882)에 따르면 각을 보존하는 변환은 반전, 닮음변환, 합동변환뿐이다. 슈타이너는 반전에 관한 자신의 생각을 출판하지 않았다. 나중에 톰슨(W. Thomson 1824-1907)을 비롯한 다른 수학자들이 이 변환을 다시 발견한다. 톰슨은 1845년에 물리학 연구에서 이 변환을 발견하고 정전기학에 응용했다.[9] 그리고 크레모나(L. Cremona 1830-1903)가 반전을 더욱 일반화하고 삼차원으로 확대했다(1863).

퐁슬레와 슈타이너가 발전시킨 사영기하학의 논법에는 아직 계량적인 요소가 남아 있어 순수 종합기하학은 아니었다. 이를테면 슈타이너는 복비를 정의하는 데 거리를 필요로 했다. 이러한 결점을 슈타우트(K. G. C. von Staudt 1798-1867)가 제거하고 1847년에 순전히 기하학적으로 사영기하학을 세웠다. 그는 기하학적 기호로써 좌표가 x_1, x_2, x_3, x_4인 네 점의 복비를 $\dfrac{x_1-x_3}{x_1-x_4}:\dfrac{x_2-x_3}{x_2-x_4}$로 정의했다. 좌표는 기하학적 작도에 의해 통상의 산술 연산을 만족할 뿐이다. 복비가 -1인 네 점으로 된 조화집합을 상정하고서, 두 점다발이 일대일대응하고 이 대응으로 조화집합이 보존될 때 두 점다발은 사영 관계에 있다고 했다. 그의 기하학은 거리의 개념이 정의될 수 있는 비계량기하학을 생각할 수 있게 해주었다.[10]

사영기하학의 중요성은 이것이 유클리드 기하학, 비유클리드 기하학 등을 포괄하는 데 있다. 나중에 상대적 거리를 사영적으로 적절히 정의하여 사영기하학의 틀 안에서 거리기하학을 연구할 수 있음과 평면에서 사영기하학에 불변인 원뿔곡선을 부속시켜 로바체프스키 기하학을 얻을 수 있음이 증명되었다. 또한 사영기하학에 공리를 보태고 고쳐가면서 유클리드 기하학으로 옮겨갈 수 있었다. 실제로 유클리드 기하학의 합동과 닮음은 특수한 사영에 대한 사영과 단면으로 다룰 수 있다. 위치는 실용과 논리에서 모두 거리에 앞선다. 사영기하학은 불변량 이론의 발전에도 중요한 역할을 했다. 기하학자들은 사영에 의해 불변인 도형의 성질을 발견했는데 1840년대의 대수학자, 특히 케일리는 사영이라는 기하학적 조작을 해석기하학적으로 번역해서 대수적 불변량 이론이 완성되는 데 이바지했다.

1-2 사영기하학의 해석적 전환

17세기 중반에 등장한 사영기하학은 거리나 각을 언급하지 않고 증명했으므로 당시에는 그것을 데카르트 방식으로 다루지 못하는 종합기하학의 부활로 여겼다. 하지만 1820년대 말에 해석적 측면이 연구되기 시작했는데 뫼비우스, 포이에르바흐, 플뤼커가 독립으로 동차좌표의 개념을 개발함으로써 사영기하학도 대수화되었다.

카르노의 〈위치의 기하학〉(1803)은 순수기하학의 고전이지만 해석기하학에도 이바지했다. 해석기하학이 한 세기 이상 종합기하학에 우위를 차지하고 있었는데, 이는 직교좌표계와 극좌표계의 사용에서 나왔다. 좌표계를 변환할 수 있다는 생각은 뉴턴이 시사했으나 주의를 끌지 못했다. 카르노가 다시 발견하고 확장했다. 이를테면 점 P의 좌표를 두 좌표축에서 거리가 아닌 극좌표나 두 정점 O, O′에 대해 거리 OP와 O′P로 할 수도 있고, 거리 OP와 △OO′P의 넓이로 할 수도 있다고 했다. 이때 곡선의 방정식은 좌표계에 따라 달라지나, 곡선의 성질은 달라지지 않는다. 이런 사실로부터 카르노는 절대 공간에서 취해지는 어떤 가설이나 비교 기준에 영향을 받지 않고 곡선의 성질을 가장 잘 드러내는 내적좌표계를 찾고자 했다. 그 결과로 곡률반지름과 편차각이라는 양으로 결정되는 좌표계를 찾았다.[11] 곡률 반지름은 곡선 위의 점 P에서 접하는 원의 반지름이고 편차각은 곡선 위의 점 P와 Q, R, S를 지나는 포물선에 대해서 Q, R, S가 P에 가까워질 때 만들어지는 포물선의 극한에서 P를 지나는 법선과 축이 이루는 각이다. 접선의 기울기는 일계도함수, 곡률반지름은 이계도함수, 편차각은 삼계도함수와 관계가 있다. 직선의 기울기와 원의 곡률이 일정한 것과 마찬가지로 원뿔곡선에서는 편차각이 일정하다.

19세기 초의 제르곤(J. D. Gergonne 1771-1859)을 비롯한 많은 수학자가 대수적 계산이 어려워 해석기하학을 부담스러워했다. 그들은 기호법을 간략하게 만들기 시작했다. 이를테면 1818년에 라메(G. Lamé)는 두 원 $C:\ x^2+y^2+ax+by+c=0$과 $C':x^2+y^2+a'x+b'y+c'=0$의 교점을 지나는 모든 원의 집합을 두 수 m과 m'을 이용하여 $mC+m'C'=0$이라 간단히 썼다. 제르곤과 플뤼커(J. Plücker 1801-1868)는 좀 더 간단히 $C+kC'=0(k\neq 0)$이라는 형식으로 나타냈다.

사영기하학을 대수화한 사람 가운데 뫼비우스(A. F. Möbius 1790-1868)가 있다. 그는 1827년에 삼각형 ABC에서 꼭짓점에 질량 m_1, m_2, m_3가 놓여 있을 때 이 질량들의 무게중심에 좌표 $m_1:m_2:m_3$를 주면서 그것을 중심좌표라고 했다. 그리고 이 좌표가 평면의 사영적, 아핀적 성질을 기술하는 데 적합하다는 것을 보였다. 여기서 처음으로 동차좌표가 도입되었고 이때부터 동차좌표는 사영기하학을 대수적으로 처리하는 도구로 인정받았다.[12]

플뤼커는 1828년의 저작에서 라메와 제르곤의 단축표기법을 하나의 원칙으로 삼으면서 해석기하학 방법의 발전에 가장 많이 이바지했다. 데자르그의 두 삼각형정리와 파스칼의 육각형정리처럼 겉보기에 대수적으로 복잡한 정리를 단축 표기법으로 매우 깔끔하고 간결하게 증명했다.[13] 또한 플뤼커는 1831년에 과거에 뫼비우스와 보빌리에(É. Bobillier 1798-1840), 포이에르바흐가 고안한 동차좌표계를 다시 정리하여 제시했다. 무한원점을 다룰 수 있는 사영평면의 좌표계가 필요했다. 직교좌표 평면 위의 점 P$(X,\ Y)$는 $x=Xt$, $y=Yt$로 놓으면 동차좌표 P$(x,\ y,\ t)$로 표현된다. 실제로 직교좌표계에서 곡선의 방정식 $f(X,\ Y)=0$을 변환한 $f(x/t,\ y/t)=0$을 정리한 각 항은 모두 변수 x, y, t에 관하여 차수가 같아진다는 사실에서 동차라는 말을 쓰게 되었다. 이것은 평면 위의 한 점 $(x,\ y)$를 $(x,\ y,\ z)$로 바꾸면서 삼차원 기하학으로 되는 것을 막기 위해 x, y, z의 비가 같은 점들을 모두 같은 점으로 다룬다는 생각에서 나왔다. 이렇게 하면 이 좌표의 차원은 2가 된다. 이 좌표를 달리 말하면 x, y를 각각 x/z, y/z로 여기는 것이다. z를 t로 대체하면 앞서 기술한 것이 된다. 여기서 $t=0$인 경우, 곧 동차좌표 평면의 세 수 $(x, y, 0)$에 대응하는 수의 순서쌍은 데카르트 좌표계에는 없다. x와 y가 모두 0이 아니라면 그 좌표는 무한원점을 나타낸다. 따라서 모든 무한원점은 무한원직선, 곧 $t=0$인 직선 위에 있다.

플뤼커는 선분의 길이로 좌표를 나타내는 낡은 데카르트적 개념에서도 벗어났다. 동차좌표 (x, y, t)가 평면의 유일한 점에 대응하듯이 $ax+by+ct=0$의 순서조 (a, b, c)가 평면의 유일한 직선을 결정한다는 데서 (a, b, c)를 직선의 동차좌표라고 했다. 이렇게 되면 방정식 $ax+by+ct=0$은 정직선 (a, b, c) 위의 점집합이라기보다 정점 (x, y, t)를 지나는 선집합이 된다. 이제 한 점은 수의 순서조로서 좌표가 아닌 일차방정식, 곧 그 점을 지나는 직선좌표로 결정되는 방정식을 갖는다. 점이나 직선좌표를 나타내는 순서조와 직선이나 점의 방정식을 나타내는 일차방정식에 의한 이중 해석은 사영기하학의 켤레 원리를 대수적으로 증명할 수 있게 해주었다. 곧, 주어진 상수 (a, b, c)에 대하여 일차방정식 $ax+by+ct=0$을 만족하는 모든 점의 집합 $\{(x, y, t)\}$은 어떤 특정한 선 위에 있다. 생각을 뒤집어 (x, y, t)를 상수라고 하면 이 방정식은 점 (x, y, t)를 지나는 모든 직선의 집합 $\{(a, b, c)\}$이 된다. 결국, 점과 직선을 맞바꾸는 것은 a, b, c와 x, y, t에 상수와 변수라는 말을 맞바꾼 것이다. 대수적 관계의 대칭성에 의해서 $ax+by+ct=0$에 관한 모든 정리는 한 쪽이 다른 쪽의 켤레로 나타난다. 동차좌표계 덕분에 그때까지 순수기하학적 관점에서 연구되어 온 사영기하학을 해석기하학적 관점에서 다룰 수 있게 되었다.

플뤼커는 어떠한 기하적인 대상도 기하의 기본 요소가 된다고 생각했다. 점이 아닌 직선을 공간의 기본 요소로 삼을 수도 있다. 그러면 평면은 직선의 집합이고 점은 두 직선의 교집합이다. 그는 1846년에 공간직선을 $x=rz+\rho$, $y=sz+\sigma$로 나타냈는데, 네 개의 매개변수 r, s, ρ, σ가 직선을 결정한다.[14] 그러므로 공간은 사차원이 된다. 사실 직선 말고도 점의 자취로 생각되던 원이나 구도 공간의 요소가 될 수 있다. 이때 공간의 차원 수는 그 요소를 결정하는 매개변수의 수에 대응한다. 이것은 새로운 생각이었다. 이 생각은 종합기하학과 해석기하학 양쪽에서 켤레 원리를 확장했다. 일차방정식 $ax+by+cz+dt=0$에서 평면의 동차좌표 (a, b, c, d)와 점의 동차좌표 (x, y, z, t)의 관계에서 직선이라는 말은 그대로 두고서 점과 평면을 맞바꾸어 삼차원의 켤레정리를 얻었다.

플뤼커의 연구로 해석기하의 중심은 프랑스에서 독일로 옮겨갔다. 그러나 그는 고향에서 인정받지 못하자 1847년부터 물리학을 연구하다가 1865년에 다시 해석기하로 돌아와서 직선을 기본 요소로 하는 공간 개념을 본격 전개했다.[15] 그는 1868년에 1865년의 연구를 포함하여 이전에 다루던 원리를 명확히 진술했다. 이때 기본적인 사면체에 기초한 사영좌표로 알려진 동차좌표를 도입했다.

해밀턴이 광학에서 이룬 업적에 영향을 받은 쿠머가 점이 아닌 직선을 공간의 구성 요소로 삼는 관점을 받아들여 이른바 쿠머의 사차곡면을 생각해 냈다. 이 곡면이 야코비와 에르미트가 발전시킨 사중주기함수로 표시된다는 것을 케일리가 밝히면서 그것은 19세기 기하학의 한 분야에서 중심을 차지했다. 1934년에 에딩턴(A. Eddington 1882-1944)이 쿠머의 곡면이 양자역학에서 디랙(P. Dirac 1902-1984)의 파동방정식의 한 변환임을 보였는데, 이 곡면은 사차원 공간에서 파면(波面)이다.[16]

2 대수기하학

대수기하학의 대표자로 뫼비우스와 플뤼커, 샤슬레, 케일리를 들 수 있다. 대수기하학은 고차원 공간에서 몇 가지 대수방정식으로 정의되는 점집합과 그것으로부터 도출되는 것, 곧 대수 다양체에 관한 수학이다. 입장에 따라서 다변수 대수함수체의 기하학적 이론이라고도, 사영공간의 복소 다양체론이라고도 한다.[17] 이전의 것에는 방정식의 유리수 근을 구하는 디오판토스의 현과 접선에 의한 방법과 중국의 〈구장산술〉에서 사용한 소거법이 있었다. 대수기하학은 페르마와 데카르트 이래로 대수학을 기하학에 적용한 연구를 모두 일컬었으나 19세기 후반에는 대수적 불변량(식)과 쌍유리변환의 연구를 가리켰고 20세기부터는 후자에 한정된다. 국소적인 성질을 다룰 때는 아핀 공간에서 생각하나, 대역적인 성질을 다룰 때는 사영공간에서 생각한다.[18]

대수적 방법이 사영기하학에서 폭넓게 쓰이고 나서 좌표와 무관한 도형의 성질을 알아내는 문제가 주목받으면서 대수적 불변량(이 말은 실베스터가 도입)의 연구가 일어났다. 수학자들은 선형변환으로 불변인 사영의 성질을 연구하고 때로 이차와 삼차변환으로도 불변인 곡선과 곡면의 성질을 찾았다. 이러한 변환을 쌍유리변환이라고 한다. 이런 이름이 붙은 것은 그것과 그것의 역변환이 모두 대수적으로 좌표의 유리함수로 표현되기 때문이었다. 앞서 언급한 반전기하를 들 수 있는데 이것이 쌍유리변환에서 처음 등장했다. 이 변환은 주어진 원의 중심 O가 아닌 두 점 P, P'에 대하여 기하학적으로 $\mathrm{OP}\cdot\mathrm{OP}'=r^2$ (r은 반지름)에 의해 P(x, y)를 P$'(x', y')$으로, P$'$을 P로 보낸다. 대수적으로 나타내면 $x'=\dfrac{r^2x}{x^2+y^2}$, $y'=\dfrac{r^2y}{x^2+y^2}$이다.

19세기 후반에 리만 곡면의 개념과 관계된 리만의 복소함수론 연구에 바탕을 둔 새로운 접근이 몇 가지가 있었다. 복소함수론의 아이디어로 수학자들은 평면이나 평면의 부분집합이 아닌 영역에서 정의된 복소함수를 연구할 수 있게 되었고, 이로써 대수적 함수와 대수곡선을 기하학적으로 연구하는 길이 열렸다.[19]

기하학적인 목적으로 리만의 복소함수론을 활용한 사람은 클렙쉬(A. Clebsch 1833-1872)였다. 그는 리만 함수론과 리만 곡면론을 실대수곡선에 응용하여 이른바 초월 방식으로 복소함수와 대수곡선 사이에 관련성을 찾았다. 많은 관심을 받은 주제는 평면 대수곡선의 특이점 연구이다. 클렙쉬가 활동할 당시에 대수적 관점에서 전개된 대수함수론은 서로 다른 이중점이나 분리된 이중점을 지닌 곡선 그리고 첨점이 있는 곡선을 다루었다.[20] 그는 불변량 이론을 사영기하학에 적용했다. 이와 관련하여 그는 곡선을 분류할 때 종수(genus)라는 개념을 사용했다. 종수는 처음으로 얻어진, 전체 평면을 평면으로 보내는 쌍유리변환에서 불변량이다. n차 곡선이 d개의 이중점을 가지면 종수는 $p=\{(n-1)(n-2)/2\}-d$이다. 종수는 리만 면의 연결성 개념과 관련된다. 종수가 p인 곡선은 연결성이 $2p+1$인 리만 면에 대응된다. 이밖에도 그는 리만을 따라 종수마다 그에 속하는 부류를 생각했다. 그는 주어진 한 곡선에서 일대일 쌍유리변환을 적용하여 얻을 수 있는 곡선을 한 부류로 묶었다. 한 부류에 속하는 곡선들은 종수가 같지만, 종수가 같더라도 다른 부류일 수도 있다. 이를테면 종수는 같지만 가지점(branch point)이 다른 곡선을 고려했다. 특이점 연구는 두 변환정리에서 정점을 이룬다.[21] 하나는 모든 평면 기약 대수곡선은 크레모나 변환(평면과 공간의 쌍유리변환)에 의해 다른 접선을 갖는 중복점 말고는 특이점을 갖지 않는 곡선으로 옮겨간다(M. 뇌터가 1871년에 증명)는 것이다. 다른 하나는 곡선 위에서만 쌍유리변환에 의해 모든 평면 기약 대수곡선은 서로 다른 접선의 이중점만 있는 다른 대수곡선으로 옮겨간다(할펜이 1884년에 증명)는 것이다. 이런 간단한 형태로 곡선을 변형하면 여러 대수기하학 방법론을 쉽게 적용할 수 있게 된다.

클렙쉬는 1865~1870년에 고르단(P. Gordan 1837-1912)과 함께 대수기하학을 토대로 아벨 함수 이론을 다시 세웠다. 이것은 대수기하학 분야에서 새로운 방향의 연구였다. 클렙쉬는 곡선의 대수적 이론을 바탕으로 아벨 적분 이론을 확립하고자 했다. 두 사람은 이전에 함수론의 방법으로 확립된 결과들을 대수학 방법으로 다시 얻었다. 아벨 정리 같은 결과들을 대수적인 형태로 명확하게 나타내고 이 성과를 아벨 적분을 연구하는 데 사용했다. 대수함수에 대수학적으로 접근하는 새로운 방식에 대한 연구를 1871년 이후로 브릴(A. W. von Brill 1842-1935)과 M. 뇌터(Max Noether 1844-1921)가 이어받았다.

클렙쉬가 곡면을 다룬 대수기하학적 접근 방식은 곡선의 그것과 비슷했고 선형변환과 쌍유리변환으로 변하지 않는 불변량이 연구 대상이었다. 그는 함수론적 방법을 채택하여 곡선 연구에 응용되는 아벨 적분과 함께 유비(analogy)를 탐구하면 결과를 얻으리라 생각하고 이중적분을 도입했다.[22] 곡면에서 나오는 특이점은 훨씬 복잡해서 그다지 성공을 거두지 못했다. 이후의 연구는 쌍유리변환을 평면 전체가 대상이 아닌 한 곡선 위의 점에서 다른 곡선 위의 점으로 옮겨가는 곡선 연구에 응용하는 것이었다. 많은 사람이 리만의 등각적 불변량이 쌍유리불변량이라는 것에 주목했다. 톰슨과 리우빌이 물리학에서 쌍유리변환이 쓰일 수 있음을 알아냈다. 크레모나가 1854년에 평면 전체를 평면 전체로 보내는 쌍유리변환을 도입했고 M. 뇌터가 일련의 선형변환과 이차변환으로 평면 크레모나 변환을 구성할 수 있음을 증명했다.[23]

도형을 좌표로 나타내어 기하학적 성질을 알아내고자 한다면 좌표에 무관한 도형의 성질을 보여주는 대수적 식을 찾을 필요가 있다. 그러한 불변인 기하학적 성질을 보여주는 것이 대수적 불변량(또는 식)이다. 대수적 불변량에 대해서는 17장의 형식 이론과 행렬 대수, 18장의 보형함수론에서 다루었으므로 여기서는 간단히 언급하기로 한다.

불변량 이론은 라그랑주, 가우스, 특히 불의 1841년 논문에서 전개되었다. 그러나 이들이 다루는 대상은 제한되어 있었다. 케일리가 본격적으로 그것을 만들고 발전시켰다. 실베스터와 새먼(G. Salmon 1819-1904)도 같은 분야를 연구하여 여러 결과를 얻었다. 1841년에 케일리는 같은 해 불의 논문에서 아이디어를 얻어 n차 동차식의 불변량을 계산했다. 케일리는 행렬식에 대한 헤세(O. Hesse 1811-1874)와 아이젠슈타인(1823-1852)의 아이디어를 이용하여 대수적 불변량을 계산하는 기법을 개발했다. 그러고 나서 유리 동차식을 다룬 논문을 1854-1878년에 발표하면서 불변

량을 다루는 기호법도 고안했다.[24]

불변량 이론의 연구에서 첫 번째 문제는 특수한 불변량을 찾는 것이었다. 이런 식은 어렵지 않게 구성할 수 있었다. 불변량 이론에서 가장 중요한 것은 불변량의 완비체계를 구성하는 것이었다. 고르단이 클렙쉬의 정리들에서 도움을 받아 임의 차수의 이변수형식에 관한 유한완전집합이 존재함을 처음으로 증명했다.[25] 이 증명은 완비 체계를 계산하는 방법을 보여주었다. 힐베르트가 1888년에 불변량 이론에 관한 연구로 주목을 받았다. 1890년에 그는 고르단의 정리를 일반화하고 임의의 변수를 가지는 형식 체계에 대해서 유한완전불변계가 존재함을 증명했다. 이 증명을 기점으로 이 주제를 다루는 저작이 빠르게 줄었다. 그렇지만 그 뒤에 힐베르트와 E. 뇌터(E. Noether 1882-1935)의 연구 덕분에 불변량 이론은 그것이 나오게 되었던 수론과 사영기하학에서 독립하여 자체를 목적으로 하는 연구 분야가 된다. 힐베르트는 1893년에 대수적 불변량의 이론을 대수함수 일반 이론의 일부로 다루면서 새로운 방법을 발전시켰다. 이것은 고르단의 결과를 n변수로 확장한 뇌터에 의하여 1910년에 다시 등장했다. 이 시기에 힐베르트는 일반상대성 이론의 수학 측면을 연구하고 있었다. 이때 그는 대수적 불변량의 지식이 필요했기 때문에 뇌터의 도움을 많이 받았다.

대수적 불변량을 연구하는 학자들이 그것의 기하학적 의미와 관계없이 꾸준하게 여러 대수적 등식을 증명했다. 기하학이나 물리학적 의미가 있는 특수한 불변량을 찾는 연구는 여전히 중요했기 때문이다. 물리학에는 주로 미분불변량을 다룬 연구가 영향을 끼쳤다.

3 비유클리드 기하학

3-1 비유클리드 기하학의 탄생

1820년대에도 사람들은 유클리드 기하학만이 물질 공간과 그 공간에 있는 도형의 성질을 옳게 반영하는 체계라고 믿었다. 그 기하학적 원리들이 경험으로 확인되어 왔기 때문에 그것을 실제 세계의 기하학이라고 생각했다. 그래서 심지어는 산술, 대수, 해석학의 논리적 기초를 유클리드 기하학의 기초 위에 세우고자 했다.

기하학 위에서 미적분학을 비롯하여 자신의 수학 이론을 구성했던 배로는 유클리드 기하학의 원리가 본유의 이성에서 유래되었다고 했다. 칸트(I. Kant 1724-1804)를 비롯한 여러 철학자는 이 생각을 근본 전제로 여겼다. 사람들은 이런 생각에 파묻혀 누구도 유클리드의 제5공준을 의심하지 않았다. 그러다 19세기에 접어들면서 지적 환경에 커다란 변화가 일어나 당시까지의 기하학적 믿음을 비판적으로 다시 검토하게 되었다.

유클리드 이후로 스무 세기 동안이나 이어진, 제5공준을 다른 공리들로부터 끌어내려던 헛된 노력, 특히 르장드르의 고찰은 몇 수학자로 하여금 유클리드 공준 체계를 다시 살피도록 했다. 그들은 유클리드 체계에서는 평행선 공준을 증명할 수 없으리라 생각하기 시작했다. 이전의 모든 시도의 실패는 그 공준과 동치인 숨겨진 가정에 의존했기 때문이었다. 이런 순환논법의 오류에서 벗어나려면 새로운 발상이 필요했다. 이 변화는 사케리의 연구를 올바로 해석하는 방법을 발견하면서 시작됐다. 이렇게 해서 탄생한 비유클리드 기하학은 사원수 대수와 달리 수학뿐만 아니라 과학과 철학을 비롯한 여러 방면에 영향을 끼치게 된다.

사케리는 쌍곡기하학의 공리집합으로부터 결론을 하나하나 차례로 끌어내고 마지막으로 쌍곡평행선 공준이 의아하다고 주장할 만큼 특이해 보이는 결론에 이르렀으나 여기서 근본적인 실수를 했다.[26] 그는 유클리드 기하학의 절대적인 필연성을 너무 강하게 믿었기 때문에 자신이 연구한 결과가 옳은 것임을 알지 못했다. 그의 결론은 당시의 상식과 다를 뿐이었지 모순된 것이 아니었다. 낯섦과 모순을 헷갈리는 심각한 실수를 피한 수학자는 1810년대의 가우스, 1820년대의 로바체프스키(Н. И. Лобачевский 1793-1856)와 보여이(J. Bolyai 1802-1860)였다. 가우스가 맨 처음 평행선 공준의 독립성을 알아채고 그것의 혁명적인 의의를 꿰뚫어 보았으나 로바체프스키와 보여이가 공식 발표하기까지 제대로 갖춰진 결과를 공표하지 않았다. 비유클리드 기하학을 발견하는 첫걸음은 평행선 공준을 나머지 9개의 공리로는 연역할 수 없다는 사실을 깨닫는 일이었다.

수학의 어떠한 주요 분야나 결과도 한 사람만의 업적일 수 없다. 어떤 단계나 주장만이 개인의 업적일 뿐이다. 이것은 비유클리드 기하학에도 적용된다. 가우스 이전에 람베르트가 있었고 슈바이카르트(F. K. Schweikart 1780-1857)와 타우리누스(F. A. Taurinus 1794-1874)가 각각 독립으로 비유클리드 기하학을 발견했으며, 람베르트와 타우리누스는 자신의 연구를 출간하기도 했다. 비유클리드 기하학의 창시가 새로운 기하학의 존재를 인식한 것이라면 그 공은 클뤼겔(G. S. Klügel 1739-1812)과 람베르트에게 있고, 유클리드의 평행선 공준에 배치되는 공리를 채택해 전개하는 것이라면 그 공의 대부분은 사케리에게 있다고 할 것이다.[27] 가우스가 처음으로 이 기하학을 물질세계에 적용할 수 있을지 모른다고 생각했다.

가우스는 1792년에 이미 평행선을 깊이 있게 생각하기 시작했다. 그 결과로 주어진 직선 위에 있지 않은 한 점을 지나며 그 직선에 평행한 직선이 두 개 이상 존재한다는 가정을 포함하는 공리 체계로 이루어진 기하학을 발견했다. 그렇지만 1800년 무렵까지도 논리적으로 모순이 없는 비유클리드 기하학을 상정할 수 있더라도, 실제 물질세계는 유클리드 기하학을 따른다고 믿고 있었다. 새로운 기하학의 내용은 1829년 무렵까지의 보고서나 벗들에게 보낸 편지, 사후에 발견된 1831년의 노트로부터 알 수 있다.

1813년에 가우스는 평행선 공준을 다른 공리와 공준으로부터 증명할 수 없다고 조심스럽게 결론을 내렸다. 1821~1826년에 하노버 왕국이 가우스에게 맡겼던 측량에는 지구의 모양을 알아내는 것도 있었다. 가우스가 유클리드 기하학을 검토하기 위해서 이 일을 했다는 주장은 타당하지 않지만, 이 과정에서 평행선 공준에 대해 많은 고민을 했음은 틀림없다.[28] 이 측지학 문제가 동기가 되어 1827년에 쓴 〈곡면론의 일반 연구〉(Disquistitiones generales circa superficies curvas)는 비유클리드 기하학을 직접 다루지는 않았지만 그것과 많은 관련이 있었다.[29] 가우스에게 측지학의 경험은 최소제곱법을 그가 직접 조직적으로 응용한 분야라는 것만큼 비유클리드 기하학의 착상을 얻은 것으로도 중요했다.[30] 1824년에는 평행선의 공준에 관한 중요한 결론에 이르렀으나 공표하지 않았다. 단지 그 해에 타우리누스에게 보낸 편지에서 타우리누스가 제5공준을 증명하는 데서 보인 오류를 지적하고 나서 삼각형 세 내각의 합이 2직각보다 작다는 가정으로부터 모순이 없는 기하학을 구성했고 이것을 만족스럽게 전개했다고 썼을 뿐이다. 1829년에 가우스는 평행선 공준을 유클리드의 다른 공리로는 증명할 수 없음을 다시 확인했다. 하지만 그는 연역적으로 논증하지도, 출판하지도 않았다. 처음에 그는 그것을 반(anti)유클리드 기하학이라고 했다가 슈바이카르트처럼 별들의(astral) 기하학으로 바꿨고, 마침내 비유클리드 기하학이란 이름을 붙였다. 차츰 그는 이 새로운 기하학이 논리적으로 모순이 없을 뿐만 아니라 실제로 응용할 수도 있다고 확신하게 되었다.

가우스는 공간의 기하학을 결정하는 것은 경험의 문제로, 직접 측정함으로써 밝혀질 것이라고 했다. 그는 측량 일을 하는 동안에 삼각형 내각의 합이 2직각보다 작을 수도 있음을 확인하고자 했으나 관측 오차로 여길 수밖에 없는 결과를 얻었다. 이 결과의 중요한 측면은 여건이 아무리 잘 갖춰졌더라도 우리가 사는 공간이 유클리드 기하학에 부합함을 증명할 수 없다는 것이었다. 그는 직선으로 빛살을 사용했는데 천체 관측에서 사용하는 빛살은 먼 거리를 가므로 그것의 경로는 통상의 직선이 아니었을지도 모른다. 그는 1813년부터의 생각을 정리하여 1831년에 천문학자 슈마허(H. Schumacher 1780-1850)에게 편지로 전했다.

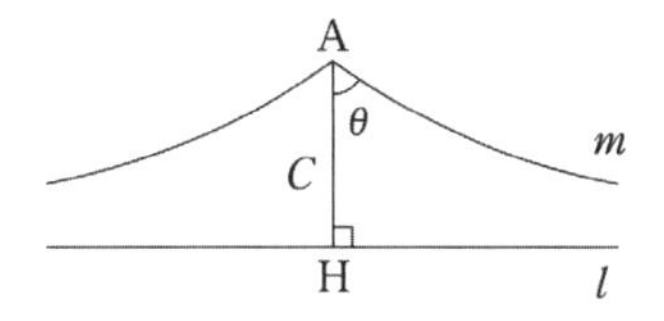

여기서 가우스가 생각한 비유클리드 기하학에 관한 생각을 테라사카[31]의 글에서 요약하면 다음과 같다. 직선 l 밖의 한 점 A에서 l에 수선 AH를 긋고 A를 지나 l에 평행한 선 m을 그으면 AH와 m이 이루는 각 θ(평행선 각)가 결정된다. θ는 AH의 길이 C의 함수가 된다. θ는 C가 0에 가까워지면 직각에 가까워지고 C가 무한대로 커지면 0에 가까워진다. 예를 들어 $\theta = 45°$가 되면 C는 C_0 하나로 결정된다. 그러므로 C_0는 이 기하에서 정확한 기하학적 의미를 지닌 크기가 된다. 그렇다면 $\theta = 45°$일 때 C_0의 값이 얼마인지가 문제이다. 만일 우리가 사는 우주에서 유클리드의 평행선 공준을 부정한 기하, 곧 비유클리드 기하학이 성립한다면, C_0가 정해질 것이다. 지금은 그것을 잴 수가 없으나 현실에서 비유클리드 기하학이 성립한다면 C_0는 유한한 값이고, 현실의 세계가 유클리드적이라면 C_0는 무한대이다. 그러나 현실 세계가 둘 가운데 어느 쪽이냐는 질문을 받아도 대답할 수가 없던 것이 가우스가 생각하고 있던 비유클리드 기하의 약점이었다.

당대에 최고의 수학자로 인정받고 있던 가우스는 비유클리드 기하학과 관련된 저작을 전혀 발표하지 않았다. 이것은 당시의 시대 상황에서 이해되어야 한다. 우리의 일상 생각은 물론이거니와 갈릴레오와 뉴턴의 자연과학도 유클리드 기하학을 바탕으로 하고 있다. 우리가 받아들일 수 있는 물질공간의 체계는 유클리드 기하학뿐이었다. 뉴턴 역학에 깊은 영향을 받은 칸트도 이 기하학을 인간 인식의 원천으로 여겼다. 칸트에게 유클리드 기하의 공간 개념은 경험에서 비롯되는 것이 아닌, 직관의 형식이어서 선험적인 것이었다. 19세기 초에도 유럽의 지식인 사회에 압도적인 영향력을 미치고 있던 칸트가 절대로 확실하다고 선언한 유클리드 기하학에 어떠한 의문도 제기할 수 없었다. 신이 부여한 직관에 따르는 평행선 공준을 부정하는 주장을 하는 것은 그 사회를 지배하던 칸트의 인식론에 도전하는 것이었다. 새로운 기하학이 수용되려면 공간에 대한 사회의 전반적인 인식이 달라져야 했다.

사케리와 람베르트의 연구에 영향을 받은 슈바이카르트가 가우스와 독립으로 같은 결과를 얻었다. 슈바이카르트가 1818년에 가우스에게 보낸 원고에 삼각형 내각의 합이 2직각보다 작다는 가정 위에 세운 기하학이 있었다. 그는 그것을 '별들의 기하학'이라고 했다. 그 까닭은 별 사이에 그려지는 삼각형에서 유클리드 기하학으로부터 벗어난 것을 관찰할 수 있으리라고 그는 예측했기 때문이다.[32]

슈바이카르트의 조카인 타우리누스가 1826년에 반지름이 허수인 구면(1766에 람베르트가 예상)에서 성립하는 공식이 별들의 기하학에서 성립하는 공식임을 보였다. 그는 반지름이 r인 구면에서 임의의 구면삼각형의 변과 각을 관련짓는 공식

$$\cos\frac{a}{r}=\cos\frac{b}{r}\cos\frac{c}{r}+\sin\frac{b}{r}\sin\frac{c}{r}\cos A$$

에서 시작했다. a, b, c는 삼각형 변의 길이이고 A는 변 a의 대각의 크기이다. r을 ir로 치환하고 $\cos ix=\cosh x$, $\sin ix=i\sinh x$임을 적용하여

$$\cosh\frac{a}{r}=\cosh\frac{b}{r}\cosh\frac{c}{r}-\sinh\frac{b}{r}\sinh\frac{c}{r}\cos A$$

를 얻었다. 이 기하학에서는 삼각형 내각의 합은 2직각보다 작게 된다. 여기서 변의 길이가 짧아지거나 반지름 r이 길어지면 이 기하학은 유클리드 기하학에 가까워진다.

타우리누스는 이런 결과를 얻었음에도 별들의 기하학은 논리적으로 모순되지 않을 뿐이지 실제 공간을 반영하지 못한다고 생각했다. 그렇지만 사케리와 람베르트도 예각 가설을 부정하는 시도에 성공하지 못한 데다가 타우리누스의 결과가 타당하다고 받아들여지면서 일부 수학자들은 예각 가설이 성립하는 기하학이 존재할 수 있다고 믿기 시작했다. 로바체프스키와 보여이가 이 새로운 기하학이 유클리드 기하학만큼이나 논리적으로 합당하다는 것을 이해하면서 연역적이고 종합적인 방식으로 비유클리드 기하학의 내용을 구성하여 출간했다. 두 사람에게 그들이 찾으려는 기하학이 우리가 살고 있는 공간을 표현하고 있는지 아닌지는 중요하지 않았다. 유클리드의 제5공준을 논리적으로 대체할 공리를 찾는 데에 관심이 있었다. 비유클리드 기하학의 발견에서 중요하게 작용한 것은 물리 공간과 수학 공간이 일치할 필요가 없다는 생각이었다.[33]

로바체프스키가 연구하던 시기의 바로 전에 러시아는 과학과 수학 분야에서 외

부 세계와 제대로 교류하지 못했다. 서유럽의 생각을 매우 불신함으로써 과학이 무척 뒤떨어져 있었다. 알레산드르 1세가 집권(1801-1825)한 1801년부터 10년 동안 시행한 폭넓은 교육개혁으로 기존의 모스크바 대학에 더하여 네 곳에 대학교가 세워지면서 1825~1850년에는 학문에서 중요한 발전을 이루게 됐다. 로바체프스키의 연구는 바로 새로운 대학 교육 체계의 산물이었다.

1826년에 로바체프스키는 카잔 대학에서 주어진 점을 지나고 주어진 직선에 평행인 직선이 둘 이상 있는 기하학의 개요를 강의했다. 그는 이 강의를 보완하여 1829년에 유클리드 제5공준과 정면으로 대립되는 가정을 토대로 한 기하학을 러시아어로 출판했다. 새로운 기하학은 모든 면에서 타당했지만 너무나 상식에 어긋났기 때문에 그조차도 그것을 '상상의 기하학'이라 했다. 이어진 10년 동안에 새로운 연구 결과들을 발표했다. 그가 끌어낸 많은 결과 가운데 몇 가지는 사케리나 람베르트도 알고 있던 것이었다.

로바체프스키는 유클리드의 제5공준을 적절하게 표현한 것으로 받아들여지던 플레이페어 공리를 상반되는 것으로 대체했고 나머지 공준들은 그대로 두었다. 상반되는 공리란 주어진 직선 l 위에 있지 않은 점 P를 지나고 l에 평행한 직선은 없거나 두 개 이상 존재한다는 것이다. 여기서 평행선은 직선 l과 만나지 않는 직선을 뜻한다. 평행선이 없다는 가정은 유클리드 이래로 묵시적으로 가정되어 온 직선의 길이는 무한하다는 것과 모순된다. 그래서 그는 평행선이 둘 이상 존재한다는 공리로 유클리드의 평행선 공준을 대체하는 기하학 체계를 세웠다.

평행선 공준이 참임을 보장하기 위해서는 그것이 물질세계를 제대로 반영하고 있음을 보여주는 실험이 필요했다. 카잔의 천문대 대장이었던 로바체프스키는 별이 그리는 커다란 삼각형의 내각을 측정하여 물리 공간의 본성을 조사할 수 있을 것으로 생각했다.[34] 1829~1830년에 별의 위치를 측정한 자료를 사용하여 조사했으나 뚜렷한 결론을 얻지 못했다. 그를 포함한 가우스와 보여이는 당시의 측정 도구로는 이 문제를 해결하지 못함을 깨달았다. 그렇지만 로바체프스키는 유클리드 기하학만이 절대 진리가 아님을 보여줌으로써 기하학의 본질에 관한 견해를 바꿔야 한다는 생각을 심어주었다.

로바체프스키와 독립으로 보여이도 평행선 공준을 증명하려는 여러 번의 시도 끝에, 이것을 다른 공리들과 독립인 것으로 생각하기 시작했다. 1829년쯤에 결과를 얻었고 1832년에 발표했다. 그는 로바체프스키와 같은 가정을 하고서 새로운 기하학을 전개했다. 그리고 이것을 '공간의 절대과학'이라고 했다. 보여이도 유클리드 기하학과 비유클리드 기하학의 어느 것이 실재를 표현하는지를 결정할 수 없다고 했다.

로바체프스키와 보여이가 발견한 기하학의 특징을 간단히 정리해 보자. 두 사람은 직선 PQ의 극한이 되는 위치는 점 Q가 오른쪽으로 가든 왼쪽으로 가든 하나의 직선 k가 아니라, 다른 두 직선 m, n이 되고 이 극한직선들은 직선 l과 만나지 않는다고 가정했다. 그러면 점 P를 지나며 m과 n 사이에 놓이는 직선은 한없이 많이 존재한다. 이런 기하학에서 나타나는 몇 가지 중요한 특징은 삼각형 세 내각의 합은 언제나 2직각보다 작고, 삼각형의 세 내각 합은 넓이가 커질수록 작아지고 넓이가 작아질수록 2직각에 가까워지며, 두 삼각형이 닮은꼴이면 둘은 합동이 된다는 것이다.

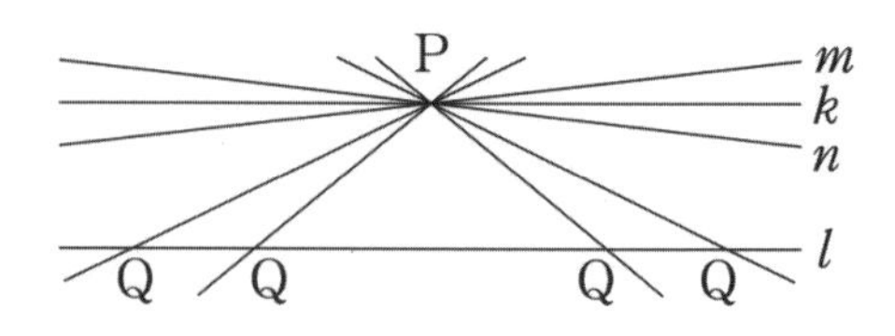

1860년대 전의 수학자들은 로바체프스키와 보여이가 발표한 기하학이 지닌 혁명적인 의미를 받아들이려 하지 않았다. 여기에는 몇 가지 까닭이 있다. 이 기하학은 실제의 물질세계와 동떨어져 보였으므로 비유클리드 공간이 실제로 무엇인지를 이해할 수 있는 사람이 없었다. 있을 수 있는 기하학은 유클리드 기하학뿐이라는 생각이 매우 깊이 뿌리박혀 있었다. 1830, 1840년대에 기하학에서 관심사는 사영기하학이었다. 두 사람이 그다지 알려지지 않았던 데다가 그들의 저작이 수학계에서는 변두리라 할 수 있는 곳에서 출판되었다. 그들의 저작이 당시 폭넓게 사용되고 있지 않던 자국어로 쓰였다. 이런 조건에서 두 사람이 시대의 한계를 뚫고 나가기에는 아직 힘이 없었다. 이런 상황에 대응하는 두 사람의 방식은 달랐다. 보여이는 세상과 자신을 원망하면서 수학 활동을 하지 않았고, 로바체프스키는 자신의 생각을 널리 퍼뜨리기 위해 기존의 사상과 싸웠다.

가우스가 죽은 뒤에 비유클리드 기하학에 대한 그의 미발표 연구가 다른 논문들과 함께 출판되었다. 가우스라는 이름이 지닌 권위 덕분에 수학계는 그 주제에 관심을 두기 시작하면서 로바체프스키와 보여이의 저작을 읽기 시작했다. 두 사람의 생각은 그들의 저서가 1867년에 프랑스어로 번역되고 나서부터 널리 알려졌다. 그러다 리만이 1854년에 교수 자격을 얻기 위해 했던 강의가 1868년에 인쇄되고 나서, 새로운 기하학적 발상이 지닌 혁명적인 중요성이 제대로 이해되기 시작했다.

클리퍼드는 1873년 강연에서 로바체프스키의 새로운 학설의 효과를 코페르니쿠스의 태양중심설이 일으킨 과학혁명과 견주기까지 했다.[35] 우주 공간에서 일어나는 물질계의 운동을 올바른 시각에서 바라볼 수 있게 했기 때문이다.

유클리드의 평행선 공준을 제외한 아홉 공리는 새로운 기하학 체계에서도 그대로 유지되었다. 이것은 평행선 공준이 다른 공리와 독립이라는 것인데, 이것은 예각 가설에 따른 기하학 체계가 모순 없음을 벨트라미가 1868년에 증명하고 나서야 입증됐다. 이어서 케일리, 클라인, 푸앵카레 등이 증명했다. 방법은 유클리드 공간에서 실제로 해석될 수 있는 비유클리드 기하학의 모형을 만드는 것이었다.

3-2 비유클리드 기하학의 확장

리만 기하학의 구성 비유클리드 기하학에 관련된 새로운 생각들, 특히 곡면의 곡률과 곡면 위의 삼각형 내각의 합 사이의 관계가 평행선 공준과 밀접하게 관련되어 있다는 것의 의미를 파악한 사람은 리만이었다. 리만은 1854년에 가우스의 곡면론을 n차원으로 확장하여 비유클리드 공간보다 폭넓은 개념의 리만 공간을 제시했다. 리만에게도 가우스처럼 물리적인 공간의 정확한 성질은 경험으로 결정되는 것이었다. 공간은 일정한 질서 체계이지만 칸트의 주장과 달리 그 질서를 규정하는 것은 주관이 아닌 경험이었다. 리만은 칸트의 선험주의를 거부했다.

물질세계에서 이루어지는 관찰은 평행선의 존재를 입증하지 못한다. 그러므로 두 직선은 모두 유한한 곳에서 만난다고 가정할 수 있다. 리만은 이것을 공리로 삼아 유클리드의 평행선 공준을 대체했다. 그리고 평행선 공준처럼 인간의 경험 너머에서 일어나는 일을 기술한 유클리드의 제2공준(유한한 직선은 얼마든지 늘일 수 있다)도 의심스러웠다. 리만은 기하학을 경험 과학이라고 주장하면서 무한 공간보다 경계가 없는 공간을 더욱 굳게 믿었다. 실제로 구면은 경계가 없으나 무한 공간은 아니다. 그는 대원처럼 길이는 유한이지만 경계가 없는 것으로 직선을 규정하면서 유클리드의 제2공준을 대체했다. 또한 두 점은 적어도 하나의 직선을 결정한다는 것으로 유클리드의 제1공준(임의의 점에서 다른 한 점으로 직선을 그을 수 있다)을 대체했다. 이처럼 그는 유클리드의 체계에서 세 가지를 바꾸면서도 모순을 일으키지 않는 다른 비유클리드 기하학을 구성했다. 리만은 유클리드의 제1, 2공준을 수정함으로써 로바체프스키와 보여이보다 훨씬 더 과감하게 전통에서 벗어났다. 그가 구성한 새로운 비유클리드 기하학으로 말미암아 유클리드 기하학을 비롯해서 거리를 기본 개념으로 사용하는 계량기하학이 여럿 있음이 밝혀졌다.

리만은 가우스의 곡률 개념을 더욱 진전시켰다. 그는 유클리드부터 르장드르에 이르기까지 기하학의 기초가 확실히 되어 있지 않았던 것은 n차원 공간을 생각하지 않았기 때문이라고 했다. 그는 곡면 대신에 n차원으로 확장되는 다양체를 생각하고 가우스가 곡면론에서 했던 것처럼 곡률을 생각했다. 곡률이 일정한 공간에서는 도형의 길이를 변화시키지 않고 옮길 수 있다. 곡률이 0인 공간은 유클리드 기하로 설명된다. 곡률이 양의 상수인 공간은 구면이다. 일반적으로 곡률이 달라지는 공간도 생각할 수 있지만 어느 가정이 물리 현상을 설명하는 데에 적당한지는 관측으로 결정될 것이다.[36] 이제 어떠한 기하학도 물질 공간에 대한 절대 진리로 여길 수 없게 되었다.

곡률이 양의 상수인 공간의 기하학에는 다음 특징이 있다. 말하자면 직선이 대원이어서 나타나는 특징으로 삼각형 세 내각의 합은 2직각보다 크고, 삼각형은 넓이가 커질수록 내각의 합은 커지고, 넓이가 작아질수록 2직각에 가까워지며, 두 삼각형이 닮은꼴이면 합동이고, 한 직선에 수직인 모든 직선은 한 점에서 만나고, 두 직선도 넓이가 있는 도형의 둘레가 되며, 모든 직선은 같은 유한한 길이를 갖는다.

여기서 짚고 넘어가야 할 의문이 하나 있다. 천문학을 연구하고 구를 이상적인 도형으로 다루었으면서도 오랫동안 평행선 공준을 비판적으로 검토한다는 생각을 전혀 하지 못했다는 것이다. 지구 표면의 좁은 곳에서 사는 사람에게 지구는 평평하게 보이므로 유클리드 기하는 매우 자연스러운 관념이다. 이 평평한 표면 위에서 최단 거리는 통상의 직선이다. 사회적인 여건도 영향을 끼쳤다. 고대 이집트와 메소포타미아 때부터 줄곧 곧게 뻗은 줄이나 곧은 막대의 모서리를 직선으로 삼아왔다. 이런 상황에서는 구에 대해서도 유클리드의 관점밖에 선택할 것이 없었다. 구는 삼차원 유클리드 공간에 있으므로 구면기하학도 유클리드 기하학의 일부였다. 대원은 곡선으로 여겨졌다. 더구나 천체 관측은 기하가 아닌 구면삼각법 안에서 이루어졌다. 항해나 천체의 움직임은 실용에 쓰이는 계산의 범위에서만 의미가 있었다. 이러한 역사는 인간의 사고가 감각에 기반을 둔 인식과 그로부터 형성되어 굳어진 사회적 관습에 엄청나게 깊은 영향을 받고 있음을 보여준다.

헬름홀츠(H. von Helmholtz 1821-1894)는 시각적 측정의 기원을 탐구하면서 리만 공간의 개념을 연구했다. 그는 1868년에 리만처럼 n차원 공간을 다양체라고 가정하면서, 리만보다 명확하게 거기에는 한 점 근방에 놓인 n개의 독립된 좌표 가운데 적어도 하나는 그 점이 움직임과 함께 연속으로 변화하는 것이 존재한다고 가정했다.[37] 이런 가정에 부합하는 공리를 설정하고 이에 근거하여 곡률이 일정한 삼차원 다양체의 개념에 이르렀다. 그에 따르면 물리 공간은 곡률이 양수, 음수, 0이 될 가능성이 있다. 세 번째가 유클리드 기하학으로 설명되는 공간이다. 그리고 곡률이 양으로 일정하면 구면 공간이 되고, 음으로 일정하면 의사(pseudo)구면 공간이 된다. 헬름홀츠는 로바체프스키 기하학을 리만의 연구에 통합했다. 구면기하학도 평행선이 존재하지 않는 비유클리드 기하학임을 알았다.

1870년대 초기에 클리퍼드도 물리 공간의 공준을 마련하고자 했다. 그는 유클리드 공간과 비유클리드 공간을 구별하는 방법으로 닮음의 공리를 택했다. 이것은 곡률이 0이라는 가정과 같으므로 로바체프스키 기하학에서는 참이 아니다. 그는 물리 공간의 본질을 파악하려면 공간과 물질을 결합하는 것이 필요하다고 생각했다. 이런 생각에서 그는 우리가 살고 있는 공간의 곡률은 일정하다는 헬름홀츠의 생각과 다른 몇 가지를 고찰했다. 그것들은 상대론에 관련된 20세기 초의 물리학 발전에서 핵심을 이루는 생각이 된다. 그는 비유클리드 공간의 운동을 연구할 때 이른바 클리퍼드 대수라는 비가환 대수를 이용했다.[38]

가우스도 100년쯤 전에 태어났다면 사케리 정도의 수준밖에는 미치지 못했을 것이고 아르키메데스가 18세기에 태어났다면 뉴턴과 같은 미적분법을 구축했을 것이다. 이런 가정은 수학의 사회성과 역사성을 보여주고 있다. 이렇게 가정할 수 있는 것은 수학의 발전 과정에서 동시 발견이 자주 있기 때문이다. 머튼[39]은 중요한 과학적 발견들 가운데 264개의 똑같은 것이 독립으로 동시에 두 번 이상 일어났음을 알아냈다. 이것들 가운데 똑같은 발견이 두 개인 경우는 179개, 세 개인 경우는 51개, 네 개인 경우는 17개, 다섯 개인 경우는 6개, 여섯 개인 경우는 8개였다. 같은 시기에 서로 다른 지역에서 독립으로 같은 내용의 수학이 발견된다는 것은 사회 전반에서 그러한 것을 요구하는 상황이 무르익고 해당 내용과 관련된 경험과 자료가 쌓였기 때문이다. 이러한 기본 요소들이 갖춰지고 나서 두 사람 이상이 같은 것을 발견하거나 구성하는 것은 우연의 문제일 것이다. 가우스, 로바체프스키, 보여이가 비유클리드 기하학을 생각해낸 것도 마찬가지이다.

비유클리드 기하학의 모델 비유클리드 기하학이 발견되고 나서는 이것에 논리적 모순이 없는가라는 문제가 제기되었다. 이 기하학을 세운 사람들은 새 기하학이 유클리드의 기하학만큼이나 타당하다고 굳게 믿었으나, 그 체계에 모순된 정리가 나올 가능성을 배제하지 못했다. 이 문제는 유클리드 기하학에 모순이 없음이 확인됨으로써 해결되었다. 평행선 공준이 다른 유클리드 공리로부터 연역된다면 새 기하학의 가정은 그 체계 안에서 모순에 이르게 될 것이다. 유클리드의 평행선 공준이 다른 공리들과 독립이라면 비유클리드 기하학에서 그것에 대응하는 공준도 다른 공리들과 독립이다. 이처럼 비유클리드 기하학의 무모순성은 유클리드 기하학에 모순이 없다는 가정에서 확립된 것이었다. 그렇지만 아직 유클리드 기하학에 모순이 없다고 논리적으로 증명된 적은 없었다.

벨트라미가 1868년에 로바체프스키 기하학과 리만 기하학이 각 체계 안에서 공리들끼리 서로 모순되지 않고, 모순되는 정리를 산출하지도 않음을 유클리드 기하학 안에서 어떻게 해석할 수 있는지를 보임으로써 해결했다. 임의의 공리 모음에 모순이 없음을 확증하는 통상의 방법은 모형을 찾는 것이다. 그가 로바체프스키 기하학의 모형을 유클리드 공간에서 보여주었다. 모형이 만족스런 효율성을 보이면 수학의 생성력이 제 역할을 하게 된다.[40]

벨트라미는 가우스 곡률이 음의 상수인 곡면, 이른바 의사구면에서 로바체프스키의 이차원 비유클리드 기하학을 보여주었다. 이 모형 위의 거리가 유클리드 거리와 일치하기 때문에 평면쌍곡기하학의 무모순성에 수학자들이 설득된 하나의 사례가 되었다.[41] 의사구면은 추적선을 x축 둘레로 회전하여 얻는 곡면이다. 의사구면 위에 있는 두 점을 잇는 측지선을 직선으로 규정하면 이 곡면의 기하학은 로바체프스키의 공리들을 만족한다. 의사구면에는 구면과 공통인 성질이 있다. 삼각형이 닮은꼴이면 합동이고 삼각형 내각의 합은 넓이가 작아질수록 2직각에 가까워진다. 그리고 로바체프스키 기하학에서 삼각법의 공식은 반지름이 $ir(r>0,\ i=\sqrt{-1})$인 구면삼각법 공식과 일치한다. 벨트라미는 쌍곡기하학의 사영 표현과 등각 표현도 발표했는데 사영 표현은 1871년에 발표한 클라인이, 등각 표현은 푸앵카레가 1882년에 재확립하고 이론 체계를 부여하고 활용했기 때문에 각각 클라인 표현, 푸앵카레 표현이라 하게 되었다.[42]

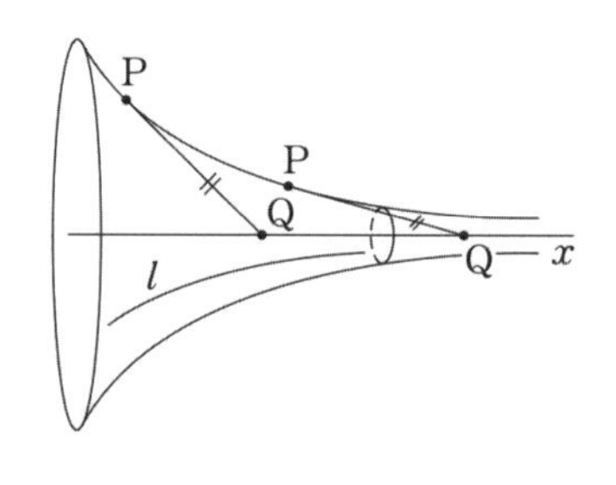

벨트라미의 모형은 상상의 기하학을 유클리드 곡면으로 표현함으로써 수학적 의미에서 '실제의 기하학'으로 만들었다.[43] 벨트라미의 성공은 비유클리드 기하학이 유클리드 기하학처럼 논리에서 모순이 없다는 것과 유클리드의 다른 공리들로는

평행선 공준을 증명할 수 없음을 보여주었다. 평행선 공준을 나머지 공리들로부터 끌어낼 수 있다면, 그것은 비유클리드 기하학에서 하나의 정리로 바뀔 것이다. 그러나 이것은 로바체프스키와 보여이가 전제로 둔 평행선 공준에 모순된다. 그러면 비유클리드 기하학 자체가 모순에 빠진다. 로바체프스키 기하학에 모순이 없다는 사실은 유클리드의 평행선 공준이 다른 공리들과 독립임을 뜻한다.

한편 벨트라미는 평면의 리만 기하학에서 직선을 구의 대원으로 해석하면 평면의 리만 기하학은 구의 표면에 적용된다고 했다. 리만 기하학에 모순된 정리가 있다면 구의 표면의 기하학에도 모순된 정리가 있을 것이다. 구는 유클리드 기하학의 일부이다. 그러므로 유클리드 기하학이 모순이 없다면 리만 기하학도 역시 모순이 없어야만 한다. 이러한 모형들이 발견됨으로써 비유클리드 기하학은 더욱 쉽게 이해될 수 있었다. 이 기하학들은 이차원의 경우에 직선과 각이 유클리드 기하학에서 보는 직선과 각이 되기 때문이다.

케일리와 F. 클라인은 사영기하학의 개념을 이용하여 비유클리드 기하학을 나타냈다. 1859년에 케일리는 원뿔곡선에서 거리를 사영적으로 정의했다. 이로써 사영기하학에서 거리기하학을 생각할 수 있게 되었다. 평면에서 구현되는 사영기하학에 불변적 원뿔곡선을 '첨가'하면 로바체프스키 기하학이 된다.[44] 1871년에 클라인이 이 생각을 바탕으로 사영기하학과 비유클리드 기하학이 계량으로 맺어져 있음을 보였다. 클라인은 케일리의 원뿔곡선을 원으로 두면 사영평면에서 그 원의 안쪽을 로바체프스키의 기하학의 모형으로 여길 수 있음을 보였다. 클라인은 복비를 이용하여 비유클리드 평면에 대응하도록 수정한 거리의 계량과 두 직선이 이루는 각을 정의했다.

클라인의 모형에서 평면은 유클리드 평면 위에 있는 통상의 원 C의 안쪽이고, 두 점 P와 Q를 지나는 직선은 유클리드적인 직선 PQ에서 C의 안쪽에 있는 부분이다. 그는 직선 PQ가 C와 만나는 점을 R, S라고 하여 P와 Q 사이의 거리를 $\mathrm{PQ} = \ln\dfrac{\mathrm{QR}\cdot\mathrm{PS}}{\mathrm{PR}\cdot\mathrm{QS}}$로 정의했다. 이렇게 거리를 정의하면 R과 S는 무한원점이 된다. 그리고 직선 PQ와 평행한 직선은 무한원점 R이나 S의 하나에서 만나거나(l) 무한원점들의 집합인 원 위에서도, 원 안쪽에서도 만나지 않는(m) 직선이다. 이로써 로바체프스키 기하학과 사영기하학의 논리적 일관성이 마련되었다. 비유클리드 기하학에 논리적인 오류가 있다면 사영기

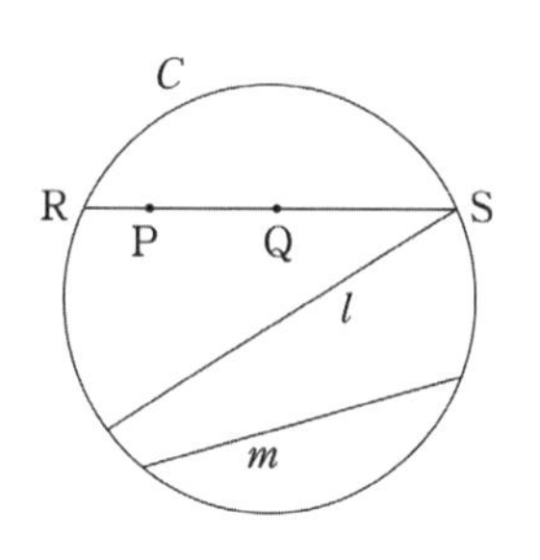

하학에서 그 오류가 발견될 것이다.

클라인은 구면기하학에 타원기하학, 유클리드 기하학에 포물기하학, 로바체프스키 기하학에 쌍곡기하학이라는 이름을 붙였다. 하지만 케일리와 클라인은 쌍곡기하학을 유클리드 기하학에 인위적인 거리함수를 도입하여 얻게 되는 것으로만 여겼다. 쌍곡기하학이 다른 수학 도구처럼 수학적 실재를 탐구하는 도구로 사용하기 위해 만들어졌더라도 그것으로 예전에는 알려지지 않았던 부분을 밝혀내지 못한다면 그것은 받아들여지지 않게 된다. 두 사람은 유클리드 기하학만큼 비유클리드 기하학도 기초적이며 응용할 수 있음을 알지 못했다.

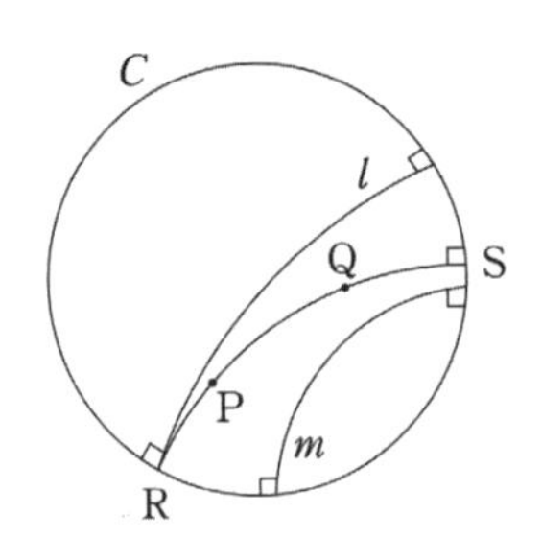

쌍곡기하학을 처음으로 중요하게 응용한 사례는 보형함수에 대한 푸앵카레의 이론이고 이로부터 쌍곡기하학의 원판 모형을 발견했다.[45] 이전 모형보다 쉽게 이해할 수 있는 장점을 지닌 이 모형은 유클리드 평면 위에 있는 통상의 원 C의 안쪽이다. 직선은 원 C와 만나는 점을 제외한 C와 수직으로 만나는 원호와 원 C의 지름이다. 원 C와 직선이 만나는 두 점을 R, S라 할 때 이러한 끝점이 아닌 두 점 P, Q 사이의 거리를 클라인처럼 정의한다. 그러면 R, S는 무한원점이고 경계인 원은 무한원점의 집합이 된다. 평행선은 원 C에서 R이나 S의 하나와 만나거나(l) C의 안쪽에서도 위에서도 만나지 않는(m) 원호로 표현된다. 이 모형에서 교차하는 두 원호가 이루는 각은 교점에서 그은 유클리드 기하학적인 두 접선이 이루는 통상의 각이 된다. 이에 삼각형 내각의 합이 2직각보다 작다는 사실을 쉽게 보일 수 있다. 이것과 비슷한 모형으로 복소평면에서 실수축과 그 아래 면을 제거한 평면을 들 수 있다. 직선은 중심이 실수축 위에 놓인 반원이다. 이것은 원판 모형과 비슷한 특성이 있다. 푸앵카레는 자신의 기하학 이론을 천체 역학에 적용하여 삼체 문제에 대한 글을 쓰기도 했다.

3-3 비유클리드 기하학이 끼친 영향

수학에 끼친 영향 많은 수학자가 상대성 이론이 비유클리드 기하학의 중요성을 보여주기 전까지는 이 기하학을 받아들이지 못했다. 상대성 이론은 사람들에게 수학과 물질세계의 관계를 다시 바라보게 했다. 유클리드 기하 체계가 물질 공간의 일부만 설명하고 있음과 다른 기하 체계도 물질세계를 바르게 반영할 수 있음을 깨달았다. 경험과 상반되는 것처럼 보이던 비유클리드 기하학의 공리들도 물질세계에 적용되는 정리를 끌어냈기 때문이다. 그리하여 물질세계를 더욱 정확하게 반영하여 해석할 수 있는 도구를 찾기 시작했다.

비유클리드 기하학을 설명해 주는 모형 덕분에 생겨난, 유클리드 기하학이 절대 참이 아니라는 인식은 유클리드 공리계에 묶여 있던 수학자를 해방하는 효과를 낳았다.[46] 유클리드 기하학에만 의존했던 것은 감각과 경험에 따른 사고의 습관이지 필연인 것이 아님을 깨달았다. 공리는 자명한 절대 진리가 아니고 특정 기하학의 정리들을 내놓도록 고안된 가정일 뿐이었다. 새로운 공간관은 공리의 체계와 구성을 새롭게 바라보게 함으로써 기하학의 공리적 접근 방식을 전면적으로 검토할 필요가 있음을 일깨워, 현대 수학이 공리주의적 방법으로 나아가게 했다. 이러한 태도 변화에 해밀턴의 사원수 체계가 가세했다. 비유클리드 기하학은 해석학을 산술화하는 데도 이바지했다. 18세기에 해석학이 발전하면서 날로 복잡해지자 수학자들은 유클리드 기하학을 바탕으로 해석학을 세우고자 했다. 하지만 비유클리드 기하학이 세워지면서 유클리드 기하학이 절대적이라는 믿음이 사라지자 그 바람은 꺾였다. 유클리드 기하학에 대한 불신이 해석학을 산술화하는 쪽으로 향하게 했다고 볼 수 있다. 해석학의 산술화는 실수를 유클리드 기하학에 기반을 둔, 직관적으로 주어진 양으로 여겨서는 안 됨을 알았을 때 이루어졌다.

과학에 끼친 영향 절대공간과 절대시간은 따로 존재하고 이러한 공간과 시간에 작용하는 절대 법칙이 있다는 뉴턴의 가정은 유클리드 기하학에 근거를 두고 있다. 이런 근거에서 나온 뉴턴의 운동 법칙과 보편중력의 법칙은 두 세기 동안 많은 성공을 거두었다. 이에 모든 사람은 지구뿐만 아니라 우주의 어느 공간이라도 유클리드 기하학을 따른다는 형이상학적 태도를 견지했다. 이 태도는 상대성 이론이 나옴으로써 올바르지 못함이 밝혀졌다.

지구 위의 어느 곳과 우주 공간의 어느 곳을 잇는 직선으로는 빛살을 이용해야 하는데 빛살은 중력의 영향을 받는다. 아인슈타인의 일반상대성 이론이 이 현상을 잘 설명해 주는데 그 원리는 비유클리드 기하학에 근거하고 있다. 이것은 그 이론에서 내세운 공리에서 알 수 있다.[47] 어떤 형태로든 상대 운동을 하고 있는 모든 관측자에게 자연 법칙은 같고, 시공간의 기하학은 비유클리드적이며, 모든 중력 운동은 이 시공간 안에서 가장 짧은 경로를 따르고, 시공간 안에서 주어진 부분의 곡률은 그곳에 있는 물질의 질량에 따라 달라진다.

일반상대성 이론은 비유클리드 기하학이 발견되고 나서 한 세기 가까이 지나서 발표되었다. 이때는 물질 공간이 유클리드 기하학을 따르고 있는지가 보장되지 않음이 인정되고 있었다. 아인슈타인은 중력과 가속도를 등치시켰다. 이로부터 공간을 이해하는 데 근본적인 변화가 일어났다. 시공간이 물질에 의해 영향을 받으므로 실제로 빛살은 질량의 중력에 의해 휘어진다. 이 때문에 유클리드나 로바체프스키가 상상했던 것보다 훨씬 더 복잡하다.[48] 공간의 곡률은 물질의 중력 때문에 생기는 효과로, 물질이 분포되어 있는 상황에 따라 다르다. 따라서 공간은 위치에 따라 다른 기하학으로 표현되어야 한다. 결국 상대성 이론이 비유클리드 공간이 존재함을 입증해 주는 역할을 했다. 이제 뉴턴이 유클리드 기하학을 기반으로 하여 상정했던 절대공간과 절대시간의 개념은 과거의 유물이 되었다.

철학에 끼친 영향 칸트는 신이 창조한 세계를 설명해 준다고 여기던 유클리드 기하학이 유일한 합리적인 기하학이라고 믿었다. 칸트에게 유클리드 기하학의 공리들은 모든 논리적 분석을 초월하는 선험적 진리였고 그것을 기반으로 전개된 뉴턴의 운동 법칙은 순수 이성으로 끌어낼 수 있는 것이었다. 사실 유클리드 기하학을 바탕으로 하여 얻은 근대 과학의 성과가 엄청났으므로 그것은 자연을 연구하는 유일하게 참된 토대였다. 또한 유클리드 기하학은 수천 년 동안 사용되어 오면서 정립된 사고 습관에도 잘 맞았다. 국소적 환경에서 겪는 일상 경험만 본다면 유클리드 기하학의 개념과 정리가 우리 인식의 모든 근거일 수밖에 없었다. 또 칸트가 다른 기하학을 알지 못해서 다른 기하학은 존재할 수 없다고 믿었을 수도 있다. 어쨌든 칸트는 우리가 경험하는 공간은 선험적인 유클리드 기하학을 따라야 한다고 생각했다. 이러한 칸트의 주장이 엄청나게 강력하게 작동해서 한동안 그에 반대되는 생각을 내세우기 어려웠다. 수학은 정신의 필연적인 법칙을 드러내는 존재였고 유클리드 기하학은 학문 이상의 것이었다. 그러나 집단 환상이 그렇듯이 집단 인식에도 시각적 환상이 개입되기 때문에 집단 인식은 필요조건이지 충분조건은 아니다.[49]

1854년에 발표된 리만의 논문과 1855년에 출간된 가우스의 기록들은 비유클리드 기하학이 물리 공간의 기하학이 될 수 있음을 깨닫게 했다. 이는 유클리드 기하학이 선험적 진리라는 칸트의 주장을 뒤집음으로써 철학에도 심대한 변혁을 일으켰다. 비유클리드 기하학의 실재를 확인해준 아인슈타인의 상대성 이론은 칸트 철학에 깊은 손상을 입혔다. 비유클리드 기하학이 담고 있는 내용은 관념론이나 형이상학적 유물론의 견해에 대한 명백한 자연과학적 비판을 담고서 시간과 공간의 절대성에 근거를 둔 칸트 철학을 극복하게 해주었다.[50] 어떤 주장이든지 객관적인 현실을 올바르게 반영하는 한에서만 진리성을 보장받는데, 유클리드 기하학은 객관 세계(공간)의 일부를 설명하므로 상대적인 진리일 수는 있더라도 절대적인 진리는 될 수 없게 되었다.[51] 직교좌표계와 극좌표계처럼 하나의 기하학이 다른 것보다 더 참일 수 없고 좀 더 편리할 수 있을 뿐이다.[52]

비유클리드 기하학의 발견으로 기하학의 체계가 공간을 결정하는 것이 아니라, 공간을 적절하게 설명하는 기하학을 사람이 찾는 것일 뿐임이 드러났다. 곧, 물질세계는 인간의 주관과 독립해 있으므로, 물질세계를 바르게 이해하려면 그것에 부합하는 공리들로부터 정리를 끌어낼 수 있어야 한다. 이때 공리를 구성하여 물질세계의 운동을 더 올바르게 해석, 설명하는 법칙을 찾아 적용하는 것이 사람의 몫이다. 수학적 실재에 대한 우리 인식이 변화하여 새로운 감각이 개발되고 그렇게 개발된 감각으로 새로운 실재에 다가갈 수 있게 된다.[53]

클라인과 〈에를랑겐 목록〉 1870년 이후 전문화에 따른 분화의 경향에 대한 반발로 수학의 다른 영역끼리 통합하려는 연구가 있었다. 통합의 원리에는 군도 있었다. F. 클라인과 리(S. Lie)는 군을 매우 중요하게 여겼다. 대략 클라인은 이산군, 리는 연속군을 중심에 두었다. 클라인은 1872년에 발표한 〈에를랑겐 목록〉58)에서 기하학마다 그것이 지닌 특성을 드러내는 수단으로 군의 개념을 응용했다. 그는 기하학을 기초가 되는 공간(또는 다양체)에서 특정한 변환군의 작용에 대해서 불변인 도형의 성질을 연구하는 학문으로 규정했다. 이것을 바탕으로 여러 기하학을 분류하고 통합할 수 있다고 제안했다. 그가 기하학을 변환군으로 특징지어 분류한 결과 사영기하학이 가장 기본이며 아핀 기하학, 로바체프스키 기하학, 유클리드 기하학이 일정 정도 그 아래에 포함되었다. 이런 구성법으로부터 비유클리드 기하학에 모순이 있으면 유클리드 기하학에도 모순이 생김이 명백해졌다.[54]

평면에서 유클리드 기하는 평행과 회전이동으로 이루어지는 변환군에 대해서 불변인 도형의 성질을 다룬다. 이때 변환은 합동변환이고 해석적으로는 $\begin{cases} x' = ax + by + c \\ y' = dx + ey + f \end{cases}$, $ae - bd = 1$로 표현된다. 합동변환의 조건인 $ae - bd = 1$이 일반적인 조건 $ae - bd \neq 0$으로 바뀌면 아핀변환이 된다. 그러므로 유클리드 기하는 아핀 기하의 특수한 경우이다. 아핀변환으로 유한의 점은 유한의 점으로 옮겨 가는데, 길이와

58) 〈새로운 기하학 연구를 위한 비교 관점〉(Vergleichende Betrachtungen über neuere geometrische Forschungen)

넓이가 반드시 같지는 않지만 원뿔곡선은 같은 종류의 원뿔곡선이 된다. 사영변환은 해석적으로 $x' = \frac{ax+by+c}{gx+hy+i}$, $y' = \frac{dx+ey+f}{gx+hy+i}$로 표현된다. $g=h=0$이고 $i=1$일 때 아핀변환이 되므로 아핀 기하는 사영 기하의 특수한 경우이다. 사영변환으로는 원뿔곡선은 원뿔곡선으로 변형되고 복비는 불변이다. 위상기하도 연속적으로 점을 변환할 때의 불변량 이론으로 적절히 자리매김된다. 한 기하학에 포함되는 기하학은 본래 변환군의 부분군 아래에서 불변인 요소들의 모임이므로 군의 확장이나 축소로 한 유형의 기하학이 다른 유형의 기하학으로 바뀜을 알 수 있다. 이제 군으로 기하학과 대수학 연구를 통합할 수 있게 되었다.

클라인이 기하학과 변환군의 관계를 밝힌 덕분에 19세기 끄트머리에는 군의 추상 개념을 발전시킬 수 있었다. 변환에 의한 불변량을 따지는 연구 방식은 물리학에도 적용되었다. 맥스웰 방정식이 로렌츠 변환으로는 불변이라는 사실이 밝혀지자 변환에 의한 불변량을 다루는 문제와 물리 법칙을 좌표계에 의존하지 않도록 나타내는 일이 물리학에서 중요해졌다. 이런 사고에서 특수상대성 이론이 나오게 된다.

4 미분기하학

미분기하학은 도형 전체가 아닌 곡선이나 곡면 위에서 한 점 근방의 성질과 그것의 일반화를 미적분학을 써서 연구하는 학문이다. 미적분학을 이차원곡선을 연구하는 데 응용한 것이 미분기하학의 원형이라고 할 수 있다. 오늘날 같은 미분기하학은 해석기하학에 미적분학을 응용하는 것과 함께 18세기 초에 시작됐다. 오일러와 몽주가 이차원곡선에 대한 미적분의 응용을 곡면으로 확대했다. 그래서 그들이 미분기하학을 창시했다고 보기도 한다. 몽주는 1809년에 미적분학을 평면을 넘어 공간의 곡선과 곡면에 적용했다. 이렇게 시작된 미분기하학 연구의 첫째 시기를 코시가 마감한다. 둘째 시기는 매개변수 표현을 써서 곡선과 곡면의 미분기하학을 효과적으로 연구하는 방법을 사용한 가우스가 열었다. 미분기하학의 마중물이라고도 할 수 있는 오일러의 곡면론을 발전시킨 가우스의 〈곡면론〉이 나오면서 그 주제만을 다루는 저작이 출판되기 시작했다. 가우스는 삼차원 공간에서 곡면의 미분기하학을 다루는 데에 머물지 않고, 곡면 자체가 하나의 공간이라는 새로운 생각을 했다. 이 개념을 리만이 일반화하여 비유클리드 기하학을 새로운 단계로 끌어올리면서 셋째 시기를 열었다. 그는 익숙한 삼차원 공간이 아닌 n차원 공간에서 미분할 수 있는 m차원 다양체 연구에 집중했다. 이를 위해 다양체의 특성을 찾고 나타낼 수 있는 개선된 방법과 표기법이 필요했다. 새로 고안된 텐서 계산을 이용하여 리만 기하학으로 알려진 일반화된 미분기하학, 이어서 비리만 기하학을 비롯한 다른 기하학이 개발되었다.

가우스(1777-1855)는 하노버 왕국의 측량 사업을 수행할 때 측지학을 세우면서 미분기하학의 아이디어를 얻어 곡면론을 구성했다. 그 아이디어란 측지선을 바탕으로 정의한 곡률이라는 개념이다. 곡면 자체를 공간으로 여기고 측지선을 곡면 위의 직선으로 여기면 비유클리드 기하학이 된다. 곡률로 기하를 분류하는 것을 두 점 사이의 거리를 구하는 공식인 거리 함수로 분류하기도 한다. 실제로 비유클리드 기하학이 더욱 깊이 연구되면서 기하학은 곡면 위의 측지선 기하학으로 이해되었다.[55] 가우스가 자신의 기하학을 비유클리드 기하학으로 해석했는지는 분명하지 않다.

보통의 기하학에서는 곡면을 삼차원 공간에 포함된 도형으로 여기고 곡면 밖에서 고찰한다. 이와 달리 가우스는 곡면 자체를 독립된 대상으로 여기면서 좌표계를 곡면 위에 놓는 방식을 취했다. 그는 곡률을 비롯한 곡면에 내재된 몇 가지 기본 개념은 곡면이 삼차원 공간에 어떻게 놓여 있는지에는 의존하지 않음을 미적분학 방법으로 보여주었다. 곡면을 그 자체로 고찰하는 방법은 삼차원으로 확장했을 때 그것을 둘러싼 사차원 공간을 상정하지 않아도 되어 편리하다.

가우스는 1822년에 한 곡면에서 다른 곡면으로 가는 등각사상이 성립하는 조건을 확정하는 문제를 해결했다.[56] 이미 오일러(1768)가 평면에 대한 평면의 등각사상을 복소함수를 써서 나타내는 방법을, 람베르트(1772)가 평면에 대한 구면의 등각사상을, 라그랑주(1781)가 평면에 대한 회전면의 등각사상을 연구했다. 가우스는 곡면을 고찰할 때의 핵심은 곡률임을 알았고, 곡면의 해석적인 식을 사용하여 곡률을 계산하는 방법을 찾았다. 가우스는 〈곡면론〉에서 곡면의 (가우스) 곡률을 처음으로 제시했다. 그는 모든 점에서 접평면을 가지는 곡면(또는 그 일부분)만 다루었다. 이를테면 원뿔의 꼭짓점을 제외한다. 그는 한 점에서 곡면의 곡률을 정의함으로써 한 점에서 평면이나 뒤틀린 곡선의 곡률에 대한 하위헌스와 클레로의 연구를 확대했다.[57] 가우스는 먼저 곡면 S의 유계인 영역 A를 단위 구면의 유계인 영역 $n(A)$로 보내는 이른바 가우스의 법사상 n을 정의한다. 그러고 나서 A의 전곡률을 $n(A)$의 넓이로 정의했다. 이로부터 생각을 더욱 진전시켜 점 p에서 곡률을 $\kappa(p)=\lim_{A\to p}\frac{n(A)\text{의 넓이}}{A\text{의 넓이}}$로 정의했다.

사실 가우스는 곡률을 극한이 아닌 무한소끼리의 비로 정의했다. 그는 이 정의를 기하학적 직관으로 의미가 있다고 믿었다.[58] 곡면 S를 반지름이 r인 구면이라고 하면 임의의 영역 A에 대하여 $n(A)$의 넓이는 A를 $1/r^2$배한 것이다. 따라서 각 점에서 곡률은 $1/r^2$이 된다. S가 평면이라면 $n(A)$는 임의의 영역에 대하여 한 점이 된다. 이때 넓이는 0이고 곡률도 0이다. 가우스는 S가 원통의 옆면일 때 일어난 결과를 보고서 자신의 정의가 바르다고 확신했다. 이 경우 영역 A의 상 $n(A)$는 구면 위의 곡선이 되고 넓이는 0이다. 그러므로 원통면의 곡률은 평면과 마찬가지로 0이다. 평면을 휘어서 원통형 곡면을 만들어도 평면은 늘지도 줄지도 않기 때문에 길이나 각이 변하지 않는다. 그러므로 원통형 곡면 위의 도형도 평면 위의 도형처럼 유클리드 공리를 만족한다. 위 방식에서 한 걸음 더 나아가 가우스는 곡면의 점 p를 지나는 특정한 두 단면인 곡선의 곡률로 점 p에서 곡면의 곡률을 구할 수 있었다. 곧, 점 p에서 S에 세운 법선을 포함하는 평면과 곡면 S가 만나는 곡선의 곡률반지름 가운데 가장 큰 것을 R, 가장 작은 것을 r이라 할 때 가우스 곡률은 $\kappa(p)=1/rR$이다. 곡률반지름이 R인 곡선과 r인 곡선의 방향을 주방향이라 하는데 둘은 직각으로 만난다. 그는 곡률 식을 데카르트 좌표계, 곡선 좌표계 등에 관한 곡면의 편도함수로 나타냈다.

가우스는 길이를 보존하는 변환으로 곡면이 변환되어도 곡률은 달라지지 않음을 증명했다. 곡률은 선소로 결정되므로 만일 두 곡면 사이에 선소를 보존하는 일대일 대응이 있다면, 두 곡면의 대응하는 점에서 곡률은 같다.[59] 이를테면 평면은 원기둥 면에 전개되므로 원기둥 면과 평면의 곡률은 0으로 같다. 오일러가 도입한 것처럼 곡면 위의 점 (x, y, z)를 매개변수 u, v를 사용해서 $x=x(u, v)$, $y=y(u, v)$, $z=z(u, v)$로 나타낼 수 있다면

$$a=dx/du,\ a'=dx/dv,\ b=dy/du,\ b'=dy/dv,\ c=dz/du,\ c'=dz/dv$$

일 때 가우스는 여기서 얻는

$$dx=adu+a'dv,\ dy=bdu+b'dv,\ dz=cdu+c'dv$$

를 이용하여 곡면 위의 기본 양인 선소

$ds^2 = dx^2 + dy^2 + dz^2$를 $ds^2 = Edu^2 + 2Fdu\,dv + Gdv^2 \quad \cdots(*)$
이라는 이차미분형식으로 표현했다. 그리고 곡면의 곡률은
$E(= a^2 + b^2 + c^2)$, $F(= aa' + bb' + cc')$, $G(= a'^2 + b'^2 + c'^2)$
과 이것들의 미분계수로 결정된다는 정리를 끌어냈다. E, F, G로 표현되는 선소로 곡면을 특징짓는 것에서 리만이 도입하는 n차원 다양체의 일반론이 시작되었다. 마지막으로 가우스는 곡면의 곡률과 곡면에 놓인 삼각형 내각의 합 사이의 관계를 정리했다.[60] 그는 A, B, C가 삼각형의 세 내각일 때, 측지선으로 만든 삼각형의 전곡률이 $A+B+C-\pi$임을 보이면서 이 관계가 평행선 공준과 밀접하게 관련되어 있다고 했다.

제르멩(S. Germain 1776-1831)은 여성 수학자로서 1816년에 탄성의 수학적 이론에 관한 논문을 쓰고, 1831년에는 곡면의 미분기하학에 평균 곡률(최대와 최소 곡률의 산술평균)이라는 개념을 도입했다.

비유클리드 기하학은 로바체프스키 이후 꽤 오랫동안 수학의 언저리에 놓여 있다가 리만에 의해 수학에 온전하게 통합되었다. 그는 비유클리드 기하학의 계량을 처음으로 도입하여 기하학의 새로운 일반 체계를 만들었다. 그는 기하학적 방법을 쓰면 공간에 관한 선입견이 개입될 수도 있다고 생각하여 해석학적 방법을 채택했다. 그는 유클리드의 공리들이 자명한 진리가 아니라 경험에 따른 진리임을 보여주고자 했다.

리만은 복소함수를 국소적 행동으로 정의한 1854년 논문에서 같은 방식으로 공간의 특성을 정의했다. 그가 이룩한 기하학의 통일은 특히 미분기하학의 미시적 측면의 경우에 적절했다. 이때 그에게 가장 일반적인 기하학의 개념이란 다양체였다. 기하학적 대상 M에 속하는 모든 점이 d차원 유클리드 공간의 일부에 둘러싸여 있을 때 M을 d차원 다양체라고 한다. 달리 표현한다면 d차원 다양체는 국소적으로 d차원 유클리드 공간처럼 보이는 수학적 대상이라고 할 수 있다. 이를테면 구면, 원환면, 사영평면의 아주 작은 부분은 거의 평면에 가까우므로 이것들은 모두 이차원 다양체이다. 리만은 이 개념을 다루기 위해 거리함수를 일반화하여 다양체의 곡률을 얻는 공식을 찾아내고 굴곡진 다차원 공간에 대한 이론을 만들었다.

리만은 기하학이 통상의 점, 선, 공간을 다룰 필요가 없고 일정한 규칙에 따라 결합되는 n개의 성분으로 이루어진 원소 $(x_1,\ x_2,\ \cdots,\ x_n)$의 집합을 다루면 된다고 생각했다. 그는 우리가 공간을 국소적으로만 이해한다고 생각하여 곡면의 속성을

거리 개념으로 보았다. 이런 생각에서 그는 기하학을 무한소 거리를 결정하는 방법으로서 리만 계량을 갖는 공간(그가 다양체라 일컫는 점의 집합)의 연구로 재정립하고, 그 공간의 기하학적 성질은 내재적이라는 논증을 펼쳤다.[61] 거리는 임의의 차원을 갖는 위상기하학적 다양체에서 이차미분형식으로 정의되었다. 다양체에서 리만 계량이 주어지면 각과 부피뿐만 아니라 중요한 개념인 곡률과 측지선도 정의할 수 있다. 또한 적절한 계량을 이용하면 주어진 직선에 평행한 직선의 존재에 관하여 어떠한 가정을 하지 않고도 로바체프스키 기하학의 모든 성질을 명확히 할 수 있다.

리만은 다양체 위에서 곡선의 길이를 위치에 구애받지 않게 정의했다. 기본 가정은 곡선 길이의 무한소 요소 ds는 dx_i의 동차이차함수의 제곱근이라는 것이다. n차원에서 두 점 $(x_1,\ x_2,\ \cdots,\ x_n)$과 $(x_1+dx_1,\ x_2+dx_2,\ \cdots,\ x_n+dx_n)$ 사이 거리의 제곱은

$$ds^2=\sum_{i,j=1}^{n} g_{ij}(x_1,\ \cdots,\ x_n)\,dx_i dx_j \quad \cdots(*)$$

이다. g_{ij}는 다양체 위의 연속함수이고 $g_{ij}=g_{ji}$이다. 이 공식의 거리를 가지는 공간을 리만 공간, 그런 공간의 기하학을 리만 기하학이라 한다. 삼차원에서는 g_{ij}가 상수이거나 x, y, z의 함수일 때, 거리가 이차미분형식

$$\begin{aligned} ds^2 &= g_{11}dx^2+g_{12}dxdy+g_{13}dxdz \\ &\quad +g_{21}dydx+g_{22}dy^2+g_{23}dydz \\ &\quad +g_{31}dzdx+g_{23}dzdy+g_{33}dz^2 \end{aligned}$$

인 리만 공간이 된다. 유클리드 공간은 여기서 $g_{11}=g_{22}=g_{33}=1$이고 다른 모든 g_{ij}는 0인, 곧 $ds^2=dx^2+dy^2+dz^2$인 경우이다. 리만은 주어진 계량이 좌표를 변환하거나 이동하여도 불변임을 보였다. 리만의 원리 덕분에 비유클리드 기하학을 비롯한 기존의 모든 기하학을 분류할 수 있었고 몇 가지 새로운 유형의 공간도 발견할 수 있었다. 리만 기하학의 중요 주제는 하나의 다양체에는 여러 리만 계량이 있을 수 있으므로 가장 적합한 것을 선택하는 것이다.

리만은 거리함수의 공식 (*)을 이용하여 리만 공간에서 가우스 곡률 개념을 일반화한 곡률을 구하는 공식을 끌어내고, 곡률이 다양체에 고유한 양으로서 g_{ij}에만 의존함을 보였다. 그렇지만 리만 곡률은 다양체 자체의 속성이 아니라 다양체에 부여된 계량의 속성이다.

넓은 의미의 리만 공간에서 길이를 변화시키지 않고 도형을 옮길 수 있으면 그 공간의 곡률은 상수이다. 리만은 이차원에는 곡률이 상수인 공간이 세 개임을 언급

하고 상수 곡률을 갖는다는 것을 어떻게 고차원으로 확장할 수 있는지 보여주었다.[62] 그는 경계가 없는 공간과 무한 공간을 구별하면서 물리 공간은 경계가 없는 삼차원 공간을 이룬다고 가정할 수 있다고 했다. 경계가 없음이 공간이 무한임을 의미하지 않는다. 만일 곡률이 양수이고 일정하다면 공간은 유한이다. 일반적으로 각 점에서 곡률이 다른 공간도 생각할 수 있는데 어느 가정이 물리 현상을 설명하는 데 적당한지는 관측으로 결정될 것이다. 리만의 기하는 이처럼 우주의 해명에 결부된, 차원도 삼차원에 머물지 않는 장대한 것이다.[63]

리만 공간이 아인슈타인의 일반상대성 이론에서 중심 역할을 하게 되면서 공간 개념이 근본적으로 바뀌었다. 곡률이 위치에 따라 바뀔 뿐만 아니라 물질의 운동 때문에 시간에 따라서도 바뀐다는 것이 일반상대성 이론과 관계를 맺게 되는 중심 개념이다.

5 위상수학

17세기에 해석기하학이 발달하면서 공간을 점의 집합으로 여기기 시작했으나 19세기 초까지 공간은 물체가 자유롭게 움직이는 곳이었다. 이에 따라 기하학의 기본 관계는 합동이나 포개짐이었다. 그러므로 길이와 각의 계량이 바탕에 놓여 있었다. 심지어 19세기에 새로 발견된 비유클리드 기하학도 유클리드 기하학과 마찬가지로 계량적이었다. 유클리드 공간의 길이나 각과 성질이 다를 뿐, 비유클리드 기하학에서도 길이와 각이 정의된다. 사영변환으로 길이나 각이 달라지기도 하지만 계량되는 불변량이 존재한다. 이 때문에 기하학을 변환에 의하여 달라지지 않는 도형을 성질을 다루는 학문으로 여기게 되었다.

계량이 적용되지 않는 기하학이 19세기가 끝날 무렵에 나타났다. 이 기하학은 17세기 중반에도 있었으나 사람들은 눈치채지 못했다. 17세기 말에 라이프니츠가 오늘날의 위상으로 생각되는 어떤 유의 질적인 수학을 설명하고자 위치 기하학이라는 용어를 사용하고, 이 분야의 연구가 중요해질 것임을 예견했다.[64] 위상기하학은 기하학적 성질 가운데 충분히 가까이 있는 두 점은 변환이 적용되고 나서도 가까이 있어야 하는, 곧 연속적인 일대일변환 아래서 불변인 도형의 성질을 다룬다. 이러한 위상변환은 공간 전체가 아니라 기하학적 도형을 이루는 점의 집합에서 정의되면 된다. 계량적 사고가 남아 있던 '충분히 가까이'라는 개념은 20세기 초에는 사라진다.

위상수학은 푸앵카레의 위치해석에서 시작되었다고도 하고 칸토어의 집합론이나 추상공간의 발전에서 시작되었다고도 한다.[65] 이런 뜻에서 위상수학은 조합론 위상수학과 점집합 위상수학으로 나눌 수 있다. 이 장에서는 조합론 위상수학을 다룬다. 이것은 오일러의 다면체정리와 쾨니히스베르크의 다리 문제라든지 뫼비우스 띠 같은 문제에서 시작되었다. 이것은 19세기 말에 상당한 진전을 이루었는데 복소함수론에서 리만 곡면, 조르당 폐곡선정리, 단체(simplex), 복합체(complex), 다양체의 베티 수에 관한 푸앵카레의 업적과 더불어 발전했다. 1920년대에 E. 뇌터가 이끈 괴팅겐의 수학자 집단에 의해서 조합위상기하학과 대수학이 결부되어 있음이 인식되었고 대수적 위상기하학으로 체계화되었다.

오일러가 1736년에 다룬 쾨니히스베르크 다리 문제는 그래프 이론의 기초를 개척하면서 선형그래프의 위상을 고찰하는 위상기하학의 방향을 시사했다. 실제로 이 생각으로부터 위상수학의 주요 주제의 하나인 연결망 이론이 생겨난다. 이 이론을 키르히호프(G. Kirchhoff 1824-1887)가 처음으로 1847년에 전기통신망 연구에 이용했다. 이것은 컴퓨터 회로를 설계할 때도 매우 유용하게 쓰인다. 1873년에 맥스웰은 전자기장 연구에 연결성의 위상 이론을 이용했다.

모서리를 한 번만 지나야 하는 오일러 회로와 다른 관점에서 다룬 그래프도 있다. 그것은 해밀턴이 1856년에 발견한 것으로 시작점과 끝점은 같고 꼭짓점을 한 번만 지나는 경로이다. 1857년에는 케일리가 순환 경로를 갖지 않은, 그래서 꼭짓점의 개수가 모서리보다 하나 많은 그래프(나무)를 고안했다. 이것은 가장 일찍 그래프를 순수하게 수학적으로 전개하고 고찰한 것이다. 케일리는 1874년에 이것을 화학에서 이성체[59] 연구에 응용했다. 케일리 그래프의 개념은 수형도로 이어지는데, 이것으로 표현될 수 있는 대표적인 것이 장기 기억이다.[66] 그러나 수형도는 오류를 수정하려면 지나온 길을 그대로 되돌아가야 하므로 매우 제한적이다. 수형도보다 발전된, 조합론의 개념으로 정의할 수 있는, 쌍곡단체의 복합체(hyperbolic simplicial complex)는 수형도 기억 모델에서 유용하게 쓰이는 속성을 그대로 지니면서 훨씬 유통성이 있다. 수형도 모델은 일차원이고 기억 정보를 선형으로 구조화하지만 쌍곡단체의 복합체는 측지선 개념을 이용하여 훨씬 정교한 방법으로 구조화한

59) isomer: 같은 수, 같은 종류의 원자로 이루어져 있으나 구조가 다른 분자

다.[67]

가우스도 위상수학에 여러 가지로 이바지했다. 그는 자기 현상을 연구하던 중에 새로운 위상불변량을 찾았다.[68] 이것은 연환수(linking number)로 공간에서 한 폐곡선이 다른 폐곡선 둘레를 어떻게 감는지를 결정한다. 가우스는 이중적분으로 연환수를 계산하는 공식을 내놓았다. 비슷한 불변량으로 감김수(winding number)가 있는데, 이것은 한 폐곡선이 점 둘레를 어떻게 감는지를 결정하는 것으로 대수학의 기본 정리의 첫 번째 증명(1799)에 들어있다. 가우스는 위상수학에서 중요한 주제의 하나가 되는 매듭 이론을 고찰하기도 했다. 가우스는 공간의 곡선을 평면에 사영했을 때의 도형도 연구했다.

가우스가 위상기하학을 연구하게 된 것은 제자인 리스팅(J. B. Listing 1808-1882)과 뫼비우스 때문이었다. 리스팅이 위상기하학이라는 말을 처음 사용했다. 리스팅은 오일러의 다면체정리를 일반화했다. 해밀턴의 사원수 대수학을 옹호했던 물리학자 테이트(G. Tait 1831-1901)는 전기역학 연구로 촉진된 가우스와 리스팅의 연구를 바탕으로 매듭을 연구했다. 위상변환 개념을 명료하게 정의하여 위상수학 연구의 성격을 적절하게 규정함으로써 위상수학이 수학 분야로 자리를 잡는 데 중요한 역할을 한 사람이 뫼비우스이다. 그가 처음으로 위상동형의 개념을 도입했다. 그는 1863년에 점들이 일대일대응하고 그 대응으로 근방이 근방으로 옮겨가는 두 도형에 관한 위상학적 변환을 연구 내용으로 제시했다.

뫼비우스는 다면체의 위치기하학을 다루는 것으로 연구를 시작했다. 그는 다면체를 이차원 다각형의 모임으로 생각했다. 다각형은 삼각형으로 분할할 수 있으므로 다면체는 삼각형의 모임이 된다. 그 생각은 조합론 위상수학에서 기초가 되는 개념이다.[69] 1865년 무렵 그는 이것을 주제로 논문을 쓰면서 한 면과 한 모서리만으로 이루어진 곡면인 뫼비우스 띠를 구성했다. 리스팅도 독립으로 알아냈다. 위상변환으로 뫼비우스 띠를 원통형 띠로 바꿀 수 없다. 둘끼리 맞바꾸려면 띠를 자르고 다시 붙여야 하는데, 그러면 본래 근방에 있는 점들이 근방에 있지 못하게 되므로 이것은 위상변환이 아니다. 뫼비우스 띠의 모서리를 따라 원반을 개념적으로 붙여 만든 도형이 클라인 병이다. 클라인 병은 면이 하나이고 모서리는 없다. 클라인 병은 삼차원 공간에서는 자신을 관통하는, 곧 곡면끼리 만나는 모습으로 그려지지만 사차원 공간에서는 그렇지 않다. 클라인 병을 길이를 따라서 반으로 자르면 두 개의 뫼비우스 띠가 만들어진다.

구면과 원환면에서 작은 영역은 유클리드 평면처럼 보이지만 도형 전체의 성질을 보면 전혀 다르다. 둘의 특성은 곡면 위의 폐곡선이 어떻게 변형되는지를 보면 알 수 있다. 구면에서 임의의 폐곡선은 연속으로 변형되어 하나의 점이 될 수 있다. 원환면에서는 점으로 변형되지 않는 폐곡선을 그릴 수 있다. 곡면을 구별하는 특성으로서 위상불변량으로는 모서리의 개수, 가향성, 오일러 특성값의 세 가지가 있다. 이 세 가지로 위상학적으로 동치가 아닌 곡면을 구별한다. 모서리의 개수와 가향성으로 구면, 원통, 뫼비우스 띠를 구별할 수 있다. 세 도형에서 모서리의 수는 각각 0, 2, 1이다. 원통과 뫼비우스 띠는 가향성으로 구별된다. 면이 둘인 원통에는 가향성이 있으나, 면이 하나인 뫼비우스 띠에서는 띠를 한 바퀴 돌면 시계 방향이 반시계 방향으로 바뀌므로 가향성이 없다. 구면과 원환면은 모서리와 가향성으로는 구별되지 않는다. 둘은 모두 모서리가 없고 가향성이 있다. 원환면은 구멍이 있으므로 구면과 다르다고 할지도 모른다. 그렇지만 원환면에 보이는 구멍은 원환면의 부분이 아니므로 그런 식으로 둘을 구분해서는 안 된다. 이 둘을 구별하는 것은 곡면에 있는 임의의 연결망에 대하여 변하지 않는 오일러 특성값 $V-E+F$이다. 이른바 구멍의 개수에 따라 그 값이 결정되고 곡면이 구별된다. 구멍의 개수는 곡면의 위상학적 불변항으로서 그 곡면의 종수라 한다. 구멍이 g개인 곡면에서 $V-E+F=2-2g$ …(*)이다. 그러면 구면에서는 $V-E+F=2$, 원환면에서는 $V-E+F=0$이다. 여기서 구면에 놓인 연결망에서 면을 하나 없앤 뒤 남은 구면을 펼치면 원래의 연결망은 평면 위에 놓인 연결망으로 여길 수 있다. 이때는 $V-E+F=1$이 된다. (*)을 $g=-(V-E+F-2)/2$라 놓으면 구멍을 정의하지 않고도 다면체에 구멍이 몇 개 있는지를 알 수 있다.

1852년에 드모르간의 제자인 거스리(F. Guthrie 1833-1886)가 제안하여 등장한 사색문제도 위상수학 문제이다. 1879년에 케일리가 학문적으로 다시 제기했다. 사색문제는 경계선을 맞대고 있는 두 구역을 다른 색깔로 칠할 때, 어느 지도라도 네 가지 색이면 충분하다는 것이다. 중요한 것은 구역의 모양이 아니라 어떤 구역과 경계선을 공유하는가이다. 이 문제가 지금의 그래프 이론이 발전하는 데 가장 큰 역할을 했다. 구역을 작은 동그라미, 경계를 모서리로 하여 두 동그라미를 잇는다. 그러면 문제는 동그라미에 색칠하는 대신에 숫자를 매긴다면, 네 숫자로 충분하다는 것과 같다. 필요한 색의 최소수는 곡면의 유형에 따라 다를 수 있다. 구면과 원환면에서는 다르지만 구면과 평면에서는 같다. 1900년 무렵에 히우드(P. Heawood 1861-1955)가 오일러 특성값이 k인 닫힌곡면에 있는 임의의 지도를 색칠하는 데 필요한 색의 최소수는 $(7+\sqrt{49-24k})/2$임을 보였다. 그는 구면인 경우를 증명하지 못했다. 오늘날 이것은 클라인 병을 제외한 모든 경우에 그 수를 정확히 산출한다는 것이 알려져 있다.[70] 휘트니(H. Whitney 1907-1989)가 1931년에 지도의 사색 문제와 그래프 이론을 결합함으로써 이 문제를 푸는 실마리를 제공했고 1976년에 아펠(K. Appel 1932-2013)과 하켄(W. Haken 1928-2022)이 해결했다. 그들의 증명에는 컴퓨터가 본질이 되는 부분에 쓰였다는 점에서 획기적이었다. 증명이 맞는지는 모든 경우를 조사한 컴퓨터 프로그램을 검토해서 확인해야 했다. 많은 수학자가 가능성을 지워 나가면서 수천 가지의 경우를 확인하는 증명 방법은 사람의 통찰력에서 나온 결과인 만큼 확실하다고 여기지 않아, 수학적 증명은 어떠해야 하는가에 논쟁을 불러일으켰다.[71] 그럼에도 어떤 수학자도 둘의 증명이 모든 계산을 손으로 했을 때보다 덜 정확하다고 하지는 않았다.[72] 사색 문제에서 다른 증명을 찾을 가능성이 조금 있더라도, 컴퓨터를 이용하지 않고는 현재로서는 논증의 정확성을 밝힐 방법이 없어 보인다. 이제는 전통적인 방법으로 증명할 수 없는 정리가 있음을 받아들이면서 수학적 증명에 대한 생각을 재정립해야 한다.

복소해석 연구가 위상수학을 현대 수학의 주요 분야로 만들었다. 복소해석 분야에서 제기되는 많은 문제가 위상수학 없이는 제대로 해결될 수 없었다. 리만이 복소해석학에 곡면을 이용하면서 중요한 돌파구가 마련되었다. 곡면의 정성적 성질에 관한 그의 연구가 곡면의 위상적 연구를 필연으로 요구했다. 이로써 곡면의 위상학적 특성을 연구하는 일이 수학의 첨단에 놓였다.

유체역학 고찰에서 영향을 받은 복소함수 $f(x+iy)=u+iv$의 이론을 다룬 리만의 학위 논문(1851)은 xy평면에서 uv평면으로 가는 등각사상에 의하여 한 평면의 단순연결 영역을 다른 평면의 단순연결 영역으로 변환할 수 있는 함수가 있음을 밝혔다. 여기서 리만 곡면이라는 개념이 나왔으며 해석학을 위상수학적으로 고찰할 수 있게 되었다. 리만은 리스팅이 1847년에 다룬 위상수학이 복소함수 이론에서 매우 중요함을 보여주었다. 그가 위상수학에 가장 큰 영향을 끼친 개념은 바로 다가복소함수를 일가함수로 되게 하는 리만 곡면이다. 1857년에는 리만 곡면을 정의하고 이것을 어떻게 위상수학적으로 분석하는지 보이고 리만 부등식의 개요를 제시했다.[73] 복소수는 이차원이므로 복소수에서 복소수로 가는 함수는 곡면으로 나타난다. 복소수에서 실수로 가는 연속함수를 생각하면 쉽게 이해된다. 이 함수의 그래프는 삼차원 공간에서 곡면으로 나타나는데, 실수 함숫값은 복소평면을 밑면으로 하는 높이로 여기면 된다.

리만 곡면을 이해하기 위해 두 가지를 살펴보자. 복소함수 $w=f(z)$에는 가끔 기이한 행동을 보이는 점이 있다. 이를테면 함수 $f(z)=1/z$에서 $f(0)=1/0$은 통상의 복소수로서는 의미가 없다. 리만은 이것을 무한대(∞)라고 하여 과정이 아닌 하나의 값으로 복소수에 포함하고 그것을 나타낼 기하학적인 방법도 찾았다. 단위구를 복소평면 위에 올려놓고 평면 위의 점을 구의 북극과 직선으로 잇는다. 그러면 북극을 빼고서 이 직선이 구와 만나는 점은 평면 위의 점과 일대일대응한다. 이때 평면의 무한대에 있는 점들이 구의 북극에 대응한다. 이 작도는 복소해석의 표준적인 계산과 같게 되고 $1/0=\infty$에 의미가 부여된다.

복소해석에서 또 하나의 특이점인 가지점이 위상수학을 필수 학문으로 만들었다. 0이 제곱근함수의 가지점임을 함수 $f(z)=\sqrt{z}$에서 알 수 있다. 이 함수에서 복소수는 서로 다른 두 제곱근을 갖는데 하나의 제곱근만 있는 복소수는 하나, 곧 0이 있다. 이제 복소평면의 점 1부터 시작하여 두 제곱근 가운데 1을 선택하고, 점 1을 단위 원 둘레를 반시계 방향으로 움직인다. 점 1이 -1까지, 곧 원의 절반을 돌 때 제곱근 1은 $+i$까지, 곧 원의 $1/4$만큼 돈다. 점 1이 원을 계속 돌아서 시작점 1로 돌아오면, 제곱근 1은 점 -1에 놓인다. 제곱근 1이 출발점으로 오려면 점 1은 원을 두 바퀴 돌아야 한다. 리만은 이런 특이점을 쉽게 인식할 수 있는 방법을 찾았다. 리만 구를 두 층으로 늘이는 것이다. 이 층들은 0과 두 번째 가지점인 ∞에서 합쳐지고 그 밖의 모든 점에서는 분리되어 있다.

조합론 위상수학은 미분형식의 적분에 관한 리만의 연구에서 전개된 생각으로, 공간에서 곡면의 연결성 개념으로부터 본격 발전했다. 그는 복소함수를 다루려면 위치해석학의 어떤 정리들이 필요하고 리만 곡면의 연결성을 도입해야 함을 알았다. 조합론 위상수학은 유체역학과 전자기학에서 중요하다는 것이 분명해지자 19세기 중반의 물리학자들이 더욱 세련되게 다듬었다.[74] 리만은 연결성으로 곡면을 분류했고 이에 따르는 위상수학적 성질을 하나 도입했다. 그는 19세기 후반에 대수기하학자들이 사용한 종수 g로 폐곡면을 분류했다. $2g$는 곡면을 단순연결 곡면으로 만들 때 필요한 폐곡선의 개수이고 $2g+1$은 곡면을 2개의 다른 조각으로 절단하는 데 필요한 곡선의 개수이다.

이차곡면의 분류를 비롯해 n차원 공간에서 위상적 고찰에 크게 이바지한 사람으로 베티(E. Betti 1823-1892)와 푸앵카레가 있다. 19세기 말에 조합론 위상수학에서 충분히 연구된 분야는 폐곡면 이론뿐이었다.[75] 1871년에 베티는 리만의 폐곡선과 비슷한 것으로 경계가 없는 초곡면을 사용하여 다중 연결성의 개념을 n차원 공간까지 일반화했다. 그는 자신의 생각을 n차원 공간에서 미분형식의 적분을 연구할 때 적용했다. 베티의 연구는 더 일반적인 이론의 시작이었다.

클리퍼드는 리만 곡면을 표준 방식으로 어떻게 단순한 조각으로 쪼개는지를 보여주어, 리만 곡면의 복잡한 위상수학적 본질을 분석했다.[76] 위상동형인 도형은 같은 종수를 갖는다는 데서, 리만 곡면을 나타낼 간단한 구조를 찾고자 했던 그는 k개의 가지점이 있는 n가함수의 리만 곡면은 g개의 구멍이 뚫린 구면($g=(k/2)-n+1$)으로 변형할 수 있음을 보였다. 클라인은 $g=-(V-E+F-2)/2$개의 구멍이 있는 다른 위상 모형을 제시했다. 클리퍼드는 평면기하와 국소적으로는 같지만 위상수학적으로는 다른 기하학(원환면의 기하학)을 처음으로 연구하기도 했다.

조합론 위상수학을 체계적이고 일반적으로 연구한 사람이 푸앵카레이다. 그는 미분방정식을 질적으로 통합하고자 위치해석에 노력을 기울였다. 수학계는 푸앵카레의 이 연구와 푹스 함수로부터 다양체의 위치해석(위상수학)이 중요함을 알게 됐다.[77] 푸앵카레가 1895년에 고차원 곡선과 곡면에 관한 의미 있는 첫 위상수학 저작을 씀으로써 대수적 위상수학이 나아갈 방향을 안내했다.

두 폐곡선은 한 쪽에서 다른 쪽으로 연속으로 변형할 수 있을 때 동치라고 한다. 푸앵카레는 관심을 두었던 '공간'에 그릴 수 있는 다른 형태의 폐곡선을 연구하고, '공간'의 한 점에서 시작하여 같은 점으로 돌아오는 폐곡선에 관하여 첫째 폐곡선에 둘째 폐곡선을 연결하여 셋째 폐곡선을 얻는다는 생각을 했다. 이럼으로써 그는 폐곡선을 어떤 군의 원소로 여길 수 있었다. 매듭이 없는 튜브에서 얻는 군은 정수의 덧셈군이다. 매듭이 있는 튜브에서 얻는 군은 더욱 복잡해진다.[78] 그는 리만처럼 고전적 의미의 형식적 표현에 얽매이지 않는 함수의 성질을 발견하는 것과 같은 위상의 본질 문제를 다루는 데 특히 정통했다.[79] 그는 다양체의 위상만을 주제로 삼아 연구함으로써 강력하고 독립적인 대수적 위상수학을 구축했다. 푸앵카레는 1895년 연구와 이것을 보완한 1899년의 연구에서 곡면을 구별하는 방법을 전개하면서 호몰로지라는 생각을 발전시켰다. 그는 베티 수를 이용하여 다면체에 대한 오일러 특성값을 더 높은 차원의 공간으로 일반화하기도 했다. 1912년에는 어떤 위상적 정리가 성립한다면 제한된 삼체 문제에서 주기 궤도가 존재함을 보이기도 했다.

6 수학의 공리화

공리론은 공리의 집합과 그것의 성질을 연구하는 것이다. 수학의 공리화는 당연하게 받아들여 온 많은 것이 직관에 근거했다는 것에 대한 반작용이었다. 비유클리드 기하학 덕분에 지금까지 직관에 기대서 공리를 자명하다고 여겼고 증명도 엄밀하다고 생각해 왔음을 알았다. 이제 수학자들은 여러 공리계의 성질을 다시 검토하게 되었고 감각에 휘둘리지 않기 위해서 엄밀한 기하학의 기초를 산술에서 찾고자 했다.

비유클리드 기하학 때문에 사람들은 기하학이 물질세계를 완벽하게 이상화하지 못한다고 생각하게 되었다. 그러면서 기하학의 공리를 바라보는 시각이 달라졌다. 수학의 공리는 임의로 선택된 명제이지 자명한 진리가 아니었다. 특정 기하학의 정리들을 끌어낼 수 있도록 고안된 가정이었다. 이런 생각에서 공리의 물리적 의미를 문제 삼지 않는 데까지 나아갔다. 현실 세계를 이해하는 데 도움이 되는 정도면 되었다. 집합론의 영향으로 적용되는 논리 자체를 꼼꼼히 검토하면 된다고 생각했다. 어떤 공리집합이 사실을 입증할 수 있는가와 관계없이 모순이 없는가에 관심이 집중되었다. 심지어 수학자들은 자유로이 공리계를 구성하고, 심지어 물질세계를 이해하는 데에 아무런 도움이 안 되어 보이는 아이디어를 탐구하기도 했다.

파쉬(M. Pasch 1843-1930)가 1882년에 기하학의 기초로 확장한 공리적인 사고양식은 수학에 공리적 추상화라는 혁신적인 생각을 도입하는 계기가 되었다. 이를테면 유클리드 기하학의 어떤 개념은 정의하지 않고 사용해야 한다든지, 직선의 무한성을 비롯하여 정삼각형을 작도할 때 두 원이 만난다는 것 같은 묵시적인 가정을 보장하는 공리가 필요하다고 지적했다. 여기에 자극을 받은 프레게(G. Frege 1848-1925)가 산술의 기초를 연구했고, 힐베르트는 1900년에 유클리드 기하학의 공리를 분석하여 현대의 공리 연구에 기본 틀을 제공했다.

현대 기하학은 이탈리아와 독일에서 시작되었는데, 두 학파가 추구하는 목적이 달랐다.[80] 이탈리아에서 영향력이 가장 컸던 피에리(M. Pieri 1860-1913)는 경험으로부터 주어진 것을 형식화한다는 생각을 완전히 제쳐놓았다. 그의 생각은 20세기 초에는 폭넓게 수용되었으나, 이탈리아 학파의 연구에는 새로운 기하학을 창조하는 잠재력이 없었고, 공리적 방법의 폭넓은 의의를 지나치게 가벼이 여겼다는 한계가 있었다. 1차 세계대전 뒤에 독일의 영향력은 커졌고, 이탈리아 학파는 거의 잊혔다. 독일의 힐베르트가 주창한 공리주의는 수학과 수학교육의 현대화에 많은 영향을 끼쳤다. 그는 유클리드 〈원론〉의 공리를 분석하여 현대의 공리론이 〈원론〉을 어떻게 개선할 수 있는지를 보였다. 공리계의 무모순성과 독립성을 따진 그가 구사한 기하학 표현은 공리론의 사상을 매우 강하게 드러냈다. 그는 수학의 논리적 구조를 점검하는 접근 방법을 다룸으로써 유클리드 기하학을 비롯한 여러 기하학의 기초를 점검할 수 있도록 해주었다. 또한 힐베르트 덕분에 기하학에 대수학과 해석학에서 보이는 형식적인 특성을 부여할 수 있었다.

힐베르트는 전제나 결론의 내용보다 추론의 관계에 집중했다. 따라서 그의 기하학은 직관과 경험이 아니라 순수하게 형식적이고 연역적인 성격을 띠었다. 그는 기하학을 세 개의 무정의 대상(용어)과 여섯 개의 무정의 관계로 시작했다. 세 개의 무정의 용어인 점, 직선, 평면은 공리계에서 지시된 성질만 지닌다. 그것들은 직관적으로 이해되는 대상이 아니라 어떤 집합의 원소로 이해되어야 한다. 이렇게 해서 집합론이 기하학 영역에서도 근간이 되었다. 아이러니하게도 수학 자체와 논리학의 엄밀화는 유클리드의 공리적 접근법을 써서 성취되었다. 그 접근법의 특징은 다음과 같다.

첫째로 무정의 용어가 필요하다. 그리스인은 기하학으로 실세계를 분석하려고 했기 때문에 유클리드는 모든 용어를 정의하려고 했다. 이때 어떤 용어는 다른 용어를 사용해서 정의해야 하는데, 이 과정은 끊임없이 이어지거나 순환논리에 빠지게 된다. 이를 해결하는 것은 정의하지 않고 사용하는 몇 개의 기본 용어를 도입하는 것이다. 이것은 수학에서 추상화의 새로운 단계이다. 추상화는 무정의 용어로부터 이것과 관련되던 구체적인 물리적 대상의 의미를 제거하는 것이다. 화이트헤드(A. N. Whitehead 1861-1947)는 극단적인 추상이 구체적인 사실의 사고를 통제하는 진정한 무기가 된다고 했다.[81] 둘째로 공리집합 자체에 모순이 없어야 하고 공리들이 모순되는 정리를 만들지 않아야 한다. 무정의 용어가 필요하다는 것과 공리를 물리적 실재로부터 추상한다는 사실은 공리집합이 무모순성을 갖춰야 할 필요성을 낳았다. 그리고 한 공리나 여러 공리를 부정하거나 제외했을 때 어떤 결과가 나오는가를 다루는 것도 문제로 떠올랐다. 유클리드의 평행선 공준을 부정한 공리가 나머지 공리들과 모순되지 않는다는 사실의 발견에서 중요성이 드러났다. 이것은 공리의 독립성도 관련된다. 셋째로 공리끼리 독립이어야 한다. 한 공리계에서 어느 공리 하나가 다른 공리들로부터 연역될 수 없어야 한다. 만일 연역된다면 그 공리는 정리가 되고 만다. 넷째로 공리계는 완전해야 한다. 완전성이란 어느 한 분야의 공리계는 그 분야에서 제기된 명제가 참인지 거짓인지를 밝힐 수 있어야 한다는 것이다.

기하학의 기초가 엄밀하게 연구된 뒤인 20세기 초에 이르러 유클리드 기하학의 완전한 공리계가 구성되었다. 힐베르트의 것이 가장 널리 받아들여졌다. 그가 공리들을 명확하고 단순하게, 낯선 기호를 최대한 배제하여 서술했기 때문이다. 힐베르트 공리계는 세 가지 무정의 용어와 이것들의 상호관계를 보여주는 위, 안, 사이, 합동, 평행, 연속이라는 여섯 가지 무정의 관계로 시작한다. 실제 공간에서 직관과 경험으로부터 유도된 자명하다고 여겨지던 사실을 공리로 기술한 유클리드와 달리 힐베르트는 논리적 결과들을 전개하는 출발점이 되는 단순한 기본 원칙을 공리로 삼았다. 그는 구체적인 해석을 모두 떼어내고 요구되는 것의 성질을 추상했다. 그는 하나의 공리계가 물리적 실제와 독립이고 모순이 없는 체계로서 내재적으로 참일 수 있다는 관점을 받아들이게 했다.

힐베르트는 공리의 모둠을 차례로 도입하면서 각 단계의 모둠으로 무엇을 보여줄 수 있고 없는지를 탐구하는 방식으로 전개했다. 그는 20개 공리를 다섯 모둠으로 나누었다. 그것은 결합, 순서, 평행선, 합동, 연속성의 공리이다. 첫째 모둠의 일곱 공리는 점, 직선, 평면이라는 세 기본 개념 사이의 관계를 보여준다. 임의의 두 점은 하나의 직선을 결정(I.1)하고 단 하나의 직선만을 결정(I.2)한다는 관계이다. 네 개의 공리로 이루어진 둘째 모둠에서 그는 사이라는 생각을 공리로 삼았다. 선분 AB라고 하는 개념을 두 점 A와 B 사이에 있는 점의 집합으로 정의했다. 유클리드는 '사이에 있다'는 성질을 암묵적으로 가정했다. 셋째 모둠에서 평행선 공준을 평면 위에서 어떤 직선 l의 밖에 있는 임의의 점 P를 지나고 직선 l과 만나지 않는 직선은 오직 하나만 그을 수 있다고 기술하고 있다. 넷째 모둠에서는 합동을 무정의 용어로 하여 여섯 공리를 제시했다. 마지막 모둠은 아르키메데스 공리(두 선분 a, b가 주어지고, a가 b보다 작다. 이때 na가 b보다 크게 되게 하는 정수 n이 존재한다)와 동치인 것(V.1)을 포함하여 연속성의 기초에 관계된 두 공리가 들어 있다. V.1과 앞선 공리들을 관련지어 (유클리드에게서는 묵시적 가정이었던) 직선의 길이는 한이 없다는 등의 여러 결과를 얻는다. 마지막 공리는 직선 위의 점은 실수와 일대일대응한다는 것과 논리적으로 같다. 힐베르트는 아르키메데스 공리를 특별히 여겼다. 그는 기하학이 아르키메데스 공리의 있고 없음과 어떻게 관련되는지를 진지하게 생각했다. 그의 제자인 덴(M. Dehn 1878-1952)이 이것을 비유클리드 기하학과 결부시켰다. 덴은 아르키메데스 공리를 뺐을 때 무엇이 일어나는지를 연구하여 또 다른 가능성을 찾았다.[82] 비아르키메데스 기하학에는 삼각형 내각의 합이 2직각보다 크거나 같음에도, 직선 l과 그 위에 있지 않은 점 P가 주어졌을 때 P를 지나면서 l과 만나지 않는 직선이 한없이 존재하는 것이 있었다. 이 결과는 예상에 어긋나는 것이었다. 힐베르트와 덴의 업적은 유클리드 방식의 공리화와 새로운 방식 사이에 실질적인 차이가 있음을 분명히 하면서도 유클리드의 공리가 우리가 알고 있는 것을 정식화한 것이 아님을 일깨웠다.

힐베르트는 1904년에 점을 실수의 순서쌍으로, 직선을 일차방정식으로 해석하여 유클리드 기하학에 대한 산술적 공리 모델을 만들었다. 유클리드 기하학의 공리들로부터 나오는 모든 모순을 산술로 알 수 있게 되었다. 산술의 공리에 모순이 없다면 기하학의 공리에도 모순이 없다. 유클리드 기하학의 논리적 완결성은 결국 산술의 무모순성으로 귀결된다. 그렇지만 여전히 산술의 무모순성을 증명해야 하는 문제가 남는다. 그는 산술의 무모순성을 입증하지 못했다.

공리적 방법이 성공을 거둔 것은 공리가 물질세계에서 구현되고 있는 참된 규칙을 올바르게 반영했기 때문이다. 따라서 어떠한 공리를 도입할 때 그것이 물질세계에서 관찰되는 것을 얼마나 제대로 반영하는지가 중요하다. 그렇더라도 그 공리를 채택할지는 주로 사람의 판단에 따르게 된다. 곧, 어떤 언명이 공리로 채택되려면 수학자의 직관과 일치해야 한다. 수학은 논리만이 아니라 올바르게 판단하는 직관에도 의존한다. 이 판단이 옳았는지를 확인하는 것은 올바로 구성한 공리와 그것을 바탕으로 한 증명일 것이다. 공리주의적 방법이 수학의 모든 분야를 다루는 가장 명료하고 엄밀한 방법으로 인정받게 된 것은 힐베르트의 업적에 힘입은 바가 매우 크다.

이 장의 참고문헌

[1] Boyer, Merzbach 2000, 786
[2] Boyer, Merzbach 2000, 874
[3] Bell 2002a, 256
[4] Struik 2020, 241
[5] Boyer, Merzbach 2000, 872-873
[6] Kjeldsen 2008, 758-759
[7] Boyer, Merzbach 2000, 876
[8] Struik 2016, 269
[9] Boyer, Merzbach 2000, 878
[10] Boyer, Merzbach 2000, 879
[11] Boyer, Merzbach 2000, 787
[12] Struik 2020, 270
[13] Eves 1996, 502
[14] Kline 2016b, 1203
[15] Boyer, Merzbach 2000, 886
[16] Bell 2002b, 277
[17] 日本數學會 1985, 659
[18] 日本數學會 1985, 659
[19] Gray 2015b, 190
[20] Kline 2016b, 1319
[21] Kline 2016b, 1319-1320
[22] Boyer, Merzbach 2000, 897
[23] Kline 2016b, 1309
[24] Kline 2016b, 1300
[25] Boyer, Merzbach 2000, 987
[26] Meyer 1999, 110
[27] Kline 2016b, 1220
[28] Aubin 2008, 286
[29] 寺阪 2014, 82
[30] Rondeau 1997
[31] 寺阪 2014, 94-95
[32] Aubin 2008, 287
[33] Aubin 2008, 286
[34] Aubin 2008, 286
[35] Burton 2011, 595
[36] 寺阪 2014, 149
[37] Katz 2005, 881
[38] Boyer, Merzbach 2000, 963
[39] Merton 1973, 364-365
[40] Connes 2002, 82
[41] Penrose 2010, 99
[42] Penrose 2010, 98
[43] Burton 2011, 602
[44] Struik 2020, 289
[45] Gowers 2015, 206
[46] Greenberg 1993, 295
[47] Mason 1962, 546
[48] Greenberg 1993, 291
[49] Changeux 2002, 51
[50] 조윤동 2003, 345
[51] 조윤동 2003, 338
[52] Greenberg 1993, 293
[53] Connes 2002, 62
[54] Thiele 2015, 201
[55] Stewart 2010, 120
[56] Katz 2005, 867
[57] Boyer, Merzbach 2000, 823
[58] Katz 2005, 869
[59] Katz 2005, 870
[60] Katz 2005, 866
[61] Gray 2015b, 190
[62] Gray 2015b, 190
[63] 寺阪 2014, 149
[64] Eves 1996, 550
[65] Boyer, Merzbach 2000, 1010
[66] Changeuxs 2002, 212
[67] Connes 2002, 213
[68] Stewart 2016, 313
[69] Kline 2016b, 1633
[70] Devlin 2011, 365
[71] Smith 2016, 202
[72] Berlinski 2018, 222
[73] Gray 2015b, 189
[74] Katz 2005, 923
[75] Kline 2016b, 1639
[76] Gray 2015c, 198
[77] Gowers 2015, 207
[78] Gray 2008, 674
[79] Boyer, Merzbach 2000, 982
[80] Gray 2008, 675
[81] Kline 2009, 635
[82] Gray 2008, 680

제 20 장

20세기의 수학

1 시대 개관

19세기 중반 바닷길의 요지나 전략적 가치가 높은 지역을 식민지로 삼는 제국주의가 등장했다. 이것은 경제적 이유와 애국심을 조장하여 국내 정치에 대한 불만을 나라 밖으로 배출하려는 의도가 결합하여 나타났다. 기술이 발전하고 전기와 석유가 실용화되면서 생산력이 높아져, 유럽에서 생산되는 자원만으로는 생산력을 따라가지 못했다. 원료를 확보하기 위해 식민지를 침탈했고, 이후 식민지를 시장으로 삼았다. 더 많은 이윤을 얻기 위해 자본가들이 식민지에 직접 진출했다. 경제적 경쟁이 영토 확장 경쟁으로 변했다. 그것은 군사력에 좌우됐으므로, 경제 경쟁은 군사 경쟁으로 바뀌었다. 이제 어떤 나라의 자본주의든지 다른 지역을 희생시켜야 살아남는 제국주의 체제로 접어들었다.

20세기 초반에 이르자 거대 기업들이 경제를 지배하고, 국가 주도로 새로운 지역을 약탈하면서 교역의 범위를 넓혀나갔다. 나아가 엄청난 규모로 커진 기업들이 국가를 지배할 정도가 되었다. 군사 국가가 자본가 계급에 융합되면서 경제 민족주의가 발흥했다. 그런 나라들이 자신의 문제를 해결하려 하면서 세계 곳곳에서 충돌하게 되었다. 결국 영국, 프랑스 같은 선발 제국주의 국가와 독일 같은 후발 제국주의 국가 사이에 식민지를 차지하기 위한 갈등이 격화되어 1차 세계대전(1914-1918)이 일어났다. 미국은 전쟁 중에 유럽을 지원하는 과정에서 영국의 해외 자산의 상당 부분을 인수하면서 성장하여 전쟁이 끝났을 때는 막강한 경제력을 행사했다.

1919년에 전쟁에서 승리한 강대국들이 세계 분할의 원칙과 민족자결주의 등을 내세우며 국제 협력과 평화, 안전을 확보한다는 명분으로 국제연맹을 1920년에 세웠다. 그러나 민족자결주의는 지켜지지 못했고 국제연맹도 실패했다. 게다가 안전보장이사회의 네 상임이사국(미국, 영국, 프랑스, 소련)이 의사 결정권을 틀어쥐고서 다른 나라들을 지배하고 착취했다. 이 때문에 국제연맹은 2차 세계대전을 막지 못했다.

1930년대에 경제 대공황이 일어나고 파시즘 정치가 등장했다. 1929년 10월 월스트리트 주식 시장의 붕괴를 계기로 일어난 미국과 서유럽의 공황은 세계 공황으로 이어졌다. 유럽의 여러 나라는 전후 복구를 위해 빌린 돈을 제대로 갚지 못해 경제가 회복하기 힘든 상태에 빠졌다. 특히 이전의 식민 통치의 영향으로 식량과 원료를 생산하는 경제 구조로 유지되던 제3세계 나라들은 완전히 망가졌다. 1930년대는 온 세계가 경기 침체와 대량 빈곤의 늪에 빠져들었다.

대공황은 결국 나라 사이의 긴장도 유발했다. 세계는 국가자본주의로 옮겨갔다. 국가권력은 민간 자본의 투자 실패를 보상하기 위해 공공 지출을 늘려 성장을 촉진하면서 국가의 개입을 늘렸다. 나라마다 통화 가치를 낮추고 관세 장벽을 높였다. 산업 구조를 조정하고 몇 부문을 국유화해서 다른 부문의 성공 가능성을 높이려 했다. 심지어 자국민의 노동력을 보호하려고 다른 나라 사람의 취업을 막고 이민을 제한했다. 그러나 한 나라에 국한된 정책과 개별 국가를 넘어 자원을 이용하려는 자본가의 욕구 사이에는 모순이 존재했다. 이 모순을 타개하려고 국가는 통제하는 영역을 넓히려 했다. 넓은 지역을 지배하는 선발 제국주의 국가와 달리 독일처럼 나중에 산업 대국이 된 나라들은 식민지가 없었다. 이런 의미에서 나치당의 승리는 군사적 팽창 정책에 힙입어 독일 자본주의의 위기를 해소하려는 세력의 승리이자 노동자에 대한 자본가의 승리였다. 일본과 이탈리아도 독일의 군사 국가자본주의 수법을 따라 했다.

대공황 시기에 대부분의 유럽 국가는 긴축 정책과 함께 주류 정당에 대한 지원을 축소했다. 그러자 정치는 노동자 계급의 급진적인 운동과 중산층의 파시스트 운동으로 양극화되었다.[1] 이탈리아에서는 중산층과 자본가 계급이 공산주의 위협에 대처한다는 명분으로 파시즘을 지지했고, 파시스트는 이를 발판으로 삼아 새로운 정치 세력이 되었다. 1923년에 만들어진 파시스트당의 독재가 보여준 협동조합국가 건설의 겉보기 성공은 다른 나라들에 영향을 주었다. 전후의 경제 침체와 기존 정치인들의 무능 때문에 파시스트 이론은 공산주의를 싫어하는 사람들을 강하게 끌어당겼다.

독일에서는 경제 위기가 만연하던 1920년대 중반에, 전쟁의 패배를 수치로 여기는 과격한 민족주의가 나타났다. 이런 분위기에서 나치당이 조직됐다. 파시스트당처럼 나치당도 중간 계급의 정당이었다. 1933년에 일당 독재 체제를 구축하여 파시스트처럼 기업과 노동(조합)을 장악하고, 자급자족을 명분으로 철저한 국가 경제 체제를 만들었다. 심지어 교회까지 통제했다. 1930년대 중반부터 독일과 이탈리아의 정치적, 인종적 박해를 피해 프랑스, 미국 등으로 망명하는 엘리트층이 늘어났다. 국가가 자본가의 입장에서 노동자 계급을 강하게 통제하면서 1939년 후반 노동운동은 유럽 대부분에서 패퇴했다. 반면 나치즘과 파시즘이 득세했다.

일본은 청일, 러일전쟁에서 승리하고 조선(한국)을 침탈였으나 대공황으로 수출이 반으로 줄고 실업률이 급증하면서, 국민의 정부에 대한 불만이 폭증했다. 이 기회를 틈타 군국주의자들이 정권을 장악하여 만주를 침략(1931)하고 중일전쟁(1937)을 일으켰다. 비슷한 시기에 이탈리아는 에티오피아를 합병(1935)했고 독일은 라인란트를 침공(1936)하고 오스트리아를 합병(1938)했다. 영국은 파시스트가 노동 계급을 내리눌러줄 것으로 생각하여 파시즘을 거부하지 않았고, 독일이 소련에 맞서줄 것으로 생각했다. 그러나 독일은 경제와 군사력이 팽대해지자 유럽에 한정되던 지정학적 한계를 넘고자 했다. 1939년에 독일이 폴란드를 침략하면서 21년 만에 다시 전쟁이 일어났다. 1942년에 전쟁은 북아프리카와 아시아까지 확대되면서 세계대전이 되었다. 여기서 연합국이 참전한 동기는 민주주의를 지키려는 것이 아니었다는 점에 유의해야 한다. 미국의 참전은, 일본이 중국에서 프랑스령 인도차이나로 남진하기 시작했는데, 이 지역에 자신의 이해관계가 걸려 있기 때문이었다. 미국의 참전으로 연합국은 26개국이 되었고, 1942년에 이름을 국제연합(UN)이라고 붙였다. 국제연합은 국제 질서를 위배하는 국가에 군대를 동원할 수 있는 권리가 주어졌다.

2차 세계대전은 세계를 나눠 가지려는 제국주의 전쟁이었다. 전쟁이 끝나고 지배적인 강자로 미국과 소련이 떠오르면서 세계가 극단의 두 진영으로 갈라지면서 냉전 체제가 성립되었다. 냉전은 무자비하고 야만적인 한국전쟁으로 더욱 심화되었다.

2차 세계대전 뒤 세계는 국가자본주의 경제에 의해 대호황기에 접어들게 된다. 이것은 노동 환경도 변화시켰다. 노동 시간이 줄어들면서 자본은 새로운 노동력 공급원을 찾아 나섰다. 모든 대륙에서 수많은 사람을 대도시로 끌어들였다. 더욱이 산업혁명 초기에 그랬듯이 여성을 가정에서 산업계로 끌어들였다. 이를테면 19세기 후반에 발명된 타자기는 문서를 작성하는 절차를 혁신하면서 오랜 경력을 지닌 남성의 업무 독점을 무너뜨렸다. 여성해방에 대한 요구가 폭증될 토대가 마련되고 있었다.

제국주의 국가의 직접적인 식민 통치는 1940년대부터 1970년대까지 이어진 크고 작은 전쟁을 끝으로 공식적으로는 막을 내렸다. 그렇다고 제국주의가 사라지지는 않았다. 제국주의 국가의 이익에 충실히 따르는 옛 식민지의 지배 세력을 포섭하는 쪽으로 바뀌었을 뿐이다. 새 독립 국가들은 여전히 이전 제국주의 국가에 경제적으로 의존한 채 끌려다녔다. 1970년대 중반에 이르러 국가자본주의에 의한 간접적 식민 지배로 유지되던 대호황이 끝나면서 그것을 유지해 주던 국가자본주의도 약화하고 있었다. 이를 대체하며 등장한 것이 세계화된 기업들이 내세운 신자유주의이다.

20세기에는 이론과학과 기술이 획기적으로 발전했다. 이것의 계기는 두 차례의 세계대전이다. 특히 이론과학은 일반인이 이해하기 어려운 수준이 되었다. 1900년 무렵의 20세기 초까지만 해도 지배적인 과학 지식이 산출되는 구조는 주로 개인의 기부로 연구비를 조달하여 대학이나 독립 연구 기관의 실험실에서 기껏해야 몇 사람이 함께 연구하는 활동이었다. 하지만 2차 세계대전이 모든 것을 바꾸었다. 냉전은 정부가 연구에서 중심 역할을 맡는 것을 정당화했다.

20세기 초까지만 해도 곧바로 생산에 적용할 수 있는 응용과학이 요구되었으나 산업에 적용하기 어려웠던 이론도 새로운 쓰임새를 찾았다. 이에 국가권력과 자본가 계급은 기초과학에 관심을 두고서 투자하기 시작했다. 과학자들은 많은 자금이 투자된 연구가 산업 분야에 응용될 수 있다는 것을 입증해야 하는 부담에 시달렸다. 이때부터 과학은 자본과 국가권력에서 벗어나지 못하게 되었다.[2] 그 가운데서 국가권력이 연구의 주도권을 장악했다. 그 중심에 핵물리학이 있었다. 냉전은 정부가 과학 연구에서 중심 역할을 맡는 것을 정당화했다. 거대한 시설과 비싼 장비가 연구의 필수 요건이 되면서 연구에 필요한 자원은 대학이나 민간 연구 기관의 능력을 넘어섰다. 연구진이 개인을 대체했다. 이제 연구자들은 커다란 연구 사업의 한 부분을 담당하는 과학 노동자가 되었다. 과학 연구는 대학, 정부, 대기업이 얽힌 복잡한 구조를 이루었다. 정부와 산업체가 과학 연구를 지원했다. 그 까닭은 지배계급에게 쓸모 있는 것들이 고급 지식에서 산출될 것으로 기대되기 때문이었다. 그것도 인류에게 무엇이 필요한지가 아니라 어떤 것이 이윤을 낼 수 있을지가 중심에 놓였다. 과학과 산업이 이윤을 추구하기 위해 서로 연결되었다. 그런데도 이러한 사실은 과학은 중립이라는 이데올로기 때문에 주목받지 못했다.

2 수학 전반

수학은 1900년 무렵에 커다란 변화를 겪는다. 18세기의 수학은 수와 길이, 곧 계산과 측정이라는 양을 다루는 학문이었다. 특히, 기하학은 현실 세계로부터 주요 특징을 추상하고 우리가 지각하는 공간을 이상화하여 연구하는 것이었다. 18세기에 수학과 과학은 분명하게 나뉘지 않았다. 해석학은 고등 수학의 많은 부분과 거의 모든 이론과학을 포괄했다. 수학과 과학의 수준이 높아지고 내용이 늘어남에 따라 더욱 세련되면서도 이러한 상황은 19세기에도 유지되었다. 19세기에 달라진 점이 있다면 거대하지만 불확실하던 여러 분야에 확고한 논리적 기초가 놓였다는 것이다. 그렇지만 수학자들은 여전히 지각에 바탕을 두고 물질세계로부터 끌어낸 수학적 추상을 사실이나 증거로 삼고 있었다. 수학의 응용도 이러한 추상 작용이 허용되는 영역으로 제한되었다. 이런 상황에서는 삼차원을 넘는 공간을 연구하기는 어려웠다. 20세기로 접어들면서 이런 분위기가 달라지기 시작했다.

수학의 몇 영역에서는 1880년부터 1920년 사이에 많은 변화가 일어났다. 그 변화를 가장 잘 보여주는 것으로 1870~1880년대에 데데킨트, 칸토어, 메레, 하이네에 의한 실수의 구성, 유클리드 기하학이 누리던 패권의 종언, 데데킨트에서 시작되어 힐베르트를 거쳐 1차 세계대전 뒤에 E. 뇌터가 이어받은 대수적 수론의 구조 이론과 추상군의 구축에 의한 추상 대수학의 발흥, 르베그가 이룩한 측도론과 적분의 공리적 이론, 프레셰의 거리공간론, 푸앵카레가 도입한 대수적 위상수학, 페아노가 시작하고 나중에 힐베르트가 전개한 추상적 공리론 기하학 그리고 점집합 위상수학 등을 들 수 있다. 수학을 수와 양의 이론으로 보는 고대의 개념을 포기할수록 수학은 일반적인 구조의 이론이 되었다. 그러한 발전이 순수하게 내재적인 것은 아니었다. 수리물리학으로부터 많은 영향을 받았다.

1918년 이후의 시기에 관해서는 그다지 많은 것이 정리되어 있지 않다. 그것은 수학 내용이 깊어지면서 더욱 어렵게 되어 수학의 역사를 서술하는 것이 주요한 관련 논문을 느릿느릿 뒤쫓아 가는 것 이상으로는 좀처럼 진행되지 않기 때문이다.[3] 이것은 20세기에 수학에서 다루는 내용이 매우 잘게 나뉘면서 깊어진 데서 확인된다. 실제로 1900년에 수학주제분류표60)는 산술학, 기하학, 미적분학 등 12

60) MSC(Mathematics Subject Classification)

개의 대항목, 41개의 중항목, 42개의 소항목을 포함하고 있다. 이러던 것이 100년 사이에 98개의 대항목, 3000개 이상의 중항목, 헤아릴 수 없을 정도의 소항목으로 늘었다.[4] 20세기 동안에 수학에서 다루는 주제가 대항목만 여덟 배가량 늘었다. 이 가운데 1900년대 중반 이후에 나온 특기할 만한 것을 몇 가지 소개하면 다음과 같다. 1940년대에는 호몰로지 대수와 카테고리 이론, 아르틴(E. Artin 1898-1962)의 상반 법칙, 1950년대에는 모스(Morse) 이론과 미분위상기하학, 1960년대에는 대수기하학, 그 다음에 유한단순군, 타니야마-시무라61) 추론, 페르마 정리의 증명이 이어졌다.[5] 타니아먀-시무라의 추론은 거대한 네트워크로 확대될 수 있다고 한 랭글랜드(R. Langland 1936-)의 생각이 페르마의 대정리로 확대되었고, 이를 바탕으로 와일즈가 대정리를 증명할 수 있었다.[6] 1970년대 이후 30년 동안 논리학과 수리논리학을 포함하여 19세기 수학의 많은 부분이 상세히 연구되었는데 예외는 물리학과 깊은 관계를 맺고 있는 편미분방정식론의 광대한 영역이다.[7]

1900년 무렵의 몇십 년 사이에는 주로 대학이 전문 수학자에게 재정적인 수입을 보장했으므로 그들은 대부분 교수였다. 대학에 소속된 수학자들은 다른 전문가들처럼 이전의 학회에 가입하거나 새로운 학회를 조직했다. 이로써 수학회가 늘어나고 그들이 기관지로 정기간행물을 발간하면서 수준 높은 잡지 수도 늘어났다. 1700년 이전에 수학 논문을 실은 잡지의 수는 17종이었고, 18세기에는 210종, 19세기에는 950종이 있었으며 20세기에는 엄청나게 늘었다.[8] 20세기에 전체 수학 출판물이 꾸준히 늘고 수학의 전문화가 많이 이루어지면서 질적 전화가 일어났다. 아주 제한된 분야를 깊이 다루는 수학 저작이 발간되었다. 또한 역량을 갖춘 수학 연구자가 늘면서 이제는 어떤 기간에 몇 뛰어난 사람이 학술 현황을 대표할 수 없게 되었다. 20세기는 특정한 수학 학파의 지배와 조류에 영향을 받지 않는 시기가 되었다.

20세기 초기까지의 수학에서 인종으로는 거의 예외 없이 유럽의 백인 남성에게 국한되었고 지역으로는 여전히 프랑스와 독일이 주도했다. 두 나라의 수학자들은 공공연히 상대를 비난하고 반격하면서 갈등했다. 1차 세계대전이 끝날 무렵 이탈리아, 소련, 미국의 수학자들이 유럽의 서부와 북부에 한정되었던 주류 수학에 합류하기 시작했다. 두 세계대전 사이에 전통적인 중심 지역을 벗어났다. 여기에는 2차 세계대전 전의 정치 상황이 주요 요인으로 작용했다. 독일에서 히틀러의 나치

61) 谷山 豊(1927-1958), 志村 五郎(1930-2019)

당이 권력을 장악하면서 선동 활동에도 쓸모없고 병기와 전시 물자를 생산하는 데도 바로 쓸 수 있다고 여겨지지 않던 수학에 나치의 통치와 이데올로기가 특유의 정치적인 영향을 끼쳤다.[9] 1933년에 수많은 교수가 독일 대학에서 해직되었다. 이후에도 나치당과 이탈리아의 파시스트당에 반대되는 정치적 신념을 가진 사람과 유대인에게 가해진 폭력적인 조치들 때문에 많은 학자가 쫓겨났으며 남아 있던 많은 학자가 죽임을 당하기도 했다. 이때 쫓겨난 학자들이 다른 나라, 특히 미국에 새로운 활기를 불어넣었다. 수학의 중심지가 미국으로 옮겨가면서 수학은 새로운 차원으로 올라가게 되는데, 물리적 실체에서 분리되어 차츰 형식적이고 추상적인 특질들의 모음으로 진화하게 되었다.[10] 2차 세계대전이 끝날 무렵부터는 아시아와 남아메리카도 주류 수학에 참여하기 시작했다.

19세기 끝 무렵의 경향들이 20세기 대부분의 수학을 특징지었다. 19세기 말에 수, 모양, 운동, 변화, 공간뿐만 아니라 이것들을 연구하는 데 쓰이는 수학적 도구도 연구의 대상이 되었다. 이와 함께 관계없다고 여겨지던 수학 분야들이 관련되어 있음을 보여주는 기본 구조도 강조되었다. 경제적, 정치적 차이에도 불구하고 다른 대륙에 있는 수학자들 사이의 상호작용도 이런 흐름에 영향을 끼쳤다. 과학과 수학은 1930년대 이래로 전문성의 정도, 사회적인 역할, 지향하는 문제의 성질에서 많이 변화했다.[11] 20세기 중반 이후로 수학은 과학의 거의 모든 분야와 관련을 맺고 있다. 수학의 저변 확대는 아이러니하게도 2차 세계대전이 계기로 작용했다. 군사력의 증강과 함께 수학자의 지위도 높아졌다.

20세기에는 수학에서 전형적인 일반화, 추상화 경향이 강화되었고 물리학만이 아닌 다른 영역에서도 수학화 경향이 나타났다. 후자는 2차 세계대전과 컴퓨터의 영향으로 가속화되고, 그 결과 새로운 응용수학의 영역이 생겨났다. 전 세계적인 전쟁 분위기, 우주를 탐사하려는 욕구, 수학이 아닌 분야(물리학, 통계학, 컴퓨터과학 등)의 발전을 포함하는 여러 외적인 요소가 수학의 응용을 자극하여 많은 실용적인 발전을 이루었다. 이러한 요인들이 수학을 순수와 응용으로 나누었다. 전자의 예를 들면 힐베르트와 프레셰(M. R. Fréchet 1878-1973) 이후 추상집합과 추상공간이 주요 연구 과제가 되었다. 볼록성(convexity) 연구는 20세기 전반에 일어난 변화, 곧 수와 기하학적 대상을 연구하는 데서 구조를 연구하는 추상수학으로 옮겨감을 보여준다. 볼록성을 연구한 브룬(H. Brunn 1862-1939)은 수학을 준경험적인 대상을 연구하는 과학으로 보았는데, 이후 민코프스키(H. Minkowski 1864-1909)는 수학적 공간에서 n차원 양의 기하학이라는 20세기 수학 연구의 뚜렷한 특징을 보여주었다.[12] 브룬과 마찬가지로 민코프스키도 '공간적 직관'에 의해 이끌리고 있지만, 민코프스키의 계량체 개념과 새로운 거리 개념은 물리 공간에서 하게 되는 경험과 분리되어 있다. 수학의 응용에 보이는 특징의 하나는 물리학이 아닌 영역에 진출한 것이다. 이를테면 비선형계획법을 예로 들 수 있다. 수학의 어떤 분야의 가치는 그것들이 쓰이는 문맥과 언어, 수학자가 그것에 부여하는 의미, 가치, 사용법으로부터 생긴다.

2차 세계대전 이후의 또 다른 특징의 하나는 수학계에서 여성의 역할이 커졌다는 것이다. 20세기 초에 여성 수학자들의 활동이 거의 여자 대학이나 학부 대학의 교육으로 제한됐지만, 나중에는 여전히 많은 장애에도 불구하고 교육과 연구를 모두 할 수 있게 되었다. 이를테면 카트라이트(M. Cartwright 1900-1998)는 리틀우드(J. E. Littlewood 1885-1977)와 함께 레이더와 관련되어 나타나는 비선형미분방정식에서 근의 행동을 분석함으로써 동역학 이론이 발전하는 데 크게 이바지했다. 로빈슨(J. Robinson 1919-1985)은 힐베르트의 23개 문제 목록에서 열째 문제(임의의 디오판토스 방정식에 정수해가 있는지를 판정하는 알고리즘을 제시하는 것)에 대한 선구적인 연구를 했다.

3 수학의 공리화

3-1 집합론적 기초론과 형식주의 기초론

칸토어에서 비롯된 집합론에서 역설이 발견되고 나서 현존하는 고전 수학에도 비슷한 역설이 있을지 모른다는 우려는 수학자들에게 무모순성의 문제를 심각하게 받아들이게 했다. 칸토어는 집합론을 처음 전개할 때, 공리가 아니라 직관에 의존하여 어떤 대상을 집합이라고 했다. 당시 대부분의 수학자는 어떤 속성에 대응하여 그 속성을 지닌 모든 대상으로 이루어진 집합이 당연히 있다고 생각했다. 이를테면 속성이 삼각형이라면 이에 대응하는 집합은 모든 삼각형으로 이루어진 집합이다. 그러나 직관에 근거한 속성은 집합론에 역설이 생기는 것을 막지 못한다. 칸토어는 무한집합에 관해 명확하다고 생각되는 것을 증명하려고 했으나 매우 제한된 성과만 거두었다. 러셀이 칸토어의 집합론에 들어 있던 역설을 발견함으로써 그 집합론은 직관적으로는 옳았으나 폐기되어야 했다. 이러한 역설을 제거하기 위해서 칸토어의 전개 방식을 공리화하고자 했다. 기하학과 수 체계에서 공리화가 논리적 문제를 해결했듯이 집합론에서도 그렇게 될 것으로 생각했다. 이 방향에서 체르멜로(E.

Zermelo 1871-1956)가 처음으로 연구 성과를 냈다.

수학자들은 어떤 공리를 아무 생각 없이 이용하다가 나중에 그 공리의 근거를 생각하게 되는 일이 적지 않다. 이를테면 칸토어가 임의의 무한집합에는 기수가 $\aleph_0$인 부분집합이 있다는 것을 증명할 때와 임의의 두 무한농도 A, B에 대하여 $A=B$, $A<B$, $A>B$ 가운데 하나가 성립한다는 것을 증명하려고 했을 때 암묵적으로 사용한 선택공리를 들 수 있다. 이것을 1904년에 체르멜로가 지적했다. 선택공리는 실수의 유계인 부분집합에서 그 집합의 극한점으로 수렴하는 수열을 고를 수 있음을 증명할 때, 페아노 공리계로부터 실수를 구성할 때, 유한집합의 부분집합 전체가 이루는 집합도 유한집합임을 증명할 때도 쓰였다.

칸토어에게는 초한수를 크기에 따라 순서를 정하려면 임의의 실수집합을 정렬할 수 있다는 정리가 필요했다. 그는 1883년에 모든 집합은 정렬집합으로 만들 수 있다고만 하고 증명 없이 사용했다. 체르멜로가 1904, 1908년에 모든 집합에 정렬순서를 부여할 수 있음을 증명했다. 정렬정리는 모든 집합에서 관계 $a<b$ (a가 b의 앞에 온다)를 다음과 같이 도입할 수 있게 한다. 임의의 두 원소 a, b는 $a=b$, $a<b$, $a>b$ 중 어느 하나를 만족하며, 세 원소 a, b, c에 대하여 $a<b$이고 $b<c$이면 $a<c$이고, 모든 부분집합은 첫 번째 원소를 가진다. 체르멜로는 정렬정리를 증명하면서 주어진 집합의 각 부분집합에서 원소 하나를 끄집어낼 수 있다는 이른바 선택공리를 사용해야 했다. 사실 선택공리, 정렬정리, 두 집합의 크기를 비교할 수 있다는 명제는 모두 동치이다.

체르멜로가 이름을 붙인 선택공리는 서로소이고 공집합이 아닌 집합들이 있다면 집합마다 원소를 하나씩 선택할 수 있고 이 원소들로 새로운 집합을 만들 수 있다는 공리이다. 직관적으로 한없이 많은 집합에서 원소를 동시에 독립적으로 선택할 수 있다는 것이다. 그러나 그의 이 공리는 새로운 논쟁을 일으켰다. 수학자들은 그러한 원소를 찾는 데 아무런 구성 과정이 주어지지 않는 증명을 수용하는 데서 차이를 보였다. 힐베르트와 아다마르는 그것을 수용할 생각이 있었으나 푸앵카레와 보렐(É. Borel)은 그렇지 않았다.[13] 핵심은 선택공리가 원소에 구성의 정의를 제시하지 않는, 존재에 관한 명제라는 데 있었다. 각 집합에서 원소를 선택하는 명확한 규칙이 없다면, 실제로 선택할 수 없는데, 새로운 집합을 구성할 수 있느냐는 것이었다. 더구나 선택 방법이 증명 과정에서 달라질지도 모르므로 증명은 효력이 없다는 것이다. 보렐은 어떤 규칙이 없는 선택은 믿음에 의존하는 것이라고 했다.[14]

선택공리에서 가장 중요한 논점은 존재란 수학적으로 어떤 의미냐는 것이었다. 체르멜로는 이에 답을 하기 위하여 집합론을 공리화했다. 그는 소박하게 전개되고 있던 칸토어의 집합론을 다시 구축하는 데 중요한 역할을 했다.

체르멜로는 칸토어가 집합 개념을 제한하지 않은 데 원인이 있다고 생각했다. 그는 '집합'과 '…에 속한다(∈로 나타냄)'를 무정의 용어로 사용했고, 러셀의 역설을 피하고자 부분집합의 성질을 명확히 하는 한정된 형식화를 부가했다. 그리고 일곱 개의 공리를 설정했는데 이것으로 충분히 집합론을 세울 수 있었다. 여섯 번째 공리가 선택공리이다. 그는 필요한 집합은 언제나 알려진 어떤 집합(자연수나 실수집합)에서 시작하여 주어진 연산을 사용해서 구성되는 것으로 생각했다. 그러니까 새로운 집합을 만들 때 칸토어 체계에서는 집합을 형성하는 성질만 요구되던 것과 달리 체르멜로 체계에서는 성질과 이미 존재하는 집합이 모두 필요하다. 체르멜로는 공리계의 독립성과 일관성 문제를 그대로 남겨 두었는데 프렌켈(A. Fraenkel 1891-1965)과 스콜렘(T. Skolem 1887-1963)이 이 문제를 진전시켰고 노이만(J. von Neumann 1903-1957)이 추가로 수정했다. 여섯 번째 공리는 괴델(K. Gödel 1906-1978)의 비판(1930) 이후에 논점으로 남았다.

3-2 괴델의 불완전성 정리

집합론의 공리화는 러셀이 제기한 집합론의 역설을 해소하는 데도 쓸모 있었다. 무모순성이나 선택공리의 역할 같은 문제가 해결되지 않은 채 남겨졌음에도 집합론의 공리화는 수학자들을 안심시켰다.[15] 체르멜로를 비롯한 수학자들은 집합론이 탄탄하게 공리화되면 산술의 공리가 그것에 기초를 두면서 수학 일반에 안전한 토대가 마련되리라 생각했다. 따라서 수학의 기초를 염두에 두지 않을 만했으나 오히려 그것을 다루는 학파가 여럿 생겨났다. 대표적으로 논리주의, 형식주의, 직관주의를 들 수 있다.

러셀과 화이트헤드는 1910~1913년에 논리주의를 내세웠다. 둘의 기호논리 철학은 프레게와 마찬가지로 수학의 기본 법칙이 논리의 원리로부터 유도된다는 입장이다. 그러면 논리는 진리의 실체이므로 이런 기본 법칙 또한 진리이며, 무모순성의 문제가 해결될 수 있으리라고 믿었다.[16] 논리주의는 수학 전체를 적은 수의 개념과 원리로부터 논리적으로 연역하여 구성할 수 있음을 보이려는 시도로 힐베르트의 형식주의와 구분된다. 그리고 직관주의와 달리 기호논리학에서 수학은 개발되는 것이지 사람의 머릿속에 있는 것이 아니다. 러셀은 논리학의 원리가 확실하지 않으면 그 어떤 것도 확실해질 수 없다고 굳게 믿었다.[17] 러셀을 비롯한 기호논리 학자는 집합론의 모순을 확실한 논리로 해결하고자 했으며 실수의 체계를 논리적으로 구성하려고 했다. 무정의 용어로 시작되는 논리의 공리계에서 논리학 자체로 전개하는데, 공리들로부터 뒤의 추론에 사용될 정리를 연역한다. 두 사람은 수학적 논리에 많이 이바지했음에도 힐베르트의 접근처럼 궁극의 목적, 곧 전반적인 수학 체계의 무모순성을 보장하려던 것은 실패했다.

힐베르트는 유클리드 공리 체계의 논리적 결함이 시각의 한계 때문에 그릇된 판단을 내리게 되면서 생겼다고 생각했다. 그는 1899년에 기하학 공리의 무모순성을 산술의 무모순성으로 환원했는데, 산술의 무모순성을 살피기 위해 형식주의를 생각하고 전개해 나갔다. 그는 논리가 발전하는 데는 정수가 반드시 포함되어야 한다고 주장하면서 기호논리적인 접근을 반대했다. 그래서 논리적 바탕 위에서 수 체계를 구성하기 위해 순환 논법을 사용했다.[18] 공리로부터 연역되는 추론이 해석에 따라 옳거나 그르다면 논리적 오류가 있는 것이다. 그에게 논리적 추론은 해석과 관계없이 타당해야 했다. 그러려면 객관성과 정확성을 확보해야 하므로 모든 진술을 기호의 형태로 표현해야 했다. 그는 수학의 '개념'은 불확실할 수도 있지만 개념을 표현하는 기호는 '논리 외적이고 별개인' 대상의 영역에 속하는 것이자 모든 생각에 앞서는 즉각적인 경험으로서 직관적으로 존재하는 것이라 했다.[19] 힐베르트에 의해 기호는 그 자체로 수학적 대상이 되었고, 기호 연구는 새로운 수학 분야가 되었다. 연역은 논리만으로는 추론될 수 없고, 적절한 공리에 바탕을 두고서 논리의 원리를 따르는 기호의 조작이어야 한다. 수학자는 체계의 기본이 되는 기호의 목록, 기호들이 결합하는 방식, 어떤 공식에서 다른 공식을 추론하는 규칙의 목록을 만들고 정확히 설명해야 한다. 이런 것들이 규정되면 증명도 규정된다. 하지만 괴델은 수학이 논리적으로 일관됨을 증명하려는 힐베르트를 미심쩍게 여겼다.[20]

집합론에서 제기된 역설은 논리적 원리로부터 연역하는 것이 직관보다 믿을 가치가 없다는 생각을 단단하게 하는 계기가 됐다. 힐베르트의 생각을 브라우어(L. Brouwer)가 날카롭게 비평했다. 그는 1913~1919년에 수학을 자연수에 관한 기본 직관인 원직관(原直觀)으로 시작되는 것이라고 보는 직관주의를 발전시켰다.[21] 그에게 수학이란 기본적이고 분명한 직관을 인식하는 정신의 활동이다. 수학은 실세계와 독립되어 인간 정신의 내부에는 존재하는 것이다. 수학 지식은 순전히 정신에서 나오는 것이다. 직관이 생각의 건전함을 다져 그 생각을 받아들일지를 결정하는 것이지 경험이나 논리가 결정하지 않는다. 공간과 시간의 개념도 정신에서 나오는 것으로 공간과 시간은 정신의 공헌으로 알게 된다. 지식과 이해가 경험에서부터 시작될 수도 있지만 이것들의 근본은 그렇지 아니하다. 이를테면 실수 체계는 논리적으로 구성된 것은 아니다. 그에게는 논리적 일관성보다 구성에 의한 참(truth)이 수학의 진수이다.[22]

괴델이 1931년에 제시한 불완전성 정리는 상황이 수학자들이 바라던 것과 다름을 보여주었다. 괴델의 결과는 수학의 공리화에 기초를 이루는 완전하고 모순이 없는 공리계를 구성할 수 없음을 보여주었다. 괴델의 불완전성 정리는 다음과 같다.[23] 괴델은 "이 문장은 이 체계 안에서는 증명할 수 없다"는 명제에서 출발한다. 이 문장을 G라고 하자. G는 산술적 명제이다. G의 부정은 "G는 이 체계 안에서 증명할 수 있다"이다. 만일 G를 증명할 수 있다면 G의 부정은 참이다. 그런데 어떤 명제의 부정이 참이라면 명제 자체는 거짓이다. 이 관점에서 G를 증명할 수 있다면 G는 거짓이다. 그러나 G를 증명할 수 있다면 이는 G가 참이라는 뜻이다. 이 체계가 모순이 없다고 가정하면, 이 증명은 이밖에 다른 것을 보여줄 수는 없다. 따라서 이 체계가 모순이 없다는 가정에서는 G를 증명할 수 있다면 이것은 참이면서 거짓이라는 모순이 나오고, 이런 뜻에서 G는 증명할 수 없다. 그리고 이것은 바로 G의 내용 자체이므로 G는 참이다. 그러므로 G는 참이면서 증명할 수 없게 되고, 이것으로 괴델의 결론이 나오게 된다.

괴델의 주요한 결론은 두 가지였다. 첫째로 풍부한 공리가 있는 어느 체계에서든 그 체계의 개념과 방법만 이용해서 증명하거나 반증할 수 없는 명제, 곧 참이나 거짓을 결정할 수 없는 명제가 반드시 존재한다. 어떤 수학적 명제가 참인지 증명할 수 없거나 그 명제의 부정을 참인지 증명할 수 없다는 것이다. 둘째는 첫째 것에서 나오는 것으로 무모순성은 문제의 그 체계 안에서 결코 확립될 수 없다. 곧, 수학이 일관됨을 증명하는 데 성공한다면, 곧바로 그렇지 않다는 증명이 뒤따르게 된다. 괴델의 불완전성 정리는 어떤 면에서는 배중률을 거부하는 것이다. 참인지 거짓인지 둘 다 밝힐 수 없는 명제가 있기 때문이다.

괴델의 불완전성 정리는 수학이 형식 언어로 표현될 수 없음을 보임[24]으로써 고전적인 모든 수학의 형식화된 형태에 치명타를 날렸다. 모든 참인 명제와 거짓인 명제를 유일하게 결정할 유한개의 공리 목록을 작성할 수 없음이 밝혀짐으로써 힐베르트의 프로그램은 끝났다. 괴델의 정리는 한 공리계는 그것에 속한 공리들이 아우르려고 했던 분야의 정리를 모두 증명하기에는 적합하지 않고, 어떠한 공리계도 어느 한 구조에 속하는 모든 사실을 포함할 수 없음을 보여주었기 때문이다. 어떠한 체계도 모순 없이는 완전해질 수 없음, 곧 무모순의 대가는 불완전이다. 이로써 수학의 기초를 다루는 연구에 새로운 전기가 마련되었다. 참고로 불완전성 정리는 호킹(S. Hawking, 1942-2018)이 우주를 묘사할 수 있는 하나의 대통일 이론은 성립할 수 없다고 주장하는 근거이기도 했다.[25]

괴델은 1940년에 선택공리와 연속체 가설이 체르멜로-프렌켈의 집합론 공리와 모순되지 않고, 이에 따라 반증할 수 없음을 보였다(발표는 1938~1939년의 강연에서 했다). 괴델은 집합론에 있는 공리들이 서로 모순되지 않으면 선택공리를 덧붙여서 얻은 체계에도 모순이 없음을 증명했다. 곧, 선택공리가 집합론의 다른 공리와 독립이다. 1963년에 코헨(P. Cohen 1934-2007)은 선택공리와 연속체 가설의 부정이 집합론의 공리와 모순되지 않음을 증명[26]하여 연속체 가설이 집합론의 다른 공리들과 독립임을 밝혔다. 곧, 일관된 집합론을 만들 수 있는 어떠한 공리군을 구성해도 연속체 가설은 증명할 수 없다는 것이었다. 이렇게 보면 모든 공리계에 증명할 수도, 반증할 수도 없는 명제 p가 있으므로 그 공리계와 p 또는 p의 부정으로 이루어진 더 큰 공리계를 만들 수 있게 된다. 사실 불완전성 정리는 모든 질문의 답을 결정하는 유한개의 공리를 명시할 수 없다는 것이지 현재 알고 있는 것을 바탕으로 질문을 분석할 수 없다는 뜻은 아니다.[27]

공리계의 한계에 대한 괴델의 논의를 넘어 스콜렘은 수학 이론에는 거의 언제나 여러 다른 모형이 있을 수 있음을 알았다. 그는 공리 체계가 있으면 그 안에서 정리를 증명할 수 있지만, 이런 규칙을 따르는 대상이 무엇이냐는 것은 일반적으로 경우에 따라 다르다고 했다. 이로부터 스콜렘은 공리적 이론 위에 수학을 세우려는 시도는 성공할 가능성이 없다고 결론을 내렸다.[28] 스콜렘은 뢰벤하임(L. Löwenheim 1878-1957)이 얻은 결과를 확장하여 뢰벤하임-스콜렘 정리로 알려진 것을 끌어냈다. 이 정리는 공리들의 집합은 의도했던 바와 달리 새 공리를 들이지 않고도 근본적으로 다른 모델을 허용한다는 것이다. 이런 상황이 연출되는 까닭의 하나는 공리계가 무정의 용어를 포함하고 있기 때문이다.

4 위상수학

19세기 말에 칸토어가 세운 집합론이 기존의 모든 수학 분야에 영향을 끼쳤을 뿐만 아니라 새로운 수학을 만들었다. 집합론에 의해 공간 개념과 공간기하학이 새롭게 구축됐고, 공리적 방법이 새롭게 평가되면서 추상공간이 탄생했으며 차원과 측도에 관한 일반론이 나왔고 위상수학이 본격 진전되었다. 위상수학은 매우 일반화하여 수학의 많은 분야의 기초가 되면서 기하학, 대수학, 해석학과 함께 수학의 기본 분야가 되었다.

기하학의 기원을 반영하는 측면에서 보면 위상수학은 역도 연속이 되는 연속 변환에 의하여 변하지 않는 도형의 성질을 다루는 기하학의 하나로, 간략하게 연속성의 수학적 연구로 정의되기도 한다. 기하학에서 시작된 위상수학은 처음에 측량을 동반하지 않는 기하학을 가리켰다. 여기서 발전한 19세기말의 조합론 위상수학에서 20세기에 진전을 이룬 추상공간 안의 점집합의 성질을 다루는 점집합 위상수학으로 이어진다. 여기서는 점집합 위상수학을 개략적으로 살펴보고 나서 호몰로지를 비롯한 대수적 위상수학을 언급한다. 오늘날에는 위상수학이라 하면 대수적 위상수학과 동의어라고 할 수 있다.

뫼비우스, 리만, 푸앵카레가 다루었던, 기하학적 도형은 잇따른 기본 조작의 유한집합으로 만들어질 수 있다는 개념은 칸토어의 점집합 개념으로 차츰 대체되었다. 임의의 집합, 이를테면 수, 대수적 실체, 함수나 비수학적 객체의 집합은 이런 저런 의미에서 위상공간을 구성할 수 있다는 사실이 인식되었다.[29] 점집합론은 칸토어의 실수집합론 연구에서 시작되었는데, 많은 수학자가 여러 종류의 집합을 고찰하며 확장했다. 점집합론의 주된 목적은 볼차노-바이어슈트라스 정리와 덮개정리 같은 실수의 성질을 일반화하는 배경이 되는 것이었다. 이 두 성질은 콤팩트성이라는 개념과 가깝게 관련되어 있다. 콤팩트성은 폐구간 안에서 연속함수는 최댓값을 갖는다는 정리를 일반화할 때 중심에 놓인다. 볼차노-바이어슈트라스 정리는 실수의 유계인 무한집합은 적어도 하나의 집적점[62]이 있다는 성질이다. 이 성질은 완비성을 내세운다. 집합론을 함수론에 응용하는 것에 많은 영향을 끼친 사람은 보렐이다. 그는 1894년에 유한개의 덮개 구간을 골라낼 수 있다는 것의 중요함을 알

62) 어떤 집합에서 하나의 점을 포함하는 임의의 근방이 그 집합의 다른 점을 포함하는 성질을 갖는 점

고서 이 결과를 셀 수 있는 집합에 대해 독립된 정리로 기술했다. 하이네가 고른 연속을 증명할 때 이 정리를 사용해서 하이네-보렐 정리로도 알려져 있다. 덮개정리는 한 직선 위의 점으로 이루어진 닫힌집합이 구간의 집합으로 덮이고 이 닫힌집합의 모든 점이 적어도 한 구간의 내점일 때 주어진 닫힌집합은 이러한 유한개의 구간으로 덮일 수 있다는 것이다. 보렐의 이름은 실수 직선 위의 닫힌집합과 열린집합에 대해 합집합과 교집합의 연산을 셀 수 있을 만큼 되풀이 적용해서 얻는 집합에도 붙어 있다. 그러므로 어떠한 보렐 집합도 그가 말하는 의미에서는 가측집합이 된다. 르베그가 1898년에 셀 수 없는 집합에서 유한덮개집합을 골라내는 경우로 하이네-보렐 정리를 확장한 결과를 끌어냈다. 르베그 적분은 점집합 위상수학의 빠른 발전과 깊이 관련되어 있다.

W. 영(W. H. Young 1863-1942)과 G. 영(1868-1944)이 1906년에 점집합론을 처음 체계적으로 다루었고 그것을 해석학 문제에 응용하는 방법을 제시했다. 두 사람은 볼차노-바이어슈트라스 정리와 덮개정리를 평면에서 일반화하고 증명했다. 위상기하학의 또 하나의 중요한 연결이라는 개념을 거리의 용어로 정의한 칸토어와 달리, 영 부부는 순수한 집합론의 언어로 정의했다.

영 부부의 저작이 출판된 해에 프레셰는 함수론은 집합론 없이는 성립하지 않음을 보여주었다. 집합의 원소로는 수가 아니라 곡선이나 점 같은 임의의 성질을 갖는 대상을 생각했다. 또한 영 부부가 내놓은 평면 위의 점에 관한 결과를 더욱 넓은 경우로 일반화했다. 그는 실수 직선에서 위상기하학의 기본 개념을 임의의 집합이라고 하는 관점에서 다시 생각하여 이 개념들을 그가 관심을 두고 있는 특정의 집합에 적용하고자 했다.

집합론이 형성되고 나서 여러 집합이 수학에서 다루어지면서 집합의 공간화가 매우 필요했다. 특히 무한집합을 원소의 개수를 낱낱이 살피듯 해서는 파악할 수 없으므로, 수학적으로 더욱 쉽게 이해할 수 있게 하기 위해서는 집합에 기하학적인 개념을 부여할 필요가 있었다. 이에 프레셰가 도입한 추상공간이 수학 연구를 빠르게 발전시켰다. 그의 추상공간론 덕분에 클라인의 분류 방식에 들어맞지 않는 일반적인 기하학들이 나타났다.

점집합 위상수학은 수십 년 동안 직선, 평면, 고차원 유클리드 공간을 벗어나지 않았으나 여기에 도입된 정의들은 더 일반적인 상황에서도 유효했다. 이것을 프레셰가 깨닫고 추상공간에서 쓰이는 체계적인 점집합론을 구축했다. 공간은 점과 이것들이 맺는 관계의 집합이 되었고, 기하학은 그러한 공간에 관한 이론이 되었다. 이를테면 구간 $[a, b]$를 공간이라 하고 이 구간에 있는 실수를 점이라 하여도 되고, 이 구간에서 정의된 실함수 전체의 집합을 공간이라 하고 각 함수를 점이라 할 수도 있다. 점에 관한 관계의 집합이 공간의 구조이며 이 구조는 변환군의 불변이론으로 설명되든 아니든 상관없다. 이로써 기하학은 집합론에 의하여 더욱 일반화되었다.

프레셰는 함수로 이루어진 집합에 작용하는 함수, 곧 범함수(functional)의 이론을 다루면서, 두 함수가 서로 가까운 것은 어느 때인가를 결정해야 해서, 함수해석의 기본 원리에 체계를 세우고자 했다. 그는 범함수가 극한에 수렴하는 것에 관한 문제에 답을 하고, 어떤 조건에서 극한 범함수와 그것을 극한으로 갖는 범함수가 같은 성질을 갖는가를 결정하고자 했으므로 극한을 정의하지 않고 공리로 두는 것에서 시작했다.[30] 그는 극한의 이런 추상 개념과 함께 칸토어가 고찰했던 도집합(어떤 집합 E에 속하는 점렬의 극한들의 집합 E'), 폐집합(E'이 E에 포함될 때의 집합 E), 완전집합(모든 점이 집적점인 집합), 내점(집합 E의 여집합에 있는 어떤 점렬을 택해도 그 점렬의 극한이 되지 않는 E의 점)등을 정의했다.

x가 집합 X의 집적점인지 알아보려면 반드시 x가 X에 충분히 가까이 있음을 말할 수 있어야 한다. 프레셰는 가까움, 곧 거리에 대한 직관적인 개념을 거리공간이라는 개념으로 일반화했다. 그는 x, y 사이의 거리 $d(x, y)$를 임의의 $x, y \in X$에 대해서 $x=y$일 때만 $d(x, y)=0$이고 $d(x, y)=d(y, x)$, $d(x, y) \leq d(x, z) + d(z, y)$를 만족하는 음이 아닌 실수로 정의했다. 거리공간은 이 조건을 만족하는 거리함수가 있는 집합이다. 이것은 우리가 흔히 쓰는 거리의 개념을 추상한 것이다. 이 거리공간에서 점의 근방을 정의할 수 있다. 그는 일반적인 집적점 이론을 이용해서 고전적인 해석학의 친숙한 개념들을 주로 거리에만 의존하는 거리공간으로 옮겼다.[31] 이를테면 거리를 사용해서 거리공간 X에서 점 x의 구 모양의 근방 $S_\varepsilon(x)$는 $d(x, y) < \varepsilon$을 만족시키는 X의 점 y 전체의 집합이라고 했다. 여기서 양수 ε은 근방의 반지름이다. 그는 거리의 정의를 이용해 추상공간 연구를 더욱 발전시키는 토대를 다졌다.

프레셰는 범함수 연구의 일부로 폐구간에서 연속인 함수는 최댓값과 최솟값을 갖는다는 정리를 함수 공간에도 적용할 수 있게 확장했다. 집합 E가 콤팩트이기 위한 필요충분조건은 E의 모든 무한 부분집합이 E에서 적어도 하나의 집적점을 갖는 것임도 증명했다. 그는 콤팩트 집합은 공간 안의 유계집합과 아주 비슷한 성질을 갖는 것에 주목하여, 오늘날 점렬연속으로 알려진 성질을 연속의 정의로 사용함으로써 바이어슈트라스의 결과를 일반화했다.[32] 프레셰의 생각은 바나흐(S. Banach 1892-1945)에게 영향을 끼쳐 바나흐 공간(완비노름공간)을 발전시켰다.

브라우어는 1911년에 위상수학적 불변성의 정리를 제시하고 증명한 것, 칸토어의 방법을 위치해석적 방법과 결부시킨 데서 위상수학의 창설자로 여겨지기도 한다.[33] 그의 정리란 n차원의 구에서 자신으로 가는 연속 사상은 적어도 하나의 점을 불변으로 한다는 부동점정리를 말한다. 또한 그는 차원이 다른 두 다양체는 위상동형이 될 수 없다는 사실, 곧 일대일 연속 사상이 존재하지 않음을 증명했다. 그에 의해 위상수학은 빠르게 발전했다.

점집합 위상기하학이 수학의 주요 분야와 깊은 관계를 맺게 된 데는 하우스도르프(F. Housdorff 1868-1942)가 큰 역할을 했다. 그는 1914년에 원소의 성질이 아니라 원소 사이의 관계가 중요하다고 했다. 그 가운데서도 점의 근방 개념이 기본 역할을 하고 있다. 그는 근방을 거리가 아닌 부분집합의 모임으로 기술했다. 그러한 공간은 근방 위상을 갖는 공간으로, 거리공간의 일반화된 개념이다. 그는 근방의 개념을 사용하여 실수집합의 표준 성질로부터 끌어낸 위상공간의 개념을 완전히 공리화함으로써 추상공간의 이론을 명확히 했다.

하우스도르프의 공리군과 정의는 1914년 이후 수정되고, 많은 보조 정의와 개념이 도입되면서 오늘날의 점집합론에 기초가 되었다. 그는 위상공간의 일반론에 기초가 되는 거리, 근방, 극한을 기본 개념으로 제시했다. 프레셰가 거리와 극한의 개념을 사용해서 근방을 정의한 것과 달리 하우스도르프는 위상공간의 개념을 정의할 때 근방의 개념부터 시작하는데, 프레셰의 근방 개념을 유지하려고는 했으나 거리 개념에서는 벗어났다. 바일(H. Weyl 1885-1955)이 처음으로 집합의 각 원소에 근방을 정의하고 그것을 공간으로 파악했다. 하우스도르프가 바일의 개념을 일반화하고 근방계의 개념으로 위상공간을 정의했다.

하우스도르프 공간은 다음 네 공리를 만족하는 공간이다. 위상공간은 점 x의 집합 X인데 각 x에 다음 조건을 만족하는 x의 근방이라는 부분집합 U_x의 모둠이 대응한다. (1) 각 x에 적어도 하나의 근방 U_x가 대응하고 $x \in U_x$이다. (2) U_x와 V_x가 모두 x의 근방이면 $W_x \subset U_x \cap V_x$가 되는 x의 적당한 근방 W_x가 존재한다. (3) $y \in U_x$이면 $U_y \subset U_x$가 되는 y의 적당한 근방 U_y가 존재한다. (4) $x \neq y$

이면 $U_y \cap U_x = \varnothing$인 두 근방 U_x와 U_y가 존재한다. 하우스도르프는 이런 근방 이론을 이용해서 위상의 기초 개념을 전개했다. 이를테면 x가 부분집합 $A(\subset X)$의 집적점이라 하는 것은 x의 임의의 근방 U_x에 x와 다른 A의 점이 속하는 경우이다. 이렇게 해서 집적점 개념이 하우스도르프 공간 X의 상황으로 옮겨진다. 사실 집적점의 개념은 일반위상론의 기본 개념이다. 근방을 이용해서 수열 x_1, x_2, x_3, …이 x에 수렴한다는 것을 x의 임의의 근방 U_x에 대해 적당한 자연수 n_0이 존재해서 $n \geq n_0$이면 $x_n \in U_x$인 경우라고 정의할 수 있다. 이것은 거리공간에서 사용한 것을 직접 확장한 것이다.

하우스도르프는 자신의 이론을 전개하는 출발점으로 삼은 근방을 이용하여 연속을 정의했다. 곧, 그는 실함수의 연속을 표준적인 ε-δ논법으로 정의하고, 이 정의에 실수 직선 위의 근방 개념을 사용한 것에 주의하면서 이것을 위상공간에서 일반적인 정의로 번역했다.[34] 그는 이 정의를 이용하여 연속함수는 연결성과 콤팩트성이 있음을 증명했다. 그는 연결성이 중간값의 정리를, 콤팩트성이 폐구간 위의 연속함수가 최댓값과 최솟값을 가짐을 의미한다고 했다. 칸토어부터 하우스도르프로 이어지는 사고의 바탕에 놓여 있는 생각이 해석학의 산술화였음에도 마지막에는 수의 개념이 매우 일반적인 관점 뒤로 사라졌다. 게다가 점이라는 말도 산술의 수처럼 보통의 기하학과 거의 관계가 없어졌다.

주로 프랑스와 독일인이 추상공간 이론을 만들었지만 1920~1930년대에 추상공간을 활발히 연구한 사람은 러시아와 폴란드인이었다. 1920년대의 그들은 프레셰의 거리공간 개념을 잘 알고, 벡터공간의 사고방식에 익숙해 있었다. 그 가운데 바나흐가 두드러진다. 바나흐는 1920년에 범함수의 영역에 유효한 몇 가지 정리를 확립하고 적분방정식을 일반화하고자 했다. 그의 연구에서 핵심은 힐베르트 공간과 다른, 내적을 사용하지 않는 노름 선형 공간의 구성이었다. 이 공간 개념은 프레셰와 하우스도르프의 연구를 근간으로 하고 있다.

바나흐는 거리공간과 벡터공간의 개념을 결합하여 이른바 바나흐 공간의 개념을 끌어냈다. 그 공간은 함수를 점이나 벡터처럼 다루고 함수의 집합을 함수 공간으로 다루며 함수에 대한 작용을 작용소로 보는 추상적인 선형공간이다.[35] 그는 함수가 이루는 공간에 관심을 두었으므로 그의 벡터공간은 유한 차원에 한정되지 않는다. 이 공간의 공리는 세 모둠으로 나뉜다. 첫째 모둠에는 공간 V가 덧셈에 대해서 가환군이고, 실수 곱셈에 대해 닫혀 있으며, 실수와 원소 사이의 여러 연산에서 결합

법칙과 배분 법칙이 성립한다는 13개의 공리가 들어 있다. 둘째 모둠에서는 공간 V의 원소의 노름이 지닌 특징을 규정한다. 노름은 유클리드 공간 벡터의 거리 개념의 확장으로, V에서 정의된 실숫값 함수이고 기호는 $\|x\|$을 사용한다. 바나흐는 먼저 V의 원소(벡터)를 $x, y, z, \cdots$로 나타내고 실수를 $a, b, c, \cdots$로 나타냈다. 이것에 대하여 (1) x의 크기는 $\|x\| \geq 0$, $\|x\|=0$의 필요충분조건은 $x=0$, (2) $\|ax\| = |a| \cdot \|x\|$, (3) $\|x+y\| \leq \|x\|+\|y\|$이 성립한다. 추상적인 두 원소 x와 y 사이의 거리를 $d(x, y)=\|x-y\|$으로 주어 선형공간을 거리공간이 되게 했다. 이를 바탕으로 셋째 모둠에는 완비 공리를 넣었다. 곧, $\{x_n\}$이 $\lim_{n,\, m \to \infty}\|x_n - x_m\| = 0$을 만족하는 수열이면 $\lim_{n \to \infty}\|x_n - x\| = 0$인 x가 V에 존재한다는 것이다. 이 세 모둠의 공리들을 만족하는 공간을 바나흐 공간이라고 한다. 그는 노름의 개념을 사용하여 $\{x_n\} \subset V$이고 $\sum_{p=1}^{\infty}\|x_p\| < \infty$이면 $\sum_{p=1}^{\infty} x_p$는 V의 어떤 원소 x에 수렴한다는 정리 등을 증명했다.

위상수학에서 나온 이론들은 수리물리학의 여러 문제에 접근하는 중심 역할을 하고 있다. 1950년대 말쯤에 지만(C. Zeeman 1925-2016)이 위상수학을 처음 과학에 응용했다. 그는 뇌의 위상 모형을 만들고 여러 현상을 해석했다.[36] 그는 또한 매듭 이론도 다루었다. 매듭은 조이거나 느슨하게 하여도, 개별 고리의 모양을 바꾸어도 매듭지어진 방식은 달라지지 않는다. 그러므로 매듭 연구에 위상기하학의 기법을 사용할 수 있다. 수학 매듭은 1차원 다양체인데 주변의 삼차원 공간에서 자리를 잡는 방식에 의해 매듭의 패턴이 결정된다. 매듭의 위상 변환은 매듭 자체만의 변환이 아니라 주변 삼차원 공간 전체의 변환이다.[37] 두 매듭을 구별하는 방법의 하나인 최소 교차 수63)라는 불변량은 매듭의 복잡함을 나타내는 척도로 쓰인다. 교차수를 셀 때 교차 패턴은 무시한다. 7까지의 교차 수에 따른 매듭의 수는 다음 표와 같다.

교차 수	0	1	2	3	4	5	6	7
매듭 수	1	0	0	1	1	2	3	7

매듭에서 불변량을 찾을 때 먼저 매듭을 표현하는 방법을 찾고 나서 대수학 개념의 도움을 받았다. 존스(V. Jones 1952-2020)는 1984년에 땋임군(braid group)을 발견했고 이어서 땋임군 대수에 근거를 둔 결과가 매듭에서 불변량임을 알았다. 이로써

63) 불필요한 꼬임이 없는 상태로 표현한 매듭에서 선들의 교차가 일어나는 횟수

매듭을 다루는 상황은 반전됐다. 그의 불변량은 과거에 구별하기 어려웠던 매듭을 구별하는 데 엄청난 도움이 되었다.[38] 1987년에는 액체와 기체 분자의 움직임을 연구하는 응용수학 분야인 통계역학에 기반을 둔 매듭 불변량들이 추가로 발견되었고, 곧이어 존스 다항식이 포착한 매듭 패턴도 통계역학을 기반으로 함이 밝혀졌다.[39]

매듭 이론은 생물학에서도 응용되는데, 매듭은 중합체(polymer)와 같은 매우 복잡한 분자식을 비롯해서 여러 문제와 관련되어 있다.[40] 그림은 사람의 DNA 한 가닥을 분리하고 양끝을 붙여서 수학적 매듭을 만든 것이다. 이 매듭은 교차수가 7로 복잡하다. 이런 DNA 분자의 이중나선이 어떻게 오류 없이 풀리고 다시 꼬이는지를 이해하는 데도 매듭 이론이 쓰인다. 매듭 이론은 바이러스 감염을 퇴치하는 데 연계된다.[41] 흔히 바이러스는 세포에 침투하여 DNA의 매듭 구조를 변화시킨다. 그러므로 감염된 세포의 DNA 매듭 구조로부터 바이러스가 작용하는 방식을 이해함으로써 감염에 저항하고 치료하는 방법을 찾을 수 있게 된다.

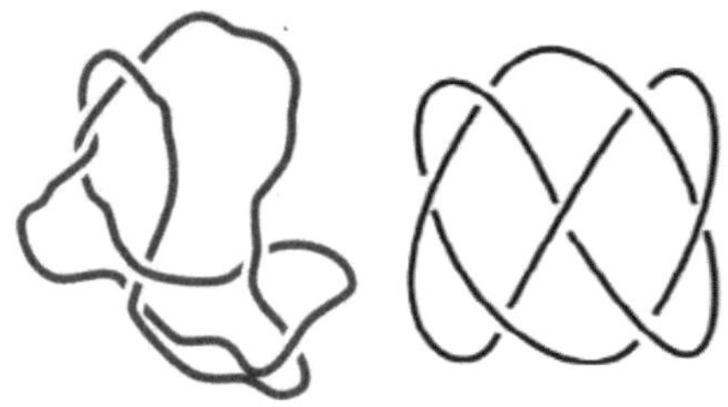

DNA 한 가닥의 매듭 구조

물리학의 중요한 분야인 양자장을 연구하는 사람들은 위상수학을 활용하여 위상 양자장 이론을 빠르게 발전시키면서 그것의 응용 가능성을 보여주었다. 1974년 끈 이론은 중력과 양자역학을 세우는 데 사용할 수 있다는 주장이 제안되었고 상당 부분 다듬어진 끝에 마침내 1980년 이후 강한 상호작용 모델이 아니라 양자중력학 모델로 사용되고 있다.[42] 오늘날 물리학자들은 물질이 이른바 초끈으로 이루어져 있다고 제안한다. 초끈은 시공간 속에 있는 미세하고, 매듭지어지고, 끝점이 없는 닫힌 끈으로 그것의 성질은 매듭지어진 정도와 밀접하게 연관된다.[43] 끝으로 혼돈(chaos) 현상을 이해하게 된 것도 위상수학 덕분이다.

5 추상 대수학

5-1 군, 체, 환론

20세기 초에 대수는 예전의 특성에서 벗어났다. 고전 대수학이 주로 대수방정식 이론을 다루었다면, 현대 대수학은 주로 추상적인 연산이 정의된 집합의 형식적인 성질을 연구한다. 위상기하학이 대수화되어 가는 과정은 수학의 모든 분야에서 대수적 방법이 발달했음을 단적으로 보여준다. 대수는 환, 체, 아이디얼과 이것들에 관련된 개념을 다루는 추상 원리가 되었다. 새로운 대수의 기원인 군론의 발달, 특히 베버(H. M. Weber 1842-1913)에 의해서 대수 변환의 모델이 마련된 유한군론의 발달, 헨젤(K. Hensel 1861-1941)과 슈타이니츠(E. Steinitz 1871-1928)가 체론에서 이룬 새로운 사고방식, 바나흐가 구축한 벡터공간의 공리화, E. 뇌터가 연구한 새로운 구조인 환의 구조를 포함한다. 대수학은 계속 추상화되어 1945년에 아일렌베르그(S. Eilenberg 1913-1998)와 맥레인(S. Mac Lane 1909-2005)이 도입한 범주(category)와 함자(functor)에서 정점에 이른다.

19세기 끝 무렵에 나온 추상 군에 대한 독립된 공준들의 여러 체계가 나오면서 군 개념이 확립되자 구체적 사례의 결과로 제시된 추상 군에 관한 정리를 증명하는 데로 관심이 모아졌다. 예컨대 프로베니우스(1849-1917)는 유한추상 군에 대한 실로우64) 정리를 증명했다. 그 내용은 소수 p의 거듭제곱 p^n으로 위수가 나누어떨어지는 유한군은 언제나 위수 p^n인 부분군을 갖는다는 것이다. 그의 가장 뛰어난 업적은 유한군에 대해 군 지표 이론을 개발(1896)한 것인데 이것과 표현론을 통해 한 세대 후 물리학과 화학에서 군의 주요한 응용이 발견되었다.[44]

체의 추상 이론은 19세기 끄트머리에 군에 대해 추상적 관점을 지지하고 있던 베버로부터 시작되었다. 1902년에 무어(E. H. Moore 1862-1932)가 21개로 구성되어 있던 힐베르트 공리계에서 공리의 하나가 다른 공리들로부터 연역됨을 보이자 많은 사람이 대수학에서 독립인 공리계를 구성하는 데 관심을 두었다. 그 하나로 딕슨(L. E. Dickson 1874-1954)이 1903년에 베버의 것을 개선하여 체(field)를 +와 ×의 규칙을 동반하는 9개의 공리로 이루어진 집합으로 정의했다.[45] 주어진 집합에서 +와 × 각각에 관하여 닫혀 있고 교환 법칙과 결합 법칙이 성립하며, +에 대한

64) Peter Ludwig Mejdell Sylow(1832-1918)

$\times$의 분배 법칙이 성립한다. 나머지 둘은 임의의 두 원소 a, b에 대하여 $(a+x)+b=b$를 만족하는 x가 존재한다는 것과 $c\times a\neq a$가 되는 원소 c가 적어도 하나 있으면 $(a\times x)\times b=b$를 만족하는 x가 존재한다는 것이다.

헨젤은 1908년에 새로운 유형인 p진체(p-adic field)를 도입했다. 이것은 유리수체, 실수체, 복소수체, 대수적 수체, (일변수, 다변수) 유리함수체 같은 19세기의 체와 달랐다. 헨젤은 양의 정수 A는 임의의 소수 p를 사용하여 $A=a_0+a_1p+a_2p^2+\cdots+a_kp^k(0\leq a_i\leq p-1)$으로 유일하게 나타낼 수 있다는 데서 시작했다. 마찬가지로 0이 아닌 유리수는 $r=(a/b)p^n$으로 나타낼 수 있다. 여기서 a, b는 p와 서로소인 정수이고 n은 통상의 정수이다. 이것을 일반화하여 p진수를 도입했다. 소수 p에 대한 p진수는 $\sum_{n=-i}^{\infty}c_np^n$ 꼴의 식이다. i는 자연수이고 c_n은 기약분수로 썼을 때 분모가 p로 나누어떨어지지 않는 정수이다. 그러한 식이 통상의 수일 필요는 없다. 헨젤은 p진수로 이루어진 집합에서 사칙연산을 정의했고, 이때 그 집합이 체, 곧 p진체가 됨을 보였다. 그는 계수가 p진수인 다항식들을 도입하여 다항방정식의 p진수 근을 언급할 수 있었고 대수적 수체의 모든 개념을 이 근들로 확대할 수 있었다.[46] p진체의 도입으로 새로운 대수적 수론이 연구되었다.

슈타이니츠는 헨젤에 영향을 받아 추상적인 체를 포괄적으로 연구하여 1910년에 발표했다. 그는 가능한 모든 종류의 체를 개관하고 그것들 사이의 관계를 세우고자 했다.[47] 그에게 체는 추상 개념으로서 덧셈과 곱셈 두 연산이 있고 교환, 결합, 분배 법칙이 성립하는 원소들의 체계이다. 체 K의 모든 부분체의 교집합도 부분체가 된다. 그 부분체를 K의 소체 P라고 한다. 소체의 곱셈에 관한 단위 원 e의 모든 양의 정수배로 만들어지는 집합 I는 두 가지가 될 수 있다. 하나는 I의 원소가 모두 다른 경우로, 이때 I는 양의 정수집합과 동형이고 소체는 유리수체와 동형이다. 이때 $pe=0$을 만족하는 p는 K에 없다(K의 표수는 0이다). 또 하나는 $pe=0$이 되는 최소의 자연수(필연으로 소수이다) p가 존재하는 경우로, 이때 I는 p를 법으로 하는 정수의 잉여류집합과 동형이다. 이때 I는 원소가 p개인 유한체가 되고 K의 표수는 p이다. 체 L의 모든 원소가 체 K의 원소를 계수로 하는 대수방정식의 근일 때, 확대 L을 K의 대수적 확대체라 하고 그렇지 않을 때는 초월적 확대체라고 한다. 슈타이니츠는 정렬정리를 이용하여 어떤 체의 소체에 초월 첨가를 여러 차례 하고 나서 그 초월적 확대체에 대수적 첨가를 몇 차례 하면 본래의 체를 얻는다고 했다. 대수적 첨가를 한다고 모든 체가 확대되지는 않는다. 이를테면 복소수집합의 경우가 그러하다. 모든 다항식이 일차식으로 인수분해가 되기 때문이다. 그는 체의 유한차 대수적 확대를 정의할 때 선형 대수의 개념을 사용했다. 그리고 그는 데데킨트가 암묵적으로 가정했던 유한차원 벡터공간을 생성하는 집합은 그 공간의 차원 수보다 적은 수의 원소를 갖지 않는다는 명제를 포함하여 유한차 벡터공간에 관한 몇 가지 결과를 증명했다.

두 세계대전 사이에 아이디얼 연구의 선구자 E. 뇌터의 주도로 새로운 대수가 연구되었다. 힐베르트의 공리적 사고에 영향을 받은 뇌터는 일반 이론을 바탕으로 이전에 얻은 여러 결과를 아우르는 환(ring)의 공리계를 세웠다. 그녀가 초기에 제시했던 환은 추상적인 두 연산 +, × 각각에 대해 닫혀 있고, 결합 법칙과 교환 법칙이 성립하며, +에 대한 ×의 분배 법칙이 성립하고, 임의의 a, b에 대해 $a+x=b$를 만족시키는 유일한 x가 존재하는 집합으로 정의됐다. 오늘날 곱셈의 교환 법칙은 환의 정의에 들어가지 않는다. 그녀는 또한 자신의 설명에서 아이디얼을 핵심 개념으로 두고서 비가환 대수의 기본 문제, 가환환의 일반 이론, 아이디얼과 환에서 모듈 이론을 엄밀하게 공리적으로 다루면서 발전시켰다. 뇌터는 환의 공리, 군의 공리와 같은 추상적인 규칙을 만족하는 임의의 계를 연구했다. 구면과 같은 공간에서 정의된 대수적 함수의 환이나 주어진 공간의 모든 대칭을 모은 군이 그러한 예이다. 그녀는 현재 표준이 된 추상 대수 형식의 상당 부분을 구축하여 현대 추상 대수의 주창자가 되었다.[48] 특히 아이디얼을 핵심 개념으로 하는 뇌터의 환 연구는 강력한 추상적인 이론으로 발전했고, 현대 수학에 많은 영향을 끼쳤다.

또한 뇌터는 계 안의 원소끼리의 연산에서 벗어나 계끼리 관련을 짓는 방법으로 주변의 모든 대수를 준동형사상과 동형사상정리로 체계화했다. 뇌터는 두 위상공간 사이의 연속함수로 위상공간을 연구하면서 자신의 대수적 방법을 위상공간에도 적용했다. 위상공간에서 준동형사상과 연속함수 사이의 관계를 살펴봄으로써 범주론을 발전시켰다.

5-2 범주론

추상 대수학과 위상수학, 벡터공간의 기본 개념이 1920~1940년 사이에 확립되고 나서 20년 동안 대수적 위상수학의 방법에 일어난 커다란 변화가 대수학에 영향을 끼치면서 호몰로지 대수학으로 알려진 새로운 수학이 나타났다. 아일렌베르그와 맥레인이 도입한 범주와 함자 개념은 이것을 예고하는 것이었다. 두 사람은

1945년에 대상의 집합에 속한 원소에 정의된 사상과 다른 집합에 속한 관련된 원소에 정의된 새로운 사상의 관계를 생각하는 것으로부터 범주라는 더욱 추상적인 구조를 만들었다.[49] 그들은 수학적 대상의 새로운 집합이 정의될 때는 언제나 대상들 사이의 사상을 정의하는 것이 의미가 있다고 생각했다. 범주 $\mathcal{C}$는 집합의 쌍 $\{A, \alpha\}$으로 정의되고 추상적인 원소의 총체 A(이를테면 군)는 그 범주의 대상, 추상적인 원소 α(이를테면 준동형)는 범주의 화살이라 일컬어지는 것으로 구성된다. 이 화살들은 결합 법칙을 만족하는 화살의 적당한 곱과 각 원소 A에 대응하는 항등 화살의 존재라는 어떤 얼마간의 공리를 만족해야 한다. 군과 준동형 말고 다른 범주의 예로는 위상 공간과 연속 사상, 집합과 사상, 벡터공간과 선형 사상이 있다.

나아가 아일렌베르그와 맥레인은 두 범주 사이의 사상인 함자 개념을 도입했다. 곧, $\mathcal{C}=\{A, \alpha\}$와 $\mathcal{D}=\{B, \beta\}$를 두 범주라고 하면 $\mathcal{C}$에서 $\mathcal{D}$로 가는 (공변)함자 T는 사상의 쌍으로, 어느 것이나 같은 문자 T로 지시되는, 대상 사상과 화살 사상의 둘이다. 대상 사상은 $\mathcal{C}$의 각 A에 $\mathcal{D}$의 $T(A)$를 대응시키고, 화살 사상은 $\mathcal{C}$ 안의 각 화살 $\alpha : A \rightarrow A'$에 $\mathcal{D}$ 안의 화살 $T(\alpha) : T(A) \rightarrow T(A')$을 대응시킨다. 더욱이 이 쌍은 항등 화살을 항등 화살로 옮겨야 한다. 또 $\mathcal{C}$에 곱 $\alpha\alpha'$이 존재할 때는 언제나 조건 $T(\alpha\alpha') = T(\alpha)\,T(\alpha')$을 만족해야 한다. 반변(contravariant)함자에 관해서 화살 사상은 역이다. 곧, $T(\alpha) : T(A') \rightarrow T(A)$이면서 $T(\alpha\alpha') = T(\alpha')\,T(\alpha)$이다. 이를테면 호몰로지는 다양체와 연속 사상이라는 범주로부터 아벨 군과 준동형이라는 범주로 가는 공변(covariant)함자이다. 그리고 유한차원 벡터공간 V에 대하여 실숫값을 갖는 모든 V 위의 선형 사상으로 이루어진 벡터공간 $T(V)$를 대응시키면 벡터공간과 선형 사상의 범주로부터 그 자신으로 가는 반변함자가 생긴다.

H. 카르탕(H. Cartan 1904-2008)과 아일렌베르그가 쓴 호몰로지 대수학에 관한 저서가 1955년에 처음으로 나왔고, 그 뒤 10년 남짓 맥레인이 여러 논문을 발표했다. 대수적 위상수학이 순수 대수학의 영역까지 들어간 분야로서, 추상 대수에서 발전한 호몰로지 대수학의 성과는 응용 범위가 매우 넓었다. 이런 결과의 영향으로 새로 나타나는 성과를 지난 시대의 분류인 대수학, 해석학, 기하학과 같은 식으로 나눌 수 없게 되었다.

6 텐서해석학

벡터의 일반화인 텐서를 다루는 텐서해석학은 주로 리만 기하학에 나오는 미분 불변량을 다루는 연구의 변형이다. 탄성학을 기원으로 하는 텐서는 많은 불변량 기호 체계를 통합할 수 있고 탄성학, 유체역학, 상대성 이론에서 일반적인 정리를 다룰 때 효과가 있다.

리만의 1854년 논문은 아인슈타인이 일반상대성 이론을 세우기 위해 절대미분법을 적용하고 이것에 텐서해석학이라고 이름을 붙이고 나서 널리 알려졌다. 일반상대성 이론에 따르면 사차원 시공간은 물질과 에너지의 존재에 의해 휘어져 있다. 이 상황을 적절히 기술하려면 텐서해석학에 의지해야 했다. 텐서는 좌표계마다 주어져 있는 함수들의 집합으로, 한 좌표계에서 다른 좌표계로 바뀔 때, 전자의 좌표계에 의해 주어지는 집합에서 후자의 좌표계에 의해 주어지는 집합으로 어떤 규칙에 따라 옮겨간다. 한 좌표계에서 나온 함수는 다른 좌표계에서 나온 함수를 변수로 하는 선형동차함수이다. 두 텐서를 한 좌표계에서 비교했을 때 두 텐서의 함수가 일치하면 다른 좌표계에서도 함수가 일치한다. 텐서가 한 좌표계에서 지니는 물리, 기하학, 순수수학적 의미가 변환을 거쳐도 보존되므로 두 번째 좌표계에서도 그 의미는 유지된다. 이 특징은 관측자마다 자신의 좌표계가 있는 상대성 이론에서 필요하다. 상대성 이론은 모든 관측자에게 성립하므로 각 좌표계의 독립성을 나타내기 위해서 그 법칙을 텐서로 표현한다.[50]

리만이 다룬 이차미분형식 이론은 크리스토펠(E. B. Christoffel 1829-1900)과 리프시츠(R. Lipschitz 1831-1904)의 연구를 거쳐 벨트라미의 미분매개변수 이론과 결합되고 1884년에 리치-쿠르바스트로(G. Ricci-Curbastro 1853-1925)에 의해 이른바 절대미분학으로 연구되었다.[51] 리치는 이 접근 방법으로 기하학적 성질을 찾고 물리 법칙의 표현식을 좌표변환에 의해서도 불변인 형태로 나타내고자 했다. 절대미분학은 본래 편미분방정식과 변환 이론을 다루려고 만들어진 불변적 기호 체계였으나 이차미분형식의 변환론에도 적합한 기호 체계를 제공한다. 리치와 레비-치비타(T. Levi-Civita 1873-1941)에 의해서 절대미분학은 텐서 이론으로 발전했다.

리치와 레비는 1887년에 공변도함수라는 연산을 텐서해석학에 도입했다.[52] 텐서의 공변도함수는 좌표계의 변화 때문에 일어나는 변화율, 텐서로 표현된 물리적 양이나 기하학적 양의 실제 변화율을 보여준다. 직교좌표계에서 점마다 주어진 벡터가 모두 크기와 방향이 같아서 성분들이 모두 상수라 하더라도 극좌표계에서는 벡터장의 성분들이 점마다 달라진다. 만일 좌표의 크기 r과 각 θ에 대해 성분들의 도함수를 취하면 그것이 나타내는 변화율은 벡터 자체가 아니라 좌표계 때문에 나온 성분의 변화를 반영한다. 리치는 1892년에 자신의 방식을 체계적으로 서술하고 미분기하학과 물리학에 응용했다. 그가 접근하는 방식의 특징은 함수의 집합과 변환 법칙을 근간으로 삼는 것이다. 리치와 레비는 1901년 논문에서 미분불변량을 찾는 데 관심을 두고서 일부 편미분방정식과 물리 법칙을 텐서 형태로 나타내는 방법을 보여주었다. 리치는 이렇게 텐서 형태로 표현하여 좌표계와 관계없음을 보이고자 했다. 텐서를 물리 법칙의 수학적 불변성을 표현하는 데 사용한 것은 아인슈타인보다 훨씬 전이었다.

1900년대 초기에는 소수의 수학자들만 텐서해석학을 연구했다. 1908년 클라인이 군론을 바탕으로 하는 양의 분류를 제안하고 H. 카르탕도 독자적인 방법으로 세워나가던 그 입장에 도달하면서 비로소 텐서해석학의 기초가 명료화되기 시작했다.[53] 아인슈타인의 연구가 나오면서 상황은 달라진다. 텐서를 사용하면 사차원 유사 유클리드 다양체의 성질을 다루는, 중력 작용을 고려하지 않는 특수상대성 이론은 어렵지 않게 전개된다. 사차원 리만 다양체의 성질을 다루는, 여러 방향으로 작용하는 중력을 고려해야 하는 일반상대성 이론의 전개에는 그러한 다양체에 따르는 특별한 텐서 계산법이 필요했다. 리만 기하학과 리치와 레비의 텐서해석학을 기초로 아인슈타인이 일반상대성 이론은 세우는 데 성공했다. 이런 적용은 텐서가 상대성을 비롯해 여러 문제에 적용되면서 상당히 많은 연구를 이끌었다. 이 결과는 텐서해석학과 리만 기하학에 많은 관심을 기울이게 했고, 텐서해석학은 리만 기하학을 넘어서 확장되었다. 상대성 이론을 뒤이어 레비가 1917년에 그의 이름을 딴 평행성에 관한 연구로 텐서해석학을 혁신했다. 여기에 1918년에 바일이 그리고 1923년에 에딩턴(A. S. Eddington 1882-1944)이 새로운 아이디어를 보탰으며, 1918년에 독립으로 평행성을 발견한 쇼우텐(J. A. Schouten 1883-1971)이 1924년에 새로운 미적분학 전체를 체계화했다.

리만 기하학의 여러 개념을 텐서로 나타낼 수 있는데, 가장 중요한 것이 공간의 곡률이다. 레비는 1917년에 리치의 생각을 개선하여 벡터의 평행이동이라는 개념을 도입했다. 그는 평행이동 개념으로 리만 공간에서 벡터의 평행이라는 것을 정의하고자 했다. 리만 공간으로 구면을 생각하면 이것을 정의하기 어려움을 알 수 있다. 평행이동 개념을 도입하고 나서 한없이 작은 곡선 위에서 무한히 작은 벡터가 평행이동할 때 생기는 변화로 곡률을 나타냈다.

É. 카르탕(É. Cartan)은 1923년 이후 리(Lie) 군의 전체적인 성질에 위상적 방법을 도입하여 독창적인 방법으로 일반 다양체의 미분기하학을 첨가했다.[54] 카르탕은 연구 초기에 외미분형식의 미분법을 발전시켜 그것을 미분기하학뿐만 아니라 다른 여러 분야에도 응용할 수 있는 강력한 도구로 만들었다. 카르탕은 클라인이 사용한 군의 아이디어를 미분기하학적 설정, 특히 여러 곡률을 갖는 공간에 적용했다. 이 주제에서 서로 다른 관찰자들의 관찰은 좌표변환에 의해 관련되어 있고 중력장의 변화는 시공간 다양체의 곡률의 변화로 표현된다. 카르탕은 이런 설정을 현대 미분기하학의 기본으로 입증된 올 다발(fiber bundle)로 확장하여 가능한 종류의 좌표변환과 이들이 속할 수 있는 리 군에 집중하면 클라인의 접근법을 취할 수 있음을 보였다.[55]

7 측도와 적분

엄밀함이 강조되던 19세기 말에 특이한 함수의 예들이 많이 제시되었다. 보렐과 르베그는 그런 함수들을 살펴보면서 20세기의 수학 이론이 발전하는 데 바탕이 되는 개념의 하나인 측도를 정의했다. 1900년에 쇤플리즈(A. M. Schoenflies 1853-1928)가 점집합의 측도 개념을 비롯하여 실함수의 응용, 적분론을 다룬 두 권의 보고서를 펴냈다. 여기에는 칸토어, 페아노, 조르당, 보렐이 제시한 몇 가지 접근이 다뤄지고 있다. 조르당은 적분을 가측집합에 한정시켰고 보렐이 이 생각을 발전시켰다. 1900년을 무렵에 적분 개념은 일반화되면서 많은 변화를 겪었다.

보렐은 1894년에 셀 수 있는 집합의 측도가 0임과 덮개정리를 증명했다. 칸토어가 규정한 가측집합의 정의로는 두 집합의 합집합의 측도는 두 집합의 측도의 합보다 작아진다. 칸토어가 내린 정의의 이런 결점을 보렐이 제거했다. 보렐은 칸토어의 집합론을 바탕으로 새로운 측도 이론과 함께, 특히 덮개정리를 이용하여 특이점으로 이루어진 어떤 무한집합을 무시하는 것에 합리적 근거를 제시했다. 이를 '측도 0'이라 했고 이것으로부터 함수의 정칙 영역을 확장했다.[56] 측도론은 길이, 넓이, 부피의 수학에 단단한 기초를 제공하는 고도로 추상된 개념으로 집합론과 함께 20세기에 더욱 폭넓게 수학의 각 분야와 관련을 맺게 되었다. 측도론은 보렐의 확률론에 관한 1909년 이후의 연구에도 많은 영향을 끼쳤다. 한없이 많은 집합의 조작에 기초한 보렐의 측도론을 개선한 르베그가 측도와 적분을 더욱 일반화하여 해석학의 중요한 도구로 발전시켰다.

르베그의 가장 중요한 업적은 리만 적분의 개념을 일반화한 것이다. 이것은 부분마다 적분할 수 있는 함수에 더 넓은 범위의 실함수를 포함하고, 무한급수(특히 푸리에 급수)에서 적분과 극한의 교환과 같은 개념에 안전한 기초를 제공하려는 것이었다.[57] 르베그는 1902년에 자신의 측도 개념을 소개하고 1903년에 그의 적분론을 발표했다. 르베그 적분은 현대 수학이 보여주는 특징의 하나인 공리론적 정식화를 이용한 좋은 예이다. 그는 1902~1903에 적분의 개념에 대한 6개의 공리를 싣고서 이것들을 모두 만족하는 적분을 정의해 보였다. 이것이 르베그 적분이다. 르베그는 적분의 기반을 보렐의 측도 개념에 두었으므로 칸토어의 무한집합론을 상당히 가져왔다. 곧, 르베그 적분론은 점집합의 측도라는 개념 위에 세워졌다. 르베그 측도란, 이를테면 길이 같은 고전 개념을 구간이 아닌 점들의 집합으로 길이의 개념을 확장한 것이다.

함수의 불연속에 관한 연구에서 불연속점 집합의 양(길이)을 어떻게 잴 것인가라는 문제가 제기됐다. 르베그는 불연속점들의 양이 함수를 적분할 수 있는지를 결정한다고 생각했다. 보렐의 집합 연구를 깊이 살펴보던 르베그는 리만 적분의 정의가 매우 제한된 경우에만 적용됨을 알게 되었다. 리만 적분은 불연속점이 유한개인 함수를 가정하고 있었다. 사실 함수 $f(x)$에 불연속점이 수없이 많다면 구간 $[x_i,\ x_{i+1}]$이 작아진다고 해서 $f(x_{i+1})$과 $f(x_i)$의 값이 언제나 가까워지지는 않기 때문이다. 르베그는 함수가 유계인 경우에 리만 적분을 할 수 있는 것과 불연속점들의 집합이 0의 측도를 갖는 것이 서로 동치임을 보였다. 그는 전통적으로 독립변수의 정의역을 분할하던 방법 대신 함수의 치역을 분할하고, 주어진 y좌표에 속하는 x좌표들의 집합을 더하여 적분을 정의했다. y의 길이에 관계없이 $(x_{i+1}-x_i)f(x_i)$를 왼쪽에서 오른쪽으로 차례로 더하는 리만 적분과 달리 르베그 적분에서는 더하기 전에 크기가 같은 $(x_{i+1}-x_i)f(x_i)$끼리 분류한다. 함수 $f(x)=\begin{cases}0 & (x\text{는 유리수})\\ 1 & (x\text{는 무리수})\end{cases}$를 구간 $[0,\ 1]$에서 적분한다고 하자. $[0,\ 1]$에서 함숫값이 0인 모든 유리수의 르베그 측도는 0, 함숫값이 1인 무리수의 측도는 1이므로 적분값은 $0\times0+1\times1=1$이 된다. 그렇지만 이 함수의 리만 적분은 존재하지 않는다. 르베그는 다중적분 이론도 발전시켰다.

개략적으로 르베그 적분은 상한과 하한, 르베그 측도로 매우 정확하게 정의된다. 르베그 적분의 개념은 유계가 아닌 함수를 포함하는 더 일반적인 함수로 확장된다.

유계가 아닌 함수를 리만 적분을 할 수는 없다. 르베그 적분은 리만이 리만 적분을 정의하고 바이어슈트라스가 실함수론을 정의한 이래로 제기된 많은 어려움을 해소했다. 르베그 적분으로 리만 적분보다 넓은 범위의 함수를 적분할 수 있으나 실용으로는 리만 적분이면 충분하다.

20세기의 또 하나의 주목할 적분은 르베그와 스틸체스(T. J. Stieltjes 1856-1894)의 생각을 합친 르베그-스틸체스 적분이다. 한편 리스(F. Riesz 1880-1956)는 가능한 한 측도 이론을 피하면서 측도 0인 집합과 계단함수를 기본 개념으로 써서 구성적인 방식으로 르베그 적분을 다시 표현했다.[58]

8 함수해석학

함수해석학의 기원은 1887년에 시작된 볼테라의 연구라고 할 수 있다. 그는 어떤 수의 집합과 또 다른 수의 집합 사이의 대응관계인 보통의 함수와 다른, 정의역과 치역이 모두 함수의 집합인 일반화된 함수 개념이 중요함을 깨달았다. 이와 같은 조작 또는 작용소의 전형적인 예는 함수에 도함수를 대응시키는 작용소이다. 이것이 퇴화한 함수 f를 함수가 아닌 값(실수, 복소수) $f(a)$나 $\int_a^b f(x)dx$를 대응시키는 것을 범함수라 한다. 아다마르가 1897년에 이 이름을 제안했다.

19세기의 끝에 많은 분야에서 함수 위에 작용하는 작용소를 다루었다. 이를테면 미분과 그 역연산은 함수에 작용하여 새로운 함수를 내놓는다. 적분 $J=\int_a^b f(x, y, y')dx$를 다루는 변분법 문제에서 함수 $y(x)$의 집합에 작용하는 작용소로 적분을 생각할 수 있다. 미분방정식 분야에서도 다른 작용소가 나온다. 이를테면 미분작용소 $L=y''+p(x)y'+q(x)$는 $y(x)$를 다른 함수로 전환한다. 적분방정식 $g(x)=\int_a^b k(x, y)f(x)dx$에서 우변을 $f(x)$에 작용하여 새 함수를 내주는 작용소로 생각할 수 있다. 함수해석학에서는 어떤 공간에서 다른 공간으로 가는 작용소, 곧 사상 T를 문제로 하는 경우 T의 정의역 $D(T)$와 치역 $R(T)$가 무엇인가와 함께 그것들이 어떤 공간의 부분집합인가가 중요하다. 그 때문에 (실 또는 복소)선형 공간 X의 부분집합 $D(T)$에서 선형공간 Y로 가는 사상 T를 X에서 Y로 가는 작용소라고 한다. 이를테면 X에서 Y로 가는 T가 선형작용소라는 것은 $D(T)$는 X의 선형부분공간이고 x_1, $x_2 \in D(T)$와 스칼라 a_1, a_2에 대하여 $T(a_1 x_1 + a_2 x_2) = a_1 T(x_1) + a_2 T(x_2)$를 만족시킨다는 것이다.[59] 모든 작용소를 함수집합에 작용하는 추상적 작용소로 여길 수 있다는 생각이 함수해석학이 발전하는 데 큰 역할을 했다. 게다가 그 함수들을 한 공간의 점(원소)으로 생각할 수 있고, 이때 작용소는 점을 점으로 보낸다. 그러면 작용소는 통상의 변환을 일반화한 것이 된다. 함수해석학의 핵심은 미분방정식과 적분방정식에 등장하는 작용소의 추상 이론을 다루는 것이다. 이 이론은 미분방정식, 적분방정식, n차원 공간에 작용하는 선형변환 이론을 통합한다.[60]

범함수의 추상 이론도 변분법을 연구하던 볼테라에서 시작되었고 아다마르도 변분법을 연구하기 위해 범함수를 다루었다. 프레셰는 1906년에 함수 공간과 범함수의 추상 이론을 구성하는 중요한 연구 결과를 얻었다. 그도 변분법에서 출발했고 이것은 함수보다 더 추상적인 원소를 갖는 그의 추상공간에 이르는 하나의 방법이었다.[61] 그는 함수론을 집합론에 바탕을 두고 다루어야 함을 분명히 보여주었다. 집합의 원소도 수뿐만 아니라 점이나 곡선 같은 임의의 성질을 지닌 것이었다. 그는 범함수의 연속, 극한, 도함수를 정의하고 반연속(semi-continuity) 개념을 도입하여 범함수에 관한 여러 정리를 증명했다. 또한 범함수의 수열과 집합에 대해 고른 수렴, 콤팩트성, 동등연속 같은 개념을 도입하여 실함수에서 성립하는 정리들을 범함수로 일반화하고 증명했다. 함수해석학에서 주된 연구 분야는 변분법이 아니라 적분방정식에 대해 추상 이론을 세우는 것이었다. 변분법에 필요한 범함수의 특성은 다소 특수하며 범함수 일반에 대해서는 성립하지 않는 데다가 그 범함수들은 비선형이라 다루기에 어려웠기 때문이다.[62] 선형범함수와 작용소의 추상 이론에 관한 슈미트(E. Schmidt 1876-1959)의 1907년 연구와 프레셰의 연구에서 영향력 있는 성과가 비로소 나왔다. 이들의 연구에서 이른바 힐베르트 공간이 나오게 된다.

적분방정식은 $f(x) + \int_0^x f(t)dt = 0$이나 $f(x) + \int_0^x f(x-t)\sinh t dt = 1$처럼 구하고자 하는 함수 $f(x)$의 적분이 포함된 방정식이다. 이러한 방정식을 푸는 것은 그 미지의 함수를 결정하는 것이다. 수리물리학의 몇 문제는 적분방정식 문제로 전환되기도 하고 미분방정식으로 전환되기도 한다. 후자의 경우에는 적분방정식으로 변환되어 쉽게 풀리는 경우가 있다. 처음에 적분방정식을 푸는 방법은 적분을 역산하는 방식이었다. 적분방정식도 여러 문제가 산발적으로 나타나고 나서 나름의 방법론을 갖춘 분야가 되었다.

아벨(1823, 1826)이 처음으로 적분방정식을 의식적으로 사용하고 해결했다. 1832년에 리우빌이 특수한 적분방정식을 풀어서 특정 미분방정식의 근을 얻었다. 적분방정식의 체계적인 연구는 퍼텐셜 방정식 $u_{xx}+u_{yy}+u_{zz}=0$과 관련된 경곗값 문제의 풀이법과 연속체의 진동처럼 미분방정식이 중심이 되는 분야가 이끌었다. 미분방정식을 적분방정식으로 변환하는 예들은 상미분방정식과 편미분방정식의 초깃값 문제와 경곗값 문제를 공략하는 주요한 기법이 되었고 적분방정식을 적극 연구하도록 강하게 자극했다. 볼테라가 1896, 1897년에 적분방정식에 관한 주요 논문을 쓰면서 처음으로 적분방정식의 일반 이론을 세웠다.

볼테라의 생각을 이어받은 프레드홀름(E. I. Fredholm 1866-1927)이 20세기에 들어서자 그의 이름이 붙은 적분방정식을 무한연립일차방정식의 유사성을 사용하여 발전시켰고 이런 아이디어가 힐베르트의 적분방정식 이론을 자극하여 함수해석학이 시작되었다.[63] 힐베르트는 1904년부터 적분방정식을 연구했다. 이 연구는 유한한 길이를 갖는 벡터로 만들어진 오늘날 힐베르트 공간 이론의 기초가 되었다. 그는 무한개의 일차방정식에 극한 과정을 적용하던 프레드홀름과 달리, 행렬식을 사용하여 적분방정식을 해결했다. 그는 이때부터 1차 세계대전 때까지 주로 적분방정식을 연구했다.

힐베르트는 1904~1910년 사이에 진행한 선형적분방정식 연구에서 무한차원의 공간을 분명히 언급하지 않았지만 변수가 한없이 많은 함수의 연속성 개념을 전개했다. 이때 그는 추상 선형공간과 스펙트럼의 연구에 바탕이 되는 생각들의 많은 것을 제시했고 슈미트가 이 결과들을 정당화했다.[64] 힐베르트는 1910년부터 1차 세계대전이 시작되기 전까지 많은 시간을 기체의 운동론에 적분방정식을 적용하는 것 같은 수리물리학을 연구하며 보냈다. 그는 기체 역학 문제에서 적분방정식이 나옴을 보였다. 변화율이 미분방정식을 끌어내듯이 합의 개념도 물리 문제에서 기본이기 때문이다. 또 그는 함수의 급수 전개 이론에서는 적분방정식이 필연이고 자연스러운 출발점이라고 했다. 힐베르트 덕분에 적분방정식은 한동안 매우 유행하면서 많은 글이 발표되었다.

함수해석학의 작용소는 한 공간을 다른 공간으로 보내는 변환이므로, 여기서 중요한 의미를 지닌 것은 위상적 성질이다. 리스와 E. 피셔(E. S. Fischer 1875-1954)가 힐베르트의 적분방정식 연구를 더욱 일반적인 함수와 추상공간으로 확장했다. 리스의 1910년 논문이 함수해석학의 핵심이라고 할 수 있는 추상 작용소 이론의 출발점이 되었다. 1913년에는 피셔가 볼테라의 범함수 정의를 개선하여 변분법에서 사용되는 범함수를 포괄하도록 함으로써 도함수를 이용하여 범함수의 미분을 정의할 수 있게 되었다. 1918년에는 리스가 연속함수의 공간에서 선형작용소에 관하여 그 완전 연속성으로부터 프레드홀름의 택일정리(alternative)를 이끌어내는 것을 증명했다.[65] 이것은 나중에 바나흐 공간으로도 확장되었다.

바나흐의 학위 논문(1920)으로 실질적인 함수해석학이 탄생했다고 볼 수 있다. 이 분야에서 바나흐 공간이 중심 대상의 하나이기 때문이다.[66] 바나흐는 볼테라와 힐베르트에서 비롯된 특별한 측면의 연구부터 포괄적인 영역에 이르기까지 함수해석학에 크게 이바지했다.[67] 바나흐 공간론은 함수해석학의 폭넓은 분야로 발전하여 수학의 다른 여러 분야에 응용됐다. 1932년에 펴낸 저작이 처음으로 함수해석학을 독립된 학문으로 다루었다. 이 저작에 바나흐 (벡터) 공간의 공리계가 다시 기술되어 있지만 출판되기 전에 이미 벡터공간의 추상 개념은 수학 용어의 일부가 되어 있었다. 바나흐 공간을 정의하는 노름의 세 가지 조건과 함께 임의의 x, $y \in V$에 대해 $\|x+y\|^2+\|x-y\|^2=2(\|x\|^2+\|y\|^2)$을 만족하는 공간을 힐베르트 공간이라고 한다. 1929년 무렵에 노이만이 처음으로 힐베르트 공간이라는 이름을 사용하면서 그 공간을 공리화하고 나서 오늘날과 같이 높은 정도의 추상적인 형태로 만들었다. 리스는 1952년에 보렐-르베그의 아이디어를 힐베르트의 생각과 결합하여 함수해석학에 많이 이바지했다.

함수해석학은 일반화된 모멘트 문제, 통계역학, 편미분방정식의 존재성 문제와 유일성 문제, 고정점 정리 등 여러 곳에 응용되었다. 변분법과 연속콤팩트군의 표현 이론에서도 중요하게 쓰이고 있다. 또 대수학, 근사적 계산, 위상수학, 실변수 이론에서도 사용되고 있다. 하지만 이런 폭넓은 응용에도 불구하고 고전적 해석학의 문제들에 새롭게 응용되는 일은 거의 없다.[68]

9 확률론과 통계학

9-1 확률론

19세기에 확률이 기체 운동론에 도입되기 전까지 노름에서나 응용되고 있었다.

이런 점에서 확률론은 20세기의 수학이라고 볼 수 있다. 실제로 20세기에 유전학과 물리학에 확률론이 적용되었다. 골턴은 19세기 끝 무렵에 회귀현상을 연구했고 K. 피어슨은 중상관의 개념을 바탕으로 카이제곱 판정법을 끌어냈다. 그러는 가운데 물리학자들은 자연 세계와 인간 사회가 우연에 지배되는 법칙으로 설명된다는 점을 깨닫게 되었다.

기체 운동론이나 많은 사회적, 생물학적 현상에서 어떤 사건이 일어날 가능성은 앞선 사건이 일어난 상황에 자주 영향을 받는다. 이런 현상을 설명하기 위한 수단으로 마르코프(A. A. Ма́рков 1856-1922)는 1906년에 연쇄 확률(마르코프 연쇄)의 개념을 도입했는데, 20세기 중엽 이후 널리 연구되었다. 마르코프 연쇄에서 사건의 확률은 바로 앞선 사건의 결과에만 의존한다. 이런 확장된 확률에 수학의 기초가 주어지고 얼마 지나지 않아 적절한 도구가 마련되었다. 그것은 가측함수의 개념과 현대적인 적분론이다. 확률론은 이 둘을 사용해야 엄밀히 표현할 수 있다.

엄밀한 수학적 기반이 매우 부족하던 확률론의 전체 주제를 탄탄한 기반 위에 올려놓은 것은 콜모고로프(A. Н. Колмого́ров 1903-1987)가 1933년에 쓴 〈확률론의 기초〉(Grundbegriffe der Wahrscheinlichkeitsrechnung)이다. 이로써 확률론은 현대화되었다. 그는 르베그의 측도 이론을 확률론에 도입하여 토대로 삼았다. 확률론에서 가장 중요한 문제는 확률을 정의하는 것이었다. 공리주의적 방법론의 힘을 빌어 19세기 후반과 20세기 초의 대수학자들은 확률이 무엇인지 깊이 고민하지 않고 확률이 지녔으면 하고 바라는 성질을 공리로 두었다.[69] 그러다 1930년대 초에 콜모고로프가 제대로 갖춰진 확률론의 공리 체계를 처음 세웠다. 이것이 수학의 다른 분야처럼 확률론을 형식적으로 정당화했다.

확률이 이산이면서 유한인 경우를 다루는 것이었다면 확률론의 공리화는 쉬었을 것이다. 하지만 확률론은 자주 이산이면서 무한이거나 연속인 경우의 수들에서 선택하는 문제에 맞닥뜨린다. 이러한 사정은 많은 문제점과 역설을 낳았다. 이런 어려움들이 측도 개념으로 해결되었다. 확률론은 측도론과 많은 성질을 공유한다. 발전된 측도 개념에 바탕을 두고 확장된 적분은 해석학과 확률론을 깊이 관련지었다. 사실 확률은 측도의 하나였다. 이 성질을 콜모고로프가 밝혀내고서 이것을 바탕으로 확률의 공리를 구성했다. 그는 1931년에 상태 공간이 연속이든 이산(이 경우에는 마르코프 연쇄라 한다)이든 연속 시간에서 마르코프 과정을 다룬다.[70] 〈확률론의 기초〉에서 확률을 집합에서 0과 1사이의 실수로 가는 함수로 정의하고 확률 공간을 정의했다. 이 공간을 집합 U, 사건이라고 하는 U의 부분집합을 A라 하고 A에 확률 $0 \leq p(A) \leq 1$을 대응시킨다. 그러고 나서 $p(U)=1$이고 U의 두 부분집합 A와 B가 서로소이면 $p(A \cup B)=p(A)+p(B)$를 제시한다. 콜모고로프는 여기서 출발해서 공집합 $\varnothing$에 대해서 $p(\varnothing)=0$, A의 여집합 A^c에 대해서 $p(A^c)=1-p(A)$를 비롯하여 $p(A \cup B)=p(A)+p(B)-p(A \cap B)$, $A \subset B$일 때 $p(A) \leq p(B)$와 같은 결과를 유도했다. 여기에 이전의 (약한) 큰 수의 법칙에서는 확률변수들의 분산이 유한일 것을 암묵적으로 가정했는데, 콜모고로프는 이런 가정이 필요 없음을 밝혔다. 처음 n개 변수의 표본 평균은 n이 무한히 커질수록 1의 확률로 모평균에 수렴한다는 명제인 강한 큰 수의 법칙도 다루고 있다.[71]

콜모고로프는 확률론을 순수수학적 이론으로 정비했고 확률의 개념을 역학과 정보 이론에 적용함으로써 확률론의 적용 범위를 넓히는 데도 이바지했다. 그의 확률론 공리화는 확률론과 역학을 엄밀한 기반 위에 놓으라는 힐베르트의 여섯 번째 문제(물리학을 공리화하여 수학적으로 다루는 것, 물리학의 공리를 수학적으로 표현하는 문제)의 부분적 해답으로 간주할 수 있다.[72]

20세기 중반에 이루어진 또 하나의 성과로 초함수(distribution)에 관한 것이 있다. 헤비사이드가 처음 사용한 이후에 오랫동안 병적인 함수로 취급받던 디랙의 델타 함수65)가 있다. 수학자들은 그런 함수의 존재를 증명할 수 없었기 때문에 받아들이지 않았다. 그런데도 전기공학 같은 데서 그것을 사용하여 얻은 결과가 정확했으므로 이것은 계속 사용됐다. 그렇지만 미분 가능성이 무너짐으로써 미분방정식의 풀이, 특히 특이해가 관련된 데서 어려움이 생겼다. 슈바르츠(L. Schwartz 1915-2002)가 이런 어려움을 극복하기 위하여 1950~1951년에 미분 가능성에 더욱 폭넓은 생각을 들여왔다. 그 생각은 20세기 초에 바나흐, 프레셰 등이 전개한 일반 벡터공간의 발전 덕분에 현실화되었다. 선형 벡터공간에서 각 원소가 함수일 때 그 공간을 선형공간이라 하고, 여기에서 사상이 선형 범함수이다. 슈바르츠는 미분 가능하고 그 밖의 몇 개의 조건을 만족하는 함수 공간에서 연속인 선형 범함수를 초함수라고 했다.[73] 이를테면 델타함수는 초함수의 특별한 경우이다. 슈바르츠에 의해 델타함수가 함수로서 존재하지 않더라도 분포로서 존재할 수 있음을 밝혔기 때문에 디랙 분포라고도 한다. 또한 슈바르츠는 초함수의 도함수를 적절하게 정의하여

---

65) 임의의 연속인 함수 $f(x)$에 대하여 $\int_{-\infty}^{\infty} f(x)\delta(x)\,dx = f(0)$인 함수 $\delta(x)$이다.

그것의 도함수가 언제나 초함수가 되도록 했다. 이 연구에 의해 미적분학은 더욱 일반화되었고, 미적분학은 곧바로 확률론과 물리학에 적용되었다. 섀넌(C. Shannon)은 1948년에 동등한 확률의 불확실성이 로그의 성질을 띤다는 사실을 완전히 밝히고 이를 토대로 가장 일반적인 형태를 정립했다.[74]

9-2 통계학

20세기에 들어서서 표본으로부터 모집단의 특성을 추측하는 추측통계학이 발전하는 기초가 놓였다. 스튜던트(Student)라는 필명으로 출판하고 1912년에 t-분포를 개발한 고셋(W. S. Gosset 1876-1936)이 그 계기를 제공했다. 그는 모집단을 확률분포가 정의된 공간으로, 표본을 모집단에서 임의로 추출한 모음으로 생각했다. 1908년의 논문에서는 '개체수가 적은 통계 자료의 평균 분포'를 다루었다.[75] 여기서 사용한 방법은 1930년대에 R. 피셔(R. Fisher 1890-1962)의 연구에서 발전했다. 피셔는 멘델의 이론을 수학적으로 표현하는 연구에서 출발하여 상관계수의 표본 분포에 관한 연구를 완성하고 1923년에 고셋의 t-분포를 증명했으며 1924년에는 χ^2-분포, t-분포를 포함하여 z-분포를 구성하고, 간단히 사용되는 유의미한 z-검정을 만들면서 통계학을 수학적 이론으로 확립했다. 또한 실험계획법의 기초를 닦았으며 우생학에도 이바지했다. 우생학이 그릇된 이론으로 여겨지게 된 것은 새로운 증거를 제시한 연구에 의해서가 아니라, 홀로코스트를 비롯한 과학 바깥의 거대한 사회적 사건 때문이었다.

네이만(J. Neyman 1894-1981)과 E. 피어슨(E. Pearson 1895-1980)은 가설검정론의 기초를 세우고, 검정력 함수, 신뢰구간 등의 개념을 도입하여 추측통계학의 기초를 다졌다. 이로써 학률론이 자료와 가설을 평가하는 역할을 하게 되었다. 왈드(A. Wald 1902-1950)가 2차 세계대전 때 군부의 요청으로 개척한 축차해석(sequential analysis)은 특히 파괴 검사를 필요로 하는 문제에서 효과를 거두었다.[76] 이 방법은 표본의 개수를 미리 정하지 않고 자료를 수집하면서 평가하는 것으로 결과가 나오면 사전에 정해 놓은 규칙에 따라 계속 시행할지 말지를 결정한다. 이것을 바탕으로 가설을 채택하거나 기각한다. 이를테면 파괴 검사 가운데 최저 강도를 알아보는 검사(실험)에서 재료의 강도가 독립이라고 할 때 소요되는(파괴되어 못쓰게 되는) 재료의 수는 $H_n = \sum_{i=1}^{n} 1/i$로 예상된다. 재료가 1000개 있을 때 $H_{1000} \approx 7.5$이므로 7, 8개가 못쓰게 될 때까지만 실험하면 최저 강도를 알 수 있다.

20세기 들어서 동력이 발전하면서 제조업뿐만 아니라 농업에서 대량 생산이, 대중교통의 발전으로 대량 수송이, 시장의 발달로 상품의 대량 유통이, 매체의 발달로 정보의 대량 전달이, 심지어 수많은 학생을 대상으로 같은 내용의 교육이 이루어졌다. 간단히 말해서 대중에게 대량의 재화와 서비스를 제공할 수 있게 되었다. 이런 상황에서는 표준편차가 작게 되므로 평균이 중요해진다. 이에 따라 큰 수의 법칙과 정규분포가 중요해졌다. 이런 배경을 바탕으로 R. 피셔의 농업, 슈하트(W. A. Shewhart 1891-1967)의 공업, 그 밖의 여러 분야에서 진행된 연구를 바탕으로 통계적 방법의 기초가 되는 수리통계학 이론이 1960년대에 거의 완성되었다. 이러한 이론으로부터 나온 방법들은 대량 생산, 유통, 소비의 시대에 우연에 따른 변동을 제어하는 방법을 주었는데 여기서 핵심은 큰 수의 법칙에 있다.[77] 이 영향으로 모든 자료는 정규분포를 따를 것이라는 생각이 아주 깊이 뿌리를 내리면서 오늘날에는 어떤 데이터가 정규분포를 따르지 않으면 의심부터 하게 되었다. 그렇지만 가정(또는 개인)의 소득처럼 정규분포를 따르지 않는 분포는 얼마든지 있음을 반드시 염두에 두어야 한다.

20세기 후반부터 대량 생산, 유통, 소비의 시대가 저물어 가게 되었는데 이는 컴퓨터가 발전하고 정보통신 기술이 발전했기 때문이다. 이 발전 덕분에 획일화에서 벗어나 필요에 따라 여러 종류의 제품과 서비스를 생산하고 제공할 수 있게 되었다. 평균을 기반으로 한 많은 사람이 아닌, 평균과 관계없이 적은 사람을 대상으로 생산하고 제공하므로 평균에서 벗어난다는 것의 의미가 없어졌다. 매우 복잡한 것을 매우 적게 제작하는 경우도 있는데, 이때는 무작위로 표본을 추출하고 통계처리를 거쳐 불량률 등을 따지는 것 자체가 아무런 의미가 없다. 이것은 큰 수의 법칙과 평균이 핵심 역할을 하는 시대가 지났음을 뜻한다. 그러나 사회학적, 경제학적인 여러 현상들을 분석하는 데는 평균을 바탕으로 한 큰 수의 법칙과 정규분포는 여전히 쓰이고 있다. 그 둘을 기반으로 하는 통계 방법은 뒤떨어진 분야를 과학으로 이끄는 데 아직 중요한 역할을 하고 있으며, 많은 곳에서 문제를 분석하는 방법으로 상당한 역할을 하고 있다.

10 컴퓨터와 응용

10-1 컴퓨터 이전 계산기의 역사

수학은 계산 이상의 것이지만, 계산은 개념을 다루는 연구에 반드시 필요하다. 수학자들은 그러한 일상의 계산을 처리해 주는 도구를 갖고 싶어 했다. 그런 도구는 생각하는 데에 더 많은 시간을 들일 수 있게 해주기 때문이었다. 20세기에 수학의 연구 분야가 엄청나게 넓어지고, 내용과 방법도 매우 깊어지게 된 데는 컴퓨터의 개발과 발달도 많은 도움이 되었을 것이다. 컴퓨터는 수학자가 추측할 때 매우 쓸모 있는 연구 도구가 되었다. 해결되지 않은 추측에 반례를 구성하여 그것을 버리게 하거나, 바라는 한계까지 값을 계산하여 추측을 확인해 주기도 했다. 또한 컴퓨터 그래픽은 전통적 기법들을 바르게 구사하는 데 필요한 배경이 되어주기도 했다. 그런데 이런 역할을 한 컴퓨터를 발전시킨 집단은 아이러니하게도 계산을 대체할 개념을 추구하면서 수학의 추상화에 중점을 두고 패턴을 해석하는 데 주로 관심을 기울이던 순수수학자들이 아니었다. 20세기 전반에 계산기의 역사는 연산 기법의 효율화와 연산의 정확성에 관심을 기울였던 공학자, 응용수학자와 관련되어 있다.

상거래뿐만 아니라 천문학(역법)에서 수행되는 많은 계산을 빠르고 정확하게 하려는 욕구는 그것을 충족시킬 개념적, 기계적 도구를 개발하도록 자극했다. 아주 오래 전부터 나무막대와 조약돌이 계산에 쓰이다가 주판셈으로 발전했다. 이슬람 과학자의 일부가 천문학 계산을 돕는 도구를 사용했다고 하지만, 남아 있지 않다. 주판 다음으로 개발된 것은 네이피어 막대이다. 이것은 1부터 9까지의 각각에 1부터 9까지 곱한 수를 칸으로 구분하여 적어놓은 막대 계산 도구로서 긴 자릿수의 수를 곱하는 데 쓰였다. 이것은 숫자를 적는 데 드는 시간을 줄였다. 17세기 초에 천문표 계산이 중요해지면서 개념적 도구로 로그가 발명되었다. 그렇더라도 기계적 도구는 계속 있었다. 1623년에 시카르트(W. Schickard 1592-1635)가 덧셈과 뺄셈을 자동으로, 곱셈과 나눗셈을 반자동으로 할 수 있는 기계를 만들었다고 하나, 완성 전에 화재로 타버리고 30년 전쟁 때 설계와 함께 사라져 뒤에 영향을 끼치지 못했다.[78] 파스칼이 1642년에 덧셈과 뺄셈을 기계적으로 할 수 있는, 처음이라 할 만한 계산기를 만들었다. 여덟 개의 회전 눈금판이 있었기에 여덟 자리까지 계산할 수 있었다. 라이프니츠가 1671년에 곱셈과 나눗셈도 할 수 있는 기계식 계산기를 개발했다.

1808년에 옷감에 그리고자 하는 무늬에 대응하는 명령을 새겨 넣은 천공 카드를 도입하여 직물 산업의 노동력을 덜었던 자카르(J. M. Jacquard 1752-1834)는 같은 방식을 사용하여 제비뽑기를 프로그램하는 방법을 고안했다. 이 아이디어는 배비지(C. Babbage 1791-1871)의 해석 기관(1838)에 이어진다. 1820년에 콜마(T. de Colmar 1785-1870)가 처음으로 상업적으로 성공한 아리스모미터(arithmometer)라는 계산기를 설계, 제작했다. 계단식으로 홈이 파인 원통형 장치를 이용한 이 계산기는 1910년대까지 나왔다.

유감스럽지만 라이프니츠의 기계도, 그 뒤 150년에 걸쳐서 만들어진 여러 개량형도 폭넓게 쓰이지는 않았다. 실무를 맡던 사람들은 여전히 손으로 계산했다. 손으로 조작하는 기계의 계산 속도가 손 계산보다 낫지 않았기 때문일 것이다. 복잡한 계산에는 당연히 수표가 이용되었다. 수치 계산의 정확도와 함께 속도를 높인 기계는 증기기관이라는 새로운 동력을 이용해야 나올 수 있었다.

10-2 컴퓨터의 발달 과정

x	x^3	1차분	2차분	3차분
1	1			
2	8	7		
3	27	19	12	
4	64	37	18	6
5	125	61	24	6

천문학과 항해에서 쓰이는 계산을 수행할 목적으로 배비지가 구상한 계산 장치는 위에서 언급한 도구들과 현대 컴퓨터를 잇는 중요한 단계이다. 그는 증기기관을 이용하여 수치 계산의 속도와 정확도를 높이고자 했다. 그는 1820년 무렵에 다항함수의 함숫값은 n차 항의 n차분(n번째 계차)이 똑같다는 것을 이용하면 구할 수 있음을 알았다. 그러면 덧셈과 뺄셈만으로 함숫값을 계산할 수 있게 된다. 이 생각이 차분 기관(difference engine)의 바탕을 이루는 원리이다. 1822년에 그는 6자리의 수를 다루는 작은 수동식 기계를 선보였다. 그는 이 기계에 인쇄 장치를 붙여 손으로 기록할 때의 오류를 방지하고자 했다. 이어서 20자리 수를 다루는 차분 기관을 만들려 했으나, 당시의 기계 공구 기술로는 그가 바라는 만큼의 정밀한 부품을 만들 수 없어 완성하지 못했다. 이 기계가 당시에 제작되지 못한 또 다른 까닭은 영국 정부의 무관심에 따른 재정 문제와 함께 배비지 자신이 증기의 힘으로 움직이는 범용 목적의 계산 기계인 해석 기관(analytic engine)을 개발하는 데 관심을 두었기 때문이다. 1838년에는 기본 설계를 끝냈다. 새로운 장치는 기계적이기는

했으나 오늘날의 컴퓨터의 특징을 많이 갖고 있다. 이것은 저장(store)하고 계산을 수행(mill)하는 두 부분으로 구성되었다. 거듭 더해서 값을 구하는 차분 기관과 달리 해석 기관은 네 가지 연산을 기계화하는 것이었다.

시인 바이런의 딸로 알려진 러브레이스(A. Lovelace 1815-1852)는 배비지에게 베르누이 수를 계산할 계획을 세우도록 제안했다. 배비지가 해석 기관에 대해 1840년에 했던 강연에 고무된 메나브레아(L. F. Menabrea 1809-1986)가 해석 기관을 설명하는 글을 이탈리아어로 썼고, 러브레이스가 영어로 번역했다. 이때 그녀는 많은 주석을 붙이면서 해석 기관을 작동하는 논리와 함께 그 절차를 분명한 형태로 기술했는데, 이것은 기록된 최초의 컴퓨터 프로그램일 것이다.[79] 배비지와 러브레이스는 기계에 지시하는 연산을 천공 카드에 부호화된 형식으로 입력하는 방식을 채택했다. 이것은 자카르에게서 아이디어를 얻은 것이었다. 해석 기관은 완성되었다면 프로그래밍을 적용한 첫 번째 기계적 컴퓨터였을 것이다. 당시의 기술로 이 기관을 충분히 만들 수 있었으나 영국 정부가 이 거대한 프로젝트에 관심을 두지 않아, 몇 개의 부분만 만들어졌고 완전한 기능을 갖춘 것은 완성되지 못했다. 이 기관은 이론적인 구조물로만 남게 되었다. 19세기 중엽의 영국조차 해석 기관 제작에 드는 막대한 자금을 정당화할 근거나 사회적 요구가 없었다.

러브레이스는 같은 형식의 계산을 되풀이하는 상황이 자주 생긴다는 사실을 알아내고는 순환(loop)을 이용해 서브루틴(subroutine)의 개념을 고안했다.[80] 이렇게 하여 그녀는 배비지의 해석 기관이 산술 연산만이 아니라 기호 대수 연산도 실행할 수 있음을 보였다. 그녀가 개발한 해석 기관을 작동하는 논리 구조는 오늘날 프로그래밍에도 사용되고 있다. 나아가 그녀는 기계가 연산 이상의 프로그램을 구동할 수 있음을 가장 먼저 인식했다. 이를테면 컴퓨터로 작곡도 할 수 있을 것이라 했다.

1888년에 홀러리스(H. Hollerith 1860-1929)가 처음으로 카드 코드 체계를 고안했고, 이것을 천공 카드로 자료를 입력하는 데 채용했다. 천공 카드 한 장에는 세로로 12칸이 1열이 되어 모두 80열이 있는데, 열 하나에 숫자나 문자 하나를 구멍의 개수와 장소를 달리하여 나타냈다. 그는 1890년의 인구조사 때 이 장치를 사용하여 성공을 거두었다. 사람마다 한 장의 천공 카드에, 그 사람의 개별 사항을 하나의 열에 나타냈다. 그의 발명품은 프로그래밍의 시초가 되었다.

1934년에 주세(K. Zuse 1910-1995)가 이진법 사용에 대한 라이프니츠의 생각을 사용하여 홀러리스의 카드 코드 체계를 개선했다. 1939년에 부시(V. Bush 1890-1974)

와 위너(N. Wiener 1894-1964)가 어떤 적분을 계산하고 어떤 형태의 미분방정식을 푸는 아날로그 컴퓨터를 제작했다. 위너는 1948년에 동물의 신경계에서 일어나는 자극 전달과 통신기계의 제어와 정보전달을 다루면서 수학과 생물학을 적극 관련지음으로써 수학의 적용 범위를 매우 넓혔다.[81] 이 연구 결과는 노이만의 자기증식 기계 연구에 중요한 실마리가 되었다.

2차 세계대전 때부터 직후까지 전자계산기와 기계 계산의 기본이 확실하게 구축되었다. 이때 대수학적 원리가 컴퓨터를 구동하는 중심 개념을 증명하거나 프로그램 설계의 핵심 측면에서 매우 중요한 역할을 했다. 0과 1의 수학에 대한 불(1854)의 대수적 방법이 컴퓨터 계산의 논리에 효과적인 체계를 제공했다. 오늘날의 모든 디지털 컴퓨터는 0과 1의 이진 표기로 작동한다. 이러한 이진법에서 0은 꺼짐을, 1은 켜짐을 의미(스위칭)하기도 하고 수학적 논리 안에서 0은 거짓을, 1은 참을 의미(진리값)하기도 한다. 이것을 기반으로 컴퓨터는 산술 계산과 함께 논리 연산도 수행한다. 논리 연산이 기본이고 산술 계산은 그것에 딸린 것으로 볼 수 있다.

전자계산기는 2차 세계대전 때 군사 목적으로 제작되었다. 전쟁이 일어나기 전의 몇 해 동안 컴퓨터 개발에 필수 개념이 몇 가지 나왔다. 1931년에 괴델은 원시귀납함수를 제시했다. 이것은 후속자함수가 수 n을 후속자 $S(n)$으로 보내고 다음에 $S(n)$을 그 후속자 $S(S(n))$으로 보내듯이 입력에서 출력으로 가고 그 출력이 입력으로 다루어지는 수함수이다. 1936년에 처치(A. Church 1903-1995)는 이른바 람다 계산함수를 정의했다. 그 뒤로 귀납함수와 람다 계산함수는 형식이 매우 다름에도 대체로 같은 일을, 같은 방식으로 수행했다.[82]

튜링(A. Turing 1912-1954)이 계산이란 무엇이고 주어진 계산이 실제로 실행될 수 있는가라는 물음에 합리적이고 엄밀하게 답을 하는 데에 관심을 기울였다. 그는 통상의 계산 절차로부터 본질이 되는 부분을 추출하고 이론적 기계를 사용하여 이 부분을 정식화했다. 그는 괴델이 말한 참, 거짓을 결정할 수 없는 명제가 존재한다면 주어진 명제가 그러한지 아닌지를 유한회수의 조작으로 알 수 있는 일반적인 방법을 고찰했다. 그는 1937년에 그러한 방법은 없음을 증명했다. 그는 '유한회수의 조작'을 정의하는 것부터 시작하여 사칙연산을 포함하여 모든 논리적 과정을 실행할 수 있는 상상 속의 기계를 고안했다.[83] 순수수학의 내용을 증명하려고 고안한 이 기계를 튜링 기계라고 한다. 이것은 나중에 컴퓨터의 이론적 배경이 되는, 세 가지 기본 개념(요소)으로 성립하고 있다. (1) 상태(배치)의 유한집합이다. (2) 기계에 읽히거나 써넣는 조작이 수행되는 기호의 유한집합(빈 곳을 나타내는 기호도 있다)이다. (3) 기계의 상태를 변경하거나 읽어 들인 기호를 바꿔 쓰는 절차이다. 이 기계는 어떤 기호가 적혀 있는, 네모 칸으로 구분된 테이프에 의해 (3)의 작업을 수행한다. 이 기계는 기억의 기능도 있다. 이로써 기계는 특정한 칸을 다시 읽어 들이고, 그때의 상태에 따라 그것에 맞는 방식으로 수행할 수 있다. 이 기억의 기능이 튜링의 기계가 지닌 가장 눈에 띄는 기능일 것이다. 곧, 튜링 기계가 수행하는 것은 어떤 순간에 입력되는 함수뿐만 아니라 이미 입력된 현재 상태의 함수이다. 그리고 이 기계에는 순환 기능이 있다. 튜링은 이 기계의 존재 가능성만 증명하고 이것을 제작하려고 하지는 않았다. 어쨌든 그의 생각은 어떠한 계산이라도 수행하는 프로그램을 운용할 수 있는 범용 컴퓨터라는 개념으로 이어졌다.

1930년대 말 처치와 클린(S. C. Kleene 1909~1994)은 귀납함수, 람다 계산함수, 튜링 계산함수가 같은 것임을 증명하고 알고리즘의 비형식적 개념을 정확히 설명했다. 처치는 튜링 기계의 유효한 개념이 계산의 개념을 완전히 흡수하므로 어떠한 알고리즘도 튜링 기계로 실행할 수 있다고 주장했다.[84] 1938년에 섀넌은 컴퓨터 제작에 직접 응용될 수학적 사고방식을 논했다. 그는 불의 논리 대수를 스위치 회로의 구성에 응용했다. 그는 어떠한 회로든지 방정식의 집합으로 나타낼 수 있고, 이 방정식들을 조작하는 데에 불의 논리 대수가 필요함을 알고 있었다. 그는 열린 회로를 1로, 닫힌회로를 0으로 나타냈다. 불 연산 기호로 직렬은 +로, 병렬은 ·로 나타냈다. 그러면 $0+0=0$, $1+0=0+1=1$, $1+1=1$; $0\cdot 0=0$, $0\cdot 1=1\cdot 0=0$, $1\cdot 1=1$이 성립한다. 튜링과 섀넌은 현대 컴퓨터 제작에 필수인 이론 문제와 응용 문제에서 많은 업적을 이루었다.

노이만이 중심이 되어 구성된 집단이 컴퓨터를 연산, 기억, 제어, 입출력이라는 네 부분으로 구성했다. 연산 장치는 현재의 중앙처리장치에 해당하는 곳으로 기본 연산을 실행한다. 배비지의 해석 기관은 기계적이어서 십진수를 사용했는데, 전자적으로 수를 나타내게 됨으로써 이진수를 쓰는 쪽이 더욱 간단하고 나았으므로 노이만은 이진수를 채택했다. 이 때문에 노이만은 십진수를 이진수로, 이진수를 십진수로 변환하는 명령 체계를 설계해야 했다. 기억 장치는 계산에 쓰이는 수의 저장과 계산을 실행하는 명령의 저장이라는 두 가지 기능을 수행한다. 제어 장치는 기계가 실제로 실행하는 명령이 내장되는 부분이다. 여기에는 주어진 일련의 명령을 되풀이하는 것과 그것이 완료되었음을 판단하는 명령도 내장되었다. 더욱이 입출력을 기계에 통합할 수 있는 명령도 함께 포함됐다.

컴퓨터 언어 구조주의 언어학에 대비되는 생성문법의 이론을 제시한 촘스키(N. Chomsky 1928-)가 1955년에 계산 기계의 이론에 전환점을 제시했다. 그의 문장 구성 이론이 수리언어학과 프로그래밍 언어의 발전에 크게 이바지했다. 백커스(J. Backus 1924-2007)는 1957년에 대수방정식과 영어 속기 형식을 조합한 컴퓨터 프로그래밍 언어인 포트란(FORTRAN)을 개발하여 소프트웨어의 발전에 획기적으로 이바지했다. 이어서 사용자에게 친숙한 프로그래밍 언어를 만들기 위해 노력한 호퍼(G. Hopper 1902-1992)가 익숙하지 않은 기호 대신 영어를 코드로 변환하는 프로그램을 개발했다. 이것에서 1960년에 코볼(COBOL)이라는 프로그램 언어가 나왔다. 컴퓨터 프로그래밍 언어에 가장 커다란 영향을 끼친 것은 커츠(T. E. Kurtz 1928-2024)와 케메니(J. G. Kemeny 1926-1992)가 1965년에 발표한 베이식(BASIC)으로 프로그램의 편집과 실행 기능을 갖춤으로써 부분적으로 편집한 프로그램을 실행하고 미비된 곳을 고쳐 다시 실행할 수 있었다. 1972년에는 벨 연구소에서 언어에 기본으로 탑재되는 명령어를 최소로 줄인 C(또는 C언어)를 개발하면서 천공 카드를 사용하던 시기의 흔적을 거의 없앴다.

하드웨어의 발달 전기 계전기와 기계적인 부품 대신에 진공관을 사용하는 최초의 연산 컴퓨터는 튜링의 제안으로 1943년에 만들어진 콜로서스이다. 이것은 2차 세계대전 때 독일의 애니그마가 생성한 암호를 풀기 위해 개발되었던 데다가 영국이 1970년대까지도 애니그마를 사용하고 있었기 때문에 매우 오랫동안 군사 기밀로 묶여 알려지지 않았다. 1944년에는 배비지가 만들려고 했던 완전히 자동화된 연산장치가 전기 기계 계산기 Mark I (자동 순차 제어 계산기)로 구현됐다. 이것은 두루마리 종이띠에 미리 뚫어놓은 구멍으로 연산 명령을 받았다. 이것의 곱셈 연산은 네이피어 막대를 조합해서 계산하는 것처럼 부분 곱의 덧셈으로 이루어졌다. Mark I은 여전히 기계적인 자기 장치를 포함했으나, 이 덕분에 산업계가 계산기에 흥미를 보이기 시작했다. 한동안 진공관을 사용하는 첫 컴퓨터로 알려져 있던 에니악(ENIAC 전자 수치 통합 및 계산기)은 1946년에 완성되었다. 에니악에는 소프트웨어가 설치되어 있지 않았다. 1951년에 처음 상업용으로 제작된 계산기인 UNIVAC(보편 자동 계산기)는 천공 카드 대신에 자료를 저장하는 자기 띠를 사용했다. 1950년대 말에 트랜지스터가 진공관을 대체했고, 10년 안에 전자 회로망이 소형화되었으며, 얼마 지나지 않아 100만개의 트랜지스터를 단 한 개의 실리콘 칩으로 대체했다. 1975년에 프로그램을 입력하여 사용하는 가정용 컴퓨터 알테어(Altair) 8800이 개발되었다. 1980년대에 들어서자 성능이 뛰어나면서도 값싼 전자 컴퓨터가 생산되면서 기계식 계산기는 역사의 뒤안길로 사라졌다. 컴퓨터의 능력이 빠르게 향상되면서 컴퓨터는 수학에서 예나 반례를 만들 뿐만 아니라 증명을 구성할 때도 이용되었다. 게다가 잠자고 있던 이론 수학이 컴퓨터과학의 일반 분야에 응용되기도 했다. 물리적인 기계가 산업혁명을 이루었듯이 컴퓨터는 현대의 정보화 혁명을 이끌었다.

정보의 송수신 전자적으로 정보를 보내고 받을 때 여러 영향으로 정보가 손상된다. 그러므로 정보를 받을 때 그것을 점검하여 손상된 부분을 찾아 고쳐서 오류를 줄여야 한다. 오류 수정의 기본 생각은 다음과 같다. 이를테면 10011011과 같이 8개의 이진수(비트)로 어떤 문자를 보낼 때, 모든 0을 00, 모든 1을 11로 바꾸어 1100001111001111을 보낸다. 그런데 받은 것이 네 번째 비트에 오류가 하나 있는 1101001111001111이었다면 오류를 바로 알아챌 수 있다. 하지만 그것이 본래 00인지 11인지는 모른다. 이 오류를 좀 더 쉽게 찾게 하려면 0은 000으로, 1은 111로 바꿔 보내면 된다. 세 비트 가운데 두 비트가 바뀔 확률은 낮으므로 비트가 하나만 바뀐 것으로 하여 001은 000, 011은 111로 고치면 된다. 1950년에 해밍(R. Hamming 1915-1998)은 오류 정정과 검출 부호에 관한 논문에서 n자리의 2진수로 구성된 부호어를 가정한다.[85] 여기서 m은 정보를 전달하는 자리수이고 남은 $k = n - m$자리의 점검 비트는 오류를 검사하고 고치는 데 쓴다. n자리 전체에서 1의 개수가 의도적으로 홀수나 짝수가 되도록 k개의 자리에 0이나 1을 놓는다. 이렇게 만들어진 부호어를 수신했을 때 1의 전체 개수가 의도한 대로 홀수나 짝수개인지를 봄으로써 단위 부호가 제대로 수신되었는지를 판단할 수 있게 했다. 얼마 지나지 않아 기하학적 해석이 나왔고, 더욱 효과적인 암호를 개발하는 중요한 수단이 되었다.[86] 케플러의 '구로 채우기'가 통신 기술에 응용되었는데, 핵심이 되는 구조적 개념은 구들이 맞대면서 효율적으로 공간을 완전히 채운다는 개념이다. 이러한 구로 채우기라는 생각이 4차원 이상의 공간으로 확장되어 디지털 통신 기술에 응용되었다.[87] 이를테면 1965년에 J. 리치(J. Leech 1926-1992)는 군 이론과 깊이 관련된 24차원의 리치 격자를 기반으로 격자 채우기를 구성했다. 구로 채우기의 밀도를 높여주는 리치 격자는 데이터 송수신에서 오류를 찾고 수정 코드를 만드는 작업을 획기적으로 발전시켰다.

10-3 활용

컴퓨터의 발전과 함께 빠르게 발전한 것이 최적의 근을 구하는 선형 계획이나 비선형 계획에 의한 풀이법이다. 이것은 자연과학뿐만 아니라 사회학, 인문학에도 널리 쓰이고 있다. 선형 계획법 연구는 군사, 경제, 경영에서 가장 합리적으로 의사를 결정하려는 데서 시작되었다. 선형 계획법은 일차식 $a_1x_1+a_2x_2+\cdots+a_nx_n$이 변수 x_i의 연립일차부등식을 만족하면서 최대나 최소가 되게 하는 문제를 다룬다. 연립일차방정식의 풀이법은 2000년 이상 연구되었으나 연립일차부등식은 2차 세계대전 이전에는 거의 연구되지 않았고, 더욱이 일차식을 최대나 최소가 되게 하는 근을 구하는 것은 연구되지 않았다.

1939년에 칸토로비치(Л. Канторович 1912-1986)가 실제 공장에서 일했던 경험을 바탕으로 최적화 이론의 기본 개념과 알고리즘을 담은 소책자를 펴냈다. 이것이 중앙계획경제 체제를 추구하던 소련에서 나오게 된 선형계획법의 초기 연구이다.[88] 그는 공장이나 어떤 산업 부분의 생산성을 높이는 방법은 공장(또는 기계)마다의 작업 역량, 여러 공급처의 원료나 부품 등의 공급 능력, 공장이나 산업 부문 안에서 배분 등을 모두 고려하여 개선하는 것이라고 했다. 그는 이 사항들을 일관된 수학적 언어로 나타낼 수 있고, 여기서 나오는 문제를 수치로 풀 수 있음을 인식했다.[89] 이러한 문제를 수학적으로 푸는 방법은 2차 세계대전 때 미국에서 처음 나왔다. 부대 배치, 병참선 확보, 물자 조달과 보급 등의 문제를 모두 함께 효율적으로 운용하려면 새로운 수학적 기법이 필요했다. 이 과제를 수행하기 위해 구성된 집단의 주요 인물이었던 댄치그(G. Danzig 1914-2005)가 1947년에 선형 계획 문제의 기본 풀이법인 단체법(simplex method)을 생각했다. 먼저 연립일차부등식의 모든 근을 포함하는, 적절한 차원의 공간에서 볼록다면체를 결정한다. 그러고 나서 일차함수 그래프를 이 꼭짓점마다 옮기면서 최댓값이 나오는 꼭짓점을 찾는 것이다. 벨만(R. Bellman 1920-1984)이 1953년에 동적계획법을 도입했다. 이것은 단계마다 다음 단계에 영향을 끼치는 결정을 내려야 하는 절차가 있을 때, 마지막에 최적의 함수를 얻도록 단계마다 적절하게 결정하도록 하는 것이다.

비선형 계획법은 20세기 후반에 모습을 갖춘 응용수학의 새로운 영역이다. 이것은 변수가 부등식으로 주어진 제약 조건을 만족시켜야 하는 상황에서, 유한차원 벡터공간에서 정의된 함수의 최솟값을 찾는 문제이다. 이것은 경제학과 오퍼레이션 리서치(OR) 같은 분야에서 주요한 연구 영역이 되었다. 여기서 쓰이는 주요 정리는 쿤(H. Kuhn 1925-2014)과 터커(A. Tucker 1905-1995)가 유도하여 1950년에 공표한 쿤-터커 정리이다. 그것은 미분 가능 함수에 관한 비선형 계획 문제에 최솟값이 존재하도록 필요조건을 부여하는 것이다.[90] 노이만은 자신이 내놓은 최소극대화(minimax) 정리가 칸트로비치의 최적화 이론과 본질적으로 내용이 같고 댄치그의 계획 문제와 동치임을 입증했다.[91] 계획 문제와 게임 이론의 관계가 선형 계획 문제에 연립일차부등식과 볼록성 이론이라는 수학적 기초를 부여했다. 이런 연구에 관심을 기울이고 있던 미국 해군으로부터 지원을 받은 터커는 쿤, 게일(D. Gale 1921-2008)과 함께 선형 계획법에서 중요한 쌍대성(주계획 문제와 쌍대계획 문제의 한쪽이 유한의 최적해를 갖는다면 다른 쪽도 그러하고, 최적해는 같다)을 처음으로 엄밀하게 증명하고, 최소극대화 정리와 동치임을 보였다.[92] 터커와 쿤은 쌍대성을 이차계획 문제로, 1949년에는 일반 비선형인 경우로 확장했다. 이 연구 성과는 선형 계획법, 비선형 계획법 연구를 더욱 촉발했고, 이 둘은 수리계획법으로 묶이면서 폭넓은 영역으로 빠르게 확장되었다.[93] 이러한 상황이 전개되는 데는 컴퓨터의 계산 능력이 커다란 역할을 했다. 컴퓨터는 빠른 계산 속도와 정확성을 보장해 주었다.

11 혼돈 이론

뉴턴 이래로 기계론(결정론)이 널리 깊게 퍼지면서 복잡성은 보전된다고, 곧 단순한 원인은 단순한 결과를 낳고 복잡한 원인에서 복잡한 결과가 생긴다고 생각했다. 그러나 복잡함이 생기는 것은 꼭 그렇지는 않다. 원인이 단순할 수도 있다. 푸앵카레가 미분방정식으로 정의되는 곡선에 관한 연구, 천체 역학에서 삼체 문제의 연구, 역학계의 이론, 위상수학 연구, 에르고드 이론 등에서 내놓은 새로운 견해들은 1970년대 중반에 혼돈 이론이 출현하는 데 결정적인 역할을 했다.[94] 이를테면 19세기 말에 푸앵카레가 삼체 문제를 연구하면서 얻은 방정식은 이체 문제의 경우와 아주 비슷한 일반적인 형태였다. 그러나 근은 이체 문제 때와 달리 너무 복잡해서 수식의 형태로 나타낼 수 없을 정도였다. 근으로 표현되는 운동이 때로는 매우 무질서하고 불규칙적이었다. 이것이 혼돈 현상의 한 사례로 생각된다. 위즈덤(J. Wisdom 1953-)과 라스카(J. Laskar 1955-)가 1980년대 초에 태양계의 동역학이 혼돈 현상임을 알아냈다.[95] 다행스럽게도 지구는 달이 일으키는 밀물과 썰물 덕분에 혼돈 운동을 일으키지 않는다고 한다. 혼돈 이론은 우연을 다루는 수학적 모형이나 무작위 현상과 다른, 훨씬 많은 현상을 다룬다. 결정론적인 관계를 충족하는 역동적인 시스템이지만 시간이 지나면 그 움직임이 불규칙하게 되고 초기 조건이 조금만 달라져도 전혀 다른 형태의 경로를 가는, 장기 예측을 할 수 없는 현상을 다룬다.

1926~1927년에 폴(B. van der Pol 1889-1959)은 심장의 수학적 모형을 시뮬레이션 하려고 구성한 전자회로가 어떤 조건에서는 불규칙하게 진동함을 발견했다. 그의 연구는 2차 세계대전 동안 리틀우드와 카트라이트가 진행한 레이더 연구를 거치면서 수학적 근거를 갖췄다. 1963년에 E. 로렌츠(E. N. Lorenz 1917-2008)는 대기의 대류 현상을 모형으로 만들면서 얻은 방정식을 컴퓨터로 풀다가 초기 조건이 아주 조금 다르더라도 전혀 다른 결과가 나타날 수 있음을 발견했다. 이런 현상은 날씨 예측에 사용되는 방정식의 시뮬레이션에서 흔히 일어난다. 이런 관찰로부터 혼돈 이론이 시작되었다. 대기의 흐름은 난류이며, 난류는 프랙털이고, 프랙털은 바이어슈트라스의 곡선처럼 행동한다. 연속으로 움직이지만 속력을 분명하게 나타내지 못하게 움직인다. 프랙털 기하학을 발전시킨 만델브로(B. Mandelbrot 1924-2010)가 혼돈 현상에서 여러 가지로 나타나는 이상한 끌개(attractor)의 존재를 처음으로 알아냈다. 스메일(S. Smale 1930-)과 아르놀트(В. Арнольд 1937-2010)는 위상기하학적 방법을 이용하여 푸앵카레가 이상한 근이라고 하던 것이 방정식의 이상한 끌개 때문에 일어나는 피할 수 없는 결과임을 증명했다. 이상한 끌개는 기하학적으로 프랙털이었다. 이상한 끌개와 프랙털이 서로 합쳐져 혼돈 이론으로 전화했다. 끌개의 구조는 혼돈계의 흥미로운 한 특징을 보여준다. 혼돈계는 단기 예측을 할 수 있지만 장기 예측은 할 수 없다. 여러 단기 예측을 종합해도 장기 예측을 할 수 없다. 끌개가 혼돈계를 이어나가지만 시간이 지나면서 계의 경로가 엄청나게 달라지기 때문이다. 뤼엘(D. Ruelle 1935-)과 타켄스(F. Takens 1940-2010)는 이상한 끌개를 유체의 난류 현상에 응용했다.

프랙털 페아노(1890)와 힐베르트(1891)가 찾아낸 공간의 한 영역 전체를 채우는 곡선이나 시에르핀스키(W. Sierpiński 1882-1969)가 찾아낸 유한한 넓이를 에워싸는 무한한 길이의 곡선 같은 특이한 곡선들이 1960년대에 이르러 응용과학의 전면에 등장했다. 만델브로가 이 곡선들이 자연의 불규칙성을 설명해 줄 중요한 실마리임을 알았다. 그는 복잡한 해안선, 산의 능선과 골짜기, 빙하, 바다의 파도, 눈송이처럼 기존의 기하학으로는 다룰 수 없던 자연에 나타나는 불규칙을 분석하는 데 이 곡선들을 적용했다. 이런 자연에 관한 새로운 기하학을 프랙털기하학이라고 한다. 프랙털기하학에서 이런 자연 현상이 중요한 까닭은 이것의 부분이 전체와 같기(자기복제) 때문이다. 수를 계산하는 과정과 프랙털과 같은 기하학적 대상을 정의하는 데 이용되는 순환 기능은 컴퓨터 프로그래밍에서 중요한 역할을 한다. 페테르(R. Péter 1905-1977)가 귀납함수 자체를 연구 대상으로 삼으면서 이론 형성을 선도했다.

시에르핀스키 삼각형이나 코흐[66] 눈송이는 되풀이로 정의된 프랙털의 예이다. 시에르핀스키 삼각형의 넓이는 0에 가까워지지만 삼각형 둘레 전체의 길이는 한없이 길어진다. 이 현상은 $A=[0,\ 1]-\{(1/3,\ 2/3)\cup(1/9,\ 2/9)\cup(7/9,\ 8/9)\cup\ \cdots\ \}$로 주어지는 칸토어 집합(1883)에서 볼 수 있다. 시에르핀스키 삼각형은 칸토어 집합을 이차원에서 구현한 것이다. 코흐 눈송이 곡선의 안쪽 넓이는 유한이지만 둘레의 길이는 한없이 길어진다. 또 다른 예인 만델브로 집합은 복소평면에 색을 할당하는 것과 순환 기능의 컴퓨터 프로그램을 이용하여 만든다. 이 집합은 전체 모습이 지닌 본질적인 특징을 더 작은 규모로 모두 재생한다. 전체와 부분 사이의 구별이 해체되어 전체가 각 부분 속에 있고 각 부분이 전체 속에 있다. 이것을 컴퓨터의 능력이 닿는 데까지 계속 되풀이할 수 있다. 이 집합은 알고리즘에서 생겨났지만 알고리즘의 지배를 받지 않는다.[96]

1950년대에 생명체가 자신을 복제하는 능력을 파악하고자 했던 노이만의 연구에서 비롯된 수학적 모형의 하나인 세포 자동자(cellular automaton)가 많은 주목을 받았다. 세포는 격자를 뜻하며, 자동자란 정해진 규칙을 무조건 따른다는 뜻이다. 세포 자동자는 초기 구성을 복제하도록 고안된 매우 특수한 결과물이었다. 많은 단순한 부분들이 상호작용하여 복잡한 전체를 만드는데, 세포 자동자는 이러한 복잡계의 작동 방식을 일반적으로 통찰할 수 있게 해주는 효과적인 수단이다. 전통적으로 한 계를 파악하려면 개별 요소의 세부 사항을 넣을 수 있을 만큼 넣어 모형으로 만들어야 했으나 세포 자동자를 이용하면 개별 요소의 세부 사항에 신경 쓰지 않고, 그 요소들이 어떻게 상호작용하는지에 초점을 맞출 수 있다. 이것을 이용하면 강 유역이나 삼각주가 그런 독특한 지형을 띠는 까닭을 알 수 있다.

마인하르트(H. Meinhardt 1938-2016)는 1970년대에 생물에서 보이는 패턴 형성을 연구했다.[97] 그 가운데 하나가 여러 동물의 무늬가 형성되는 과정의 모형을 세포 자동자로 만드는 것이었다. 한 세포 안에서 일어나는 화학물질의 농도에 따른 반응과 이웃 세포끼리의 확산이 결합하여 다음 상태를 결정하는 규칙이 생긴다. 그의 연구 덕분에 동물이 성장하는 동안 안료 제조 유전자들이 역동적으로 켜지고 꺼짐으로써 무늬가 생기는 영역과 생기지 않는 영역을 만드는 메커니즘을 이해할 수

66) Helge von Koch(1870-1924)

있게 되었다.

파이겐바움(M. Feigenbaum 1944-2019)은 역학계를 연구하면서 많은 초기 조건에도 불구하고 처음에는 정상적으로 순조롭게 운행하다가 변수들이 임계값에 도달하게 되면 갑자기 무질서하게 변할 수 있음을 증명했다. 1970년대에 그는 불규칙성의 여러 형태 사이의 관계를 연구하기 시작해 혼돈 안에 숨어 있는 놀라운 질서를 찾아냈다.[98]

현대 수학에서는 추상화가 중심인데 이는 구체화가 강화되는 것과 같다. 20세기에 들어와서 수학이 빠르게 추상화, 형식화되었는데 수학 연구를 활성화시키는 것은 구체적인 문제와 추상화의 상호작용이다. 여기서 중요한 역할을 한 것은 기호화이다. 기호는 간결함과 형식적 완벽함을 가져다주었는데 이 덕분에 일상 언어로는 결코 다룰 수 없는 생각을 나타내고 연구할 수 있었다. 20세기에는 완전히 새로운 연구, 이를테면 측도, 혼돈, 범주, 프랙털, 매듭, 초함수, 초끈 등과 같은 주제가 다루어졌다.

2차 세계대전 이후 수십 년 동안 수학에 내재된 문제를 해결하려는 노력이 수학을 진전시켰고 상대적으로 자연과학과 거리를 두었다고 볼 수 있다. 그렇지만 같은 시기에 (순수)수학을 과학에 응용하는 일도 매우 많아졌다. 푸리에 급수 덕분에 음악을 이해했을 뿐만 아니라 세계 곳곳에 전할 수 있게 됐다. 행렬은 경제학적 분석에서 중요한 역할을 했다. 매듭의 조합론 위상수학은 분자생물학에 이용됐다. 대수적 위상수학의 개념은 전력 생산과 컴퓨터 칩의 설계에 쓰였다. 군론은 암호와 그 해독에서 근본적으로 중요한 역할을 했으며 결정학과 입자물리학의 중심이 됐다. 정수론의 중심에 있는 소수에 관한 성질(정리)은 공개 열쇠 암호 체계의 기초가 되었다. 유한체는 오류를 정정하는 부호 설계에 근본 바탕이 되었다. 원의 회전변환군이 바탕이 되어 개발된 게이지 이론은 양자전기역학 이론을 뒷받침했다.

그리스인이 수학적 흥미 때문에 연구했다고 이야기되곤 하는 원뿔곡선이 빛을 한 곳에 모으는 데 사용된다는 것은 아폴로니우스 전에도 알려져 있었다. 이것은 원뿔곡선의 물리적 이용이 그것을 연구한 동기였음을 말해준다. 미학적인 관심의 대상이라고 생각되던 사영기하학은 르네상스 시대의 화가들이 그림을 사실적으로 그리기 위해 유클리드 기하학의 방법을 개선하고자 한 데서 시작됐다. 비유클리드 기하학도 순수수학과 응용수학에서 수많은 정리의 근거였던 유클리드의 평행선 공리가 진리임을 보장하려는 데서 비롯됐다. 비유클리드 기하학의 일반화인 리만 기하학도 어느 것이 물리 공간에서 옳은가라는 문제를 해결하려는 데서 시작됐다. 추상 대수학의 기원으로 보는 해밀턴의 사원수도 직간접으로 물리학에 발견의 동기가 있었다. 일반적인 오차 이상의 방정식은 대수적으로 풀 수 없으며, 특별한 방정식은 풀 수 있는지를 밝힌 갈루아의 연구만이 군을 연구하는 동기는 아니었다. 오차 이상의 방정식은 물리 문제에서도 많이 나왔다. 브라베가 결정체 연구에서 발견한 대칭과 군의 관계는 조르당이 유한군을 방정식과 관련시키지 않고서 연구하는 동기가 되었다. 한참 지나서 응용되었다고 여겨지는 주제들도 현실적인 물리학적 문제와 직간접으로 관련된 연구를 하는 과정에서 다루어지게 되었다.

수학은 문명의 성장, 퇴조와 함께 했다. 그런 문명 안에서 사는 수학자가 사고하고 결과를 얻을 때 그런 문명이 더 큰 역할을 했다.

이 장의 참고문헌

[1] Faulkner 2016, 545
[2] 전성원 2012, 346-347
[3] Gray 2008, 666
[4] Kjeldsen 2008, 755
[5] Berlinski 2018, 212-213
[6] 紀志剛 2011, 269-277
[7] Gray 2008, 665
[8] Eves 1996, 387
[9] Schultze 2008, 853
[10] Burton 2011, 741
[11] Schultze 2008, 872
[12] Kjeldsen 2008, 775
[13] Struik 2020, 327
[14] Kline 1984, 251
[15] Kline 2016b, 1664
[16] Kline 1984, 260
[17] Berlinski 2018, 184
[18] Smith 2016, 158
[19] Berlinski 2018, 186
[20] Stewart 2016, 375
[21] Struik 2020, 330
[22] Struik 2020, 329
[23] Goldstein 2007, 183-185
[24] Connes 2002, 249
[25] 紀志剛 2011, 261-262
[26] Berlinski 2018, 207
[27] Connes 2002, 246
[28] Gray 2015e, 240
[29] Eves 1996, 552
[30] Katz 2005, 920
[31] Burton 2011, 731
[32] Katz 2005, 921
[33] Boyer, Merzbach 2000, 1010
[34] Katz 2005, 923
[35] Maligranda 2015, 246
[36] 김용운, 김용국 1990, 535
[37] Devlin 2011, 378
[38] Connes 2002, 78
[39] Devlin 2011, 390
[40] Connes 2002, 78
[41] Devlin 2011, 389
[42] Connes 2002, 84
[43] Devlin 2011, 390
[44] Neumann 2015, 203-204
[45] Katz 2005, 927
[46] Kline 2016b, 1607
[47] Katz, 2005, 930
[48] McLarty 2015, 230

[49] Katz 2005, 938
[50] Kline 2016b, 1579
[51] Struik 2020, 298
[52] Kline 2016b, 1579-84
[53] Struik 2020, 335
[54] Struik 2020, 334
[55] Gray 2015d, 219-220
[56] Guinness 2015a, 221
[57] Schultze 2015, 222
[58] Guinness 2015c, 227
[59] 日本數學會 1985, 580
[60] Kline 2016b, 1522
[61] Struik 2020, 318
[62] Kline 2016b, 1517
[63] Gowers 2015, 216
[64] Boyer, Merzbach, 2000, 998
[65] 日本數學會 1985, 159
[66] Maligranda 2015, 244
[67] Struik 2020, 349
[68] Kline 2016b, 1535
[69] Stewart, 2016, 391
[70] Bingham 2015, 253
[71] Norris 2014, 448-449
[72] Bingham 2015, 253
[73] Boyer, Merzbach 2000, 1019
[74] Havil 2008, 226
[75] Bennet 2003, 135
[76] 김용운, 김용국 1990, 541
[77] 竹內, 2014, 209
[78] Katz 2005, 939
[79] Katz 2005, 942-943
[80] Smith 2016, 141
[81] 김용운, 김용국 1990, 542
[82] Berlinski 2018, 218
[83] 藤原 2003, 164-165
[84] Berlinski 2018, 220
[85] Katz 2005, 952-953
[86] Stewart 2016, 351
[87] Szpiro 2004
[88] Szpiro 2004, 309
[89] Katz 2005, 954
[90] Kjeldsen 2008, 768
[91] Szpiro 2004, 312-316
[92] Kjeldsen 2008, 772
[93] Kjeldsen 2000
[94] Aubin 2008, 292
[95] Stewart 2016, 422
[96] Berlinski 2018, 224
[97] Stewart 2016, 427-428
[98] Smith 2016, 221-222

참고문헌

김영식, 박성래, 송상용(2013). **과학사**. 서울: 전파과학사.

김용운, 김용국(1990). **數學史大全**. 서울: 우성문화사.

김용운, 김용국(1996). **중국수학사**. 서울: 민음사.

도현신(2014). **전쟁이 발명한 과학 기술의 역사**. 서울: 시대의 창.

민석홍, 나종일(2006). **서양문화사**. 서울: 서울대학교출판문화원.

박민아, 선유정, 정원(2015). **과학, 인문학으로 탐구하다**. 서울: 한국문화사.

안재구(2000). **수학 문화사 I /원시에서 고대까지**. 서울: 일월서각.

양정무(2016). **미술 이야기1-원시, 이집트, 메소포타미아 문명과 미술**. 서울: 사회평론.

윤일희(2017). 초창기 과학학회의 설립 및 활동에 관한 연구. **과학교육연구지**, 41권 2호, 267-280.

장득진, 박병욱, 오선정(2013). **바로 읽는 서양 역사**. 서울: 탐구당.

전성원(2012). **누가 우리의 일상을 지배하는가**. 서울: 인물과사상사.

조윤동(2003). 수학의 발달 과정과 그 결과에 대한 변증법적 유물론에 의한 분석. **수학교육학연구**, 13(3) 329-349.

주경철(2014). **문화로 읽는 세계사**. 서울: 사계절.

郭書瑄(2006). **그림을 보는 52가지 방법**. (김현정 옮김) 서울: 예경. (원본 2005년 인쇄).

紀志剛(2011). **수학의 역사**. (권수철 옮김) 서울: 더숲. (원본 2009년 인쇄).

劉徽(1998). **구장산술(九章算術)**. (김혜경, 윤주영 옮김). 서울: 서해문집.

李儼, 杜石然(2019). **중국수학사**. (안대욱 옮김) 서울: 예문서원. (원본 1976년 인쇄)

孫隆基(2019). **신세계사 1**. (이유진 옮김) 서울: 흐름출판. (원본 2015년 인쇄)

錢寶琮(1990). **中國數學史**. (川原秀城 譯) 東京: みすず書房. (原本 1981年 印刷)

岡本 久, 長岡 亮介(2014). **關數とは何か: 近代數學史からのアプローチ**. 東京: 近代科學史.

高瀬 正仁(2017). **發見と創造の數學史**. 神奈川縣: 萬書房.

吉田 洋一(1979). **零の發見: 數學の生い立ち**. 東京: 岩波新書.

藤原 正彦(2003). **천재 수학자들의 영광과 좌절**. (이면우 옮김) 서울: 사람과 책. (원본 2002년 인쇄).

寺阪 英孝(2014). **非ユークリッド幾何學の世界**. 東京: 講談社.

山本 義降(2012). **과학의 탄생**. (이영기 옮김) 서울: 동아시아. (원본 2004년 인쇄).

水上 勉(2005). **チャレンジ! 整數の問題 199**. 東京: 日本評論社.

神永 正博(2016). **「超」入門 微分積分**. 東京: 講談社.

室井 和男(2000). **バビロニアの數學**. 東京: 東京大學出版會.

伊東 俊太郎(1990). **ギリシア人の數學**. 東京: 講談社.

日本數學會(1985). **岩波數學辭典 第3版**. 東京: 岩波書店.

齊藤 憲(2007). **되살아온 천재 아르키메데스**. (조윤동 옮김) 서울: 일출봉. (원본 2006년 인쇄).

竹內 啓(2014). **우연의 과학**. (서영덕, 조민영 옮김) 서울: 윤출판. (원본 2010년 인쇄).

中村 滋, 室井 和男(2014). **數學史 : 數學5000年の步み**. 東京: 共立出版.

片野 善一(2004). **數學用語と記號ものがたり**. 東京: 裳華房.

下村 寅太郎(1941). **科學史の哲學**. 東京: 弘文堂.

Aczel, Amir D.(2002). **무한의 신비: 수학, 철학, 종교의 만남**. (신현용, 승영조 옮기) 서울: 승산. (원본 2000년 인쇄).

Archibald, Tom(2015). VI.47 샤를 에르미트. *The Princeton Companion to Mathematics II.* (권혜승, 정경훈 옮김) 서울: 승산. (원본 2008년 인쇄). 186-187.

Aubin, David(2008). Observatory mathematics in the nineteenth century. in (Eds. Robson R. & Stedall J.) *The Oxford Handbook of the History of Mathematics*, 273-296. Oxford: Oxford University Press.

Beckmann, Petr(1995). **π의 역사**. (박영훈 옮김) 서울: 실천문학사. (원본 1970년 인쇄).

Bell, Eric Temple(2002a). **수학을 만든 사람들, 상**. (안재구 옮김) 서울: 미래사. (원본 1937년 인쇄).

Bell, Eric Temple(2002b). **수학을 만든 사람들, 하**. (안재구 옮김) 서울: 미래사. (원본 1937년 인쇄).

Bennet, Deborah J.(2003). **확률의 함정**. (박병철 옮김) 서울: 영림카디널. (원본 1998년 인쇄).

Berlinski, David(2018). **수학의 역사**. (김하락, 류주환 옮김) 서울: 을유문화사. (원본2005년 인쇄).

Bingham, Nichoias(2015). VI.88 안드레이 니콜라예비치 콜모고로프. *The Princeton Companion to Mathematics II.* (권혜승, 정경훈 옮김) 서울: 승산. (원본 2008년 인쇄). 252-254.

Boyer, Carl B. & Merzbach, Uta C.(2000). **수학의 역사 상, 하.** (양영오, 조윤동 옮김) 서울: 경문사. (원본 1991년 인쇄).

Brentjes, Sonja(2008). Patronage of the mathematical science in Islamic society. in (Eds. Robson R. & Stedall J.) *The Oxford Handbook of the History of Mathematics*, 301-328. Oxford: Oxford University Press.

Burnett, Charles(2006). The semantics of Indian numerals in Arabic, Greek, and Latin. *Journal of Indian Philosophy*, 34, 15-30.

Burton, David M.(2011). *The History of Mathematics: An Introduction*, 7th Ed.. New York City: McGraw Hill.

Cajori, Florian(1928/29). *A History of Mathematical Notations*. New York: Dover.

Changeux, Jean-Pierre(2002). **물질, 정신 그리고 수학**. (강주헌 옮김) 서울: 경문사. (원본 1989년 인쇄).

Charette, François(2006). The locales of Islamic astronomical instrumentation. *History of Science*, 44(2), 123-138.

Chrisomalis, Stephen(2003). The Egyptian origin of the Greek alphabetic numerals, *Antiquity*, 77, 485-496.

Chrisomalis, Stephen(2008). The cognitive and cultural foundation of numbers. in (Eds. Robson R. & Stedall J.) *The Oxford Handbook of the History of Mathematics*, 495-518. Oxford: Oxford University Press.

Clagett, Marshall(1999). Ancient Egyptian science: a source book, vol 3. *American Philosophical Society*. https://books.google.co.kr/books?id=8c10QYoGa4UC&printsec=frontcover&hl=ko&source=gbs_ge_summary_r&cad=0#v=twopage&q&f=false 2023.05.31.

Colebrooke, Henry Thomas(1817). *Algebra: With Arithmetic And Mensuration, From The Sanskrit Of Brahmegupta And Bhascara*. London: John Murray.

Coleman, James(1990). *Foundations of Social Theory*. Cambridge Mass.: Harvard University Press.

Conner, Clifford D.(2014). **과학의 민중사: 과학 기술의 발전을 이끈 보통 사람들의 이야기**. (김명진, 안성우, 최형섭 옮김) 서울: 사이언스북스. (원본 2005년 인쇄).

Connes, Alain(2002). **물질, 정신 그리고 수학**. (강주헌 옮김) 서울: 경문사. (원본 1989년 인쇄).

Cullen, Christopher(1996). *Astronomy and mathematics in ancient China: the Zhoubi Shanjing*. Cambridge University Press.

Dantzig, Tobias(2005). *Number: The Language of Science*. New York: Plume Book.

Derbyshire, John(2011). **미지수, 상상의 역사**. (고중숙 옮김) 서울: 승산. (원본 2006 인쇄)

Devlin Keith(2011). **수학의 언어**. (전대호 옮김) 서울: 해나무. (원본 1998년 인쇄)

Engels, Friedrich(1988). **반듀링론**. (김민석 옮김) 서울: 새길. (원본 1878년 인쇄)

Englund, Robert K.(1998). Texts from the Late Uruk period. In *Mesopotamien: Späturuk-Zeit und Frühdynastische Zeit*, Pascal Attinger and Markus Wäfler, eds. Göttingen: Vandenhoeck und Rupecht, 15-233.

Eves, Howard(1996). **수학사**. (이우영, 신항균 옮김) 서울: 경문사. (원본 1990년 인쇄)

Faulkner, Neil(2016). **좌파 세계사**. (이윤정 옮김) 경북: 엑스오북스. (원본 2013년 인쇄)

Ferreirós, José(2015). VI.62 주세페 페아노. *The Princeton Companion to Mathematics II*. (권혜승, 정경훈 옮김) 서울: 승산. (원본 2008년 인쇄). 208-210.

Folkerts, Menso(2001). Early text on Hindu-Arabic calculation. in *Science in Context*, 14, 13-38.

Gandt, Francois de(2015). VI.20 장 르 롱 달랑베르. *The Princeton Companion to Mathematics II*. (권혜승, 정경훈 옮김) 서울: 승산. (원본 2008년 인쇄). 149-151.

Gaur, A.(1995). **문자의 역사**. (김동일 옮김) 서울: 새날. (원본 1984년 인쇄).

Gillispie, Charles C.(2015). VI.23 피에르-시몽 라플라스. *The Princeton Companion to Mathematics II*. (권혜승, 정경훈 옮김) 서울: 승산. (원본 2008년 인쇄). 154-157.

Goldstein, Rebecca(2007). **불완전성: 쿠르트 괴델의 증명과 역설**. (고중숙 옮김) 서울: 승산. (원본 2005년 인쇄).

Golinski, Jan(2019). 계몽시대의 과학, **옥스퍼드 과학사**. (임지원 옮김) pp.270-315. 서울: 반니. (원본 2017년 인쇄).

Gowers, Timothy(2014). *The Princeton Companion to Mathematics I*. (금종해, 정경훈 외 28명 옮김) 서울: 승산. (원본 2008년 인쇄).

Gowers, Timothy(2015). *The Princeton Companion to Mathematics II*. (권혜승, 정경훈 옮김) 서울: 승산. (원본 2008년 인쇄).

Grabiner, Judith V.(1997). Was Newton's calculus a dead end? The continental influence of Maclaurin's treatise of fluxions. *American Mathematical Monthly* 104(5), 393-410.

Grafton, Anthony(2009). A Sketch Map of a Lost Continent : the Republic of Letters. In *The Republic of Letters: A Journal for the Study of Knowledge, Politics, and the Arts*, Vol. 1, No. 1, pp. 1-18.

Gray, Jeremy(2008). Modernism in mathematics. in (Eds. Robson R. & Stedall J.) T*he Oxford Handbook of the History of Mathematics*, 663-686. Oxford: Oxford University Press.

Gray, Jeremy(2015a). VI.26 칼 프리드리히 가우스. *The Princeton Companion to Mathematics II*.

(권혜승, 정경훈 옮김) 서울: 승산. (원본 2008년 인쇄). 159-161.

Gray, Jeremy(2015b). VI.49 게오르크 프리드리히 베른하르트 리만. *The Princeton Companion to Mathematics II.* (권혜승, 정경훈 옮김) 서울: 승산. (원본 2008년 인쇄). 189-191.

Gray, Jeremy(2015c). VI.55 윌리엄 킹던 클리포드. *The Princeton Companion to Mathematics II.* (권혜승, 정경훈 옮김) 서울: 승산. (원본 2008년 인쇄). 198.

Gray, Jeremy(2015d). VI.69 엘리 조제프 카르탕. *The Princeton Companion to Mathematics II.* (권혜승, 정경훈 옮김) 서울: 승산. (원본 2008년 인쇄). 219-220.

Gray, Jeremy(2015e). VI.81 토랄프 스콜렘. *The Princeton Companion to Mathematics II.* (권혜승, 정경훈 옮김) 서울: 승산. (원본 2008년 인쇄). 239-240.

Greenberg, Marvin Jay(1993). Euclidean and Non-Euclidean Geometry : Development and History. New York : W. H. Freeman & Company.

Guinness, Ivor Grattan(2015a). VI.24 아드리앙-마리 르장드르. *The Princeton Companion to Mathematics II.* (권혜승, 정경훈 옮김) 서울: 승산. (원본 2008년 인쇄). 157-158.

Guinness, Ivor Grattan(2015b). VI.29 오귀스탱 루이 코시. *The Princeton Companion to Mathematics II.* (권혜승, 정경훈 옮김) 서울: 승산. (원본 2008년 인쇄). 163-164.

Haier, E. & Wanner, G.(2008). *Analysis by Its History.* New York: Springer.

Hankel, Hermann.(1874) *Zur Geschichte der Mathematik im Alterthum und Mittelalter*, Leipzich: Olms Nachdruch.

Harari, Y. N.(2015). **사피엔스**: A Brief History of Humankind. (조현욱 옮김) 서울: 김영사. (원본 2014년 인쇄).

Harman, C.(2004). **민중의 세계사**. (천경록 옮김) 서울: 책갈피. (원본 1999년 인쇄).

Harper, D.(2019). 고대 중국의 과학, **옥스퍼드 과학사.** (임지원 옮김) 서울: 반니. (원본 2017년 인쇄), pp.79-116.

Havil, Julian(2008). **오일러 상수 감마**. (고중숙 옮김) 서울: 승산. (원본 2003년 인쇄).

Havil, Julian(2014). **무리수: 헤아릴 수 없는 수에 관한 이야기**. (권혜승 옮김) 서울: 승산. (원본 2010년 인쇄).

Hollingdale, Stuart(1993). **數學を築いた天才たち 上, 下**, (有田八州穗, 伊藤博明, 伊藤和行, 仁科弘世 譯) 東京: 講談社, (원본 1989년 인쇄).

Høyrup, Jens(1990a). Algebra and naive geometry. An investigation of some basic aspects of Old Babylonian mathematical thought I. In *Altorientalische Forschungen* 17: 27-69.

Høyrup, Jens(1990b). Algebra and naive geometry. An investigation of some basic aspects of Old Babylonian mathematical thought II. In *Altorientalische Forschungen* 17: 262-354.

Huff T. F.(2008). **사회·법 체계로 본 근대 과학사 강의**. (김병순 옮김) 서울: 모티브북. (원본 2003년 인쇄).

Ifrah, G.(1990). **신비로운 수의 역사**. (김병욱 옮김) 서울: 예하. (원본 1985년 인쇄).

Imhausen, Annette(2003). The algorithmic structure of the Egyptian mathematical problem text. in John M Steele & Annette Imhausen (eds), *Under one sky: astronomy and mathematics in the ancient Near East*, Ugarit, 147-177.

Imhausen, Annette(2008). Traditions and Myths in the historiography of Egyptian mathematics. in (Eds. Robson, R. & Stedall, J.) *The Oxford Handbook of the History of Mathematics*, 781-800. Oxford: Oxford University Press.

Katz, V. J.(2005). **カッツ 數學の歷史**. (中根美知代, 高橋秀裕, 林知宏, 大谷卓史, 佐藤賢一, 東愼一郎, 中澤聰

譯) 東京:公立出版. (原本 1998年 印刷).

Kearney, H.(1983). **科學革命の時代**. (中山茂, 高柳雄一 譯) 東京: 平凡社. (原本 1971年 印刷).

Kenny, A.(2001). **フレーゲの哲學**. (野本和幸, 大辻正晴, 三平正明, 渡辺大地 譯) 東京: 法政大學出版局. (原本 1995年 印刷).

Keynes, J. M.(2006). Newton, the Man. 검색: https://mathshistory.st-andrews.ac.uk/Extras/Keynes_Newton, 2022.09.26.

Kjeldsen, Tinne Hoff(2000). A contextualized historical analysis of the Kuhn-Tucker Theorem in nonlinear programming: the impact of World War II, *Historia Mathematica*, 27, 331-361.

Kjeldsen, Tinne Hoff(2008). Abstraction and application: new contexts, new interpretations in twentieth-century mathematics, in (Eds. Robson, R. & Stedall, J.) *The Oxford Handbook of the History of Mathematics*, 755-778. Oxford: Oxford University Press.

Klein, Felix(2012). **19세기 수학의 발전에 대한 강의**. (한경혜 옮김) 서울: 나남. (원본 1926년 인쇄)

Kleiner, Israel(2015). VI.44 카를 바이어슈트라스. *The Princeton Companion to Mathematics II*. (권혜승, 정경훈 옮김) 서울: 승산. (원본 2008년 인쇄), 183-184.

Kley, Edwin J. van(2000). East and West. in Selin, H.(Ed.) *Mathematics Across Culture: The History of Non-Western Mathsmatics*. Kluwer Academic Publisher. 23-35.

Kline, Morris(1984). **수학의 확실성**. (박세희 옮김) 서울: 민음사. (원본 1980년 인쇄)

Kline, Morris(2009). **수학, 문명을 지배하다**. (박영훈 옮김) 서울: 경문사. (원본 1953년 인쇄)

Kline, Morris(2016a). **수학자가 아닌 사람들을 위한 수학**. (노태복 옮김) 서울: 승산. (원본 1967년 인쇄)

Kline, Morris(2016b). **수학 사상사 I, II, III**. (심재관 옮김) 서울 경문사. (원본 1972년 인쇄)

Kuhn, Thomas S.(1976). Mathematical vs. Experimental Traditions in the Development of the Physical Science. *Journal of Interdisciplinary History* Vol. 7, No. 1, pp. 1-31.

Lewy, Hildegard(1949). Origin and development of sexagesimal system of numeration, *Journal of the American Oriental Society*, 69-1. pp.1-11.

Livesey, Steven. J. & Brentjes, Sonja(2019). 중세 기독교 및 이슬람 세계의 과학, **옥스퍼드 과학사**. (임지원 옮김) 117-166. 서울: 반니. (원본 2017년 인쇄).

Lloyd, George E. R.(2008). What was mathematics in the ancient world? Greek and Chines perspective. in (Eds. Robson, R. & Stedall, J.) *The Oxford Handbook of the History of Mathematics*, 7-26. Oxford: Oxford University Press.

Lützen, Jesper(2015). VI.39 조제프 리우빌. *The Princeton Companion to Mathematics II*. (권혜승, 정경훈 옮김) 서울: 승산. (원본 2008년 인쇄), 175-177.

MacHale, Des(2015). VI.43 조지 불. *The Princeton Companion to Mathematics II*. (권혜승, 정경훈 옮김) 서울: 승산. (원본 2008년 인쇄), 181-182.

MacLean, Ian(2008). The Medical Republic of Letters before the Thirty Years War. In *Intellectual History Review* Vol. 18. No. 1. pp.15-30.

Maligranda, Lech(2015). VI.84 스테판 바나흐. *The Princeton Companion to Mathematics II*. (권혜승, 정경훈 옮김) 서울: 승산. (원본 2008년 인쇄), 244-247.

Martzloff, Jean-Claude(2000). Chinese Mathematical Astronomy. in Selin, H.(Ed.) *Mathematics Across Culture: The History of Non-Western Mathsmatics*. Kluwer Academic Publisher. 373-407.

Mason, Stephen Finney(1962). A History of the Sciences. New York: MacMillan Publishing Company.

Mazur, Barry(2008). **허수: 시인의 마음으로 들여다본 수학적 상상의 세계**. (박병철 옮김) 서울: 승산. (원본 2003년 인쇄).

McClellan, James E. & Dorn, Harold(2008). **과학과 기술로 본 세계사 강의**. (전대호 옮김) 서울: 모티브북. (원본 1999년 인쇄).

McLarty, Colin(2015). VI. 76 에미 뇌터. *The Princeton Companion to Mathematics II.* (권혜승, 정경훈 옮김) 서울: 승산. (원본 2008년 인쇄), 230-231.

Merton, Robert K.(1973). *Theoretical and Empirical Investigations*. Chicago: University of Chicago Press.

Meyer(1999). *Geometry and Its Application*. New York: Harcourt Academic Press.

Mlodinow, Leonrd(2002). **유클리드의 창: 기하학 이야기**. (권대호 옮김) 서울: 까치. (원본 2001년 인쇄).

Mokyr, J.(2018). **성장의 문화: 현대 경제의 지적 기원**. (김민주, 이엽 옮김) 서울: 에코리브르. (원본 2016년 인쇄).

Mumford, L.(2013). **기술과 문명**. (문종만 옮김) 서울: 책세상. (원본 1962년 인쇄).

Needham, Joseph(1985). **中國의 科學과 文明 I**. (이석호, 이철주, 임정대, 최림순 옮김) 서울: 을유문화사. (원본 1965년 인쇄).

Needham, Joseph(1986). **中國의 科學과 文明 II**. (이석호, 이철주, 임정대 옮김) 서울: 을유문화사. (원본 1969년 인쇄).

Needham, Joseph(1988). **中國의 科學과 文明 III**. (이석호, 이철주, 임정대 옮김) 서울: 을유문화사. (원본 1969년 인쇄).

Neumann, Peter M.(2015). VI.58 페르디난드 게오르크 프로베니우스. *The Princeton Companion to Mathematics II.* (권혜승, 정경훈 옮김) 서울: 승산. (원본 2008년 인쇄), 202-204.

Newton, Isaac(2018a). **자연과학의 수학적 원리: 프린키피아 제1권 물체들의 움직임**. (이무현 옮김) 서울: ㈜교우. (원본 1725년 인쇄).

Newton, Isaac(2018b). **자연과학의 수학적 원리: 프린키피아 제3권 태양계의 구조**. (이무현 옮김) 서울: ㈜교우. (원본 1725년 인쇄).

Norris, James(2014). Ⅲ.71 확률 분포. *The Princeton Companion to Mathematics I.* (금종해, 정경훈 외 28명 옮김) 서울: 승산. (원본 2008년 인쇄), 444-450.

Panza, Marco(2015). Ⅵ.22 조제프 루이 라그랑주. *The Princeton Companion to Mathematics II.* (권혜승, 정경훈 옮김) 서울: 승산. (원본 2008년 인쇄), 152-154.

Parshall, Karen H.(2015). VI 제임스 조지프 실베스터. *The Princeton Companion to Mathematics II.* (권혜승, 정경훈 옮김) 서울: 승산. (원본 2008년 인쇄), 179-181.

Peiffer, Jeanne(2015). VI.18 베르누이 가문. *The Princeton Companion to Mathematics II.* (권혜승, 정경훈 옮김) 서울: 승산. (원본 2008년 인쇄), 143-146.

Platon(2007). **플라톤의 국가론**. (최현 옮김) 경기도: 집문당.

Platon(2019). **메논**. (이상인 옮김) 경기도: 아카넷.

Plofker, K.(2008). Sanskrit mathematical verse. in (Eds. Robson, R. & Stedall, J.) *The Oxford Handbook of the History of Mathematics*, 519-537. Oxford: Oxford University Press.

Pulte, Helmut(2015). VI.35 칼 구스타프 야코프 야코비. *The Princeton Companion to Mathematics*

II. (권혜승, 정경훈 옮김) 서울: 승산. (원본 2008년 인쇄), 171-172.

Puttaswamy, T. K.(2000). The Mathematical Accomplishment of Ancient Indian. in Selin, H.(Ed.) *Mathematics Across Culture: The History of Non-Western Mathsmatics*. Kluwer Academic Publisher. 409-422.

Rashed, Roshdi(2004). **アラビア數學の展開**. (三村太郎 譯) 東京: 東京大學出版會. (原本 1984年 印刷).

Ritter, James(2000). Egyptian Mathematics. in Selin, H.(Ed.) *Mathematics Across Culture: The History of Non-Western Mathsmatics*, 115-136. Dordrecht: Kluwer Academic Publisher.

Robson, Eleanor(2000). The Uses of Mathematics in Ancient Iraq, 6000-600 BC. in Selin, H.(Ed.) *Mathematics Across Culture: The History of Non-Western Mathsmatics*. Kluwer Academic Publisher. 93-113.

Robson, Eleanor(2008). Mathematics education in an Old Babylonian scribal school. in (Eds. Robson, R. & Stedall, J.) *The Oxford Handbook of the History of Mathematics*, Oxford: Oxford University Press. 199-228.

Rossi, C.(2008). Mixing, building, and feeding: mathematics and technology in ancient Egypt. in (Eds. Robson, R. & Stedall, J.) *The Oxford Handbook of the History of Mathematics*, 407-428. Oxford: Oxford University Press.

Salsburg, David(2019). **차를 맛보는 여인**. (강푸름, 김지형 옮김) 서울: 윤출판. (원본 2001년 인쇄)

Sandifer, Edward(2015). VI.19 레온하르트 오일러. *The Princeton Companion to Mathematics II.* (권혜승, 정경훈 옮김) 서울: 승산. (원본 2008년 인쇄), 146-149.

Schultze, Reinhard Siegmund(2008). The historiograohy and history mathematicsin Third Reich, in (Eds. Robson, R. & Stedall, J.) *The Oxford Handbook of the History of Mathematics*, 853-880. Oxford: Oxford University Press.

Schultze, Reinhard Siegmund(2015). VI.72 앙리 르베그. *The Princeton Companion to Mathematics II.* (권혜승, 정경훈 옮김) 서울: 승산. (원본 2008년 인쇄), 222-224.

Sesiano, Jacques(2000). Islamic Mathematics. in Selin, H.(Ed.) *Mathematics Across Culture: The History of Non-Western Mathsmatics*. Kluwer Academic Publisher. 137-165.

Shermer, Michael(2018). **도덕의 궤적: 과학과 이성은 어떻게 인류를 진리, 정의, 자유로 이끌었는가**. (김명주 옮김) 서울: 바다 출판사. (원본 2015년 인쇄).

Smith, Sanderson(2016). **수학사 가볍게 읽기**. (황선욱 옮김) 서울: 청문각. (원본 1996년 인쇄).

Szpiro, George Geza(2004). **케플러의 추측**. (심재관 옮김) 서울: 영림카디널. (원본2003년 인쇄).

Stewart, I.(2010). **아름다움은 왜 진리인가: 대칭의 역사**. (인재권, 안기연 옮김) 서울: 승산. (원본은 2007년 인쇄)

Stewart, Ian(2016). **교양인을 위한 수학사 강의**. (노태복 옮김) 서울: 반니. (원본 2008년 인쇄).

Stigler, Stephan M.(1986). *The history of statistics: the measurement of uncertainty before 1900*, Massachusetts: Harvard University Press.

Stillwell, John(2005). **數學のあゆみ 上**. (田中紀子 譯). 東京: 朝倉書店. (原文は 2002年 印刷).

Struik, Dirk Jan(2020). **간추린 수학사**. (장경윤, 강문봉, 박경미 옮김) 서울: 신한미디어출판사. (원본 1987년 인쇄).

Stubhaug, Arild(2015). VI.소푸스 리. *The Princeton Companion to Mathematics II.* (권혜승, 정경훈 옮김) 서울: 승산. (원본 2008년 인쇄), 193-195.

Szpiro, George G.(2004). **케플러의 추측**. (심재관 옮김) 서울: 영림카디널. (원본 2003년 인쇄).

Tappenden, Jamie(2015). VI.고틀로프 프레게. *The Princeton Companion to Mathematics II.* (권혜승, 정경훈 옮김) 서울: 승산. (원본 2008년 인쇄), 198-200.

Thiele, Rüdiger(2015). VI.57 크리스티안 펠릭스 클라인. *The Princeton Companion to Mathematics II.* (권혜승, 정경훈 옮김) 서울: 승산. (원본 2008년 인쇄), 201-202.

Todhunter, Issac(2017). **確率論史: パスカルからラプラス時代までの數學史の一斷面**. (安藤洋美譯) 京都: 現代數學社. (原本 1865年 印刷).

Wagner, Donald Blackmore(1979). An early Chinese derivation of the volume of a pyramid: Liu Hui, third century AD. in *Historia Mathematica* 6, 164-188.

Wilkins, David(2015). VI.37 윌리엄 로완 해밀턴. *The Princeton Companion to Mathematics II.* (권혜승, 정경훈 옮김) 서울: 승산. (원본 2008년 인쇄). 174-175.

Zilsel, Edgar(1941). The Origins of Gilbert's Scientific Method. in *Journal of the History of Ideas* vol. 2, No. 1, pp. 1-32.

Zilsel, Edgar(1942). The Sociological Roots of Science. in *American Journal of Sociology* Vol. 47, No. 4, pp. 544-560.

Никифоровский, В. А.(1993). **積分の歴史: アルキメデスからコーシー, リマンまで**. (馬場良和 譯) 東京: 現代數學史. (原本 1985年 印刷).

재인용 문헌

Alford, William P.(1995). *To Steal a Book is an Elegant Offence: Intellectual Property Law in Chinese Civilization.* California: Stanford University Press.

Anbouba, Adel(1979). Un traité d'Abū Jacfar [al-Khazin] sur les triangles rectangles numériques. *Journal for the History of Arabic Science 3*, 134-178.

Balazs, Etienne(1967). *Chinese Civilization and Bureaucracy: Variations on a Theme*, Connecticut: Yale University Press.

Becker, Oskar Joachim(1965). Die Lehre von Geraden und Ungeraden im Neunten Buch der Euklidischen Elemente. *Zur Geschichte der Griechischen Mathematik.* Darmstadt.

Bodde, Derk(1991). *Chinese Thought, Society, and Science: The Intellectual and Social Background of Science and Technology in Pre-Modern China.* Honolulu: University of Hawaii Press.

Boyer, C. B.(1959). *The History of the Calculus and Its Conceptual Development.* New York: Dover. (https://archive.org/details/the-history-of-the-calculus-carl-b.-boyer/page/75/mode/2up 2023.07.13.)

Cantor, Moritz(1880). *Vorlesungen über Geschichte der Mathematik*, Leipzig: Teubner.

Christianson, John Robert(2003). *On Tycho's Island: Tycho Brahe and His Assistants 1570-1601.* Cambridge, UK; Cambridge University Press.

Collins, Randall(1998). *The Sociology of Philosophies : A Global Theory of Intellectual Change.* Cambridge, MA: Harvard University Press.

Crossley, John N.(1987). *The Emergence of Number*, Singapore: World Scientific.

Dear, Peter(2006). *The Intelligibility of Nature : How Science Makes Sense of the World.* Chicago : University of Chicago Press.

Djebbar, Ahmed(1997). Combinatorics in Islamic mathematics. In *Encyclopaedia of the History of Science, Technology, and Medicine in Non-Western Culture*, Helaine Selin ed. Dordrecht: Kluwer, 230-232.

Eamon, William(1996). *Science and the Secrets of Nature: Books of Medieval and Early Modern Culture*. Princeton, NJ; Princeton University Press.

Edwards, Harold M.(1977). *Fermat's last theorem: A Genetic Introduction to Algebraic Number Theory*, New York: Springer.

Eisenstein, Elizabeth(1979). *The Printing Press as an Agent of Change*. Cambridge : Cambridge University Press.

Elman, Benjamin A.(2013). *Civil Examinations and Meritocracy in Late Imperial China*. Cambridge, MA: Harvard University Press.

Fara, Patricia(2002). *Newton: The Making of a Genius*. New York: Columbia University Press.

Farrington, Benjamain(1969). Greek Science. UK: Penguin.

Friberg, Jöran(1987-90). Mathematik. In *RealLexikon der Assyriologie und vorderasiatische Archäologie* 7, Dietz O. Edzard, ed. Berlin and New York: Walter de Gruyter, 531-585.

Gaukroger, Stephen(2001). *Francis Bacon and the Transformation of Early-Modern Philosophy*. Cambridge: Cambridge University Press.

Gerver, Joseph(1969). The Differentiability of the Riemann Function at Certain Rational Multiples of π. *American Journal of Mathematics* 92-1, 33-55.

Grabiner, Judith. V.(2005). *The Origins of Cauchy's Rigorous Calculus*. New York: Dover.

Gutas, Dimitri(1998). *Greek thought, Arabic culture: the Graeco-Arabic translation movement in Baghdad and early Abbasid society (2nd-4th/8th-10th century)*. Routledge.

Hacking, Ian(1975). *The taming of chance*, Cambridge: Cambridge University Press.

King, David A.(2004), *In synchrony with the heavens. Studies in astronomical timekeeping and instrumentation in medieval Islamic civilization*, 2 vols, Leiden: Brill.

Klein, Felix(1895). Über Arithmetisirungder Mathematik, *Nachrichten der Königlichen Geselschaft der Wissenschaften zu Göttingen*, 82-91. in Gesammelte Mathematische Abhandlugen, 3 vols, Berlin, 1921, II 232-240. English translation in Bulletin of the American Mathematical Society, 2 (1896), 241-249.

Lach, Donald F.(1965). *Asia in the Making Europe*. Vol. I: *A Century of Discovery*. Bks. 1-2. Chicago: The University of Chicago Press.

Lach, Donald F.(1977). *Asia in the Making Europe*, Vol. II: *A Century of Wonder*. Bks. 1-3. Chicago: The University of Chicago Press.

Leicester, Henry M.(1971). *The Historical Background of Chemistry*. New York: Dover.

Luckey, Paul, ed.(1953). *Der Lehrbrief über den Kreisumfang (ar-Risāla al-muḥīṭīya) von Ǧamšīd b. Mas'ūd al-Kāšī*. Berlin: Akademie-Verlag.

Marshack, A.(1972). *Roots of Civilization: The Cognitive Beginnings of Man's First Art, Symbol, and Nation*. New York: MaGraw-Hill.

Needham, Joseph(1959). *Science and civilization in China*, vol 3: Mathematics and the Science, Cambridge University Press.

Needham, Joseph(1959). *Science and Civilization in China*, vol. 1, Mathematics. Cambridge University Press.

Needham, Joseph(1959). *Science and Civilization in China*, vol. 2, Mathematics. Cambridge University Press.

Newton, Issac(1952). *Optics*. New York: Dover Pub. Inc. (원본 1730년 인쇄).

Nissen, Hans J., Damerow, Reter, and Englund Robert K.(1993). *Archaic bookkeeping: Early Writing and Techniques of Administration in the Ancient Near East*. (trans. Paul Larson). Chicago: University of Chicago Press. (original work published 1990).

Olson, Richard(1990). *Science Deified and Science Defied: The Historical Significance of Science in Western Culture*. Berkeley: University of California Press.

Parsons, William Barckay(1976). *Engineers and Engineering in the Renaissance*. Cambridge, MA: MIT Press.

Peters, Edward(1995). Science and the Culture of Early Europe, in Dales, Richard C. The *Scientific Achievement of the Middle Ages*. Philadelpia: University of Chicago Press.

Placklett, Robin(1958). The principle of the arithmetic mean. *Biomerika* 45, 130–135.

Posener-Kriéger, Paule(1994). Les mesures de grain dans les papyrus de Gébélein. In *The Unbroken Read. Studies in the Culture and Heritage of Ancient Egypt in Honor of A. F. Shore*, Christopher Eyre et al., eds. London: Egypt Exploration Society. 269–272.

Poter, Thepdore M.(1986). *The rise of statistical thinking 1820-1900*, Princeton University Press.

Powell, Marvin A.(1987–90). Maße und Gewichte. In *RealLexikon der Assyriologie und vorderasiatische Archäologie* 7. Dietz O. Edzard, ed. Berlin and New York: Walter de Gruyter, 457–530.

Price, D. J.(1962). *Science Since Babylon*. New Heaven, CT: Yale University Press.

Rashed, R. & Aḥmad, S.(1972). *Al-Bāhir en algèbre d'As-Samaw'al*, Damascus.

Rebstock, Ulrich(1992). *Rechnen im islamischen Orient. Die literarischen Spuren der parktischen Rechenkunst*, Darmstadt: Wissenschaftliche Buchgesellschaft.

Rondeau, Jozeau M.-F.(1997). *Géodésie au XIXème siècle: de l'hégémonie française à l'hégémonie allemande. Regards Belges. Compensation et méthode des moindres carrés*, doctoral thesis, Université Paris VII-René Diderot.

Rosen, Frederick(1986). *The Algebra of Mohammed ben Musa*. Hildesheim: Olms.

Russ, Steve(2004). *The Mathematical Works of Bernard Bolzano*. Oxford University Press.

Santillana, George de(1969). The Role of Art in the Scientific Revolution. in M. Clagget ed. *Critical Problems in the History of Science*. Wisconsin: University of Wisconsin Press.

Schmandt-Besserat, Denise(1992). *Before Writing*. Texas: University of Texas Press.

Sesiano, Jacques(1987). A treatise by al-Qabīsī (Alchabitius) on arithmetical series. Annals of the New York Academy of Science 500, 483–500.

Struik, Dirk J.(1968). The prohibition of the use of Arabic numerals in Florence, In *Archives Internationales d'Histoire des Sciences*, 21, 291–294. Publisher: Brepols.

Swetz, Frank J.(1987). *Capitalism and Arithmetic: The New Math of the 15th Century*. Illinois: Open Court.

Temple, R.(1986). *Genius of China: 3000 Years of Science, Discovery, and Invention*. New York: Simon & Schuster.

Woepcke, Franz(1852). Notice sur une théorie ajoutée par Thâbit ben Korrah à l'arithmétique spéculative des Grecs. *Journal Asiatique ser.* 4, vol. 20, 420-429.

Woepcke, Franz(1853). *Extrait du Fakhrī, traité d'algèbre par Aboù Bekr Mohammed ben Alaçanal-Akrkhī.* Paris: L'imprimerie Impériale.

Westfall, R. S.(1977). *The Construction of Modern Science.* Cambridge: Cambridge University Press.

Woepcke, Franz(1852). Notice sur une théorie ajoutée par Thâbit ben Korrah à l'arithmétique spéculative des Grecs. *Journal Asiatique* ser. 4 vol. 20, 420-429.

Woepcke, Franz(1853). *Extrait du Fakhrī, traité d'algèbre par Aboū Bekr Mohammed ben Alhaçan Alkarkhī,* Paris: L'imprimerie Impériale.

Wootton, David(2015). *The Invention of Science : A New History of Scientific Revolution.* London : Allen Lane.

이름 찾아보기

(ㄱ)

(ㄴ)

(ㄷ)

(ㄹ)

(ㅈ)

(ㅊ)

(ㅋ)

찾아보기

사항 찾아보기

사항 찾아보기

(ㄹ)

(ㅁ)

(ㅂ)

(ㅅ)

(ㅇ)

(ㅈ)

(ㅊ)

시대와 내용별로 기록한 세계 수학사(하)

–

초판1쇄 발행 2025년 1월 21일

–

지 은 이 조윤동
발 행 인 손동민
디 자 인 오주희
편 집 자 김희원

–

펴낸 곳 전파과학사
출판등록 1956. 7. 23. 제 10-89호
주　　소 서울시 서대문구 증가로18, 204호
전　　화 02-333-8877(8855)
팩　　스 02-334-8092
이 메 일 chonpa2@hanmail.net
공식블로그 http://blog.naver.com/siencia

ISBN 978-89-7044-691-2 (03400)

- 이 도서는 2024년 문화체육관광부의 '중소출판사 도약부문 제작 지원' 사업의 지원을 받아 제작되었습니다.